室内设计资料图集

GRAPHIC COLLECTION OF INTERIOR DESIGN

上海大师建筑装饰环境设计研究所　康海飞　主编

（第二版）

U0275789

中国建筑工业出版社

图书在版编目（CIP）数据

室内设计资料图集/康海飞主编．—2版．—北京：中
国建筑工业出版社，2016.2（2021.2重印）
ISBN 978-7-112-19073-7

Ⅰ．①室… Ⅱ．①康… Ⅲ．①室内装饰设计-图
集 Ⅳ．① TU238-64

中国版本图书馆 CIP 数据核字（2016）第 028584 号

本书从室内设计艺术与技术的要求出发，以创造满足人们物质和精神生活需要的室内环境为目标，作者及其团队集20多年的设计施工实践，并搜集了古今中外浩瀚的图集资料，编就了此巨著。内容要素翔实，涵盖面广，特别强调了选择的实践性、图集的实用性。

全书共分20部分，介绍了室内装饰史，室内空间造型设计，室内空间与尺度，室内环境光设计，室内绿化与内庭，室内家具设计，室内色彩设计，室内陈设，室内装饰材料，装饰用品及设备，木家具构造，地面、墙面、隔墙与隔断、门窗、柱子与楼梯、顶棚的构造，厨房橱柜及设备，卫生间设备及洁具，系统集成设备等。还附光盘一张，介绍了丰富多彩的室内设计实例。

本书是建筑室内设计、环境设计、家具设计、装饰装修技术人员不可多得的案头工具书，也是建筑学、工艺美术、环境艺术等院校师生必备的教学参考书，亦可供广大爱好者经常查阅、学习、欣赏、珍藏。

* * *

责任编辑：朱象清　李东禧
责任校对：陈晶晶　刘　钰

室内设计资料图集（第二版）
上海大师建筑装饰环境设计研究所　康海飞　主编
*
中国建筑工业出版社出版、发行（北京西郊百万庄）
各地新华书店、建筑书店经销
霸州市顺浩图文科技发展有限公司制版
北京中科印刷有限公司印刷
*
开本：880×1230 毫米　1/16　印张：30$\frac{1}{2}$　字数：944 千字
2016 年 6 月第二版　　2021 年 2 月第二十次印刷
定价：**98.00** 元（含光盘）
ISBN 978-7-112-19073-7
（27103）

版权所有　翻印必究
如有印装质量问题，可寄本社退换
（邮政编码100037）

《室内设计资料图集》
编辑委员会

指导专家

马丁·迈克纳马拉　欧洲古建筑材料研究专家
(Manrtin McNamana)　欧洲古建筑保护学会技术评审委员会专家
　　　　　　　　　英国建筑遗产协会专家
　　　　　　　　　2007 年英国丘吉尔奖学金获得者

蔡镇钰　上海现代建筑设计集团资深总建筑师
　　　　中国建筑设计大师　博士　教授级高级建筑师
　　　　国务院学位委员会（第3、4届）评议组成员
　　　　上海市建筑学会顾问　一级注册建筑师

吴之光　上海市政工程设计研究总院院长顾问　资深总建筑师
　　　　中国建筑学会副理事长　教授级高级建筑师
　　　　上海市建筑学会顾问　一级注册建筑师

曹嘉明　上海现代建筑设计集团副总裁
　　　　上海市建筑学会理事长
　　　　教授级高级建筑师　一级注册建筑师

黄祖权　台湾中华建筑事务所总顾问　台北市建筑师公会顾问
　　　　教授级高级建筑师　一级注册建筑师

梁友松　上海园林设计研究院资深总建筑师
　　　　教授级高级建筑师　一级注册建筑师

王蓬瑚　东北林业大学教务处处长
　　　　教授　博士　博士生导师

申利明　南京林业大学家具与工业设计学院党委书记
　　　　教授　博士　博士生导师

薛文广　同济大学教授　一级注册建筑师
　　　　同济大学室内设计工程公司名誉总经理　名誉总设计师

吴晓洪　中国美术学院建筑艺术学院副院长
　　　　教授　硕士生导师

《室内设计资料图集》

编辑委员会

主　　任：康海飞

委　　员：（按姓氏笔画排序）

（教授级）　邓背阶　叶　喜　刘文金　关惠元　李克忠

　　　　　　吴贵凉　吴智慧　宋魁彦　陈忠华　张亚池

　　　　　　张彬渊　张大成　张宏健　黄祖槐　戴向东

　　　　编委会专家、委员由上海现代建筑设计集团、上海市政工程设计研究总院、上海园林设计研究院、同济大学、西南交通大学、中国美术学院、东北林业大学、南京林业大学、中南林业大学、北京林业大学、西南林业大学等单位25位教授组成，其中有博士生导师16位、硕士生导师3位。

副 主 编：石　珍

技术指导：康国飞　周锡宏　葛轩昂

设计策划：康熙岳　葛中华

设计指导：FIN CHURCH（英国）　刘国庆　许志善

　　　　　马书文

参　　审：竺雷杰　张　振　彭燕娥　汪伟民

设计绘图：郑冬毅　魏　娇　张　瑾　虞　佳　赵月姿

　　　　　康淑颖　吴易侃　都嘉亮　陈潘丹　黄舒静

　　　　　王俊杰　陆　蓉　朱　祥　张蓓勤　沈　岚

　　　　　施　颖　易建军　陈伟俊　崔　彬　周　琦

　　　　　胡美素　岑　怡　王　敏　刘栖吕　王　越

　　　　　洪　悦　刘云豪　王坤辉　孟一诺

（第二版）
序

　　《室内设计资料图集》是大型工具书，又可作为参考教材；图文并茂、说明清晰、查询方便，内容全面、详实、准确、实用，能快速查找到所需的许多信息，对设计人员来说可以省却很多宝贵的时间，因此得到国内外广大设计师和高校师生的一致好评。四年内连续十三次重印，在全国建筑装饰行业和大专院校大量发行，深受读者厚爱，网上书评如潮，被评为五星级畅销书。因名不虚传，所以本书版权已输出日本。

　　在当前科学技术快速发展，创新领域层出不穷的情况下，设计师的需求也越益广泛。工具书与教材讲究时效性，必须不断更新，补充最新的信息，以适应建筑业的发展，审美情趣进步的形势。这次第二版的修改邀请了全国各地大学的教授和专家参加，书中内容作了许多更新，重点突出创意设计、新材料、新工艺，并增加了大量的讲解文字及室内效果图，以适应国内外高校师生教学的需要。新版《室内设计资料图集》电脑绘图精美，内容新颖，附有光盘，内含大量彩图和部分 CAD 图资料，更加实用。

　　室内设计是建筑的灵魂。当今，室内建筑业正在以前所未有的速度蓬勃发展，为室内设计师和高校师生提供了美好的前景。室内设计既是一门技术，又是一门艺术，如何使二者有机地融为一体，是一个重要的课题，值得我们不断地学习和探索。《室内设计资料图集》贵在引领新潮，理论联系实际，既是实用的设计工具书，又是宝贵的教科书，学用相得益彰。

2012.10.30.

中国科学院院士
法国建筑科学院院士
美国建筑师学会荣誉院士
意大利罗马大学名誉博士
同济大学原副校长、一级教授
中华人民共和国国务院学位委员会委员
上海市规划委员会城市发展战略委员会主任

前　言

　　室内设计是根据建筑空间的使用性质，以满足人们多元化的物质与精神需求为目的，通过技术手段和美学原理而进行的空间创造活动。室内设计应该是科学技术与艺术的整体结合，是功能与形式的总体协调，以创造人性化的生活及和谐的工作环境为最高理想与最终目标。

　　室内设计是按照室内空间的形态与空间的尺度进行合理的物质技术处理与美化，因此必须满足人在视觉、听觉、触觉、嗅觉等多方面的要求，营造出人们生理和心理双向需要的室内环境，必须充分重视并积极运用当代科学技术的成果，包括新材料、新工艺、新设备；必须考虑与室内环境有关的基本要素来进行设计，诸如功能要求、经济投入、物质条件、线条、色彩、质感、采光、照明、家具、陈设、绿化、安全、环保等方面。

　　材料的应用表现是室内设计的重要手段。新材料、新工艺的不断涌现和更新，为室内设计提供了无穷的设计素材和灵感，运用这些物质技术手段结合艺术的美学才能创造出具有表现力和感染力的室内空间形象。

　　面对21世纪，我们迎来一个经济、信息、科技、文化都高度发达的兴旺时期，社会的物质和精神生活也都会提到一个新的高度，应尽可能地采用新型节能材料打造低碳室内空间，设计创造一个既具有科学性，又有艺术性；既能满足功能要求，又有文化内涵的现代室内环境是我们室内设计师的责任。

　　本书是图解方式的书，其主要特点就是精美的CAD插图资料运用得十分恰当，完全贴合本书的主题，并配以通俗易懂的文字简介，图形在传达意义的效果上常常比大家想要得到的还多。读者在读图的基础上了解到室内设计发展历史，把握室内设计的各类元素、样式、风格以及技巧方面的紧密传承，认识各种材料与设备的特征、规格、功能、用途以及装饰的构造等。近万个设计图形给读者美的愉悦和艺术的享受，许多的素材能提供给读者最大的收获和帮助，其独特的风格和精彩的读图效果，受到国内外广大读者喜爱。

　　本书由上海大师建筑装饰环境设计研究所创始人、教授级高级工程师康海飞编著，并主持设计，且由他培养的设计师完成全书的设计绘图工作，得到各地专家、教授的指导与帮助，经过五年共同努力，本书第二版才得以顺利完成。

　　上海大师建筑装饰环境设计研究所20年来，做过许多室内设计与家具设计工程，培养过26所高校的实习生300余人。其中有大专生、本科生和硕士生。因为发现他们普遍缺少实践能力，为此，本书特意在这些方面作了较多的介绍，让读者通过本书可以掌握实际的动手能力。

　　室内设计是一门综合性学科，它涉及的范围非常广泛，包括建筑学、建筑物理学、力学、美学、哲学、心理学、色彩学、人体工程学、材料学等知识。由于我们的学识有限，书中难免有错误和疏漏之处，希望国内外广大读者指正，以待今后再版时予以改进、充实和提高。

目　　录

古代埃及人创造了人类最早的建筑艺术以及和建筑物相适应的室内装饰艺术。新王国是古埃及的全盛时期，为适应宗教统治，法老被视为神的化身。因此，神庙成为这一时期突出的建筑。神庙中有许多柱头都是哈托尔女神的四面头雕，柱身、墙壁上都刻满了女神崇拜的雕刻。除了传统的柱式外，还有棕榈树式、纸草花式、莲花蕾式和神像式等多种柱头式样，柱身多刻有纪念性的象形文字和浮雕。天花板上绘有神鹰，墙壁上饰满植物和飞禽的壁画，地面、柱梁都有各种各样的异常华丽的装饰图案。

古埃及的家具都是经过油漆的。箱柜大多是色彩明快的几何图形装饰，较为华美的椅子，则镶嵌着象牙或珍珠母，也有贴金浮雕。其装饰图案的风格多采用木刻狮子、兽蹄形腿、鹰、柱头与植物等。金字塔是这个历史上最古老帝国富强的象征。但从具有精美装饰的建筑与家具艺术的成就里，又可更进一步了解到当时社会的繁荣和生活富足。

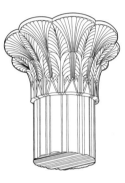
模仿植物形状的柱头

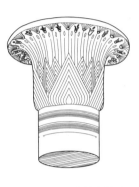
古埃及纸草花式神庙柱头

坟墓壁画中的天花果树图案

头像与植物结合的复合柱

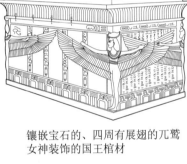
镶嵌宝石的、四周有展翅的兀鹫女神装饰的国王棺材

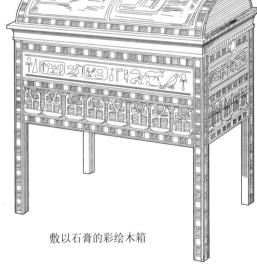
敷以石膏的彩绘木箱

狮身羊头像

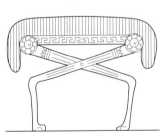
X形兽爪脚的软垫折叠凳

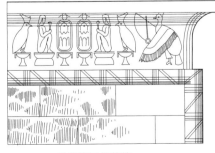
外墙檐口的装饰

棺材的装饰细节

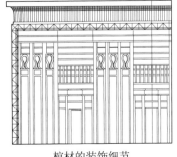
古埃及飞鹰纹墙的护胸甲

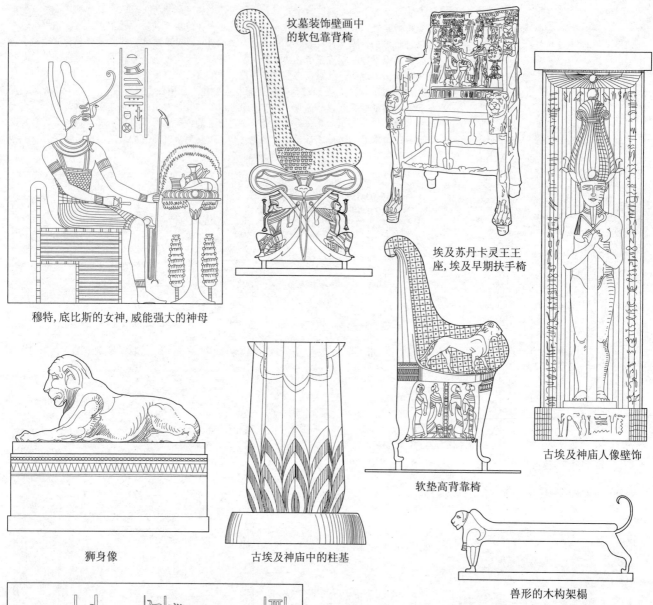

坟墓装饰壁画中的软包靠背椅

穆特，底比斯的女神，威能强大的神母

埃及苏丹卡灵王王座，埃及早期扶手椅

古埃及神庙人像壁饰

狮身像

古埃及神庙中的柱基

软垫高背靠椅

兽形的木构架榻

为女神独奏，马特是真理、正义与法律的女神

阿蒙，诸神之望法老的守护神与孔苏、月神、医疗之神

西亚文明分为苏美、亚述、新巴比伦及波斯几个阶段。苏美民族最为出色的是伊阿娜神庙和官殿，墙面用沥青保护，且用各色石片和贝壳贴成色彩斑斓的装饰图案。雕像和浮雕在这一时期已大为盛行。亚述的萨尔王官拱门的洞口和塔楼石板上雕刻着人兽翼牛像。官殿装饰富丽堂皇，其中含铬黄色的釉面砖和壁画是装饰的主要特征，雪花石膏墙板上布满了浅浮雕。新巴比伦王国最杰出的建筑是被称为世界七大奇迹之一的"空中花园"。官殿饰面技术，室内装饰也更为豪华艳丽，内壁往往镶嵌多彩的琉璃砖，琉璃砖饰面上有浮雕，内容多为程式化的动植物或其他花饰。波斯的建筑代表是帕赛玻里斯官殿，殿内有11米高的柱子100根，故称为"百柱大殿"。柱子极其精致而生动，柱头是两个对称的牛头。柱础是高高覆钟形的，并刻着花瓣。天花的梁枋和整个檐部都承包金箔，墙面布满了壁画。

西亚时期的家具的装饰多是经过油漆的，雕刻的纹样有人物、动物和植物的果叶，装饰较为华美的官殿家具，则镶嵌有贝壳、象牙和贴金箔。

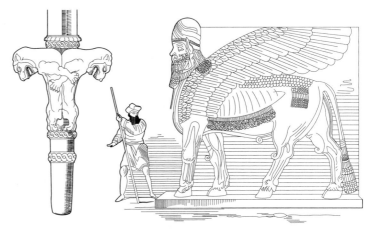

刀剑柄装饰的纹样　　　　王宫洞口人兽翼牛像

萨尔贡王宫入口

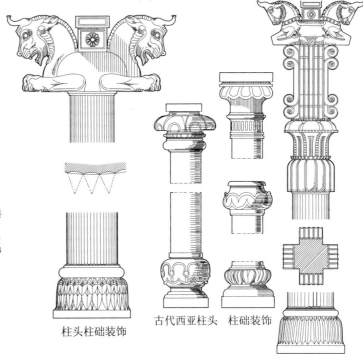

柱头柱础装饰　　古代西亚柱头　柱础装饰

柱头柱础装饰

建筑上描画的浅浮雕

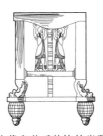

人像和兽爪装饰的坐凳

马纹装饰的国王座

龟壳垫装饰的坐凳

建筑墙描画的浅浮雕

古代希腊是欧洲文化的摇篮，希腊人在各个领域都创造了充满理性文化的光辉成就，在建筑装饰艺术方面也达到了相当完美的程度。

柱头的式样是古希腊建筑装饰艺术最集中的表现，它们是多立克式、爱奥尼式和科林斯式柱头。雕塑也是古希腊时期室内陈列的主要艺术。希腊建筑艺术中最优美的女像柱出色地解决了雕塑与柱子的关系，使它们既能支撑起建筑物的重荷又表现出女性宁静秀美的体态。

古希腊家具多采用精美的油漆涂饰，常见的装饰是在蓝色的底漆上画着棕榈带饰花纹图案。雕刻图案有人面狮身、想象的动物、棕榈纹、花环纹等，有些椅子的脚、腿部雕刻为动物翅形、有狮子爪的动物腿。希腊家具实现了功能与形式的统一，简洁，流畅，造型优美，比例恰当。

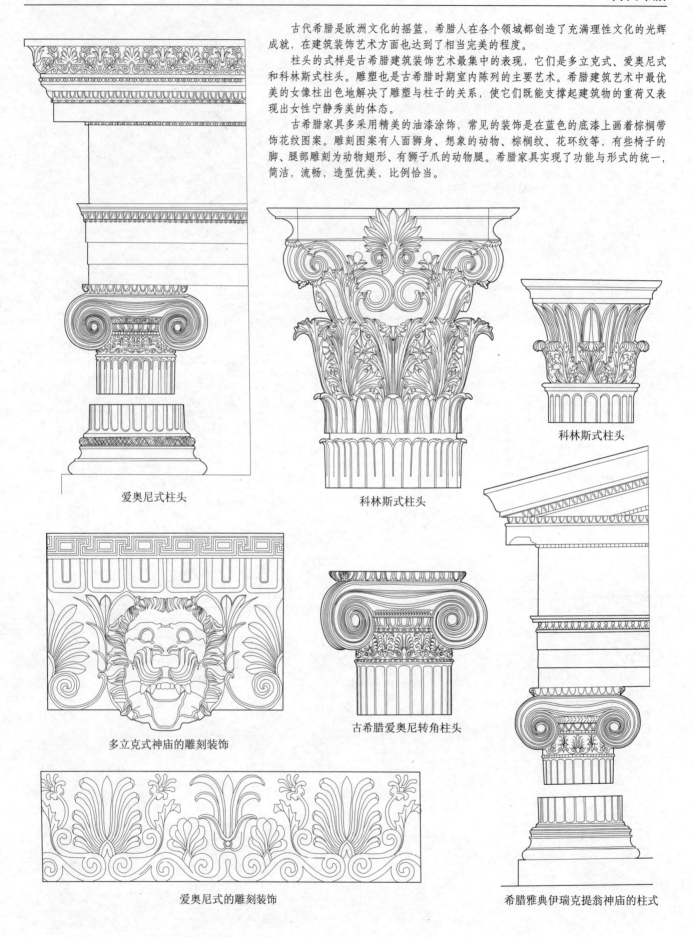

爱奥尼式柱头

科林斯式柱头

科林斯式柱头

多立克式神庙的雕刻装饰

古希腊爱奥尼转角柱头

爱奥尼式的雕刻装饰

希腊雅典伊瑞克提翁神庙的柱式

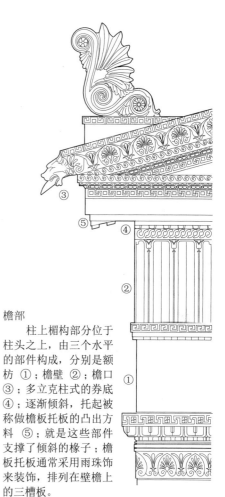

迈锡尼帝王室整个房间以火塘为中心，四周分别设置有帝王坐椅、神龛和祭祀物品，火塘上方完全开敞，没有屋顶，以利通光和透气，而围绕火塘的其余空间则相对封闭，设置了四根倒锥形柱子以支撑屋顶，整个帝工室四面布满了彩色的壁画装饰。

檐部

柱上楣构部分位于柱头之上，由三个水平的部件构成，分别是额枋①；檐壁②；檐口③；多立克柱式的券底④；逐渐倾斜，托起被称做檐板托板的凸出方料⑤；就是这些部件支撑了倾斜的椽子；檐板托板通常采用雨珠饰来装饰，排列在壁檐上的三槽板。

无花果纹样装饰的柱头

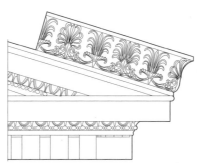

刻在庙宇山花斜檐口反曲线上的棕叶饰雕三种花纹组合，形成十分丰富的棕叶线脚。

雅典卫城胜利女神雅典娜神庙

这座小型神庙采用了爱奥尼柱式，前后各四根柱子，神庙上面的檐部和下面的基墙上也雕有精美的浮雕装饰，但为了与高大的山门相协调，胜利神庙所采用的柱子要比一般的爱奥尼柱粗壮一些，这在所有的爱奥尼式建筑中是很罕见的。

李西克拉特音乐纪念亭的尖顶饰

尖顶饰是指安置于屋顶的冠状尖顶或突出的端顶，如山花上的装饰物，它将被用来存放青铜三角祭坛。李西克拉特音乐纪念亭对顶部尖顶饰的运用极尽奢繁，上面装饰为毛茛叶饰和螺旋形饰。

古代罗马建筑装饰艺术是在融合多种艺术的基础上发展起来的。塔斯干柱式与券柱式就是罗马人创造的杰作。券拱技术是罗马建筑的最大特色和成就。罗马人改进爱奥尼柱式和科林斯柱式，并创造了组合柱式，被广泛地用于西方各类建筑中，成为西方古建筑最鲜明的特征之一。万神庙是古罗马建筑最杰出的代表，它最令人瞩目的特点就是精巧的穹顶结构创造出饱满、凝重的内部空间。与穹顶相对应的地面是用彩色大理石镶嵌成方形和圆形的几何图案。周边墙面有凹进的壁龛，每个壁龛前面竖立一对华丽的大理石科林斯柱子……。整个四周立面处理得主次分明，虚实相映，整体感强，细部装饰精致和谐，以及空间处理参差有致，使其成为集中式空间造型最卓越的典范。古罗马公共设施的另一项突出成就是公共浴场。浴场的室内装饰十分富丽、精美，墙面贴着各种颜色的大理石板或绘有壁画，地面铺着色彩鲜艳的马赛克，壁龛里和沿墙装饰性柱子的柱头上都陈列着精美的雕像。

古罗马家具常用装饰方法有雕刻、镶嵌、彩绘、镀金、贴薄木片、油漆等，其图案主要有带翼状的人或狮子、胜利女神、花环桂冠、马头、羊头、天鹅头或动物脚、植物、勋章等。另外常用的图案是莨苕叶形，这种图案的特性在于把叶脉轻琢慢雕，看起来高雅、自然。

希腊-罗马时期的祭坛

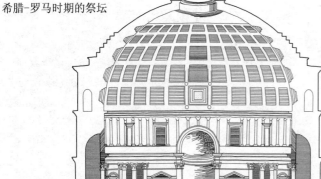

罗马万神庙

罗马坟墓的顶棚天花

罗马青铜床

古罗马安东尼与福斯蒂纳神殿

这座小神庙已经有了一些罗马建筑的特色，不再采用四面环绕的柱廊形式，而只在正立面入口处设置有着华丽柱头的几根柱子。由于罗马时期国家富强，尤其是罗马帝国时期，所以罗马的建筑大都有着复杂而精美的雕刻和各式华贵的装饰。

多立克柱式　　爱奥尼柱式　　科林斯柱式　　古罗马壁柱

罗马青铜凳

科内利乌斯桌子腿

古罗马庞培城一豪华住宅的无柱中庭　　券拱式建筑

印度的文化与宗教的关系非常密切，宗教性的建筑及室内装饰代表了古印度设计的最高成就。印度佛教建筑主要以窣堵坡为主，以及最神圣的佛教建筑支提窟，还有精舍、岩凿庙宇等。

窣堵坡：最重要的特征是它的半球形穹窿，窣堵坡的灰墁涂饰，同时还有圆形浮雕、花环和采自佛陀的一些生活场景化为缀饰。由岩凿而成的窣堵坡常被加以富丽的浓饰。围绕窣堵坡的围栏往往装饰富丽，上方的圆形浮雕刻画了花鸟、动物和神话人物。

支提窟有固定的模式——大厅被两排雕刻华美的柱子分隔开。支提窟主要是由石窟构成，有着特别高的连券廊式墙洞通道，建成时曾批以灰墁并涂支提窟窗户呈马蹄形，这种马蹄形窗户在支提窟立面有彩饰。

精舍主要组成元素为祭拜物，其中大多数是岩凿而成，是放置神像的圣祠。后期的精舍浓彩重饰。精舍的主体以游廊（大门斗）为正面装饰，通常它也是装饰的焦点。游廊的柱子经过雕饰，有时廊墙和顶棚上还饰有壁画。带柱大厅的柱子有4至20根。晚期精舍的柱子、顶棚以及墙面上都涂有彩饰。

所有战车式的庙宇都带有引人注目的高塔。高塔顶部为穹式装饰，这种高塔是"达罗毗荼风格"的突出代表。马摩拉普拉姆庙宇狮柱是达罗毗荼风格的代表，柱子的基础上为一头端坐的狮子，以及一个曲线形的罗曼式带枕柱头。柱头上面是盛开的莲花状饰物。印度教庙宇中的一个雕刻常见主题是毗湿奴神。他是印度教中最尊贵的主神之一，毗湿奴神被表现为骑在五头蛇阿南达的身上。曼达波穹隆（寺庙），刻有16个智慧女神像和一个中央悬饰。印度庙宇中的室内立柱雕刻尤为繁复多样，滴水状的支托垂饰是达罗毗荼风格最常用的一种。寺庙的门斗是典型的达罗毗荼风格，具有粗檐口柱群、兽像以及浓彩重饰的勒脚和基庄。门斗及罗达波的奢华装饰——基柱上雕刻的神、女神以及众多天仙浮雕。装饰华丽的柱颈上方是经幢高耸的柱头，他们是波斯风格，柱头上面雕刻了骏马和驮有人物的大象。

古印度岩凿建筑中的家具基本上都有石桌、石凳及石床等。石雕建筑是古印度建筑装饰文化的最大特点。

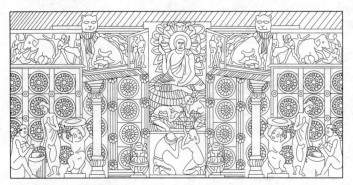

德干阿默拉袄蒂窣堵坡圆形浮雕的一部分

岩凿寺中雕刻神像

德干巴贾的早期支提窟

早期的经幢柱颈上饰花

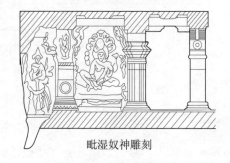

毗湿奴神雕刻

古印度建筑檐部雕刻

9世纪埃洛拉因陀罗萨巴岩凿寺室内装饰

17世纪达罗毗荼风格柱头

达罗毗荼风格的佛塔

17世纪达罗毗荼风格主柱　　　古印度壁柱

5世纪位于德干的阿旃陀精舍

壁柱及门框上部

一张大的木质装饰御座，
有长枕垫和踏脚处

圣索菲亚大教堂是拜占庭建筑及室内设计史上的杰作。教堂的顶部为圆形的穹窿。穹窿和帆拱全部采用玻璃马赛克描绘出君王和圣徒的形象，如宝石一般闪闪发光。柱墩和墙面用彩色大理石贴面，并由三种色组成图案，绚丽夺目。柱子有深红色、深绿色，柱头都是贴着金箔的白色大理石。地面也用马赛克铺装。整个大殿室内空间高大宽敞、气势雄伟、金碧辉煌。圣维塔列教堂也以复杂而宏伟的内部设计而盛名于天下。它是一个八面体建筑，圆形的穹窿大殿，由8根柱墩支撑着，柱墩之间是两组连续券。柱头是篮状的，上面刻着精细的透孔花纹。大殿内及过道的拱布满了镶嵌画，它是拜占庭室内艺术的代表。

拜占庭教堂及宫殿内的家具风格，具有明显的东方色彩，家具的材质多为木材、金属、象牙，并以金、银、宝石装饰，也以雕刻作表面装饰。这个时期的椅、桌都以希腊、罗马的形式为基本样式，其主要特点是采用了由建筑的拱脚衍生出来的连拱廊，常作成浅浮雕或透雕，整个装饰由菱形、半圆形、圆形图案嵌入表面。旋木技术和象牙雕刻为拜占庭手工艺中极为重要的部分。

拜占庭教堂内景泰蓝与珐琅装饰

坟墓圆顶上的玻璃马赛克装饰

圣瓦西里升天教堂

这是拜占庭风格的圆顶在俄罗斯的新发展形式，由于当地冬季多雪，为了避免穹顶被雪压塌，所以将半圆的穹顶改成了洋葱顶的形式，而17世纪的彩色瓦面又为这些洋葱顶赋予了活泼的外性。此外，俄罗斯地区还有一种木制的教堂建筑，在一座教堂中可以设置许多的小型洋葱顶，其外观更为独特。

圣瑟吉厄斯和巴克斯教堂的皱褶式柱头

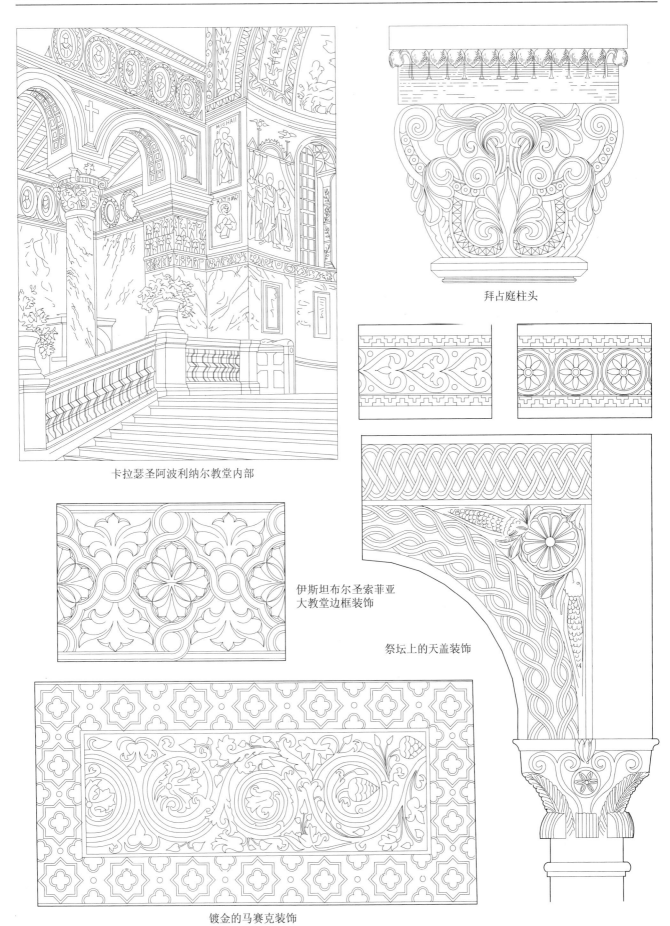

拜占庭柱头

卡拉瑟圣阿波利纳尔教堂内部

伊斯坦布尔圣索菲亚
大教堂边框装饰

祭坛上的天盖装饰

镀金的马赛克装饰

仿罗马式这个名称含有与古罗马设计相似的意思，它是指西欧于11世纪晚期发展起来并成熟于12世纪的一种样式，这一时期的主要特点就是其结构来源于古罗马的建筑构造方式，即采用了典型罗马拱券结构。

艺术并非一种统一的艺术风格，而是这个时期或多或少与古罗马艺术有联系的各种艺术的总称。仿罗马式艺术以建筑为主，门窗上方都为半圆形，门上饰以雕刻，建筑内部以壁画、雕刻及玻璃画装饰，尽管内外装饰比较少，但注重装饰性，显得厚重、简洁而庄严。

家具形体笨重，形式拘谨。家具的主要标志就是采用罗马式建筑的连环拱廊作为家具构件和表面装饰的手法，并广泛采用旋木构件。装饰图案大多为古罗马的兽爪、兽头、百合花等其他古罗马时期的常用图案。

典型的罗马拱券结构装饰

狮头、卷草装饰的浮雕

卷草叶装饰的浮雕

英格兰建筑中的雕刻（在连拱的空间处，交替地安置了人像和卷形纹装饰）

罗马的圣克莱门特巴西利卡（于11世纪在旧建筑的平面上重建）

狮、羊装饰的柱础

柱子　　　　　　　　　　　　　柱子

高度程式化的涡卷式叶簇装饰，是仿罗马式普遍风格的一部分，它的应用并不局限在德国，或者任何一个地区和国家。

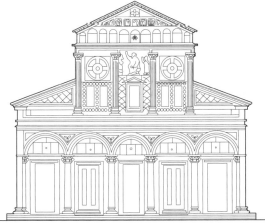

圣米尼亚托·阿尔蒙特教堂西立面图

　　佛罗伦萨的仿罗马式建筑有一个重要特点，就是使用彩色大理石，以达到令人目眩的视觉效果。

加洛林王朝统治者的青铜折叠椅，所谓的德高伯特御座，9世纪早期，12世纪增加了靠背和扶手。

植物叶子装饰的浮雕

雕刻模仿扭曲的绳索，形成的卷缆状线脚（绳索样装饰条）或者绳结是这个时期的独特装饰形式。在早期建筑中没有发现过这种样式，它出现于罗马式建筑雕刻师的创作之中。

施派尔大教堂柱头

　　德国建筑中充斥着无数不同风格的柱头。朴素粗硕的柱头不断被更加新颖、更加华丽的样式所取代。这个12世纪早期的硬叶式柱头，从两条纠缠的天鹅颈侧边伸展而出，表达了雕刻师的艺术自信，并成为装饰艺术日益繁荣的象征。

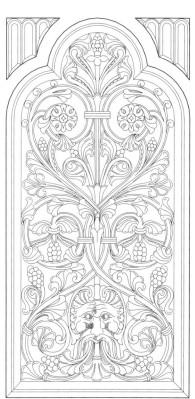

人头像和果实装饰的浮雕

　　哥特式是 12 世纪至 16 世纪初欧洲出现的新型建筑为代表的艺术风格，它包括雕塑、绘画和工艺美术。哥特式建筑以教堂为主，其主要特点是变罗马式半圆形拱为矢状扶壁，将所有的内部空间以骨架券联结为整体，尖顶变得比较轻巧从而使墙变薄，内部空间增大，墙上设计了许多高大的窗户。中厅顶部加高以后，外墙采用了飞券，以承担高屋顶的侧推力。窗子多用彩色玻璃镶嵌，以形成彩色光影，使室内产生神秘的幻觉。尖券、肋拱、飞扶壁和彩色玻璃都是哥特式建筑中的必要元素。

　　哥特时期的家具从形体到装饰受教堂的影响极深，造型以强调垂直线的对称式为主，并模仿建筑上的尖顶、肋拱、细柱等。结构为框架式，一般在框中插入镶板。家具上浅雕或透雕花纹以植物叶饰为主，一般有卷涡、S 形花纹、叶簇形、火焰形等装饰花纹。

哥特式门立面

马丁教皇椅

哥特式教堂内部装饰

哥特式床

科隆大教堂双四叶饰

法国欧什（热尔省）大教堂的玫瑰窗

哥特式箱柜五金件

哥特式屋顶与柱子

西班牙哥特式衣箱

哥特式柱头

哥特式窗花

哥特式箱柜五金件

上端有圆堡的尖头拱连拱廊

哥特式顶

哥特式窗

　　文艺复兴即是复兴希腊、罗马的古典文化。在建筑及室内装饰设计上，重新采用体现着和谐与理性的古希腊、古罗马时期的柱式构图要素，同时人体雕塑、大型壁画和线形图案的锻铁饰件也开始用于室内装饰。而将几何形式用作室内装饰的母题则是文艺复兴时期的主要特征之一。意大利文艺复兴时期的建筑以和谐、明朗、充满力量为典型特征，其大多表现为采用古典主义、古风建筑规则或柱式。色彩、质地与华丽感是法国枫丹白露宫内设计的重要元素，带镶嵌细工的天花板、木制镶板、镀金框架和镜子的使用都强化了富丽堂皇的装饰效果。这种设计风格被多数欧洲国家仿效。庭院与天井是西班牙建筑的重要特征。庭院中心的喷泉饰有神话生物之类的古典母题和毛茛叶饰。雕刻是典型的西班牙装饰，建筑师经常使用如贝壳饰、叶饰、圆雕饰以及壶饰这些仿古典风格的母题。英国伊丽莎白一世时期很多雄伟建筑都用了大量的玻璃及壁炉、门斗、大门的建筑绘画。

　　文艺复兴式家具起源于意大利，与那时的艺术风格及建筑一起首先传播到法国、德国，直至整个欧洲大陆。文艺复兴式家具装饰强调实用与美相结合，强调以人为本的功能主义，具有华美、庄重、结实、永恒、雄伟的风格特征。

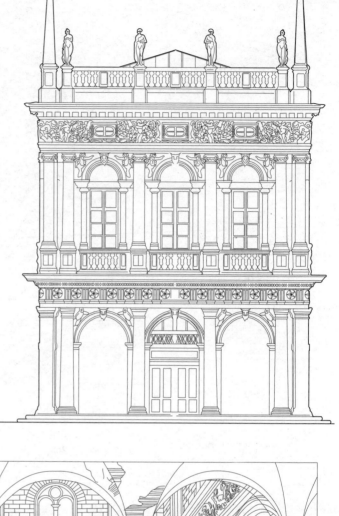

　　意大利威尼斯的圣马可图书馆是简单的长方体建筑，立面两层都采用连续的券柱式，因而整个建筑显得高大而宽敞，在建筑中设置了大量的雕刻作品。檐壁上的横窗中有连续的高浮雕带，檐口上还设有花栏杆和各式的雕像，以及小方尖碑，使建筑有了一个极具观赏性的外观。

意大利文艺复兴建筑美狄奇府邸庭院内部

文艺复兴室内装饰线条

文艺复兴室内装饰线条

对科林斯柱式的变异

壁柱剖面图

实木内门装饰

文艺复兴时期胡桃木嫁妆箱

门细部

带翼人物法式柱头

混合式柱头

西班牙埃斯科利亚
尔修道院雕刻装饰

文艺复兴时期法式高壁炉

罗马圣彼得大教堂

　　古典建筑基于 5 种互不相同的定型化的柱子和水平支撑系统，称之为古典建筑的柱式。每种柱式的各部分和部件的大小比例系统成为区分每一种柱式的独有的鲜明特点，这种大小比例是按相应于锥形柱身最下面那部分的直径的倍数或分数量度的。

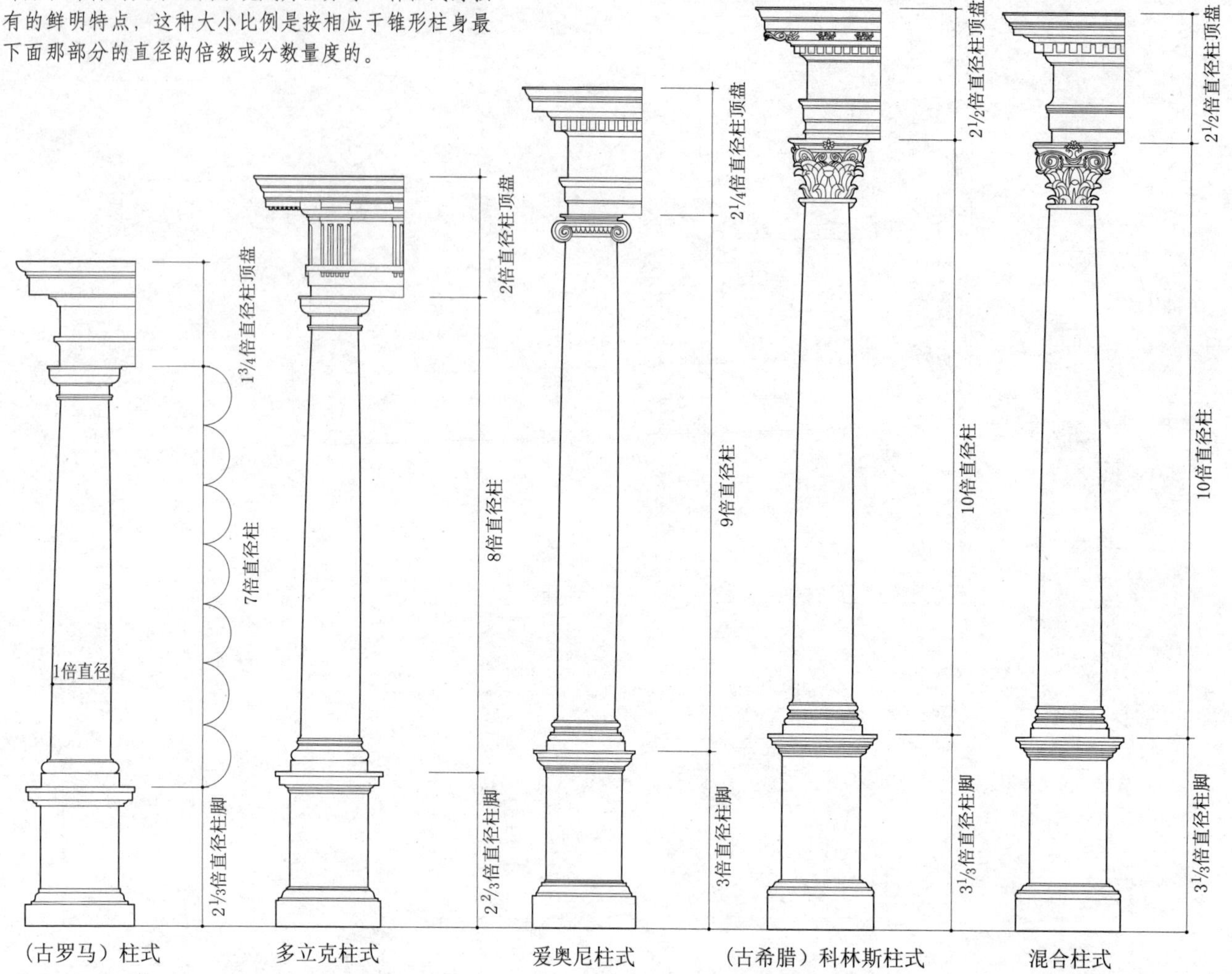

1倍直径

1¾倍直径柱顶盘

7倍直径柱

2⅓倍直径柱脚

（古罗马）柱式

2倍直径柱顶盘

8倍直径柱

2⅔倍直径柱脚

多立克柱式

2¼倍直径柱顶盘

9倍直径柱

3倍直径柱脚

爱奥尼柱式

2¼倍直径柱顶盘

10倍直径柱

3⅓倍直径柱脚

（古希腊）科林斯柱式

2½倍直径柱顶盘

10倍直径柱

3⅓倍直径柱脚

混合柱式

巴洛克是16世纪末期至18世纪中叶，在西欧盛行的一种艺术风格，起源于意大利，后来遍及欧洲各国，用于建筑、室内装饰及家具中。巴洛克风格的浪漫主义的精神作为形式设计的出发点，追求宏伟、生动、热情、奔放的艺术效果。巴洛克室内装饰设计风格的共同特点是在造型上采用椭圆形、曲线与曲面等极富生动的形式，着重强调的是变化和动感。其次打破了建筑空间与雕刻和绘画的界限，使它们互相渗透，强调艺术形式的多方面综合，如将顶面、柱子、墙壁、壁龛、门窗等综合成一个集雕塑、彩绘和建筑的有机体。在色彩上追求华贵富丽，并大量饰以金银箔，甚至用宝石、纯金等贵重材料表现奢华的装饰风格。

巴洛克风格的家具诞生在意大利，成熟在法国。特别是路易十四时期的巴洛克家具是最负盛名，为巴洛克时期的典型代表。欧洲巴洛克家具装饰的趋势是打破古典主义严肃、端正的静止状态，形成浪漫的曲直相间与曲线多变的生动形象，并集木工，雕刻，拼贴，镶嵌，旋木等多种技法为一体，追求豪华、宏伟、奔放、庄严和浪漫的艺术效果。

凡尔赛宫装饰性柱头

卡洛·玛丹诺设计的罗马圣苏珊娜教堂

一座巴洛克风格的教堂建筑。手法主义是对严谨的古典立面的反叛，力求通过复杂的构成和出其不意的设置手法打破陈规的束缚。而巴洛克作为一种新的建筑风格，也有一定的构成法则。圣苏珊娜教堂的立面中用相对简单的柱子组合方式和突出层次感的方法使立面显得更为规整，还强化了立面的垂直性，使立面更为紧凑，有整体感。

1775年南卡罗莱那图书馆巴洛克风格的石膏天花板

1655年巴洛克风格中央天花板装饰

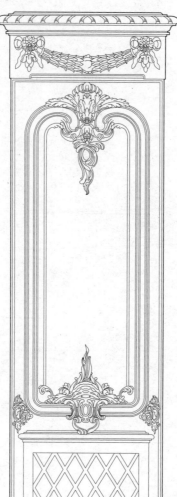

南卡罗莱那某住宅宴会厅，石膏
天花板（表面彩色镀金）

凡尔赛宫客厅装饰

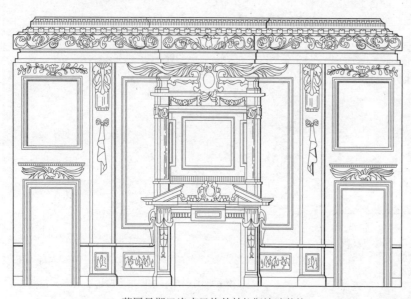

英国早期巴洛克风格的帕拉斯墙壁装饰

路易十四时期有写字台的木刻衣柜

　　洛可可风格是一种纯装饰性的风格，它具有鲜明的反古典主义的特点，追求华丽、轻盈、精致、繁复的艺术风格。在室内中排斥一切建筑母题，过去用壁柱的地方改用镶板或镜子，四周用细巧复杂的边框围起来；凹圆线脚和柔软的卷涡代替了檐口和小山花，圆雕和高浮雕换成色彩艳丽的小幅绘画和薄浮雕，天花也是由曲面构成的，上面画满具有欢快情调的天顶画，惯用娇艳的颜色，常选嫩绿、粉红、玫瑰红等色彩，线脚多为金色，天花往往画着蓝天白云的天顶画；喜爱闪烁的光泽，墙上大量镶嵌镜子，悬挂晶体玻璃的吊灯，多陈设瓷器、壁炉等磨光的大理石，特别喜欢在镜前安装烛台，造成摇曳不定的迷离效果；整个空间以白色为主，以金色和黄色点缀，色泽柔和亮丽，造型图案仍是崇尚自然的曲线趣味，绘画和雕刻中的人物富有戏谑性和飘逸性的特点。

　　洛可可式家具以回旋曲折的贝壳曲线和精细纤巧的雕式为其主要特征。桌椅造型的基调是凸曲线，弯脚成为当时的唯一形式。装饰题材除海贝和椭圆形外，还有花叶、果实、绶带、卷涡和天使等组成了华丽纤巧的图案。洛可可家具最大的成就就是将最优美的形式和尽可能舒适的效果灵巧地结合在一起。

1727年英国威廉时期的大理石面镀金桌子

路易十五时期卧室设计

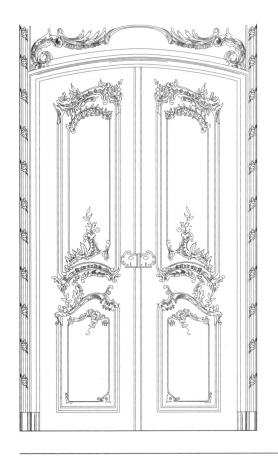

十七世纪洛可可风格的齿状壁带装饰

洛可可风格的石贝装饰

放置供品的祭坛

    洛可可风格不仅影响室内装饰，也影响了祭坛。祭坛历来是人们大力装饰的对象，是教堂最为富丽的地主，各种藤蔓类的植物仿佛生长在祭坛上一般，肆意地伸展着枝条，组成祭坛饱满而动感十足的外观。通常这类祭坛都由金属制成，外面再镶以金箔，有的甚至是纯金打造而成。

乔治二世时期红木写字台

1755年乔治二世桃花心木柜

1740年英国威廉时期洛可可式双门柜

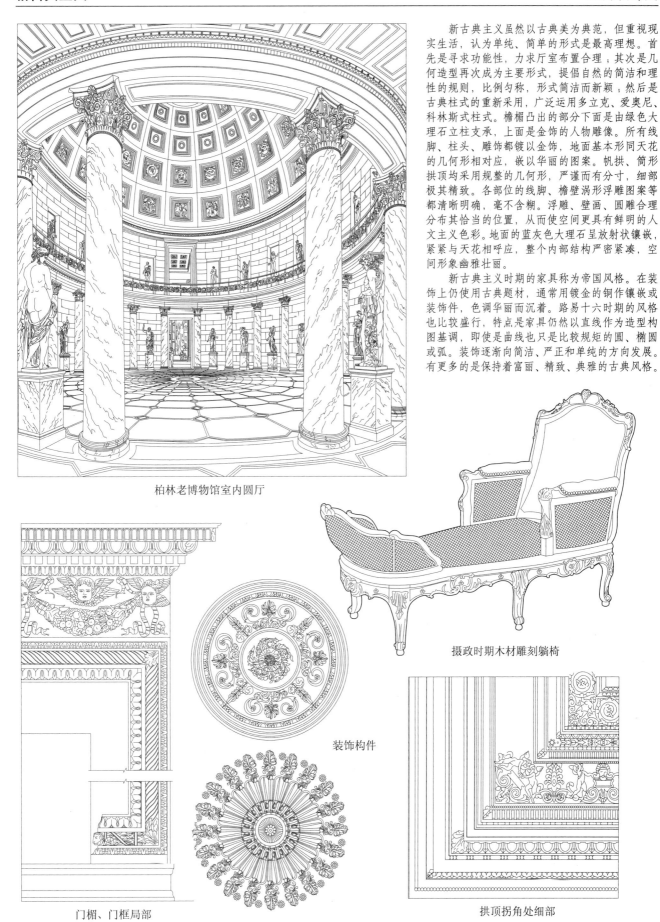

新古典主义虽然以古典美为典范，但重视现实生活，认为单纯、简单的形式是最高理想。首先是寻求功能性，力求厅室布置合理；其次是几何造型再次成为主要形式，提倡自然的简洁和理性的规则，比例匀称，形式简洁而新颖；然后是古典柱式的重新采用，广泛运用多立克、爱奥尼、科林斯式柱式。檐楣凸出的部分下面是由绿色大理石立柱支承，上面是金饰的人物雕像。所有线脚、柱头、雕饰都镀以金饰，地面基本形同天花的几何形相对应，嵌以华丽的图案。帆拱、筒形拱顶均采用规整的几何形，严谨而有分寸，细部极其精致。各部位的线脚、檐壁涡形浮雕图案等都清晰明确，毫不含糊。浮雕、壁画、圆雕合理分布其恰当的位置，从而使空间更具有鲜明的人文主义色彩。地面的蓝灰色大理石呈放射状镶嵌，紧紧与天花相呼应，整个内部结构严密紧凑，空间形象幽雅壮丽。

新古典主义时期的家具称为帝国风格。在装饰上仍使用古典题材，通常用镀金的铜作镶嵌或装饰件，色调华丽而沉着。路易十六时期的风格也比较盛行，特点是家具仍然以直线作为造型构图基调，即使是曲线也只是比较规矩的圆、椭圆或弧。装饰逐渐向简洁、严正和单纯的方向发展。有更多的是保持着富丽、精致、典雅的古典风格。

柏林老博物馆室内圆厅

摄政时期木材雕刻躺椅

装饰构件

门楣、门框局部

拱顶拐角处细部

1775年英国伦敦的新古典主义风格的墙壁和天花板装饰

路易十五时期的矮柜

18世纪中期路易十五靠墙桌

路易十五时期镀金青铜雕花黄檀木小抽屉柜

摄政时期木雕桌

摄政统治时期青铜和
包裹镀金的烛台架

摄政时期黑檀色镀金扶手椅

新古典主义风格红木小衣柜

18世纪下半叶，英国首先出现了浪漫主义建筑思潮，它主张发扬个性，提倡自然主义，反对僵化的古典主义。具体表现于追求中世纪的艺术形式、趣味非凡的异国情调。由于它更多地以哥特式建筑形象出现，又被称为哥特复兴。

因为浪漫主义与哥特复古风潮有着密切的关系，彼此呼应而于欧洲遍地开花。在英国哥特式复兴遍地开花的同时，在法国兴起了对中世纪哥特式建筑的研究与保护。

罗克塔得城堡是法国浪漫主义风格的一个优秀作品，城堡的建筑外观及室内装饰同样表达了对中世纪传统文化的向往之情。城堡内部到处体现一种简洁、文雅、宗教般的清朴气息。一些浪漫主义建筑运用了新的材料和技术，这种科技上的进步，对以后的现代风格产生了很大的影响。最著名的例子是由拉布鲁斯特设计的巴黎国立图书馆。新型的钢铁结构，在大厅的顶部由铁骨架运用帆拱式的穹隆构成，下面以铁柱支撑。铁柱的下部加了水泥柱基；在拱门上做了一圈金属花饰环带。

在美国作为新独立的国家新联邦政府鼓励希腊复兴，委托许多官方建筑用这种逐渐流行的样式。在纽约，汤和戴维斯公司创作了另一幢帕提农式的庙宇——美国海关大厦，它是完全石砌的建筑，前后都有多立克柱廊，四周的窗户由壁柱间隔着。室内是约翰·弗拉齐的杰作，他是主要公共空间的设计师，圆形的大厅，周围一圈科林斯柱和壁柱，支撑着主要坡顶，下嵌有饰板的穹顶。大量使用希腊式家具，克利斯莫斯椅和希腊装饰主题的沙发，安置在希腊檐口线脚和粉饰过的玫瑰花形顶棚下。甚至墙到墙之间也铺了地毯，也运用了模糊不清的希腊式。家具线条优美、结构简朴，并具有完美的比例。重视高雅气派的表现，因而在装饰上多采用莨苕叶、麦穗、玫瑰花结、狮面、狮爪、犬爪、凹槽和折布等古典图案。兼顾木质的轻巧和坚固程度，所以常采用桃花心木为主要材料。

植物叶装饰的实木客房门

法国由拉布鲁斯特设计的浪漫主义作品

复古风潮时期《哥特家具》封面

铁艺走廊栏杆

铁艺阳台撑托

楼梯花

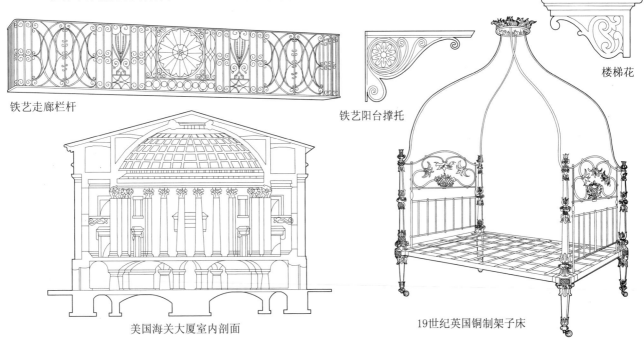

美国海关大厦室内剖面

19世纪英国铜制架子床

拱助音乐厅（维奥列多）

铁艺阳台栏杆

伦敦的索默塞特府邸前厅（建于1776年以后）

19世纪妇女书写桌

19世纪英国浪漫主义室内装饰

　　"折中主义"观念设计应当选择一个历史先例并对其模仿，其主要特点是追求形式美，注意形体的推敲，没有严格的固定程式，任意摹仿历史上的各种风格，或对各种风格进行自由组合。折中主义反映的是创新的愿望，促进新观念、新形式的形成，丰富了建筑文化的面貌。

　　折中主义以法国为典型，巴黎美术学院是当时传播折中主义的艺术中心。这一时期重要的代表作品是巴黎歌剧院以及巴黎德·奥赛火车站等。

　　约翰·索阿那府邸是成功的折中主义作品。它的内部设计是糅合了古埃及、中世纪等多种风格的作品，其中小餐厅、餐桌、椅子都具有古埃及的简朴，顶部还带有拜占庭式的帆拱特色。

　　巴黎德·奥赛火车站大厅，1898～1900年，维克托·拉鲁设计。拉鲁采用古典细部将这座大型火车站巨大的天窗装饰成学院派风格。该建筑被保存下来，并被赋予现代用途。现在是奥赛博物馆。

巴黎德·奥赛火车站大厅

楼梯铁艺栏杆

壁炉架上的装饰

古希腊爱奥尼柱式

彩色玻璃纹样

门头装饰

仿科林斯柱头

壁炉架装饰

　　外来风格在19世纪建筑中也很普遍，它们来自印度、中国、埃及和其他地方，由费城建筑师塞缪尔斯隆设计的这八边形的房子就是这种外来主义的杰作。

　　巴黎歌剧院1861～1875年，由路易·夏尔·加尼埃设计，是学院派设计的杰出代表。建筑布局既合逻辑又满足功能要求，室内外布满了丰富的装饰细部，这些细部确实过于繁琐，但还没达到粗俗的地步。巴黎歌剧院为后世建筑开创了一种节日大厅的形制。在剧院中，通过门厅和楼梯表达的精美装饰使观众感受到了喜庆的氛围，雕像被巨大的烛台各种色彩的大理石柱子支撑着，而且镀金的细部使置身于楼梯间的人获得一种异常兴奋的感觉，这种感觉和将要在观众厅上演剧目的振奋人心相吻合。这些雕刻极清晰地炫耀着建筑的细部，但它们并不能将真正的光色效果传达出来。

原始时代的建筑已有简单的装饰，房屋有锥刺纹样，有二方连续的几何形泥塑，还有刻画的平行线和压印的圆点和图案。新石器晚期，室内装饰有白灰墙面上刻画的几何形图案，白灰墙面上还有用红颜料的墙裙等。

商周最古老的神庙遗址发现于辽宁西部的建平县境内，神庙的室内已用彩画和线脚来装饰墙面。河南偃师二里头发现的商朝官殿遗址，是一座建于夯土台基上、坐北朝南的大型木构建筑，屋顶为重檐四坡式，殿内可能按前朝后寝的方式划分，宫殿四周有廊庑环绕。西周早期官殿（或宗庙）遗址，全部房基建在夯土台基上，建筑组群——门到前堂过廊和后室为中轴线，东西两侧配置门房、厢房，左右对称，布局严谨；墙面和室内地面皆抹三合土，屋顶盖茅草，屋脊及天沟处已用少量的瓦，建筑木构件有做彩绘的，也有做雕刻的，商代尤其是西周已能使用多种颜色。斗栱是中国古代木结构建筑的特点之一。它的使用，成功地解决了剪应力对梁架的破坏，并且使建筑外观更加优美。

青铜器是人们生活当中不能缺少的器物。这些青铜器被制作得相当精美，它们不仅是生活中的器皿，而且也是重要的室内装饰品。商代是我国青铜器文化高度发展的时代，青铜器造型奇特、装饰绚丽、气氛神秘，在世界文化艺术史上占有重要的地位，对当时的室内设计也有深刻的影响。

西周俎
（辽宁义县花儿楼窖藏坑出土）

西周兽足方鬲（柜形青铜器）
《商周彝器通考图》

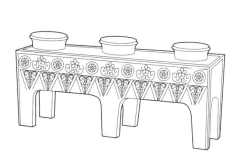

商周·铜甗（一种中部有箅子的灶具）

单线兽面纹

龙虎斗象图案

眼　鼻

兽面纹青铜建筑构件

这件小双桥商场出土的商朝早期青铜建筑构件，既是宫殿木梁前端的装饰，也是加固木梁的构件。清晰华丽的兽面纹，显示出商王室建筑的气派。

陕西西周井叔墓出木抬盘与铜足漆案

西安半坡第24号方形房址复原图
引自蔡风书著.沉睡的文明.济南齐鲁书社，2003.

商石俎（河南安阳出土）

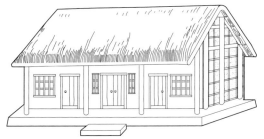

商代民居草屋想象图

我国在夏商时代，建筑几乎都是使用草顶、土墙，没有砖瓦，本图是商代时期的民居草屋想象图。

西安半坡第22号
圆形房址复原图

半瓦当（东周）

砖瓦在西周时已产生，条砖和空心砖则出现在战国时期。随着制砖、制瓦技术的提高，还出现了专门用于铺地的花纹，燕下都出土的花纹砖有双龙、回纹、蝉纹等纹饰。

木结构的装饰逐渐丰富，贵族士大夫的宫室极尽彩绘装修之能事。战国时期的宫室殿宇的门楣，刻镂绮文、朱丹漆画，已是相当华丽。

战国时期的家具更丰富，建筑构件中的燕尾榫、凹凸榫、割肩榫工艺也用于家具制作，木家具的表面进行漆绘的工艺已达到相当高的水平。

战国时期是我国低形家具的形成期，此时家具的总体特点是造型古朴、用料粗硕、漆饰单纯而粗犷。

床的最早实物同样出自长台关的楚墓中，周围有栏杆，数处用铜脚缔固和装饰。

屏具是挡风和遮蔽视线的，但后来成了室内空间的重要分隔物。

楚漆凭几
（北京历史博物馆藏）

半瓦当（战国）

战国　鬃
黑漆朱绘云纹木笾（长450）

战国　木雕花几

河南信阳楚墓出土黑漆大床
长2180×宽1390×高190

战国（楚）马山1号
幕双凤漆耳杯纹样

战国（楚）虎座凤鸟悬鼓纹样

春秋战国时期伎乐铜屋
　　浙江绍兴春秋战国墓中出土，为青铜器精品。前面有4根柱子，后面开1小窗，左右两边是透空壁屋中有古越人演奏音乐，屋顶柱头为鸠鸟。铜屋四周有勾连回纹、勾连云纹装潢。

左侧

正面

背面

战国伎乐铜屋花纹展示图

　　秦、汉时期的建筑装饰有壁画、画像砖、画像石瓦当等。装饰纹样题材丰富多样，有人物纹样、几何纹样、动物纹样、植物纹样四类。

　　秦汉宫殿的墙壁大都是垒土坯混用的，最后以白灰涂刷，又于东、西、南、北四个方向分别涂上青、白、红、黑四种色，使其符合四方四色之意。

　　地面多铺地砖，铺地砖方形居多，上有花纹，还有用黑、红两色漆地的做法。秦、汉时期有铺地毯的，但主要是在宫殿中。

　　用色彩装饰木构件的做法商周出现，比较正规的藻井彩画则出于秦汉。藻井多画荷等水生植物，多用于祠堂、庙宇、陵墓和宫殿。

　　秦汉壁画不仅见于官殿、庙堂，还普及至贵族堂室、宦吏宿舍、陵墓。秦、汉壁画也以历史故事、功臣肖像、生活情景为主要内容。画像石常用线刻也有浮雕式是一种半画半雕的装饰。汉代的画像石、画像砖用于陵墓、祠堂、庙宇。画像石和画像砖的题材大致有神话传说、生产生活景象、建筑、自然风光、历史故事、历史人物等。

　　秦、汉时期的家具已有床榻、几案、茵席、箱柜、屏风等几大类。秦汉之时，家具有向高形渐进的趋势。

　　汉代是我国古代灯具的鼎盛时期，灯具类型繁多，而且造型优美，如已出土的有汉代长信宫灯，西汉中期朱雀灯。

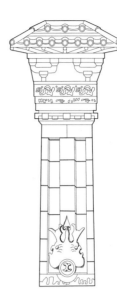

秦汉文字瓦当

　　冯焕阙位于四川渠县东汉豫州刺史冯焕墓前，原阙是双出阙形式，但现今所存仅剩东侧的母阙，本图是它的正立面。阙高4米多，最宽处约2米。由上至下为阙顶、斗栱、梁枋、阙身。阙身由整块石料雕琢而成。

西汉彩绘木屏（长沙马王堆汉墓出土）

　　山东沂南县汉画像石墓中的柱式，这些有着清晰外观的柱子向我们展示了当时建筑的两种柱式，柱子上精美的雕花，也是代表着当时手工业的发展状况。

汉代沂南柱式

床榻　东晋　顾恺之《女史箴图》

西汉马王堆3号墓漆几面龙纹

四川高颐阙

　　这是一大一小的石制双阙形式，阙的顶部仿造木构雕刻，可以清楚地看到斗栱和支柱等各个组成部分，是研究汉代木构架发展状况的重要依据。

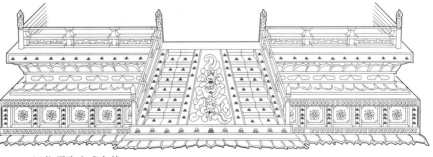

汉代须弥座式台基

　　须弥座式台基就是须弥座形式的台基，也就是台基做成须弥座的形式。它的最大特点是在台基的立面中段有一圈凹进去的束腰。束腰处雕有大瓣的仰覆莲花，同时台基底层边缘也雕有覆莲花瓣。束腰下面的台基壁面上和台基的中部雕有形象生动的花草。台基的上缘则设有望柱栏杆，是台基上的一种重要的装饰件。整个台基用色华丽，雕刻精美。

魏晋隋唐是开窟建寺的高峰时期，佛教建筑主要包括佛寺、塔和石窟。佛塔自印度传到中国后与中国建筑形式结合，创造了中国楼阁式木塔。嵩岳寺塔是我国现存年代最早的用砖砌筑的佛塔。

建筑物大体以台基、梁架、屋身和屋顶部分组成，南北朝时屋顶举折平缓，正脊与尾衔接成柔和的曲线，出檐深远，给人以既庄重又柔丽的浑然一体的印象。此时已出现少量的琉璃瓦，用于个别重要的宫室屋顶作剪边处理，色彩则以绿色为主，檐口以下部分则以柱身和承托梁架及屋檐的斗栱组成，重要建筑物有彩绘并且常常绘有壁画。以二方连续展示的花纹卷草、缠枝等为基调，十分高雅、妩媚。

室内装修主要体现在墙面的壁画上，魏晋南北朝继承和发扬了汉代的绘画艺术，呈现出丰富多彩的面貌，壁画可分为殿堂壁画、寺观壁画、墓石壁画和石窟壁画。

魏晋南北朝时，印度僧人和西域工匠带来了融希腊、波斯风格为一体的艺术，对中国的家具和其他艺术门类都有较大的影响。

由于民族大融合的结果，家具普遍升高，虽然仍保留席坐的习俗，但高坐具如椅子、方凳、圆凳、束腰形圆凳已由胡人传入，床已增高，下部用壸门做装饰并已有架子骨。屏风也由几折发展为多叠式。

魏晋南北朝时代除青瓷、黑釉瓷、黄釉和白瓷也达到了很高的水平，北齐的白瓷是目前见到的最早的白瓷。

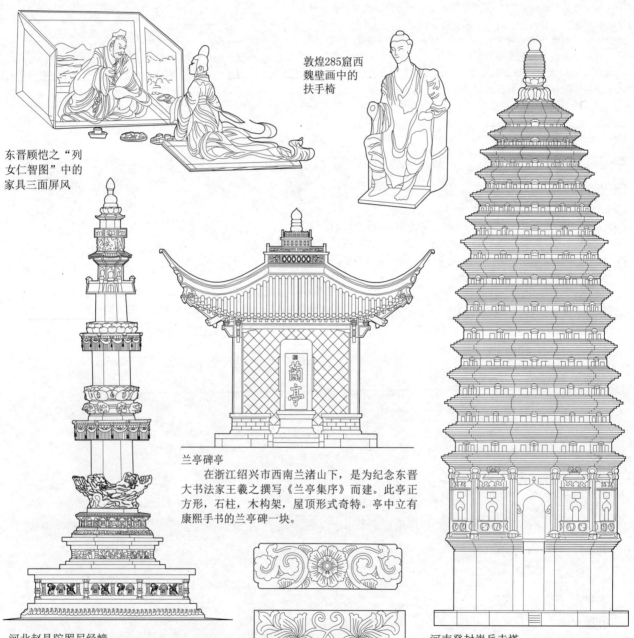

东晋顾恺之"列女仁智图"中的家具三面屏风

敦煌285窟西魏壁画中的扶手椅

兰亭碑亭

在浙江绍兴市西南兰渚山下，是为纪念东晋大书法家王羲之撰写《兰亭集序》而建。此亭正方形，石柱，木构架，屋顶形式奇特。亭中立有康熙手书的兰亭碑一块。

河北赵县陀罗尼经幢

是在三层须弥座上建造而成，也是宋代存留最大的经幢。底部三层须弥座都雕刻有精美华丽的图案，所刻的各种人物姿态生动，经幢上雕刻的是以佛教故事为题材的图案。

云岗石窟之大丽花、宝相花纹

河南登封嵩岳寺塔

是我国现存最早的一座砖塔，也是一座密檐式塔。每层塔身都有头佛龛和各种雕刻的图案，这座塔是展示北朝砖构技术水平的标志之一。

隋唐经济发达，社会富裕，宫殿建筑雄伟壮丽。这个时候佛教、道教乃至统治阶级所提倡的大规模的石窟造像不断涌现，有敦煌莫高窟、洛阳龙门石窟、太原天龙山石窟和四川大足北山石窟，建筑艺术也呈现一片繁荣景象，在继承前代的基础上，大都有创新，其艺术风貌恢弘壮观，体现出了封建社会上升时期的一种时代精神。

佛光寺始建于北魏孝文帝时期，外檐柱头铺作雄大，在近看的角度，拱形与下昂交错，突出地表现了唐代建筑稳健雄丽的风格和中国古代建筑的优秀传统。

中国的佛塔是在吸收了印度佛塔的形式而形成的民族建筑形式，其造型优美，形式多样，其中河南登封市嵩山会善寺的净藏禅师塔、山西平顺县明惠大师塔是最典型的范例。

佛教在唐朝达到盛极。672年开凿的龙门石窟奉先寺是唐朝凿造的大石窟。隋唐石窟的窟形主要有两种：一种是北朝就已经出现的覆斗形窟，另一种是少量的大佛窟。

隋唐建筑的墙壁多为砖砌，宫殿、陵墓尤其如此，地面铺地砖有素砖、花砖两类，花砖的花纹多以莲花为主题。顶棚的做法：一类是露明做法；另一类是天花做法；第三类是藻井，藻井主要用于天花的重点部位。它如突然高起的伞盖，渲染着重点部位庄严、神圣的气氛，并突出构图的中心。藻井是天花中等级最高的做法。

隋唐五代壁画，在中国艺术史上有重要的地位，有石窟壁画、寺观壁画、宫殿壁画和墓室壁画。

隋唐五代是我国家具史上一个变革的时期，它上承秦汉，下启宋元。隋唐是由低形家具向高形家具转化的时期，家具造型雍容大度，色彩洒脱，构图注重整齐对称，在艺术上具有很高的水平。

隋朝的陶器由汉代之衰逐渐转盛，品种有釉陶、灰陶和彩绘陶。唐朝陶器中最引人注目的是唐三彩，黄、绿、褐色用得较多，故俗称唐三彩。隋唐时期，陶瓷业发达，铜器减少。陶瓷制品不仅有餐具、茶具、酒具、文具和玩具，也包括应用广泛的灯具。

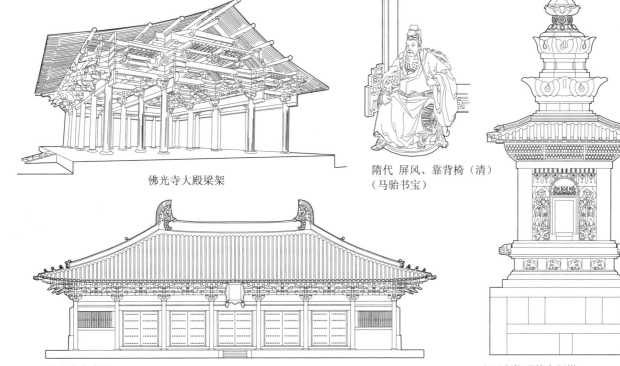

五代顾闳中《韩熙载夜宴图卷》宋摹本中的围屏拐角榻、条几、靠背椅、鼓架。（北京故宫博物院藏）

佛光寺大殿梁架

隋代　屏风、靠背椅（清）
（马驹书宝）

佛光寺东大殿
是山西五台山佛光寺现存主殿，也是佛光寺中所存唯一的唐代殿堂建筑，大殿面阔七开间，中央五间安装朱红板门，门板上钉着金钉，如皇家宫殿。大殿屋面覆盖灰色筒瓦，单檐庑殿顶。殿顶正脊两端各立一只鸱吻，具有显著的唐宋鸱吻特色。大殿从正立面看，形体方正、左右对称，显得非常稳重。屋檐接近两端处有微微的起翘，整体线条柔美。

山西唐代明慧大师塔
是一座单层石塔，方形基座上有经过装饰的须弥座，再向上的塔身部分又雕刻有门窗以及天神像，最上部是逐渐缩小的四层塔顶，是建筑与雕刻完美结合之作。

宋代城市繁荣，手工业发达，对建筑艺术产生了很大的影响。建筑风格上变唐代雄伟质朴为秀美多姿。山西太原晋祠是一所祠庙建筑，现在的圣母殿是祠内少数几个仍为北宋原物的建筑，前廊八根柱子上有明显的侧脚和升起，其斗栱做法讲究，下檐出挑的华栱外端做成昂嘴形，是先存最早的昂形华栱实例。殿内有宋代彩塑圣母及侍女43尊，殿前泉水上筑有十字形石桥，体现了宋代优美柔和的风格。

宋代建筑立面的柱子造型有圆形、方形、八角形，并且大量使用石造，在柱的表面往往镂刻各种花纹，建筑上大量使用开启的、窗棂条组合极为丰富的门窗，有极强的装饰效果。门窗棂格的纹样有构图富丽的三角纹、古钱纹、球纹等。

宋时彩画也渐趋繁美，宋及宋后的彩画以阑额为主，有些斗栱有彩画，而此前柱子上面也有彩画，纹样以花卉和几何纹为主，花卉接近写生画，色彩以青绿为主调，结构上布局更显得自由，技法上叠晕、对晕法已经普遍应用。

雕刻技术宋代已广泛用于室外。室内的石雕多为柱础和须弥座。宋时木雕已有线刻、平雕、浅浮、高雕、圆雕等多种。

家具垂足而坐的起居方式两宋已完全普及至民间，桌、椅、凳、床、柜、案等各种高形家具普遍流行，还出现了一些新的家具，如圆形和方形的高几、琴桌、炕桌以及专供私塾使用的儿童椅、凳、案等。宋代，已普遍使用椅子，其结构、造型和高度与现代椅子接近。室内布置，一般厅堂在屏风前面正中置椅子，两侧各有四椅相对。

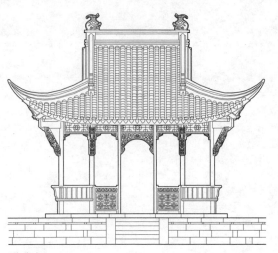

醉翁亭

在安徽滁县琅琊山麓，始建于宋，现亭为清时重建。平面正方形，歇山顶，挑枋出檐，亭柱十分纤细，侧脚明显。醉翁亭因《醉翁亭记》而闻名遐迩。

宋代陵墓建筑中的龙纹

江西乐平宋墓壁画中的曲靠背交椅、屏风

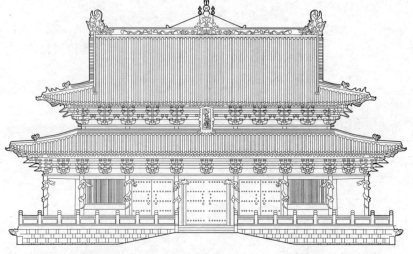

山西晋祠圣母殿

这是一座重檐歇山顶的殿堂型构架建筑，也是我国现存宋代唯一用单槽副阶周匝的建筑，大殿的檐口有明显的侧脚、生起，斗栱形制较大，殿前木柱上浮雕的盘龙活灵活现。

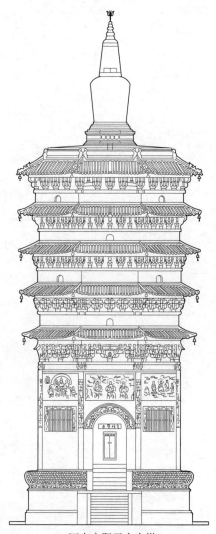

河南安阳天宁寺塔

辽代有特色的著名建筑有：山西大同华严寺薄伽教藏殿、天津蓟县独乐寺观音阁、山西应县佛宫寺释迦塔等。

华严寺薄伽教藏殿是一座储藏佛教经书的储经殿。殿前檐下正中悬"薄伽教藏"匾，匾下安装朱红隔扇门窗。门前开敞的空地上，设有亭式香炉一尊，造型灵巧优美。

天津独乐寺内的观音阁，三层的楼阁，其上下两层均有出檐，只有中层没有出檐，其外围带有围栏，登楼者可以凭栏观景。一、二层楼内都有楼梯，楼阁的中间，有一尊16米高的观音像居中而设。

山西应县木塔是我国现存最为古老的楼阁式木塔，形体高耸，稳重而优美。塔下是两层塔基，上为灵动的塔刹，塔身外观共有五层，除了底层为双重檐之外，其余各层都出一层檐。底层还带有一圈走廊。塔的每两层之间突出一层平座。每层平座内实际上就是一个暗层，所以塔共有九层。木塔的每层檐下都悬挂有匾额。

金代的建筑结构、形式、技术等受宋、辽两朝的影响较大。位于山西省大同市的善化寺，是辽金时期著名的寺庙。三圣殿的斗栱形制极具金代特色，这种特色主要表现在斜栱的使用上，尤其是在殿的次间、补间、铺作中使用的斜栱最为复杂、突出。

比三圣殿更为著名的是位于山西五台山佛光寺内的文殊殿。在正殿前方右侧，坐北朝南。原来与普贤殿相对，现普贤殿已毁，仅存文殊殿。文殊殿面阔七开间，体形偏狭长，上为单檐灰瓦顶，下有红色门、窗扇。殿檐下斗栱硕大，突出宋辽金时期的建筑特色。

辽、金时期的高形家具，出现了一些新的结构方式，壶门和托泥减少，桌、案出现的夹头榫、插肩榫使用普遍，中部有高束腰并四隅有云足托出现了花牙子、蕉叶以及云头装饰构件。

河北宣化下八里辽张世卿墓壁画《侍史图》

金代扶手椅
（大同阎德墓出土）

山西大同金代阎德源墓出土小床

石狮
卢沟桥栏杆望柱上的石雕狮子

辽代佛顶尊胜陀曼尼幢图案示意图

河北蓟县独乐寺观音阁剖面图
内部实际为三层，每层都是相通的用来供奉高大的观音像，它以独特的木结构、内部精美的彩绘和高大的观音像著称，是辽代留存的重要建筑之一。

金代建造的位于河北省正定县的广惠寺花塔
广惠寺花塔是现存花塔中造型最为富丽，其造型分上下两部分，上部为一巨大的花束，下部为三层八角形楼阁式砖塔，外有四座小塔。整座塔的形制俊俏，结构严谨，稳定中透出秀雅之气，是我国颇有价值的古塔。

　　元代的建筑和室内装饰风格在继承中原风格的基础上，又增添了一些游牧民族的异域风情。元代建筑的地面有砖、瓷砖、大理石，但更多的是铺地毯；建筑的墙面、柱面以云石、琉璃装修，还常常包以织物，甚至饰以金银，元代已大量用金箔；建筑的天花常常张挂织物，这在此前是较少见到的；元代建筑中广用刺绣，间用雕刻，其内容甚至包括圣母像等，元尚殿装修豪华富丽，诸多陈设构思奇巧，还有许多工艺品直接出自外国匠师之手，这在此前也是少有的。

　　元代家具在宋辽的基础上缓慢发展，没有什么突变，只是在类型结构和形式上有些变化。交椅在元代家具中地位突出，只有地位较高的人家才有，它们大多放在厅堂上，供主人和贵客享用。元代家具中有一种带抽屉的桌子，见于山西元县北峪口元墓壁画。

　　元代生产的瓷器大都出自民间，尤其是景德镇一带。元代的瓷器有青花、釉里红、红釉和蓝釉等品种，其中以青花最著名，元代的青花瓷器，质地呈豆青色，淡雅清新，以蓝色绘制人物、动物和花卉，更显华美和名贵。织物在室内环境中的用途是非常广泛的，主要用于帐幕、地毯、挂毡、天花、屏风和挂画等。

永乐宫纯阳殿南
壁（道观斋供图）　　　　下双陆棋

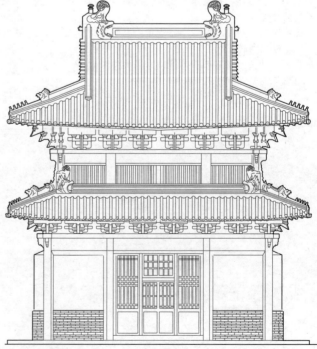

普陀山多宝塔
　　现存最古老的元代建筑，塔高5层，包括基座2层。每层基座上端都立有望柱，每根望柱下都有石雕的确螭首。基座转角处的螭首特别大，造型生动，雕刻丰满。

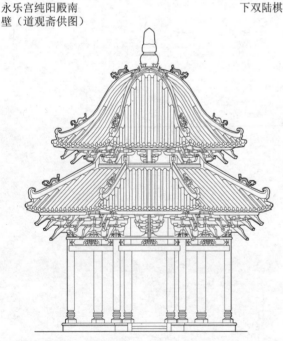

广东德庆悦城龙母祖庙碑亭
　　八方重檐盝顶，剪边龙脊国内鲜见。碑亭的结构很有特色，金柱间以十字交叉梁形成木框，再在金柱和额枋间各做一枋，柱间施八根小柱，并于十字梁正中安设长杆（雷公柱），在小柱与长柱间做层层木枋，使整个碑亭形成一个以长杆为轴心的框架，在从长杆上放射出枋以承槫，构成盝顶曲线。碑亭的斗栱很有特点，比例雄大，带有岭南宋元建筑之遗风。

元代慈云阁
　　慈云阁位于河北省定兴城内，它是一座建于元代大德十年（公元1306年）的两层歇山顶的楼阁。本图是慈云阁的正立面图，可以看到它的面阔为三开间，中央开间安装隔扇门，两侧为墙体，这对于内部空间长、宽不足九米的楼阁来说，更具有稳定性。

　　太和殿内外装修都极尽豪华，外梁、楣都是贴金双龙和玺彩画，宝座上方是金漆蟠龙吊珠藻井，靠近宝座的六根沥粉蟠龙金柱，直抵殿顶，上下左右连成一片，金光灿灿，极尽豪华。殿内的镂空金漆宝座及屏风设在有七层台阶的高台上。宝座上设雕龙髹金大椅，是皇帝的御座。椅后设雕龙髹金屏风，左右有香筒、角端等陈设。宝座前面在陛的左右还有四个香几。香几上有三足香炉。宝座椅背两柱的蟠龙十分生动，特别是组成背圈的三条龙，完全服从背圈的用途，而又不影响龙的蜿蜒拿空姿势。椅背采用圈椅的基本做法。座下采用"须弥座"形式，这样就兼顾了龙形的飞舞和坐位的坚实稳重的风格。

清代太和殿内部装饰

清代太和门明梁及天花内部装饰

　　中国的历史源远流长，以独特的木构造体系著称于世，同时也创造了与这种木构架结构相适应的装饰方法。官殿建筑是中国古代建筑的代表。春秋战国开始在官殿的柱上涂以丹色，斗栱、梁架、天花施彩绘。所有这些装饰手法都达到结构与装饰的有机组合，成为以后中国古代建筑及室内装修的传统手法之一。明、清时期，木构架体系更加成熟和完善，北京故宫是保存最完好的古建筑群。无论是其建筑群总体规划还是建筑本身，都是中国古代设计的最高典范。太和殿内设七层台阶的御座，环以白石栏杆，上置皇帝雕龙金漆宝座，座后为七扇金屏风，左右有宝象、仙鹤。殿中矗立6根蟠龙金漆柱，殿顶正中下置金漆蟠龙吊珠藻井。整个大殿的装修金碧辉煌。

　　在汉代中国住宅的四合院布局已经形成，以北京的四合院住宅为代表，四合院内部的门窗、梁枋、檐柱都有雕刻等装饰，根据空间划分的需要，用各种形式的罩、隔扇、博古架进行界定和装饰。汉代建筑内外所用的花纹装饰有动植物，也有人物和几何纹样。动物纹样有龙、凤等；植物纹样以卷草、莲花较为普遍；几何纹样有绳纹、齿纹、三角、菱形、波形等。纹样为彩绘与雕、铸等，用于梁、柱、斗栱、天花、墙壁、门窗、地砖等处。

　　铺首门环在民间广泛应用，并以形式多样、纹样丰富而成为民居建筑装饰艺术。多姿多彩的铺首装饰为中国传统民居建筑，尤其是民居大门增添了许多吸引人的要素，丰富了大门的立面，增加大门的审美观，不同地区的铺首装饰还蕴含了不同的民俗风情和价值观念。

　　门钹也称之为"响器"，因形状类似民间乐器中的"钹"而得名。门钹用金属制造，中部突起呈覆碗状称"钮头"，底座为六边形或圆形称"圈子"，门钹的形状变化多样，钮头和圈子都带有吉祥符号，外圈边多做如意纹，颇具装饰效果。门钹的功能不仅使门环有处生根，而且门钹具装饰功能。门钹的下面还设置一块方铜，正好和门环的位置相对应，客人来时便于叩门。门钹敲击方铜的铿锵之声，易于使房主人听到。门钹具有的特定象征意义表达出主人的理念。

铺首

门钹

养心门琉璃照壁鹭鸶卧莲盒子　　　御花园天一门照壁流云双鹤盒子

崇敬殿天花

清代太和殿宝座

六角形攒尖顶井亭
（下设坐凳与美人靠）

明清园林

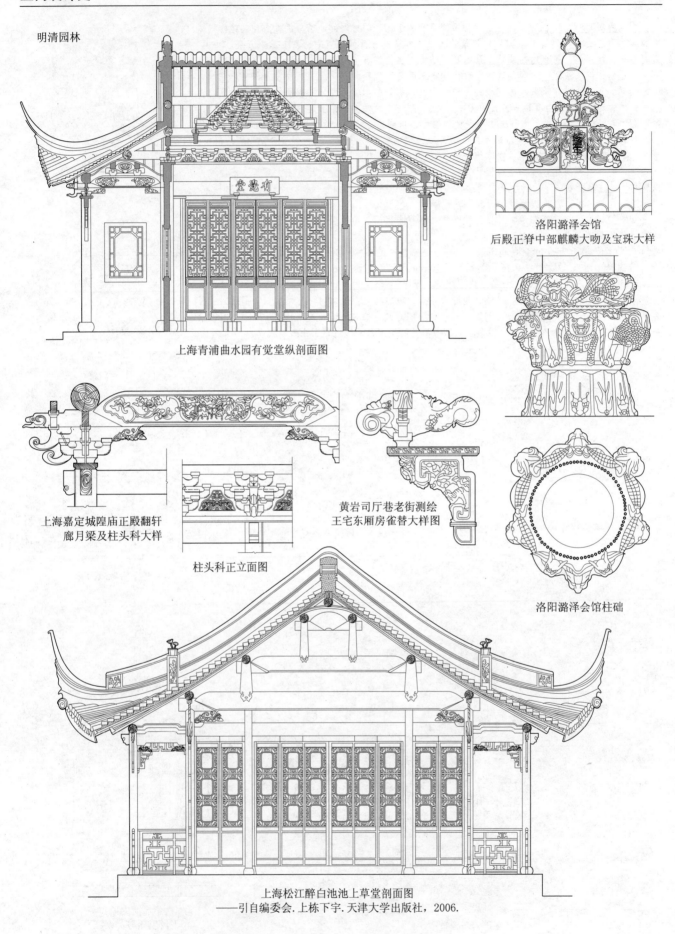

上海青浦曲水园有觉堂纵剖面图

洛阳潞泽会馆
后殿正脊中部麒麟大吻及宝珠大样

上海嘉定城隍庙正殿翻轩
廊月梁及柱头科大样

柱头科正立面图

黄岩司厅巷老街测绘
王宅东厢房雀替大样图

洛阳潞泽会馆柱础

上海松江醉白池池上草堂剖面图
——引自编委会. 上栋下宇. 天津大学出版社，2006.

彩画是建筑物的外部木构件上涂刷油漆而形成的彩绘装饰。自14世纪以来，北方建筑一般以暖色调漆刷柱、墙及门窗，而檐下的阴影及被遮掩部分，包括斗栱和梁枋，则多饰以冷色系。

梁枋彩画

清式海棠箍头和玺金轱辘藻头二龙戏珠纹样

清式子母草拐纹底板纹样

宋式团花宝照纹样

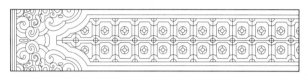

元式藻头莲瓣如意头纹样

宋式柿蒂盒纹样

清式联珠箍头软卡枝花苏式园林纹样

元式藻头莲瓣如意头纹样

清式柿蒂头一整二破旋子如意纹样

清式云头梁枋盒子垫板纹样

清式海石榴梁枋垫板纹样

清式沥粉金琢墨石碾玉纹样

清式云头梁枋垫板纹样

椽头

四瓣花方椽头　　方福椽头　　如意四合方椽头　　四瓣花方椽头　　四瓣花方椽头

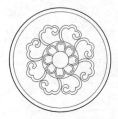    

八瓣花圆椽头　　四瓣花圆椽头　　四合云圆椽头　　团福圆椽头　　牡丹花圆椽头

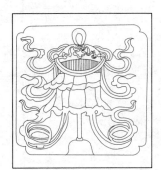  

八宝藻井彩画:宝盖　宝伞　宝瓶　百结

天花

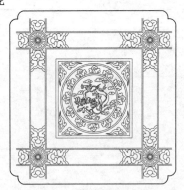  

宋式团龙天花板彩画　　清式团凤天花板彩画　　明式牡丹天花板彩画

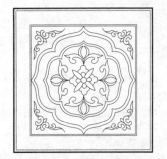   

明式柿蒂盒子天花板彩画　　天花彩花寿如意　　明式海棠天花板彩画　　如意花草

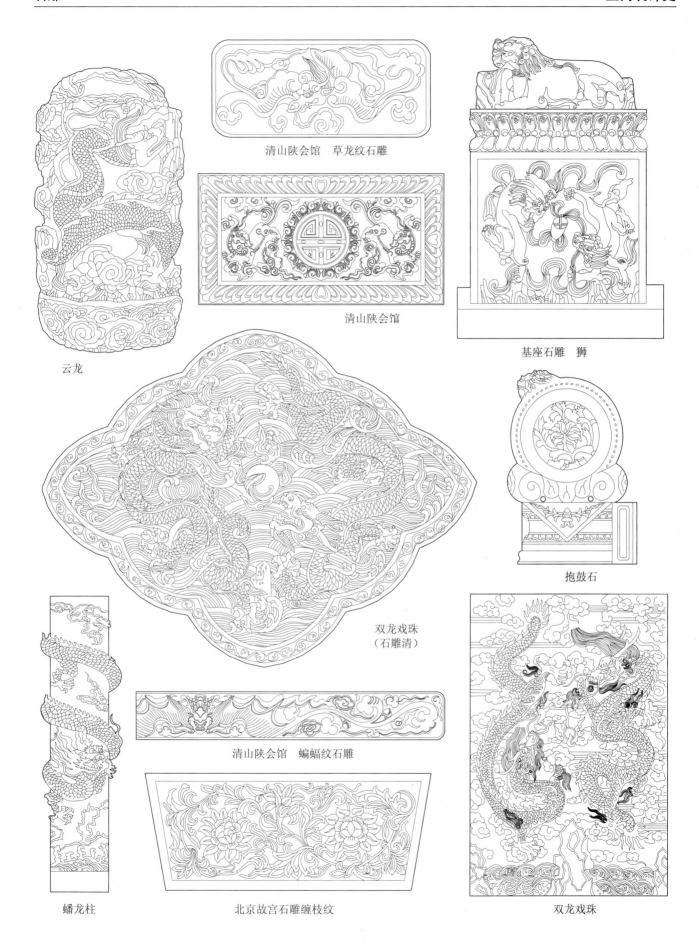

清山陕会馆 草龙纹石雕

清山陕会馆

基座石雕 狮

云龙

双龙戏珠
（石雕清）

抱鼓石

蟠龙柱

北京故宫石雕缠枝纹

清山陕会馆 蝙蝠纹石雕

双龙戏珠

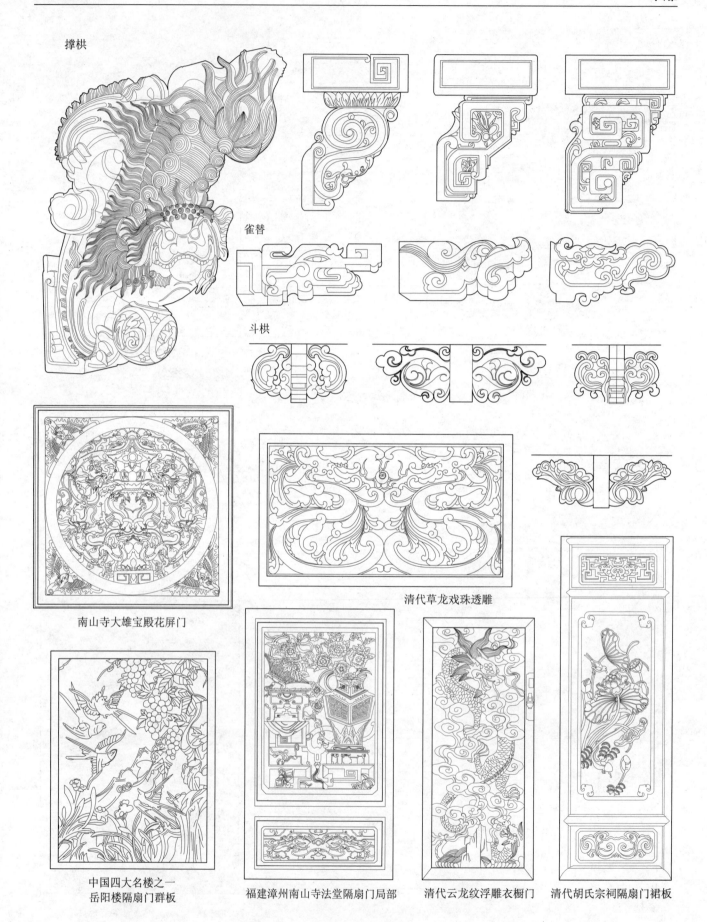

撑栱

雀替

斗栱

南山寺大雄宝殿花屏门

清代草龙戏珠透雕

中国四大名楼之一
岳阳楼隔扇门群板

福建漳州南山寺法堂隔扇门局部

清代云龙纹浮雕衣橱门

清代胡氏宗祠隔扇门裙板

柱础

　　中国古典石雕柱础（柱基座）多用花岗石制作，有一圈座盘、两圈座盘、三圈座盘，甚至四圈座盘。纹样装饰的主题图案有莲花、荷叶、回字纹、万字纹、拐子纹、花草纹、博古纹、动物纹等，多用于宫殿、寺庙、园林古亭等建筑，起到装饰和稳定作用。

望柱

　　栏杆柱头的雕饰以龙和飞凤为主题图案，往往应用于重要的宫殿建筑。而其他的柱头雕饰，其主题图案有莲花、石榴等多种，多用于园林建筑。

栏杆

　　建筑物的楼、台、廊、桥、梯等边沿处通常建造栏杆，起到围护和装饰的作用。到10世纪，虽然云石栏杆仍是更为普遍的形式，但已经可以在一些私家园林中发现木制栏杆。

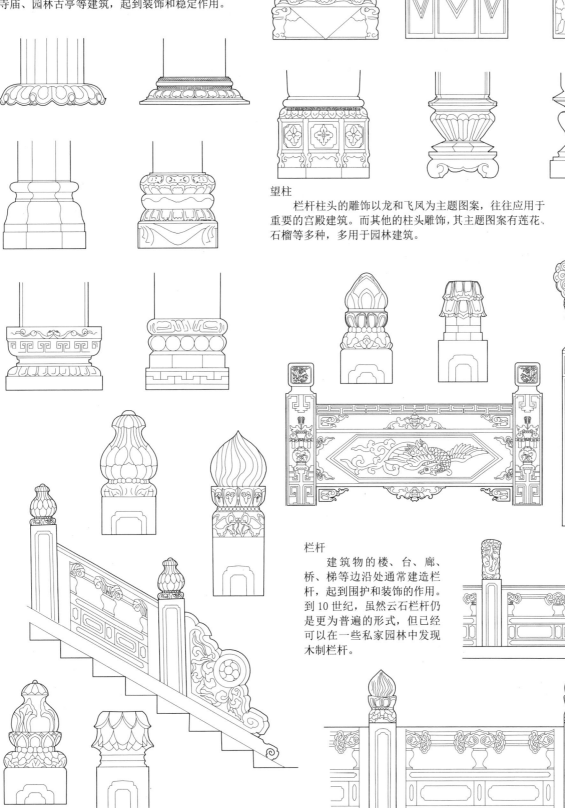

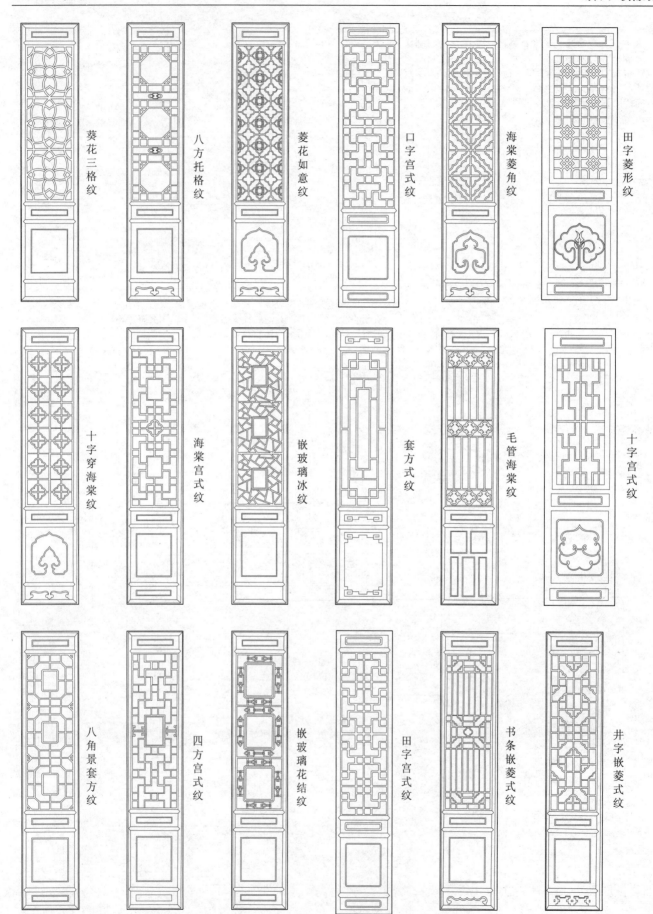

葵花三格纹

八方托格纹

菱花如意纹

口字宫式纹

海棠菱角纹

田字菱形纹

十字穿海棠纹

海棠宫式纹

嵌玻璃冰纹

套方式纹

毛管海棠纹

十字宫式纹

八角景套方纹

四方宫式纹

嵌玻璃花结纹

田字宫式纹

书条嵌菱式纹

井字嵌菱式纹

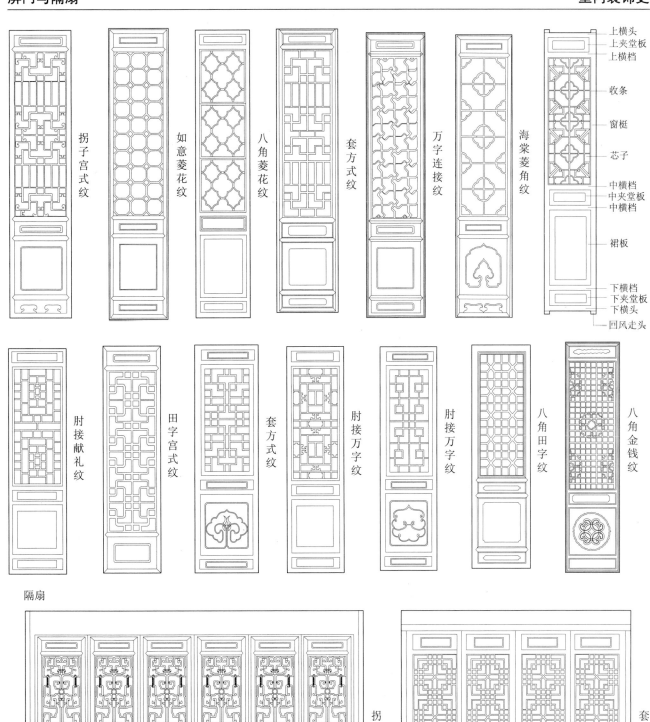

拐子宫式纹

如意菱花纹

八角菱花纹

套方式纹

万字连接纹

海棠菱角纹

上横头
上夹堂板
上横档
收条
窗梃
芯子
中横档
中夹堂板
中横档
裙板
下横档
下夹堂板
下横头
回风走头

肘接献礼纹

田字宫式纹

套方式纹

肘接万字纹

肘接万字纹

八角田字纹

八角金钱纹

隔扇

拐子宫式纹

套方锦纹

　　窗格是从建筑艺术造型的要求而设计的。远看得其全面轮廓，比例合宜，侧影明确，近观得其装饰细部，雅致调和，生动丰富；则远近宜人，十分完美。有些建筑物，采取了重点点缀其门窗，丰富其细部，可以避免平庸呆板。故门窗的装修在建筑装饰上，占有极其重要的地位。透花窗格大都用在庭园的墙垣及走廊墙壁上，由砖瓦等材料合成，其外框有扇形、叶形、多角形、圆形、椭圆形等。框心花纹有：宫式、夔式、八角、竹节、绦环、叠锭、席纹、菱花、海棠、万字、套方、冰纹、波纹、回纹等。现代室内设计可以改装成为桌面装饰、化妆台镜花饰、居家隔间屏风等，或者装框成为壁饰。窗花隔屏，提供透空的半开放隔间设计，既区隔出空间主题，又借着透空的花纹，达到空间延伸的效果。

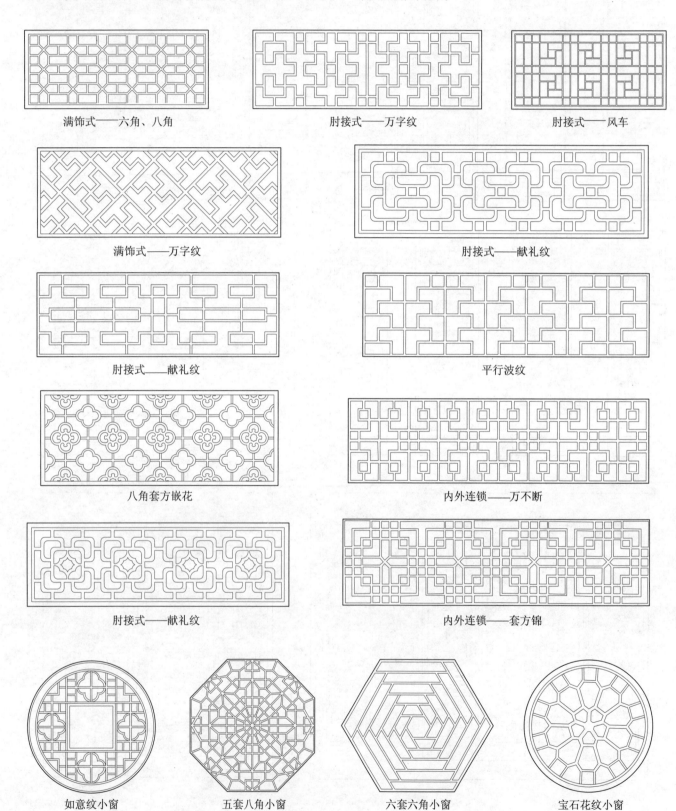

満饰式——六角、八角　　　　　　肘接式——万字纹　　　　　　肘接式——风车

満饰式——万字纹　　　　　　　　　　　　肘接式——献礼纹

肘接式——献礼纹　　　　　　　　　　　　平行波纹

八角套方嵌花　　　　　　　　　　　　内外连锁——万不断

肘接式——献礼纹　　　　　　　　　　内外连锁——套方锦

如意纹小窗　　　　　五套八角小窗　　　　　六套六角小窗　　　　　宝石花纹小窗

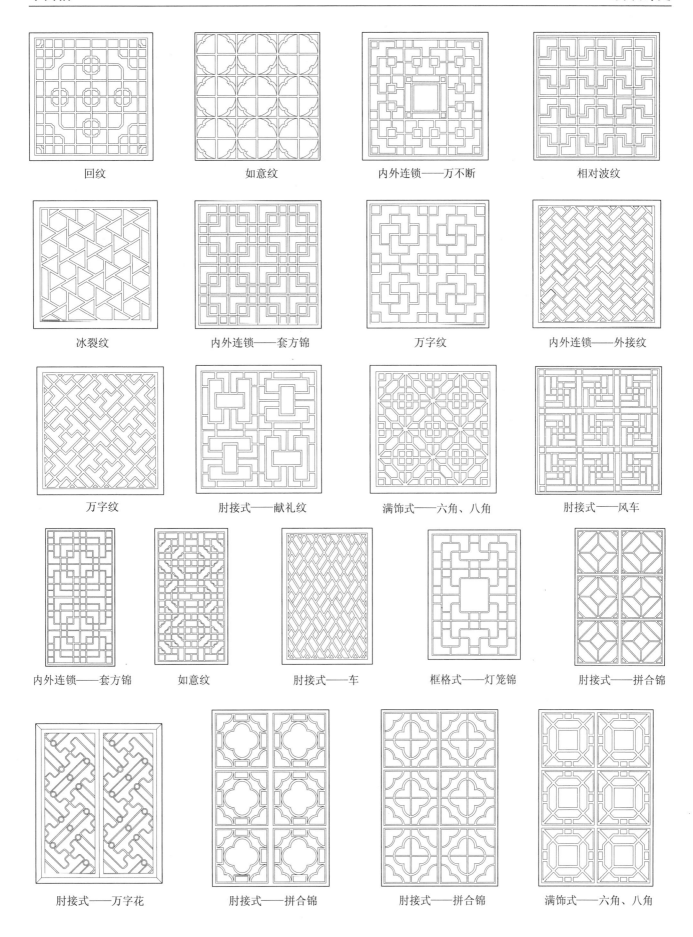

回纹　　　　　如意纹　　　　　内外连锁——万不断　　　　　相对波纹

冰裂纹　　　　　内外连锁——套方锦　　　　　万字纹　　　　　内外连锁——外接纹

万字纹　　　　　肘接式——献礼纹　　　　　满饰式——六角、八角　　　　　肘接式——风车

内外连锁——套方锦　　　　　如意纹　　　　　肘接式——车　　　　　框格式——灯笼锦　　　　　肘接式——拼合锦

肘接式——万字花　　　　　肘接式——拼合锦　　　　　肘接式——拼合锦　　　　　满饰式——六角、八角

花鸟纹

万字纹

万不断纹

葫芦藤纹

单回纹

缠枝纹

拐子纹

万字勾卷纹

葫芦拐子纹

双回纹

绞藤纹

一根藤回纹

　　罩按照形式和使用的不同，可分为飞罩、几腿罩、栏杆罩、落地罩、花罩、炕罩等。花罩是一种示意性的隔断物，隔而不断，有分空间之意，其作用是增加室内空间的丰富感、层次感和节奏感。花罩装饰性极强，以玲珑剔透、富丽精美的镂空雕刻为主要特征，除梅子和须弥座部分外，全部皆施空雕或透雕。

　　炕沿罩是用在炕或床榻前脸的罩类装饰，内侧安装帐杆，吊挂幔帐。

　　栏杆罩栏杆罩保护用隔扇，而是在包框与包框之间，中槛与地面之间安装立框，立框与包框之间装栏杆。

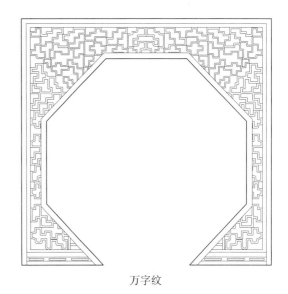

万字纹

天弯拐纹Ⅲ字纹栏杆罩

花草纹

凤纹

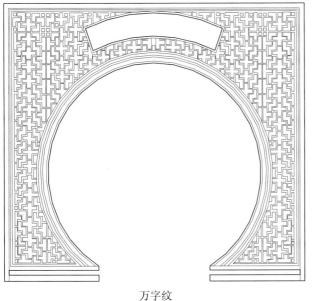

万字纹

冰裂纹

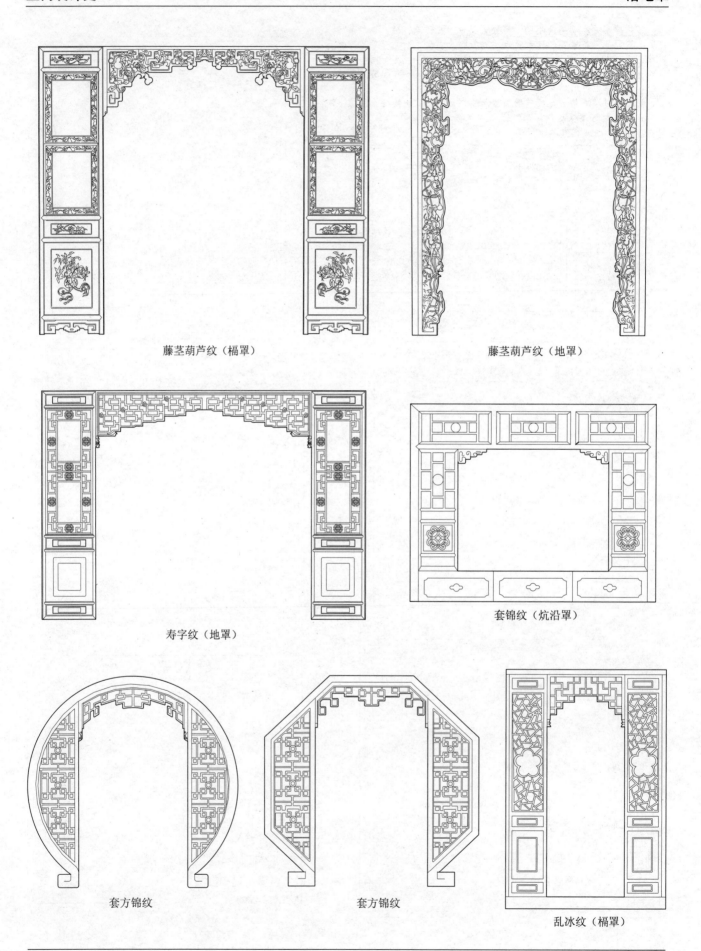

藤茎葫芦纹（槅罩）　　　　　　　　　　　藤茎葫芦纹（地罩）

寿字纹（地罩）　　　　　　　　　　　　　套锦纹（炕沿罩）

套方锦纹　　　　　　　　套方锦纹　　　　　　乱冰纹（槅罩）

漏窗在我国传统建筑装饰中形式丰富，且装饰性强。砖雕漏窗在我国传统民居、园林建筑中都有大量应用，尤其在江南园林中用得很多。砖雕漏窗形状多以几何形为主，窗框由水磨砖镶砌而成，中间的花形以青灰瓦相叠，所以又叫雕砖叠瓦式漏窗。

园林内的隔墙上、亭、榭墙面上，常设置形式多样的漏窗，几何形、花瓶形、葫芦形、海棠花形等，各式各样的漏窗使平淡的墙面产生了巧妙的变化。漏窗既可使园林内不同的景区相互分隔，又使各处景色相互联系，达到通景、借景的效果。楼廊的墙面上大多都设有漏窗，既装饰了建筑的墙面，使游廊充满浓郁的情趣性和观赏性，又极大地丰富了园林的景观内容。此外，漏窗本身的构造会因为不同的光线照射，而呈现出变幻莫测的光影变化，漏洞花影映衬在园林内墙上或是走廊的地面上，形成一个个形状各异且美妙奇特影像，增加园林艺术的内涵。当代室内装饰常将漏窗运用到墙壁、吊顶、门窗、壁挂等各个空间层面中。

漏窗装饰示意图

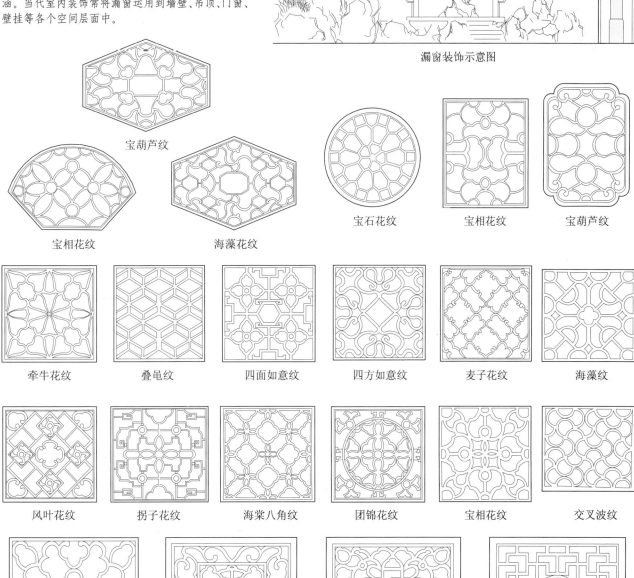

宝葫芦纹

宝相花纹　　　　　海藻花纹

宝石花纹　　　宝相花纹　　　宝葫芦纹

牵牛花纹　　叠龟纹　　四面如意纹　　四方如意纹　　麦子花纹　　海藻纹

风叶花纹　　拐子花纹　　海棠八角纹　　团锦花纹　　宝相花纹　　交叉波纹

海藻花纹　　　　灵芝纹　　　　万字纹　　　　开泰万字纹

石雕窗格简称石窗，又称石花窗，主要流行在我国江南地区。现存的石窗大多为清代时期的作品，已有三四百年的历史。

石窗除了可以起到采光、通风和美化外观的作用外，石材的坚实特性还具有很好的防火防盗功能。石窗安装在建筑墙面上部时，多以横式栏杆样式出现，可凭栏远眺；石窗装在外墙下部时，必定整块雕刻，主要考虑防盗。石窗通常都是以整块石板透雕，具有实用性，还有一类石窗，采用深浮雕嵌于墙体上，它并不具备通风、采光作用，纯粹起装饰作用。石窗打破了封闭的高墙的单调感觉，起着重要的点睛作用。

墙壁上部石窗结合窗体，整体造型呈多种样式，有长方形、正方形、弧形、圆形，下部石窗多呈长方形和正方形。石窗除了可装饰在园林、宾馆、寺庙等公共建筑物的墙面上，在住宅中，石窗一般都是以单体镶嵌在厨房、半地下室、室外走廊等墙上。石窗图案纹饰题材大致分为：纹样图案、寓意图案、龙凤图案和文字图案。石窗造型多姿多彩，或粗犷大方，或细腻动人，或简或繁，或疏或密，或长或宽，或方或圆，灵活多样。在功能性与审美性上达到完美和谐，这正是现代装饰设计中所要借鉴的宗旨。石窗的造型有很多种，以下介绍的石窗图案只是众多图案中的一部分。

荷花纹

蔓草纹

草花纹

草花变体寿字纹

双龙捧寿纹

福禄寿纹

一根藤团寿纹

万字博古纹

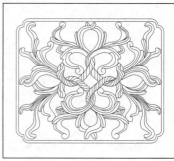
蔓草纹

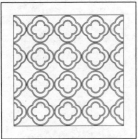
海棠全景纹

忍冬草纹

如意纹

荷花夔龙纹

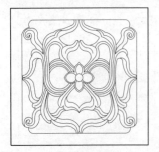
宝相花纹

宝相花纹

贝叶夔龙纹

团寿字纹

　　新疆为多民族的自治区，民族的不同表现在图案造型和组合的繁简有别，建筑上装饰的多少不一，如维吾尔族丰富而复杂些，哈萨克族、塔吉克族等便比较简洁些，纹样粗放些，回族的则汉式图样多些，俄罗斯族则欧式风格的纹样多些。

　　新疆居民的装饰和装修主要表现在：柱裙、柱头、梁边线或梁的两端头，檐口部位，檐下与墙体的交接处，门窗框和门窗楣，壁龛的形状及其边框线脚和图案，顶棚边线和顶棚藻井，木棂花格窗，彩画和专题制作的小型木雕装饰，墙端头的挑檐和小砖雕、栏杆、栏板等部分。

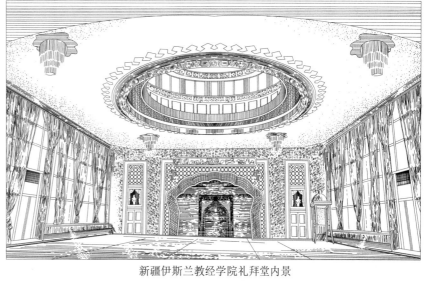

新疆伊斯兰教经学院礼拜堂内景

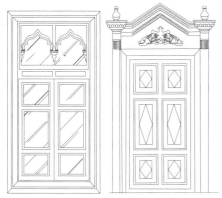

新疆民居的门窗　　　　新疆民居的窗楣

新疆民居的圆拱

壁龛的形式

新疆民居的窗楣

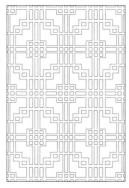

新疆民居的窗格

新疆民居的装饰花样

新疆民居柱廊立面

喀什市的艾提朵尔清真寺

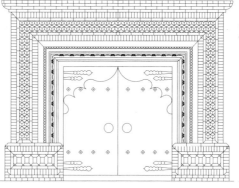

维吾尔族民居门头

新疆民居柱式的形象

　　藏族建筑与室内装饰历史悠久，结构、形式多样，风格独特。著名建筑布达拉宫、大昭寺、小昭寺等，都带有唐朝、尼泊尔等地风格，门廊檐下和房屋室内梁架装饰有色彩艳丽的彩画，以红、黄、绿、蓝几种原色施绘。家具用色也非常热闹。这些都与藏族人民淳朴、热情的性格相呼应，极突出地体现了藏族建筑特色，最令人瞩目的无疑要数布达拉宫。布达拉宫具有寺庙和官殿双重性质，是政府和佛寺合为一体的建筑。主体官堡群是达赖喇嘛灵塔殿、佛殿以及举行仪式、庆典的大殿和当政达赖喇嘛的居住官堡。方城为行政建筑和僧俗官员的住所。官殿群部分是从山腰开始向上修筑。从建筑的外面来看，可以分为红色和白色两部分。红官的上部，有一条横向的白色墙带，与白官的墙面色彩相呼应，而白官上部的女儿墙和磴道挡墙的上沿，都有一条红色的横向墙带，与红官的色彩相呼应。布达拉宫是有着非常强烈艺术震撼力的建筑艺术作品，壮丽、雄伟、神圣、宏大，是藏族建筑中的精品杰作。

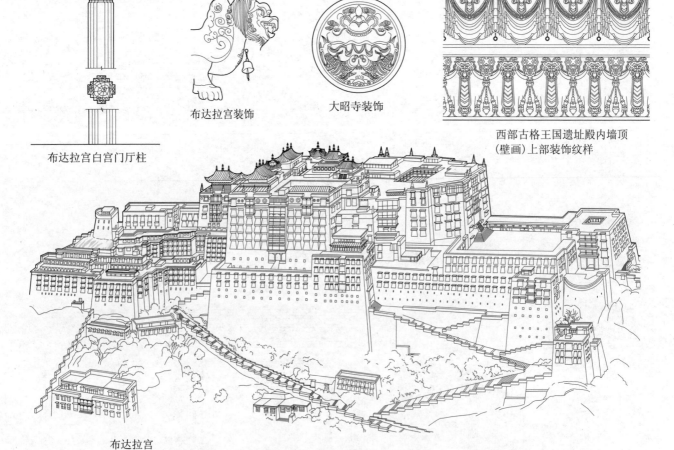

大昭寺装饰

西藏扎达古格遗址红庙内壁画八塔

大昭寺装饰

青海湟中塔尔寺殿堂柱式

布达拉宫白宫门厅柱

布达拉宫装饰

大昭寺装饰

西部古格王国遗址殿内墙顶（壁画）上部装饰纹样

布达拉宫

　　布达拉宫是一座世界闻名的建筑群，高高耸立在西藏拉萨的红山上，气势磅礴，威严壮观，世界瞩目。清代乾隆皇帝在承德所建的外八庙中，有几座建筑群的主体还仿造了布达拉宫，特别是普陀宗乘之庙，其仿建的手法最为突出，因此被称为小布达拉宫。可见布达拉宫建筑的影响之大。

　　——引自陈耀东著. 中国藏族建筑. 北京：中国建筑工业出版社，2007.

封闭空间

　　封闭空间是一种限定性较高包围型空间，它在视觉与听觉等方面有着较强的隔离性，让人产生的心理效果有领域感、安全感与保密感。封闭空间是静止的、凝滞的，有利于隔绝外来的各种干扰。多用于家庭的卧室、卫生间和酒家包厢及游乐场所的 KTV 包房等。

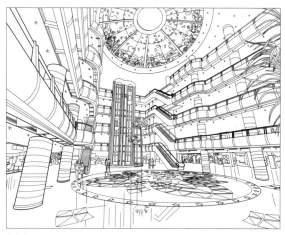

共享空间

　　共享空间多处于大型公共建筑内的公共活动中心和交通枢纽，如大型的百货大楼和高级酒店。共享空间是融合了各种空间形式的综合体系，它包罗了多用途的灵活空间，含有多种多样的空间要素和设施，能适应多种频繁开放的社交活动和丰富多样的旅游生活的需要。

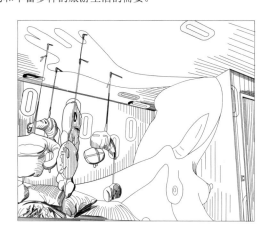

虚幻空间

　　虚幻空间通常由镜面的反映和水面的倒影表现出来。如利用镜面所反映的虚像，可将人们的视线引向虚假空间，镜面反映可产生空间扩大的视觉效果，当水静湛碧时，水面上的倒影与室内陈设景物相映成趣，但当水池碧波荡漾时，水面的倒影隐隐约约、虚无缥缈，如是灯光下的倒影，将呈现光怪陆离的虚幻空间感。

动态空间

　　动态空间是由空间和时间相结合的空间，它具有空间的开敞性和视觉的导向性，界面组织具有连续性和节奏性。动态空间的特点是能够让人感到空间形成的流动趋势，使人们按照动态的方向运动。在室内设计中，经常利用具有动感的线性、跃动的光影，以及背景音乐，有引进自然景物的影像，如流动的小溪、直下的瀑布、时时在移动的阳光及旋转的楼梯和升降的观光电梯等，都增添了空间的活力。

静态空间

　　静态空间是一种空间形式相对稳定的，静态的空间类型，其特点是空间的限定度与私密性较强，趋于封闭型。静态空间多采用对称、均衡和协调等表现形式，它适用于卧室、休息室及书房等。

凹入空间

　　凹入空间是室内某一墙面或顶棚凹入的空间，它使墙面和顶面的层次更加丰富，视觉中心更加明确。凹入空间的手法在中外古建筑中很常见的是壁龛。在现代室内装饰中，根据凹入深浅和面积的大小不同，可布置床位、餐桌椅、雅座、服务台等。

母子空间

　　母子空间是对空间的二次界定，它是在原母空间中再分隔出小空间的空间形式。由于母子空间具有一定的领域感和私密性，能较好地满足群体和个体的各自需要。母子空间最常见有开放式办公空间的屏风分隔、大餐厅中的包厢分隔，以及大空间中又建造小亭子等。

开敞空间

　　开敞空间的特点是具有外向性，而私密性较小，比较强调功能空间与外界空间的交流性和互动性。开敞空间是流动的、渗透的，它可提供更多的室内外景观和扩大视野。在心理效果上开敞空间多表现为开朗与活跃。开敞性空间的灵活性比较大，便于改变人们的生活空间，它适用于公共空间和休闲空间。

结构空间

　　结构空间是一种运用建筑构件进行暴露表现结构美感的空间类型，其主要特点是表现在空间的通透性较好，建筑结构的美感、材料的质感和科技感较强，整体空间效果较质朴。

外凸空间

　　外凸空间多为建筑中的玻璃顶盖、挑阳台、飘窗、阳光室等，其主要特点是外凸部位的视野较开阔，领域感很强。外凸空间采光更加充足，并使室内与室外景观更好地融合在一起。

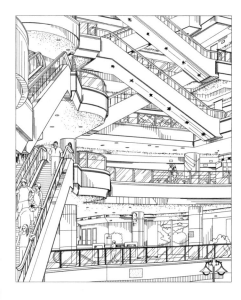

地台空间

　　地台空间是将室内地面局部抬高，通过地面的高度差来形成感觉上的一种空间。它是虚拟空间的一种方式，其特点是方位感较强，有升腾、崇高的感觉。通常有相应的造型顶棚与之相呼应，以增强空间的效果。地台高度多为300～500mm

交错空间

　　交错空间是一种具有动态效果，相互渗透、交错穿插的空间类型。它在水平方向采用垂直围护的交错配置，形成空间在水平方向的穿插交错；在垂直方向则上下交错覆盖，常见于室内错层空间和上下交错的自动扶梯。

下沉空间

　　下沉空间是将室内地面局部下沉的独立空间，是一种空间界定性及领域感、层次感和围护感较强的空间类型。下沉高度不宜过大，底层房下沉高度不大于1000mm，楼上的下沉空间往往是靠抬高周围的地面来实现的，下沉高度不大于500mm。

悬浮空间

　　在室内空间装饰中，上层空间的底界面不靠墙或柱子支撑，而是用吊杆钢索或拉簧悬吊，像是悬浮在空中一般，让人产生一种稀奇而有趣的感觉。

虚拟空间

　　虚拟空间是在已界定的空间内以界面的局部变化而再次限定的空间，它往往是处在母空间中，但又具有一定的独立性和领域感，它缺乏较强的限定性，是借助形体的启示和联想来划定空间感的空间。

　　室内装饰可以利用顶棚造型、地面造型、各种隔断、家具陈设、灯光照明、水体、绿化等因素形成虚拟空间。

局部分隔法

色彩及材质分隔法

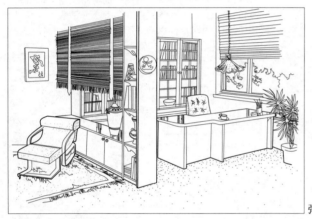

弹性分隔法

建筑结构分隔法

通道分隔法

陈设分隔法

装饰构造分隔法（餐厅）

餐厅水体及绿化分隔法

餐厅水平面高差分隔法

绝对分隔法

错位分隔法（化妆室）

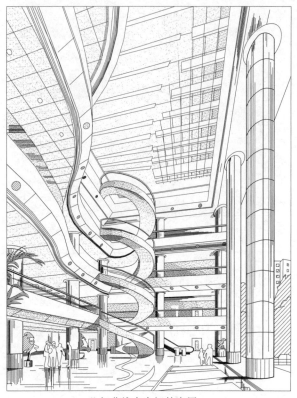

几何曲线在空间的应用

点在空间的应用

水平线在空间的应用

自由曲线在空间中的应用

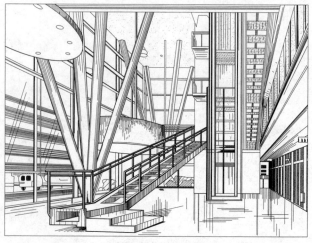

斜线在空间的应用

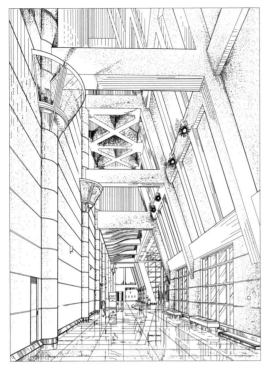

表现结构的面

　　运用建筑结构外露的表现手法形成的面。结构外露部分形成的面具有现代感和几何形体的美，粗犷的结构本身体现了一种力量，有序的构架排列形成连续的节奏和韵律感。

表现动态的面

　　使用动态造型元素设计而成的面，如波浪形的顶面造型、旋转而上的楼梯或自由的曲面效果灯。动态的面具有灵动与优美的特点，给人以活力四射、生机勃勃的感觉。

表现光影的面

　　运用光影变化效果来设计的面。无论是日光或灯光，光影既可依附于界面，也可存在于空间。光影造成的界面可形成丰富动人的装饰效果，给人以虚幻、灵动的感觉。

表现主题性的面

　　专为表达某种主题而设计的面，多出现在公共场所，如展示厅、主题餐厅、纪念馆、博物馆及办公楼入口等场所经常出现的主题墙等，多用图片或图形衬托空间性质。

表现层次变化的面

即运用高低变化、深浅变化等处理手法形成的面，这种面具有丰富的层次感，如顶棚的高低层次、墙角的高低层次、地面的高低层次等。有层次变化的面，可增深领域感，丰富空间的形式等。

表现色彩及图案的面

地面装贴彩色拼花地砖，恰当地烘托出门厅应有的华贵热烈的气氛，不但使空间绚丽多彩，还增加了环境的艺术性，也给人带来美得享受。

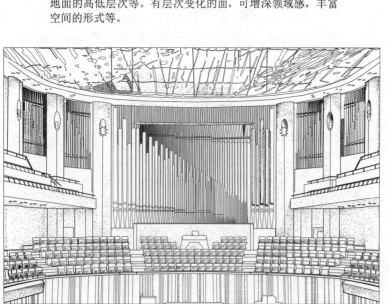

表现质感的面

即表现材料肌理质感变化而形成的面。各种不同的材质，体现不同的设计风格，如表现柔软质感的织物装饰，粗犷自然不加修饰的清水混凝土墙面，色彩美丽的地面拼花砖等。

国家大剧院音乐厅管风琴。为了达到优美的声音效果，音乐厅采用了多种设计手段和措施，观众厅的墙面略微起伏，以加强声音的扩散性和反射性；吊顶如同自然的沟壑一般，凹凸的肌理就像一个声音扩散器，将声音扩散到观众厅每个角落；演奏台上空的吊顶下悬吊着巨大的椭圆形凸起的玻璃反射罩，可将演奏声音反射给演奏者和观众，保证声音的前后一致性。

仿生物形态的面

仿自然界动植物形态设计成的面。凭借材质接近自然，创意出模仿天空、海洋、森林等环境中动植物的形态，这种面给人以自然、朴素和纯净的感觉。

有绿化植被的面

在有阳光充沛的空间里，蔓藤植物的出现能给室内环境产生别具一格且充满生气的感觉。墙体可攀沿，隔断可垂挂，这样的绿色界面意境清幽，使人赏心悦目。

表现倾斜的面

运用倾斜的处理手法来设计的面，如倾斜的墙面、倾斜的吊顶及刻意修饰的斜面隔断等，即利用了空间，又丰富了空间，使空间显得动感十足。这种面给人以新颖、奇特的感觉。

表现凹凸变化的面

运用深浅变化、凹凸变化或色彩变化等处理手法形成的面，这种面具有丰富的层次感和体积感，多用于墙角、顶面和柱面上。

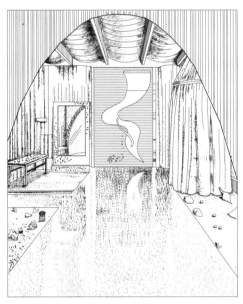

表现重点的面

即在空间中占主导地位的面，需要特别注意的地方或重要的部位，这种面给人以集中突出的感觉，如电视墙、沙发背景墙、床背景墙等。

表现对比的面

即运用两个面相互比较的处理手法，一般是指面对面的比较形式，如顶面对比地面，左墙面对比右墙面等。用这种对比的方式可起到上下两个面对应，左右两个面对称的平衡性，使人感到一种舒坦和平稳。

表现节奏和韵律的面

　　自然界中许多现象由于有规律的重复出现或有序的变化而激发人们的韵律感。设计师有意识地加以模仿和运用，从而创作出具有条理性、重复性和连续性美的形式，这就是韵律美。节奏就是有规律的重复，使人们产生匀速有规律的动感，韵律是节奏形式的深化，是情调在节奏中的应用。节奏富有理性，韵律富有感情。利用有规律和连续变化的形式设计的面，可给人以活泼愉悦的感觉。

特异的面

　　室内空间不同形状的界面，会给人以不同的联想和感受，例如棱角尖锐形的面，给人以强烈、刺激的感觉；圆滑形的面，给人以柔和、活泼的感觉等。特异的面是通过结构、重组、翻转、颠倒等处理手法设计而成的面，这种面给人以迷幻、奇特的感觉。

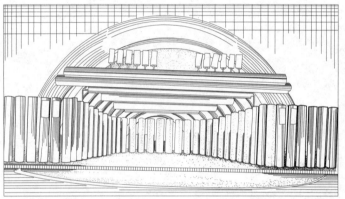

运用几何形体的面

　　一个空间的构成要素是几何的点、线和面来构成的一个标准的六面体的房间，两个面的结合处形成了一条线，三个面的结合处形成了一个点。一个弧形的隔断会形成上下两个弧形的曲线。

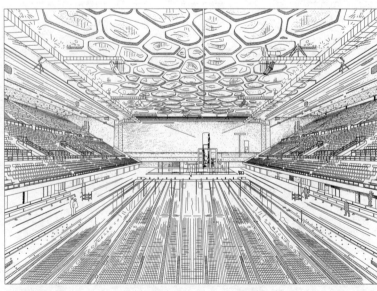

表现趣味性的面

　　有趣味性的面常以生动的漫画、卡通造型的手法使用在娱乐场、儿童居室、儿童医院、儿童精品店、幼儿园等场所的空间设计中。利用带有娱乐性和趣味性的图案设计而成的面，能使空间环境具有气氛和情趣，给人以轻松、愉快的感觉。

仿自然形态的面

　　北京奥运会国家游泳中心水立方比赛大厅内景，绿色奥运建筑是绿色奥运的重要组成部分。水立方，选用了ETFE膜作为建筑的外围护结构，以营造出冰晶状的外貌，达到独特的视觉效果和感受的目的。该项目通过很少的资源能源和环境付出，就获得了优良的建筑品质，是优秀的绿色建筑。

　　门厅是进入居室内空间的第一印象，因此在室内设计中有不可忽视的地位和作用，可以实现一定的储藏功能，如用于放置鞋柜和衣架。门厅是进入客厅的回旋地带，可以有效地分割室外和室内，避免将室内景观完全暴露，使视线有所遮蔽，更好地保护室内的私密性。

　　门厅的造型主要有以下几种形式：

　　1. 列柱隔断式：运用几根规则的立柱来隔断空间的形式。

　　2. 玻璃半透明式：运用有肌理效果的玻璃来隔断空间的形式。

　　3. 陈设隔断古典风格式：运用中式和欧式古典风格中的条案、屏风、瓷器、挂画，欧式的柱式等形式。

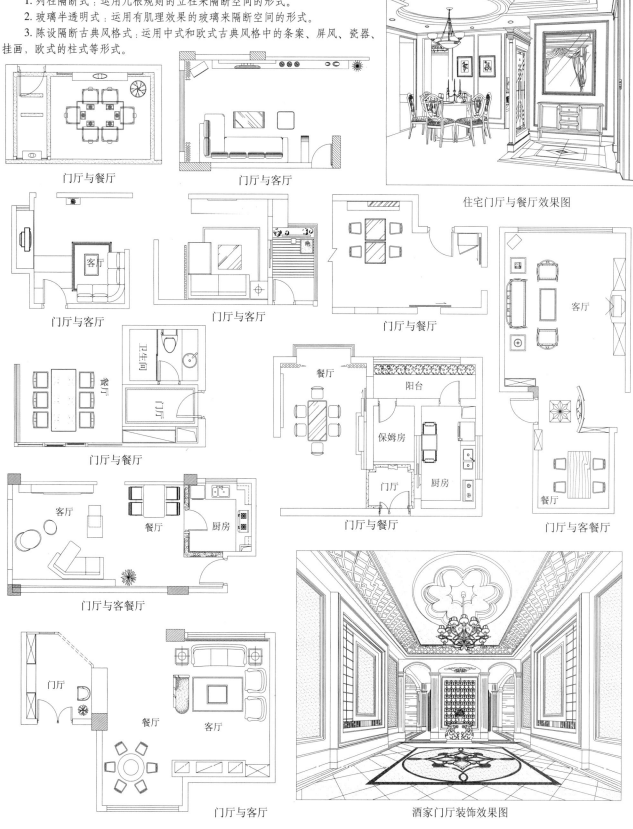

门厅与餐厅

门厅与客厅

住宅门厅与餐厅效果图

门厅与客厅

门厅与客厅

门厅与餐厅

客厅

门厅与餐厅

门厅与餐厅

门厅与客餐厅

门厅与客餐厅

门厅与客厅

酒家门厅装饰效果图

客厅效果图

设计要点

1. 客厅是家庭成员团聚和交流感情的场所，也是家人接待来宾的场所，一般设计采用套装沙发或坐椅围合成一个聚谈区域来布置。

2. 客厅设计中一般单独划分出一个视听区域，一般布置在沙发组合的正对面，由电视柜、电视背景墙、电视视听组合等组成。电视背景墙是客厅的视觉中心，可以通过别致的材质、优美的造型来表现。

3. 客厅设计时要注意对室内动线的合理布置，交通设计要流畅，对原有不合理的建筑布局进行适当调整，使之更符合空间尺寸要求。

4. 空间高度较低的客厅不宜吊顶，空间高度较高的客厅可根据具体情况吊二级顶。还可以采用四周吊顶，"中间空"，形成一个灯池状的光带，使整个客厅明亮。墙面通常用乳胶漆、墙纸或木饰面板来装饰。地面常采用光泽度高的抛光石材；木地板还可以铺设地毯来聚合空间，美化室内环境。

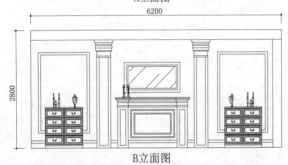

A立面图

B立面图

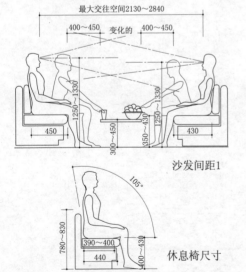

沙发间距1

座深

休息椅尺寸

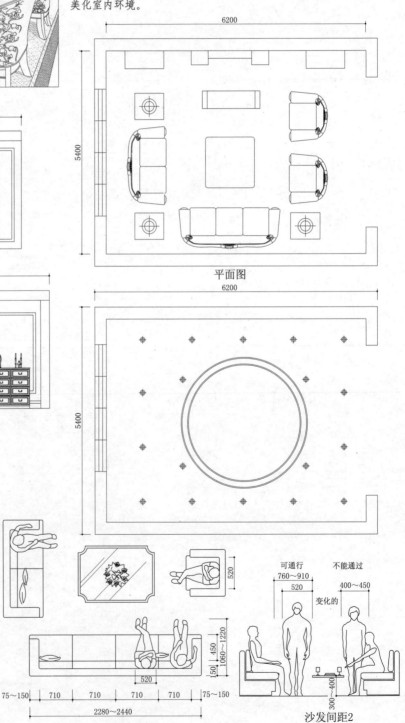

平面图

沙发间距2

客厅平面布置图

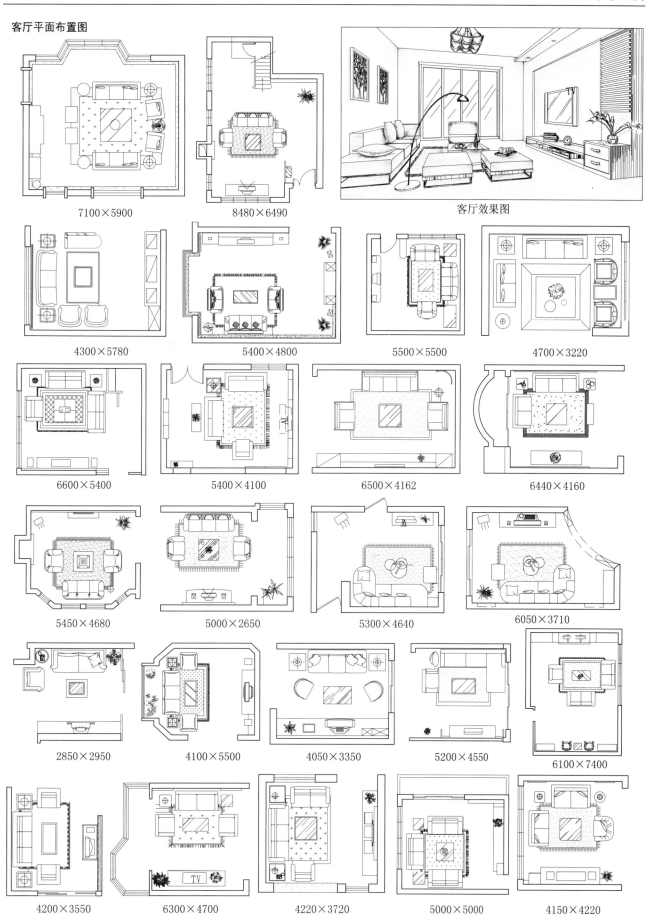

7100×5900

8480×6490

客厅效果图

4300×5780

5400×4800

5500×5500

4700×3220

6600×5400

5400×4100

6500×4162

6440×4160

5450×4680

5000×2650

5300×4640

6050×3710

2850×2950

4100×5500

4050×3350

5200×4550

6100×7400

4200×3550

6300×4700

4220×3720

5000×5000

4150×4220

设计要点

1. 餐厅是家人用餐和宴请客人的场所，也是家人团聚和交流情感的场所。客厅与餐厅相连的形式，是现代家居中最常见的。设计时要注意空间的分隔技巧，放置隔断和屏风是既实用又美观的做法；也可以将地板的形状、色彩、图案和材质分成两个不同区域，餐厅与客厅以此划分成两个格调不同的区域；还可以通过色彩和灯光来划分。

2. 开放式的厨房与餐厅可以节约空间，提高就餐效率。

3. 餐厅的家具主要有餐桌、餐椅和酒柜。餐桌有正方形、长方形和圆形等形状。餐椅有扶手椅和靠背椅。

4. 餐厅的顶棚可做二级吊顶造型，暗藏灯光，增加漫射效果。餐灯可增加餐厅的光照和美感，可选择能调节高低位置的组合灯具，满足不同的照明要求。餐厅的地面宜用易清洁、防滑的石材或地砖，也有铺木地板的。

餐厅效果图

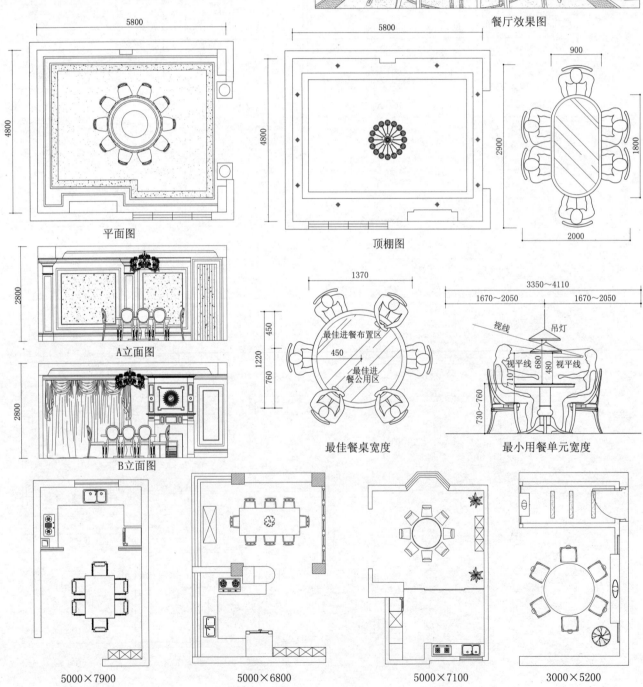

平面图

顶棚图

A立面图

B立面图

最佳餐桌宽度

最小用餐单元宽度

5000×7900　　　5000×6800　　　5000×7100　　　3000×5200

设计要点

1.卧室是主人的私人生活空间，应该满足男女主人双方情感和心理的共同需求，顾及双方的个性特点。设计时应遵循以下两个原则：一是要满足休息和睡眠的要求，营造出安静、祥和的气氛。二是要设计出尺寸合理的空间。

2.卧室按功能区域可划分为睡眠区、梳妆阅读区和衣物储藏区三部分。睡眠区由床、床头柜、床头背景墙等组成。床头背景墙是卧室的视觉中心，它的设计以简洁、实用为原则，可采用挂装饰画、贴墙纸和贴饰面板等装饰手法，梳妆阅读区主要布置梳妆台、梳妆镜和学习工作台等，衣物储藏区主要布置衣柜和储物柜。

3.卧室的顶棚可装饰简洁的石膏脚线或木脚线，地面采用木地板为宜，也可铺设地毯。卧室的采光宜用间接照明，可在床头柜上放台灯，顶棚布置吸顶灯柔化光线。

卧室效果图

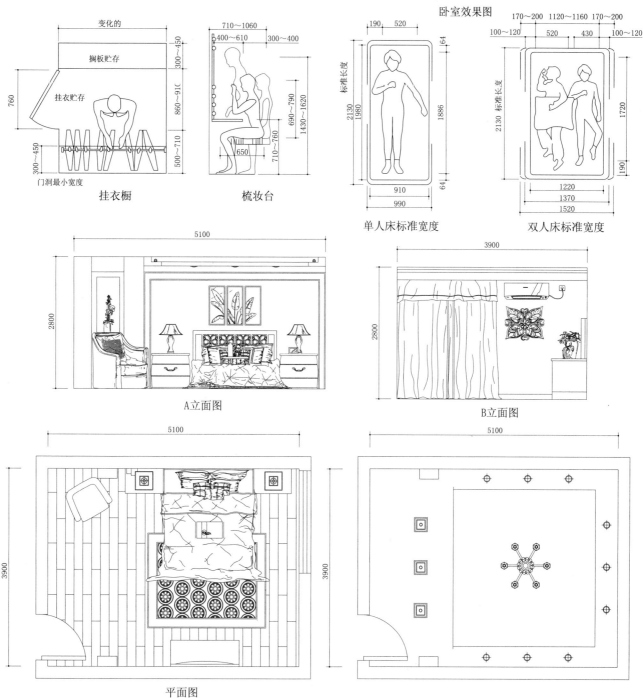

挂衣橱　　　　梳妆台　　　　单人床标准宽度　　　双人床标准宽度

A立面图　　　　　　　　　　　　B立面图

平面图

卧室平面布置图

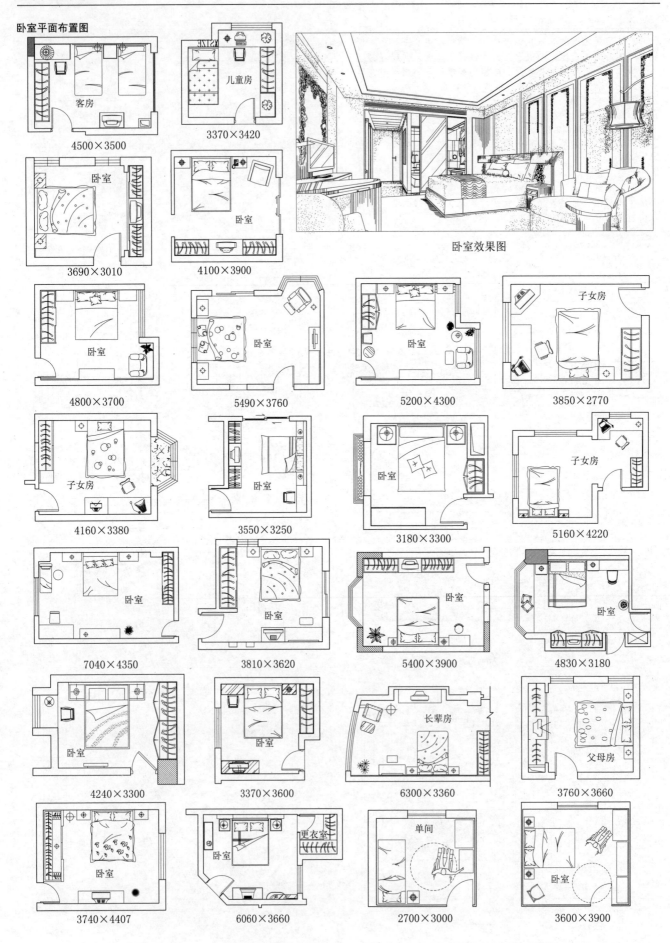

客房
4500×3500

儿童房
3370×3420

卧室效果图

卧室
3690×3010

卧室
4100×3900

卧室
4800×3700

卧室
5490×3760

卧室
5200×4300

子女房
3850×2770

子女房
4160×3380

卧室
3550×3250

卧室
3180×3300

子女房
5160×4220

卧室
7040×4350

卧室
3810×3620

卧室
5400×3900

卧室
4830×3180

卧室
4240×3300

卧室
3370×3600

长辈房
6300×3360

父母房
3760×3660

卧室
3740×4407

卧室　更衣室
6060×3660

单间
2700×3000

卧室
3600×3900

设计要求

1.书房是阅读、书写和学习的场所。书房一般应选择独立的空间。书房的家具有书桌、办公（学习）椅，阅读椅和书架。阅区和休闲区要分区明确，路线顺畅，井然有序，如书桌应背对书柜，不可正对书柜，以免造成取阅的不便。

2.书房是精细阅读的和工作的地方，对采光和照明要求较高，书桌可以放在窗边的侧光处。书桌的摆放切不可背光。

3.书房内可尽量采用隔声和吸声效果较好的材料，如石膏板、RVC吸声板、壁纸、地毯等；窗帘要选择较厚的材料，以阻隔窗外的噪声。

4.书房顶棚多设吊灯，显得气派些。书桌上都放置台灯，灯光明亮，利于晚上阅读书写。

5.书房地面宜铺设地板，书桌下铺地毯，更显得温馨。

书房效果图

顶棚图   平面图

设计要点

1. 幼儿期儿童卧室内的家具应采用圆角及柔软材料,保证儿童的安全;同时这些家具又应极富趣味性,色彩艳丽,大方,有助于启发儿童的想象力和创造力。可以摆设各种玩具供其玩耍。

可以划分出一块儿童独立生活玩耍的区域,地面上铺木地板或泡沫地板,墙面上装饰五彩的墙纸或留给儿童自己涂抹的生活墙。

2. 青少年期的儿童读书、写字成为生活中必然。因此,在儿童房间内要专门设置学习区域,学习区域由写字台或电脑台、书架、书柜、学习椅和台灯等共同组成。

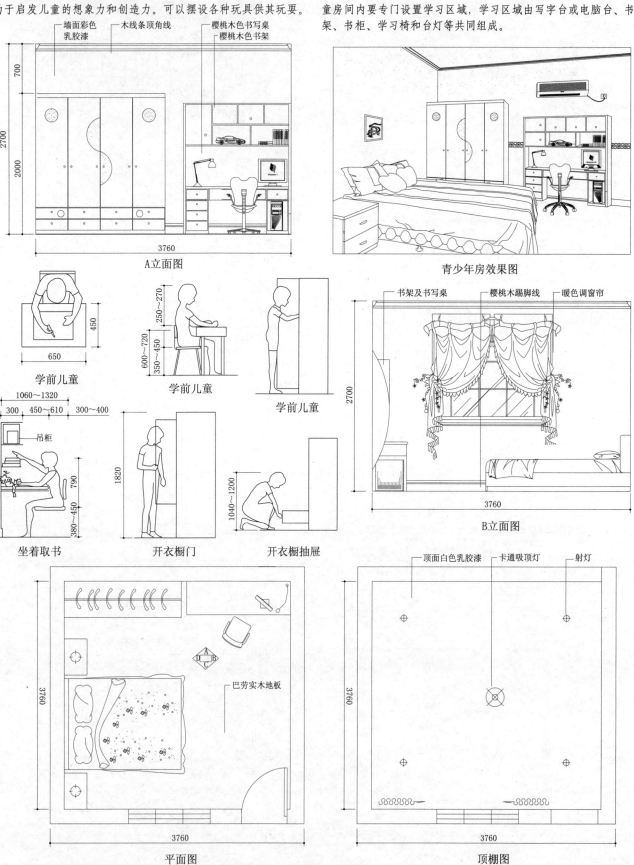

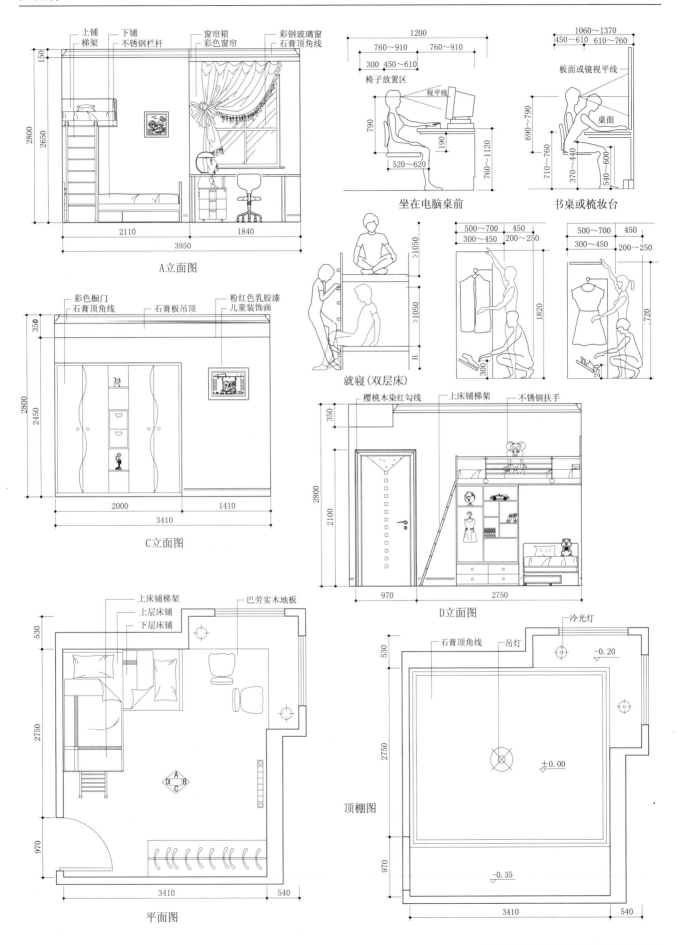

上铺　下铺　　窗帘箱　　彩钢玻璃窗
梯架　　不锈钢栏杆　彩色窗帘　石膏顶角线

A立面图

1200
760～910　760～910
300　450～610
椅子放置区　　　视平线
坐在电脑桌前

1060～1370
450～610　610～760
板面或镜视平线
桌面
书桌或梳妆台

就寝(双层床)

500～700　450
300～450　200～250

500～700　450
300～450　200～250

彩色橱门　　　　　粉红色乳胶漆
石膏顶角线　石膏板吊顶　儿童装饰画

C立面图

樱桃木染红勾线　上床铺梯架　不锈钢扶手

D立面图

上床铺梯架　　　巴劳实木地板
上层床铺
下层床铺

平面图

石膏顶角线　吊灯　冷光灯
-0.20
±0.00
-0.35

顶棚图

75

设计要点

1.娱乐空间在现代家居中逐渐被人们所重视，由于各个家庭成员的兴趣爱好不同、居住面积不同，对居室的娱乐空间的要求也不尽相同。家庭娱乐一般有视听娱乐区、家庭影院等。设计家庭视听娱乐区、家庭影院首先应根据主人的要求和爱好来定位娱乐区的家庭及设备，一般包括沙发、茶几、音响柜、电视机、录像机、VCD机和音响设备。

2.沙发距离电视机应3m以上，电视机屏幕高度与人的坐姿视线相适应，电视机的尺寸按房内空间而定，电视背景墙的设计尽量简单。音响的设置距离不要小于2m，否则达不到立体声效果。室内墙面可以由窗帘、壁毯等织物装饰，沙发区域铺一块工艺地毯，可起吸声作用。家庭影院的空间应不小于20m²，从功能上要考虑空间的隔声、吸声及音响的特殊要求，最好墙面有软包。灯光设计要分出主照明和辅助照明。

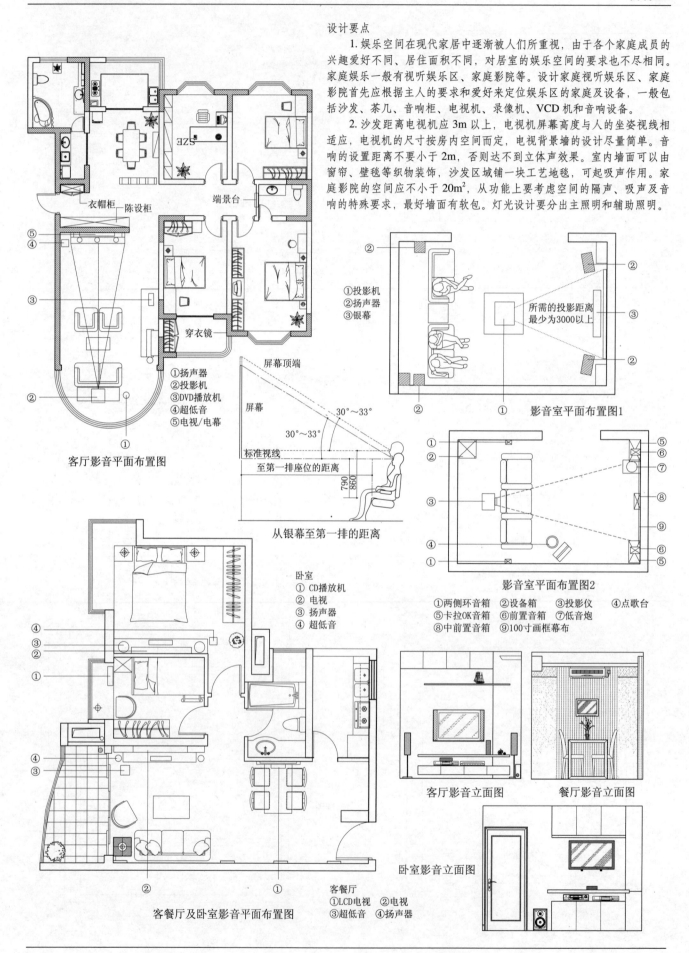

衣帽柜　陈设柜

端景台

穿衣镜

①扬声器
②投影机
③DVD播放机
④超低音
⑤电视/电幕

客厅影音平面布置图

屏幕顶端

屏幕

30°~33°

30°~33°

标准视线

至第一排座位的距离

790
860

从银幕至第一排的距离

①投影机
②扬声器
③银幕

所需的投影距离最少为3000以上

影音室平面布置图1

卧室
① CD播放机
② 电视
③ 扬声器
④ 超低音

影音室平面布置图2

①两侧环音箱　②设备箱　③投影仪　④点歌台
⑤卡拉OK音箱　⑥前置音箱　⑦低音炮
⑧中前置音箱　⑨100寸画框幕布

客厅影音立面图　　　餐厅影音立面图

卧室影音立面图

②　　　　　　①

客餐厅
①LCD电视　②电视
③超低音　④扬声器

客餐厅及卧室影音平面布置图

设计前测量：

1. 首先测量墙面尺寸，以及转角到门口的距离。

2. 测量各种延伸到室内的凸出物件，如燃气表、通风井和管道。

3. 测量门窗尺寸，以及各扇门窗到门口，顶棚和墙边的距离。

4. 测量并标注出现有电源插座和灯具开关的位置，注意标出需要新增安装的地方。

5. 标注给排水管道，如果想重新设计给排水管道，要标出新的位置。

6. 应考虑到在炉灶、冰箱和水槽之间（工作三角区）轻松、快速地移动。

7. 炉灶两侧都应留出足够空间，如果空间有限，应优先保证水槽和炉灶之间的距离。

8. 应考虑到橱柜和冰箱门的开启方向和尺寸，避免使用时的不方便。

9. 保证厨房照明充足，尤其在操作台面上。

10. 水槽应设置在窗口处，锅具置于炉灶附近。

厨房效果图

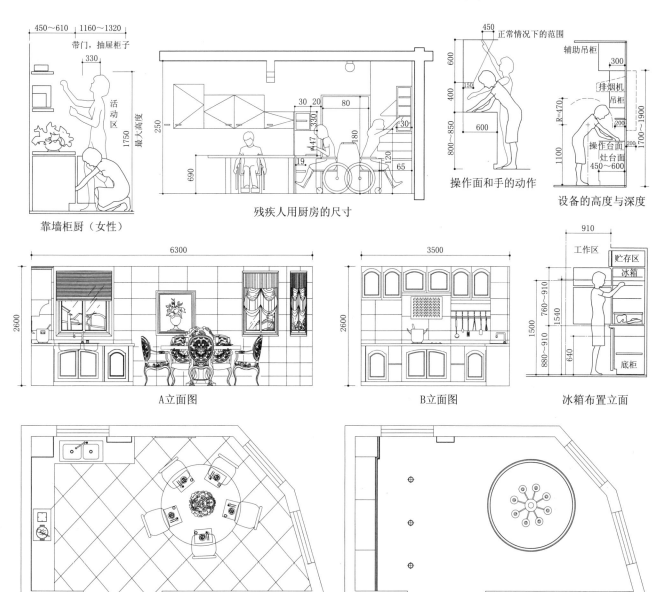

靠墙柜厨（女性）

残疾人用厨房的尺寸

操作面和手的动作

设备的高度与深度

A立面图

B立面图

冰箱布置立面

平面图

顶棚平面图

设计要点

　　1. 厨房的空间形式一般分为封闭式和开放式两种。封闭式的优点便于清洁，烹饪产生的油烟不影响室内其他空间。开放式的优点是形式活泼生动，有利于空间的节约和共享。厨房的主要作用有三个：食物的贮藏、食物的清理、准备和烹饪。一系列的工作能够顺利方便地进行，就要按照人体工进行工作流程的分析。首先决定采用"一字形"、"L形"、"U形"、"岛台形"、中的哪一种厨房布置方式，在此基础上再进行具体的工作场所的安排。

　　2. 厨房的主要设备是台面和橱柜，这关系到厨房的格调与特色。要注意选择材料和颜色，设计好造型。

　　3. 厨房的地面多是采用地面砖，要防滑，耐碱耐酸，利于清洗。墙壁最好也用墙面砖铺贴，最好一直铺贴至顶棚。顶棚材料可选择塑料板、金属板等光面材料。

L形厨房效果图

3090×1840

3300×2800

2600×1800

4220×2990

厨房的最小宽度

3720×3020

4520×2700

3090×1840

轮椅用厨房
3600×2400

3480×2330

4200×3000

2300×3700

轮椅用餐厅、厨房
3400×5500

4500×3800

3200×2000

2000×3100

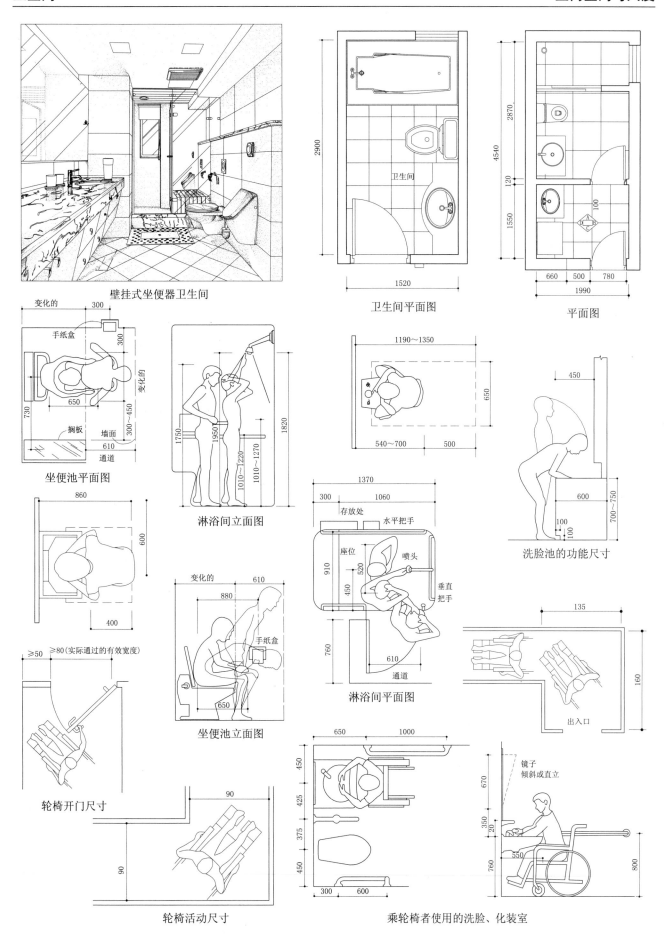

壁挂式坐便器卫生间

卫生间平面图

平面图

坐便池平面图

淋浴间立面图

淋浴间平面图

洗脸池的功能尺寸

出入口

轮椅开门尺寸

坐便池立面图

轮椅活动尺寸

乘轮椅者使用的洗脸、化装室

设计要点

1. 卫生间空间的功能如厕、沐浴、盥洗、美容与住宅的卫生间一般有专用和公用之分。专用的只服务于主卧室或某个卧室；公用的与公共走道相连，由其他家庭成员和客人公用。主要卫生器具包括脸盆、便器、浴缸或淋浴器。一般可将卫生间划为洗浴和厕所两部分。

2. 现代洁具款式新颖，一部分洁具，已由单一功能的设备，发展为自动加温、自动冲洗、热风烘干等多功能的设备，其五金零件也由一般的镀铬件发展为高精度加工的，集美观、节能、节水、消声为一体的高档零配件。面盆有壁挂式、立柱式和台式。浴缸有两类，即坐浴缸和躺浴缸，现在已有使用按摩浴缸的卫生间。

3. 卫生间的地面和墙面，使用材料通常都以简便、干净、防滑和易于清洁为原则，多用石材、瓷砖，马赛克，镜面和玻璃铺贴。常用塑料板或金属板作吊顶，吊顶上附设取暖设备。一定要保证卫生间空间的通风良好，地面下必须做防水层。

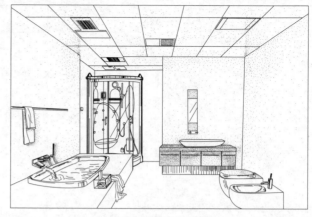

卫生间蒸汽房效果图

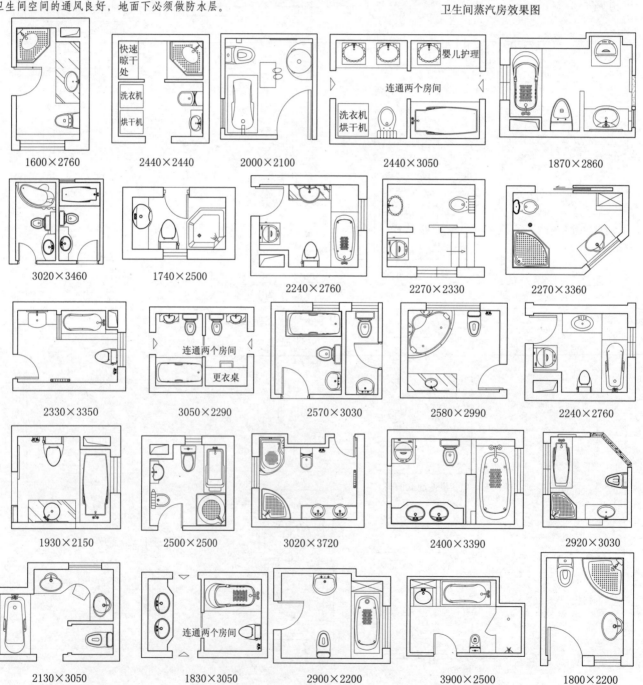

1600×2760	2440×2440	2000×2100	2440×3050	1870×2860
3020×3460	1740×2500	2240×2760	2270×2330	2270×3360
2330×3350	3050×2290	2570×3030	2580×2990	2240×2760
1930×2150	2500×2500	3020×3720	2400×3390	2920×3030
2130×3050	1830×3050	2900×2200	3900×2500	1800×2200

设计要点

1. 办公空间种类较多，按办公属性一般分为行政性办公空间和经营性办公空间。按封闭性分类有封闭式和敞开式。按办公形式分类有单间和套间。套间形式分为办公空间和会客空间两种，个别设有休息室和卫生间。

2. 个人使用的办公室一般在40～60m²，除办公桌外，室内还设接待谈话区域、陈列书柜区域，这样的办公空间一般通信设施比较齐全，家具宽大，配套设备比较完整。在空间设计上追求简洁精致，布局尊贵气派，照明冷暖光线并用，营造一种明快、大方、有效的空间环境。

3. 多人使用的办公室以4～6人办公为宜，面积在20～40m²。在布置上首先应考虑按工作的顺序来安排每个人的位置。应避免相互的干扰，尽量使人和人的视线相互回避。其次，室内的通道应布局合理，避免来回穿插。避免给他人带来视觉上的干扰。

4. 开放式办公室，电脑通信设施齐全，公开办事等一目了然，空间较大，尺寸适中。装饰简单明快。色彩以冷色调为主，暗柜多于明柜，营造出一种高效的工作效率。开放式办公室是目前较流行的一种办公形式。这种空间布局的特点是灵活可变的。办公环境处理的关键是通道的布置。在装饰材料的使用上，大多是由工业化生产的各种隔屏来构成的。每一个办公单元应按功能关系进行分组。

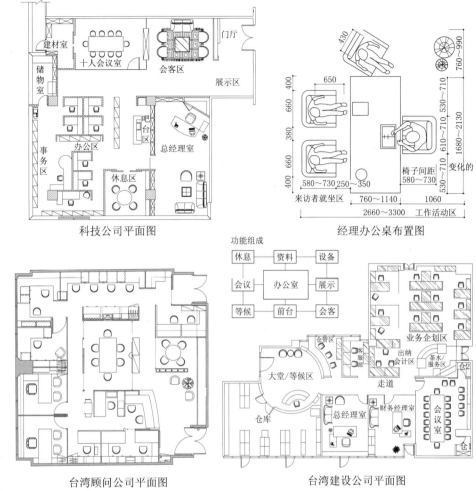

科技公司平面图

经理办公桌布置图

台湾顾问公司平面图

台湾建设公司平面图

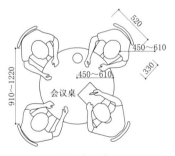

圆形会议桌

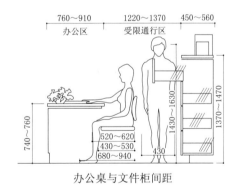

办公桌与文件柜间距

屏风家具布置形式

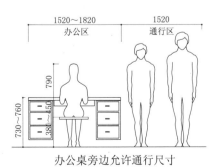

办公桌旁边允许通行尺寸

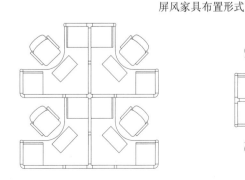

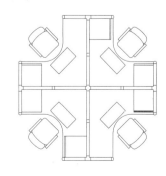

台湾网络通信公司平面图

开放式办公室效果图

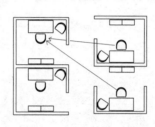

较好布局

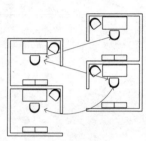

良好布局

开放式办公室的结构

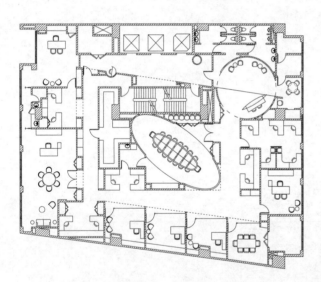

台湾保险公司平面图

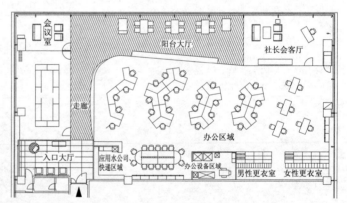

日式商会办公室

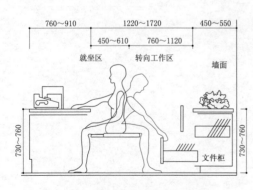

后面设有文件柜的工作单元

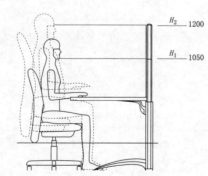

H_1 高度：坐着时可看到屏风以外
H_2 高度：坐着时看不到屏风以外

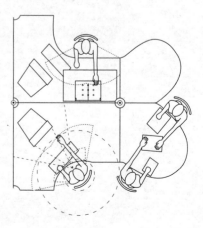

设计要点

    会议室空间一般为 $60 \sim 100m^2$，供 $20 \sim 40$ 人使用，如果召开大型会议，也可增加一部分坐位。

    高级会议室设多媒体设施，会议主持人背后设有形象墙、电动投影幕，桌面设有话筒和与会人员名签等。围绕桌子一般设有高靠背转椅、木椅或弓字椅，沿墙一般摆放的是木扶手坐椅或沙发。每对坐椅沙发配置有茶几。

    电视会议室还配置大屏幕电视机。在设计上它要求具有一定的聚合力，空间尺度不宜过大。

    在选材上尽量使用静音饰材。灯光要有主体照明、装饰照明和重点照明，光线效果以冷暖光线混合为主。音响以背景装置为宜。

    另外一种为会见形式会议室，这种会议室没有桌子，只有坐椅或沙发，大家都沿着会议室四周就座。

液晶显示屏会议桌

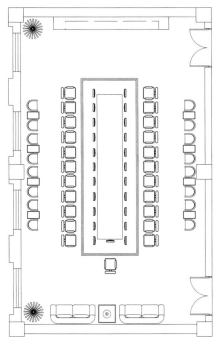

方形会议室平面布置图

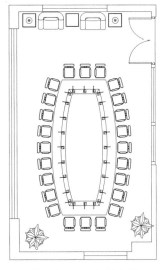

鼓形会议室平面布置图

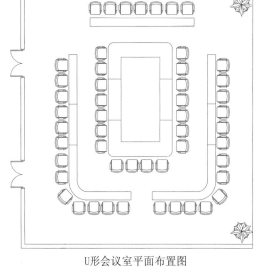

U形会议室平面布置图

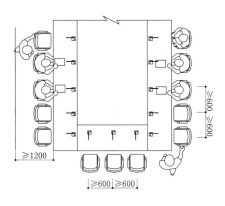

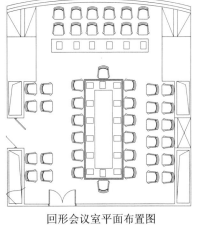

回形会议室平面布置图

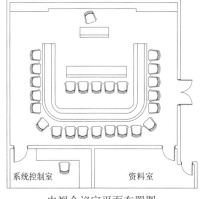

电视会议室平面布置图
系统控制室   资料室

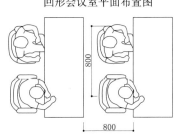

设计要点

1. 接待室是人们团聚和会客的场所,为便于人们之间相互交谈和视线交叉,相互间的距离 1.5～3.0m 为宜。

2. 封闭式或开放式的接待室可让若干人为一组布置坐位,各组之间所留的空间与布置与格局有关。

3. 中式的或西式的接待空间都是凭借室内摆设的家具来衬托其性质的。

4. 一般接待室的装饰格调:顶棚上有柔和的灯光,地板上铺设柔软的羊毛地毯,温和的色彩;家具的摆设都是大型的沙发和茶几等,呈现一派和谐的气氛。

接待室效果图

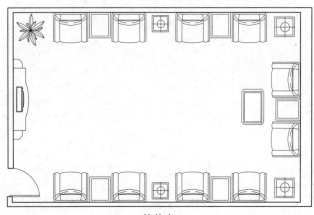

接待室B

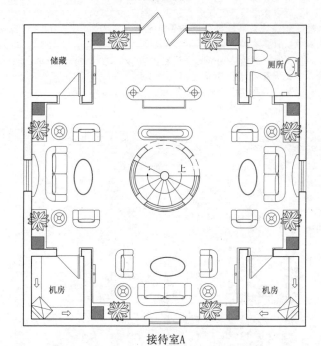

接待室A

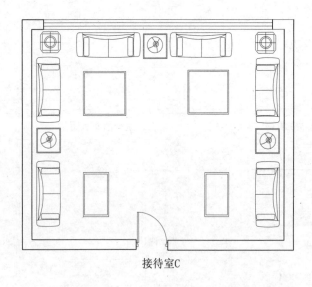

接待室C

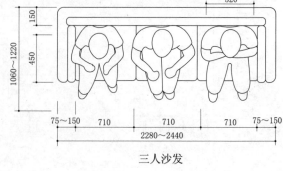

双人沙发

三人沙发

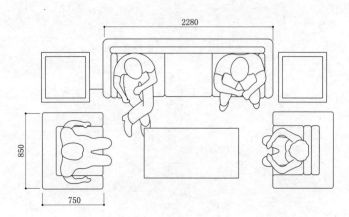

设计要点

1. 出入口位置应有利于吸引顾客和保证安全，大银行可设门厅。

2. 柜组布置应符合业务流程，出纳、储蓄和金银收兑柜可相对独立。柜外面积与柜内面积之比≥1/2。

3. 根据不同银行的业务内容和营业对象，确定候办厅的面积、布局和装修标准，候办厅的面积一般是营业厅面积的三分之一以上，可分为柜面、走道和休息三部分。候办厅应设填单台、广告牌和休息坐椅，大银行营业厅应设向导台。

4. 银行运用计算机通信网络，业务自动化，办公智能化。在设计时应注意房间内各种管道的预留。

5. 营业厅地面应考虑用耐磨损、不易起尘和防滑的材料。

6. 顶棚装修应结合照明、消防、空调和室内声学要求统一设计，当净高超过4000时，应考虑设备检修方法。

7. 营业厅的照明、暖通空调、给水排水以及业务自动化和安全防盗所需的电气管道和设施等应配备齐全。

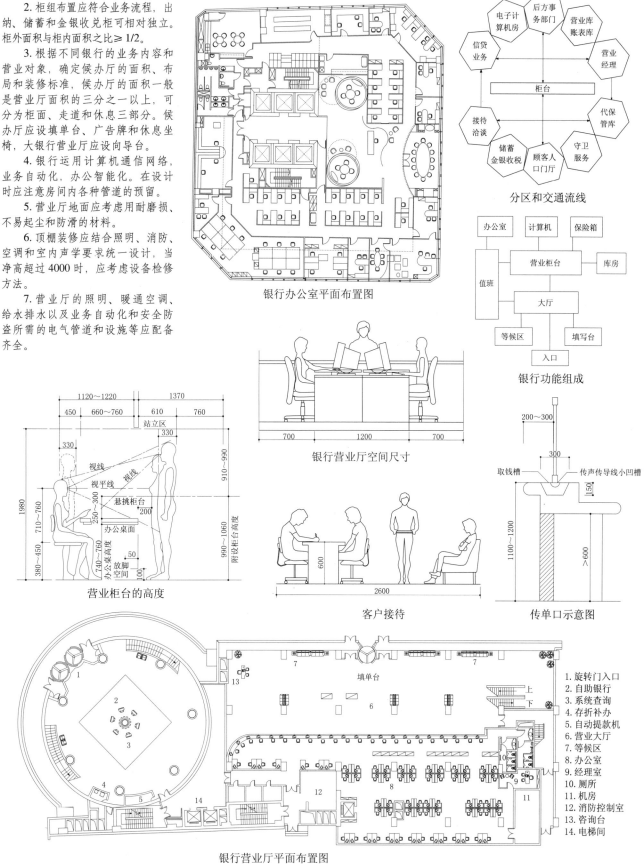

银行办公室平面布置图

分区和交通流线

银行功能组成

营业柜台的高度

银行营业厅空间尺寸

客户接待

传单口示意图

银行营业厅平面布置图

1. 旋转门入口
2. 自助银行
3. 系统查询
4. 存折补办
5. 自动提款机
6. 营业大厅
7. 等候区
8. 办公室
9. 经理室
10. 厕所
11. 机房
12. 消防控制室
13. 咨询台
14. 电梯间

设计要点

在空间布置上，要求整体舒适大方，富有民族特色，具有中华饮食文化内涵。

按就餐人员比例分配空间，入口处应当宽敞、明亮，避免人流拥挤。较大型的中餐厅要设客人等候处坐席，门厅设置接待前台。

餐桌坐位按客人对象而定，4～6人设方圆桌，6人以上设大中圆桌，以团体为主的可设单桌或双桌包厢。可设固定或活动小舞台。

厨房功能分析

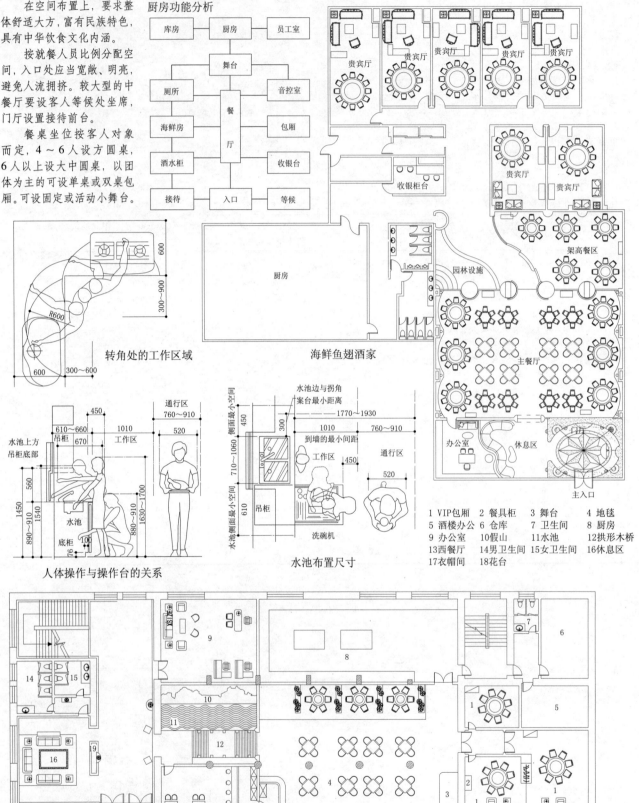

转角处的工作区域

海鲜鱼翅酒家

人体操作与操作台的关系

水池布置尺寸

1 VIP包厢　　2 餐具柜　　3 舞台　　4 地毯
5 酒楼办公　　6 仓库　　7 卫生间　　8 厨房
9 办公室　　10 假山　　11 水池　　12 拱形木桥
13 西餐厅　　14 男卫生间　　15 女卫生间　　16 休息区
17 衣帽间　　18 花台

中餐厅平面图

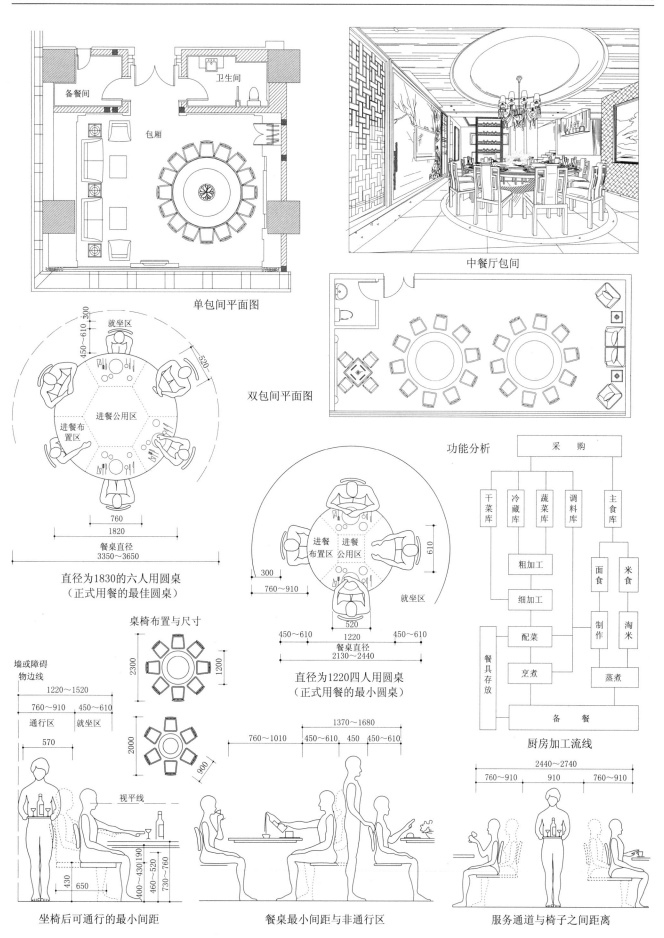

单包间平面图

中餐厅包间

双包间平面图

直径为1830的六人用圆桌
（正式用餐的最佳圆桌）

直径为1220四人用圆桌
（正式用餐的最小圆桌）

桌椅布置与尺寸

功能分析

厨房加工流线

墙或障碍物边线

通行区　就坐区

坐椅后可通行的最小间距

餐桌最小间距与非通行区

服务通道与椅子之间距离

设计要点

西餐分为法式、美式、英式、俄式、意式等。除了烹饪方法不同之外，还有服务方式的区别。由于地区与菜系的不同，餐饮空间的功能与要求也不同，要求设计师从餐厅的策划和定位上来进行设计。

在我国，西餐以法式和美式为主。法式餐厅主要特点是装修华丽。餐具、灯光、音乐、陈设等要突出贵族情调。由外到内，由静态到动态形成一种高贵典雅的气质。

美式西餐特点是融和了各种西餐形式，在空间的装饰也十分的自由、现代化。这种西餐厅经营成本低，在中国更为多见。西餐的烹饪多半是对半成品进行加工，厨房可以略小些。厨房设计要有明确的功能分区。

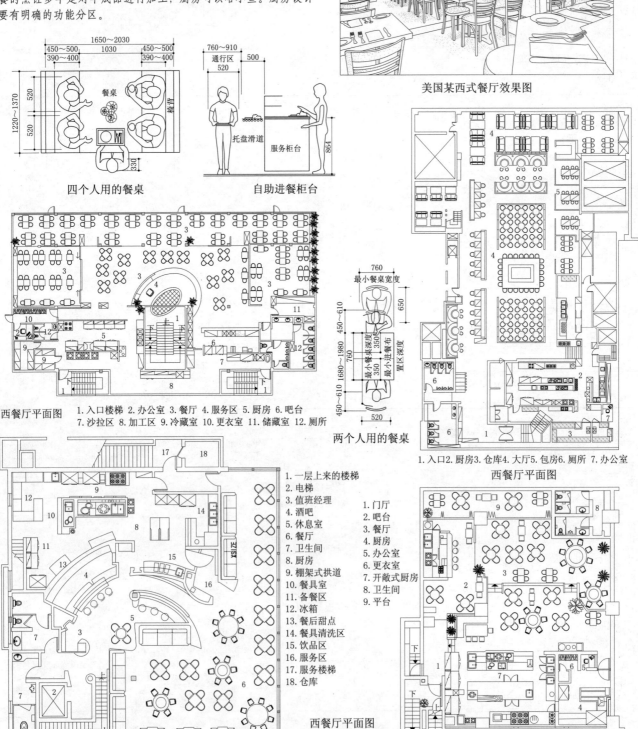

美国某西式餐厅效果图

四个人用的餐桌　自助进餐柜台

西餐厅平面图
1.入口楼梯 2.办公室 3.餐厅 4.服务区 5.厨房 6.吧台 7.沙拉区 8.加工区 9.冷藏室 10.更衣室 11.储藏室 12.厕所

两个人用的餐桌

西餐厅平面图
1.入口2.厨房3.仓库4.大厅5.包房6.厕所 7.办公室

1.一层上来的楼梯 2.电梯 3.值班经理 4.酒吧 5.休息室 6.餐厅 7.卫生间 8.厨房 9.棚架式拱道 10.餐具室 11.备餐区 12.冰箱 13.餐后甜点 14.餐具清洗区 15.饮品区 16.服务区 17.服务楼梯 18.仓库

1.门厅 2.吧台 3.餐厅 4.厨房 5.办公室 6.更衣室 7.开敞式厨房 8.卫生间 9.平台

西餐厅平面图

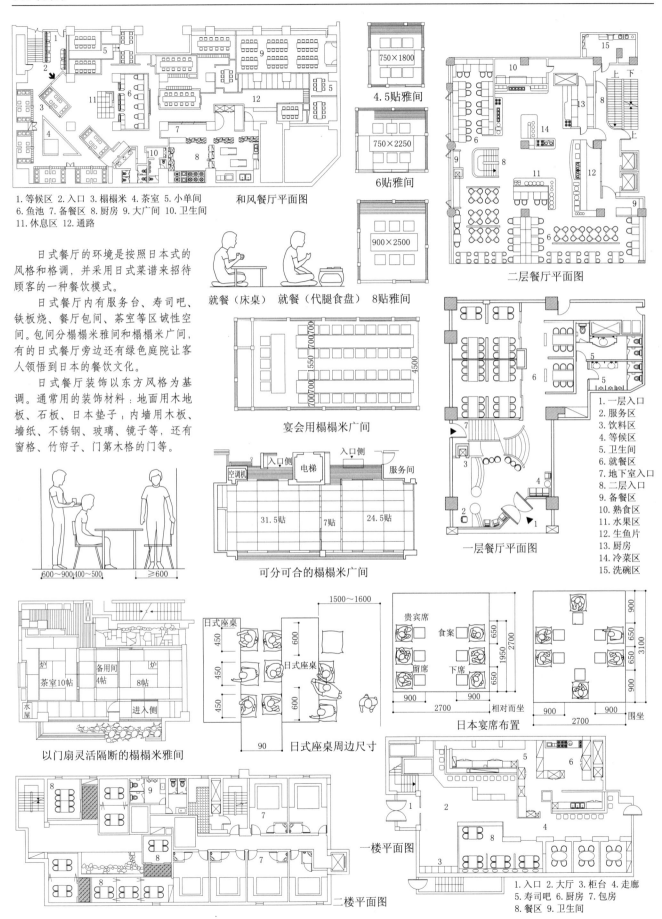

1.等候区 2.入口 3.榻榻米 4.茶室 5.小单间
6.鱼池 7.备餐 8.厨房 9.大广间 10.卫生间
11.休息区 12.通路　　　　　　和风餐厅平面图

日式餐厅的环境是按照日本式的风格和格调，并采用日式菜谱来招待顾客的一种餐饮模式。

日式餐厅内有服务台、寿司吧、铁板烧、餐厅包间、茶室等区域性空间。包间分榻榻米雅间和榻榻米广间，有的日式餐厅旁边还有绿色庭院让客人领悟到日本的餐饮文化。

日式餐厅装饰以东方风格为基调。通常用的装饰材料：地面用木地板、石板、日本垫子；内墙用木板、墙纸、不锈钢、玻璃、镜子等，还有窗格、竹帘子、门第木格的门等。

750×1800
4.5贴雅间

750×2250
6贴雅间

900×2500
8贴雅间

就餐（床桌）　就餐（代腿食盘）

宴会用榻榻米广间

空调机　入口侧　入口侧　服务间
电梯
31.5贴　7贴　24.5贴
可分可合的榻榻米广间

二层餐厅平面图

一层餐厅平面图

1.一层入口
2.服务区
3.饮料区
4.等候区
5.卫生间
6.就餐区
7.地下室入口
8.二层入口
9.备餐区
10.熟食区
11.水果区
12.生鱼片
13.厨房
14.冷菜区
15.洗碗区

茶室10帖　备用间4帖　8帖　炉　进入侧
水屋
以门扇灵活隔断的榻榻米雅间

日式座桌
日式座桌
1500～1600
450 450 450　600 600 600
90
日式座桌周边尺寸

贵宾席　食案
留席　下席
相对而坐
日本宴席布置
围坐
900 900 650 650 650 1950 2700 2700 900 900 2700 900 900 3100 650 900 650 900

一楼平面图

1.入口 2.大厅 3.柜台 4.走廊
5.寿司吧 6.厨房 7.包房
8.餐区 9.卫生间

二楼平面图

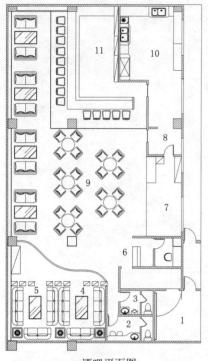

酒吧平面图

1.入口 2、3卫生间 4、5包间 6.收款台 7.舞台 8.水吧 9.大厅 10.厨房 11.酒吧

桌椅布置与尺寸

酒吧效果图

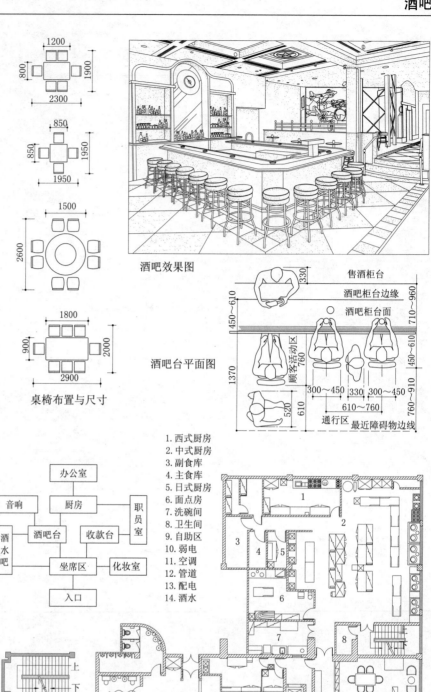

酒吧台平面图
售酒柜台
酒吧柜台边缘
酒吧柜台面
顾客活动区
通行区 最近障碍物边线

设计要点

　　酒吧是吧台为中心的酒馆,它是一种公众性的休闲、约会、交流的地方,空间处理应尽量轻巧、随意。

　　酒吧空间布局一般分为吧台席和坐席两大部分。吧台席有高脚凳,一般吧台坐位7~8个以上。酒吧宜将大空间分成多个小的部分,使客人坐在其中感到亲切。根据面积决定坐位数,一般每席1.1~1.7m²,服务通道为750左右。坐席部分以2~4人为主。

　　酒吧室内设计以全封闭,弱光线和局部照明为主。酒吧走道应有较好的照明,特别是在设有高度差的部分,应加设地灯照明,以突出台阶。吧台作为整个酒吧的视觉中心部分,其照明度要求更亮些。

办公室
音响 厨房 职员室
酒水吧 酒吧台 收款台
坐席区 化妆室
入口

1. 西式厨房
2. 中式厨房
3. 副食库
4. 主食库
5. 日式厨房
6. 面点房
7. 洗碗间
8. 卫生间
9. 自助区
10. 弱电
11. 空调
12. 管道
13. 配电
14. 酒水

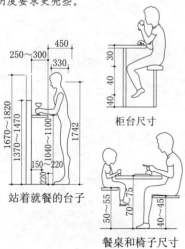

柜台尺寸

站着就餐的台子

餐桌和椅子尺寸

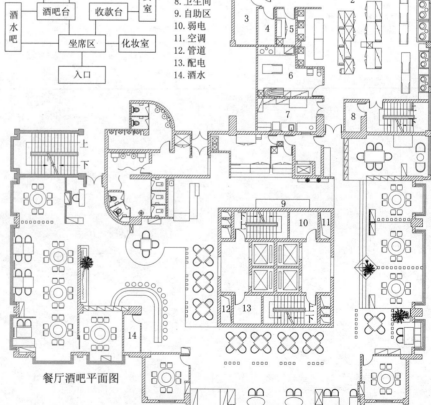

餐厅酒吧平面图

设计要点

1. 茶坊、茶吧是为城市繁忙的人们提供一个休闲、放松的场所。茶坊、茶吧的空间设计分为两个部分，第一部分是茶厅，供许多人在此饮茶聊天，空间感为开放性，坐位以散客为主，每桌可以坐4～6人；第二部分为茶室，是有一定私密性的空间，或是以包间的形式出现，或是屏风隔断的形式从茶厅中划分出来，小间可以坐2～4人，大间可以坐6～8人。

2. 为了体现茶坊、茶吧的特色可采用一些有中国传统茶文化的特色符号的形象进行装饰，如木质的家具、纸质的灯、陶瓷的茶具、砖石的地面与字画的陈设等。

3. 现代的茶坊、茶吧不仅继承了传统的茶文化，而且还应结合现代的艺术手段，使饮茶的空间环境、灯光、材料、色彩、甚至音乐的设计更适合现代人的审美观点。

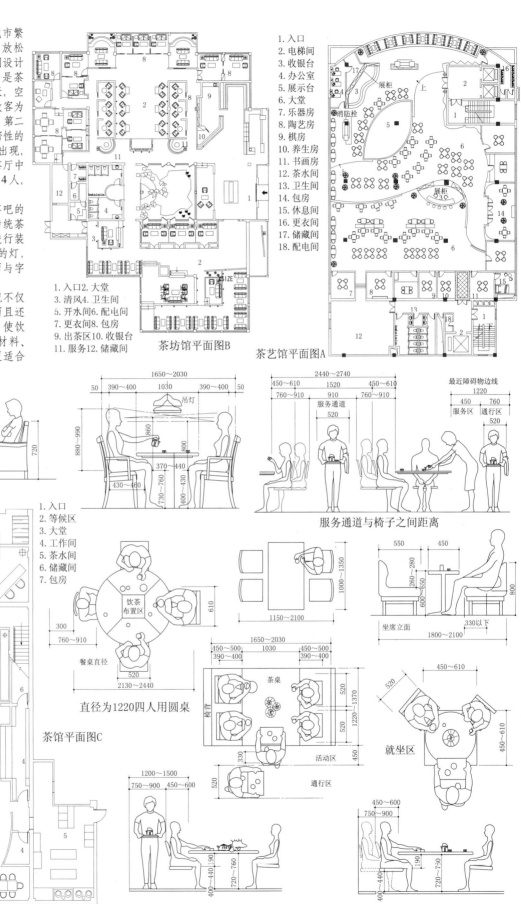

1. 入口 2. 大堂
3. 清风 4. 卫生间
5. 开水间 6. 配电间
7. 更衣间 8. 包房
9. 出茶区 10. 收银台
11. 服务 12. 储藏间
茶坊馆平面图B

1. 入口
2. 电梯间
3. 收银台
4. 办公室
5. 展示台
6. 大堂
7. 乐器房
8. 陶艺房
9. 棋房
10. 养生房
11. 书画房
12. 茶水间
13. 卫生间
14. 包房
15. 休息间
16. 更衣间
17. 储藏间
18. 配电间
茶艺馆平面图A

服务通道与椅子之间距离

1. 入口
2. 等候区
3. 大堂
4. 工作间
5. 茶水间
6. 储藏间
7. 包房

饮茶布置区
餐桌直径
直径为1220四人用圆桌

茶馆平面图C

茶桌
椅背
活动区
通行区
就坐区

坐椅后可通行的最小间距　　　　　坐椅后不能通行的最小间距

设计要点

咖啡厅集合了完美就餐的所有要素，用变幻莫测的美妙灯光设施，具有美感的装饰效果，使咖啡厅增添快乐的气氛，使就餐者都感到舒适、惬意。

店面为展示咖啡厅的现代与时尚气息，一般使用玻璃和金属材料装饰，而店内墙裙、柜台家具、酒架等多用染色的樱桃木制作。空间造型多体现出曲线形、未来派和几何形状的特征。地面上多用大块瓷砖或石材，将餐厅内的各功能区划分开来。

餐厅有中、小型的具有私密性的坐位空间，用屏风分隔开为需要私密感的团体或特别场合服务。

酒类是咖啡厅不可缺少的一部分，靠墙壁处应陈设一个漂亮的桃木酒架。

吧台是整个空间的一个亮点，店堂内设置有展示台，摆有鸡尾酒、菜肴及食品。

带有展演烹饪的厨房要有所选择地开放。店堂口旁边应设置一个外卖食品柜。

一般咖啡厅的墙上有大幅的图片装饰，使整个空间显得更加完美动人，客人来到咖啡厅有宾至如归的感觉。

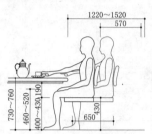

坐椅后可通行的最小间距

美国某咖啡厅效果图

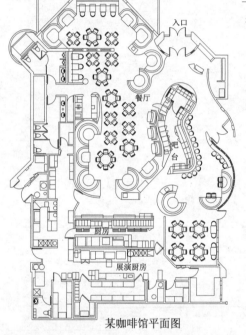

某咖啡馆平面图

餐桌与便餐柜之间所需距离

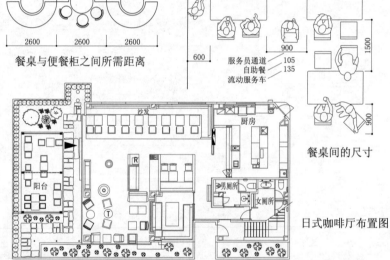

服务员通道　105
自助餐　　135
流动服务车

餐桌间的尺寸

日式咖啡厅布置图

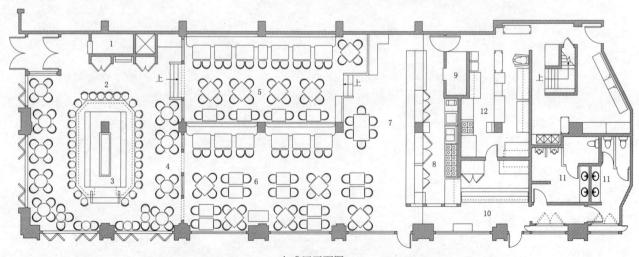

咖啡厅平面图

1.存衣室　2.过道　3.酒吧　4.咖啡厅　5.平台就餐区　6.就餐区
7.吧台　8.展演厨房　9.比萨炉　10.外卖柜台　11.洗手间　12.厨房

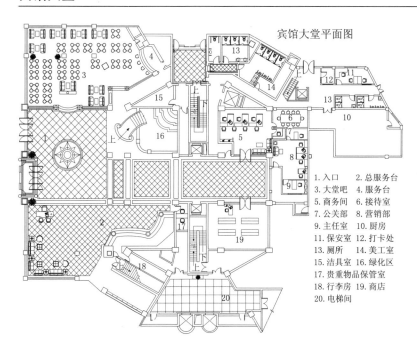

宾馆大堂平面图

1. 入口　2. 总服务台
3. 大堂吧　4. 服务台
5. 商务间　6. 接待室
7. 公关部　8. 营销部
9. 主任室　10. 厨房
11. 保安室　12. 打卡处
13. 厕所　14. 美工室
15. 洁具室　16. 绿化区
17. 贵重物品保管室
18. 行李房　19. 商店
20. 电梯间

设计要点

　　宾馆大堂一般分为接待和交通两大部分。较大型的高级宾馆还设有内庭花园及大堂吧、商务中心等服务设施。大堂装饰设计追求空间上的共享，首先以满足人们生理和心理要求为宗旨，同时也要反映出宾馆的档次。设计创意要讲究功能性与基本性的统一和谐，要表现出雄伟壮观的游览空间、亲切自然的优美环境，带给人们宾至如归的高级享受感。

　　接待的总服务台，应设置在大堂内最明显的地方。服务台的长度与面积应按宾馆的客房数量确定，柜台及其背景墙造型应庄重气派。

　　大堂顶棚的格调设计也要讲究豪华有气派，要以新奇的构思，展示其独特的风格。根据装饰和布置灯光相结合的特点，顶棚的设计方式主要有以下七种形式：光棚式、平吊式、假梁式、木格式、钢丝网格式、几何形叠级式、自由形叠级式。大堂的地面材料要求耐磨、耐腐蚀，一般都使用花岗石。地面石材多设计拼花图案，与顶棚造型上下呼应。

宾馆大堂效果图

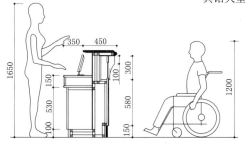

大堂总台侧立面

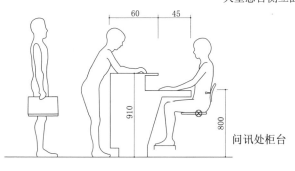

问讯处柜台

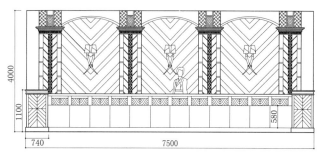

大堂总台正立面图

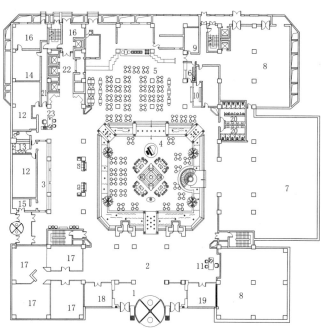

宾馆大堂平面图

1. 入口　2. 过厅　3. 服务总台　4. 大堂吧　5. 西餐厅　6. 寿司吧　7. 中餐厅
8. 厨房　9. 备餐间　10. 吧台　11. 宴会预约　12. 办公室　13. 贵重物品保管室
14. 机房　15. 行李保管室　16. 消防控制中心　17. 商铺　18. 工艺品区
19. 生活用品区　20. 厕所　21. 员工通道　22. 电梯间　23. 咨询台

设计要点

客房一般备有床、床头柜、沙发、椅子、茶几、桌子、化妆台、大衣柜、行李柜等家具,此外还有电视机、电话、电冰箱、台灯,甚至还有个人电脑等。客房最重要的是隔声性能,以确保安静,有利于睡眠。

客房的类型可分为:单人间、双人间及套房。标准间客房一般为两张单人床,有一个单独的卫生间。套房比标准房大,且多出一个或几个空间,套房的主要功能是供客人接待、视听、聊天等使用。有的大型总统套房还包括夫人房、秘书房、警卫房、司机房、起居室、餐厅、厨房、卫生间等。套房装饰装修要比标准客房更考究、豪华。

1.壁柜 2.行李 3.电视机 4.写字桌
5.镜子 6.坐桌 7.沙发 8.茶几 9.单人床
10.床头柜 11.窗帘 12.立灯 13.台灯
14.床头灯 15.吧台 16.客房卫生间

功能组成

两个单人床客房

卫生间设备示意

卫生器具高度示意

宾馆客房

双人床客房

套房平面图B

套房平面图C

套房平面图A

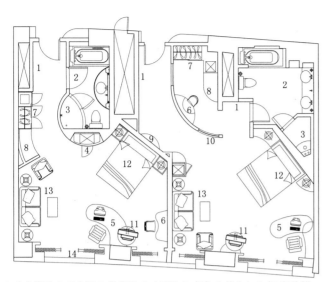

1.全身镜子 2.卫生间 3.淋浴间 4.小酒吧 5.书桌 6.梳妆台 7.柜/保险箱
8.行李架 9.案儿 10.玻璃隔断 11.电视柜 12.床 13.沙发 14.窗帘

商务套房平面图

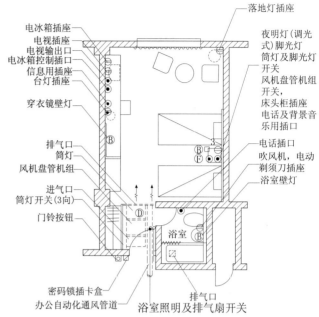

落地灯插座
电冰箱插座
电视插座
电视输出口
电冰箱控制插口
信息用插座
台灯插座

夜明灯(调光式)脚光灯
筒灯及脚光灯开关
风机盘管机组开关,
床头柜插座
电话及背景音乐用插口

穿衣镜壁灯

排气口
筒灯
风机盘管机组

进气口
筒灯开关(3向)
门铃按钮

电话插口
吹风机,电动剃须刀插座
浴室壁灯

浴室

密码锁插卡盒
办公自动化通风管道

排气口
浴室照明及排气扇开关

墙壁暗箱要做隔声处理,以免有声音传递到隔壁房间里。
风机盘管机组、电冰箱、钟表等,尽量选用低噪声型。
风机盘管机组的排风口不能从床的上面吹风。

标准双人间的机器设备布置

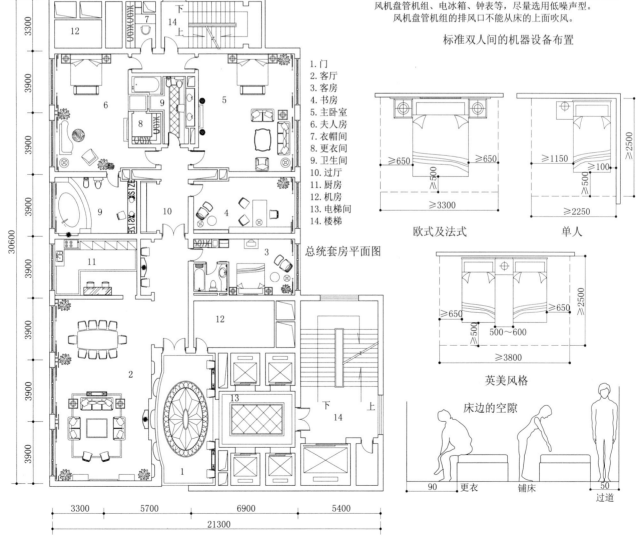

1.门
2.客厅
3.客房
4.书房
5.主卧室
6.夫人房
7.衣帽间
8.更衣间
9.卫生间
10.过厅
11.厨房
12.机房
13.电梯间
14.楼梯

总统套房平面图

欧式及法式   单人

英美风格

床边的空隙

90 更衣   铺床   50 过道

设计要点

　　宾馆宴会厅是举行各种宴会、酒会以及研讨会、展示会、文艺表演会等活动场所。由于多种用途、设计首先要考虑客人数量与面积变化。

　　宴会厅必须与住宿部分流线分开，并要处理好宴会厅内的服务流线，要考虑别人的流动，菜肴小推车的等待和停放场所，展品搬运路线和开箱打包及暂时存放处，宴会演出用道具及器材堆放面积，还有婚庆宴的亲属休息室、更衣室、美容室、照相室等。

　　根据对大宴会使用的设想，要备有可以灵活改变使用面积的活动式隔断墙。在隔断墙的上部顶棚里，同样要有隔声墙。要有适合房间面积的室内净高。

　　大型宴会厅可设置专用接待服务台和存衣室等。中小型宴会厅一般在前厅设置临时接待或签到桌。

　　宴会厅的卫生间的外侧要有前室化妆空间。

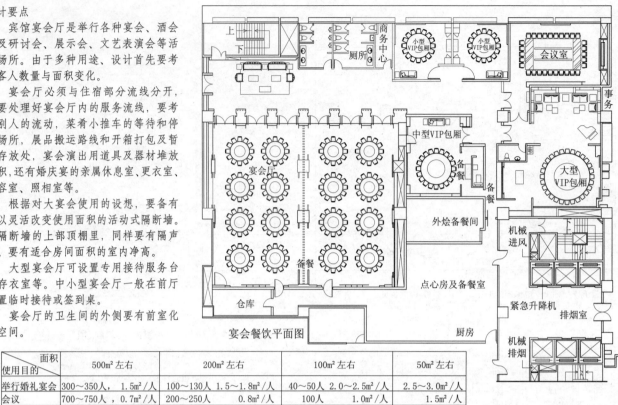

宴会餐饮平面图

面积\使用目的	500m²左右	200m²左右	100m²左右	50m²左右
举行婚礼宴会	300～350人，　1.5m²/人	100～130人　1.5～1.8m²/人	40～50人　2.0～2.5m²/人	2.5～3.0m²/人
会议	700～750人，　0.7m²/人	200～250人　0.8m²/人	100人　1.0m²/人	1.5m²/人
自助餐形式	500人，　　1.0m²/人	170～200人　1.0～1.2m²/人	60～80人　1.2～1.5m²/人	1.5～2.0m²/人

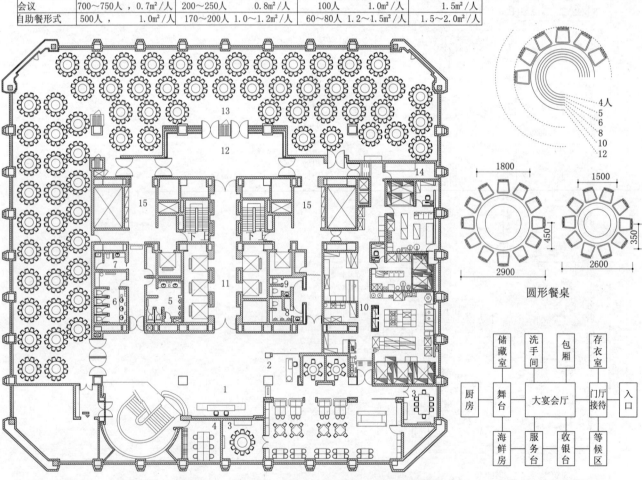

某联谊社平面图

1. 接待柜台　2. 西餐区　3. 西餐区　4. 行政区　5. 男厕　6. 女厕　7. 残障厕所
8. 既有男厕　9. 既有女厕　10. 厨房　11. 电梯厅　12. 宴会厅门厅　13. 宴会厅
14. 音控室　15. 备餐室

圆形餐桌

功能分析

设计要点

　　棋牌室的整体空间处理应以简洁、宁静为原则。公共棋牌室为避免相互干扰，可适当设置区间隔断。设置供应茶水、饮料等服务台和公共洗手间，平面设计简单明快，色彩和谐，灯光要求明亮。

VIP棋牌室平面图

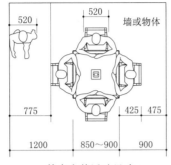

牌桌人体活动尺寸

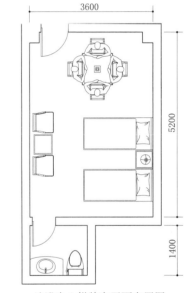

桑拿洗浴中心棋牌室效果图

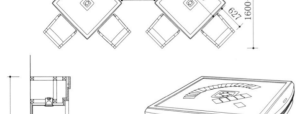

牌桌布置与尺寸

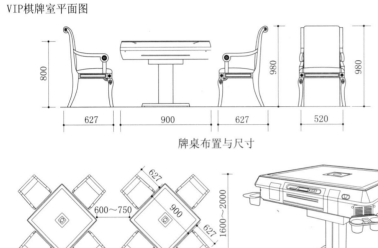

1030×1030×800

洗浴中心棋牌室平面布置图

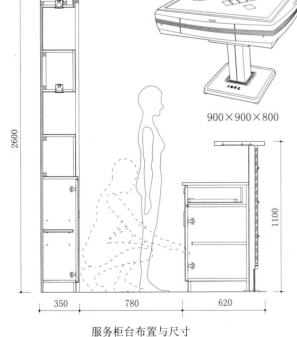

900×900×800

服务柜台布置与尺寸

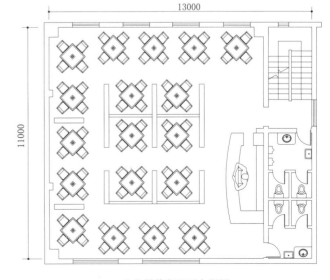

公共棋牌室平面布置图

设计要点

　　室内以封闭为主，为避免噪声的折射，造型多以弧线、曲线见长，装饰材料上以吸声和隔声材料为最佳选择。平面设计讲究简洁明快、色彩和谐、舒适实用，且房间应分出大、中、小等房型供客人选择。另外，设计的房间面积不宜过大，洗手间也设在 KTV 房的外侧。

　　夜总会 KTV 房除了布置大小沙发区之外，中小型房还要设置一些角落位置，放置一些与之配套的娱乐设施，如秋千、舞池、桌球、电动按摩椅、足球机、网上冲浪、小酒吧，小沙发区等，以满足客人的不同需求。

　　以唱歌为主的 KTV，其音响尤为重要，灯光要求明亮，且以暗色调为主，可让人兴奋度提高，一定程度时灯光再逐渐调暗，让人们进入一种迷幻的境界，并达到兴奋的状态。

　　KTV 房装饰应因地制宜进行设计，方可迎合当地的审美需求。寒冷的北方喜欢暖色调为主，喜庆的颜色感觉上温暖一些，而南方则喜欢中性一些的色彩；北方喜欢手感暖和的材质，而南方则喜欢一些感觉清凉的材质。

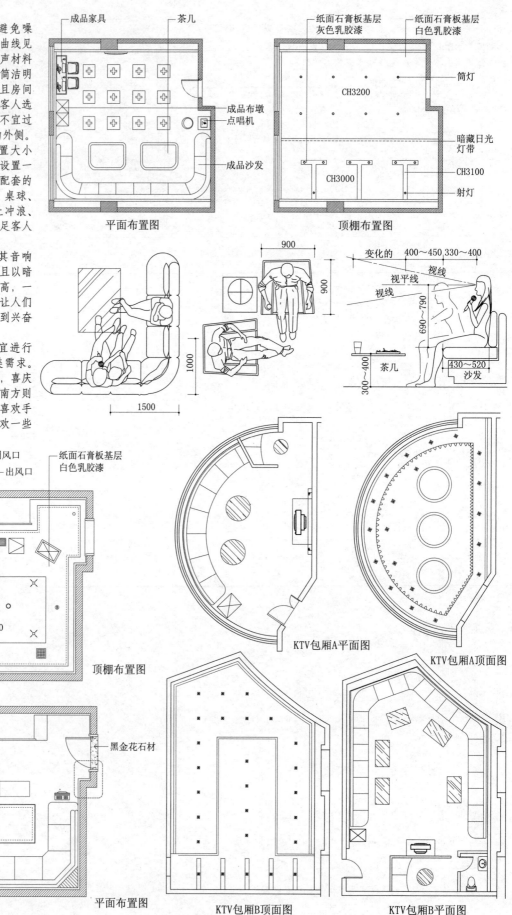

平面布置图

顶棚布置图

顶棚布置图

平面布置图

KTV包厢A平面图

KTV包厢A顶面图

KTV包厢B顶面图

KTV包厢B平面图

设计要点

　　专业歌厅必须配备有表演用的舞台、简单的舞台机械和演员化妆室。舞台设有表演用的灯光系统、扩声系统，按中、小型剧场设计、配备，可供小型规模的艺术表演用。场内有舞池、观众席内设有固定坐席。

　　舞厅是以交谊舞为主，以唱歌、表演为辅的娱乐场所，厅内以舞池为中心，一般设有一个不大的舞台供乐队和演唱用。

　　歌舞厅设有一定的空间，使顾客或小群体不受他人的干扰，同时，既有私密性又有公共性，达到在歌舞厅中的自娱和共享。要求有一个和谐、温馨、亲切、生动和富于感情色彩的空间，同时又是一个舒适、安全的环境。

　　不同形式的歌舞厅其特性也不同，如商业性的歌舞厅，其风格应具有新颖、活泼和轻松、浪漫的气氛。会员制俱乐部的歌舞厅则要求典雅、华贵，以适应顾客的身份和文化气质。宾馆的多功能厅应以端庄大方为主，机关的歌舞厅则应简洁、朴实。

　　确定舞池面积按一对舞伴占地 $1.5 \sim 2.0m^2$ 计算；确定前厅面积一般按一对舞伴占地 $0.3m^2$ 计算。

　　厅内装饰材料多采用一些硬质材料，如瓷砖、大理石、花岗石等，可以提高声扩散程度，增加厅内的美感及新鲜感。除舞池外，一般都要满铺较薄的地毯，因地毯是一种良好的吸声材料。窗帘采用中厚的天鹅绒、金丝绒等织物，营造一个封闭环境，避免外部干扰并有利于厅内灯光效果。穿孔板是有效的吸声材料，穿孔板多用在吊顶上和墙壁上装饰。使用穿孔板时，一般都要在空腔中加入石棉等声阻尼材料。吊顶不可太低，避免用镜面反射材料。顶棚和墙面避免圆弧形造型反射面。灯光与装饰色彩要协调，避免强烈的光刺激。舞厅与周边环境之间，包间与包间之间的装修要采用效果较好的隔声材料。

舞厅布置平面图A

1. 前厅
2. 舞池
3. 控制室
4. 伸出式舞台
5. 舞台
6. 化妆室
7. 管理室
8. 包厢区
9. 吧台
10. 更衣室

舞厅平面布置图B

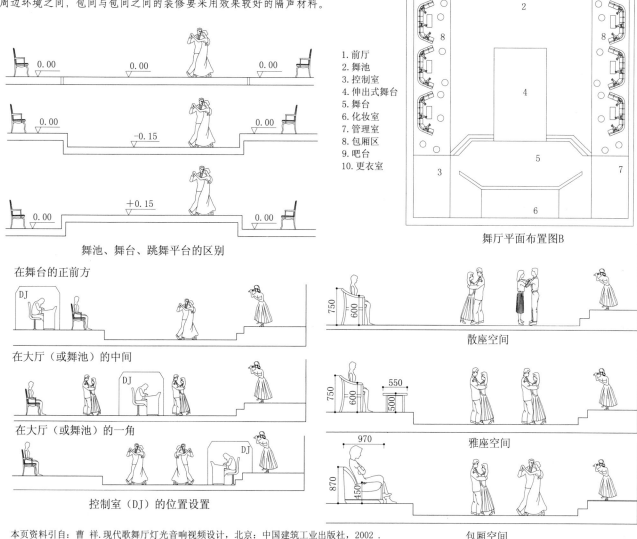

舞池、舞台、跳舞平台的区别

在舞台的正前方

在大厅（或舞池）的中间

在大厅（或舞池）的一角

控制室（DJ）的位置设置

散座空间

雅座空间

包厢空间

本页资料引自：曹 祥.现代歌舞厅灯光音响视频设计，北京：中国建筑工业出版社，2002.

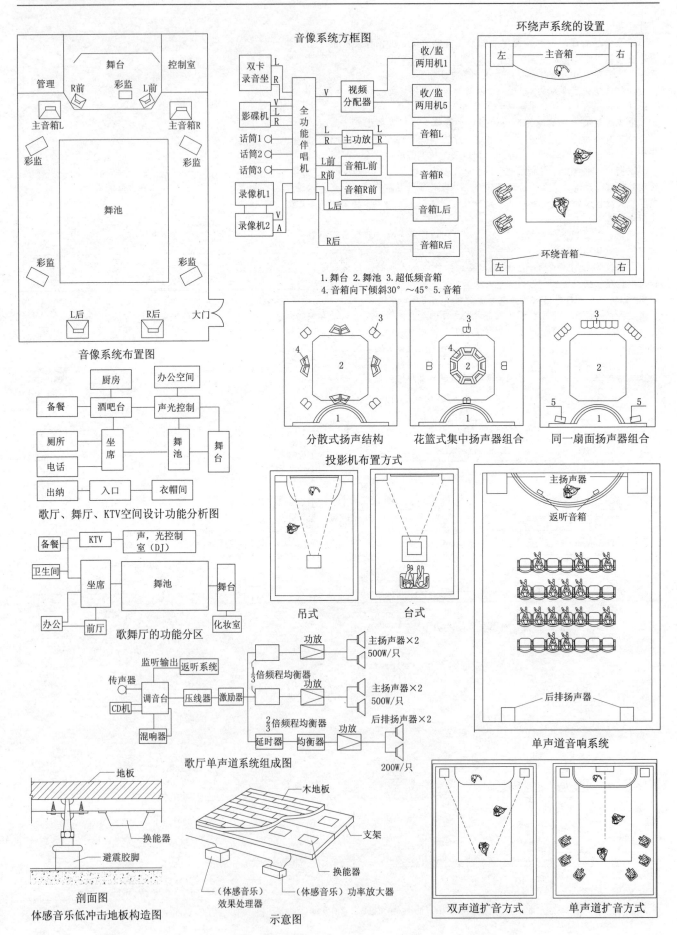

音像系统方框图

环绕声系统的设置

音像系统布置图

1. 舞台　2. 舞池　3. 超低频音箱
4. 音箱向下倾斜30°～45° 5. 音箱

分散式扬声结构　　花篮式集中扬声器组合　　同一扇面扬声器组合

歌厅、舞厅、KTV空间设计功能分析图

投影机布置方式

吊式　　　　　　台式

歌舞厅的功能分区

单声道音响系统

歌厅单声道系统组成图

剖面图
体感音乐低冲击地板构造图

示意图

双声道扩音方式　　单声道扩音方式

设计要点

1. 现代影剧院空间要展现现代化特色，综合性强地面一般非水平形式，应由高到低设计，顶棚一般也非水平形式，应富有层次。

2. 大型的影剧院设两层，一层为天景式，二层为 U 字形，要设门厅和休息厅。

3. 大厅各主要出入口及消防通道要明确位置，观众通道流畅，出入门一般为双开门。

4. 设有售票室、办公室、便利店、演员休息室、化妆室、卫生间、道具室等。

5. 避光，要全部使用室内光，分专业灯光、基础照明、装饰照明、重点照明。

6. 严格按照消防要求进行设计和施工。消防照明齐全。在选材上要使用防火及隔声材料。

7. 在形式上造型多变，凹凸多，过去以软包为主，现在以微孔静音材料为主。色调上以中明度为主，突出舞台效果。

8. 影剧院设计分前区、后区，前区为门厅、休息厅，空间较大。后区为观众席，其坐椅尺寸较大，一般为软包坐椅，这种坐椅功能全、舒适，可以调角度，一般以 8～10 个坐位为一排，行距一般在 500，方便中间坐位的人出入。舞台一般高度为 500，进深在 10m 左右。

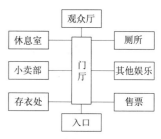

影剧院功能分析

1. 观众厅 2. 休息厅 3. 舞台 4. 工作间 5. 包厢
6. 贵宾包厢 7. 衣帽间 8. 办公室 9. 导演办公室
10. 观众厅入口 11. 吸烟区 12. 女洗手间 13. 仓库
14. 机械设备 15. 快餐柜 16. 楼梯 17. 门厅上部
18. 男洗手间

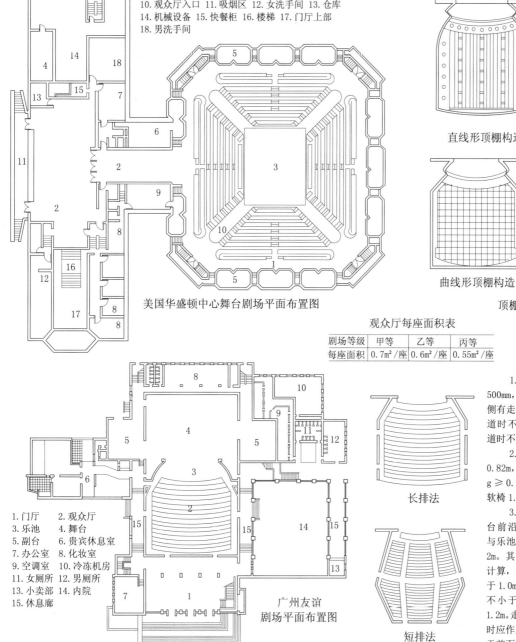

美国华盛顿中心舞台剧场平面布置图

1. 门厅　　 2. 观众厅
3. 乐池　　 4. 舞台
5. 副台　　 6. 贵宾休息室
7. 办公室　 8. 化妆室
9. 空调室　 10. 冷冻机房
11. 女厕所　 12. 男厕所
13. 小卖部　 14. 内院
15. 休息廊

广州友谊
剧场平面布置图

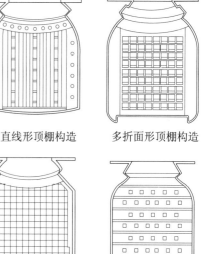

直线形顶棚构造　　多折面形顶棚构造

曲线形顶棚构造　　折线形顶棚构造

顶棚构造形式

观众厅每座面积表

剧场等级	甲等	乙等	丙等
每座面积	0.7m²/座	0.6m²/座	0.55m²/座

长排法

短排法

1. 坐椅 扶手中距：硬椅 470～500mm，软椅 500～700mm；短排法双侧有走道时，不超过 22 个，单侧有过道时不超过 11 个；长排法双侧有过道时不超过 50 个，单侧有过道时减半。

2. 排距 短排法硬椅 0.78～0.82m，软椅 0.82～0.9m 或保证 g ≥ 0.3m；长排法硬椅 0.9～0.95m，软椅 1.0～1.15m 或保证 g ≥ 0.5m。

3. 走道 座首排排距以外与舞台前沿距离应大于 1.5m，如有乐池与乐池栏杆净距 1m，突出式舞台应 ≥ 2m。其余走道宽应按所负担片区容量计算，每 100 座 0.6m，且边走道不小于 1.0m，中间走道排距以外及纵走道不小于 1.0m，长排法边走道不小于 1.2m。走道纵坡 1:10～1:6，大于 1:6 时应作成 0.2m 高的台阶。坐席地坪高于前面横走道 0.5m 时或坐席侧面临有高差之纵走道或梯步时，应设栏杆。

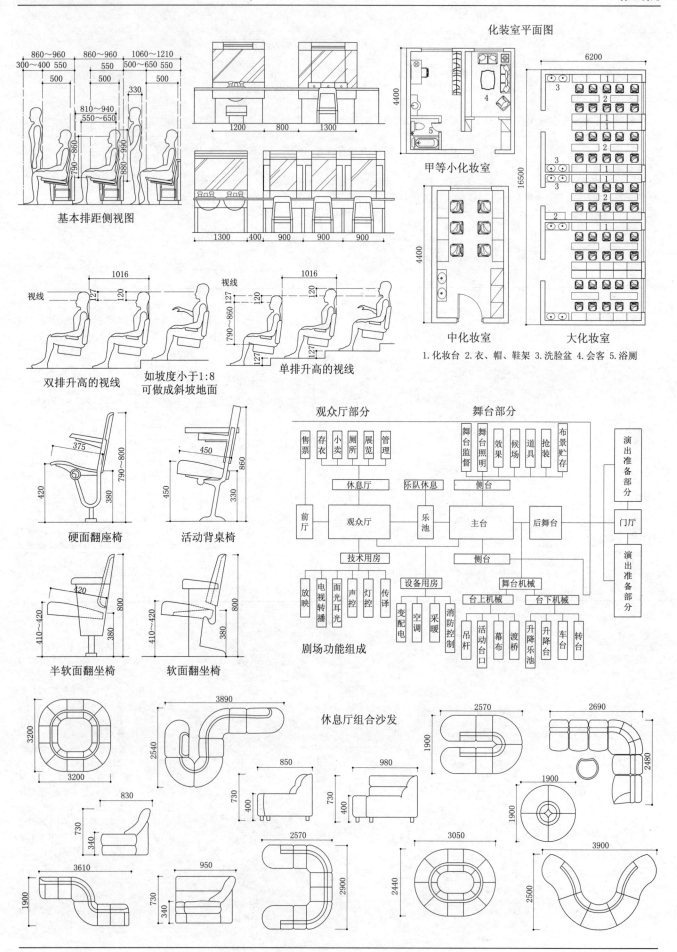

化装室平面图

基本排距侧视图

双排升高的视线

如坡度小于1:8
可做成斜坡地面

单排升高的视线

甲等小化妆室

中化妆室　　　　大化妆室

1.化妆台 2.衣、帽、鞋架 3.洗脸盆 4.会客 5.浴厕

硬面翻座椅　　　　活动背桌椅

观众厅部分　　　　舞台部分

半软面翻坐椅　　　　软面翻坐椅

剧场功能组成

休息厅组合沙发

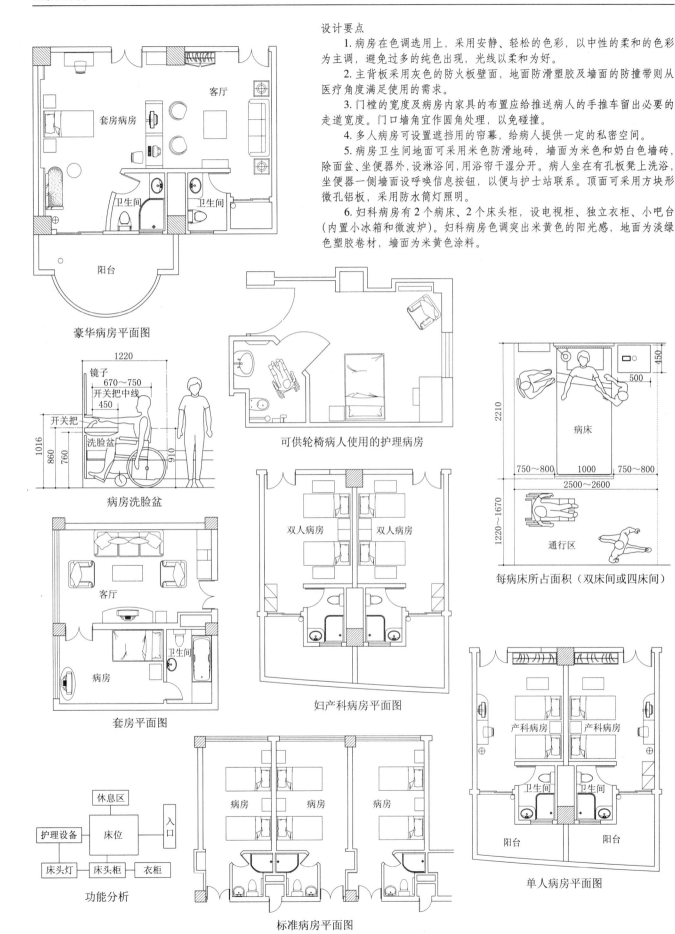

设计要点

1. 病房在色调选用上，采用安静、轻松的色彩，以中性的柔和的色彩为主调，避免过多的纯色出现，光线以柔和为好。

2. 主背板采用灰色的防火板壁面，地面防滑塑胶及墙面的防撞带则从医疗角度满足使用的需求。

3. 门樘的宽度及病房内家具的布置应给推送病人的手推车留出必要的走道宽度。门口墙角宜作圆角处理，以免碰撞。

4. 多人病房可设置遮挡用的帘幕，给病人提供一定的私密空间。

5. 病房卫生间地面可采用米色防滑地砖，墙面为米色和奶白色墙砖，除面盆、坐便器外，设淋浴间，用浴帘干湿分开。病人坐在有孔板凳上洗浴，坐便器一侧墙面设呼唤信息按钮，以便与护士站联系。顶面可采用方块形微孔铝板，采用防水筒灯照明。

6. 妇科病房有2个病床、2个床头柜，设电视柜、独立衣柜、小吧台（内置小冰箱和微波炉）。妇科病房色调突出米黄色的阳光感，地面为淡绿色塑胶卷材，墙面为米黄色涂料。

豪华病房平面图

病房洗脸盆

可供轮椅病人使用的护理病房

套房平面图

妇产科病房平面图

每病床所占面积（双床间或四床间）

功能分析

标准病房平面图

单人病房平面图

设计要点

1. 儿科一般接诊 15 岁以下的儿童，通常以婴儿居多。由于儿童抵抗力弱，故设计中应考虑病儿与成年病人隔开，一般病儿与传染病儿隔开。儿科诊室应设单独出入口，设单独挂号与小药房、独用厕所与治疗室等。

2. 儿科病房最好设在底层，室内应阳光充足、空气疏通，有空调。各室 2～6 床，各室之间及病室和走道之间应设玻璃隔断或大面积的观察窗。

3. 室内装修与各种设施都应考虑儿童的尺度、兴趣与安全。应加装窗栅，阳台栏杆应加防务措施；外露热水管、采暖器都应加防护罩；地面最好用木地面或塑胶地面；电源开关和插座离地面不低于 1500，离床沿不少于 600。要使整个儿科病区布置成一个适合儿童心理的优美环境。

4. 儿科活动室是供儿童游戏娱乐的空间，应靠近病室，在护士视线的监护范围内设置。内设木马、动物模型、电动玩具和儿童桌椅等，类似幼儿园的活动室，使儿童乐以忘忧，转移对疾病的注意力。

5. 教育室是供长期住院且已处于恢复期的病儿复习功课、收看电视之用。内设桌椅黑板等，让学校的教师可来此为病儿补课。

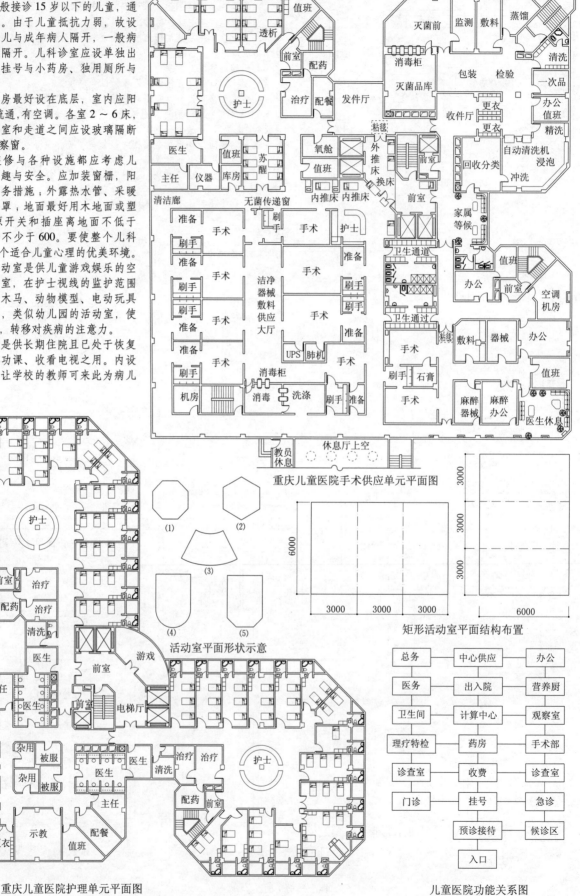

重庆儿童医院手术供应单元平面图

活动室平面形状示意

矩形活动室平面结构布置

重庆儿童医院护理单元平面图

儿童医院功能关系图

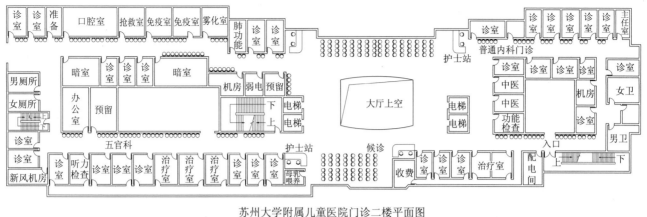

苏州大学附属儿童医院门诊二楼平面图

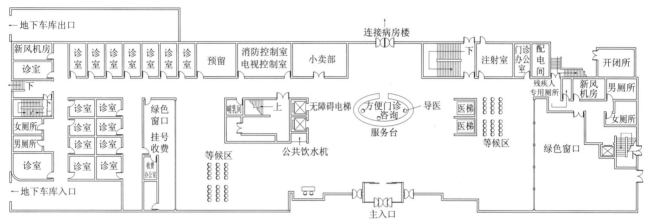

苏州大学附属儿童医院门诊一楼平面图

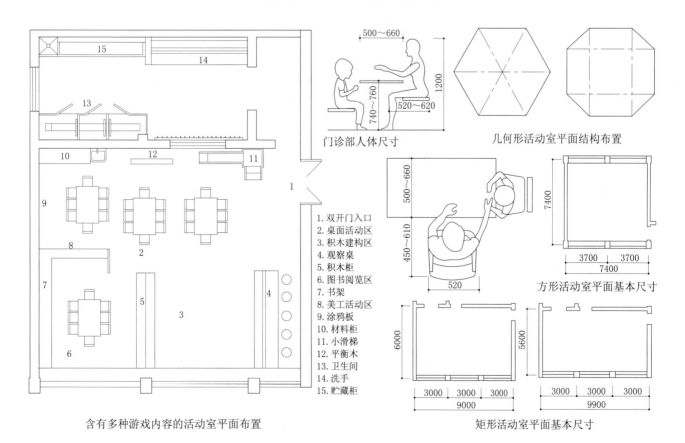

1. 双开门入口
2. 桌面活动区
3. 积木建构区
4. 观察桌
5. 积木柜
6. 图书阅览区
7. 书架
8. 美工活动区
9. 涂鸦板
10. 材料柜
11. 小滑梯
12. 平衡木
13. 卫生间
14. 洗手
15. 贮藏柜

含有多种游戏内容的活动室平面布置

门诊部人体尺寸

几何形活动室平面结构布置

方形活动室平面基本尺寸

矩形活动室平面基本尺寸

设计要点

把诊所装饰成宜人的环境（墙面装饰、地面处理、彩色的艺术品陈设），柔和的灯光，艺术化的玻璃，宾至如归的接待台，有吸引力的家具是最重要的，还布置一些彩色图片，都能让病人在很大程度上得到放松。特别在牙科诊所，装饰一些DVD、电视录像的娱乐设备，能有效转移病人对治疗的恐惧。

应该留一个空间给儿童，可以特殊设计装置，使孩子们有事情做，并保持安静，但儿童地带必须在护士的视线之内。可能有残疾的病人，过道应该有足够的宽度能够容纳轮椅通过。院内应该有一个开阔的地带，坐轮椅的病人可以舒服地待在那里而不会阻塞交通。

坐位设计要保持一定的灵活性，使病人在就医前的等待如在家庭一样。椅子应该靠墙摆放或者布局合理，这样可以提供一定程度的安全感。

门诊室的内部设计是医生展示其个性和风格的大好机会，但不应有轻浮的和时髦的室内装饰。诊室环境幽雅、舒适，可使病人增加对医生的信赖。

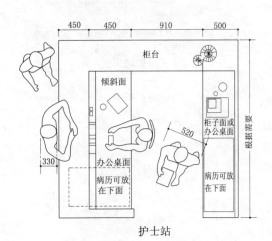

护士站

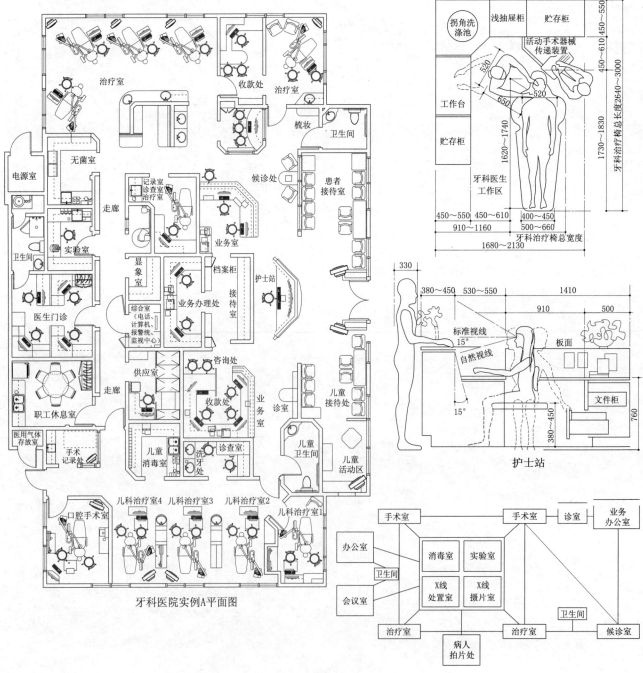

牙科医院实例A平面图

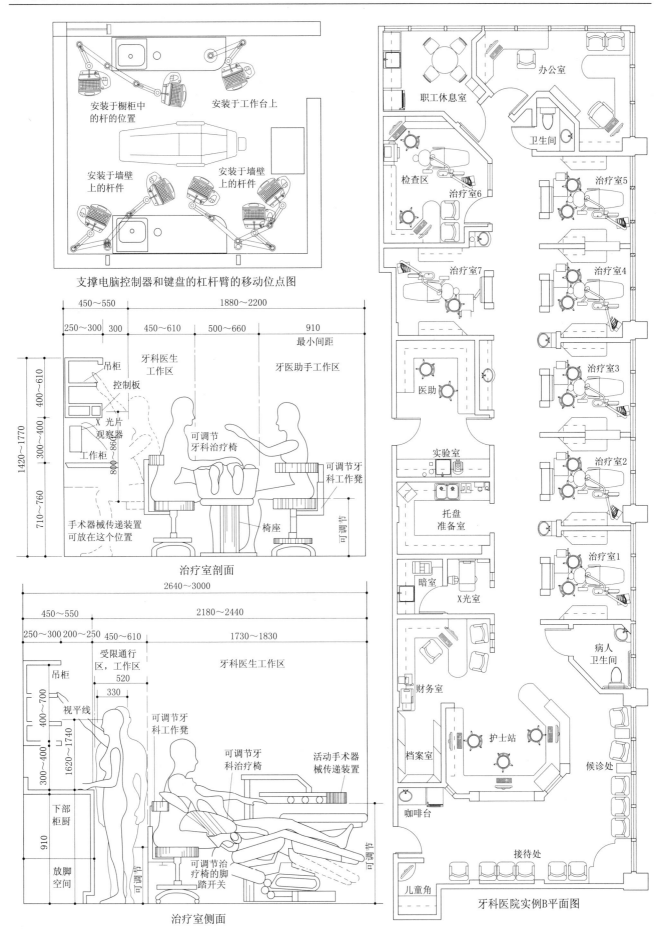

支撑电脑控制器和键盘的杠杆臂的移动位点图

安装于橱柜中的杆的位置
安装于工作台上
安装于墙壁上的杆件
安装于墙壁上的杆件

治疗室剖面

450～550　　1880～2200
250～300　300　450～610　500～660　910 最小间距
吊柜
控制板
牙科医生工作区
牙医助手工作区
X光片观察器
工作柜
可调节牙科治疗椅
可调节牙科工作凳
可调节
椅座
手术器械传递装置可放在这个位置

治疗室侧面

2640～3000
450～550　200～250　450～610　1730～1830
250～300
受限通行区，工作区
520
330
牙科医生工作区
视平线
吊柜
可调节牙科工作凳
可调节牙科治疗椅
活动手术器械传递装置
下部柜厨
可调节
放脚空间
可调节治疗椅的脚踏开关

职工休息室
办公室
卫生间
检查区
治疗室6
治疗室5
治疗室7
治疗室4
医助
治疗室3
实验室
托盘准备室
治疗室2
暗室
X光室
治疗室1
财务室
病人卫生间
档案室
护士站
候诊处
咖啡台
接待处
儿童角
牙科医院实例B平面图

适于各种活动需要的活动室室内布置

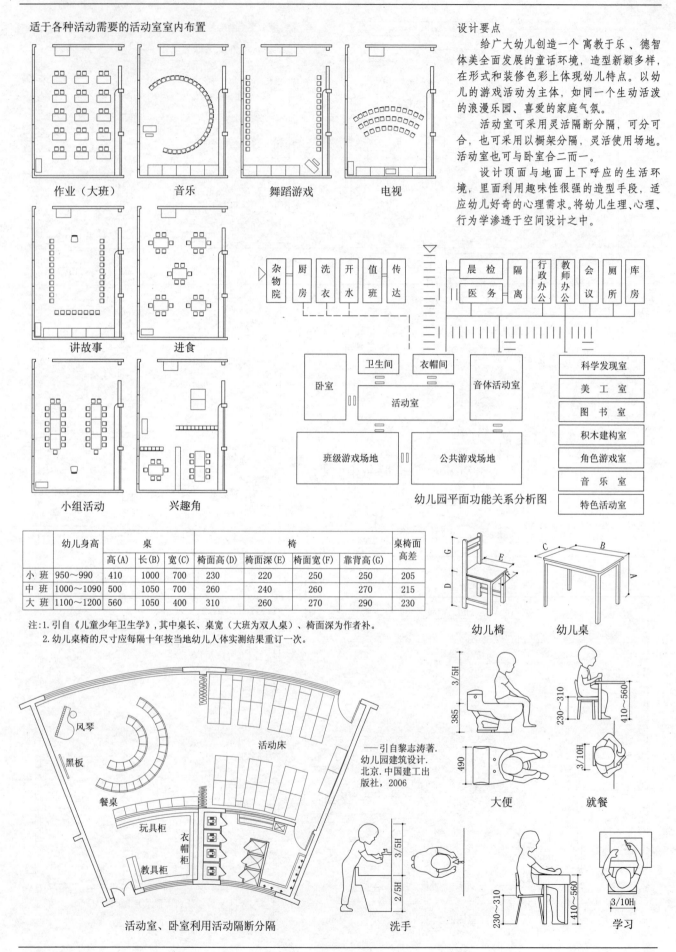

作业（大班）　音乐　舞蹈游戏　电视

讲故事　进食

小组活动　兴趣角

设计要点

给广大幼儿创造一个寓教于乐、德智体美全面发展的童话环境，造型新颖多样，在形式和装修色彩上体现幼儿特点。以幼儿的游戏活动为主体，如同一个生动活泼的浪漫乐园、喜爱的家庭气氛。

活动室可采用灵活隔断分隔，可分可合，也可采用以橱架分隔，灵活使用场地。活动室也可与卧室合二而一。

设计顶面与地面上下呼应的生活环境，里面利用趣味性很强的造型手段，适应幼儿好奇的心理需求。将幼儿生理、心理、行为学渗透于空间设计之中。

杂物院　厨房　洗衣　开水　值班　传达

晨检　医务　隔离　行政办公　教师办公　会议　厕所　库房

卫生间　衣帽间

卧室　活动室　音体活动室

科学发现室
美工室
图书室
积木建构室
角色游戏室
音乐室
特色活动室

班级游戏场地　公共游戏场地

幼儿园平面功能关系分析图

	幼儿身高	桌			椅				桌椅面高差
		高(A)	长(B)	宽(C)	椅面高(D)	椅面深(E)	椅面宽(F)	靠背高(G)	
小班	950～990	410	1000	700	230	220	250	250	205
中班	1000～1090	500	1050	700	260	240	260	270	215
大班	1100～1200	560	1050	400	310	260	270	290	230

注：1. 引自《儿童少年卫生学》，其中桌长、桌宽（大班为双人桌）、椅面深为作者补。
　　2. 幼儿桌椅的尺寸应每隔十年按当地幼儿人体实测结果重订一次。

幼儿椅　幼儿桌

——引自黎志涛著.幼儿园建筑设计.北京.中国建工出版社，2006

风琴
黑板
餐桌
玩具柜
衣帽柜
教具柜
活动床

活动室、卧室利用活动隔断分隔　洗手

大便　就餐

学习

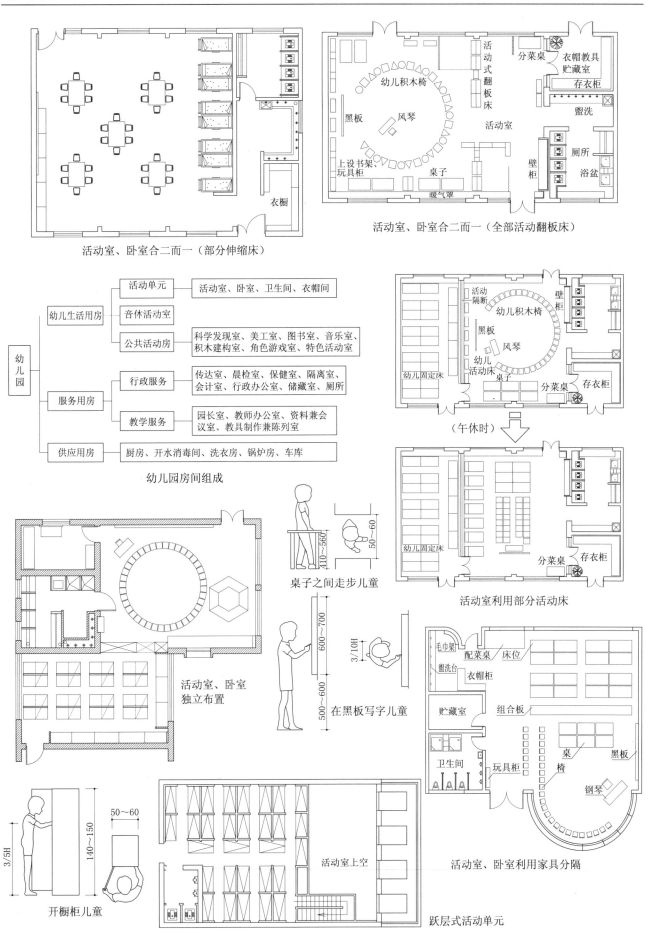

活动室、卧室合二而一（部分伸缩床）

活动室、卧室合二而一（全部活动翻板床）

幼儿园房间组成

（午休时）

活动室利用部分活动床

桌子之间走步儿童

活动室、卧室独立布置

在黑板写字儿童

活动室、卧室利用家具分隔

开橱柜儿童

跃层式活动单元

设计要点

　　藏书、借阅及阅览是图书馆三个基本部分。三者间的关系构成图书馆与读者的基本流线。其中书籍运送路线又是最主要的因素。在平面布置时，必须使书籍、读者和服务之间路线通畅，避免交叉干扰。

　　平面布置应考虑"三分开"的原则，即将对内使用空间和对外使用空间两大部分分开；将"闹区"与"静区"分开，将不同读者的阅览室分开。

　　图书馆以多层居多，因此必须考虑图书馆的分层布局问题。主层是全馆服务的中心。目录厅、出纳台及主要阅览室和交通枢纽一般都设在主层。中小型图书馆主层常设在底层，大中型图书馆主层常设在二层，甚至有设在三层。

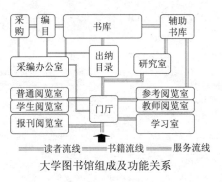

大学图书馆组成及功能关系

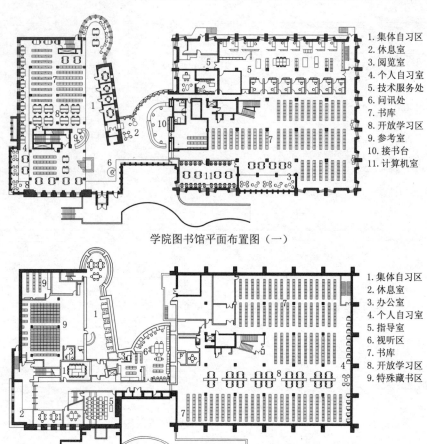

学院图书馆平面布置图（一）

1. 集体自习区
2. 休息室
3. 阅览室
4. 个人自习室
5. 技术服务处
6. 问讯处
7. 书库
8. 开放学习区
9. 参考室
10. 接书台
11. 计算机室

学院图书馆平面布置图（二）

1. 集体自习区
2. 休息室
3. 办公室
4. 个人自习室
5. 指导室
6. 视听室
7. 书库
8. 开放学习区
9. 特殊藏书区

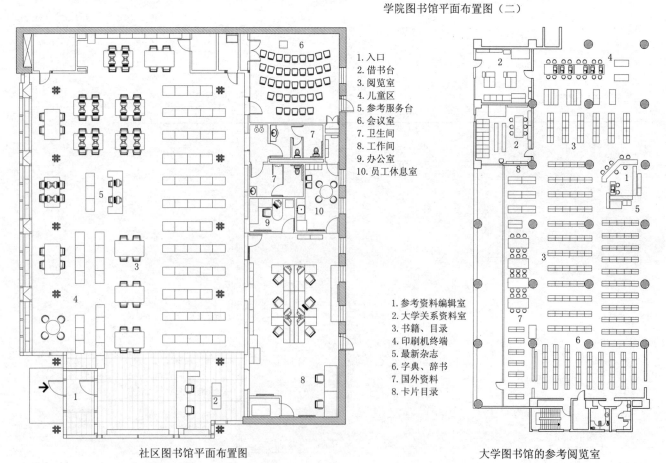

社区图书馆平面布置图

1. 入口
2. 借书台
3. 阅览室
4. 儿童区
5. 参考服务台
6. 会议室
7. 卫生间
8. 工作间
9. 办公室
10. 员工休息室

大学图书馆的参考阅览室

1. 参考资料编辑室
2. 大学关系资料室
3. 书籍、目录
4. 印刷机终端
5. 最新杂志
6. 字典、辞书
7. 国外资料
8. 卡片目录

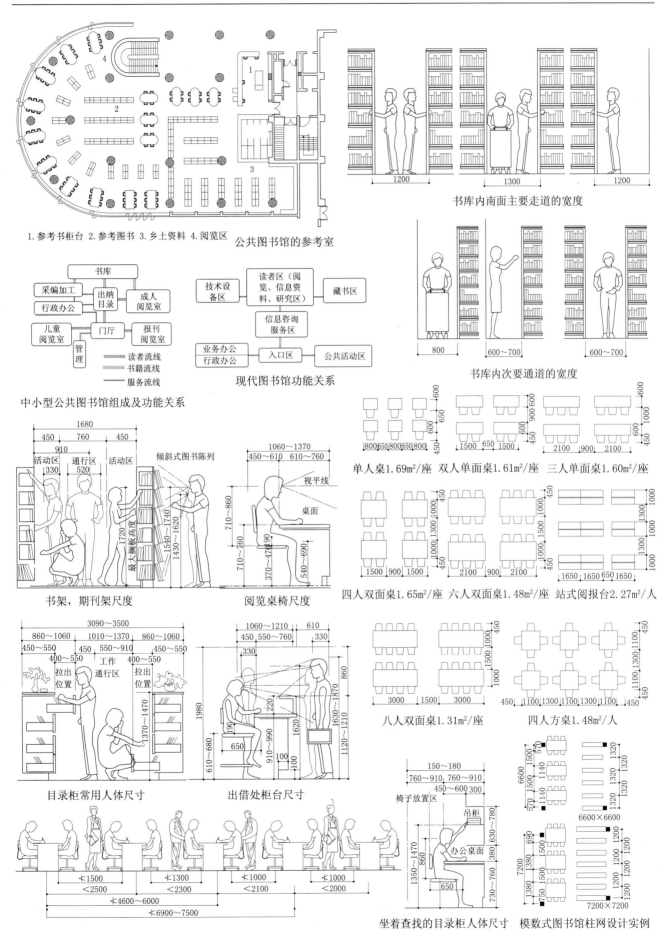

1.参考书柜台 2.参考图书 3.乡土资料 4.阅览区　公共图书馆的参考室

中小型公共图书馆组成及功能关系

现代图书馆功能关系

书库内南面主要走道的宽度

书库内次要通道的宽度

书架，期刊架尺度

阅览桌椅尺度

单人桌1.69m²/座　双人单面桌1.61m²/座　三人单面桌1.60m²/座

四人双面桌1.65m²/座　六人双面桌1.48m²/座　站式阅报台2.27m²/人

八人双面桌1.31m²/座　四人方桌1.48m²/人

目录柜常用人体尺寸

出借处柜台尺寸

坐着查找的目录柜人体尺寸　模数式图书馆柱网设计实例

设计要点

现代报告厅形式多样，有矩形、圆形、阶梯形，也有不规则形。一般为300～1000m²左右，可供100～500人使用。在平面上要求有演讲台、观众席部分，个别设有声控室、休息室、卫生间与消防通道。

1. 中小型报告厅布局要紧凑。
2. 一般设有放映和演出功能。
3. 有投影功能，厅堂有良好的视线及音质。

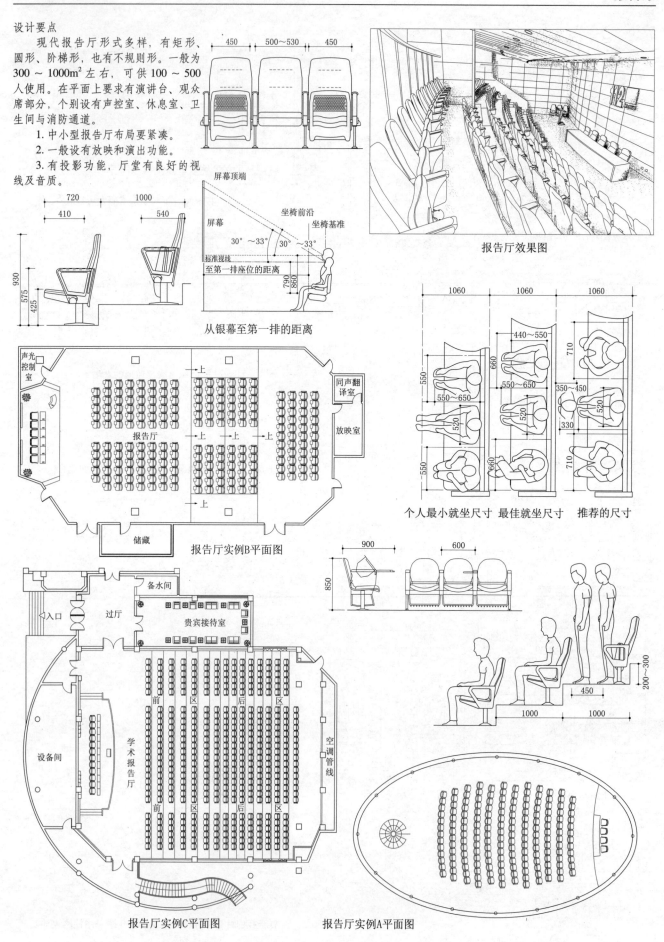

报告厅效果图

从银幕至第一排的距离

个人最小就坐尺寸　最佳就坐尺寸　推荐的尺寸

报告厅实例B平面图

报告厅实例C平面图

报告厅实例A平面图

设计要点

　　时装店的流行性表现最为强烈，尤其是随着人们审美要求的不断变化。服装店空间设计原则应当根据经营商品的性质和服务对象而定，商店的室内设计需要同服装形成一个协调的形象。应突出表现现代感及特色风格，以呈现时装的多样化和流行性。

　　一般服装店的面积不可能很大，营业店式多样，有高档化、时尚流行化、品牌化、特色化等。服装店往往有自己的企业形象设计系统。不可随意更改。

　　服装店局部照明能充分展示服装品质和风采，但不应该影响服装的色泽和质感。

1.入口 2.陈列橱 3.收银柜台
4.试衣间 5.营业区
服装店平面图

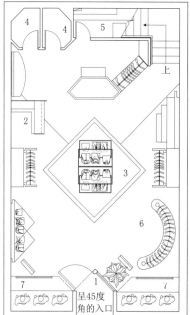

1.入口 2.柜台 3.陈列岛 4.试衣间
5.仓库 6.营业厅 7.人体模特
服装店平面图

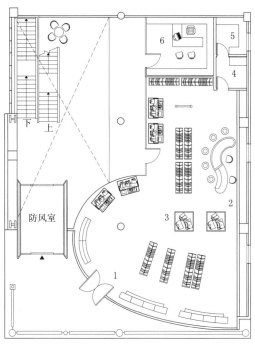

1.入口 2.柜台 3.营业厅 4.试衣间 5.仓库 6.办公室
服装店平面图

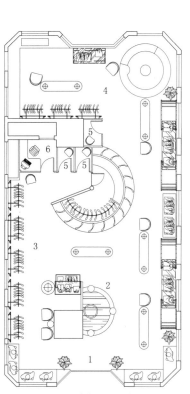

1.入口 2.喷水池 3.女装部
4.男装部 5.试衣间 6.办公室
服装店平面图

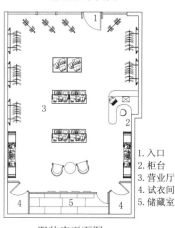

1.入口
2.柜台
3.营业厅
4.试衣间
5.储藏室
服装店平面图

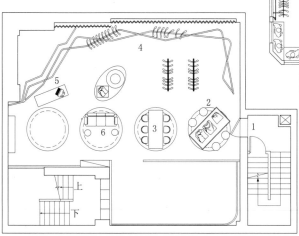

1.入口 2.陈列柜 3.接待区 4.吊衣架 5.收银台 6.等候区
服装店平面图

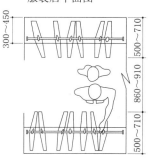

设计要点

　　皮鞋和箱包同是皮革类制品，因此在国内外可常见鞋包兼营的商店。

　　鞋包店是流行要素表现较强的一种专业商店。店外观入口，展示柜窗，店内环境和商品展示应具有特色。展示空间要有通透性，店内一般采用白色或淡浅色作为背景色，体现皮革制品的精美，给顾客一种强烈的视觉冲击力，吸引购物者。

　　鞋包店空间照明设计，一是要满足照明度要求，包括柜台上的水平照度和货架上的垂直照度要求；二是要制造良好的商业气氛。针对不同的功能要求采取不同的照明方法，使所陈列的商品能够得到充分表现。常用的光源有白炽灯、荧光灯、荧光汞灯等。

　　店内除有展示商品的货架及收银柜之外，还应有供顾客试穿的沙发坐凳。如果有订制加工部，还应设一间小型的顾客接待室。

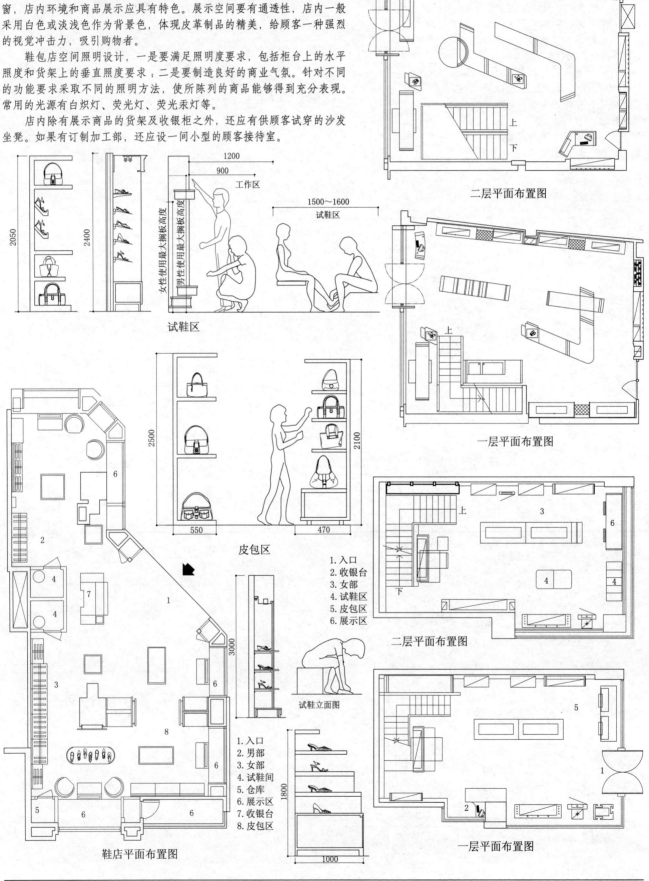

试鞋区

皮包区

试鞋立面图

鞋店平面布置图

1. 入口
2. 男部
3. 女部
4. 试鞋间
5. 仓库
6. 展示区
7. 收银台
8. 皮包区

二层平面布置图

一层平面布置图

二层平面布置图

一层平面布置图

1. 入口
2. 收银台
3. 女部
4. 试鞋区
5. 皮包区
6. 展示区

设计要点

1. 珠宝属于名贵高档商品。重在商品的陈设与展示。外部展示要体现出商品价值和吸引力，展示柜可采用适宜的弧线以及直线，可通过红色或黑色加深人们对品牌形象的印象。内部展示设计分为广告壁画、中央展示柜和柜台。陈列柜台设在店中央，以便营业员与顾客进行交流。

2. 商品陈列柜的展示与陈列尺度也需满足顾客易于观看的视觉范围内。陈列柜除具备良好的展示功能外，收纳及防盗也至关重要。

3. 顶棚与地面设计应与商品特色及品牌相协调。应选择高档耐用装修材料。照明设计也应考虑照明器具的比例尺度与珠宝商品相协调。常用的有石英吸顶牛眼灯、石英轨道射灯等。

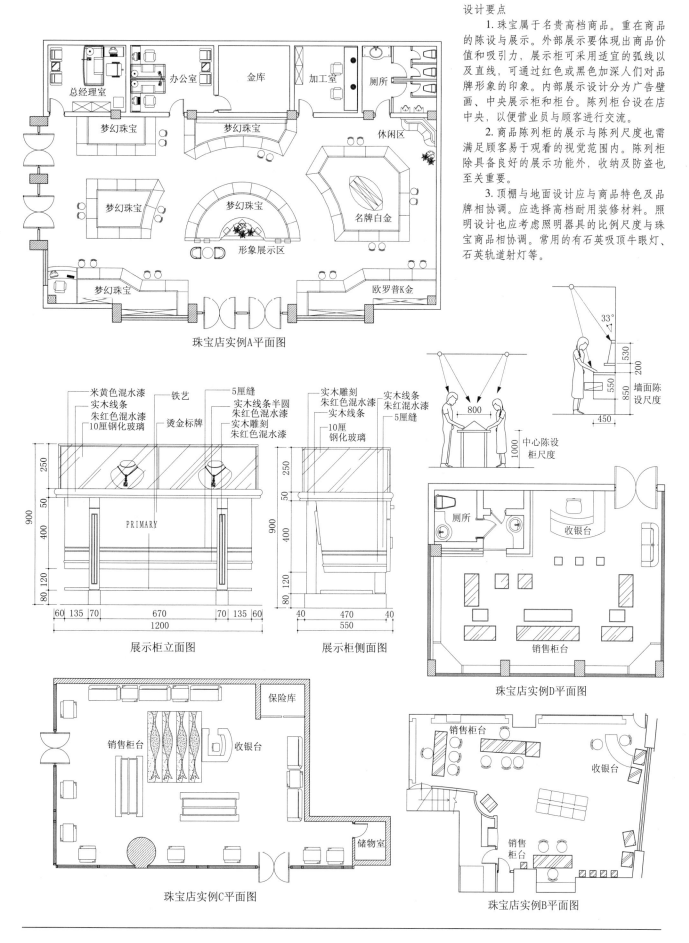

珠宝店实例A平面图

总经理室　办公室　金库　加工室　厕所　休闲区
梦幻珠宝　梦幻珠宝
梦幻珠宝　梦幻珠宝　名牌白金
形象展示区
梦幻珠宝　欧罗普K金

展示柜立面图
米黄色混水漆　铁艺　5厘缝
实木线条　实木线条半圆
朱红色混水漆　朱红色混水漆
10厘钢化玻璃　烫金标牌　实木雕刻
朱红色混水漆
PRIMARY

展示柜侧面图
实木雕刻　实木线条
朱红色混水漆　朱红色混水漆
实木线条　5厘缝
10厘钢化玻璃

墙面陈设尺度
中心陈设柜尺度

珠宝店实例D平面图
厕所　收银台　销售柜台

珠宝店实例C平面图
保险库　销售柜台　收银台　储物室

珠宝店实例B平面图
销售柜台　收银台　销售柜台

设计要点

　　眼镜店营业空间中，色彩设计以突出商品为重要目的，同时又要创造琳琅满目的环境特征，刺激消费欲望。一般可选用白色、奶黄色、淡蓝色、粉红色等作为背景色。

　　眼镜店的商品展示形式各有不同，西方国家多是开放式的，商品放在展台上。国内的眼镜店商品展示形式是半开放式的，商品摆放在玻璃柜台内。

　　外观装饰一般是不锈钢玻璃橱窗。顶棚与墙面一般是乳胶漆，地面多是浅色地砖或石材。展示台和柜台一般是不锈钢、玻璃或浅色的木材为主。店堂必备顾客试用眼镜的镜子。

　　营业空间常用的光源有白炽灯、荧光灯、荧光汞灯和金属钠盐灯等。

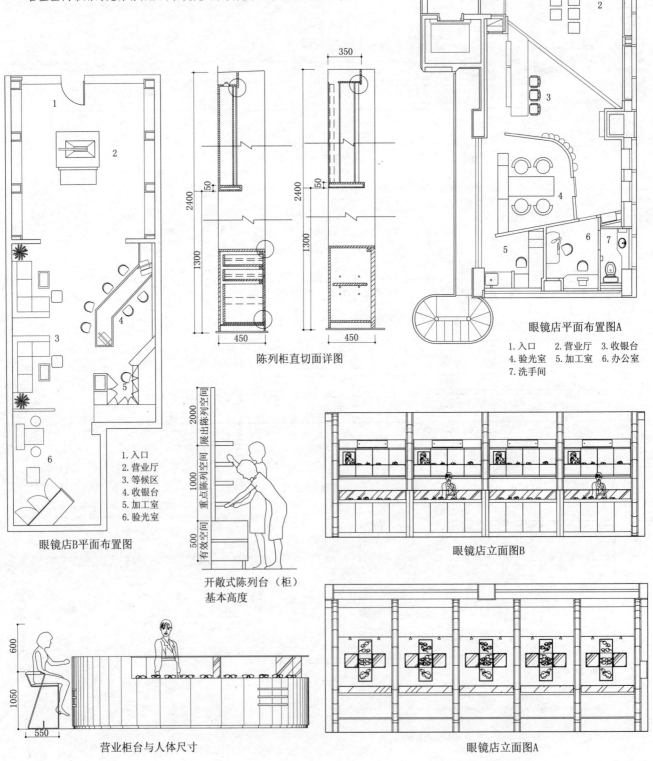

陈列柜直切面详图

眼镜店B平面布置图

1. 入口
2. 营业厅
3. 等候区
4. 收银台
5. 加工室
6. 验光室

开敞式陈列台（柜）基本高度

营业柜台与人体尺寸

眼镜店平面布置图A

1. 入口　　2. 营业厅　　3. 收银台
4. 验光室　5. 加工室　6. 办公室
7. 洗手间

眼镜店立面图B

眼镜店立面图A

设计要点

钟表店常用的照明光源有白炽灯、荧光灯和金属钠盐灯等。店内的标志应在灯箱的上方格外醒目。

店内高高的玻璃展示柜几乎直至顶棚，玻璃展示柜应遮挡部分视线，避免过路人一览无余地看到店内。

展示柜的背景一般采用深紫罗兰色绒布，黑色的镜面玻璃和冷色调的金属板。

为保护客户的隐私，一般应在表店的最里端设一间贵宾房间，一道玻璃墙巧妙地将展示柜和贵宾房间隔开，而不仅仅是暗墙，此是为了避免有欺诈的感觉，因为是玻璃墙，充分体现了与顾客协调与关心。

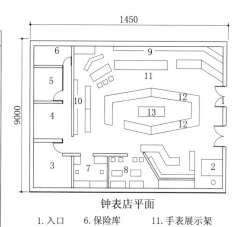
钟表店平面

1. 入口　　6. 保险库　　11. 手表展示架
2. 修理台　7. 技术室　　12. 附属品及表
3. 储藏室　8. 进口钟表室　13. 闹钟吊橱
4. 贵宾室　9. 台钟
5. 办公室　10. 高级台钟

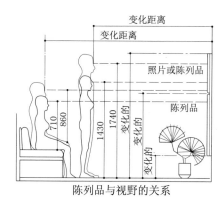
陈列品与视野的关系

封闭式陈列台（柜）基本高度

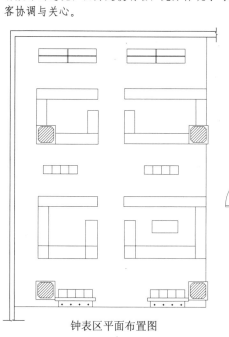
钟表区平面布置图

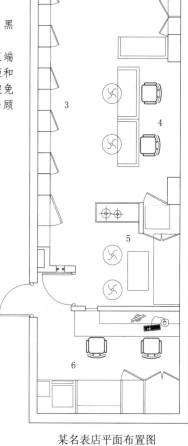
某名表店平面布置图
1. 入口　2. 珠宝展示柜　3. 名表展示柜
4. 柜台兼洽谈桌　5. 贵宾区　6. 经理室

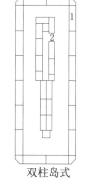
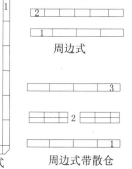
柜台、货架布置形式

周边式

半岛式

双柱岛式

周边式带散仓

单柱岛式

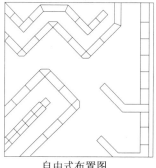
自由式布置图

封闭式布置图
1. 柜台　2. 货架　3. 散仓货架

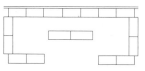
半开敞式布置图

开敞式布置图

设计要点

传统的理发为剪、理、吹三种，现代时尚的美发厅则以理、染、美容、局部按摩为一体，具有一定的综合性。一般较大型的理发厅又分设男厅和女厅。理发逐渐变成以男客为主的行业，而女客则转向美容。现代美发厅是综合性的，不仅仅是头发的美化，还包括了面部和全身的美容。由于这种空间的特殊性，要特别重视坐椅、转椅、躺椅、洗面盆的设计和选择。理发厅和美发厅中的坐椅是特殊选购的，它的高矮、长短、起降、转动和拉伸都有特殊的意义，家具的数量、样式随着空间、大小按照规范执行。

现代美容、美发空间的最大特点就是更加重视照明的设计和使用，无论空间大小，基础照明要亮，不能留有死角。美发厅的操作过程应避免使顾客过多地走动，在装修设计上，要妥善安排操作的路线，避免交叉干扰。美容美发厅设计要现代、时尚，尤其是立面与顶棚的对接，既有共性又有个性，广告灯、玻璃镜面、灯具的选择也须恰到好处。

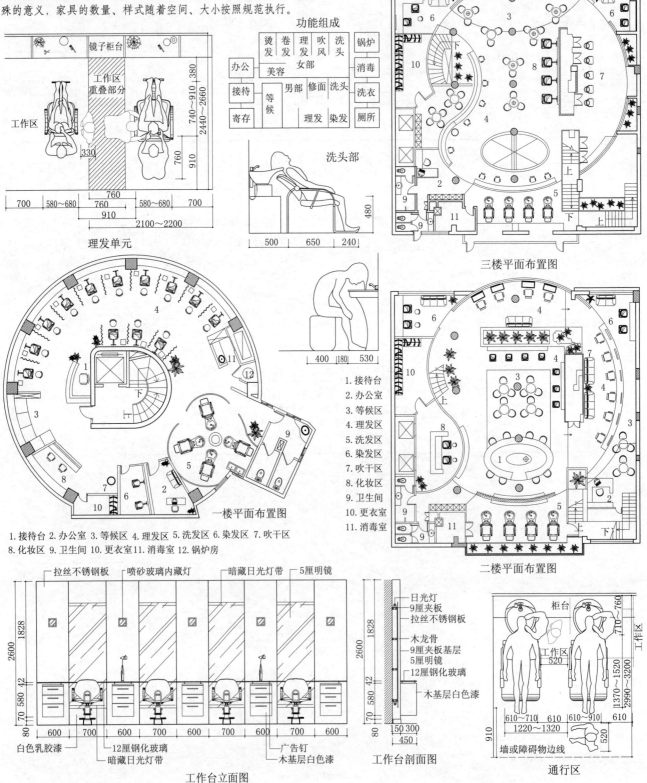

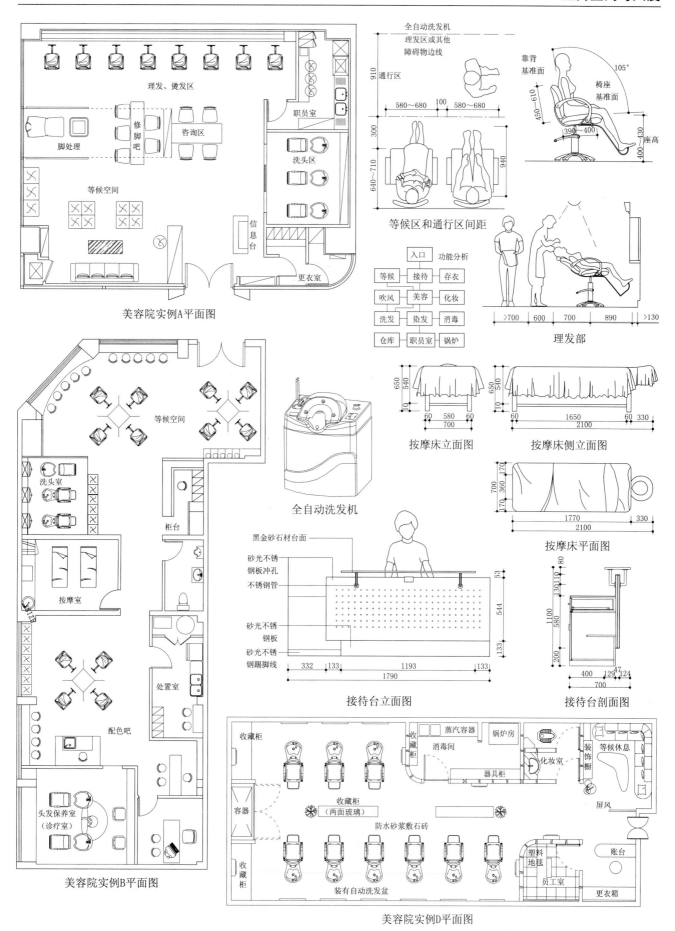

美容院实例A平面图

理发、烫发区

修脚吧

脚处理

咨询区

职员室

洗头区

等候空间

信息台

更衣室

全自动洗发机
理发区或其他
障碍物边线

通行区

910

300

640~710

580~680　100　580~680

940

等候区和通行区间距

靠背基准面

椅座基准面

105°

450~610

390~400

座高

400~430

入口　功能分析

等候	接待	存衣
吹风	美容	化妆
洗发	染发	消毒
仓库	职员室	锅炉

>700　600　700　890　>130

理发部

美容院实例B平面图

等候空间

洗头室

柜台

按摩室

处置室

配色吧

头发保养室
（诊疗室）

全自动洗发机

650　540

60　580　60
700

650　540

60　1650　60　330
2100

按摩床立面图

按摩床侧立面图

70

700　360

170　330

1770
2100

按摩床平面图

黑金砂石材台面

砂光不锈
钢板冲孔

不锈钢管

砂光不锈
钢板

砂光不锈
钢踢脚线

53

544

133

332　133　1193　133
1790

接待台立面图

80

130 110

1100　580

200

400　126 124
700

接待台剖面图

收藏柜

容器

收藏柜

收藏柜

收藏柜（两面玻璃）

防水砂浆敷石砖

装有自动洗发盆

消毒间

器具柜

蒸汽容器

锅炉房

化妆室

等候休息

装饰橱

屏风

账台

塑料地毯

员工室

更衣箱

美容院实例D平面图

顶棚采光

自然光源环境设计

三面采光

　　三面采光是一种最佳形式，光线自三面而来，光色自然，效果宜人

侧面采光

两面采光

　　大面积的玻璃顶棚，解决了白天的基本光照度，顶架上的吊灯为晚上照明之用。

建筑物内的自然光可以提供环境照明，以减少电光源的使用，降低能量消耗，减少污染。要想成功地利用自然光，就应将光线用在需要的地方，同时也要避免过度的对比度、眩光、不必要的热和过高的照明水平。

自然光是直接照射的，它具有穿透、反射、折射、吸收、扩散等现象。自然光进入室内主要是通过门、窗、天井、天窗等渠道，对这些部位的设计是自然光环境设计的重要内容。

1. 顶光源设计形式

建筑为顶部采光的很多，有公共建筑的顶部大面积采光，也有居住建筑的小面积顶部采光。一般是做成玻璃顶棚或格栅顶棚的形式，也有的是做成玻璃网架的形式。顶部采光多用于大型商场、饭店、游乐场、游泳池等公共活动空间。

2. 侧光源设计形式

光由侧向进入室内主要依靠各种形式的窗户和门洞，以及各式柱廊、装饰洞口。它可以由一侧，也可由两侧和多侧同时进入室内，使室内光线充足，便于工作、休息、娱乐等。一般建筑多采用单向侧光或双向侧光，也即单向开窗和双向开窗。窗口及窗扇的设计是侧光源设计的重要部位。

3. 顶、侧光兼顾的设计形式

有一些大型宾馆、游乐设施，设计有大的内庭院，有内廊贯穿各层，故内侧采取玻璃顶棚采光，而外侧则采用窗户采光。多采用顶、侧兼顾的采光方式。

顶部采光设计方式

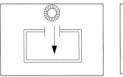 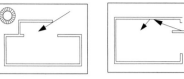

通过天窗进行顶部采光　通过高侧窗做顶部采光　　折光板

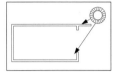 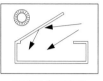 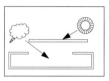

上沿遮光　　　　通过锯齿形高侧　　通过分层屋顶或双高
　　　　　　　　窗进行顶部采光　　侧窗做顶部采光

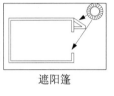

遮阳篷

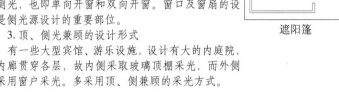

百叶窗　　　　　　窗帘　　　　　覆膜或涂层

天空光／高反射比凹面百页朝向顶棚（将光线向上反射）

半透明卷帘或可动窗帘（开启以获得最大照度，关闭以控制眩光）

涂膜玻璃或彩色玻璃（减少视亮度，但不影响对比度）

一旦光线进入空间，应努力设法分布光线使之深入建筑。

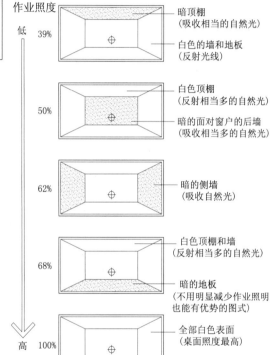

作业照度

低　39%　暗顶棚（吸收相当的自然光）／白色的墙和地板（反射光线）

50%　白色顶棚（反射相当多的自然光）／暗的面对窗户的后墙（吸收相当多的自然光）

62%　暗的侧墙（吸收自然光）

68%　白色顶棚和墙（反射相当多的自然光）／暗的地板（不用明显减少作业照明也能有优势的图式）

高　100%　全部白色表面（桌面照度最高）

图示中各种平滑黑色表面与无光泽白色表面的组合，与一面带窗户的墙面相对。桌面上昼光的衰减显示了具有这个光源和比例的空间中每个表面的相对重要性。百分比数据显示了相对于额定为100%的白色表面条件下的照度。

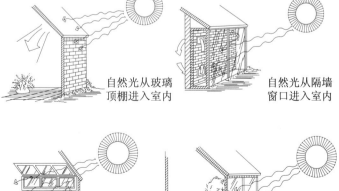

自然光从玻璃顶棚进入室内　　　自然光从隔墙窗口进入室内

自然光从玻璃窗进入室内　　　自然光从玻璃墙进入室内

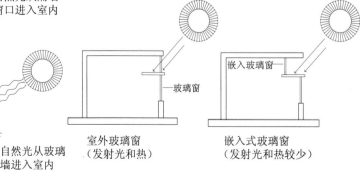

室外玻璃窗（发射光和热）　　嵌入式玻璃窗（发射光和热较少）

照明装置的类型

典型	光线的分布
直射式	向下发光，直接照明至少90%的光投向下方。大多数凹进式的照明装置属于这种类型
反射式	向上发光，间接照明至少90%的光投向上方。然后通过顶棚反射下来，例如吊灯、壁灯和移动式灯
散射式	可以均匀地向各个方向发光。间接照明光投向所有方向，例如裸式灯、球状灯、枝形装饰灯以及台灯与落地灯
直射反射混合式	只能向上、向下发光，不能向别的方向发光。直接/间接照明40%～60%光投向上方，60%～40%光投向下方。半间接照明60%～90%光投向上方，40%～10%光投向下方。半直接照明10%～40%光投向上方，90%～60%光投向下方，例如部分吊灯、台灯和落地灯。这种类型的照明装置提供的主要是折射式和反射式照明光线
可调式	通常是可以调整直射式照明装置，可以通过调整使其光线朝着各个方向发散，例如轨道灯、泛光灯、柔光灯等
非均匀式	非均匀式向上照明灯，是一种反射式照明装置，其光线集中朝着一个方向照射，例如朝着远离墙壁的方向照射。墙照明装置则是一种直射式照明装置，其光线朝着墙壁集中照射，用以把墙壁照亮

照明装置的选择

　　照明器材是一种固定在建筑物上的特殊照明装置。照明装置是按照光线分布的方式来划分类型的。一般来讲，直射式照明装置效果比较好，因为它可以直接将光线照射到指定的区域。但是，这种照明装置往往会造成顶棚和照明装置以上的墙壁看上去显得比较暗淡，强烈的明暗对比会给人带来不舒服的感觉。

按光通量在上、下半球空间分配比例分类

类型		直接型	半直接型	漫射型	半间接型	间接型
光通量分布特性	上半球	0%～10%	10%～40%	40%～60%	60%～90%	90%～100%
	下半球	100%～90%	90%～60%	60%～40%	40%～10%	10%～0%
特点		光线集中，工作面上可获得充分照度，空间也能得到适当照度，容易形成对比眩光	光线能集中在工作面上，空间也能得到适当照度，比直接型眩光小。	空间各个方向发光强度基本一致，无眩光	增加了反射光的作用，使光线比较均匀、柔和	扩散性好，光线柔和、均匀，避免了眩光，但光的利用率低
配光曲线示意图						

照明方式　　　　　　　　光分布策略

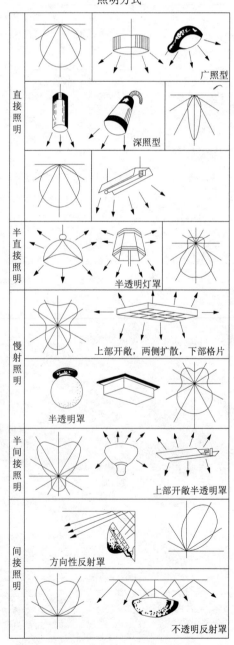

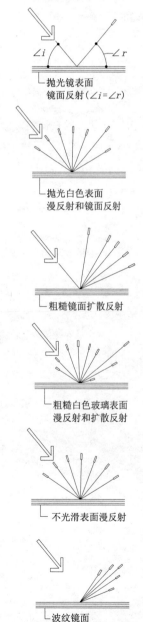

连续的、平整的表面一般被认为具有均匀的照明。在左下图所示的墙面的平面形式上的扇贝形图案破坏了其平面形式。在右边的示例墙面上，明显的扇贝形光的图案与各个单独的面板协调，凸显出了重复的图案造型。这种独特的光造型图案可以用来突出入口，以及重点强调绘画、雕塑及植物。

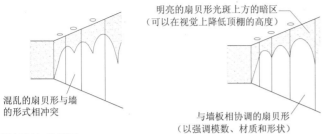

明亮的扇贝形光斑上方的暗区（可以在视觉上降低顶棚的高度）

混乱的扇贝形与墙的形式相冲突

与墙板相协调的扇贝形（以强调模数、材质和形状）

洗墙灯与掠射灯

若要均匀地照亮一个墙面，应将光源远离墙壁。洗墙灯可淡化墙面纹理。安装在靠近受照表面处的掠射灯，则能够凸显出墙面纹理。

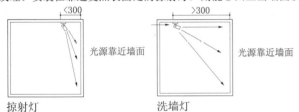

光源靠近墙面　　掠射灯

光源靠近墙面　　洗墙灯

洗墙：均匀的照明是使光线平滑均匀地分布在墙面上。在一整片亮光之下，墙面在视觉上成为一体。为了产生这种效果，灯体一般应距离墙壁300mm远或者是更远。灯体离墙越远，墙面会显得越平坦，越均匀，光源的选取应当基于空间的大小、所需要的光强以及想要凸显的纹理。点光源可以产生扇贝状或条纹状光斑，特别是当将灯置于靠近墙面处的时候，线光源可以更均匀地照亮表面，但离墙远了其光强可能不够。

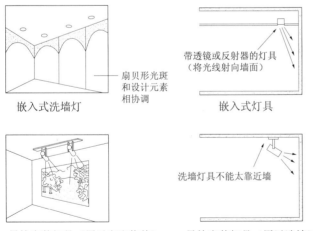

嵌入式洗墙灯

扇贝形光斑和设计元素相协调

嵌入式灯具

带透镜或反射器的灯具（将光线射向墙面）

导轨安装灯具（用以突出物体）

导轨安装灯具（用以洗墙）

洗墙灯具不能太靠近墙

扇贝形光：当一个圆锥形光束遇上房间表面，就可以看到一个扇贝形的光的图案，如下图所示，房间表面"切"圆锥形光束，就产生了扇贝形。

入射光

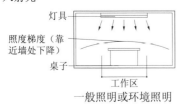

灯具

照度梯度（靠近墙处下降）

桌子

工作区

一般照明或环境照明

悬挂式灯具（用于一般照明）

照度梯度（由一般照明和靠近墙处的局部照明组成）

局部照明

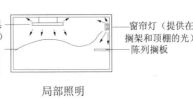

窗帘灯（提供在搁架和顶棚的光）

陈列搁板

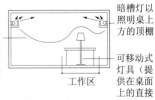

暗槽灯以照亮桌上方的顶棚

照度梯度（由靠近作业的可移动光源与暗槽灯组成）

工作区

作业-环境照明

可移动式灯具（提供在桌面上的直接光）

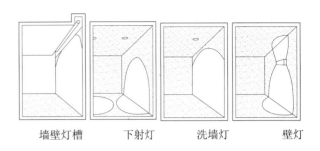

墙壁灯槽　　下射灯　　洗墙灯　　壁灯

在走廊里，对墙壁照明的效果几乎总是由于对地板的照明。对艺术品或其他像入口走廊终端这样的视觉焦点区域进行照明，可以为流通区域增加方向性的暗示。

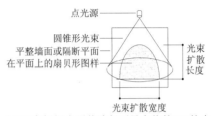

点光源

圆锥形光束

平整墙面或隔断平面

在平面上的扇贝形图样

光束扩散长度

光束扩散宽度

（由厂家根据光强值降低至最大值的10%的点的距离给出）

扇贝形光

点光源可用来将光线向下引导至一水平面，或者用来照明竖直的墙壁。点光源包括嵌入式灯具（筒形的或槽形发的），以及吸顶式和轨道式灯具。点光源可以用作洗墙灯、掠射灯、重点照明，或者可以向一面墙壁投射扇贝形光。当使用下照灯照明墙壁时，不对称的反射器用来产生"洗墙"的效果。

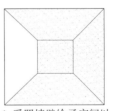

1. 受照墙壁给予空间以方向性。

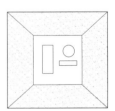

2. 墙上的不同物体被引导至一起。

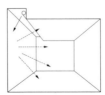

3. 大量柔和的、间接光被反射回空间。

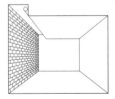

4. 墙壁的质地纹理或者被凸显，或者被淡化。

照亮墙（以帮助小房间感觉更开阔）

小房间

通过强调突出竖向的表面，可以用光来使小房间显得开阔。墙壁的作用比顶棚更重要。

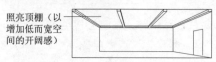

照亮顶棚（以增加低而宽空间的开阔感）

大房间

大房间在比例上，水平面表面大于竖向表面，因此，起主导作用的照明主体是水平面，亦即顶棚与工作表面。

窗帘照明要点：

1. 窗帘盒的大小，应是可以完全遮住光源。
2. 将窗帘盒安装在离顶棚以下至少300，以避免顶棚亮度。
3. 将窗帘盒延伸到和墙壁一样的宽度。
4. 将各灯管的端头紧靠在一起，以获得最大的照明均匀度。
5. 使灯管离墙两端最少300，以避免亮斑。

檐板和壁槽照明：

檐板照明可照亮墙面。当墙面比顶棚亮得多时就会出现过度的亮度比。如果墙面和其他表面是浅色的，就可以减弱檐板灯挡板之后的阴影。如是光滑的墙面材料，会反射灯的映像，造成眩光。应当在壁槽或檐板之下至少300处往上直到灯具之间使用无光泽的饰面材料。

壁槽是凹入顶棚的檐板，它使照明和建筑实现了无缝结合。壁槽可以制出好像使顶棚浮离于墙壁之外的宜人效果。

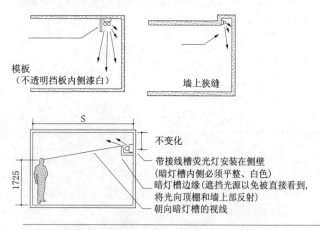

模板（不透明挡板内侧漆白）　　墙上狭缝

带接线槽荧光灯安装在侧壁（暗灯槽内侧必须平整、白色）
暗灯槽边缘（遮挡光源以免被直接看到，将光向顶棚和墙上部反射）
朝向暗灯槽的视线
不变化
1725
S

顶棚照明要点：

顶棚可以用作直接或间接的光源。当作为间接光源使用时，顶棚空间应当具有诸如白色涂料或吸声板这样的反光饰面，并且被以高比例的光投到顶棚上的光源所照明。这些光线将被漫射并向下反射至空间中，形成一般照明。

受照顶棚通过被照亮的顶棚表面起到强调空间作用，并且可以带来生物学意义上的满足感。然而，如果光线不均匀就会将此抵消掉。受照顶棚可以为水平表面提供非常均匀的照明，而这往往是控制眩光的最佳解决方案。但是受照顶棚可能没有直接照明效率高，并且顶棚的缺陷可能会被凹显。

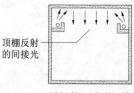

顶棚反射的间接光
发光顶棚
灯发出的直接光

用间接照亮的顶棚　　　　发光顶棚发出的直接光

顶棚也能作为直接光源，可以将它看作是把灯具安装固定在其上的表面或者再加上遮光格板或漫射透镜之后，成为单个的大灯具。这些连续的有透镜灯具的顶棚一般被称作发光顶棚。发光顶棚可以为水平平面提供其均匀的照明。它们往往是整个空间里最亮的元素。

壁灯照明要点：

壁灯常用作装饰，部分原因是因为它们会直接映入视野。但防止眩光就变得非常重要，可以通过使用低亮度的灯，完善地加以遮挡，或者是两者并用来避免眩光。

壁灯可以发出漫射光或定向光。除了对墙面进行照明之外，它们也可以用来为顶棚及地板提供照明。壁灯可以非常有效地用来凸显位置，例如入口通道或者陈列品，其他典型的应用包括走廊、楼梯、镜子以及一般的间接照明。

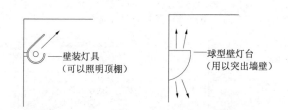

壁装灯具（可以照明顶棚）　　球型壁灯台（用以突出墙壁）

暗灯槽照明要点：

暗灯槽可用来将光线导向顶棚，以提供整体的漫射照明。明亮的顶棚表面常常显得比较退后，给予处在空间中的人一种身处大空间或面向大空间的感觉。此外，从顶棚来的反射光线可以冲淡室内直接光源所形成的光斑之间的关系。

1. 增加光源和顶棚之间的距离，以使光线在顶棚上更加均匀地分布。

2. 利用低置的窗户以及地面反射光，但应注意避免视线水平面的眩光。

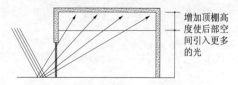

增加顶棚高度使后部空间引入更多的光

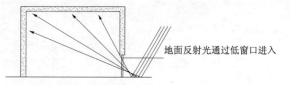

地面反射光通过低窗口进入

3. 使用高反比的各种表面（顶棚、墙面、地面光反射表面元素）。吸声顶棚板的光反射比按照ASTM标准C523的实验室测试方法确定。

4. 设计顶棚的形状，通过利用从窗口向上倾斜的平整顶棚，而不是结合的表面，以获得最小的表面面积（最大的有效反射比）和最佳的光分布。

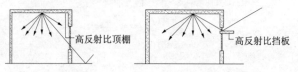

高反射比顶棚　　高反射比挡板

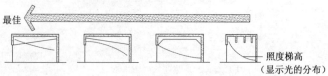

最佳
照度梯高（显示光的分布）

用于厨房的照明方法

由多种照明方式组成的厨房照明

导轨射灯照明使餐厅显得宽敞利落且简洁时尚

用于卫浴的照明方法

淋浴照明

可以把卫生间营造成利于沉思的小空间

用于餐厅的照明方法

吊灯位置偏高且灯光刺眼

餐桌面积较大时可用2～3盏吊灯取得尺度上的平衡

餐桌与吊灯不成比例

光源距吊灯下端太近易产生眩光

光源距吊灯下端远些较合适

吊灯的最大直径是桌面场边的1/3

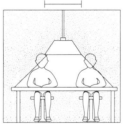

半透明灯罩不仅保证桌面亮度，而且还补充室内空间整体亮度

吊灯高度
0.7m～1m

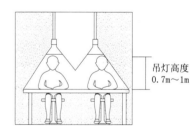

金属灯罩易获得戏剧般的氛围效果

用于客厅的照明方法

可起防盗作用的照明

用于楼梯的照明方法

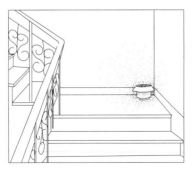

楼梯休息平台角落的照明实例

广照型

阴影柔和，上下台阶障碍小，这时选用眩光少的照明器具

深照型

选用深照型的筒灯时，因筒灯种类和安装位置而在台阶上形成阴影

按灯具配置分类照明方式

方式	特征	图例
整体照明（一般照明）	是照明范围整体灯光基本均匀的照明方式； 工作对象、工作位置即使改变，照明条件也基本上没有变化； 是精细视觉作业时室内整体必要的照明	
局部整体照明（工作环境照明）	是整体照明和局部照明的结合形式，是提高工作效率的照明，工作位置一般不改变； 整体照明的照度一般比工作面的照度要低，工作人员密度低时，消耗的电能要比单用整体照明低	
局部照明	工作范围狭窄受到限制，只有工作面周围有照明的方式； 工作面需要高照度的情况下经常使用	

筒灯反光罩的形状与反射光

扩散反射
金属表面的白色涂层使光线扩散反射，因反光罩曲面度的不同，整体扩散配光的方向有所不同。

镜面反射（椭圆）
具有2个焦点的椭圆形反光罩。在1个焦点设置点光源，在另1焦点光线集中、扩散。适用于口径比较小的筒灯。

镜面反射（抛物线）
焦点处设置点光源的反射光平行照射出。探照灯的反光罩就属于这一点。

广角（60°）的情况
A：垂直向下的照度；B：垂直向下1/2的亮度
1/2照度角

狭角（10°）的情况
吧台照明可以选择这个角度
1/2照度角

因照度角的大小光的扩散不同
1/2照度角的概念

壁灯的种类及安装高度

整体间接型壁灯 间接型壁灯

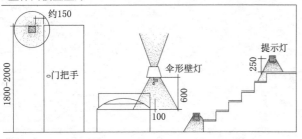

约150
门把手
1800~2000
伞形壁灯
600
100
提示灯
250

部分建筑化照明方式

槽灯照明 灯檐照明

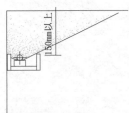

150mm以上

平衡照明 发光顶棚

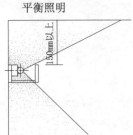

150mm以上

S≤1.5D
S
D

建筑化照明方式有很多种类，其中主要有：槽灯照明、灯檐照明、平衡照明和发光顶棚照明灯

筒灯的配光与照明效果

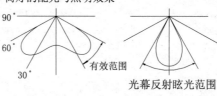

直接眩光范围

90°
60°
30°
有效范围

光幕反射眩光范围

（a）蝙蝠形配光　（b）梨形配光　（c）圆形配光

部分室外照明灯具的IP推荐值

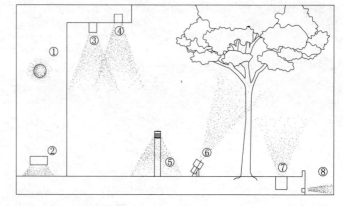

①壁灯　IP44·55·65 ⑤草坪灯　IP44·54·55·65
②墙下低位灯　IP54·55·56·57·67 ⑥射灯　IP54·55·56·65
③吸顶式筒灯　IP65 ⑦埋地灯　IP67
④嵌入式筒灯　IP65 ⑧水下灯　IPX8

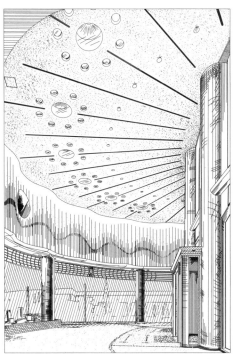

舞台灯光效果之一

舞台灯光对戏剧表演起着极大的作用。舞台照明能表现各种季节、时间、地点、地形、人物和环境气氛，烘托剧情以及创造各种效果，所以舞台照明有"舞台生命"之称。

入口处的设计意在制造南洋岛屿的感觉，顶棚的点式照明宛如布满天空的星星。

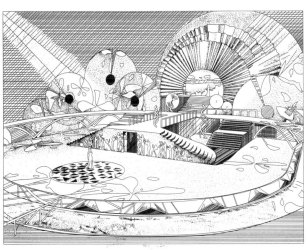

舞台灯光效果之二

舞台照明在舞台上的表现，有功能上的不同：功能性、饰景性、安全性；有意义上的不同：明亮、朦胧、色彩缤纷；有形式上的不同：照明方式方法的不同选择；有空间上的不同；有人文景观环境、自然型环境、建筑形式及风格的不同。

光的抑扬

光的抑扬就是对灯光的强弱的控制。在需要对比强烈的部分，利用直射光线或重点光的照射，产生聚光灯照射效果，气氛明亮热烈，使之抢先刺激人们的视觉，从而引起人们对这一部分的注意或兴趣。相反，在次要的场合，使用漫射光照射，亮度对比较低，气氛暗淡柔和，不特意引起人们注意。

环境中的灯光照明应根据不同空间需要而设置。在室内空间中，尽可能应用高的顶棚扩展空间，照明可根据建筑特点进行设计。

照明形式的构造

各种不同的照明形式具有不同的构造特点，如发光顶棚的照明形式就有多种代表性的构造。

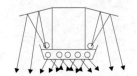

1.各类灯具互相组合，集中装饰，综合照明较为经济实用。

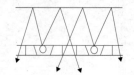

2.将反光灯槽组合成图案，可增加室内的高度。

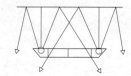

3.用悬挂式反光灯槽照亮顶棚，可使顶棚成为光源。

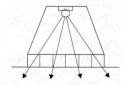

4.将较多点光源嵌入顶棚，均匀排列，有面光源的效果。

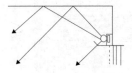

5.用半透明或扩散材料作半间接式反光灯槽，可减小其与顶棚间的距离。

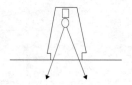

6.嵌入直射式灯具有较大的眩光保护角，并可使被照面获得较高的照度。

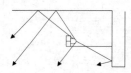

7.用格片光檐比反光灯槽效率高，使光檐附近的墙面获得较高照度。

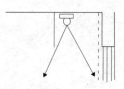

8.窗罩内部装置直射灯槽，模拟天然光的效果。

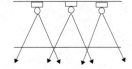

9.局部光龛重点装饰，可加强需要面的照度。

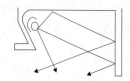

10.应用墙面的反射作侧向面光源，发光效率会更高。

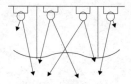

11.发光顶棚内的空间，可全部分隔或局部分隔使用。

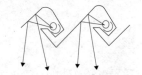

12.剧院灯槽开口与观众视线同一方向，就可避免眩光。

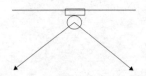

13.利用单个灯具组成外露满天星顶棚，其照度均匀，安装简便。

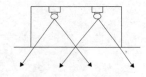

14.利用梁间的空间嵌入灯具，照度均匀。

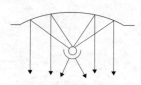

15.利用弧形顶棚的反射带状光源，能在一定范围内取得局部照明效果。

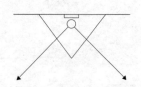

16.外露光梁可使顶棚亮度较大，室内照度均匀。

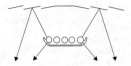

17.用顶棚的曲折面为反线脚，吊灯分配反射光束，且会另有装饰效果。

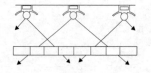

18.在顶棚上嵌入格片发光材料，能获得很均匀的照度。

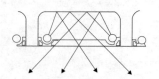

19.利用梁间顶棚反射式光龛，可使室内光线均匀柔和。

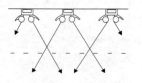

20.局部或全部悬挂发光格片，能获得较均匀的照度。

顶棚形式

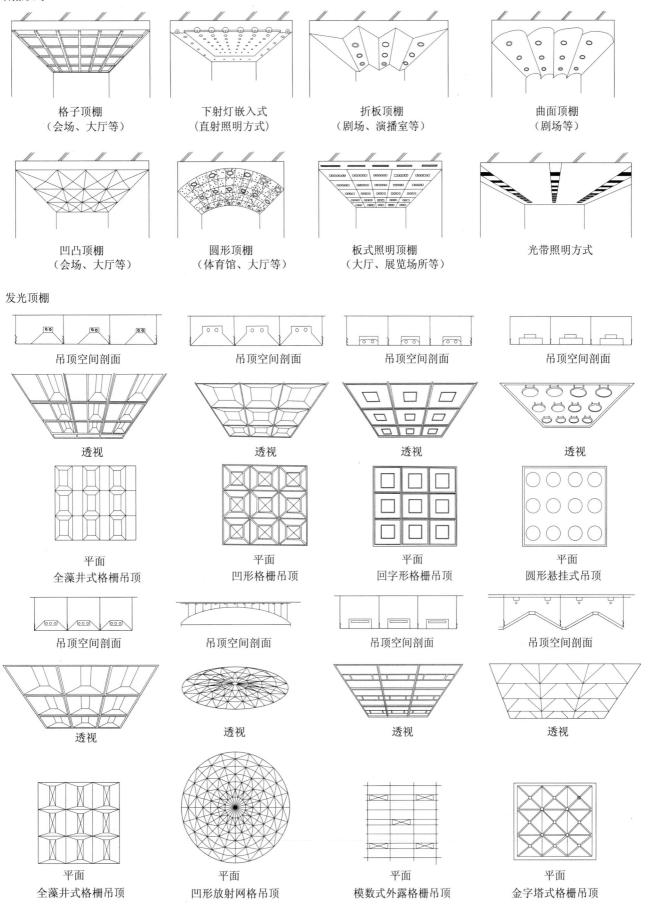

格子顶棚
（会场、大厅等）

下射灯嵌入式
（直射照明方式）

折板顶棚
（剧场、演播室等）

曲面顶棚
（剧场等）

凹凸顶棚
（会场、大厅等）

圆形顶棚
（体育馆、大厅等）

板式照明顶棚
（大厅、展览场所等）

光带照明方式

发光顶棚

吊顶空间剖面   吊顶空间剖面   吊顶空间剖面   吊顶空间剖面

透视   透视   透视   透视

平面   平面   平面   平面

全藻井式格栅吊顶   凹形格栅吊顶   回字形格栅吊顶   圆形悬挂式吊顶

吊顶空间剖面   吊顶空间剖面   吊顶空间剖面   吊顶空间剖面

透视   透视   透视   透视

平面   平面   平面   平面

全藻井式格栅吊顶   凹形放射网格吊顶   模数式外露格栅吊顶   金字塔式格栅吊顶

间接照明效果称之为环境照明。间接照明是与创造气氛以及环境视觉的舒适性相关的手法，所谓的环境照明就是积极地去规划地面、墙面、顶棚的亮度，与筒灯、射灯等直接的功能照明，存在于不同的层次。

环境照明的目的是为室内提供整体照明。环境照明不针对特定的目标，而是提供空间中的光线，使人能够在空间中活动，满足基本的视觉识别要求。在地面、墙面、顶棚上大胆地使用反射光或透过光，在创造空间气氛的同时，并且能提供必要光量的系统。在照亮顶棚而获得空间明亮感的同时又能确保地面的照度。高级酒店或餐厅的照明手法，连普通的住宅和办公空间，如果能实现优良间接照明的话，会令人感到很舒服。

室内间接照明设计已经不单单只是为了满足供给所需要量的光，而是朝着使心情愉快、丰富人们的生活、获得安逸、度过快乐的时光……的方向发展。

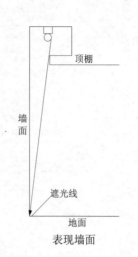

表现墙面

如上图所示将遮光线设置到墙面与地面相交的交角处才是最佳的。

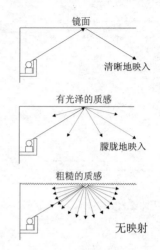

无映射

从上图可以看出，除了粗糙的质感以外，光源都会反射面映入而暴露，即使是3分光泽的反射也会被映入。因此，为了将光线柔和地扩散，被照面有必要做成粗糙的质感。

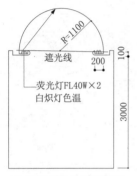

圆弧形顶棚的间距照明

穹顶顶棚的间接照明。对有震撼力圆形顶棚，与白色涂料的R1000的拱顶空间作优美的间接照明，所用光源是3000K低色温荧光灯，通过简单有效的间接照明，实现了消除顶棚存在感的开敞效果。

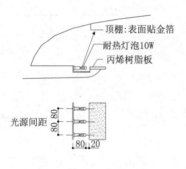

圆弧形顶棚的间距照明

门厅圆弧形顶棚上的间接照明。光源使用96个白炽灯，顶棚的表面贴金箔，与光源的色温相配合，形成了有品位的安逸的光环境空间。并且在发光灯槽边上，安装了丙烯树脂挡板，柔和了灯槽上的明暗对比，使光斑得以消除，光线均匀。

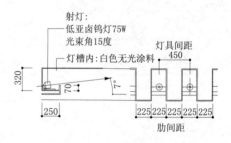

表现顶棚

音乐厅肋形顶棚的间接照明。将75W的窄光束射灯装入肋槽两端，调整光照方向使其照亮肋槽上部，并作了遮光构造处理，形成了均匀度极高的照明空间。

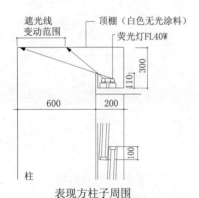

表现方柱子周围

围拱柱头的顶棚间接照明。目的是突出柱子的表面，要避免由于柱子上的遮光线而产生不自然的光斑，应将其设置为顶棚和柱子的交角处，让光源发出的光，照射顶棚面后会将反射光洒向柱面。

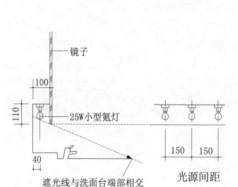

洗面台的间接照明

卫生间镜子后间接照明。将镜面凸出离墙距离150于其背后装置25W小型氖灯光源，可获得间接照明。

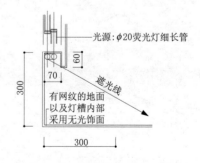

脚部的间接照明

立墙外侧的脚部间接照明。设计的目的是要从地面升起300尺寸内安装灯具，光源选用φ20细长荧光灯管，白炽灯色。从视觉上创造具有连续性的间接照明。

照明是建筑和室内设计中不可缺少的组成部分，它对完善建筑功能、营造室内空间氛围、强化环境特色起到至关重要的作用，因此，室内照明应首先考虑使光源布置和建筑结合起来，如顶面、墙面、地面。这不但有利于利用顶面结构和装饰顶棚之间的巨大空间及墙地面空间，隐藏照明管线和设备，而且可使建筑照明成为整个室内装修的有机组成部分，达到室内空间完整统一的效果，它通过建筑照明可以照亮大片的墙、顶棚或地面，荧光灯管很适用于这些照明，因它能提供一个连贯的发光带。

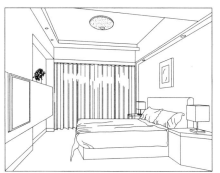

窗帘照明

将荧光灯管安置在窗帘罩内，内饰白色涂料以利反光，光源的一部分朝向顶棚；一部分向下照在窗帘或墙上。

花檐返光

整体照明的一种，檐板设在墙和顶棚的连接处，荧光灯板布置在檐板后面，采用较冷的荧光灯管，这样可以避免墙的变色。

凹槽口照明

槽形装置通常靠近顶棚，造成光向上照射，提供全部漫射光线，这种方法也称环境照明。

发光墙架

从墙上伸出悬架，布置的位置要比窗帘照明低，但与窗无必然的联系。

底面照明

各种建筑构件下部底面均可作为底面照明，某些构件下部空间为光源提供了一个遮蔽空间，此照明方法常用于橱柜、书架、镜子、壁龛和搁板等。

龛孔照明

将光源隐藏在凹陷处，此照明方式提供集中照明的嵌板固定装置，其形式多样，一般安装在顶棚或墙内。

泛光照明

加强垂直墙面上照明方式称为泛光照明，起到柔和质地和阴影的作用。泛光照明有许多方式。

发光面板

发光面板可以用在顶棚、墙面或地面某一个独立装饰单元上，它将光源隐藏在半透明的板后，提供一个舒适的无眩光的照明。

导轨照明

包括一个凹槽或装在面上的电缆槽，灯支架就附在上面，轨道可以连接或分段处理，做成不同的形状。

办公室的室内空间分为5类：集中办公区、单元办公区、会议办公区、综合办公区和公共区域。

集中办公区：普通集中办公区，通常要求照度均匀，照明质量适中，灯具不醒目，眩光要求一般，并通常采用手动控制。"高档集中办公区"，通常要求照度均匀，除采用直接照明灯具外，还常用间接照明灯具，眩光要求较高，并采用照明控制系统，与天然采光相配合，纳入大楼智能管理系统。

单元办公区：普通单元办公区，要求照度均匀一致，灯具的选用与顶棚有关，只设置一种开关模式。"高档单元办公区"，同时采用直接照明和间接照明灯具，甚至是智能照明控制系统，可根据活动的要求选择场景开关控制模式，并与大楼智能管理系统相连。

会议办公区：普通会议办公区，要求内部空间照度均匀一致，白板采用重点照明，并加设简单的开关及调光装置。高档会议办公区，主要采用重点照明营造气氛，注重舒适的感觉，并根据活动要求开关或调光，使用多种照明光源，设置场景。

综合办公区：普通综合办公区，要求具有良好的照明质量，照明均匀，光环境舒适，低眩光，灯具不突兀，不同区域采用不同的照明水平。高档综合办公区，采用普通照明和工作照明相结合的方式，应用多种灯具，多种光源，眩光要求高。

公共区域：普通公共区域，如一般的走廊、楼梯间等，要提供充足的照度。高档公共区域如大堂、中庭等，要求照明方式多样化，应用多种光源，通常设有监控系统。

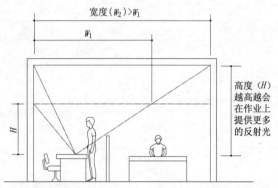

增加视觉作业与顶棚之间的距离，使视觉作业可以"看到"更多的顶棚。

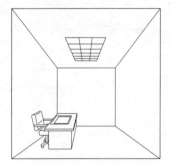

用于环境和工作照明的一般照明

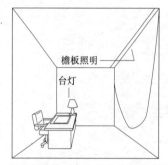

低水平环境照明和作业上的辅助照明

办公室照明

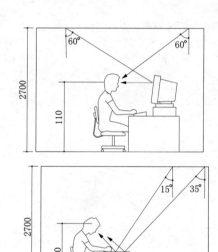

眩光产生的原因与种类

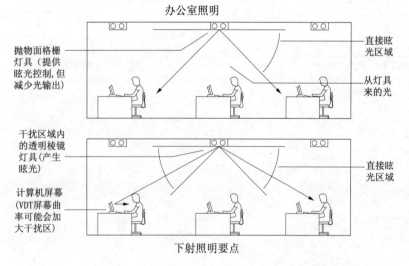

下射照明要点

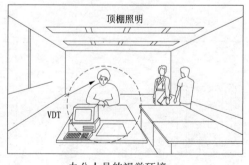

办公人员的视觉环境

办公室照明的比较

间接型照明重点在于顶棚

直接型照明重点在于桌面和地板

直接/间接型均衡的双向照明

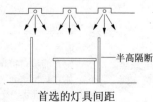

首选的灯具间距　　　　　灯具间距过宽

教室照明是为了帮助学生更容易观看视觉对象，这对于防止近视，提高学习效率等非常重要。一般教室，白天有从窗户照射进来的光线就足够了。所以窗户附近的照明可单独控制；在有充分的自然光时，不要开灯，如必须开灯时，要避免照明灯具的眩光进入视野。视野内有过亮的光源会引起不舒服、眼睛疲劳、视力下降。为具体解决眩光问题，采用的照明灯具应与黑板平行。

黑板照明为了避免眩光，要求满足 1. 黑板照明不能通过黑板反射到学生的视线内；2. 黑板照明的光源不能直接照到学生的眼睛；3. 不能使教师感到黑板照明刺眼。

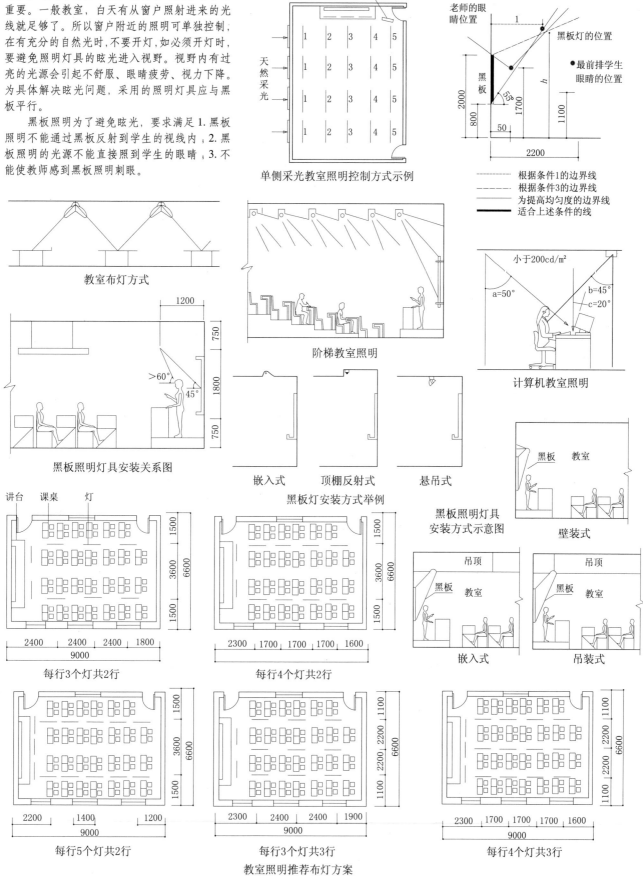

单侧采光教室照明控制方式示例

--- 根据条件1的边界线
----- 根据条件3的边界线
—— 为提高均匀度的边界线
▬▬ 适合上述条件的线

教室布灯方式

阶梯教室照明

计算机教室照明

黑板照明灯具安装关系图

嵌入式　　顶棚反射式　　悬吊式
黑板灯安装方式举例

黑板照明灯具
安装方式示意图

壁装式

嵌入式　　　吊装式

讲台　课桌　灯

每行3个灯共2行

每行4个灯共2行

每行5个灯共2行

每行3个灯共3行

每行4个灯共3行

教室照明推荐布灯方案

　　对于美术馆和博物馆来说，为了让人欣赏展品，照明需要忠实反映展品的颜色和形体特征，同时，还要避免使展品受到损伤。

　　此外，由于此类场所设施的公益性和公共性，馆内照明设施还要保证非专业观众都能使用。

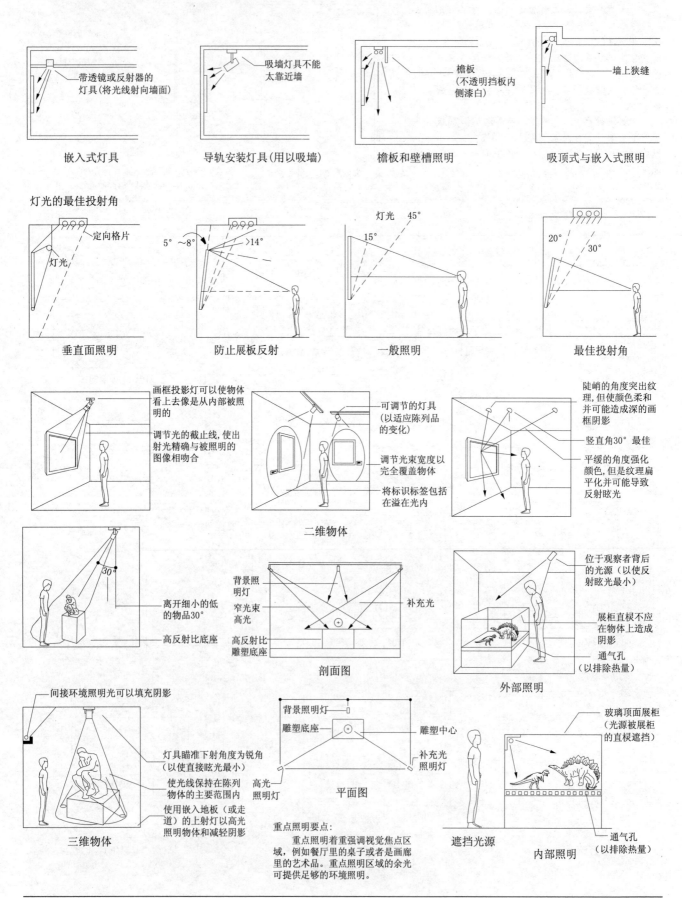

灯光的最佳投射角

商业空间的照明分为一般照明、分区一般照明、局部照明、混合照明等方式。

1. 一般照明是采用少数灯具对整体销售场所提供普遍照明，这种方式不管商品的位置如何，可以设置各种开关控制系统，以便灵活利用空间。

2. 分区一般照明是针对整个商业空间进行的照明方式，而在某些场所，虽然空间是整体的，但根据整体空间内部的功能不同，产生了不同的照明需求，因此在一个大空间内，分割成不同的区间，每个区间具有不同的技术要求，这种方式即为分区一般照明。

3. 局部照明也叫重点照明。在商业照明中，展示样品需要突出和美化，所以，重点照明在商业照明中的地位举足轻重。不同的照明水平与环境的差别可以营造不同的渲染效果。同时来自不同方向的光线也会对营造商业气氛起不同的作用。局部照明会产生较深刻的视觉效果，普通的商店需要均匀的、明亮的照明即可，这样可以让商店的布置较具灵活性。在高级的商店中对比强烈的照明可以塑造商品的高价值感，吸引顾客对商品的注意。

4. 两个或多个方式的混合体。要根据实际需要设计照度、照度均匀度、色温、显色性等照明指标，还要包括戏剧性、风格化等多方面艺术评测指标，因此最终的效果应该是艺术和技术的统一。

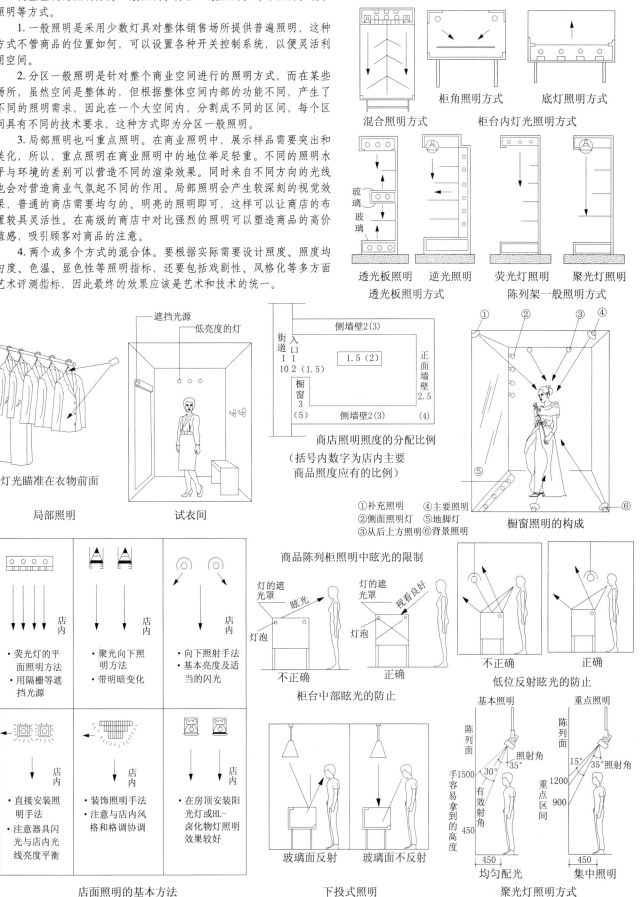

混合照明方式　　柜角照明方式　　底灯照明方式

柜台内灯光照明方式

透光板照明　逆光照明　荧光灯照明　聚光灯照明

透光板照明方式　　　　陈列架一般照明方式

灯光瞄准在衣物前面

局部照明　　　试衣间

商店照明照度的分配比例
（括号内数字为店内主要商品照度应有的比例）

①补充照明　④主要照明
②侧面照明灯　⑤地脚灯
③从后上方照明　⑥背景照明

橱窗照明的构成

· 荧光灯的平面照明方法
· 用隔栅等遮挡光源

· 聚光向下照明方法
· 带明暗变化

· 向下照射手法
· 基本亮度及适当的闪光

· 直接安装照明手法
· 注意器具闪光与店内光线亮度平衡

· 装饰照明手法
· 注意与店内风格和格调协调

· 在房顶安装阳光灯或HL-卤化物灯照明效果较好

店面照明的基本方法

商品陈列柜照明中眩光的限制

柜台中部眩光的防止

不正确　　正确

低位反射眩光的防止

不正确　　正确

玻璃面反射　玻璃面不反射

下投式照明

均匀配光　集中照明

聚光灯照明方式

舞厅装饰灯光设计

1. 装修与灯光

灯光设计应能提供装修环境中各个物体和背景适当的亮度，表现出舞厅全部特有的质感，并凭借整个舞厅环境事物的综合反映给人以完整的心理效应。在舞厅装修中，首先提出舞厅内总体装修色调。从色调明亮度讲基本上为暗、深色彩，这样才能突出灯光的变幻及灯光色彩的陪衬，充分发挥灯光的魅力和气氛的渲染作用。舞厅装修主要是色彩，其次是风格。风格也体现在灯具的布置、灯光层次的安排及整体的节奏感上，既要和谐、紧凑、统一，又要有一种独特的风韵和格调。

2. 灯具与电气设备

舞厅照明灯具及其控制设备的选择是灯光设计中的一个重要环节。在舞厅灯光设计中，按舞厅的规模，灯光控制回路，选择适当的控制方式和调光设备。

3. 灯光与艺术表现

舞台灯光的作用就是要表达感情、制造气氛和意境。灯光投射的方向、角度、范围、强度、流速及投射节奏的变化，都会引起人们情绪的不同变化。

不同舞厅的装饰与照明设计

1. 交谊舞厅

舞厅的设施、内装修和灯光都突出高雅的特点与风格，应以静态灯具为主，动态灯具为辅。多用流水灯串、小射灯、霓虹灯等动态不十分强烈的彩灯。使用彩灯声光控制器控制灯光的流动节奏，使之随着舞曲的音量大小、节奏、光束和色彩的变化而变化，与华尔兹、狐步舞、探戈舞等不同节奏舞曲融为一体，达到声光和谐。

2. 迪斯科舞厅

迪斯科的情调与交谊舞迥然不同，最大的特点是舞者多为青少年，富有青春活力，具有强烈的节奏感，气氛激昂、喧闹，甚至疯狂。一般调音或调光台都面对舞池，因此为这类舞厅选择灯种应以动态灯具为主，静态灯具为辅。选择的范围较宽，手段多样，如频闪灯、旋转灯、黄金电脑灯、扫描灯、激光镭射灯等。

3. 歌舞厅

歌舞厅具有演唱和跳舞双重功能。厅内设有固定舞台、舞台上可装设布景灯光，也可装设投影电视屏幕。布景灯光常用彩灯、塑管灯、霓虹灯等。舞台边缘用灯串勾边，或用灯带装饰。舞台的前方和背景上空，可装设舞台泛光灯照明，作为小舞台的面光和背景光使用。舞台区的灯光主要是靠造型、色彩来烘托环境，除了具有创造气氛意境的作用外，还有观赏价值。舞台上主要以演唱或进行卡拉OK选歌表演娱乐为主，台上配有大屏幕电视，充分发挥灯光、音响与屏幕图像的共同作用。

部分舞厅灯具的外形图

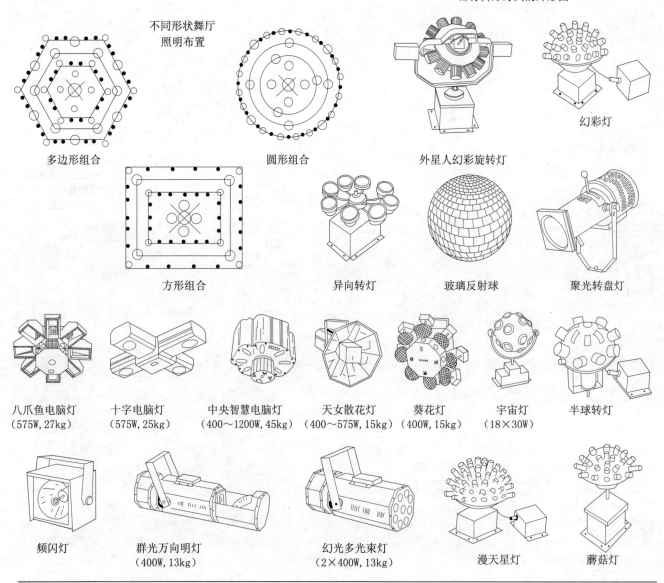

不同形状舞厅
照明布置

多边形组合　　　　　圆形组合　　　　外星人幻彩旋转灯　　　幻彩灯

方形组合　　　异向转灯　　　玻璃反射球　　　聚光转盘灯

八爪鱼电脑灯
（575W，27kg）

十字电脑灯
（575W，25kg）

中央智慧电脑灯
（400～1200W，45kg）

天女散花灯
（400～575W，15kg）

葵花灯
（400W，15kg）

宇宙灯
（18×30W）

半球转灯

频闪灯

群光万向明灯
（400W，13kg）

幻光多光束灯
（2×400W，13kg）

漫天星灯

蘑菇灯

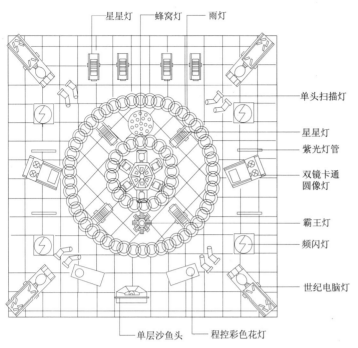

星星灯　蜂窝灯　雨灯

单头扫描灯
星星灯
紫光灯管
双镜卡通圆像灯
霸王灯
频闪灯
世纪电脑灯

单层沙鱼头　程控彩色花灯

舞厅灯具平面图

管理室

舞　台

咖啡厅

灯光、音响控制室　彩色灯泡群

舞厅上层静态灯具平面图

管理室

舞　台

舞池

咖啡厅

灯光、音响控制室

舞厅下层动态灯具平面图

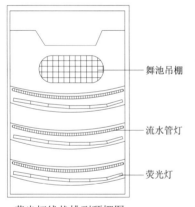

舞池吊棚

流水管灯

荧光灯

荧光灯线状排列顶棚图

舞池吊棚（专用灯具）

多灯组合嵌入式顶棚图

舞厅动态灯具设备表

编号	名称	容量（W）	数量
1	雪球灯	60	2
2	双马达垂直转灯	8×30	1
3	宇宙幻彩灯	300	1
4	360°四瓣开花旋转灯	16×30	1
5	雷光管群	8×40	1
6	消防灯	2×30	3
7	十字摆灯（180°）	10×30	2
8	360°旋转灯	30	6
9	镜面反射灯	30	6
10	聚光旋转灯	1000	1
11	小型圆点射灯	30	16
12	射灯	150～300	6
13	紫光灯管	40	6
14	频闪灯	50～200	6
15	歌星演唱聚光灯	1000～2000	3
16	120°旋转灯	30	8
17	外星人换彩旋转灯	250	1
18	太阳灯	2×300	1

各类舞厅灯具安排种类及灯光设备容量

规模	舞厅面积(m²)	设备容量(kW)	灯具类型设置	主要灯具类型名称	布置方式	控制器
小型	100～200	10	静态灯具为主	紫光灯管、雪球灯、小射灯、频闪灯、120°转灯、360°转灯、筒灯	设单层舞池上空吊棚，灯具在吊棚上	彩灯控制器
中型	200～350 350～500	15 25～30	静动态灯具均设，并设一定数量的电脑灯和霓虹灯	紫光灯管、小射灯、频闪灯、扫描灯、各类动态灯具，如雪球灯、20头转灯、聚光旋转灯、电脑灯6～8台、霓虹灯、跑灯带、审灯等	舞池上方设吊棚，也可设双层吊棚，四周设边界灯，地面设距阵灯串，舞台设霓虹灯、跑灯带等	专用电脑灯控制器、多回路综合调光控制台
大型	500以上	35～50	除设以上静、动态灯具和增加电脑灯具数量外，还设激光、霓虹灯	除以上灯具均外，可增加电脑灯、程控灯、激光灯、频闪灯，并增加霓虹灯数台，增设大屏幕电视		

　　灯具的主体是由造型各异的塑胶、玻璃、金属、纸盒等材料制成，配以相应的附件。灯具的结构、形状是根据光源的种类、形状、功率、使用场合及灯具的形体美化要求来设计的。灯具的主要功能是固定光源，并将光流量重新分配，达到合理利用和避免眩光的目的，以使光源能够适合各种不同的环境，合理地发挥照明功能的同时起到照明的艺术效果。灯具的分类方式很多，在住宅装饰中灯具主要按空间区域分为吊灯、吸顶灯、筒灯、射灯、镜前灯、防油灯、防雾灯等。

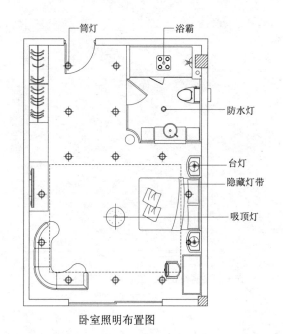

卧室照明布置图

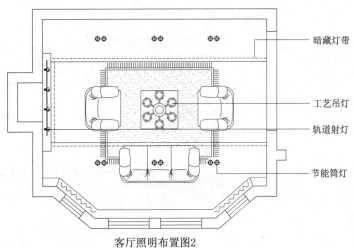

客厅照明布置图2

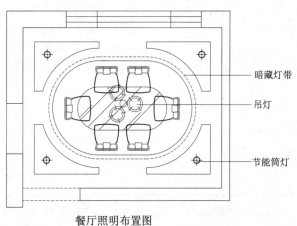

餐厅照明布置图

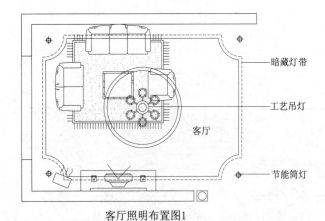

客厅照明布置图1

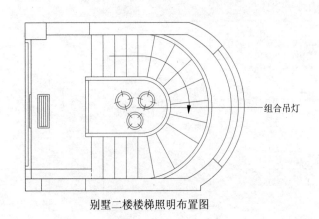

别墅二楼楼梯照明布置图

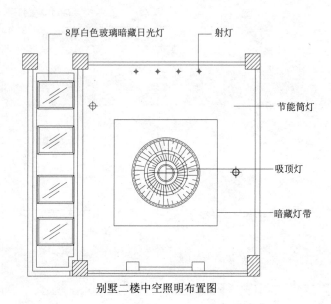

别墅二楼中空照明布置图

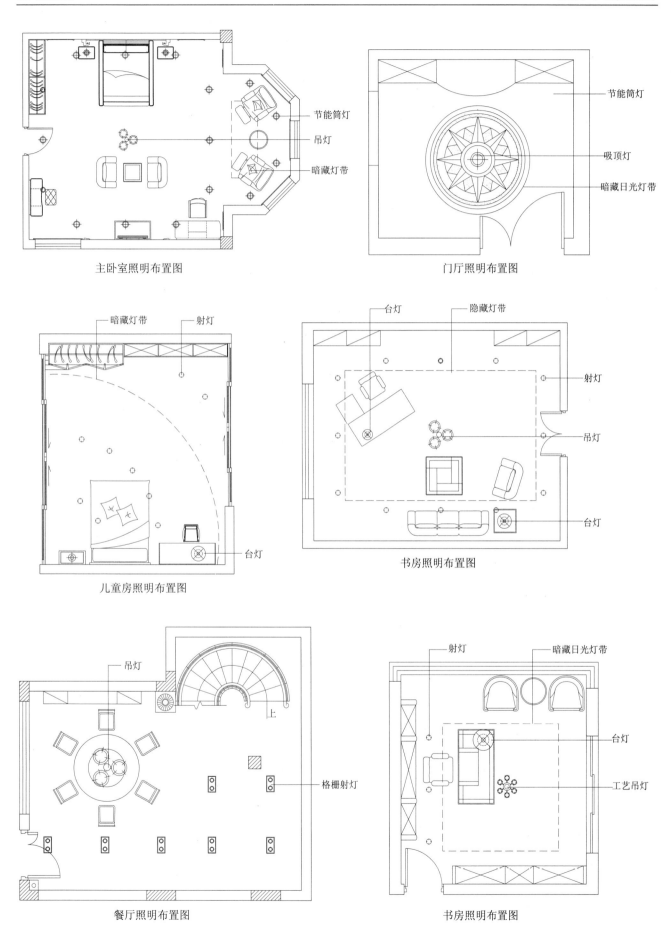

主卧室照明布置图

门厅照明布置图

节能筒灯
吊灯
暗藏灯带

节能筒灯
吸顶灯
暗藏日光灯带

暗藏灯带 射灯
台灯 隐藏灯带

射灯
吊灯
台灯

台灯

儿童房照明布置图

书房照明布置图

吊灯
格栅射灯
上

射灯 暗藏日光灯带
台灯
工艺吊灯

餐厅照明布置图

书房照明布置图

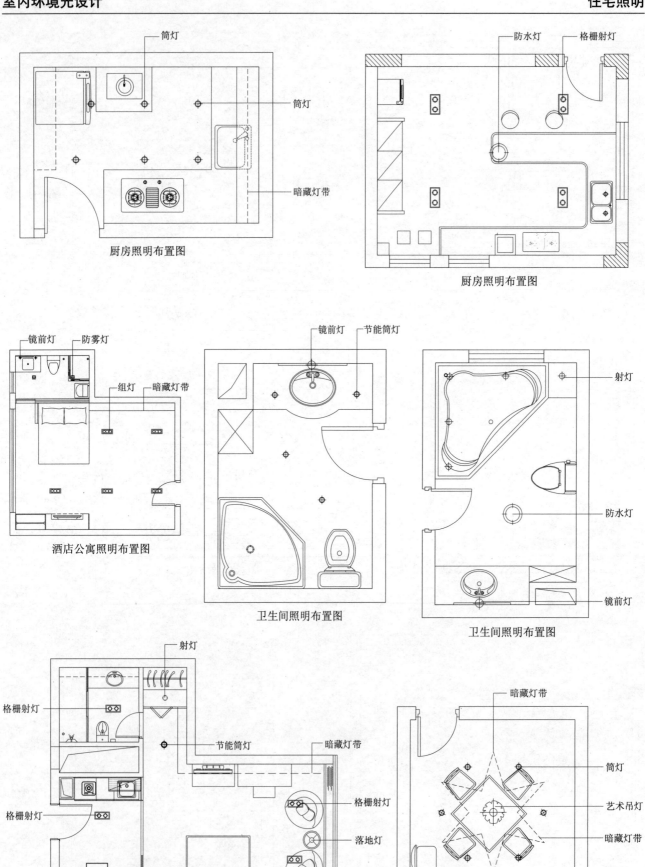

厨房照明布置图

厨房照明布置图

酒店公寓照明布置图

卫生间照明布置图

卫生间照明布置图

小户型照明布置图

家庭娱乐室照明布置图

办公室一般照明是为整个房间提供均匀的照度。通常，一般照明采用将荧光灯灯具规则排列，灯具呈直线状排列或网络状布置。同时要利用天然光、局部照明等其他照明方式加以补充。由于大开间办公室的办公家具布置要经常进行更换，因此在照明设计时要考虑到照明的通用性，如眩光控制，不能仅仅满足现有布置条件，也要考虑到其他家具布置的情况。由于一般照明的灯具及光源比较单一，因此照明效果比较单调，此时，增加一些艺术品或其他的局部照明效果，可打破这种单一的光环境。8²16M 的小开间办公室也可以用局部工作区域照明和一般照明相结合的方法营造良好的光环境。8²16M 的小开间办公室照明设计一般是围绕办公桌的布置，但同时要保证办公室的任何位置都有良好的照明。主系统应该为办公桌及其周围提供良好的照明，可采用间接照明提供柔和、均匀的光线。通常，8²16M 的小开间办公室会安装一些装饰物，如植物、书画等，这时可以使用重点照明作定向照明，突出这些饰物。而且这些重点照明可改变整个房间的光线节奏，使室内环境更加有生气、有活力。

公共照明的灯具布置形式

单灯管荧光灯具组成

单灯管荧光灯具组成

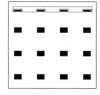

多灯管荧光灯具组成

卤钨灯或节能灯组成

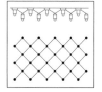

灯具的网状组成方式

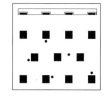

荧光灯和卤钨灯节能灯

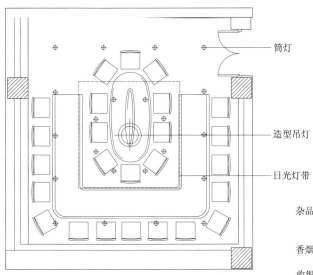

会议室照明布置图

（图注：筒灯、造型吊灯、日光灯带）

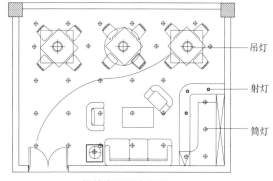

棋牌室照明布置图

（图注：吊灯、射灯、筒灯）

接待室照明布置图

（图注：筒灯、吊灯、日光灯带）

小型超市照明布置图

（图注：杂品柜、香烟柜、收银柜、公共电话、杂志架、酒类柜、百货柜、食品柜、食品柜、日光灯管、冷饮柜）

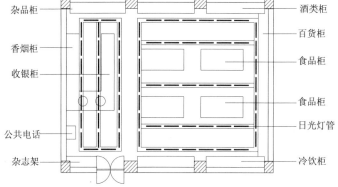

会议室照明布置图

（图注：筒灯、日光灯带、吊灯）

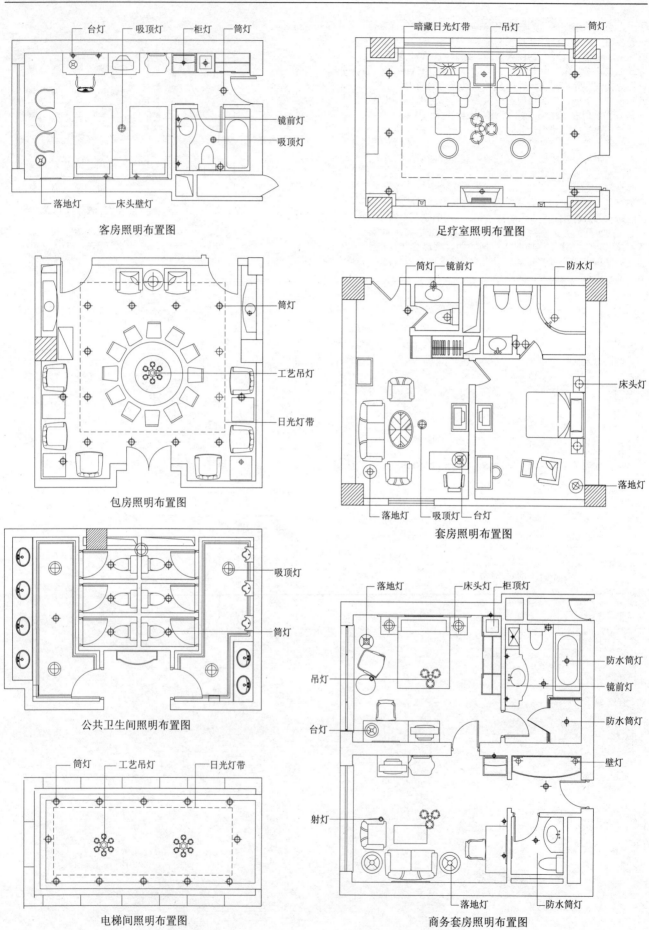

客房照明布置图

足疗室照明布置图

包房照明布置图

套房照明布置图

公共卫生间照明布置图

电梯间照明布置图

商务套房照明布置图

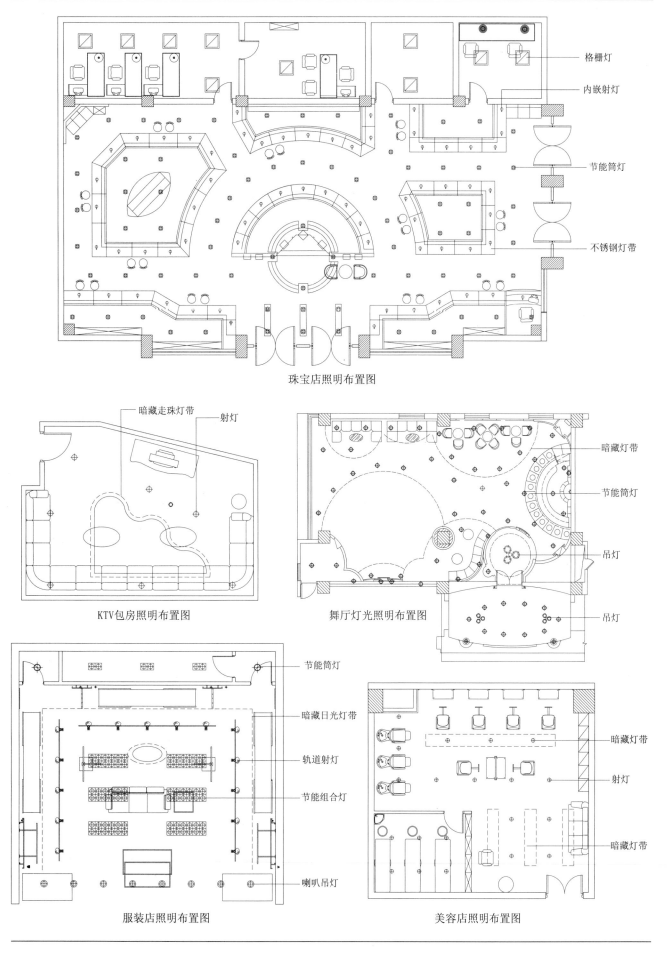

珠宝店照明布置图

格栅灯

内嵌射灯

节能筒灯

不锈钢灯带

暗藏走珠灯带　射灯

KTV包房照明布置图

舞厅灯光照明布置图

暗藏灯带

节能筒灯

吊灯

吊灯

节能筒灯

暗藏日光灯带

轨道射灯

节能组合灯

喇叭吊灯

暗藏灯带

射灯

暗藏灯带

服装店照明布置图

美容店照明布置图

餐厅的一般照明既要达到一定的亮度要求，又要有一定的艺术装饰性。灯具的装饰要与建筑物相协调，形成一定的风格，增加整体的视觉效果和照明效果，通常，将建筑物的顶棚与灯具作为一体化考虑。餐厅、酒吧或咖啡馆的装饰灯具要突出整个房间的主题，同时也可以有一定辅助照明的作用，可以根据场所的特色来选用灯具，现代气息浓厚的场所，可选用线条明快的金属灯罩吊灯。中餐厅的照明设计应针对风味特点、地域特色来满足灵活多变的功能。餐厅内灯具的形色要显出与装修格调匹配的不同风格，符合餐厅内的空间艺术要求，因此灯具在这里也称作灯饰。在中餐厅中可以选用中国古代的宫灯或现代的花色吊灯，以显示东方情调。西餐厅则采用西式吊灯以显示西方情调。

中餐厅比西餐厅的照明度高一些，无论中西餐厅，光源色温都是营造餐厅环境氛围的主要手段。餐厅应该选用显色指数不低于80的高效灯具。采用吸顶灯或嵌入式筒灯做行列布置或满天星布置，也可采用装饰吊灯。各种餐厅还应该设有地面插座和灯光广告用插座。有集中空调时，吊灯上设有出风口，还可能有烟感探测器和喷淋装置，灯具的布置还须与其他工种设计相配合。

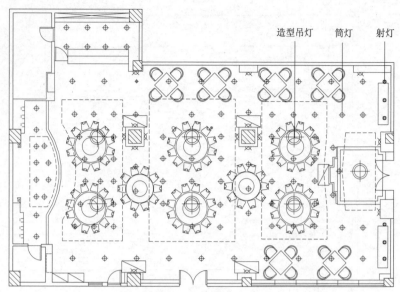

中式餐厅照明布置图

日式餐厅照明布置图

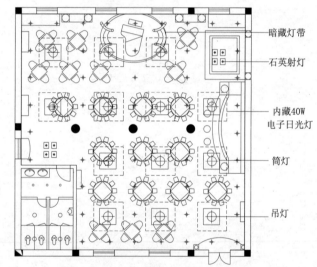

西餐厅照明布置图

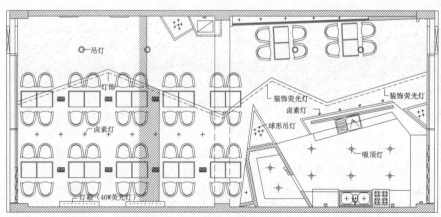

韩式烧烤店照明布置图

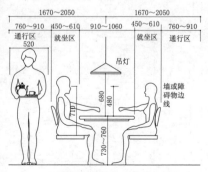

最小用餐单元宽度

　　白炽灯有高度集光性，便于光的再分配，频繁开关、点灭对寿命影响小，辐射光谱连续显色性好，使用方便，但光效较低，适用于家庭、旅馆、饭店。反射型白炽灯可用于需要集中照明的小型投光照明或一般建筑照明。

　　金属卤化物灯的发光效率高，金属卤物灯尺寸小、功率大，发光效率高，但寿命较短。金属卤化物灯的启动电流较低，他有一个较长时间的启动过程。在关闭或熄灭后，须等待约 10min 左右才能再次启动。

　　卤钨灯是一种热发光光源，它是将卤族元素充到石英灯管中去，有效地改善了普通白炽灯泡的黑化现象。卤钨灯的显色性好，其色温特别适用于电视播放照明，并用于绘画、摄影和建筑物照明等，不宜在振动场地使用，更不适用于周围有易燃易爆物品及灰尘较多的场所。

　　钠灯分为低压钠灯和高压钠灯，低压钠灯的光色呈橙黄色，且光效极高。由于低压钠灯具有耗电省、光效高、穿透云雾能力强等优点，所以常用于铁路及广场的照明。高压钠灯为冷启动，没有启动辅助电极，也不预热，点燃后在较低电压下工作。

　　高压钠灯受环境温度的影响小，适用于道路、机场、车站、广场、工厂、体育馆等照明。

　　荧光灯属于放电光源。常见的普通荧光灯是圆形的直长玻璃管，管的两端各放一个电极。管壁涂有荧光粉，可使用的荧光质有多种。采用不同的荧光质，可以制造出不同色彩的荧光灯。把几种荧光质混合使用，可以得到其他的光色。

　　高压汞灯又名高压水银灯，它是靠高压汞气放电而发光。高压汞灯的优点是光效高、寿命长、省电，耐振性较好，但显色指数低，其规格从 50～1000W，可根据需要来选择。适用于照度要求较高，但对光色无特殊要求的场所，如街道、广场、车站、码头、工地和高大建筑等场所。

　　还有 LED 灯（发光二极管），改变电流可以变色，发光二极管方便地通过化学修饰方法，调整材料的能带结构和带隙，实现红黄绿橙多色发光。目前娱乐、建筑物室内外、城市美化、景观照明中应用也越来越广泛。非常安全，节能，并且无有害金属汞，被誉为 21 世纪的绿色照明产品。

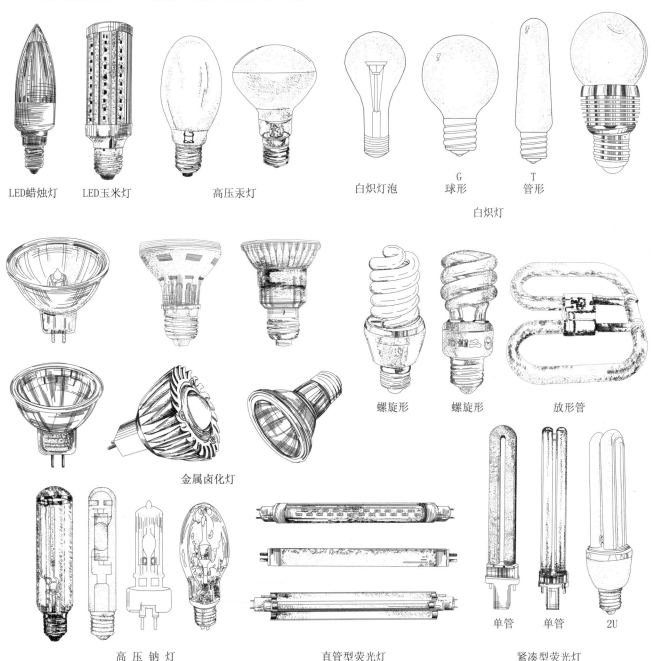

LED蜡烛灯　　LED玉米灯　　高压汞灯

白炽灯泡　　　G　　　T
　　　　　球形　　管形
白炽灯

螺旋形　　螺旋形　　放形管

金属卤化灯

单管　　单管　　2U

高压钠灯　　　　　直管型荧光灯　　　　　紧凑型荧光灯

1. 筒灯

筒灯是嵌装在顶棚里面，光线向下照射的一类常用照明灯具。为了减少眩光和扩展光线的部分，很多筒灯还在出口表面上配有漫射光罩、棱镜罩或格栅等部件。绝大部分的筒灯都具有对称的光分布。筒灯的光源可以是白炽灯，也可以是节能灯和小型HID灯，广泛用于住宅以及宾馆、写字楼、商城、剧场、酒楼、会议室等公共场所。

2. 射灯

射灯通常是指具有直径小于0.2m的出光口，并形成一般不大于20°发散角的集中光束的投光灯。按安装方法可以分为顶棚嵌入隐藏型、顶棚直接安装型、空中走杆吊挂型等，射灯其特点可以说是各有所长。除此之外，还有地面放置型和地面嵌入型射灯向上方照射，要注意不要对人产生眩光。

3. 洗墙灯

洗墙灯是用光照射墙面，使其像流水一样均匀地照亮墙面的专用灯具。洗墙灯配有反光罩或散光罩，无论配有哪一种都是为了提高光墙效果，因此在设计时就必须考虑到灯具与墙面的距离和灯具间隔的关系。洗墙灯适合于作为建筑第一印象的入口大厅里大面积墙面的照明，常用于美术馆、礼堂、写字楼等空间里的大型墙面。

4. 吸顶灯

吸顶灯是照明中不可或缺的一种灯具，它直接安装在室内顶棚上面，由于灯具基座上部较平，像吸附在顶棚上，所以称之为吸顶灯。吸顶灯常用的光源有环形节能荧光灯、2D形节能荧光灯、直管形荧光灯和LED等。吸顶灯的外观简单明亮，无论什么样的室内空间基本上都能适用，像居室、办公室、会议室、餐厅等。

5. 壁灯

壁灯是一种安装在墙面、建筑支架和其他立面上的局部照明灯具，壁灯的光源主要有白炽灯或节能灯。壁灯适用于家庭卧室、盥洗室、客厅，会议室，影剧院，展览馆，体育馆等场所。

6. 吊灯

吊灯是指悬吊在室内顶棚上的一类照明灯具。用白炽灯泡、节能灯和LED作光源。按发光情况可分为全部漫射型、直接-间接型、向下照明型和光源显露型等。按吊灯的叉数分有单叉式、三叉式和多叉式等形式。适用于居室客厅、会议室、宾馆等无剧烈振动的场所作装饰照明。

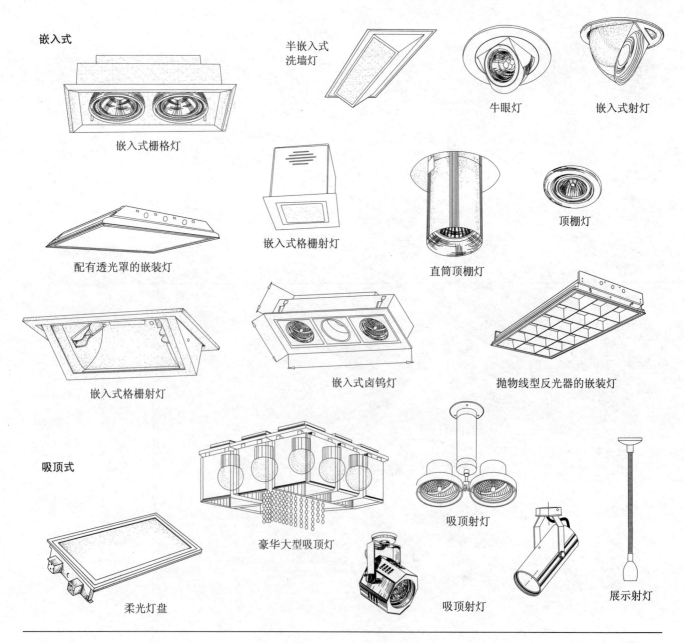

嵌入式

嵌入式栅格灯

半嵌入式洗墙灯

牛眼灯

嵌入式射灯

配有透光罩的嵌装灯

嵌入式格栅射灯

直筒顶棚灯

顶棚灯

嵌入式格栅射灯

嵌入式卤钨灯

抛物线型反光器的嵌装灯

吸顶式

豪华大型吸顶灯

吸顶射灯

柔光灯盘

吸顶射灯

展示射灯

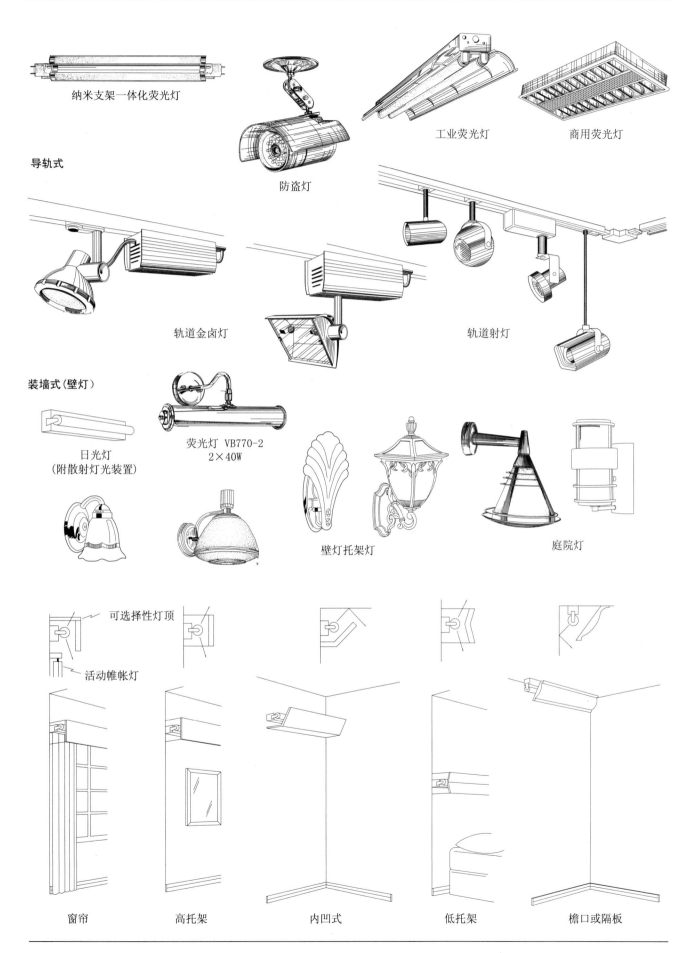

纳米支架一体化荧光灯

导轨式

防盗灯

工业荧光灯

商用荧光灯

轨道金卤灯

轨道射灯

装墙式（壁灯）

日光灯
（附散射灯光装置）

荧光灯 VB770-2
2×40W

壁灯托架灯

庭院灯

可选择性灯顶

活动帷帐灯

窗帘   高托架   内凹式   低托架   檐口或隔板

悬挂式（吊灯）

悬挂式上射灯

枝形吊灯

悬挂式上下透射灯

豪华七头吊灯

六头烛光吊灯

彩色玻璃吊灯

近顶枝形吊灯

悬挂式烛光灯

金属吊灯

放置式

写字灯

不同形态的台灯

烛光台灯

不同形态的落地灯

吊灯是常见的一种照明兼装饰的灯具，吊灯光彩夺目，能对室内建筑物起到画龙点睛的作用，给人一种华丽高雅的感觉。吊灯一般用在宾馆、饭店、宴会厅、会堂、贵宾厅、影剧院、体育馆等公共场所。吊灯按光源分成二类，即白炽类吊灯与荧光类吊灯。

白炽类吊灯主要有三种：罩形吊灯，这是以一个灯罩为主体的吊灯，灯罩内可包含一个光源，也可包含多个光源，前者体积较小，常用于家庭起居室，后者体积较大，大多用于比较高大的房间；枝形吊灯，又可分成单层枝形吊灯、多层枝形吊灯与树杈式枝形吊灯等；珠帘形吊灯，全灯用成千上万只经过研磨处理的玻璃珠串联装饰，当灯开亮时，玻璃珠使光线折射，由于角度的不同，会使整个吊灯呈现出五彩之色，给人以华丽、兴奋的感受，这种灯一般用于宾馆的大厅或高级住宅的客厅。

荧光类吊灯，荧光灯光效高，寿命长，目前广泛用于商店、图书馆、学校、办公楼、银行等处照明。荧光灯吊灯的造型比较单调，采用直管的灯具呈长方形，采用圆管的灯具多呈圆形。荧光灯具有敞开式的，也有配棱晶罩、乳白罩的。敞开式的光效高，但有眩光；棱晶罩灯具光效有所下降，而眩光几乎没有。荧光灯具有单管、双管、三管等不同规格，以适应不同照度的要求。

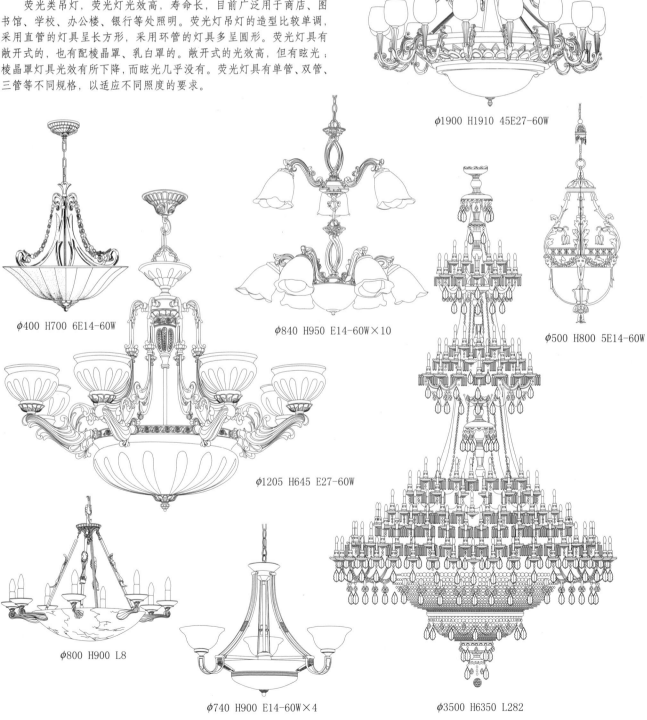

φ1900 H1910 45E27-60W

φ400 H700 6E14-60W

φ840 H950 E14-60W×10

φ500 H800 5E14-60W

φ1205 H645 E27-60W

φ800 H900 L8

φ740 H900 E14-60W×4

φ3500 H6350 L282

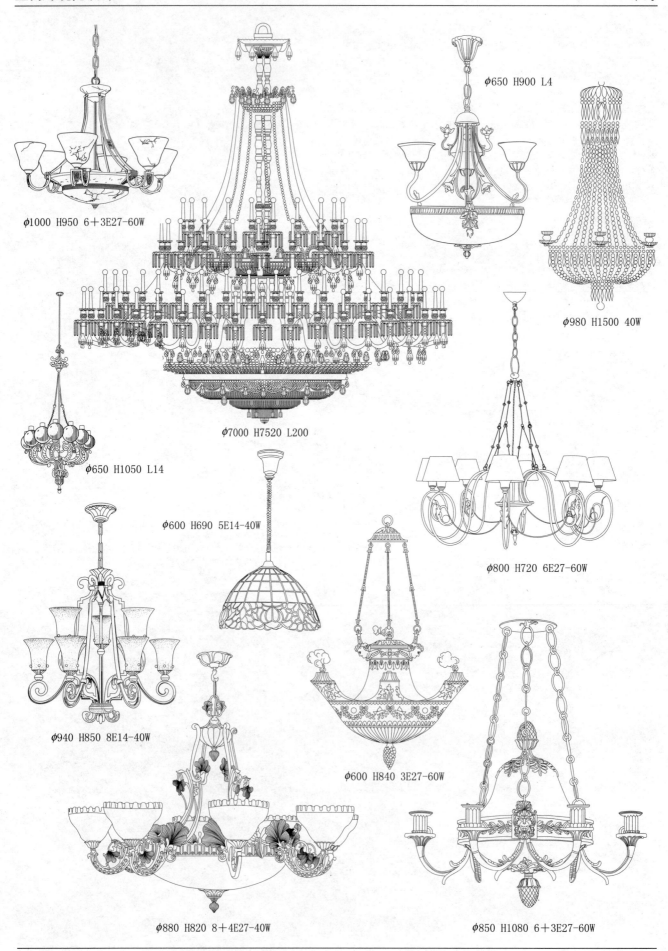

φ1000 H950 6＋3E27-60W

φ650 H900 L4

φ980 H1500 40W

φ7000 H7520 L200

φ650 H1050 L14

φ600 H690 5E14-40W

φ800 H720 6E27-60W

φ940 H850 8E14-40W

φ600 H840 3E27-60W

φ880 H820 8＋4E27-40W

φ850 H1080 6＋3E27-60W

　　壁灯属于小型灯具，是补充室内照明的辅助工具，它具有很强的装饰性。漂亮的壁灯不仅能照明，也是室内很好的陈设，有亦灯亦饰的双重作用。壁灯顾名思义是安装在墙壁上的，多装在床头墙壁上，也有装在大厅支柱或其他立面上。壁灯的光源功率不大，白炽灯最大不超过60W，荧光灯不超过20W。壁灯虽对造型和装饰要求较高，但要求与其他灯具格调一致。壁灯分为白炽壁灯、荧光管壁灯两种。

　　1. 白炽壁灯是壁灯的主要品种，其体积小，安装方便，适宜于各种灯罩，因易于装饰而受到用户的欢迎和采用。尤其是各种颜色的白炽灯，如果配上乳白色灯罩，会使室内气氛产生冷暖感觉的效果。蓝色或绿色的白炽灯在夏夜乘凉之际，会使人油然产生一种凉爽的感觉；而橙色或橘黄色的白炽灯又会给冬日的夜晚增加室内温暖恬适的气氛。

　　2. 荧光管壁灯与白炽壁灯不同，这类壁灯大都吸壁安装，故又称为吸壁灯，又因受荧光灯管管形的限制，很难做出外形美观、突出墙面的枝形壁灯。荧光壁灯大多数为条形，荧光灯发热少，灯罩和灯体用塑料制造的比较普遍，用玻璃制造使人感到笨重，另外有的荧光壁灯灯管是暴露的。

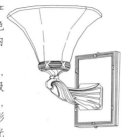

A180 S270 H250
1E14-60W

A250 S125 H330
1E27-60W

A250 S125 H300
1E27-60W

荧光灯 VB770-2
2×40W

A150 S230 H335
1E14-60W

A200 S290 H300
1E14-60W

A180 S250 H400
1E14-40W

A180 S250 H410 L1

荧光灯 VB774-1
1×60W

A250 S270 H400
1E27-60W

A250 S125 H300
1E27-60W

A150 S260 H290
1E14-60W

A160 S290 H430
1E27-40W

A450 S210 H340 2E27-40W

A330 S170 H275 L2

A460 S230 H320 2E14-60W

150W分体四线导轨灯

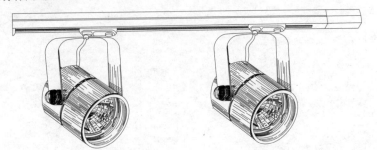

导轨灯就是装在导轨上可移动的射灯。利用导轨装上滑动的灯具，这种可以变换位置调节角度的灯具，适合于照明要求会变化的空间，以适应陈列品的变化。这种方向性的灯光使物体具有较强的立体感，灵活多变，适应性好。由于周围较暗，还能起到突出重点，使环境气氛令人遐想的效果。这是美术馆、博物馆常用的方式之一。

导轨本身可以是嵌入式的，或安装在顶棚上，或吊挂在空中。

70W四线导轨金卤灯

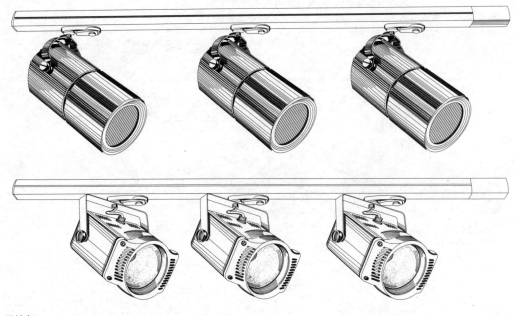

NC-117B 50W 导轨灯

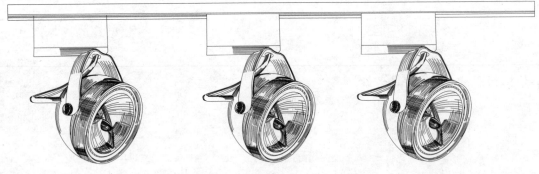

导轨安装不同的灯具

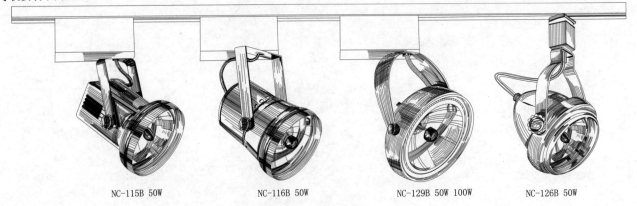

NC-115B 50W　　　　　NC-116B 50W　　　　　NC-129B 50W 100W　　　　NC-126B 50W

吸顶灯是直接安装在顶棚上的一种固定式灯具，它可以用于居室、书房、走廊、厨房、会议室、办公室、宾馆、宴会厅、影剧院、展览馆等处。

吸顶灯采用两种光源，一是以白炽灯作为光源，称为白炽吸顶灯；另一种是以荧光灯作为光源，称为荧光吸顶灯。

吸顶灯分为三种形状，即一般式吸顶灯、单元组装吸顶灯及大型吸顶灯。一般式吸顶灯是用乳白色玻璃吹制成各种几何形状的灯罩，如扁圆形、椭圆形、长方形等。单元组装吸顶灯是将几只形状相似单元组装在一个平面上形成一只较大的吸顶灯，增大了照明面积又提高装饰性。大型吸顶灯是用玻璃片、塑料片或水晶挂珠等横轴对称安装的豪华型灯，外观富丽堂皇、装饰性很强。

层高较低的房间宜用薄形的、扁平形的吸顶灯，层高较高的房间应采用有一定高度的圆桶形吸顶灯。在大厅的顶棚上可采用大小不同类型灯具组合成各式各样的图案。有光有色的吸顶灯可以为室内装饰造成良好空间设计效果。

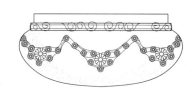

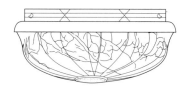

一般式吸顶灯

单元组合吸顶灯

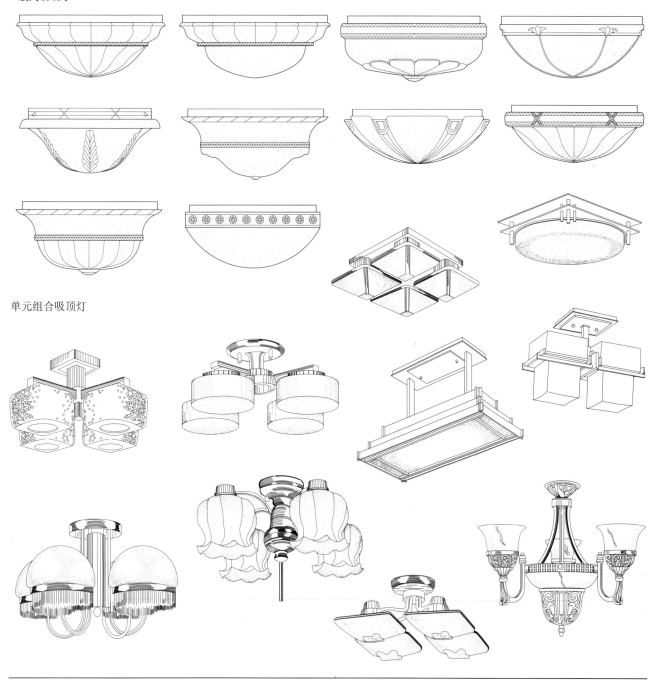

筒灯式样有嵌入式、半嵌入式、横插式及明装式等。筒灯还有聚光型和散光型之分。筒灯属于吸顶灯的范畴，其最大的特点是顶棚简洁大方，而且可以减少较低顶棚产生的压抑感，使环境气氛更有情趣。如果顶棚照度要求较高也可以采用半嵌入式灯具，筒灯具有较好的下射配光，如将多个嵌入在顶棚上，布成美丽的图案，再配上控制电路，便可产生各种照明效果。

筒灯的光源可以是白炽灯，也可以是节能灯或小型的HID灯，广泛用于住宅以及宾馆、商城、剧场、办公楼、酒楼、会议室等。

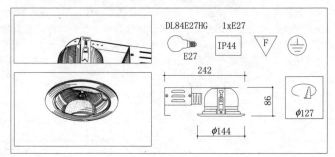

DL84E27HG　　1xE27
E27　　IP44　　F
242
86
φ144
φ127

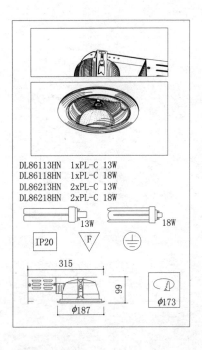

DL86113HN　1xPL-C 13W
DL86118HN　1xPL-C 18W
DL86213HN　2xPL-C 13W
DL86218HN　2xPL-C 18W
13W　　18W
IP20　　F
315
99
φ187
φ173

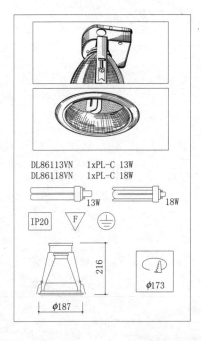

DL86113VN　1xPL-C 13W
DL86118VN　1xPL-C 18W
13W　　18W
IP20　　F
216
φ187
φ173

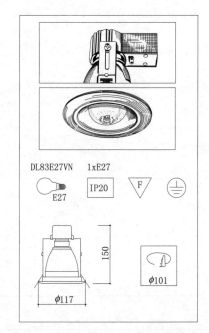

DL83E27VN　1xE27
E27　　IP20　　F
150
φ117
φ101

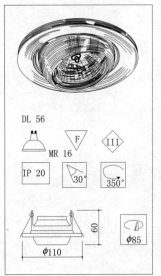

DL 56
MR 16
F　　III
IP 20　　30°　　350°
60
φ110
φ85

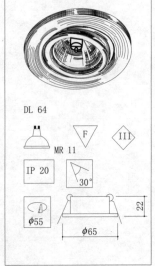

DL 64
MR 11
F　　III
IP 20　　30°
22
φ55
φ65

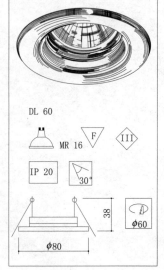

DL 60
MR 16
F　　III
IP 20　　30°
38
φ60
φ80

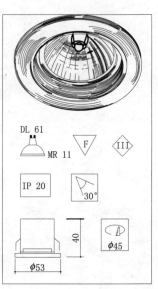

DL 61
MR 11
F　　III
IP 20　　30°
40
φ45
φ53

格栅灯盘主体结构采用优质钢板，一次加工成型，表面作喷塑处理，具有安装方便，不易生锈等优点。

反射器采用优质高纯度铝材，科学设计，配光合理，反射效率高，可内置高性能电子或电感镇流器，节能、无噪音、无频闪、温升低、寿命长，能很好地满足各种场所基础照明要求。

在大面积的商业卖场中，选用大量格栅灯盘作为空间的基础照明，是很常见的现象。

格栅灯盘在安装过程中，能很好地融合场所整体的空间环境和结构；结合格栅灯盘反射均匀和照明效率高的特点，能大量节约灯具成本。

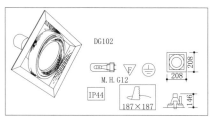

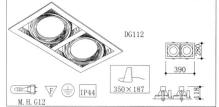

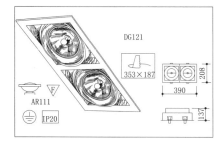

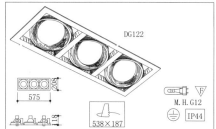

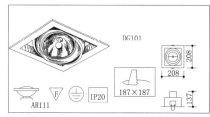

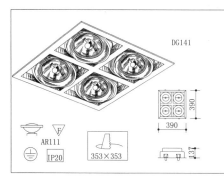

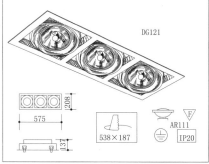

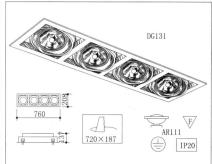

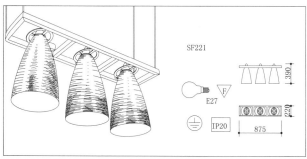

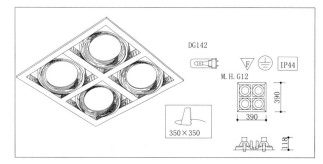

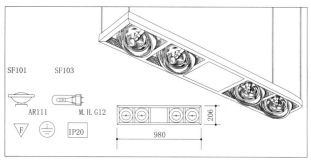

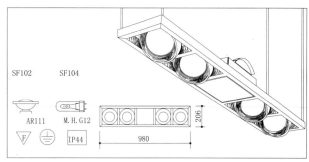

　　室内标识是在公共场所用图形符号和简单文字表示规则的一种方法,它通过一目了然的图形符号,以通俗易懂的方式表达、传递有关规则的信息。室内标志设计与形成良好的室内环境具有密切的关系。

　　室内标识的类型从设置形式来分有壁挂式、悬挂式、立地式等。为了让所有人都能迅速了解室内标识的含义,标志设计必须符合准确、清晰、规范、美观的原则。

　　公共信息标识主要用于公共场所,如火车站、码头、机场、大礼堂、影剧院、宾馆等场所。

　　安全标识主要用于引起人们对安全因素的注意,预防事故的发生,适用于公共场所如车站、港口或建筑工地等。

公共信息标识

 等候室　　 问讯处　　 上楼楼梯　　 废物箱　　 男用设施　　 女用设施

 灭火器　　 飞机场　　 自行车寄放处　　 母婴候车室　　 快餐店　　 加油站

 男更衣室　　 女更衣室　　 病残者轮椅　　 行李寄存处　　 非常出口　　 餐厅

安全标志

 禁止通行　　 禁止攀登　　 禁止停留　　 禁止入内　　 严禁火种　　 禁止饮用　　 禁止吸烟

 禁止靠门　　 禁止跨栏　　 禁止游泳　　 禁止前进　　 禁止拍照　　 当心触电　　 小心滑倒

地点识别标志

 自动扶梯　　磁悬浮

 停车场　　禁止通行

提示标识

指示灯牌

 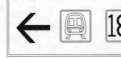 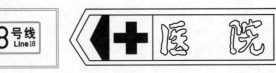

开关是正常的电路条件下（包括规定的过载）能接通、承载和分断电流的一种机械电器。从功能上分为单极开关、双极开关、双联开关等。插座是具有设计用于与插头的插销插合的插套，并且装有用于连接软电缆端子的电器附件。按类型可分为单相两极插座、单相三极插座和三相四极插座等。

开关、插座虽然是室内装饰装修中很小的一个五金件，但却关系到室内日常生活、工作的安全问题。从装饰功能看，高品质开关的造型、光色、安装位置、功能等组成了其特有的美观性，也就变成了墙身空间中美化的点睛之处。

开关插座的设计首先需要考虑全面，由于目前大多数开关插座采用暗装的方式，一旦发现少了，再想增加是很困难的事情，所以在设计之初就必须考虑好以后使用的各个方面。同时，还必须与业主沟通，了解业主是否有自己的特殊需求。插座的设计还有一个重要的原则就是功能齐全，具体到每个空间插座数量的多少需要根据实际情况确定，但考虑到随着科技的发展，电器设备还会增多，因此多预留几个插坐位是合适的。

带室温调控器的
多功能控制面板

智能网络开关

一位单控大跷板开关

二位单控大跷板开关

电子温控器

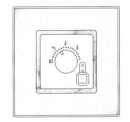

调温开关

多用二、三极插座

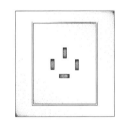

16A三相四极插座

二位二极插座

智能双联开关

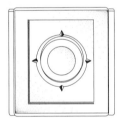

智能人体感应开关

感应开关

红外人体感应开关

电子式双联风扇
调速带双路开关

灯光场景控制器

四种场景微制按钮控制
（总线技术）

呼叫开关

触摸延时开关

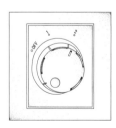

电子式单联调光开关

背景音乐

四场景控制器

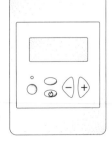

独立控制单元

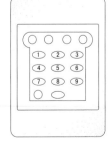

独立控制单元

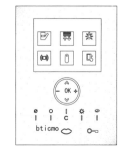

场景控制

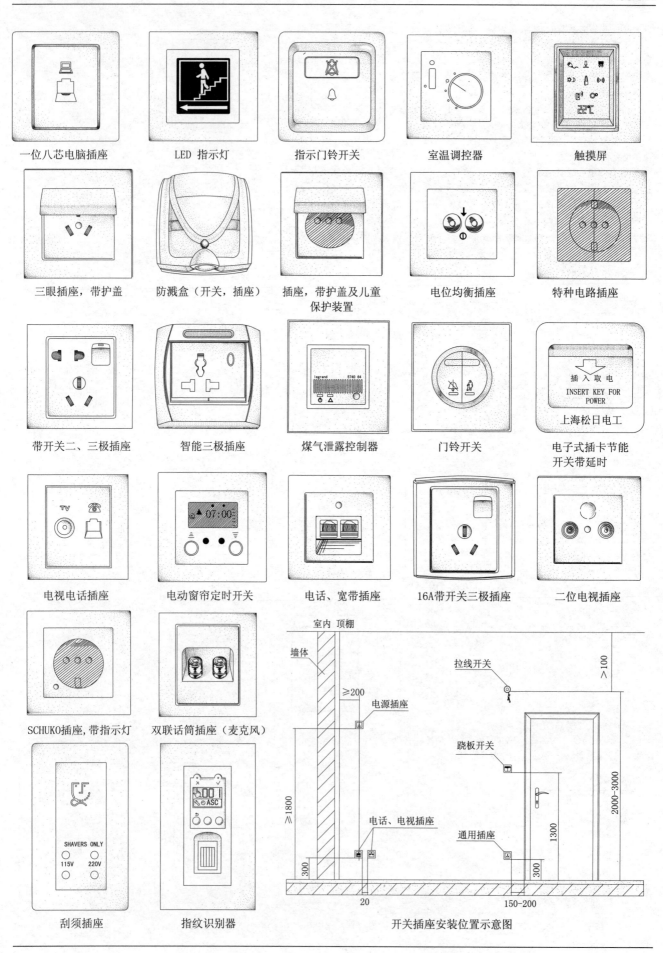

一位八芯电脑插座　　　LED 指示灯　　　指示门铃开关　　　室温调控器　　　触摸屏

三眼插座，带护盖　　　防溅盒（开关，插座）　　　插座，带护盖及儿童　　　电位均衡插座　　　特种电路插座
保护装置

带开关二、三极插座　　　智能三极插座　　　煤气泄露控制器　　　门铃开关　　　电子式插卡节能
开关带延时

电视电话插座　　　电动窗帘定时开关　　　电话、宽带插座　　　16A带开关三极插座　　　二位电视插座

SCHUKO插座,带指示灯　　　双联话筒插座（麦克风）

刮须插座　　　指纹识别器　　　开关插座安装位置示意图

住宅智能化方案

3个数字键：与房间键组合控制所有的灯光，还可控制本开关所接的电灯（与本开关接线端口1～3相对应）

9个房间键：可控制并显示房间开关状态

灯1 灯2 灯3
走廊 餐厅 厨房
客厅 浴室 书房
主卧 次卧 客卧
功能 🔲 全关

OULU

功能键：设定后面3个端口的名称和6个小功能(打开/关闭)

全关键：一键关闭所有所接的电灯或关闭任意一个房间的电灯

红外接收口：接收红外遥控器的信号

别墅智能家居

暖气片
家居智能
中央热水
中央水处理
家庭影音

太阳能热水
中央空调
中央新风
中央除尘
电热地暖

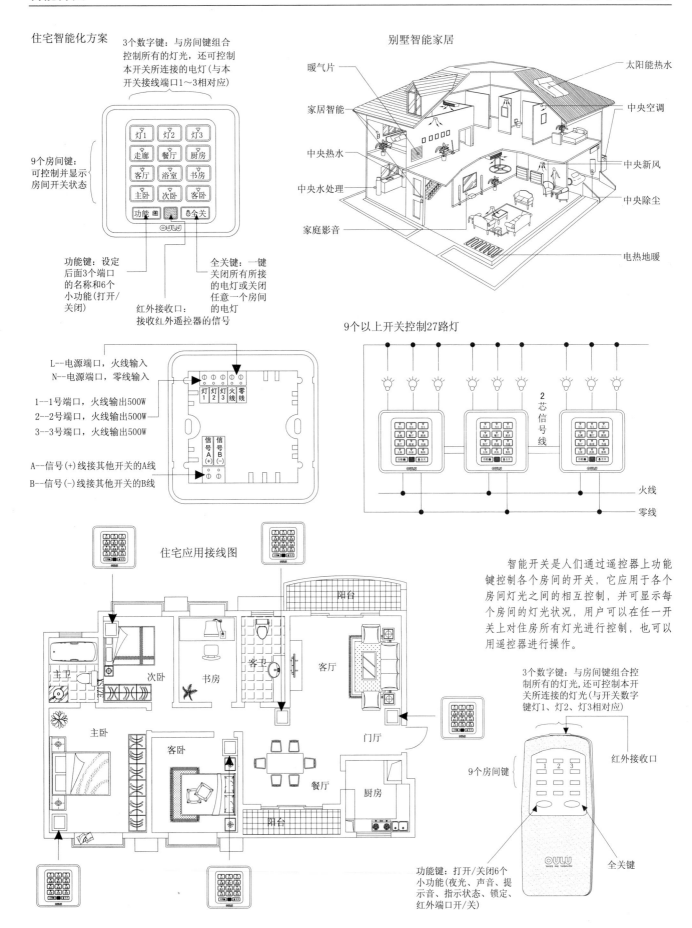

L--电源端口，火线输入
N--电源端口，零线输入

1--1号端口，火线输出500W
2--2号端口，火线输出500W
3--3号端口，火线输出500W

A--信号(+)线接其他开关的A线
B--信号(-)线接其他开关的B线

灯1 灯2 灯3 火线 零线
信号A(+) 信号B(-)

9个以上开关控制27路灯

2芯信号线

火线
零线

住宅应用接线图

阳台
主卫 次卧 书房 客厅
主卧 客卧 门厅
餐厅 厨房
阳台

智能开关是人们通过遥控器上功能键控制各个房间的开关，它应用于各个房间灯光之间的相互控制，并可显示每个房间的灯光状况，用户可以在任一开关上对住房所有灯光进行控制，也可以用遥控器进行操作。

3个数字键：与房间键组合控制所有的灯光，还可控制本开关所连接的灯光（与开关数字键灯1、灯2、灯3相对应）

红外接收口

9个房间键

1 2 3

OULU
SMODE FINE TECHNOLOGY

全关键

功能键：打开/关闭6个小功能(夜光、声音、提示音、指示状态、锁定、红外端口开/关)

　　植物能够装饰室内外的环境，生动而富有情趣，创造出更美好的生活环境。树木和花草是盆栽植物的要素中心。植物盆栽按植物的特点和观赏特征可分为松柏类、杂木类、花果类、观叶类、藤蔓类、花草类、竹类。

　　盆栽植物在现代居室中已是不可或缺，用开花植物作布置是增添居室色彩的一种比较经济实惠的方法。许多开花类植物的花期都会比新鲜的切花要长得多，它们比观叶植物更具特色，更有装饰作用。鲜花因其纤弱娇嫩和盛开的花期而使室内显现生机。在视觉设计中，植物可以起到多种多样不同的作用。轮廓清晰的大株植物适用于营造主体效果，或用于填补不适合摆放家具的空间，而叶片奇趣、观赏性强、值得近距离欣赏的小株植物，则可以放在餐桌或窗台上的显著位置。

　　植物还有益于人的健康，它们能清除室内空气中的污秽，保持空气的新鲜宜人。从视觉角度讲，盆栽植物的颜色、纹理以及自由自在的生长形态，都与室内环境里人为规划的中规中矩形成反差，令人赏心悦目。

菊花

朱蕉

金桔

观音兰

芒萁

番红花

喜林芋

万年青

彩叶草

鹤望兰

橡皮树

美叶光萼荷

箭叶芋

马蹄莲

虎尾兰

棕竹

香龙血树

富贵竹

　　盆景是大自然秀丽风光的缩影,它以"缩地千里"、"缩龙成寸"之艺术手法,把自然界奇峰异石、古树苍木浓缩于咫尺盆盎,成为立体的画、无声的诗、有生命的艺术品。

　　植物盆景造型以自然型为主。自然型盆景模拟大自然的孤木、丛林神貌,形态万千,其造型常见的有:直干式、斜干式、曲干式、扭干式、卧干式、多干式、游龙式、垂枝式、悬崖式、附石式、连根式、丛林式、枯梢式等。

　　植物盆栽因造型手法不同,通常分为规则型、象征型、自然型,以自然型为主。

　　规则型:多为传统形式,有一定的规范程式,造型工整严谨,气氛庄重华贵,适合厅堂或门庭对称布置。

　　象征型:以松柏类或观叶类植物剪扎成动物、人物、图案等,并题以吉祥用语,以供祝贺喜庆、节日用。

　　自然型:以不对称形式为加工目的,模拟大自然孤木、丛林神貌,形状多变,千姿百态,适合书房、办公室、休息室、阳台等处布置。

扭干式盆景

附石式盆景

斜干式盆景

附石式盆景

曲干式盆景

连根式盆景

连根式盆景

游龙式盆景

枯干式盆景

垂枝式盆景

多干式盆景

连根式盆景

附石式盆景

附石式盆景

插花艺术是高雅殿堂不可缺少的装饰物，是寻常人家欢乐吉祥的标志。热爱自然的人把插花提升为一种富于表现力的艺术，花艺布置到处可见，包括把几支鲜花插入花瓶，到成为一种令人陶醉的艺术。由此而产生的效果几乎是无限的。

插花是将插花材料根据作者的构思，经过修剪、做弯等技术处理，然后按照一定的美学原理和规范，重新加以组合和造型，使之具有更高的观赏价值与审美情趣的装饰艺术品。

插花艺术是以花卉为主体的造型艺术。传统的插花艺术多使用鲜活的花材、树木制作；现代插花艺术除鲜花之外，还用干燥花材、绢丝、塑料、纸张、金属、木片等材料制作。干枯的植物、干花和修剪过的小灌木为中性色调居多的房间增添了色彩和质地的变化。

插花，根据使用花器的不同，可分为瓶式插花、盆式插花、异器插花。根据造型手法不同，也可分为自然式插花、规则式插花、趣味式插花。此外，还有艺术插花、生活插花、商业插花、礼仪插花之分，在规格上又有大型插花、中型插花、小型插花之分。

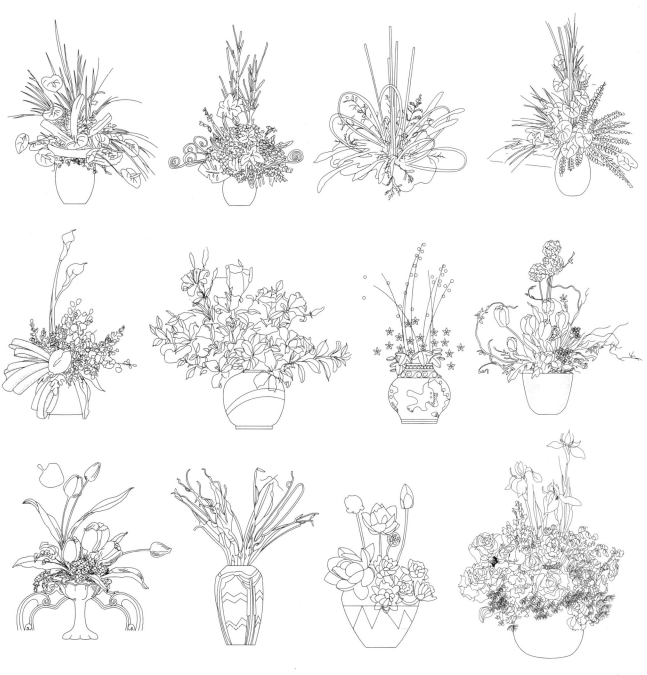

园林造景中，模仿自然景色真山，用土、石等堆叠而成的石景称之为假山。选石造景首先要揣石性，包括石的形、色、质等因素，以适应景观的特定要求。同一假山一般应选用同一种石材，若以不同的石材叠山，则应尽可能选择石性相似的石材堆叠，以便形成统一的视觉观感。

叠山技法，将其概括为生动形象，包括叠、蹲、跨、拼、挂、剑、扣、卡、挑、飘、撑、环、券等等。这些经典的叠山技法，广泛应用于园林造景中。叠山中还运用各种技法，使石与建筑、花木、水景等和谐配置，构成内容丰富且有自然意趣的景观。

悬

竖

叠

环

垂

卡

接

拼

蹲

扣

飘

连

剑

喷泉水姿是利用压力让水自喷嘴喷向空中后回落形成的水景。喷泉的水姿是由喷头造成的，喷头的种类很多，有直流喷头、扇状喷头、环形喷头、多头喷头、喷雾喷头、旋转形喷头、半球形喷头、平面形喷头、莲蓬形喷头、水冲浪喷头、雪松形喷头、蒲公英喷头、加气涌泉喷头、牵牛花形喷头、扶桑花形喷头等。因水流大小、水压高低、喷头形式及其组合变化而产生姿态各异、形式多样的水景。喷泉的类型有装饰性喷泉、雕塑喷泉、程控喷泉之分。

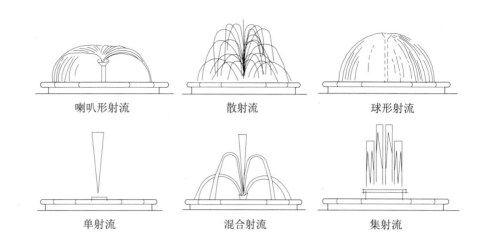

喇叭形射流　　　　散射流　　　　球形射流

单射流　　　　混合射流　　　　集射流

喷泉的几种射流形式

多样的喷气喷泉

单一专注形

使块暴露于空气中

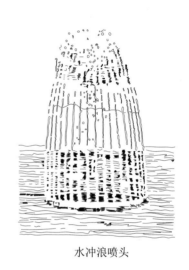

水冲浪喷头

隆起成圆顶形

扇形

迅速生长形

加气涌泉喷头

扶桑花形喷头

牵牛花形喷头

水景是以喷发、跌落的水而形成的造型，以其立体、音响动态的形象在特定的环境中引人注目。水景的设计要适应总体规划和建筑艺术构思要求，以形成景观中心或对建筑物、艺术雕塑、特定环境等进行装饰，衬托艺术效果和气氛，美化空间环境。

水具有自身的形、色、质、光、流动、发声等品性特点。水的形因为受池、溪、泉、瀑或容器等限制而形成。水的色因为受水层的深度与动态影响而相应变化。水的质具有柔性之美，且富有亲和力。水既能透光又能反射光，晶莹闪烁，如明镜一般，变幻无穷。流动的水千姿百态，动态的水景可使环境获得时空变化。流动的水发出清脆、欢快的响声。将水景从室外引入室内，能起到画龙点睛的作用。室内水景设计的基本形态有平静、流动、跌落、喷涌四种。采用哪一种形状主要取决于室内环境的功能要求和审美要求。

水景的基本形态有以下几种：

（1）镜池，一泓清澈的池水，可将建筑空间加以分隔和延续，使建筑临水增色，相应成趣。

（2）叠流，水流湍急，层叠错落，环境欢快活泼。若将叠流与溪流组合，艺术效果更好。

（3）瀑布，顺峭壁正泻直下、珠花迸发、击水轰鸣，可形成雄伟壮观的景色。

（4）水幕，如水帘悬吊，飘拂下垂。若水流平稳，边界平滑，则水幕晶莹透明、宛若玻璃。若将边界加粗，使水中掺气，则可造成雪花闪耀的景致。

（5）喷泉，可垂直射流，也可倾斜射流，既可单独成景，也可组成千姿百态的形态，它有冷却、充氧、加温的作用。

平静的水流　　暴露于空气中的水流　　充足的水流

雨泉水景

用木材和锡构造的水堰　　平滑的水流　　在高耸的水梯底部平滑地板上的水流

水池中的涌泉

挑出墙的滑槽落水瀑布　　被打断的水流　　装在墙壁上的人头落水瀑布　　露出天然岩石的瀑布

某银行中庭植物

上海某百货大楼（设计）

餐厅室内竹子

某宾馆中庭植物

南新雅大酒店——雅曲娜西餐厅

东森会馆假山与瀑布

金汤城木船

酒店大堂休息区绿化山石

中庭山石水景

新中式家具

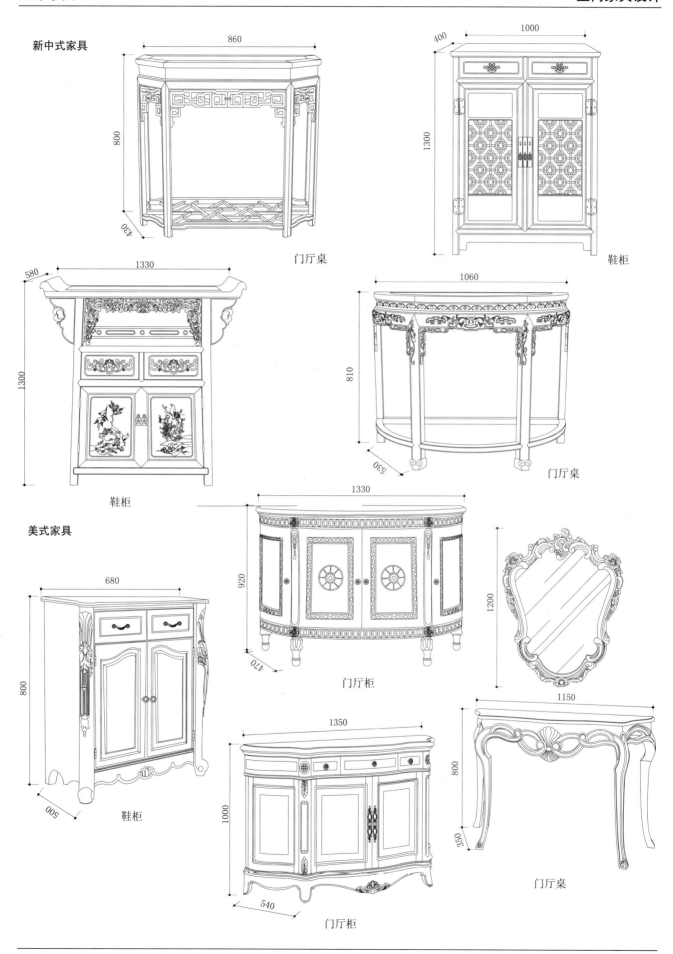

门厅桌

鞋柜

鞋柜

门厅桌

美式家具

鞋柜

门厅柜

门厅柜

门厅桌

新中式家具

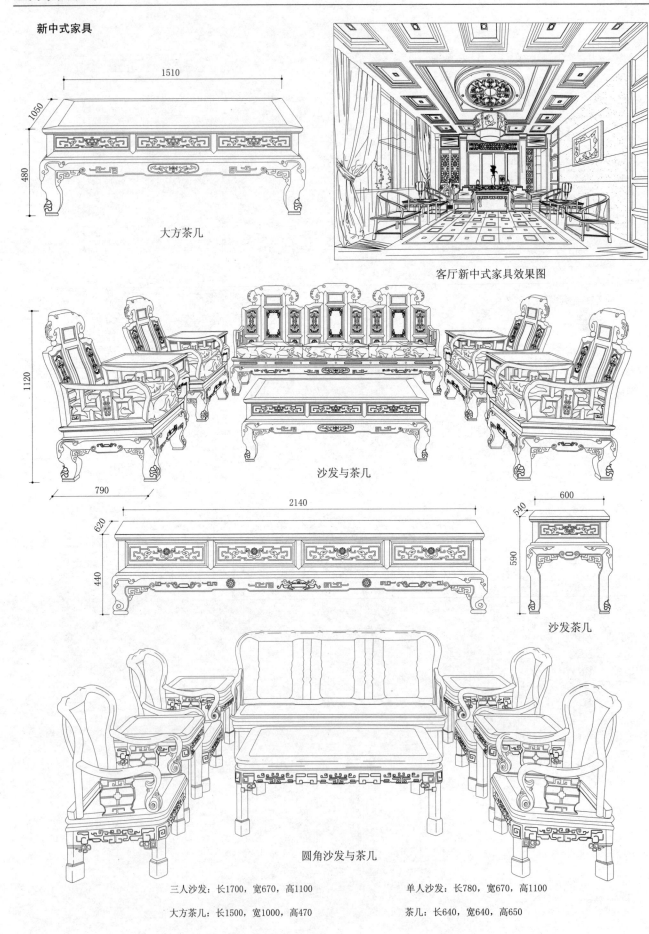

大方茶几

客厅新中式家具效果图

沙发与茶几

沙发茶几

圆角沙发与茶几

三人沙发：长1700，宽670，高1100　　　　　　单人沙发：长780，宽670，高1100

大方茶几：长1500，宽1000，高470　　　　　　茶几：长640，宽640，高650

美式家具

电视柜

客厅美式家具效果图

沙发长方茶几

方茶几

沙发方茶几

新中式家具

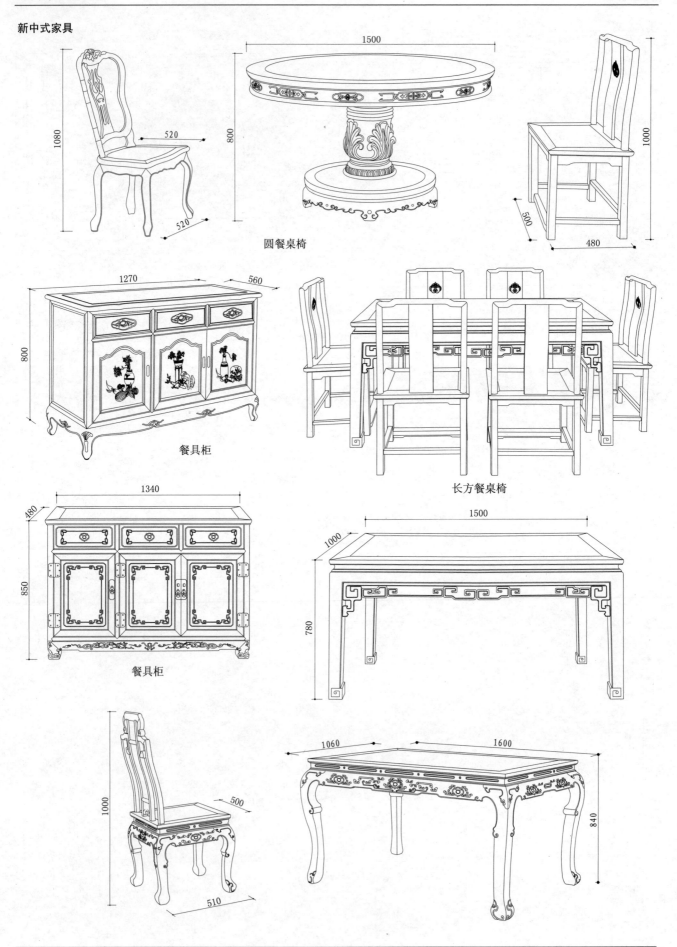

圆餐桌椅

餐具柜

长方餐桌椅

餐具柜

美式家具

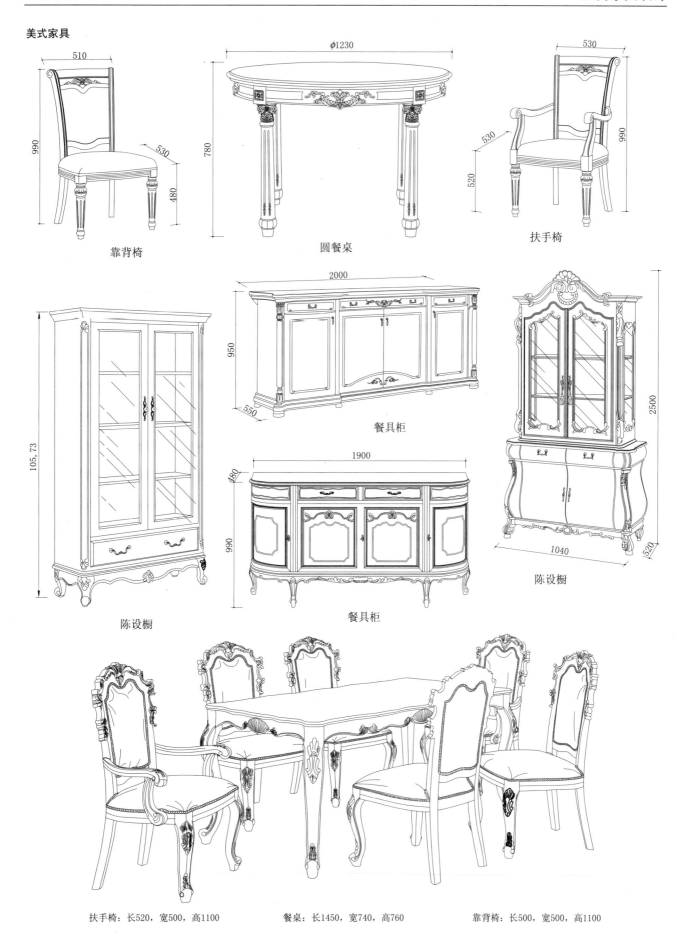

靠背椅

圆餐桌

扶手椅

餐具柜

陈设橱

餐具柜

陈设橱

扶手椅：长520，宽500，高1100　　　餐桌：长1450，宽740，高760　　　靠背椅：长500，宽500，高1100

美式家具

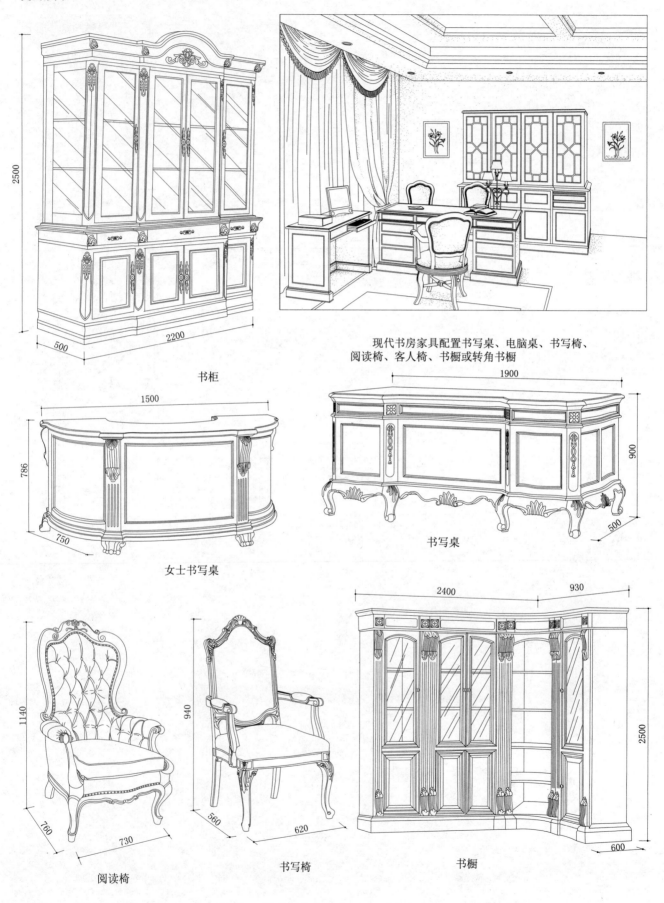

2500

500　　2200

书柜

1500

786

750

女士书写桌

现代书房家具配置书写桌、电脑桌、书写椅、
阅读椅、客人椅、书橱或转角书橱

1900

900

500

书写桌

2400　　930

2500

600

书橱

1140

760　　730

阅读椅

940

560　　620

书写椅

新中式家具

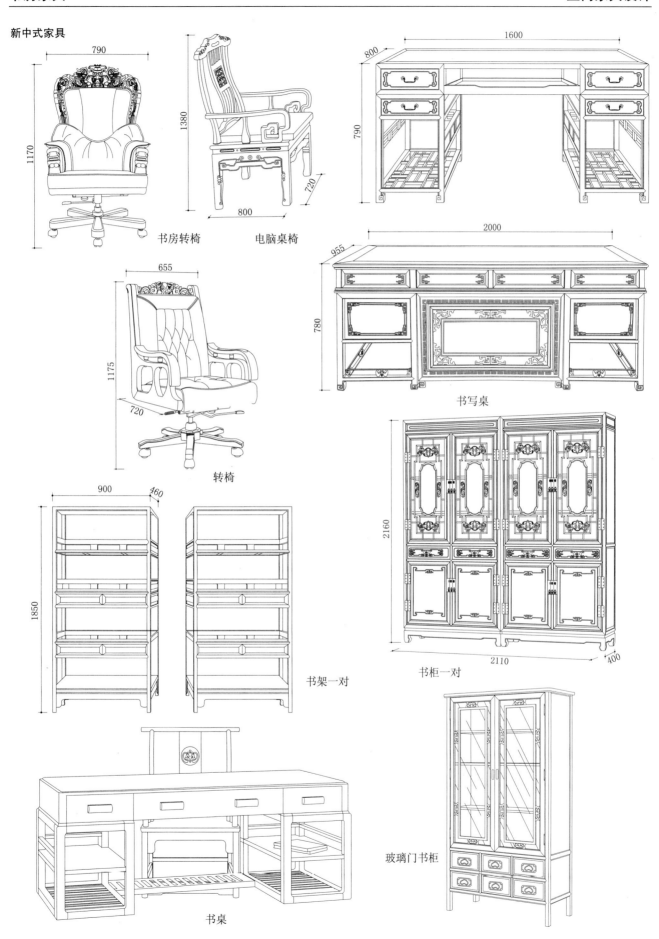

书房转椅

电脑桌椅

转椅

书写桌

书架一对

书柜一对

书桌

玻璃门书柜

美式家具

抽斗柜

雪橇床

床尾凳

贵妃椅

雪橇床边柜

梳妆柜

大衣柜

休闲椅

穿衣镜

新中式家具

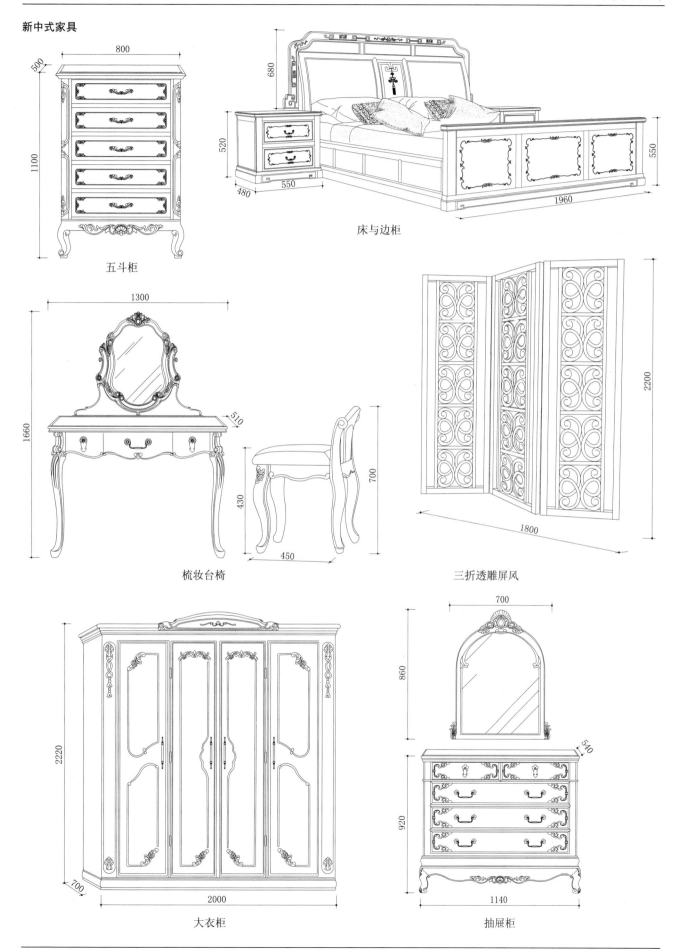

五斗柜

床与边柜

梳妆台椅

三折透雕屏风

大衣柜

抽屉柜

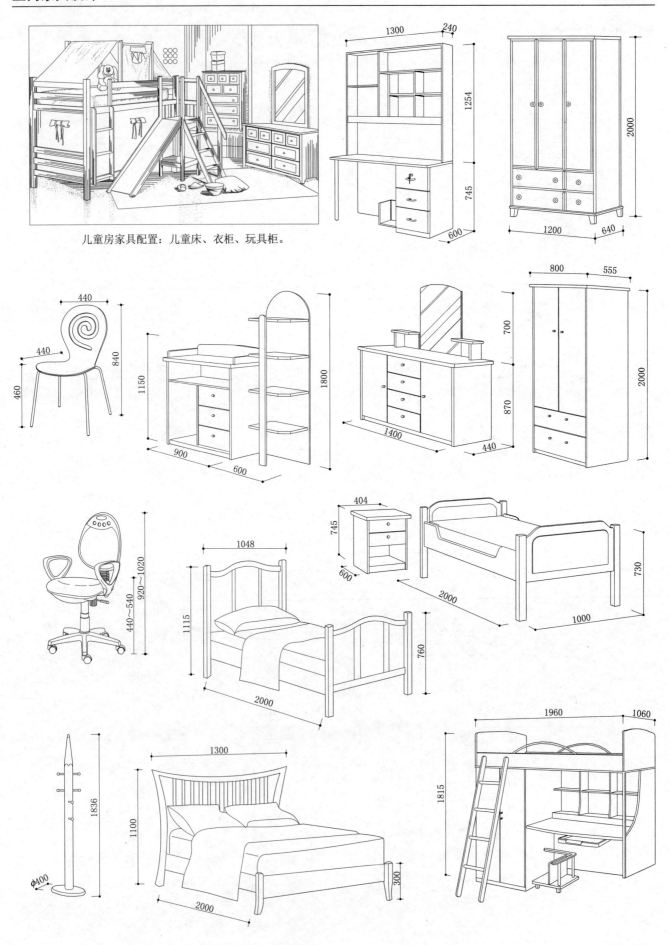

儿童房家具配置：儿童床、衣柜、玩具柜。

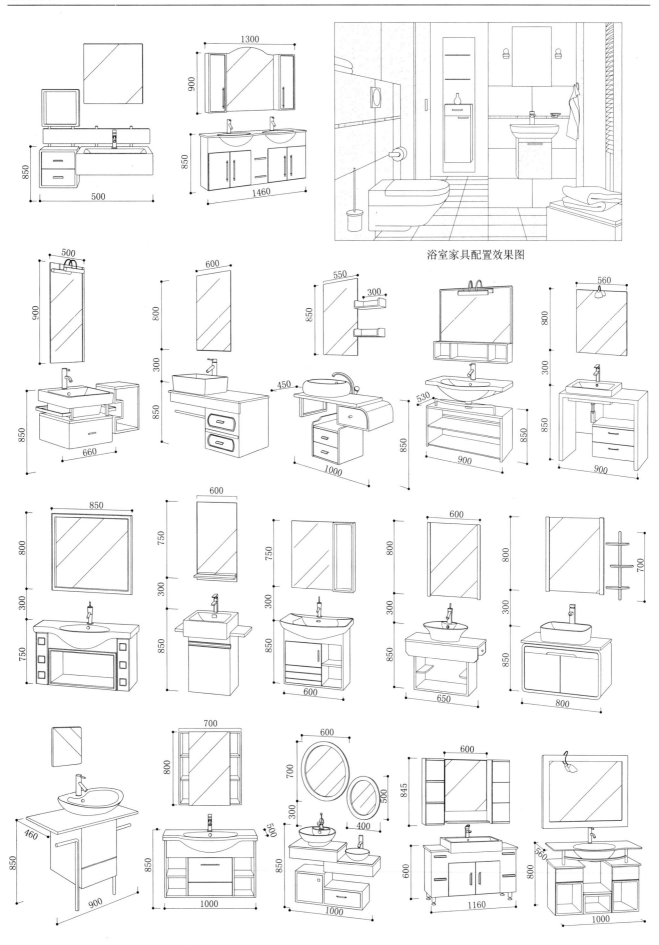

浴室家具配置效果图

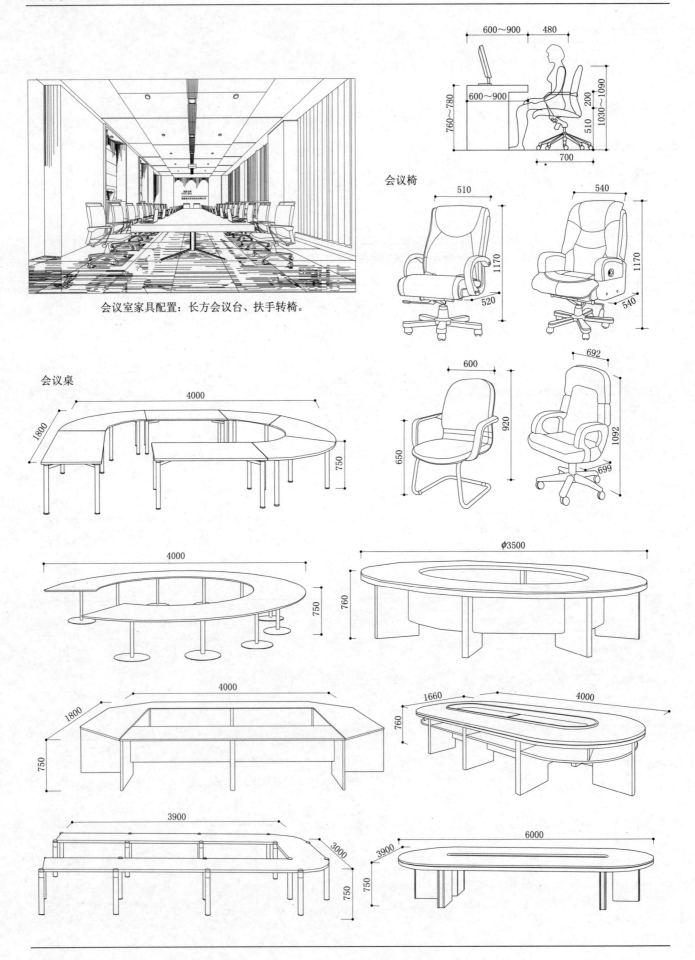

会议室家具配置：长方会议台、扶手转椅。

会议椅

会议桌

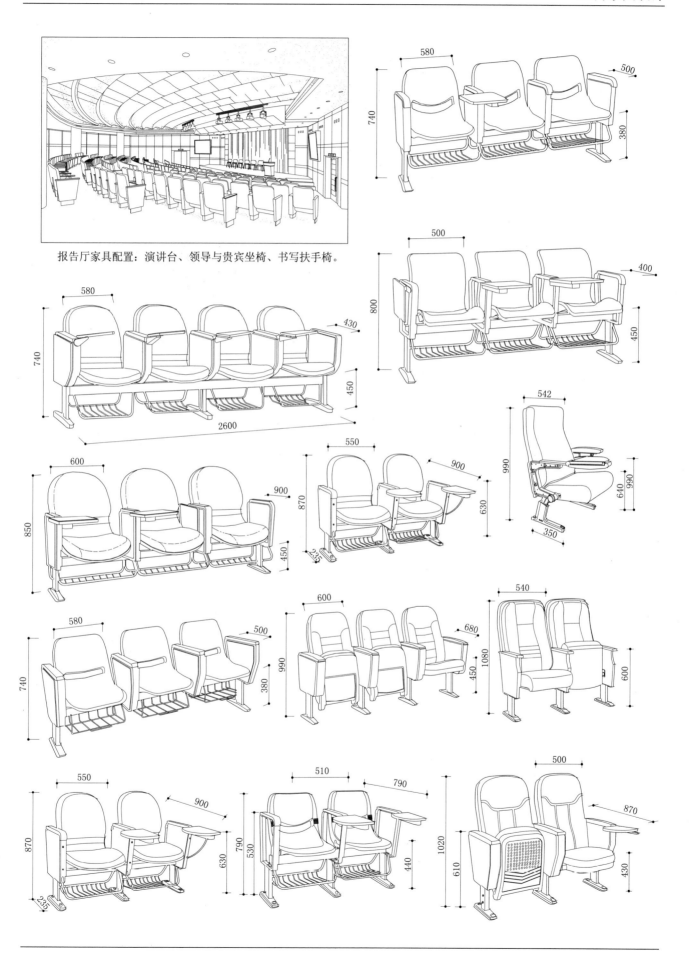

报告厅家具配置：演讲台、领导与贵宾坐椅、书写扶手椅。

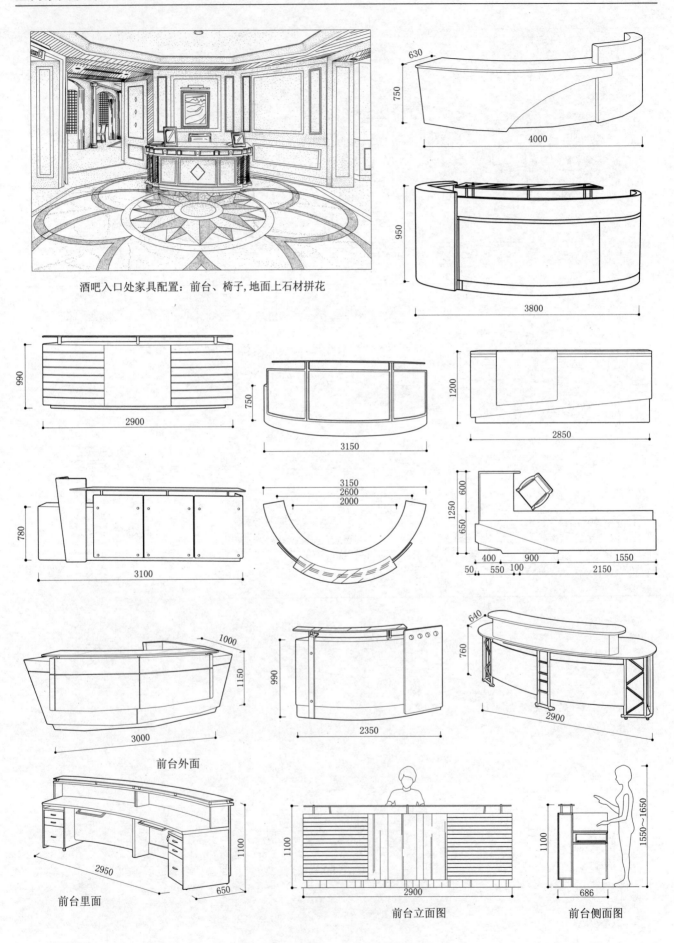

酒吧入口处家具配置：前台、椅子,地面上石材拼花

前台外面

前台里面

前台立面图

前台侧面图

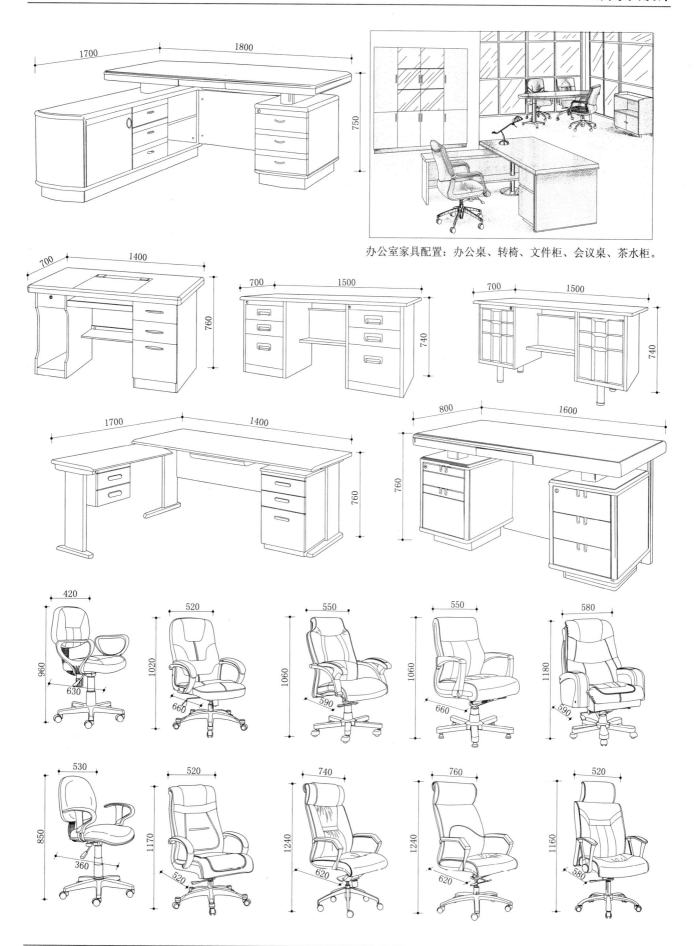

办公室家具配置：办公桌、转椅、文件柜、会议桌、茶水柜。

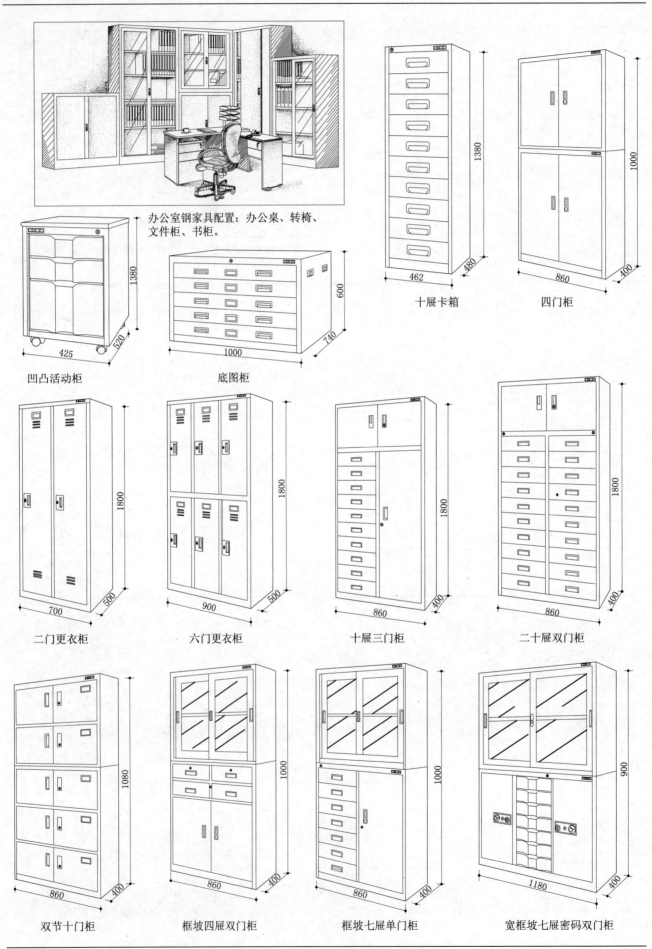

办公室钢家具配置：办公桌、转椅、文件柜、书柜。

十屉卡箱

四门柜

凹凸活动柜

底图柜

二门更衣柜

六门更衣柜

十屉三门柜

二十屉双门柜

双节十门柜

框坡四屉双门柜

框坡七屉单门柜

宽框坡七屉密码双门柜

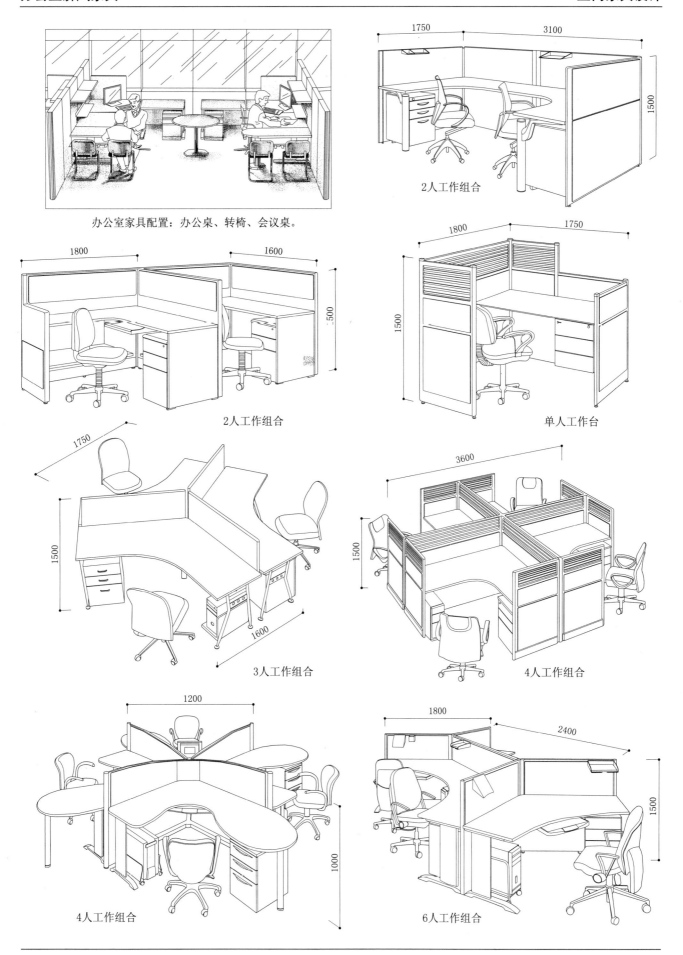

办公室家具配置：办公桌、转椅、会议桌。

2人工作组合

2人工作组合

单人工作台

3人工作组合

4人工作组合

4人工作组合

6人工作组合

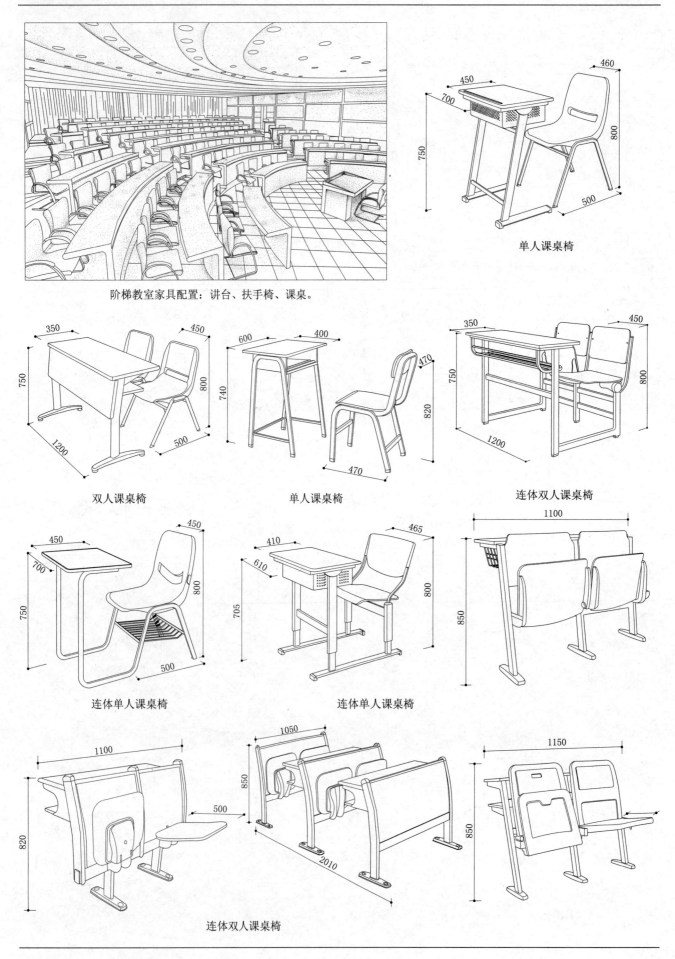

阶梯教室家具配置：讲台、扶手椅、课桌。

单人课桌椅

双人课桌椅

单人课桌椅

连体双人课桌椅

连体单人课桌椅

连体单人课桌椅

连体双人课桌椅

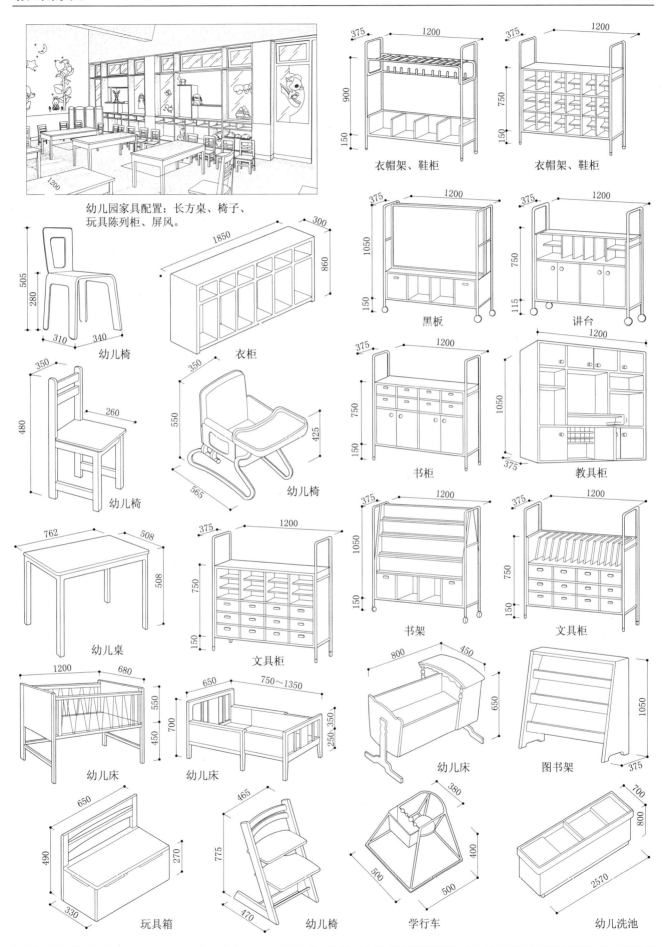

幼儿园家具配置：长方桌、椅子、
玩具陈列柜、屏风。

衣帽架、鞋柜

衣帽架、鞋柜

幼儿椅

衣柜

黑板

讲台

幼儿椅

幼儿椅

书柜

教具柜

幼儿桌

文具柜

书架

文具柜

幼儿床

幼儿床

幼儿床

图书架

玩具箱

幼儿椅

学行车

幼儿洗池

组合储藏柜　　　壁柜　　　壁柜　　　玩具箱

玩具柜　　　喂哺桌　　　幼儿正方桌　　　幼儿桌

幼儿床　　　幼儿桌　　　便盆椅　　　奶瓶架

台子

幼儿桌　　　幼儿椅

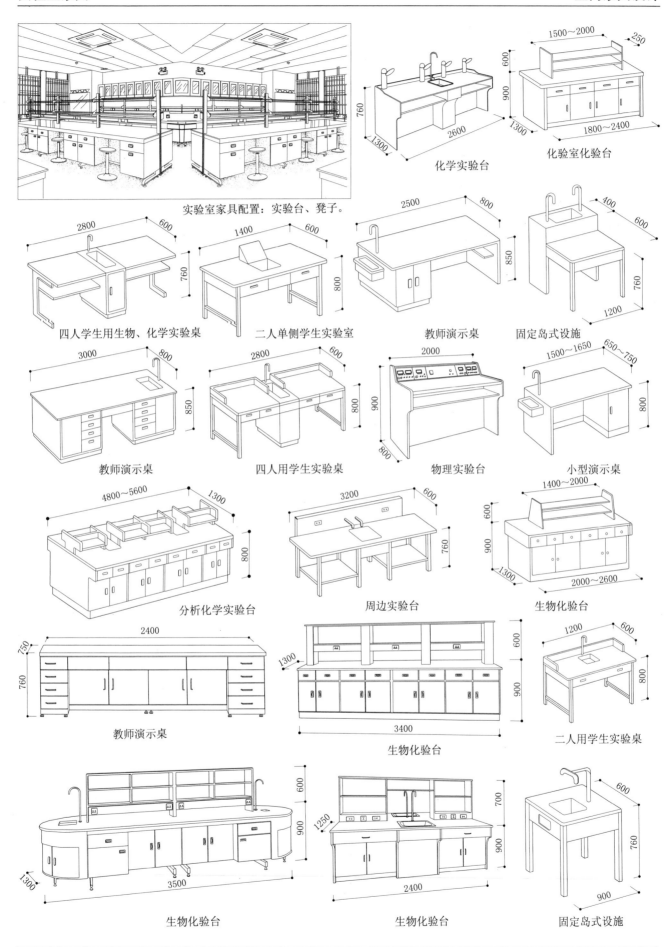

实验室家具配置：实验台、凳子。

化学实验台

化验室化验台

四人学生用生物、化学实验桌

二人单侧学生实验室

教师演示桌

固定岛式设施

教师演示桌

四人用学生实验桌

物理实验台

小型演示桌

分析化学实验台

周边实验台

生物化验台

教师演示桌

生物化验台

二人用学生实验桌

生物化验台

生物化验台

固定岛式设施

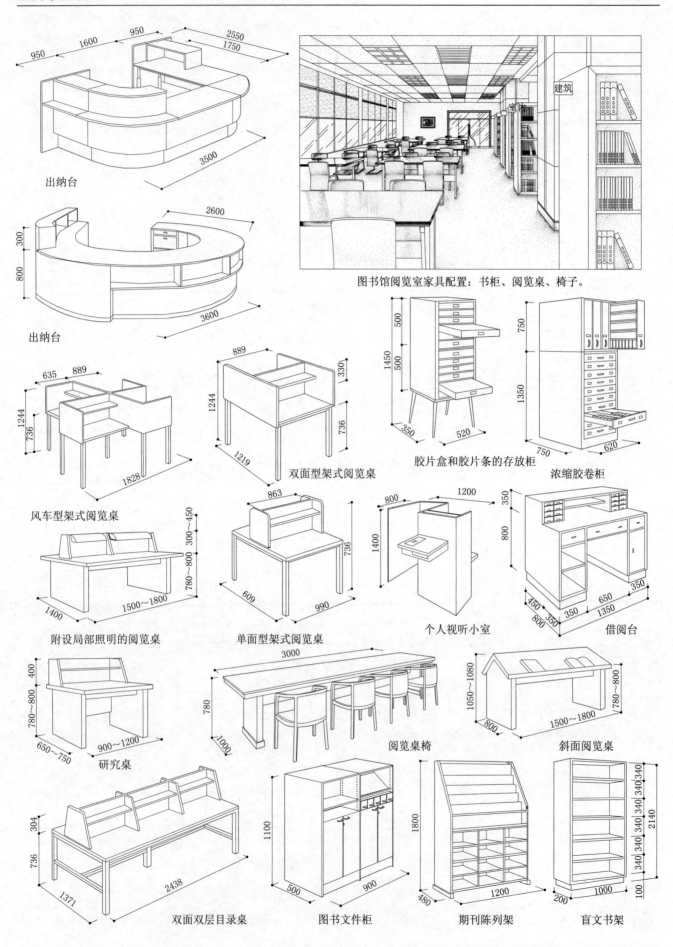

出纳台

出纳台

风车型架式阅览桌

双面型架式阅览桌

图书馆阅览室家具配置：书柜、阅览桌、椅子。

胶片盒和胶片条的存放柜

浓缩胶卷柜

附设局部照明的阅览桌

单面型架式阅览桌

个人视听小室

借阅台

研究桌

阅览桌椅

斜面阅览桌

双面双层目录桌

图书文件柜

期刊陈列架

盲文书架

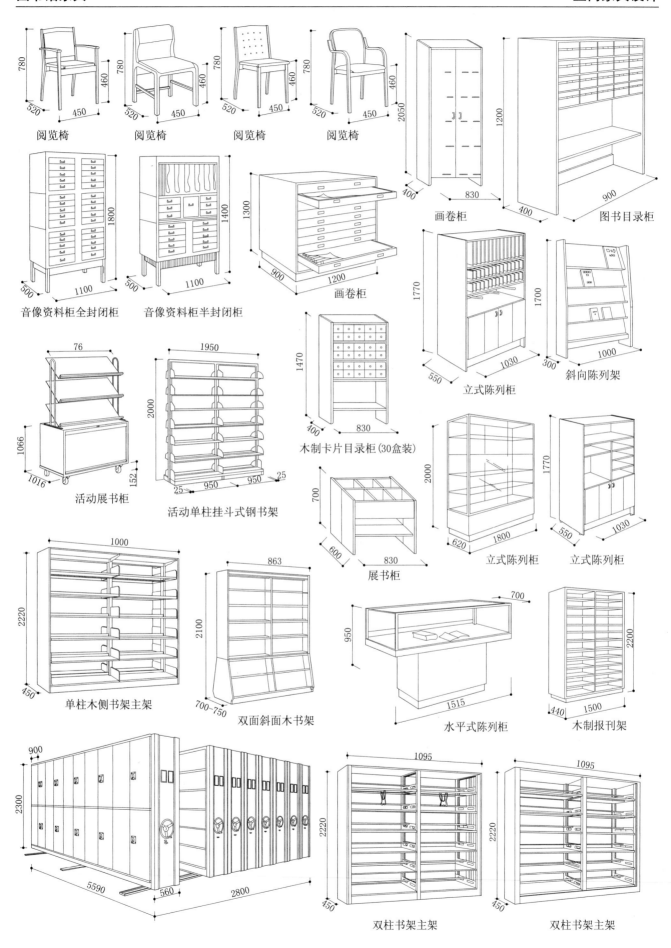

阅览椅　　　阅览椅　　　阅览椅　　　阅览椅

音像资料柜全封闭柜　　音像资料柜半封闭柜

画卷柜

画卷柜

图书目录柜

活动展书柜

活动单柱挂斗式钢书架

木制卡片目录柜(30盒装)

立式陈列柜

斜向陈列架

展书柜

立式陈列柜

立式陈列柜

单柱木侧书架主架

双面斜面木书架

水平式陈列柜

木制报刊架

双柱书架主架

双柱书架主架

半球形陈列柜

高中心陈列柜

高低陈列柜

箱形陈列柜

靠墙陈列柜

顶盖开启岛式柜

半坡桌

平桌展柜

低中心陈列柜

高中心陈列柜

柱式展览柜

双坡桌柜

三面可视的展柜

中心陈列柜

工艺品展柜

手机、手表、
首饰展柜

超市展柜

平桌展示柜

屋脊展柜

三面展柜

书店展柜

高中心展柜

三面展柜

　　商业家具常用有柜台、货架、陈列台（柜、架）、收款台等。陈列设备的基本尺寸必须与所陈列商品的规格、人体的基本尺度以及人们的视觉与行为特点相适应。

　　柜台：柜台的作用一方面是用来展示物品，供顾客参观和挑选，另一方面也是供销售人员用来包装、剪切和计量物品的工作台。因此柜台的设计既要便于顾客参观和选择商品，又要能符合人体尺度，以减轻售货员的劳动强度。柜台的高一般为0.9～1.0m。柜台的宽度和长度应根据所销售商品的大小来确定，一般宽度为0.5～0.6m，长度为1.5～2.0m。为了避免展品色彩失真，柜台上部应采用透明玻璃，下部可为木制货柜，以便于物品的储藏。

　　有时为了增强陈列效果，在柜台的内侧还可装置射灯，如用于珠宝首饰、黄金制品等展示的柜台。

　　货架：货架是用来展示和储藏商品的设备。货架的尺度与柜台一样，既要考虑物品的规格尺寸，又要便于物品的存取，还要考虑货架在商场中的位置以及对商场空间所带来的影响。如沿营业厅周边布置的货架，其高度可适当增加；而位于营业厅中部的货架则应适当降低，以保证营业厅空间的完整性和人们视觉的连续性。

　　陈列台：是用以陈列欲出售商品的样品的，其形状大小应考虑便于顾客观察、取放。

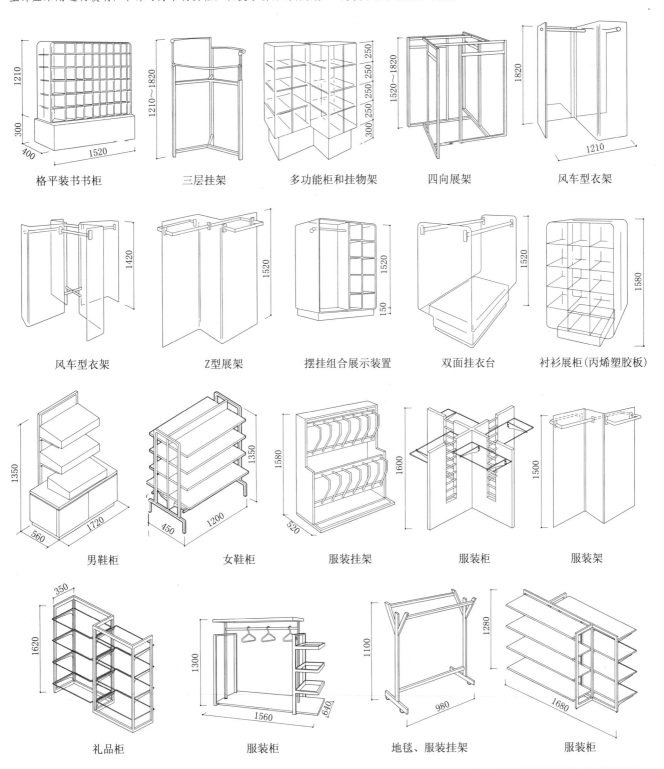

格平装书书柜　　三层挂架　　多功能柜和挂物架　　四向展架　　风车型衣架

风车型衣架　　Z型展架　　摆挂组合展示装置　　双面挂衣台　　衬衫展柜（丙烯塑胶板）

男鞋柜　　女鞋柜　　服装挂架　　服装柜　　服装架

礼品柜　　服装柜　　地毯、服装挂架　　服装柜

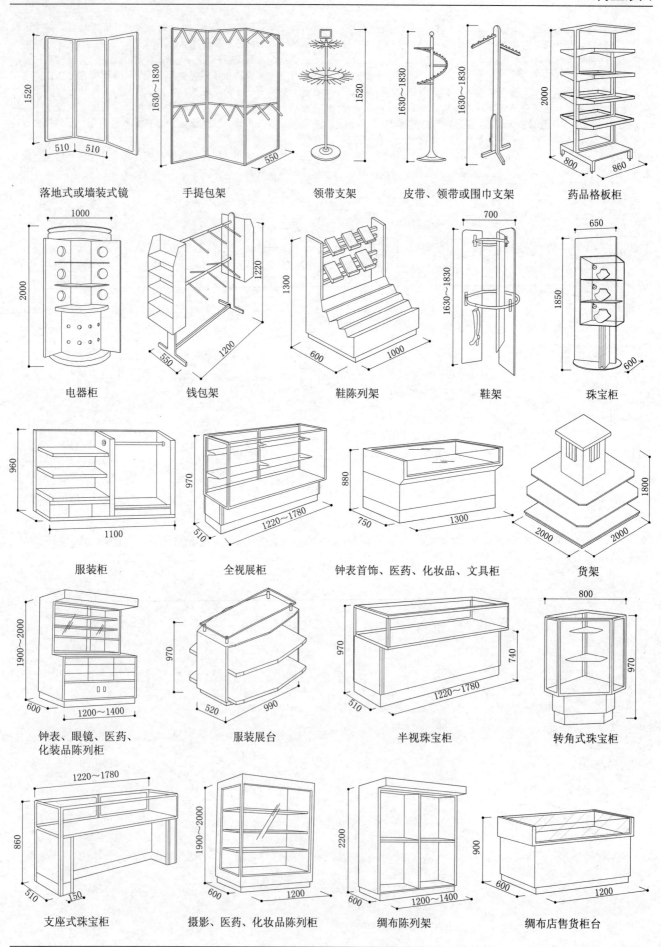

落地式或墙装式镜　　手提包架　　领带支架　　皮带、领带或围巾支架　　药品格板柜

电器柜　　钱包架　　鞋陈列架　　鞋架　　珠宝柜

服装柜　　全视展柜　　钟表首饰、医药、化妆品、文具柜　　货架

钟表、眼镜、医药、
化装品陈列柜　　服装展台　　半视珠宝柜　　转角式珠宝柜

支座式珠宝柜　　摄影、医药、化妆品陈列柜　　绸布陈列架　　绸布店售货柜台

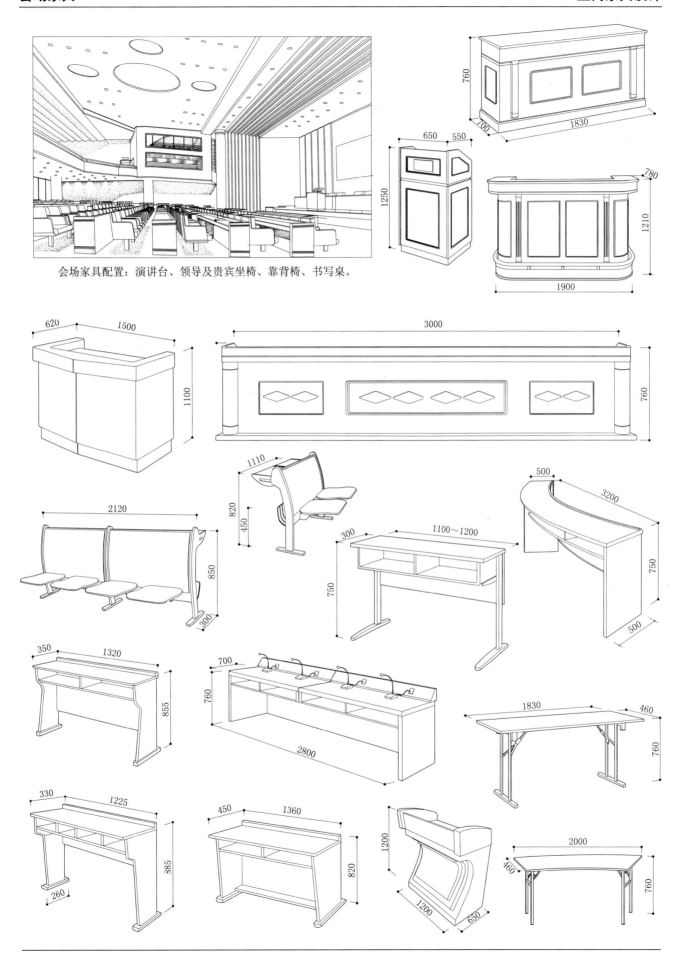

会场家具配置：演讲台、领导及贵宾坐椅、靠背椅、书写桌。

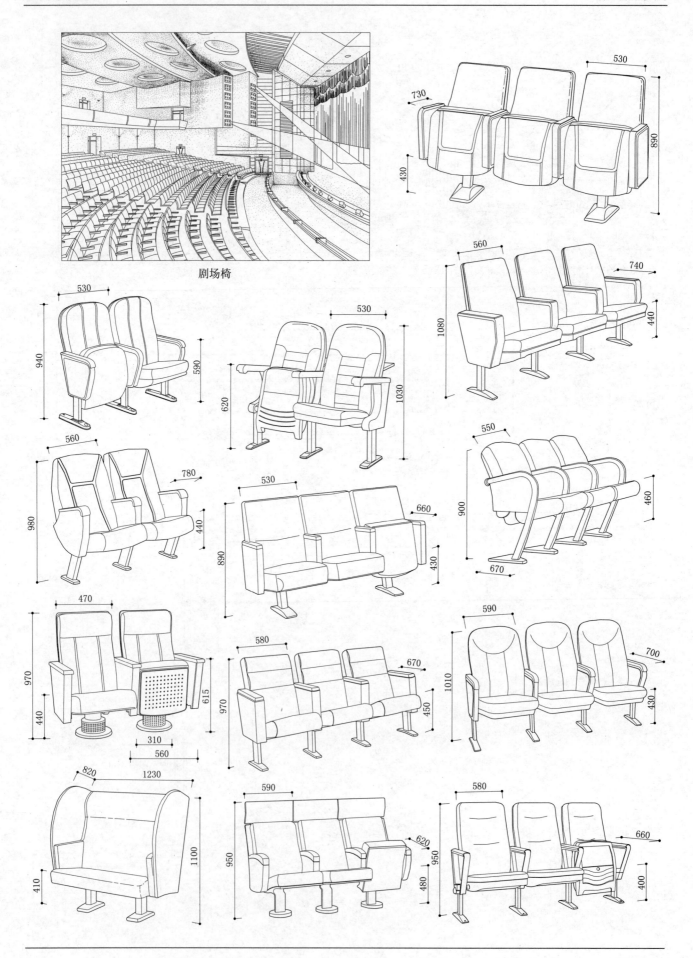

剧场椅

大厅及休息室沙发

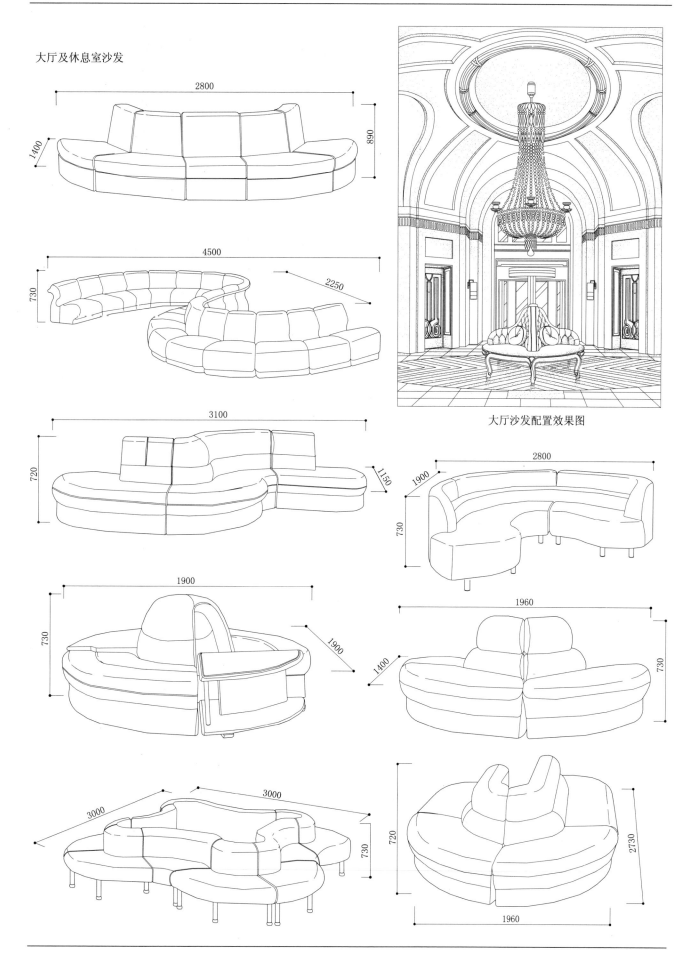

大厅沙发配置效果图

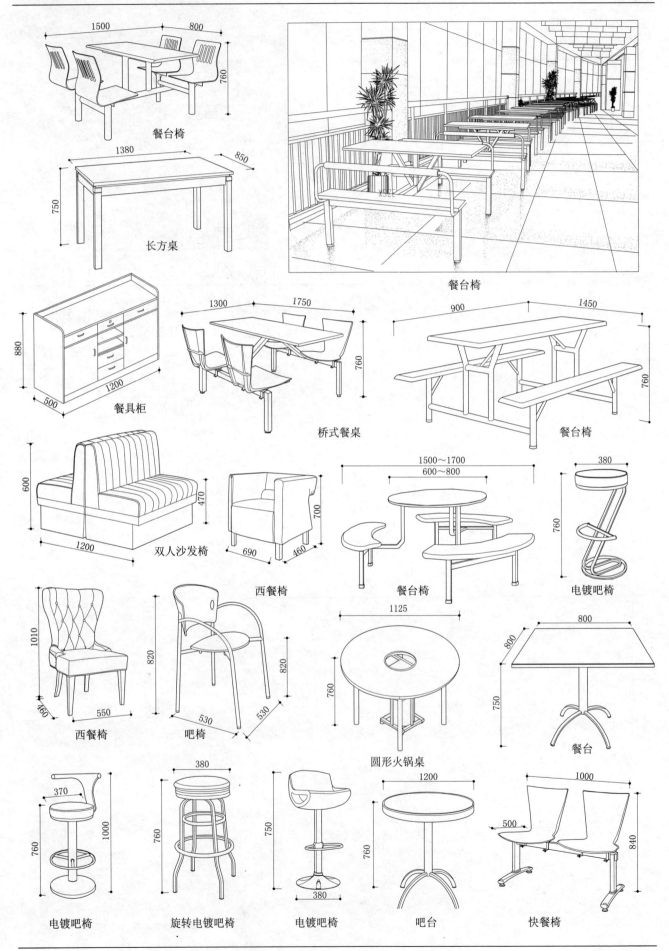

餐台椅

长方桌

餐台椅

餐具柜

桥式餐桌

餐台椅

双人沙发椅

西餐椅

餐台椅

电镀吧椅

西餐椅

吧椅

圆形火锅桌

餐台

电镀吧椅

旋转电镀吧椅

电镀吧椅

吧台

快餐椅

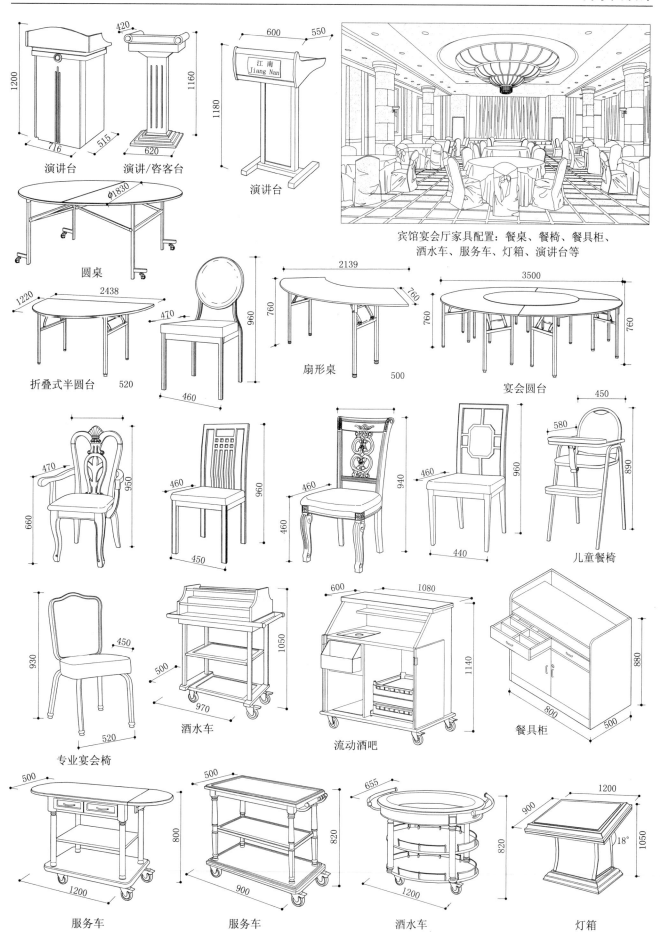

演讲台

演讲/咨客台

演讲台

宾馆宴会厅家具配置：餐桌、餐椅、餐具柜、
酒水车、服务车、灯箱、演讲台等

圆桌

折叠式半圆台

扇形桌

宴会圆台

儿童餐椅

专业宴会椅

酒水车

流动酒吧

餐具柜

服务车

服务车

酒水车

灯箱

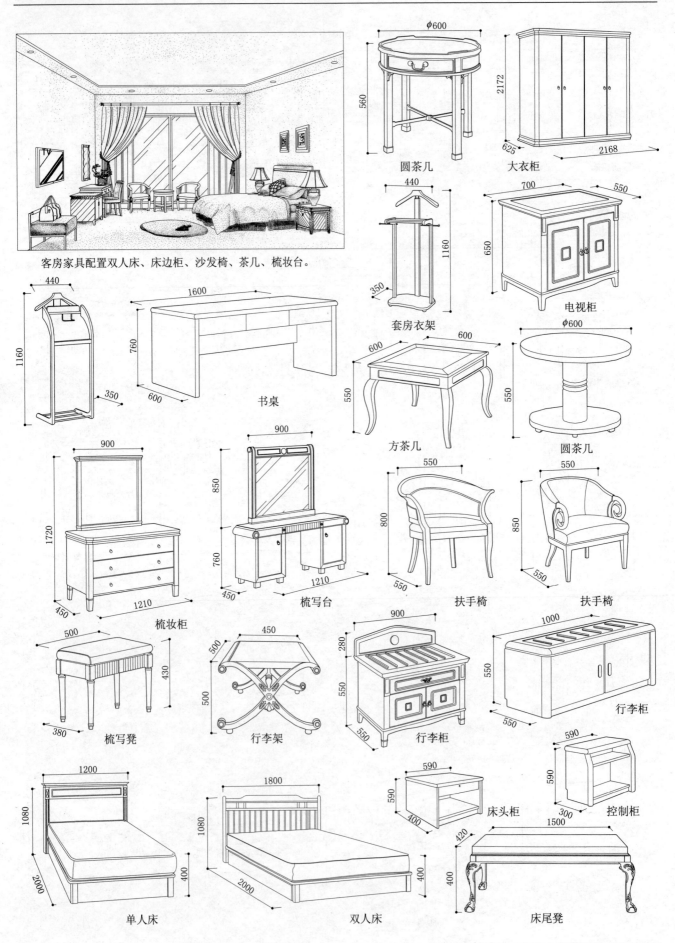

客房家具配置双人床、床边柜、沙发椅、茶几、梳妆台。

圆茶几

大衣柜

套房衣架

电视柜

书桌

方茶几

圆茶几

梳妆柜

梳写台

扶手椅

扶手椅

梳写凳

行李架

行李柜

行李柜

床头柜

控制柜

单人床

双人床

床尾凳

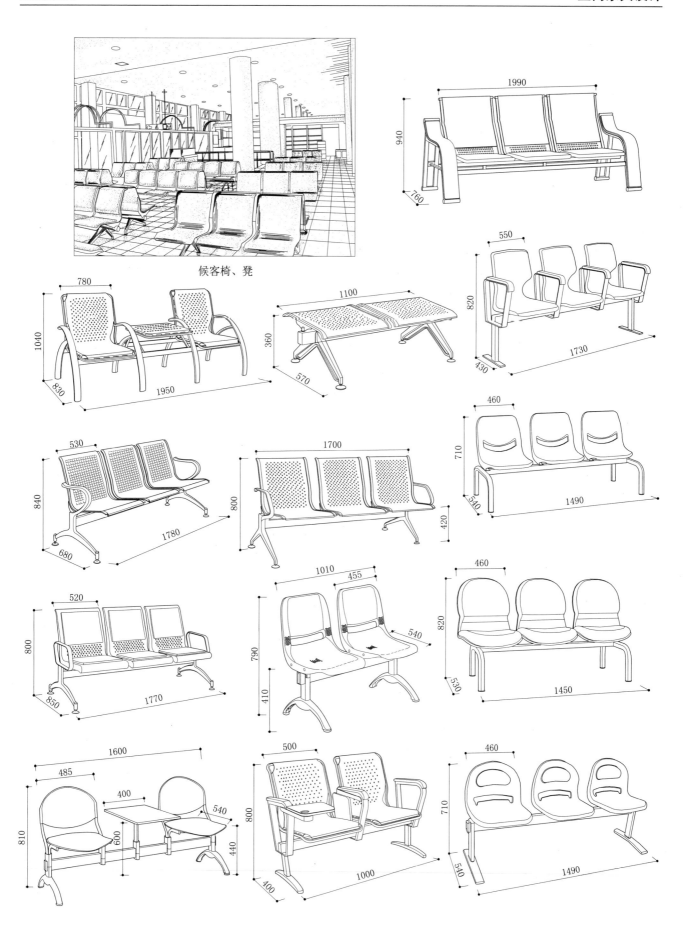

候客椅、凳

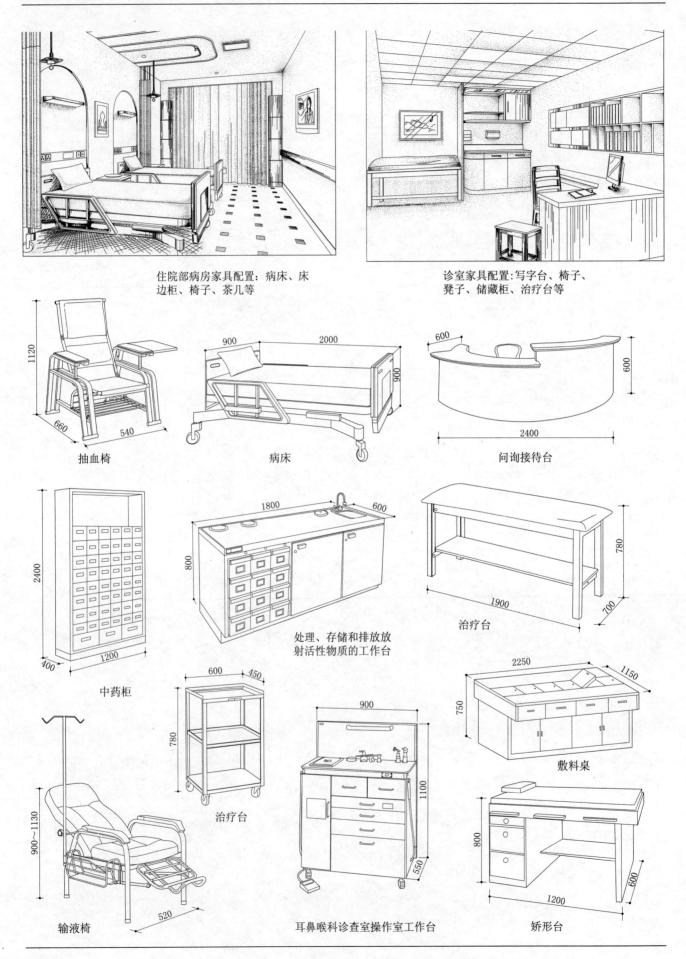

住院部病房家具配置：病床、床
边柜、椅子、茶几等

诊室家具配置:写字台、椅子、
凳子、储藏柜、治疗台等

抽血椅

病床

问询接待台

中药柜

处理、存储和排放放
射活性物质的工作台

治疗台

治疗台

敷料桌

输液椅

耳鼻喉科诊查室操作室工作台

矫形台

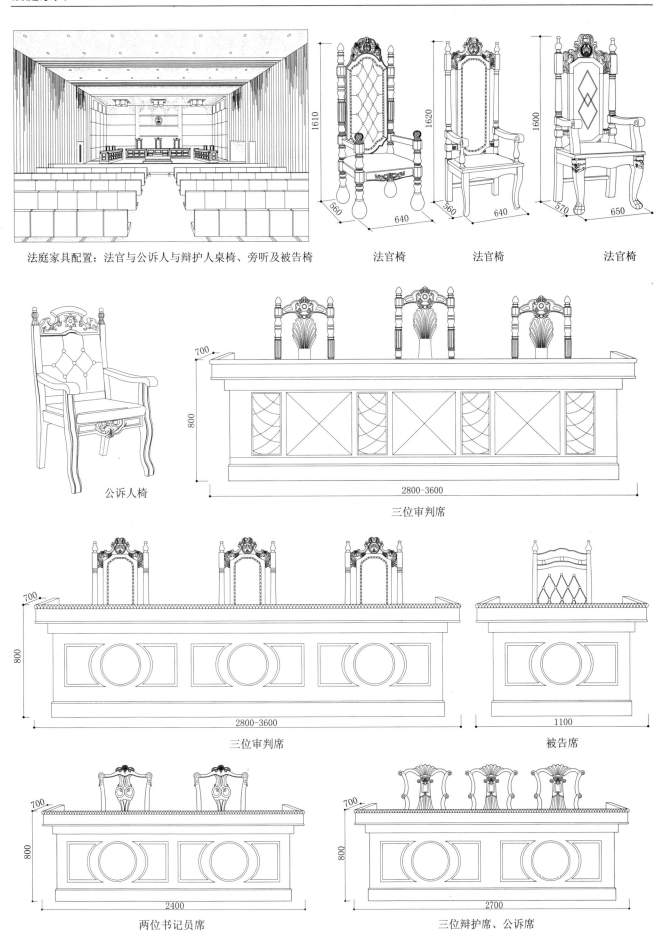

法庭家具配置：法官与公诉人与辩护人桌椅、旁听及被告椅

法官椅　　　　法官椅　　　　法官椅

公诉人椅

三位审判席

三位审判席　　　　　　　　　　　　　被告席

两位书记员席　　　　　　　　　三位辩护席、公诉席

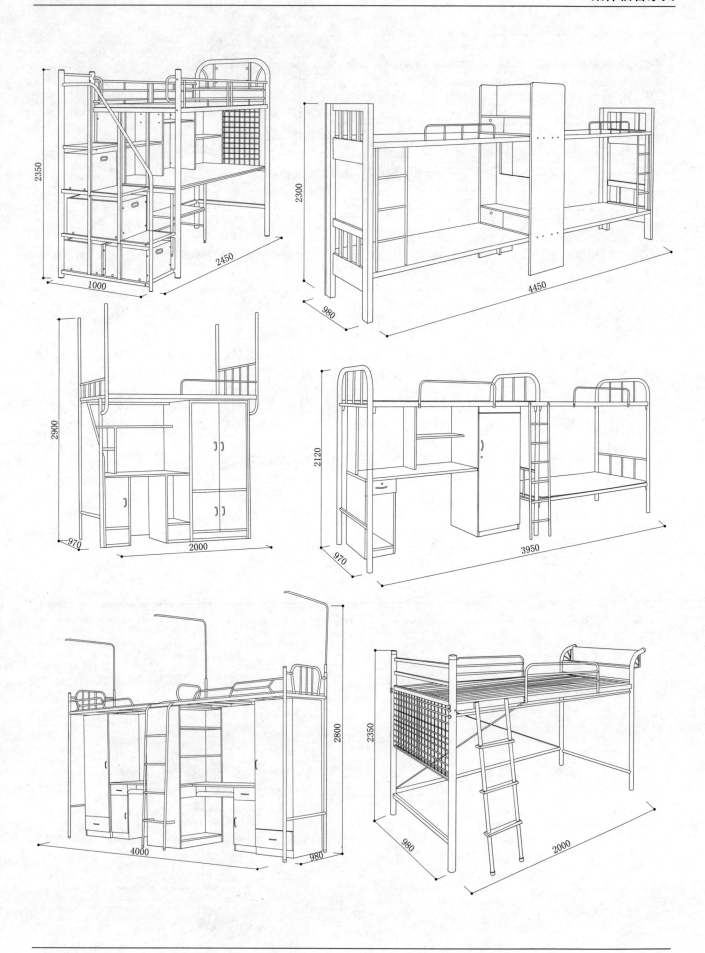

清代红木石芯云头纹太师椅

清代紫檀木勾卷纹灯挂椅

明代黄花梨木牙条云纹官帽椅

明代红木藤面蝠磬纹背圈椅

清代红木寿字纹茶几

明代黄花梨木带屉方几

清代红木拐子纹三弯腿花几

明代黄花梨木卷草纹三足香几

清代红木方汉纹如意头擢脚档八仙桌

清代榉木五屉书桌

清代红木大理石面圆桌

清代红木雕云纹半圆桌

明代黄花梨木有束腰三弯腿炕桌

明代黄花梨木藤面有束腰
鼓腿形大方凳

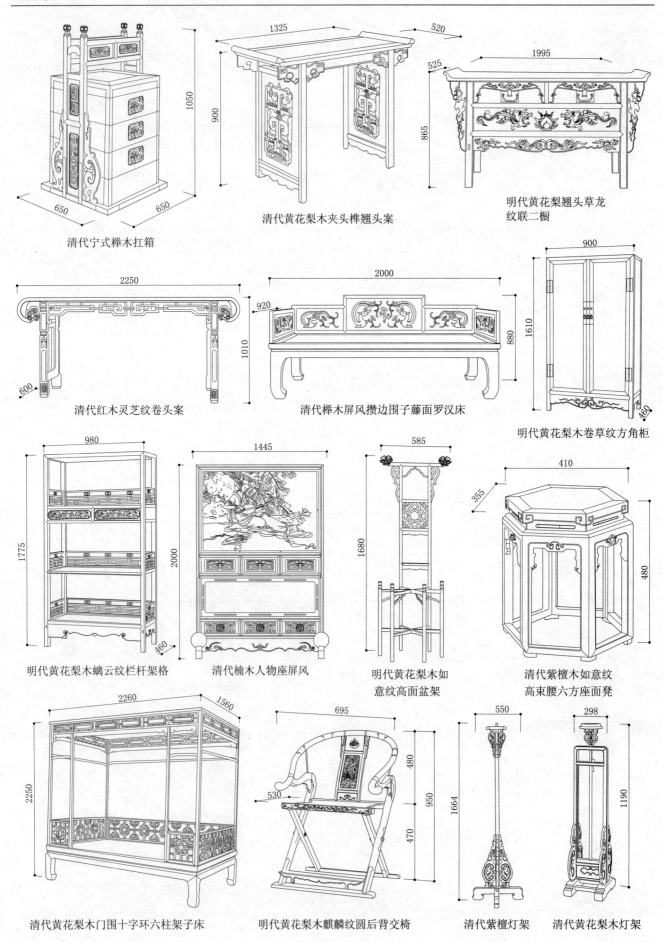

清代宁式榉木扛箱

清代黄花梨木夹头榫翘头案

明代黄花梨翘头草龙
纹联二橱

清代红木灵芝纹卷头案

清代榉木屏风攒边围子藤面罗汉床

明代黄花梨木卷草纹方角柜

明代黄花梨木螭云纹栏杆架格

清代楠木人物座屏风

明代黄花梨木如
意纹高面盆架

清代紫檀木如意纹
高束腰六方座面凳

清代黄花梨木门围十字环六柱架子床

明代黄花梨木麒麟纹圆后背交椅

清代紫檀灯架

清代黄花梨木灯架

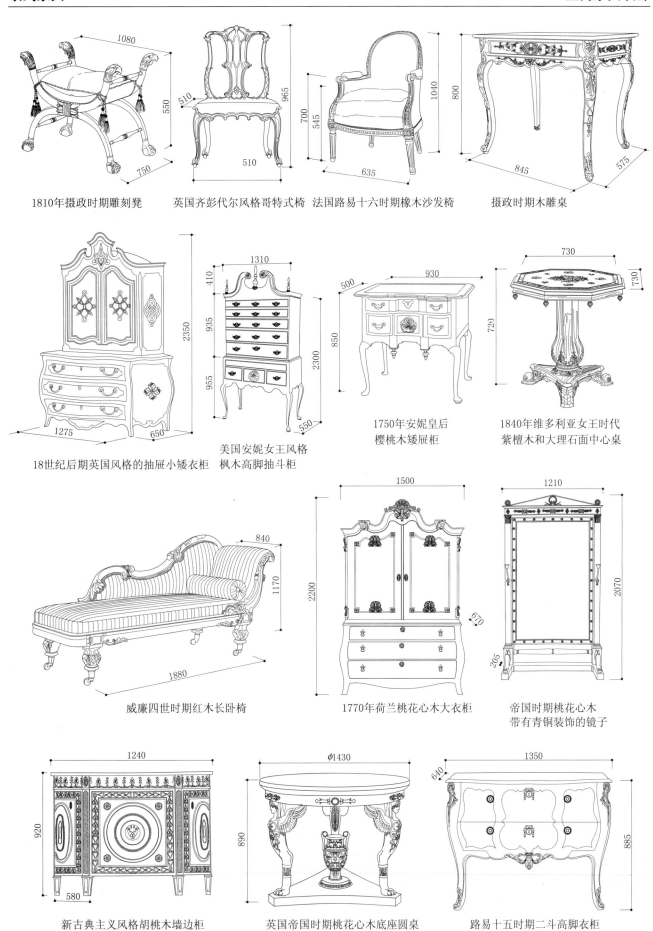

1810年摄政时期雕刻凳　　英国齐彭代尔风格哥特式椅　法国路易十六时期橡木沙发椅　　摄政时期木雕桌

18世纪后期英国风格的抽屉小矮衣柜　　美国安妮女王风格
枫木高脚抽斗柜　　1750年安妮皇后
樱桃木矮屉柜　　1840年维多利亚女王时代
紫檀木和大理石面中心桌

威廉四世时期红木长卧椅　　1770年荷兰桃花心木大衣柜　　帝国时期桃花心木
带有青铜装饰的镜子

新古典主义风格胡桃木墙边柜　　英国帝国时期桃花心木底座圆桌　　路易十五时期二斗高脚衣柜

1870年英国维多利亚
时代中期榉木三角橱

1760年乔治三世桃
花心木瓮形小桌

法国路易十六时期桃
花心木梳妆台

乔治二式时期红木高灯架

1815年摄政时期紫檀木游戏桌

意大利洛可可风格胡桃木墙边半桌

1785年乔治三世椴木和镶嵌细工半圆形旁桌

1830年威廉四世大理石桃花心木边柜

乔治二世桃花心木橱柜

路易十六时期红木餐具柜

齐彭代尔风格四部分组成的书柜

18世纪中叶路易十
五时期红木靠墙桌

法国路易十五晚期胡桃木小柜

清乾隆紫檀嵌黄杨木
蝠螭纹扶手椅

北京故宫　长春宫妃嫔卧室

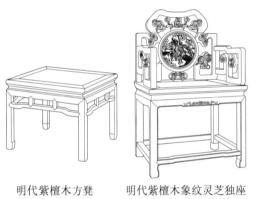

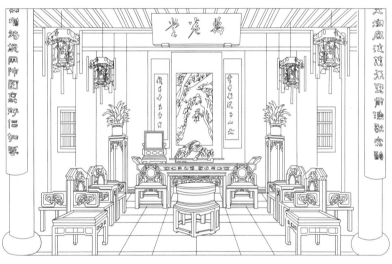

明代紫檀木方凳　　　明代紫檀木象纹灵芝独座

苏州网师园万卷堂

明代四出头官帽椅

苏州网师园看松读画轩　　　　　红木雕松鼠葡萄纹花几

清代崇敬殿内部陈设

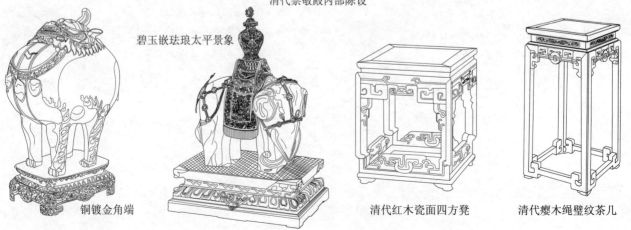

碧玉嵌珐琅太平景象

铜镀金角端　　　　　　　　　　　清代红木瓷面四方凳　　清代瘿木绳璧纹茶几

英国摄政时期"英帝国样式"
的大厅（陈设着带斯芬克斯主题的睡椅、扶手椅和其他埃及的装饰）

英国1805摄政时期新古典主义的室内陈设

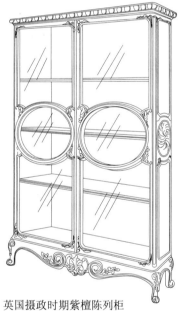

英国摄政时期紫檀陈列柜
（1900×1060×465）

英国19世纪埃及风格的客厅陈设

英国摄政时期紫檀沙发桌

英国摄政时期黑檀色及包
裹镀金描画的X形扶手椅

英国摄政时期丝绸缎子包的沙发

法国执政内阁期间的室内装饰与家具

法国路易
十四时期
阿拉伯风
格的挂毯

法国巴黎20世纪凡尔赛宫风格的餐厅陈设

18世纪法国执政
内阁时期花盆架

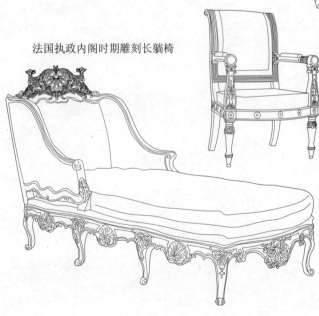

法国执政内阁时期雕刻长躺椅

法国执政内阁时期
镀金木雕扶手椅

法国新古典主义胡桃木化妆台

包织物品三人沙发

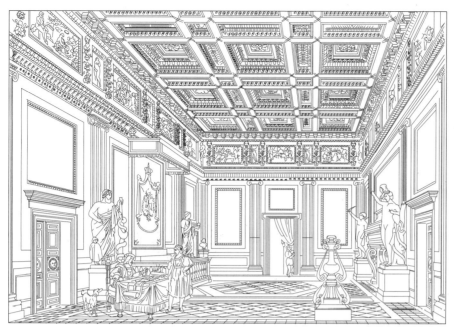

罗马　麦西米府邸，1532～1536年，佩鲁产设计

　　这座府邸的室内，爱奥尼壁柱上面支撑着带状的檐部，同时，在檐部上面，装饰性嵌板构成的一条檐壁插入檐口的下部，顶棚为深凹的方格镶板和丰富的装饰。

11世纪后期显示古典影响力的主教御座，意大利罗马式

德国柏林古代博物馆上层展厅

　　希腊复兴式在德国的状况，由于辛克尔在这座雄伟的建筑中采用了希腊建筑的元素而得到促进，在这幅画中，辛克尔用许多爱奥尼柱围绕着建筑外部，还可看到四柱式的入口门廊、楼梯、栏杆、地面和顶棚设计都是辛克尔努力将希腊手法应用到19世纪建筑中去的证明。

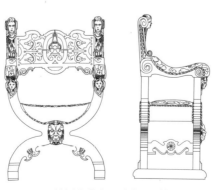

德国文艺复兴晚期X形椅

德国文艺复兴晚期两节柜

铝合金百叶窗帘，厚度仅为0.25，宽度25～35，质地轻薄，弹性好，受力弯曲后仍可恢复原状，色泽美观大方。百页片通过尼龙绳串联而成，拉动尼龙绳可调节百页的角度，以调节室内光线、通风量。垂直型百叶窗帘传动是由丝杠副及涡轮副机构实现的，调节灵活，可实现180°的转角。

塑料百叶窗帘的塑料片用硬质改性聚氯乙烯、玻璃纤维增强聚丙烯及尼龙经热塑制成，具有防潮、防蛀、便于清洗的优点，但不宜靠近高温处。有固定式、活动式和塑料帘片呈垂直的三种。

卷帘由珠链式及自动式卷帘轨道系统，搭配多样化防水、防火、遮光、抗菌等多功能性卷帘布料而制成的。利用滚轴，把布由顶部卷上，操作容易，方便更换及清洗。其优点是当卷帘收起时，遮挡窗口的位置较小，所以能让室内得到更大的空间感。

罗马帘可以是单幅的折叠帘，也可以多幅并挂成为组合帘，一般质地的面料都可做罗马帘，它是一种上拉式的布艺窗帘，其特色是较传统两边的布帘简约，所以能使室内空间感较大。当窗帘拉起时，有一折折的层次感觉，让窗户增添一份美感。如需遮挡光线，罗马帘背后亦可加上遮阳布。这种窗帘装饰效果很好，使用简便，但实用性则稍差一些。

垂直帘因其页片一片片垂直悬挂于上轨，垂直帘可左右自由调光，达到遮阳目的，其页片可旋转，随意调节室内光线，收拉自如，既可通风，又可遮阳。

木竹帘给人古朴典雅的感觉，使空间充满书香气息。其收帘方式可选择折叠式（罗马帘）或前卷式，而木竹帘亦可加上不同款式的窗帘来陪衬。

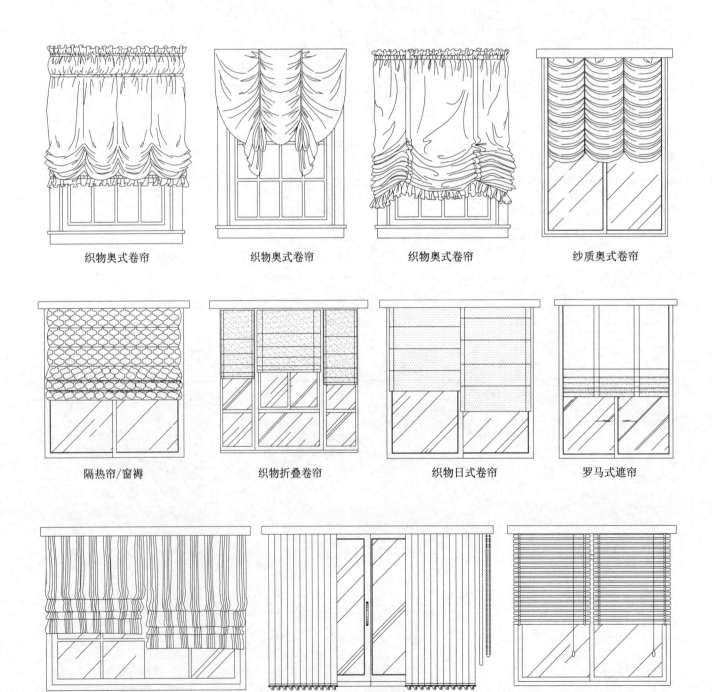

织物奥式卷帘　　织物奥式卷帘　　织物奥式卷帘　　纱质奥式卷帘

隔热帘/窗褥　　织物折叠卷帘　　织物日式卷帘　　罗马式遮帘

织物折叠卷帘　　　　织物垂页帘　　　　木质横页帘

窗帘及帷幔和遮阳织物在室内装饰中占据着重要的位置，是家庭、宾馆、饭店、办公室等场所的必需品。由于窗帘及帷幔类织物在室内空间中所占的面积较大，它们的情调意味、色彩图案、织纹肌理等，对整个室内环境的氛围有着较大的影响。

窗帘织物按其面料分有机织物、针织物、钩边织物三种。第一种，结构较稀松，用于做外层的薄形窗帘，有较好的透气性、耐日晒、耐污染，一般称为窗纱；第二种，用于中间层的中厚形织物，属于半透明型，要求既能隔断室外视线，又透入光线，大多采用印花织物、花式纱线提花织物、色彩条格织物、边饰织物和提花印花织物；第三种，是里层，要求织物厚实，具有隔声、不透光、保暖等效果，大多采用绒类织物、双层大提花织物。要让生活空间有更多表情，可以使用轻薄与厚重两种不同材质的窗饰，既能按需要调整光线，亦能轻松变换室内空间的面貌。

窗帘设计形式要从具体环境来决定，如音视室、多媒体教室等需要用遮光窗帘布，豪华酒店可用厚重布料、檐窗、窗楣或帷子等装饰性较强的窗帘形式，小空间的房间用质感轻盈的布料或百叶帘等固定式窗帘。窗帘的式样有卷帘、升降帘、折叠帘、垂直帘、薄纱帘等。

近年来，国内外已经不断研究，生产出各种新颖的窗帘产品，有除尘窗帘、光控窗帘、隔声窗帘、节能窗帘、隐身窗帘、反射型窗帘、太阳能窗帘、防静电窗帘、智能环保窗帘等。

凸型布窗帘

传统织物花样

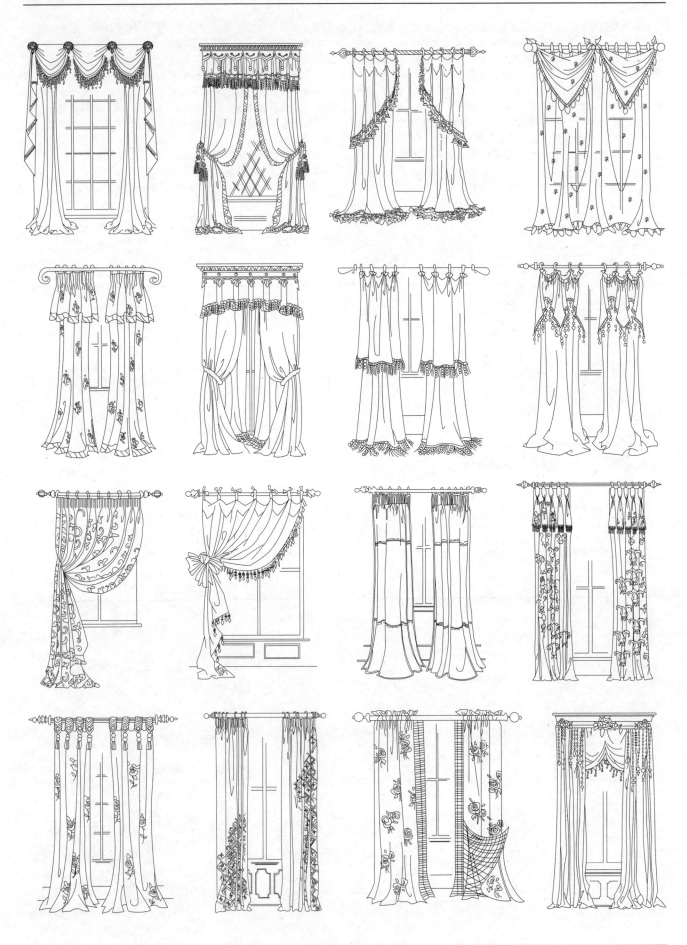

窗帘罩是横跨窗顶用来遮掩窗帘顶端及窗帘吊杆的板条，它可以同窗等长，也可以稍长一些；可以覆盖面料也可以上漆，窗帘罩可以起到统一窗户外观的作用，也使窗户处理同墙壁及顶棚更加紧密地联系起来。

窗帘罩内吊挂窗帘的方式：

1. 轨道式：采用铜或铝制成的窗帘轨道，轨道上安装小轮来吊挂和移动窗帘。这种方式具有较好的刚性，可用于大跨度的窗口和重型窗帘布。

2. 棍式：实木棍、铜棍或铝合金棍等吊挂窗帘布，这种方式具有较好的刚性，适用于1.5～1.8m宽的窗口。

3. 软线式：选用 φ4 铁丝或包有塑料的各种软线吊挂窗帘。为防止软线受气温的影响产生热胀冷缩而出现松动或由于窗衬过重而出现下垂，可在端头设元宝螺帽加以调节。这种方式适用于吊挂较轻质的窗帘或跨度在1.2m以内的窗口。

窗帘罩多采用20厚的木板或人造板制作，固定在过梁或其他结构构件上。当层高较低或者窗过梁的下沿与顶棚在同一标高时，窗帘罩可以隐蔽在顶棚内，并固定在顶棚搁栅上。另外，窗帘罩还可以与照明灯具、灯槽结合布置。

各种造型和图案的窗帘罩：

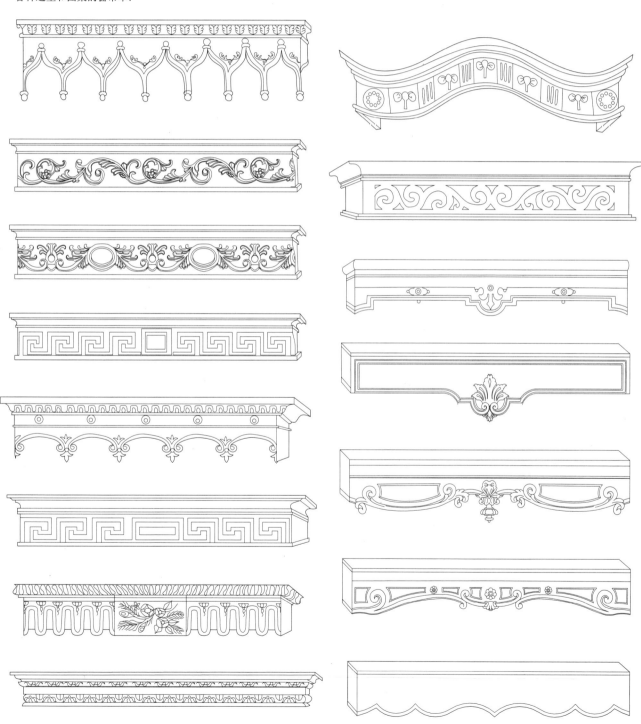

　　窗帘杆作为固定窗帘的工具，与以前流行的窗帘轨相比，更具装饰效果。它分端头、支架、杆身等几部分，造型风格各异，有的杆头还可以更换，与不同的布料搭配，可以营造出不同的风格效果。窗帘杆两端的头子由青铜、铝合金、不锈钢、塑料、木材等材料制成。现代的窗帘杆多数设置有纳米的轨道，其滑动性能良好。明杆式窗帘不用滑道，窗帘有挂环即可。与金属和塑料材质的窗帘杆相比，木质窗帘杆能给人以温馨的饱满感，原木是一种非常温和的材料，当与别的材质搭配时，它可以烘托和调和别的材质的质感，在窗帘杆产品中，原木这一材质的表现主要为两种，一种是整个窗帘杆完全为原木制作，另一种是以别的材质的杆身搭配原木的杆头，予人一种回归自然、享受田园风情的淳朴风格。同时它的使用范围广泛，适用于居室中的各种功能区。风格搭配上灵活多变，既可与棉、麻、毛、绒等面料搭配，也可与丝、纱、绸面料配套使用。在面料的图案上，既可搭配格子、条纹的布料，也可与大花、碎花等面料一起使用，而当悬挂的是单色的或只有简单线条的面料时，效果也一样很好。

豪华静音铝合金

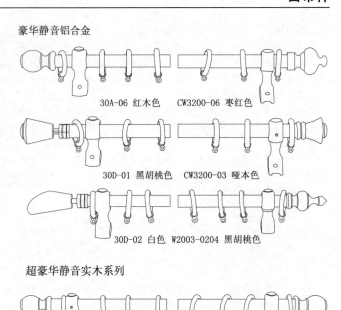

30A-06 红木色　　　CW3200-06 枣红色

30D-01 黑胡桃色　　CW3200-03 哑本色

30D-02 白色　　　　W2003-0204 黑胡桃色

超豪华静音实木系列

W2003-04 哑白色　　W2003-0103 柚木色

W2003-0206 黑胡桃色　W2003-0106 柚木色

CW3200-01 柚木色　　CW3200-04 白色

CW3200-02 黑胡桃色　CW3200-05 金黄色

超豪华静音铝合金

V2003-04 深柚木色

A2003-0104 黑胡桃色

A2003-02 白色

A2003-0105 黑胡桃色

实木静音

28A-04 白色

28A-05 金黄色

28A-06 枣红色

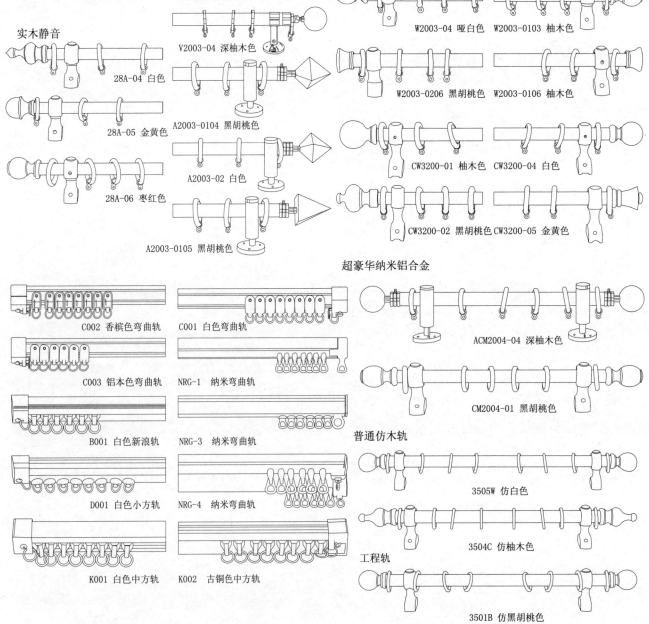

C002 香槟色弯曲轨　　C001 白色弯曲轨

C003 铝本色弯曲轨　　NRG-1 纳米弯曲轨

B001 白色新浪轨　　　NRG-3 纳米弯曲轨

D001 白色小方轨　　　NRG-4 纳米弯曲轨

K001 白色中方轨　　　K002 古铜色中方轨

超豪华纳米铝合金

ACM2004-04 深柚木色

CM2004-01 黑胡桃色

普通仿木轨

3505W 仿白色

3504C 仿柚木色

工程轨

3501B 仿黑胡桃色

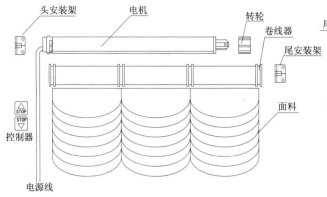

头安装架　电机　转轮　卷线器　尾安装架

控制器　STOP　STOP

电源线　面料

电动罗马帘系统

适用范围：电动罗马帘可制作布艺的平型、扇型罗马帘、
　　　　　奥地利水波帘以及竹木升降帘等。

性　　能：电动罗马帘之控制同电动卷帘。

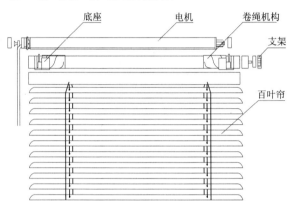

底座　电机　卷绳机构　支架

百叶帘

电动竹、木百叶帘

适用范围：手动系统采用高轨省力机构，无论翻转或上下，
　　　　　轻松自如、收放均恰到好处。

性　　能：电动竹、木百叶帘之控制同电动卷帘。

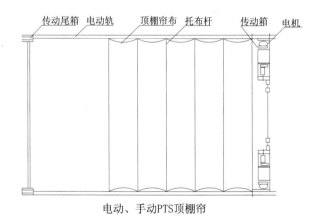

传动尾箱　电动轨　顶棚帘布　托布杆　传动箱　电机

电动、手动PTS顶棚帘

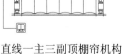

直线一主三副顶棚帘机构

弧形顶棚帘机构

适用范围：倾斜、弧形、水平的玻璃顶棚。

性　　能：可以停在中间任意位置，控制方式有多种选择。

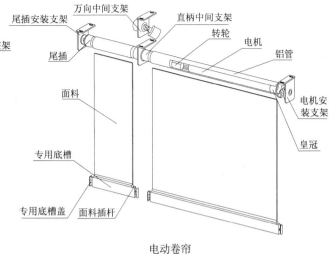

万向中间支架　直柄中间支架　转轮　电机　铝管

尾插安装支架

尾插　面料　电机安装支架

皇冠

专用底槽

专用底槽盖　面料插杆

电动卷帘

适用范围：倾斜或立面的玻璃幕墙。

性　　能：可以停在中间任意位置，传动方式可采用一拖一
　　　　　或　拖二等方式。

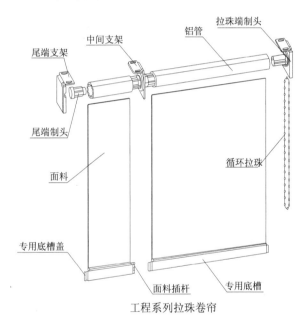

中间支架　铝管　拉珠端制头

尾端支架

尾端制头

面料　循环拉珠

专用底槽盖

面料插杆　专用底槽

工程系列拉珠卷帘

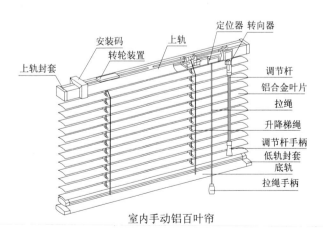

安装码　上轨　定位器　转向器

转轮装置

上轨封套　调节杆

铝合金叶片

拉绳

升降梯绳

调节杆手柄

低轨封套
底轨

拉绳手柄

室内手动铝百叶帘

适用范围：可利用帘片转动来调控阳光射入。

性　　能：是一种通过手动方式调整百叶窗帘片翻转和
　　　　　升降的室内遮阳产品。

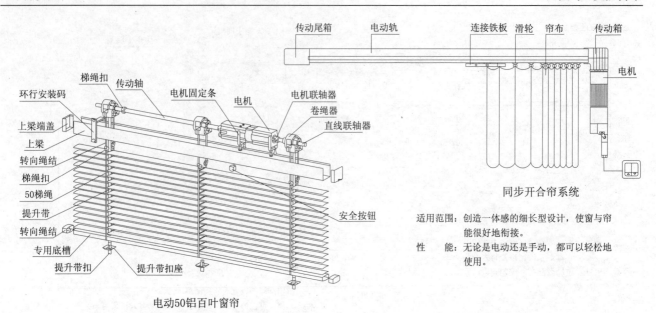

电动50铝百叶窗帘

适用范围：适合安装在室内或双层玻璃幕墙之间。
性　　能：室内操作，具有良好的调光、抗紫外线、隔热和防护功能。

同步开合帘系统

适用范围：创造一体感的细长型设计，使窗与帘能很好地衔接。
性　　能：无论是电动还是手动，都可以轻松地使用。

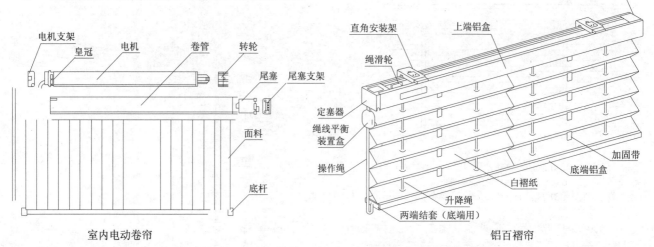

室内电动卷帘

适用范围：倾斜或立面的玻璃幕墙。
性　　能：可以停在中间任意位置，传动方式可采用一拖一或一拖二等方式。

铝百褶帘

适用范围：适合安装在户外或双层玻璃幕墙之间。
性　　能：可在室内操作，具有良好的调光、抗紫外线、隔热和防护功能。

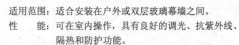

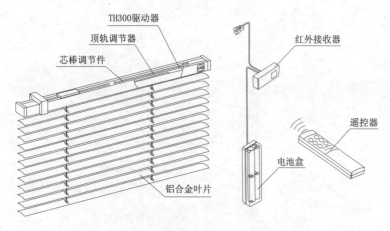

玻璃隔断百叶帘

适用范围：可利用帘片转动来调控阳光射入。
性　　能：另提供手控旋钮中空百叶帘系统。

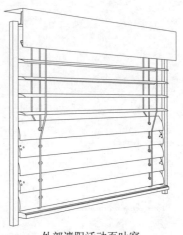

外部遮阳活动百叶帘

适用范围：适应不同的气候和光线调节。
性　　能：通过页片的调节更容易对光线进行控制。

　　靠垫与坐垫在室内的装饰作用是值得称道的。它造型丰富多彩，常见的是方形和圆形的，此外还有三角形、多角形、圆柱形、椭圆形、仿动物形、仿植物形的靠垫，更是生动有趣。靠垫的形状能加强室内形的表现力，如方形靠垫增加庄重感，圆形靠垫则在端庄中寓活泼，动物形靠垫可增加室内活泼轻松气氛，唤起人们的童心。

　　色泽鲜艳、图案漂亮的靠枕和坐垫是丰富环境最普通最通用的方式之一。尽管只是为人们提供舒适，但这一类靠枕，尤其是那些做工精细、装饰华丽的靠枕，往往起到很重要的装饰作用，但能给人带来感官愉悦的物品，虽然它们除此之外别无真正的实用功能。

　　靠垫与坐垫与蒙面织物是居室内的重点点缀，因而它的材质、色彩、图案的选择要慎之又慎。靠枕与坐垫的图案可以是独幅画形式，也可以是连续纹样中的一部分，有时甚至是一种颜色的布料，只要在色彩上考虑到室内整体环境，效果也会是比较好的。只要注意一个原则，即使室内的色彩习惯内胎比较丰富时，靠垫要采用统一的、简洁的、弱的配色。如果室内色彩形态比较简洁协调，则靠垫可以用对比色、明亮色，适当地加强一些明快、鲜亮的色彩，会使室内气氛顿时活跃起来。

欧洲织物花样

台布属于家具覆罩类装饰织物之一。家具覆罩类装饰织物作为家具的蒙面、覆罩可以有效地保护家具，避免其污损。尤其是人们经常使用的沙发、椅子、桌子，为了保持整洁，使其表面不致损伤，都需要以适宜的装饰织物覆罩。家具覆罩类装饰织物还可以防止因阳光直接照射而引起的家具变质、变色。台布经常用于家庭餐厅、公用餐厅、宾馆宴会厅及火车、轮船等交通工具内。

常用的台布大致可分为二种：一种是玲珑剔透、高雅洁净的手工艺台布，如花边、网扣、雕绣、抽纱等；另一种为外观挺括、耐磨、防水的实用台布，如混纺印花台布，还有背面涂胶的防水无纺布台布，以及涤棉混纺经编阻燃台布等。台布可用一层，也可以用两层。如一层是轻薄易洗的涤纶长丝经编花边织物，底层衬以较粗厚的纯棉提花织物，形式上可以一方一圆，构成美丽的桌围，增强美感。

台布的颜色应尽量淡雅清爽些，传统的台布都为白色，现在也用其他颜色，但基本上用暖色。

选择有图案的台布时，它的图案要与室内布置的床单、窗帘等织物尽量协调与配套。

餐桌覆罩台布的效果图

欧洲织物花样

由于床是卧室的重点，铺在床上的用品（床罩、床单、枕套）便强烈地影响着卧室的整体设计。床上用品还能把整个房间的格调统一起来。床单、被子和床罩等是一种直观的个性体现，并且往往是广受欢迎的手工艺兴趣爱好者的产物。由于床具在卧室中所占的面积较大，床上用品类织物的色彩、图案就自然形成了卧室的视觉中心，并对卧室的装饰风格和情调起着重要的决定作用。

床上用品类织物除御寒保暖的功能外，其纤维材料的柔和性能和松软性能，对卧室的装饰风格和情调所起的作用也越来越受到人们的重视。受家居文化的影响，床上用品类装饰织物的设计越来越注重与整体空间风格的协调及配套。床上用品的花纹、花样、颜色与床单、枕套、窗帘、灯罩、台布等系列配套，并与室内家具包覆用布相配套。

卧室床罩与家具效果图

餐厅地毯效果图

地毯是一种既有使用价值又有欣赏价值的铺地织物。在室内铺设地毯不仅具有隔热、保湿、防噪声、行走舒适的优良特性，又能形成其他装饰材料难以替代的富贵、典雅、华丽的居室环境气氛无论家居或公共场所都是室内软装饰的主要内容。

1. 地毯的品种

地毯主要以毛、棉、麻、丝、化纤等纤维制成，其纤维密度是决定地毯质量高低的主要标准。

（1）纯羊毛地毯

纯羊毛地毯通常叫"纯毛地毯"，有弹性，不易变形，隔热性好，不易被烧着，它分手工编织及机制两种。前者工艺性强，价格较贵，后者便宜。新疆纯毛地毯，组织致密、柔软结实、色泽浓艳、图案花纹丰富、立体感强、坚实耐用，深受人们的喜爱。一般家庭使用机制羊毛地毯。

（2）混纺地毯

混纺地毯品种多，常以毛纤维和各种合成纤维混纺，如在羊毛纤维中加20%的尼龙纤维，耐磨性可提高5倍。混纺地毯最显著的特点是耐虫蛀、耐腐蚀。它比羊毛地毯优越得多，居室装饰中大多使用混纺地毯。

（3）化纤地毯

化纤地毯是以棉纶、丙纶、腈纶、涤纶等中长化学纤维制成，其外表与触感极似羊毛，耐磨而富弹性。经过特殊处理可具有防燃、防污、防静电、防虫蛀等特点。纯毛地毯的优点，化学纤维地毯基本具备，纯毛地毯的缺点，化纤地毯均可克服。再加上化纤地毯色彩多样，品种较多，价格远远低于纯毛地毯，所以化纤地毯在居室中使用较多。

（4）塑料地毯

塑料地毯系采用聚氯乙烯树脂、增塑剂等多种辅助材料，经均匀混炼、塑制而成的一种新型轻质地毯。它具有质地柔软、色泽鲜艳、舒适耐用，不燃、污染后可用水洗刷等特点。常在走廊或阳台上铺设，因其档次较低，不太适于在客厅及卧室中使用。

（5）真丝地毯

是手工编织地毯中最为贵富的品种之一。因为使用了真丝所以其光泽度很高，在不同的光线下会形成不同的视觉效果，并且特别适合于夏天使用，清凉的脚感能化解逼人的暑气。但由于真丝不易于上色，所以在浓艳和丰富的色彩要逊于羊毛地毯。

2. 地毯的选择

（1）地毯颜色的选择，除考虑室内装饰的需要外，还应考虑居室所在地域的自然环境。可选择蓝色、深绿、红色、黄褐色等，这些颜色不易脏污，易于清扫。带花纹图案的地毯能使房间显得高雅舒适，素色地毯在室内可起到衬托家具的作用。

（2）从铺设的范围看，可以满铺也可只铺地面的一部分。最讲究的地面装饰是满铺地毯。采用整张地毯满铺，有温暖感，清理方便，能使居室显得较为宽敞，如考虑到经济因素，有些地方采用条状或块状的地毯，可以破除大片素暗地面的单调，能使某一特殊地区例如起坐地区的范围有个明显的划分，在卧室中的床前放块精美的小块地毯或在床尾的一角铺一块地毯，可增添温馨舒适的气氛。在客厅中大块空间地方放块方形地毯，这些地毯中央及边缘有特殊的图案，且不会被四周的家具压住，从而保持图案的完整性，可以更显豪华与典雅的家庭氛围。家门门厅入口或卫生间门外铺块长方形地毯可供进出房间时擦拭鞋底尘土和水珠。道毯又称走廊地毯，铺在室内地面中间或走道中间，在房间走动时不踩在地板上可防地板磨损并起到引导的作用。在餐桌底下放上地毯，大小应使桌边的椅子取出以后都能放在地毯上。

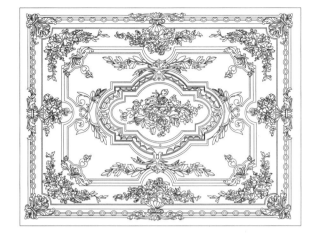

随着城乡居民生活条件的不断改善，越来越多的居室，乃至宾馆、商场、办公大楼等，将绚丽多彩、形态奇特的观赏鱼配以自然景物，做成水族箱（鱼缸）点缀和美化小环境，丰富休闲生活。我们将与室内设计有关的水族箱、水草、观赏鱼等常用参考资料介绍如下：

1. 置景原理

水族箱置景分热带鱼水族箱造景和热带海水鱼水族箱造景两种。前者主要是用石材、水草和鱼类造景，反映的是热带雨林、草原、山脉等的景观，后者主要用海洋软体动物造景，展现的是海底的生物世界。石头是景物的骨架，水是景物的血脉，植物是景物的灵魂。在布局上，要求各种景物错落有致，迂回曲折，以达到以鱼衬景或以景衬鱼的最佳观赏效果。

2. 水族箱放置目的

水族箱的放置是为了点缀居室和公共场所，美化环境，不仅使整个小环境生机盎然，而且可以调节室内的温度、相对湿度。水族箱作为室内陈设的一部分，在放置时一定要和其他的陈设格调保持和谐，既要考虑水族箱的观赏特性，又要考虑水族箱内的鱼类、水草和腔肠动物等对氧气、相对湿度、光线等的要求。

3. 水族箱放置场所

（1）花园绿地：花园绿地的鱼池造景，采用的是以鱼衬景的手法。在花园绿地的设计过程中，人们往往在整片绿地中建造水池，使整个景观有树、有草、有水、有鱼。

（2）门厅：门厅是进入房间的第一道门，在房间设计上要求有半隐蔽性，在门厅处放置一个水族箱，不但可以起到屏障的作用，而且可以增加房间的采光量。门厅设置的水族箱不宜太大，其长度一般控制在2m以内为佳。另外，水族箱底下的支撑物一定要结实牢固。

（3）客厅：客厅是迎送宾客的地方，在水族箱设计上力求精致、大方，能充分体现主人的艺术修养。20m² 以内的客厅，可选用嵌入式水族箱，这样不会占用太多的空间。20m² 以上的客厅，可使用体积较大的子弹头式水族箱。这种水族箱外观精致，自动化程度高，可减少饲养过程中的许多麻烦。它有多方位的视觉角度，人们能清晰地观察到水族箱的全貌。

（4）商场：商场水族箱的设置往往选用超大型的或多个小型水族箱组成一个展示厅，利用水族箱展示各种观赏鱼来吸引顾客，为创造独有的商场文化起了一定的作用。

（5）办公大楼：水族箱以大型为主，箱的长度以超过2m为好，用于点缀大楼宽广的环境。因办公大楼来来往往的人较多，水族箱的设置一定要稳固牢靠。一般用三面可观赏的水族箱。

双面鱼缸

茶几式鱼缸

直面鱼缸

单面鱼缸

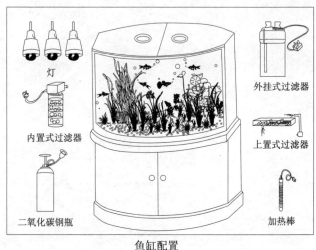

灯

内置式过滤器

二氧化碳钢瓶

外挂式过滤器

上置式过滤器

加热棒

鱼缸配置

　　观赏鱼的鱼类可分为金鱼、锦鲤鱼、海水鱼、热带鱼（包括龙鱼）等。观赏鱼嬉游水中，生动活泼、形状奇特、色彩艳丽、优美多姿、令人观之赏心悦目。

　　金鱼是我国珍贵的观赏动物，16世纪我国的金鱼出口到日本，继而传往世界各地，被人称为"东方圣鱼"。

　　锦鲤鱼原产中亚细亚，从波斯传到中国，在中国繁衍生息后传到日本。日本贵族将有色彩变化的变种鲤鱼供观赏用，后由人工培养和科技配种，发展到100多个品种，成为日本的国鱼，19世纪50年代引入我国。

　　热带鱼是生活在亚热带的淡水鱼类，有2000多个品种，可供饲养的有600多个品种。20世纪20年代传入我国，现今全国各地的饲养者与日俱增。我国出产的热带鱼主要分布在广东和台湾。

　　海水鱼是热带海洋中珊瑚礁海域的奇特小型鱼类。主要分布在赤道附近的太平洋、大西洋、加勒比海、红海周边的国家。我国出产的海水鱼，主要分布在台湾、海南岛及东南沿海等地。

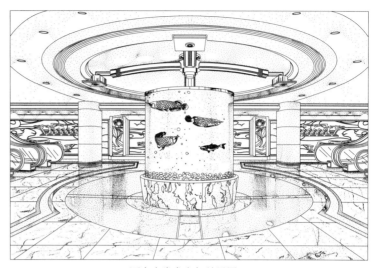

酒家大堂龙鱼缸效果图

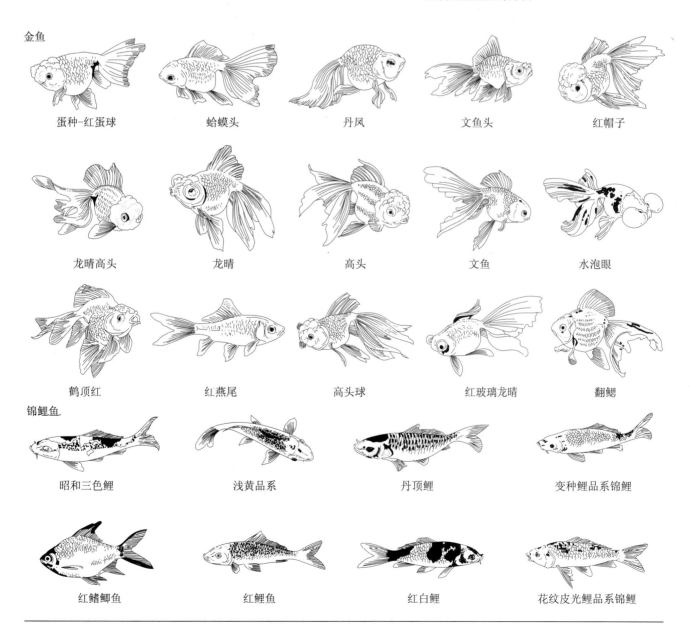

金鱼

蛋种-红蛋球　　　蛤蟆头　　　丹凤　　　文鱼头　　　红帽子

龙晴高头　　　龙晴　　　高头　　　文鱼　　　水泡眼

鹤顶红　　　红燕尾　　　高头球　　　红玻璃龙晴　　　翻鳃

锦鲤鱼

昭和三色鲤　　　浅黄品系　　　丹顶鲤　　　变种鲤品系锦鲤

红鳍鲫鱼　　　红鲤鱼　　　红白鲤　　　花纹皮光鲤品系锦鲤

热带鱼

红宝石鱼　　　　孔雀鱼　　　　新月鱼　　　　接吻鱼

黄金条　　　刚果霓虹鱼　　　五彩曼龙鱼　　　七彩凤凰鱼　　　头尾灯鱼

金丝鱼　　　　银龙鱼　　　　红鼻鱼　　　　红莲灯鱼

旗鱼　　　珍珠鱼　　　黑裙鱼　　　金马莉鱼　　　金鼓鱼

红胸太阳鲈鱼　　　银鲳鱼　　　五彩神仙鱼　　　金鲳鱼　　　七彩神仙鱼

海水鱼

狐狸倒鲷　　　红小丑　　　鸳鸯炮弹　　　大帆倒鲷

蓝倒鲷　　　刺鲀　　　黄三角倒吊（倒鲷）　　　暗色东方鲀

石材在水族箱造景中使用的比较多，从造景的角度讲，石材是整个水族箱景观的骨架，通过石材勾勒出整个景观的宏伟气势，突显大自然起伏的山峦；石材的浑重和粗犷的线条能够在水族箱起到视觉中心的作用。在水族箱置景中，石材是使用得最多的一种材料。常用的石材有鹅卵石、英石、太湖石、斧劈石、沙积石等。英石沙、鹅卵石铺于水族箱底，用于种植水草；斧劈石、沙积石、太湖石用来搭建假山丘。

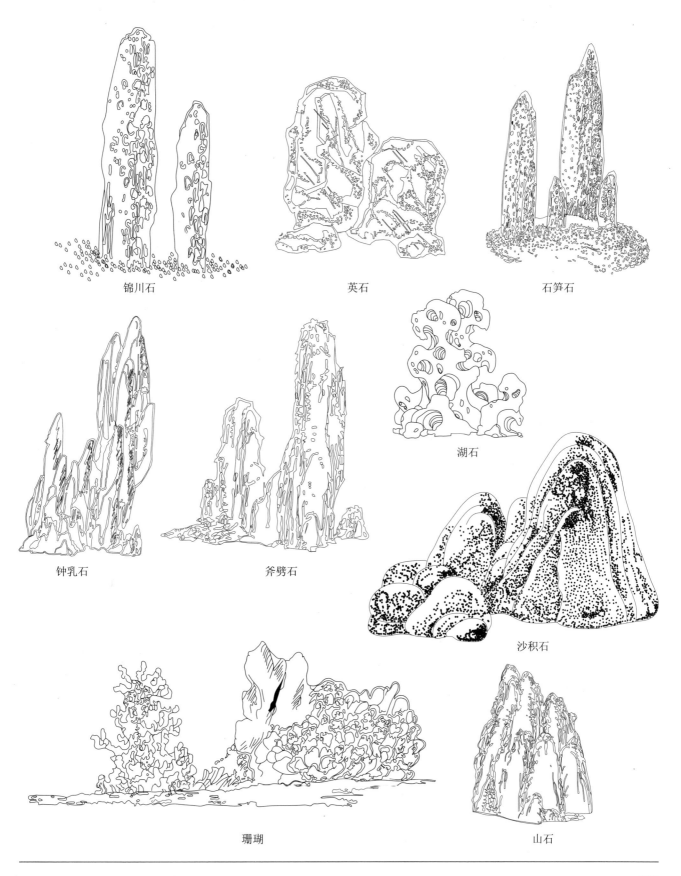

锦川石　　　　　　　　英石　　　　　　　　石笋石

钟乳石　　　　　　　　斧劈石　　　　　　　湖石

沙积石

珊瑚　　　　　　　　　　　　　　　　山石

　　水草是生长在江河、溪涧或水塘中的草类植物，品种很多，将这种水草配置在水族箱中，可以形成优美清雅的景观。它可以极为自然地和鱼和睦而协调地生存在一起，既起到对鱼的陪衬作用，又可以使鱼获得栖身、隐蔽和养护的依靠，有利于观赏鱼的生长和发育。

　　在水族箱中栽种水草，不仅能烘托气氛，而且还能在阳光下进行光合作用，吸收水中的二氧化碳制造氧气，供鱼呼吸。同时，水草还能吸收分解鱼粪中的氮元素，净化水体，夏季可为鱼体遮

阴，起到一定的降温作用。

　　在我国江河、湖泊中自然生长的水草，大多为温带水草。常见的水草品种有狐尾藻、黑藻、金鱼藻、莼菜、水芹、萍蓬草、兰花草、睡莲、莲荷等。水族箱中使用的水草，大多为热带水草，它们的特点是茎、叶较阔，碧绿苍翠，造景极美。现在，被作为饰品用在水族箱中的水草品种越来越多，已达到数十种。在我国常见的有菊花草、牛梨草、琵琶草、扭兰草等。

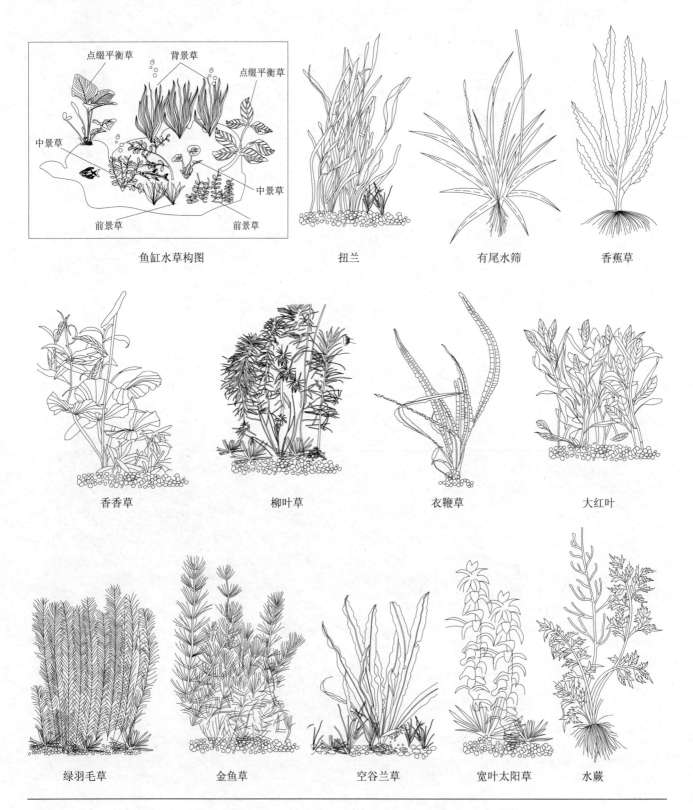

鱼缸水草构图　　　扭兰　　　有尾水筛　　　香蕉草

香香草　　　柳叶草　　　衣鞭草　　　大红叶

绿羽毛草　　　金鱼草　　　空谷兰草　　　宽叶太阳草　　　水蕨

900×450×450

餐厅鱼缸效果图

750×400×450

600×300×300

600×300×400

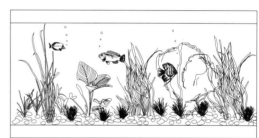

450×300×300

水族箱尺寸 长×宽×高
450×240×300
450×300×300
600×300×300
600×300×360
600×300×400
750×300×450
750×400×450
750×450×450
900×300×450
900×400×450
900×450×450
1000×450×450
1200×450×450
1500×600×450
1800×600×450

1500×600×450

我国五代、宋代时期绘画艺术繁荣，室内布画也成为一种时尚，富豪人家在适当的位置布置一幅字画是必不可少的。既丰富了室内的视觉效果，同时又折射出主人的文化修养和艺术品位。

至明清时期室内陈设多以悬挂在墙壁或柱面的字画为多，一般厅堂多在后壁正中上悬横匾，下挂堂幅，配以对联，两旁置条幅，柱上再施板对或在明间后檐金柱间置木隔扇或屏风，上刻书画诗文、博古图案。在敞厅、亭、榭、走廊内侧多用竹木横匾或对联。

传统民居堂屋正檐上悬挂大幅山水花鸟、治家名言等中堂画轴，其左右两侧悬挂名家书法楹联，厅堂两侧的木板墙上还悬挂字画，木柱上挂左右对称的木质楹联等。这些均反映了中国传统礼教的影响，同时也反映了古人追求平静幽雅的生活、崇尚与自然界的和谐、"天人合一"的文化内涵，也是家庭文化的象征，表现了中国传统文化内涵。

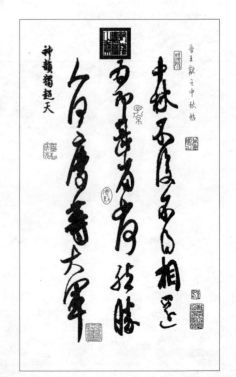

室内厅堂陈设字画的效果图可见本书
209～210页"明清室内陈设"。

　　中国传统的室内设计风格，讲究端庄的气质和丰华的文采，以及丰富的内涵。在我国悠久的历史中，室内陈设内容多、品位高，如陶瓷、玉器、青铜器、文房四宝、字画、盆景等等，都是很多的室内陈设品。绘画、书法、雕塑等等，他们并非室内环境中的必需陈设品，但却因其优美的色彩与造型美化环境、陶冶人的性情，甚至因其所富有的内涵而为室内环境创造某种文化氛围，提高环境的品位和层次。传统中国画、书法等，其格调高雅、清新，常常具有较高的文化内涵和主题，宜于布置在一些雅致的空间环境，如书房、办公室、接待室、图书馆等。

西式画类

风景　　　　　　　　人物　　　　　　　　花卉　　　　　　　　静物

几种西画挂面的形式

 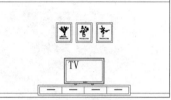  

均衡　　　　　　　　节奏　　　　　　　　放射　　　　　　　　对称

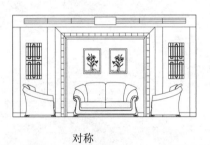  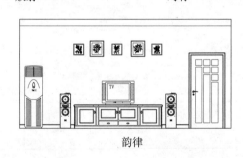

对称　　　　　　　　　　自由　　　　　　　　　　韵律

西式画类室内陈设实例

脸谱是戏曲中某些角色脸上画的各种图案，用来表现人物的性格和特征。脸谱色彩鲜艳、表情生动，富有戏剧的艺术性。脸谱多陈设在中式风格装修的室内空间。

风筝是一种玩具，在竹篾、藤条、铁丝等做的骨架上糊纸或绢，做成彩色的飞禽、动物、昆虫、人物等造型，拉着系在上面的长线趁着风势可以放上天空，其形象栩栩如生，它作为室内陈设品时一般都挂在墙壁上和悬吊在顶棚下。

年画是中国民间喜闻乐见的一种艺术形式，是我国传统绘画的一种独立画种。主要用于岁时年节张贴，故称之为年画。

年画的概念是特指年节之时张贴于住宅内外，表现欢乐吉庆气象的绘画作品，也泛指一切民间艺人制作，并经地方作坊刻绘生成的，反映城乡世俗生活的绘画作品。

中国民间年画不仅内容丰富，色彩鲜艳，而且有着丰富的文化与历史内涵。

福到

健康快乐

大吉祥

国泰民安

财神到

年年有余

招财进宝

风调雨顺

清代竹根调布袋和尚像

清代鉴真和尚

清犀角雕观音像

南宋石雕罗汉立像

明末清初牙雕东方朔造像

明代观音像

唐代三彩骆驼

隋唐初彩绘陶马

清代19世纪竹雕寿老骑鹿像

明代雕漆花卉图盒

清代竹雕牧童

清代康熙象牙漆刻梅花笔筒

明代象牙雕神仙人物图笔筒

清代紫檀镂空雕花佛龛

清代红木嵌螺钿三星图插屏

青铜器

　　青铜器在中国古代艺术史上有着极其辉煌的、不可磨灭的地位，尤其是狞历的周商青铜艺术，更以其恢宏的气势、雄奇的造型、怪谲的纹饰和精湛的技艺，给人以美的享受、美的震撼和美的力量。从青铜器的造型、纹饰、铸造技艺和铭文书体及其有关史实的记载诸方面，都有着独具特色的卓越成就，是中华民族先辈们勤劳与智慧的结晶。青铜器是中国收藏家、艺术家所珍爱的器物，是室内环境中最佳摆设品。

兽形豆
春秋早期　通高290、
豆盘口径152

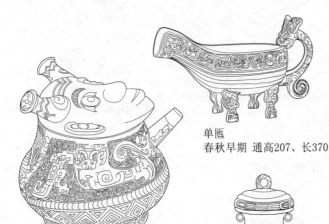

乍旅殷
西周时期　通高320、口径220

单匜
春秋早期　通高207、长370

人面盉
商代后期　通高170、口径115

仲义父
西周晚期
通高442、口径155

昪仲饮壶
西周中期　通高132、口径84×68

大禾人面方鼎半拟人神纹
商代后期　高293、口径293×237

四鸟扁足方鼎鳞纹
西周早期　通高425、口径333

陈侯簠
春秋前期　高124、口径200

龙虎尊
商代后期　通高505、口径447

师趛鬲
西周中期　通高508、口径470

鸟兽纹觥商代后期
长315、高295

龙耳尊
春秋早期　通高391、口径354

徙斝
商代后期　通高446、口径186

几父壶
西周中期
高590、口径160、腹深440

在古代工艺美术史上，漆器艺术占有极为光辉的一页。由于漆器造型可大可小，可方可圆。光泽不变，色彩富丽，装饰纹样可以自由施展，远非青铜铸器所能比拟。漆器品种十分丰富，如饮食用的杯、盘、豆、碗、鼎、盒、壶；盛化妆用的奁；娱乐用的乐器、六博；出行用的车、伞、仗；居室用的几案、枕以及兵器、文具等，几乎应有尽有。他们的胎骨，有木胎、竹胎、皮胎、铜胎、陶胎等。装饰方法有彩绘、针刻（锥画）、沥粉和镶嵌等工艺。

彩绘包括线描、平涂、堆漆和渲染。漆器装饰有人物、龙纹、凤纹、怪兽等，漆器装饰的题材广泛，内容丰富，既有现实生活，又有神话故事；既有奇禽异兽，又有花鸟虫鱼；既有紧张的战斗场面，又有轻松的歌舞弹奏。装饰手法也丰富多彩，既有单线平涂，又有油画漆绘；既有针刻刀雕，又有刻影镶嵌，可以说是集古代艺术之大成，为我们留下了一批珍贵的艺术遗产。

汉　云豹漆壶　湖北江陵凤凰山出土　　　　　　汉　彩绘陶壶

汉　云纹漆盘

彩绘漆器　　　　　楚　凤纹漆奁湖北荆门包山出土

楚　彩绘猪形漆盒

楚　凤纹漆奁　　　　　楚　漆豆　漆酒具　　　　　楚　漆木杯

中国陶瓷历史源远流长，在世界上享有盛誉，为各国所称道，它是中华民族灿烂文化的象征。中国陶瓷艺术是中华民族勤劳和智慧的结晶，是我国优秀文化遗产的组成部分。我国陶瓷艺术以其独特的民族风格、精湛的陶瓷技艺，在国际上享有盛誉。数千年来，品种丰富、形式多样的陶瓷艺术品有着强烈的民族风格，又表现出浓厚的时代和地域特色。

清代青花釉里红花果纹瓶

宋登封腰珍珠地醉汉图瓶

清乾隆珐琅彩龙凤纹双瓶

明代嘉靖黄地红彩龙纹盖罐

宋代登封窑刻虎纹瓶

北齐青釉莲瓣纹四系罐

辽代青釉龙鱼形水盂

元代青花云龙纹带盖梅瓶

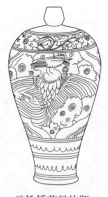

元铁锈花凤纹瓶

西夏黑釉剔地
缠枝牡丹纹罐

北宋定窑白釉褐
彩缠枝牡丹纹瓶

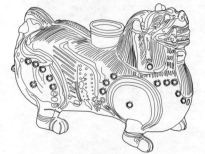

西晋青釉辟邪

新石器时期彩陶器

明代矾红彩八宝纹三足炉

明代万历黄釉紫
彩人物花卉纹樽

明代正德青花阿拉伯文烛台

木材在建筑与室内装饰材料中所占的比重很大，是重要的装饰材料。木材可制成地板、护墙板、踢脚板、顶棚、门、窗、楼梯和各种壁柜及家具等，给人以自然清雅的视觉感受。木材既可做基础材料，也可作为界面材料，既有纯天然的木材做装饰，也有其加工后的复合产品，如细木工板、胶合板、密度板等。

原木锯解前，按锯材规格在原木小头端面上排列出的锯口图式，称为下锯图。下锯图是结合原木条件按产品订制任务的规格、质量和用途而制定的。下锯图是下锯的指示图，也是制材生产的依据。按下锯图锯解，不但能保证完成订制任务的品种和数量，而且能提高原木出材率和木材的利用率。

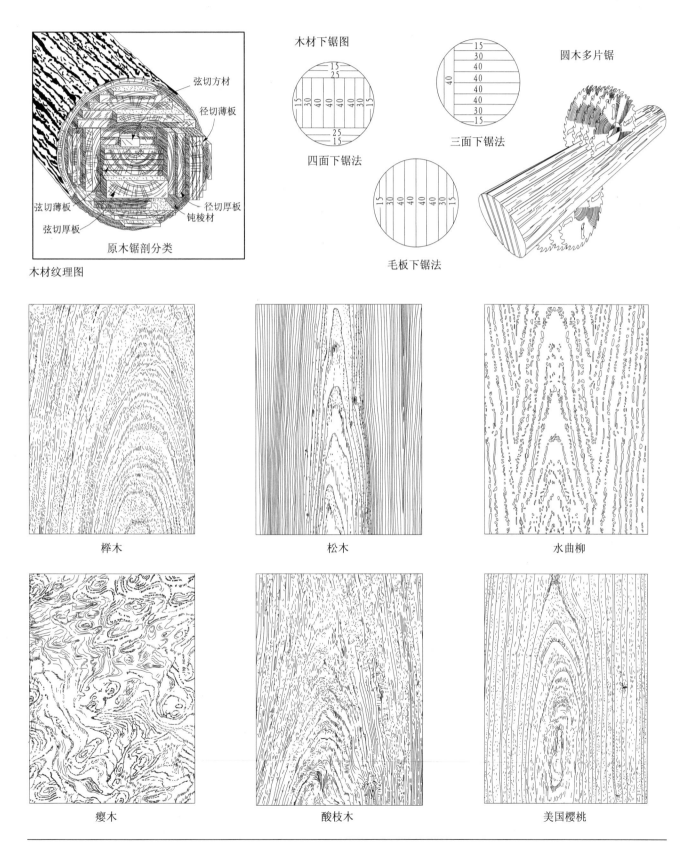

木材纹理图

木材下锯图

四面下锯法

三面下锯法

毛板下锯法

圆木多片锯

榉木

松木

水曲柳

瘿木

酸枝木

美国樱桃

　　木材是人类最早应用于建筑及其装饰装修的材料之一，由于木材具有许多不可由其他材料所替代的优良特性，至今在建筑装饰中仍然占有极其重要的地位。但木材在构造上是各向异性的，同时因其为多孔性材料，所以在使用环境中易产生干缩湿涨引起尺寸变化。另外，木材还具有易燃、易腐、天然缺陷多的问题，在使用中应予以注意。

　　木材的装饰性能好，具有美丽的天然纹理，如直细条樱桃木、柚木；疏密不均的细纹胡桃木；山形花纹的花梨木；勾线花纹的鹅掌楸木等，真可谓千姿百态，除纹理之外，还具有丰富的自然色彩与表面光泽，如淡色调的枫木、橡木，乳白色的白杨，深色调的檀木、柚木、核桃木等，如棕色胡桃木，枣红色的红木。艳丽的色泽、自然的纹理、独特的质感赋予木材优良的装饰性。木材表面可通过贴、喷、涂、印达到尽善尽美的意境。木材的装饰特性表明木材的质感、光泽、色彩、纹理等方面占有绝对优势。设计时应注意同类木制材料的组合协调，色彩的组合协调；凡能最大限度地发挥其特性在整体效果中的效应，就可以取得较好的装饰效果。要突出木材的装饰效果，也可进行异类组合，如木材与金属的组合，柔和了坚硬与耀眼的表面；木材与玻璃的组合，表现了古朴与现代的交流，更富有浪漫气息。

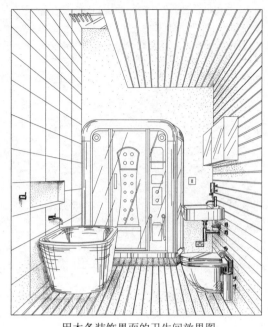

用木条装饰界面的卫生间效果图

木材节疤的利用

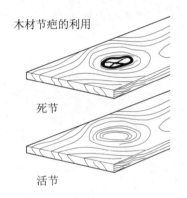

死节

活节

　　节疤可能是一种瑕疵，有时又是一种漂亮的图案。死节一般比较松，常常会脱落。活节与木材本身结合牢固。少数节疤会分泌树脂，要锯掉。也可以用石油溶剂反复揩擦，直至不渗出树脂为止，但这要花费几个月的时间。已经结硬的树脂必须刮掉。

木材堆放方法

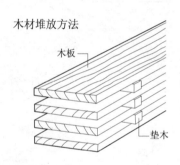

木板

垫木

　　从木材场运来的木材，如果暂时不用，木板应当水平叠放，上层板与下层板之间应垫上横木条，以便空气流通。

墙面原木装饰构造　　　　墙面木板装饰构造

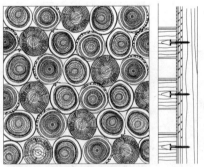

原木断面重叠式

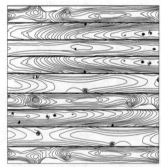

锁扣斜接式

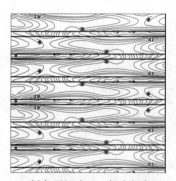

板条平钉式（一般为竖向）

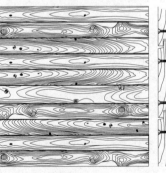

锁扣平接式

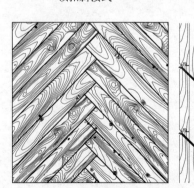

凹凸槽人字式

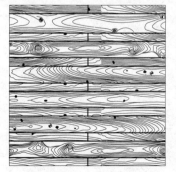

锁扣错位式（一般为竖向）

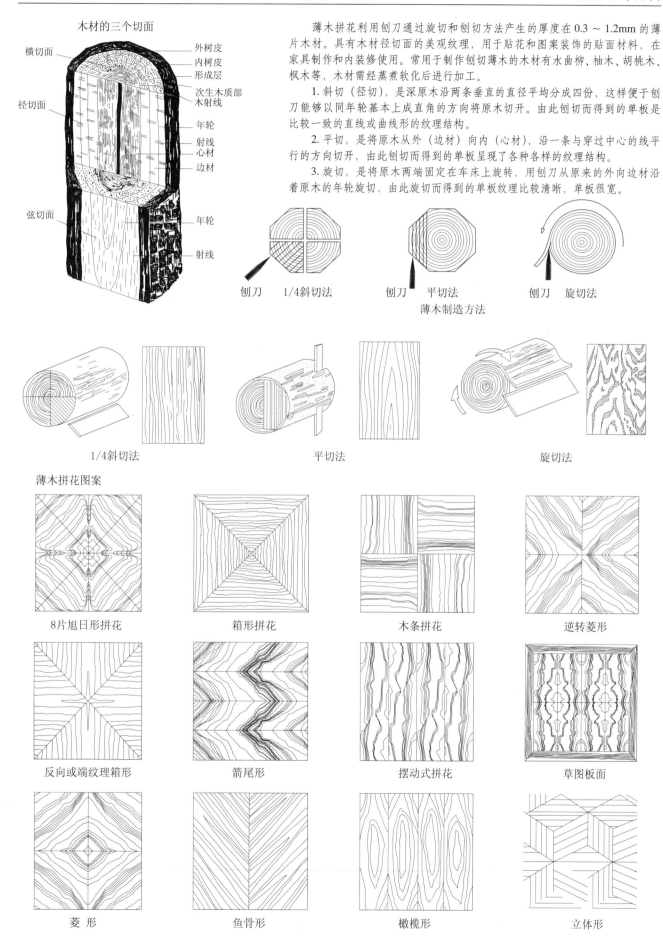

木材的三个切面

横切面　外树皮　内树皮　形成层　次生木质部　木射线　年轮　射线　心材　边材
径切面
弦切面　年轮　射线

薄木拼花利用刨刀通过旋切和刨切方法产生的厚度在 0.3 ~ 1.2mm 的薄片木材。具有木材径切面的美观纹理，用于贴花和图案装饰的贴面材料，在家具制作和内装修使用。常用于制作刨切薄木的木材有水曲柳、柚木、胡桃木、枫木等，木材需经蒸煮软化后进行加工。

1. 斜切（径切），是深原木沿两条垂直的直径平均分成四份，这样便于刨刀能够以同年轮基本上成直角的方向将原木切开。由此刨切而得到的单板是比较一致的直线或曲线形的纹理结构。

2. 平切，是将原木从外（边材）向内（心材），沿一条与穿过中心的线平行的方向切开，由此刨切而得到的单板呈现了各种各样的纹理结构。

3. 旋切，是将原木两端固定在车床上旋转，用刨刀从原来的外向边材沿着原木的年轮旋切，由此旋切而得到的单板纹理比较清晰，单板很宽。

刨刀　1/4斜切法　　刨刀　平切法　　刨刀　旋切法

薄木制造方法

1/4斜切法　　　　平切法　　　　旋切法

薄木拼花图案

8片旭日形拼花　　箱形拼花　　木条拼花　　逆转菱形

反向或端纹理箱形　　箭尾形　　摆动式拼花　　草图板面

菱形　　鱼骨形　　橄榄形　　立体形

1. 木芯板（细木工板）

木芯板是利用天然旋切单板与实木拼板经涂胶、热压而成的板材。从结构上看，它是在板芯两面贴合单板构成的，板芯则是由木条拼接而成的实木板材，其竖向（以芯材走向区分）抗弯压强度差，但横向抗弯压强度较高。

木芯板具有规格统一、加工性强、不易变形、可粘贴其他材料等特点，是室内装饰装修中常用的木材制品。

木芯板从加工工艺上可分为两类：一类是手工板，是用人工将木条镶入夹层之中，这种板持钉力差、缝隙大，不宜锯切加工，一般只能整张使用，如做实木地板的垫层等；另一类是机制板，质量优于手工板，质地密实，夹层树种持钉力强，可做各种家具等。

目前，木芯板大量使用于室内装饰装修中，可做各种家具、门窗套、暖气罩、窗帘盒、隔墙及基层骨架等。

2. 胶合板

胶合板是由木段旋切成单板或木方刨成薄木，再用胶粘剂胶合而成的三层或三层以上的板状材料。由于胶合板有变形小、施工方便、不翘曲、横纹抗拉力学性能好等优点，所以在室内装饰装修中胶合板主要用于木质制品的背板、底板等。胶合板厚薄尺寸多样、质地柔韧、易弯曲，也可配合细木工板用于结构细腻处，弥补木芯厚度均一的缺陷，因此使用比较广泛。

3. 薄木贴面板

薄木贴面板是胶合板的一种，是新型的高级装饰材料，利用珍贵木料如紫檀木、花樟、楠木、柚木、水曲柳、榉木、胡桃木、影木等通过精密刨切制成厚度为0.2～0.5mm的微薄木片，再以胶合板为基层，采用先进的胶粘剂和粘结工艺制成。

适于薄木的树种很多，一般要求结构均匀，纹理通直、细致，能在径切或旋切面形成美丽的木纹。有的为了要特殊花纹而选用树木根段的树瘤多的树种，但要易于进行切削、胶合和涂饰等加工。薄木贴面板具有花纹美观、装饰性好、真实感强、立体感突出等特点，是目前室内装饰装修工程中常用的一类装饰面材。薄木贴面应用较广泛，如吊顶、墙面、家具、橱柜装饰造型等。

4. 纤维板

纤维板是用木材或植物纤维为主要原料，加入添加剂和胶粘剂，在加热加压条件下压制而成的一种板材，其结构均匀，板面平滑细腻，容易进行各种饰面处理，尺寸稳定性好，芯层均匀，厚度尺寸规格变化多，可以满足多种需要。

根据密度不同，纤维板分为低密度、中密度和高密度板。一般型材规格为1220×2240，厚度3～25mm不等。

纤维板适用于室内装饰装修中的书柜、橱柜等各种家具的制作。在其他方面应用也比较广泛，如音响壳体、乐器、车船内装饰装修等。

5. 刨花板

刨花板是利用木材或木材加工剩余物作为原料，加工成碎料后，施加胶粘剂和添加剂，经机械或气流铺装设备铺成刨花板坯，后经高温高压而制成的一种人造板材。刨花板具有密度均匀、表面平整光滑、尺寸稳定、无节疤或空洞、握钉力佳、易贴面和机械加工、成本较低等特点。

由于刨花板的成本低，许多性能又比成材好，所以刨花板的应用非常广泛：（1）适于做贴面基材，很多贴面材料均可用。刨花板密度均匀，厚薄公差小，表面光滑是很好的贴面基材。（2）可用刨花板作为家具的框架、边板、背板、抽屉、门和其他部件等，成本较低。（3）可作为地板的铺垫板，这样的地板强度大，结实，声音效果好，耐冲击。（4）可作室内楼梯踏脚板用，其厚度匀称，不会开裂。（5）适用于做门芯。刨花板门芯不像实木易翘曲，它的隔热和耐声能力有助于减少热量损耗和声波的传递。

6. 拼接板

是将去除缺陷后的小规格材或短料接长，按木材色调和纹理配板，经过胶拼而成的板材，有指接也有平接。应用于木制门窗、家具、沙发扶手、餐桌的台面、教具、挂镜线、踢脚线、镜框、墙围压条、楼梯扶手、活动房屋用组装墙板、屋面板和空心门的内框架等。

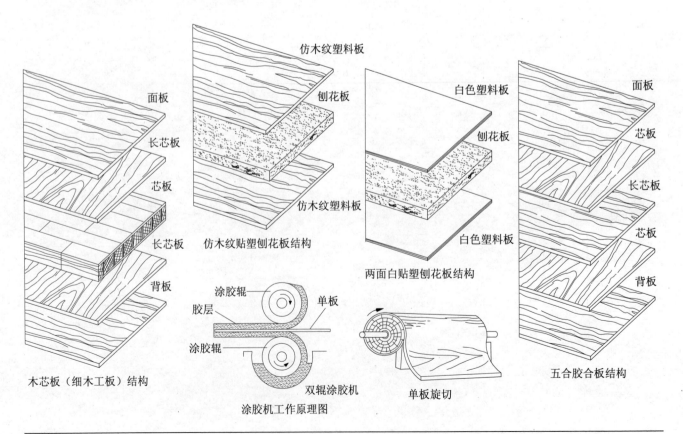

面板
长芯板
芯板
长芯板
背板
木芯板（细木工板）结构

仿木纹塑料板
刨花板
仿木纹塑料板
仿木纹贴塑刨花板结构

涂胶辊
单板
胶层
涂胶辊
双辊涂胶机
涂胶机工作原理图

白色塑料板
刨花板
白色塑料板
两面白贴塑刨花板结构

单板旋切

面板
芯板
长芯板
芯板
背板
五合胶合板结构

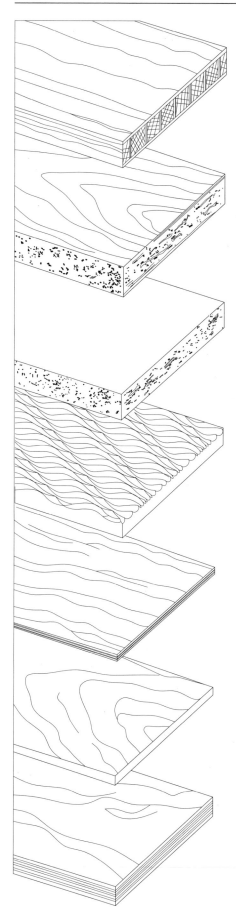

栎木贴面木芯板
　　以栎木和桃花芯木做贴面板比桦木耐用。通常在一面贴栎木或桃花芯木，另一面贴较便宜的木料。

木贴面木屑板
　　这种板材的木贴面分松木、水曲柳、桃花芯木和柚木四种，贴在标准木屑板上起装饰作用。

贴塑密度板
　　表面无须上漆，容易清洗，常用于做家具。通用16厚的板材。

装饰波浪板
　　由中纤板经电脑雕刻并采用高超的喷绘烤漆工艺精工制造而成，是一种新型、时尚、高档的室内装饰材料。品种主要有：直纹、斜波纹、横纹、水波纹、冲浪纹等。

胶合板
　　最常见的是以三层薄木板，按照木纹一直一横一直的顺序粘合而成的三合板。表面打磨光滑后可以上油漆或清漆。板的面层常用桦木。

防水胶合板
　　可用于室内外装修和做室外用的家具。商品名称为船用胶合板或防水防潮胶合板（WBP）。面层大多用桃花芯木。

塑面胶合板
　　颜色和图案花样很多，可做室内护墙板，塑料面层厚的可做工作柜面板。

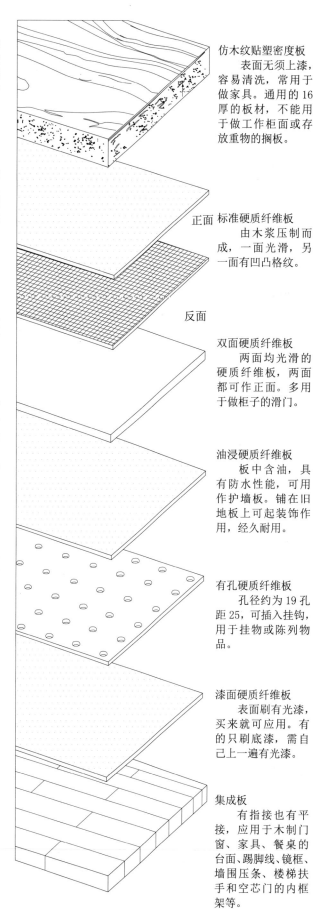

仿木纹贴塑密度板
　　表面无须上漆，容易清洗，常用于做家具。通用的16厚的板材，不能用于做工作柜面或存放重物的搁板。

正面　标准硬质纤维板
　　由木浆压制而成，一面光滑，另一面有凹凸格纹。

反面

双面硬质纤维板
　　两面均光滑的硬质纤维板，两面都可作正面。多用于做柜子的滑门。

油浸硬质纤维板
　　板中含油，具有防水性能，可用作护墙板。铺在旧地板上可起装饰作用，经久耐用。

有孔硬质纤维板
　　孔径约为19孔距25，可插入挂钩，用于挂物或陈列物品。

漆面硬质纤维板
　　表面刷有光漆，买来就可应用。有的只刷底漆，需自己上一遍有光漆。

集成板
　　有指接也有平接，应用于木制门窗、家具、餐桌的台面、踢脚线、镜框、墙围压条、楼梯扶手和空芯门的内框架等。

实木地板是采用天然木材，经加工处理后制成条板或块状的地面铺设材料。优质木地板应具有自重轻、弹性好、构造简单、施工方便等优点，它的魅力在于自然纹理和装饰物都能和谐相配的特性。优质木地板还有三个显著特点：第一是无污染，它源于自然；第二是热导率小，使用它有冬暖夏凉的感觉，第三是木材中带有可抵御细菌、稳定神经的挥发性物质，是理想的地面装饰材料。实木地板一般只用在卧室、书房、起居室等室内地面的铺设。实木地板的规格，一般宽度为90～120，长度为450～900，厚度为12～25。

实木复合地板是利用珍贵木材或优质木材作表层，材质较差或质地较差的木材料作中层或底层，经高温高压制成多层结构的地板。实木复合地板主要有三种：1.三层实木复合地板采用三层不同的木材粘合制成，表层使用硬质木材，中间层和底层使用软质木材。2.多层实木复合地板以多层胶合板为基材，表层镶拼硬木薄板，通过脲醛树脂胶多层压制而成。3.新型实木复合地板表层使用硬质木材，中间层和底层使用中密度纤维板或高密度纤维板。

强化复合木地板由多层不同材料复合而成，着色印刷层为饰面贴纸，纹理色彩丰富，设计感较强，表面耐磨度为普通油漆木地板的10～30倍，内结合强度及表面胶合强度和冲击韧性力学强度都较好，还具有良好的耐污染腐蚀、抗紫外线光性能，具有较好的尺寸稳定性。复合木地板也可以被加工成抗静电地板，主要用于计算机操作间。强化复合木地板的规格长度为900～1500、

宽度为180～350、厚度分别有6、8、12、15、18。

竹制地板是把三年以上的毛竹经烘烤，防虫、防霉处理，胶合热压而成的装饰材料。按结构可分为单层竹条地板、多层竹片地板、竹片竹条复合地板和立竹拼花地板等，具有防腐、防霉、不易变形、材质坚硬、吸水率低、表面光洁、纹理细致、色泽柔和等特点，适用于高级餐厅、酒店的地面、也可用于家庭地面装饰。

塑料地板主要有聚氯乙烯卷材地板和聚氯乙烯块状地板两种。表面平整光洁，有一定的弹性，脚感舒适。常见的宽度1800、2000，每卷长度2000、3000，厚度有1.5、2、3、4。聚氯乙烯卷材地板适合铺设在办公室、会议室、快餐厅等场所。聚氯乙烯块状地板有单层和同质复合两种，其规格为300×300、600×600，总厚度有15、20、25、30。塑料地板花色品种多，有木材、石材、砖材、图案、纯色等样式。安装方便，直接展平铺设即可，聚氯乙烯块材地板比较厚，富有弹性，一般用于室内外体育娱乐场所的铺装。

软木是一种轻质材料，其木质具有独特的蜂窝式环链结构，使其具有不同于其他木质板材的良好弹性。软木板广泛适用于家具局部装饰、室内装饰中的墙、地面等。它具有吸音、防潮、防磨、防火、隔热、防腐等诸多优良性能。软木产品可制作成软木墙、地板。软木地板由高透明树脂，装饰软木层、胶合软木、DVC防潮底层复合而成。软木地板应用时用胶粘合于地面即可。

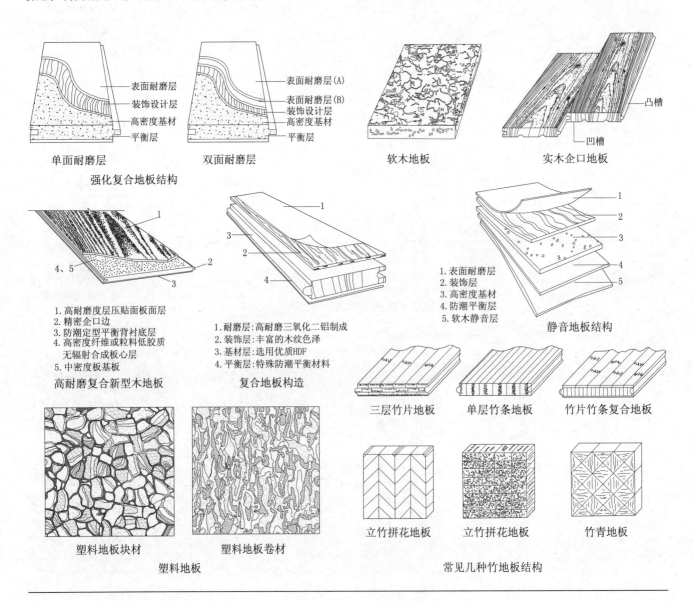

单面耐磨层　　　双面耐磨层　　　软木地板　　　实木企口地板

表面耐磨层
装饰设计层
高密度基材
平衡层

表面耐磨层(A)
表面耐磨层(B)
装饰设计层
高密度基材
平衡层

凸槽
凹槽

强化复合地板结构

1.高耐磨度层压贴面板面层
2.精密企口边
3.防潮定型平衡背衬料底层
4.高密度纤维或粒料低胶质
　无辐射合成板心层
5.中密度板基板

高耐磨复合新型木地板

1.耐磨层：高耐磨三氧化二铝制成
2.装饰层：丰富的木纹色泽
3.基材层：选用优质HDF
4.平衡层：特殊防潮平衡材料

复合地板构造

1.表面耐磨层
2.装饰层
3.高密度基材
4.防潮平衡层
5.软木静音层

静音地板结构

三层竹片地板　　　单层竹条地板　　　竹片竹条复合地板

塑料地板块材　　　塑料地板卷材

塑料地板

立竹拼花地板　　　立竹拼花地板　　　竹青地板

常见几种竹地板结构

　　拼花地板多用硬木制成，拼花地板通常可组成极为夺目的几何效果，或别具创意的设计图案。地板上加上镶边或艺术图案，可将特别的位置界定起来，成为整个房间的焦点。选择何种硬木及何种拼花形式取决于房主爱好。

　　硬木拼花地板显得温馨而有格调，其他材料无法与之相比。硬木拼花地板既实用又美观，增添房间的美感，无论是否铺设地毯，效果都同样好。

　　硬木拼花地板容易清洁、除尘，因而可提供更舒适健康的居住环境。适用与门厅、客厅、餐厅、卧室、书房、过道。

　　硬木拼花地板经年不变，即使过几十年，它依然散发自然光彩，房地产界的人士都认为，硬木拼花地板有助房屋的保值。

拼花地板效果图

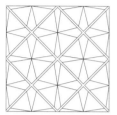 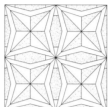 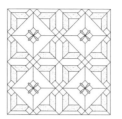

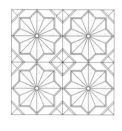 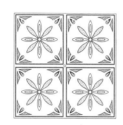   

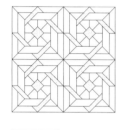 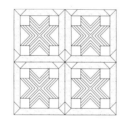  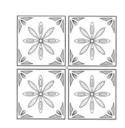 

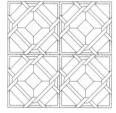 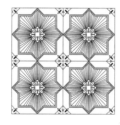 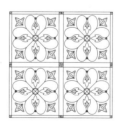 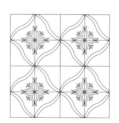 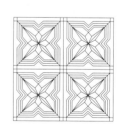

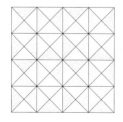 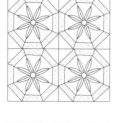 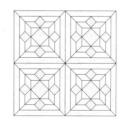  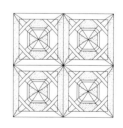

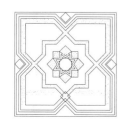   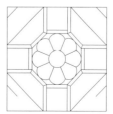 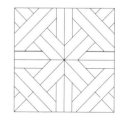

铝塑板装饰柱架效果图

铝塑复合板是以经过化学处理后的涂装铝板作为表层材料，用聚乙烯塑料为芯材，在专用铝塑板生产设备上加工而成的复合材料。

铝塑复合板规格为：1220×2440。耐候性强，耐酸碱，耐摩擦，耐清洗。典雅华贵，色彩丰富，规格齐全。成本低，自重轻，防水，防火，防虫蛀，表面的花色图案变化非常多，并且耐污染，好清洗，有隔声、隔热的良好性能，使用更为安全，弯折造型方便，效果佳，是室内外理想的装饰板材。铝塑板颜色类型有银白、金黄、深蓝、粉红、海蓝、瓷白、银灰、咖啡、石纹、木纹等花色系列。

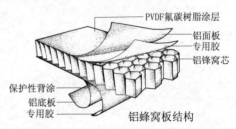

铝蜂窝板结构

铝蜂窝板以往多用于航空航天及军事领域，由于它具有抗高风压、减振、隔声、保温、阻燃、高强度等优良性能，目前在建筑装饰上，外墙板、内墙板、室内隔板、地板、顶板，已被广泛应用。

板的类型和连接设计实例

角铝和密封连接

①吉祥板
②铝铆钉
③角铝（大）
④角铝（小）
⑤密封材料
⑥垫衬材料
⑦垫片
⑧角钢
⑨圆头螺钉

外向拐角处安装实例

①吉祥板
②密封材料
③垫衬材料
④角钢
⑤钢板条

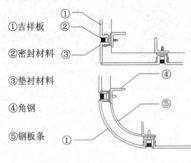

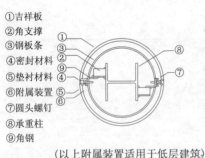

圆柱包覆例

①吉祥板
②角支撑
③钢板条
④密封材料
⑤垫衬材料
⑥附属装置
⑦圆头螺钉
⑧承重柱
⑨角钢

（以上附属装置适用于低层建筑）

内向拐角处安装实例

①吉祥板
②密封材料
③垫衬材料
④角钢
⑤圆头螺钉

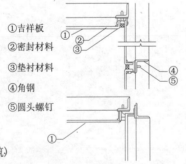

铝塑板结构

铝塑板推荐安装方法：
1. 安装前底墙龙骨需平整度高（先钉龙骨，成型后再钉上石灰板），画上粘板的位置线或直线；
2. 刷上万能胶（涂胶均匀）；
3. 将已切割好的产品按画线的位置粘贴在石灰板上，包柱弯曲；
4. 同上先钉需包柱圆形龙骨（弯曲强度60～90MPa，压形弯曲）；
5. 使用三点式三辊机械压形弯曲，折角：按折角斜角需铣角后再进行折角（铣角时注意深度和角度）；
6. 粘贴后再用封口塑料焊条封口，以防雨水渗漏。

铝塑板成型：
1. 滚压：可用滚压机滚圆弧，注意板面保护；
2. 冲压：使用折弯台或冲压床，弯折内径最小值 $r = 15 \times t$（t＝厚度）；
3. 弯折：经过刨沟后，可用手工弯折，边角的 r 值依刨沟角度而定。

铝塑板的连接与固定：
1. 钻孔：（用于连接）使用铝板及塑胶专用之钻头；
2. 热熔接：使用热焊接及聚乙烯胶条；
3. 粘胶：金属（芯材不粘胶）、商用双面胶带。

建筑顶部安装实例

①吉祥板
②建筑顶部
③角支撑
④角支撑
⑤角钢
⑥密封材料
⑦垫衬材料
⑧圆头螺钉
⑨预埋锚固或膨胀螺栓

方柱包覆实例（以上附属装置适用于低层建筑）

①吉祥板
②角支撑
③角钢
④密封材料
⑤垫衬材料
⑥附属装置
⑦圆头螺钉
⑧承重柱

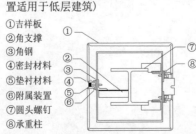

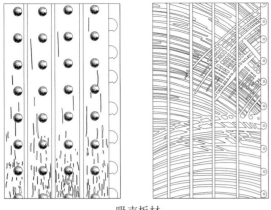

吸声板材

金属板是一种新型的装饰板材，它多彩多姿非常亮丽。金属板的基材可分为 MDF、PB、PC，防火板分别与铝结合，可根据不同的基材与厚度需要加工。金属板的幅面一般为 1220×2440，厚度为 2～5。

基材采用 E1 级环保密度板、刨花板等。表面采用进口高级氧化铝，色泽均匀，光洁平整，耐磨、耐划痕、耐污染腐蚀，耐热、耐冷。采用进口素材，经高温高压复合一次成型，复合强度高，防潮性能强，加工简便。不仅提升金属板价值，而且双面应力面保持平衡，不易变形。

金属马赛克是一种新型装饰材料，产品表面质地考究，色彩多样，安装施工方便。可根据不同的设计要求选材和组合，随意进行装饰搭配，色彩组合效果多样化，是现代装饰设计点睛之材。

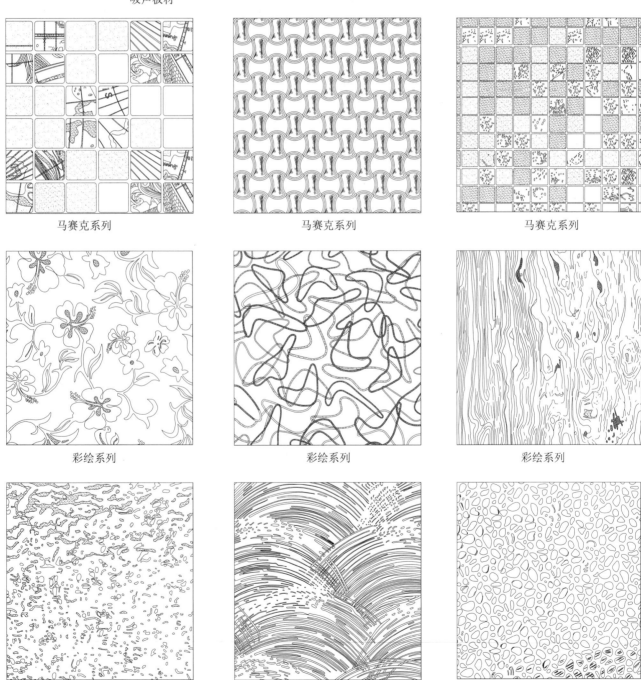

马赛克系列	马赛克系列	马赛克系列
彩绘系列	彩绘系列	彩绘系列
浮雕系列	浮雕系列	镜面系列

纸面石膏板以熟石膏（半水石膏）为胶凝材料，并掺入适量添加剂和纤维板作为板芯，以特制的护面纸作为面层的一种轻质板材。纸面石膏板具有轻质、耐火、加工性能好等特点，可与轻钢龙骨及其他配套材料组成轻质隔墙与吊顶。除能满足建筑上防火、隔声、绝热、抗震要求外，还具有施工便利、可调节室内空气湿度以及装饰效果好等优点，适用于各种类型的建筑。纸面石膏板是各种轻质隔断墙体材料中产量最大，机械化、自动化程度最高的产品，墙体内可安装管道与管线，墙面平整，装饰效果好。

纸面石膏板按照用途分为普通纸面石膏板、耐水纸面石膏板和耐火纸面石膏板三种。纸面石膏板的边部形状分为矩形、倒角形、楔形和圆形四种。

普通纸面石膏板以建筑石膏为主要原料，掺入适量纤维增强材料和耐水外加剂等构成耐水芯材，并与耐水护面纸牢固地粘接在一起的吸水率较低的建筑板材。

耐火纸面石膏板是以建筑石膏为主要原料，掺入适量轻集料、无机耐火纤维增强材料和外加剂构成耐火芯材。

布面石膏板，以改性糯米浆为粘合剂，采用现代技术配方研发的高科技装饰板材。采用纸面复合新工艺，具有柔性好、抗折强度高、接缝不开裂、附着力好等，各个方面远远超过纸面石膏板。布面石膏板具有防火、保温、隔声的作用。布面石膏板的表面是经高温处理过的化纤布，耐久不腐烂，不开裂，能使板的使用寿命达 15 年以上。

无纸面纤维石膏板，是一种以优质天然石膏粉、纤维丝、纤维网格布及其他化学材料浇注成型的无纸面纤维石膏板，无纸面纤维石膏板，用于吊顶可任意造型；特别是在板面拼缝上采用缝粉胶凝后，由于板材表面无纸面，在拼缝粉胶凝时的用材同一配方，工程完工后，不裂缝，能长期保持吊顶装饰整体美感的效果。无纸面纤维石膏板，用于隔墙板材时，一般中间用轻钢隔断龙骨，双面用无纸面纤维石膏板与龙骨胶凝粘接，也可用自攻螺钉将板面紧固在隔墙龙骨上，板厚一般 9.5～12。也可根据客户要求，制作 15～20 以上的厚板，以增加隔声指标及墙体强度。

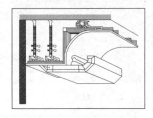 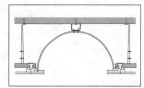 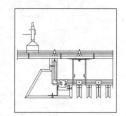

石膏板做吊顶可以通过设计取得丰富的装修空间立体效果

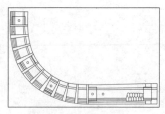

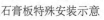

石膏板特殊安装示意

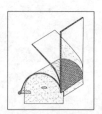

布面石膏板

布面石膏板

纸面石膏板

无纸面石膏板

龙牌嵌缝纸带

嵌缝石膏是由精细的半水石膏粉加入一定的缓凝剂、保水剂等多种助剂混合而成。主要用于石膏板接缝和钉孔的填平。具有高柔性、低收缩、使用方便、粘结强度高等优点，能够有效地解决石膏板在使用中板接缝开裂的问题。

高强度粘结粉采用优质石膏、特殊胶粘剂按一定比例经特殊配方配制而成。专用于布面洁净板的装修，可直接在任何墙面、龙骨、铝合金、木板等墙体材料上使用。

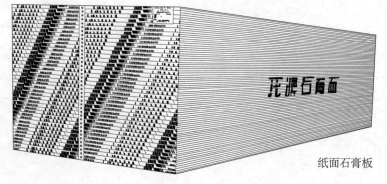

纸面石膏板

水泥板内墙施工方法

    以木芯板（细木工板）为基层，固定找平。把水泥板切割成需要的尺寸。在水泥板反面刷胶，如果使用配套胶水可点装刷涂。把水泥板粘贴在基层板上面，板与板之间需做接缝处理。在板子四周可用不锈钢气排钉固定，也可用尖尾螺钉固定。

水泥板地板施工方法

    地板的施工在潮湿的地方须架高处理，而一般情况下不需做架高处理。在潮湿的地面上先铺上防潮布，重叠至少150后钉龙骨，间隔300×300，其中可以放置木炭（以吸收水分）、石灰粉（以防治白蚁）。上面先铺设细木工板找平。把水泥板切割成需要的尺寸。把水泥板反面刷胶，把水泥板粘贴在基层板上面，板与板之间留缝2左右。在板子四周可用不锈钢气排钉固定，气排钉距离边距最小需20以上，气排钉之间间距100～250。也可用尖尾螺钉固定。

表面处理

    砂纸先初步轻磨水泥板表面一次，去除板材表面污渍，露出板材纹理。如果使用气排钉固定，洞口小可不必修补。修补表面螺丝孔或钉孔时尽量使用原材料的粉末加上建筑107胶水，避免打磨后产生色差。使用FOREX表面涂层或水泥地坪蜡（中性或碱性），需喷涂两遍，外墙需喷涂三遍及以上。

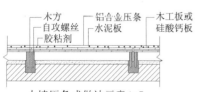

内墙压条式做法示意1:5

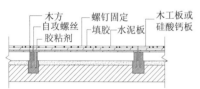

内墙填胶做法示意1:5

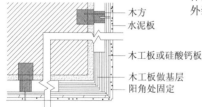

墙阳角压条做法示意1:5

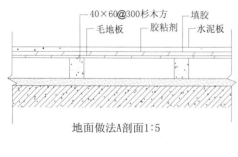

地面做法A剖面1:5

水泥砂浆找平，表面素水泥压光

地面做法B剖面1:5

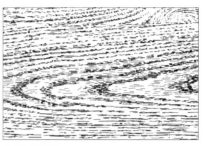

木纹水泥板

    有良好的防水性能、耐腐蚀、抗真菌及白蚁。材质轻、容易切割、可使用一般木工工具或搭配轻隔间工法使用。防火性佳，符合耐燃一级标准；热传导率低，隔热、保温效果佳。适用于汽车旅馆、民用宿舍、别墅、休闲农场、屋顶、造型墙、浴室或其他室内外装潢工程。规格：2000×3000×8。

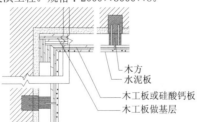

墙阴角压条做法示意1:5

踢脚线处示意1:5

水泥板保护剂

太棒胶

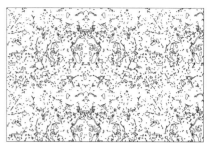

美岩水泥板

    强度高、具有高防水防潮效果。表面分两面，粗面花纹立体美观，细面纹路质感细腻。可用做装饰用外墙、内墙、地板、干式防火隔间墙、湿式轻质灌浆隔间墙等。规格：1220×2440×6、8等。

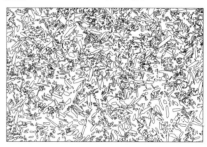

极致金丝板

    除了用做建筑装饰墙面与顶棚外，亦非常适合用于地板、多变化性的表面，一面可用无色透明漆漆上。可用做柱体、梯角、主墙、外墙、造型墙或其他特殊景观设计等场所。规格：1220×2440×8、10、12、18等。

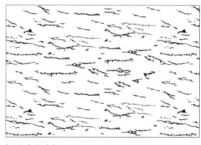

木丝水泥板

    有光面板和毛面板系列。质轻，具有弹性，隔热性能佳。粗面花纹立体美观，散发出独特优雅的气息。是高品质的新型建材，具特殊表面纹路更可彰显高价值质感与特殊品位。可应用于内外墙、地板、顶棚、家具、隔间墙等。规格：1220×2440×8、10、12、16、20、24等。

PC阳光板（聚碳酸酯中空板）采用聚碳酸酯为主要材料，质量轻、强度好、透光度高。阳光板的重量是同厚度玻璃重量1/12～1/15，抗冲击强度是玻璃的80倍，耐弯曲板的175倍以上。透光度达75%以上。阳光板特有的中空结构，使板材具有良好的隔声、隔热、保温性能。

按GB8624—1997生产的PC板的燃烧性能达到难燃一级，是具有广阔使用前途的新型环保、安全材料。阳光板采用三层共挤方法生产，表面覆盖一层高溶度紫外线吸收剂（UV层），除具抗紫外线特性外，并可保持长久耐候、永不褪色。

阳光板有中空板和实心板两大类。主要有白色、绿色、蓝色、棕色等样式，成透明或半透明状，可取代玻璃、钢板、石棉瓦等传统材料。

阳光板正确安装例：

1. 嵌入安装法

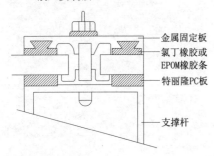

金属固定板
氯丁橡胶或
EPOM橡胶条
特丽隆PC板

支撑杆

2. 螺丝安装法

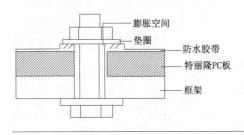

膨胀空间
垫圈
防水胶带
特丽隆PC板
框架

扣板一般常用于厨房和卫生间的顶棚装饰，其外观光洁，色彩华丽。吊顶扣板一般分为塑料扣板和金属扣板两类。

塑料扣板又称PVC扣板，是以聚氯乙烯树脂为主要原料，加入适量的抗老化剂、改性剂等，经混炼、压延、真空吸塑等工艺而成的，具有轻质、隔热、保温、防潮、阻燃、施工简便等特点。但目前多用塑钢板，也称UPVC。塑钢板的物理性能比PVC塑料扣板加强了很多，目前市场上多用塑钢板吊顶。

金属扣板又称为铝扣板，其表面通过吸塑、喷涂、抛光等工艺，光洁艳丽，色彩丰富。铝扣板耐久性强，不易变形，不易开裂，质感和装饰感方面均优于塑料扣板和塑钢板。铝扣板是新型的吊顶材料，具有防火、防潮、防腐、抗静电、吸声、隔声、美观、耐用等性能。

铝扣板分为吸声板和装饰板两种，吸声板孔型有圆孔、方孔、长圆孔、长方孔、三角孔、大小组合孔等，底板大都是白色或铝色。装饰板则注重装饰性，线条简洁流畅，有多种颜色可以选择，有长方形、方形等。

铝扣板在室内装饰装修中，也多用于厨、卫生间的顶面装饰，其中吸声铝扣板也有用在公共空间的。

适用范围：

1. 居家玻璃、室内隔间、人行步道、凸窗、护栏及住宅遮阳板、阳台、淋浴房拉门等。

2. 室内种植园、室内游泳池、日光浴室等温室屋顶。

3. 地铁出入口、停车场、车库车棚、候车亭、车站、商场、大型运动场及各型雨棚等。

4. 园林建筑的凉亭、休息厅、走廊等顶棚。

5. 银行防盗柜台、珠宝店防盗橱窗及警用防暴盾牌。

6. 各类建筑的采光棚。

阳光棚结构一般采用不锈钢、实木或塑钢做框架，用阳光板做底面，构成遮阳棚或雨棚，也可完全搭建成扩展的室内空间。

用不锈钢和阳光板建成的遮阳棚

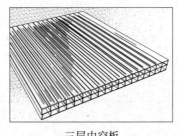

三层中空板

中空板

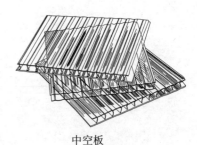

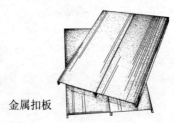

塑料扣板

金属扣板

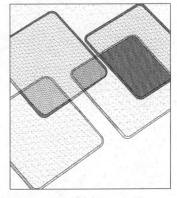

耐力板

　　矿棉板吊顶系统，面层为矿棉吸声板，具有矿棉吸声板自身所有的吸声特性，可以降低房间内的声反射，有利于减弱周围环境传入的噪声。同时，吊顶吸声降低了室内混响，提高了说话时的清晰度，使人们听觉更舒适。采用矿棉板与石膏板复合粘贴的安装方式，还能够大大提高吊顶的隔声性能。将矿棉板加工成穿孔矿棉吸声板，这种吸声板融合了穿孔石膏吸声板在吸收低频噪声时的优势，和矿棉板的吸收高频噪声时的优势，有效地提高了在各个频段时吸声系数，可以有效地改善室内的声环境。

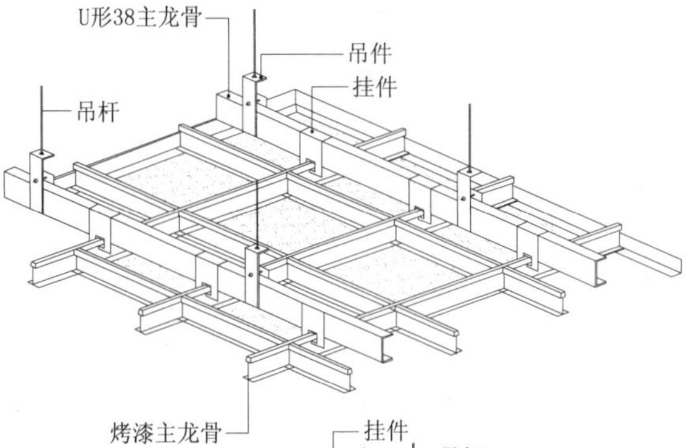

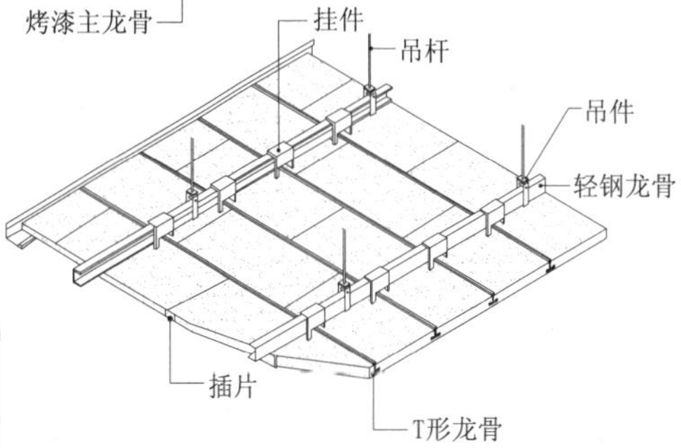

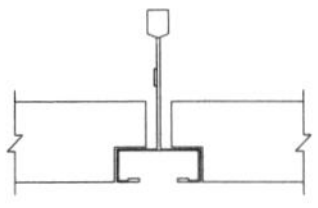

窄边直角跌级：594×594×15配16×32/38立体凹槽烤漆龙骨

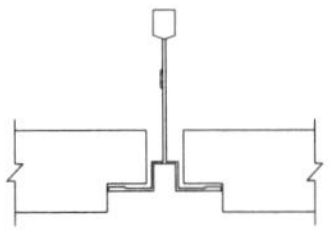

窄边直角跌级：593×593×15配龙牌14×30窄边平面槽形（拼接式）烤漆龙骨

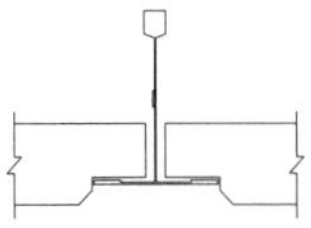

宽边倒角跌级：595×595×15配24×32/38平面烤漆龙骨

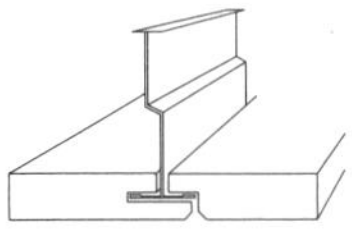

超越暗插：605.5×600×15　605.5×600×18　605.5×1200×18

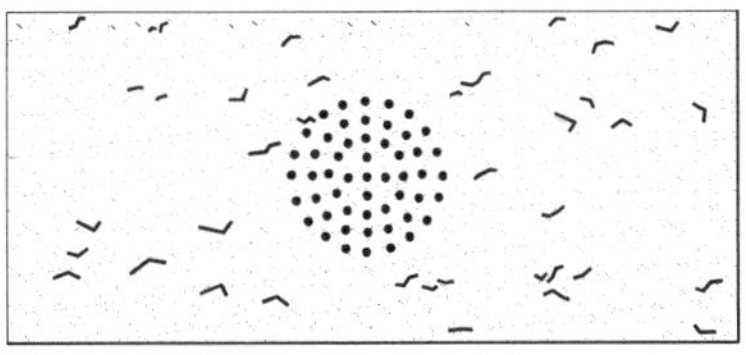

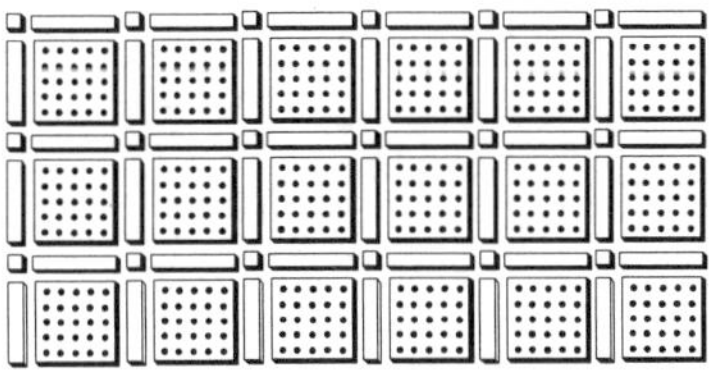

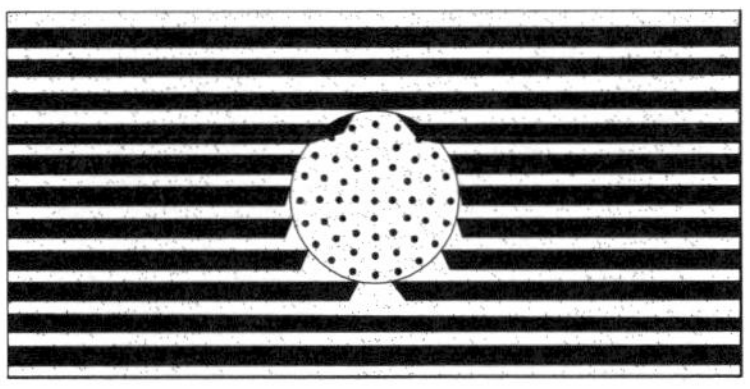

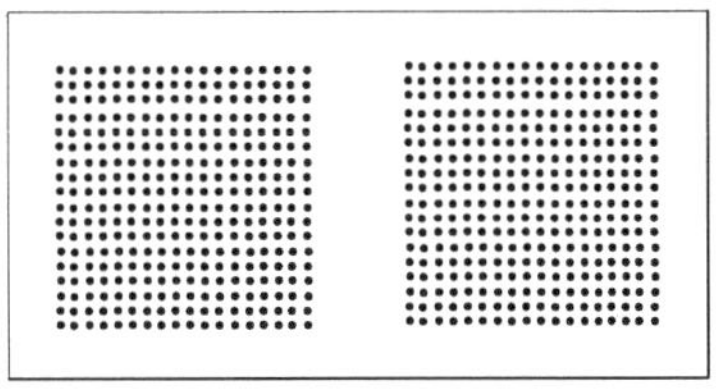

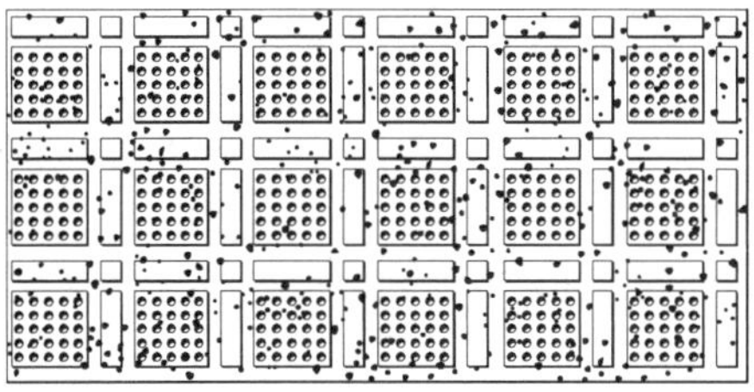

天音

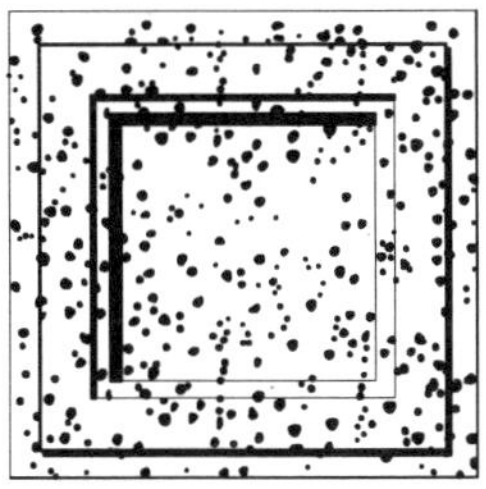

天伦

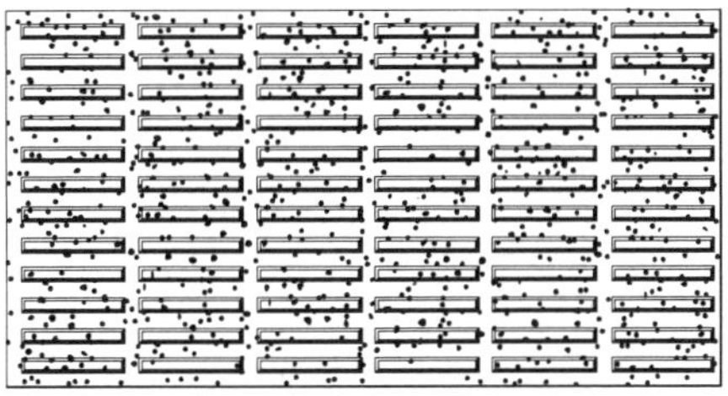

雪俑

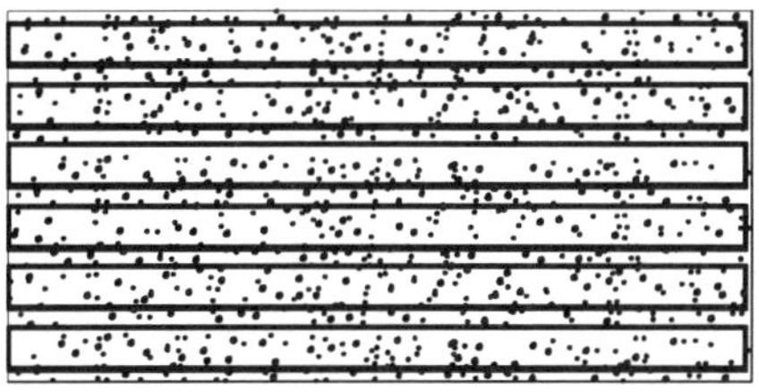

雪瑞

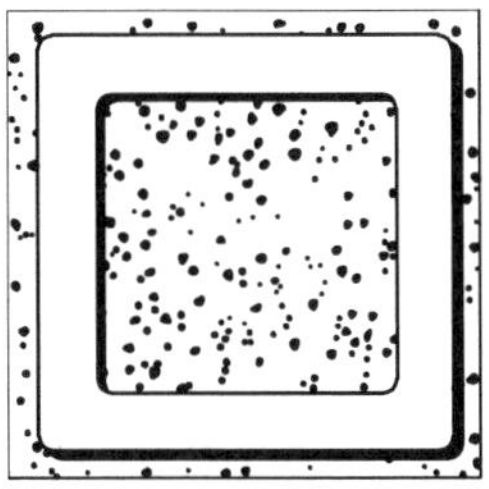

天才

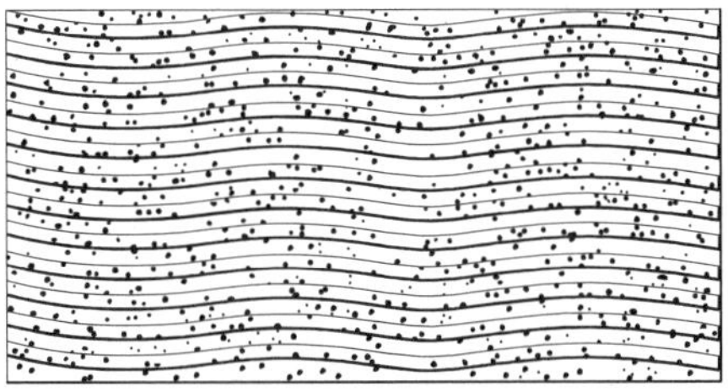

雪莽

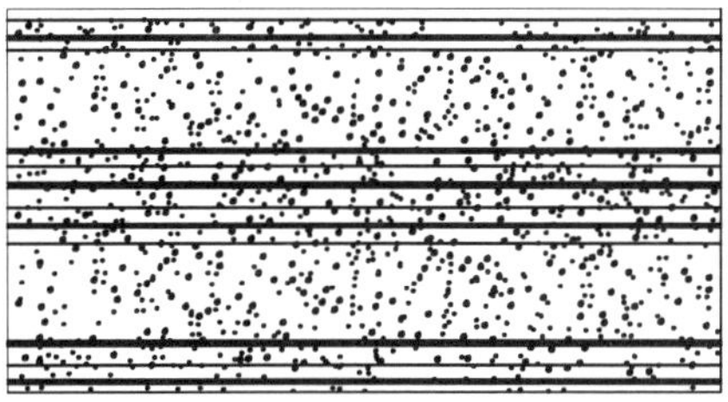

雪阵

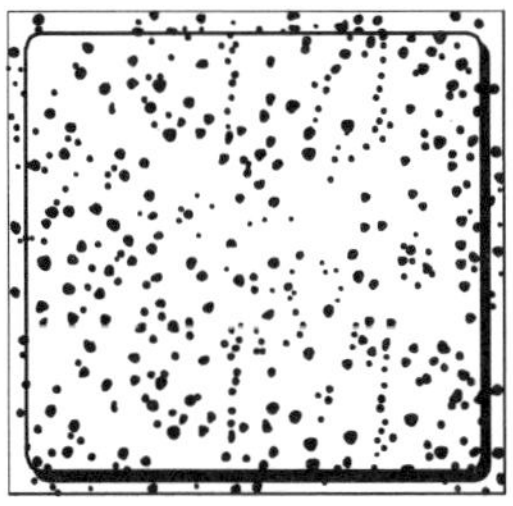

天赋

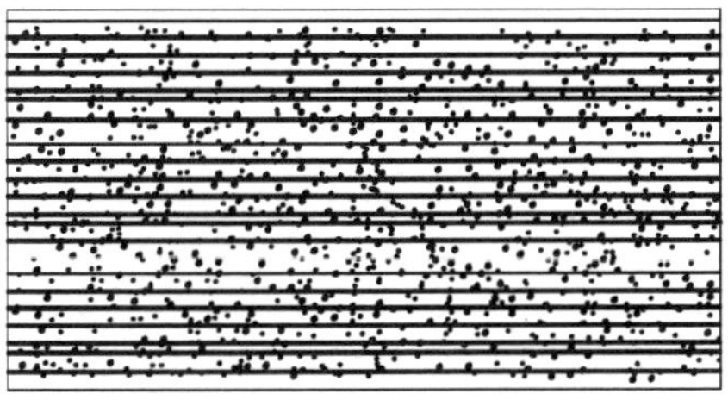

雪川

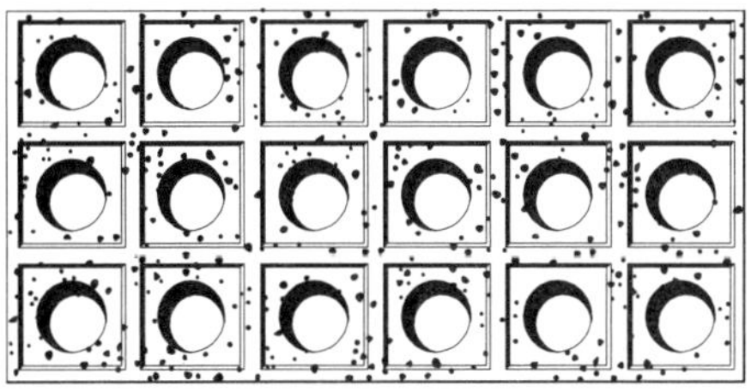

天籁

吸声是声波撞击到材料表面后能量损失的现象，吸声可以降低室内声压级。当需要吸收大量声能降低室内混响及噪声时，常常需要使用高吸声数的材料。

1. 纤维多孔吸声材料

纤维多孔吸声材料内部有大量微小的连通的孔隙，声波沿着这些孔隙可以深入材料内部，与材料发生摩擦作用将声能转化为热能。多孔材料吸声的必要条件是：材料有大量空隙，空隙之间互相连通，孔隙深入材料内部。纤维多孔吸声材料的种类非常多，如离心玻璃棉、岩棉、矿棉、植物纤维喷涂等。离心玻璃棉是常用的一种纤维多孔吸声材料，对声音中高频有较好的吸声性能。使用不同容重的玻璃棉叠合在一起，形成容重逐渐增大的形式，可以获得更好的吸声效果。

阻燃聚氨酯是一种软性泡沫材料，分为开孔和闭孔两种，开孔型泡孔之间相互连通，弹性好，吸声性能好，常用于剧场吸声坐椅内胆或隔声罩内衬。

纤维素喷涂材料是将纤维吸声材料与水、胶混合后在顶棚或墙壁上喷涂而成，施工简便，常适用于改造或面层复杂工程的施工。

厚重多皱的经防火处理的帘幕也常用于建筑吸声，因帘幕便于拉开和闭合，常用于可变吸声。

将岩棉或玻璃棉做成1m长左右的尖劈状可以形成强吸声结构，各频率的吸声系数可达0.99，是吸声性能最强的结构，常用于消声实验室或车间强吸声降噪。

2. 穿孔板

与墙面或顶棚存在空气层的穿孔板，即使材料本身吸声性能很差，这种结构也具有吸声性能，如穿孔的石膏板、木板、金属板，甚至是狭缝吸声砖等。

纸面穿孔石膏板常用于建筑装饰吸声。石膏板上的小孔与石膏板自身及原建筑结构的面层形成了共振腔体，声音与穿孔石膏板发生作用后，圆孔处的空气柱产生强烈的共振，空气分子与石膏板孔壁强烈摩擦，从而大量地消耗声音能量，进行吸声。如果在纸面穿孔石膏背覆一层桑皮纸或薄吸声毡时，空气分子在共振时的摩擦阻力增大，各个频率的吸声性能都将有明显提高，这种纸面穿孔吸声结构广泛应用于厅堂音质及吸声降噪等声学工程中。与穿孔纸面石膏板类似的穿孔共振吸声结构还有水泥穿孔板、木穿孔板、金属穿孔板等。水泥和木穿孔板的吸声性能接近于穿孔纸面石膏板。

水泥穿孔板造价低，但装饰性差，常用于机房、地下室等处。木穿孔板美观，装饰性好，但防火、防水性能差，价格高，常用于厅堂吸声装修。

金属穿孔板常用做吸声吊顶，或吸声墙面，穿孔率可高达35%，后空200以上，内填玻璃棉、岩棉，NRC可达到0.99。在穿孔板后贴一层吸声纸或吸声毡能提高孔的共振摩擦效率，大大提高吸声性能。在板厚小于1的薄金属板上穿直径小于1.0微孔，形成微穿孔吸声板。微穿孔板比普通穿孔板吸声系数高，吸声频带宽，一般穿孔率为1%～2%，后部无须衬多孔吸声材料。在建筑中应用时，吸声材料与吸声结构的吸声性能应稳定，防火，耐久，价格适中，施工方便，无二次污染，美观实用。

以吸高频声为主的墙面和顶棚做法 以吸低频声为主的墙面和顶棚做法

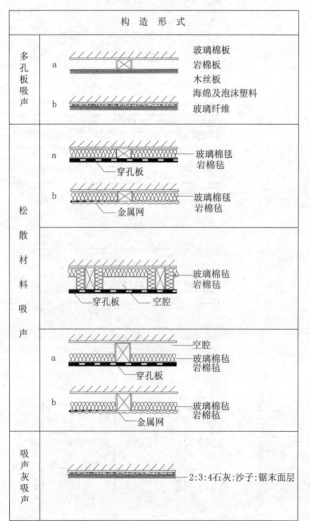

硅钙装饰石膏板是以建筑石膏为主要原料，掺入适量纤维增强材料和外加剂，与水一起搅拌成均匀的料浆，经浇注成型、干燥而成的不带护面纸的板材。所用的纤维材料为玻璃纤维，为了增加板的强度，也可附加长纤维或玻璃长纤维捻成绳，在石膏板成型过程中，呈网格方式布置在板内。板面可制成平面形的，也可制成有浮雕图案或带有小孔洞的形状。装饰石膏板为正方形，其棱角断面形式有直角形和倒角形两种。

板材的规格以 600×600×11 较常用。根据防潮性能不同有普通板和防潮板两类。装饰石膏板表面洁白、花纹图案丰富、质地细腻，个别图案板立体感强。因其装饰效果良好、价格低廉、施工简单而得以广泛应用。可用于宾馆、商场、餐厅、礼堂、会议室、医院等建筑的内墙和吊顶装饰，其中以吊顶装饰最常用。

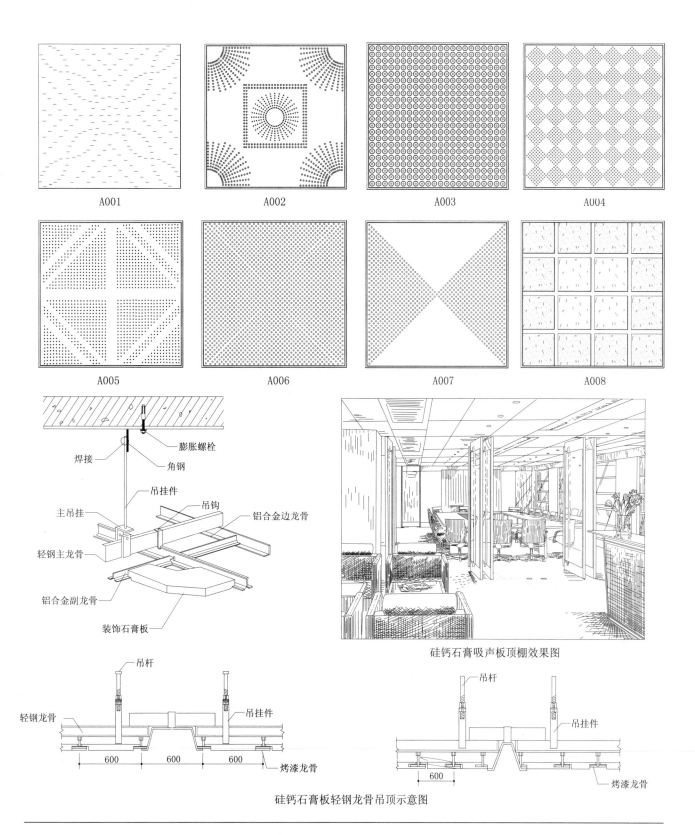

A001　　A002　　A003　　A004

A005　　A006　　A007　　A008

膨胀螺栓
焊接
角钢
吊挂件
吊钩
主吊挂
铝合金边龙骨
轻钢主龙骨
铝合金副龙骨
装饰石膏板

硅钙石膏吸声板顶棚效果图

轻钢龙骨
吊杆
吊挂件
600　600　600
烤漆龙骨

吊杆
吊挂件
600
烤漆龙骨

硅钙石膏板轻钢龙骨吊顶示意图

玻璃纤维吸声板是以水泥为基本材料和胶粘剂，以玻璃纤维、石棉或其他纤维为增强材料，经制浆、成胚、养护等工序而制成的板材。表面有各式各样的穿孔花纹，具有优异声学性能，具有防火、防水、防潮、防蛀、防霉及可加工性好等特点。玻璃纤维吸声板主要用于建筑室内的顶棚装饰，如影剧院、大礼堂、图书馆、展览中心、大商场、博物馆、办公楼、住宅等。

菱形穿孔硅钙板　　　　TY-C02方形套孔

龙骨与吊顶板结构图例

穿孔吸声硅钙板　　正方形穿孔硅钙板　　穿孔高压水泥纤维板　　高压水泥纤维板

四方对角花穿孔硅钙板　六边形穿孔硅钙板　穿孔高压水泥纤维板　麻花格穿孔硅钙板

25格花穿孔硅钙板　　平面冲孔硅钙板　　TY-C03 12方孔　　四角花冲孔硅钙板

金属板材一般使用铝板和镀锌钢板,可以加工成平板、条板、扣板等,也可直接加工成各种形式的空间吸声体。金属穿孔板在声学装修中一般是作为一种透声的饰面材料使用。通常的做法是将金属穿孔板作为吊顶或墙面的饰面材料,在板后填充多孔性吸声材料。比较新型的金属穿孔板吸声构造是在金属板后粘贴一层无纺布。在安装时金属板后留有一定厚度的空腔,空腔内可以不再填充多孔性吸声材料。

安装方法(暗架):

1. 根据同一水平高度装好收边角。

2. 按合适间距吊装 38 号轻钢龙骨,一般间距为 1～2m,吊杆间距按轻钢龙骨的规定分布。

3. 把预装在三角龙骨的吊件连同三角龙骨紧贴轻钢龙骨并与轻钢龙骨成垂直方向扣在轻钢龙骨下面,三角龙骨间距按板宽规格而定,全部装完后必须调整至水平。

4. 将吊顶的两条平行边轻压入三角龙骨的缝中,先在横向和纵向的一边各装一排吊顶板,确定互相垂直后,再把其余的吊顶板装上。

5. 方板与方板的拼接,稍加压力便可达到紧凑的效果,纵向与横向的板缝一定要垂直。

6. 板面安装时把两边保护膜撕开,安装完毕交付使用时,把板面保护膜全部撕下。

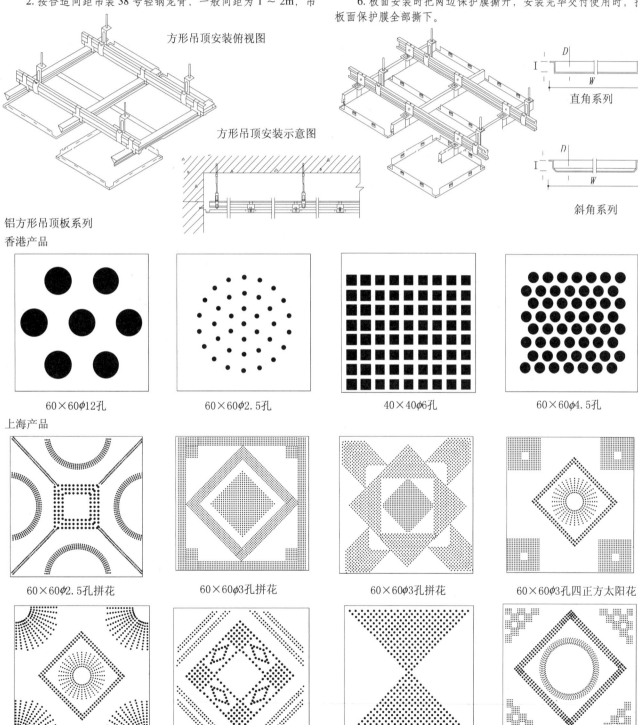

方形吊顶安装俯视图

方形吊顶安装示意图

直角系列

斜角系列

铝方形吊顶板系列

香港产品

60×60φ12孔   60×60φ2.5孔   40×40φ6孔   60×60φ4.5孔

上海产品

60×60φ2.5孔拼花   60×60φ3孔拼花   60×60φ3孔拼花   60×60φ3孔四正方太阳花

60×60φ3孔拼花   60×60φ3孔拼花   30×30φ3孔对角   60×60φ2.5孔拼花

复合吸声装饰板

　　近代的建筑特点是将建筑艺术、功能与高科技相互有机结合,建筑声学随着建筑类别在工程设计中占有不同的地位和作用。音质设计往往成为整个建筑物内部成功与否的重要一环,并且可超越其他,包括外观、内部设施及整体规划等元素。针对不同场馆选用不同消声频率的吸声材料以及吸声装饰板,有系统地均匀分布及安装于大楼吊顶与墙身,可以控制和调整室内的混响时间,消除回声,改善室内的音质,提高语言清晰度,还可以降低室内噪声级,改善生活环境和工作条件。可赛穿孔吸声板是一种复合型的吸声装饰板。其产品因装饰声学要求的需要将表面处理成不同的形状,分为孔形板、条形板、长方形、造型板四大类。

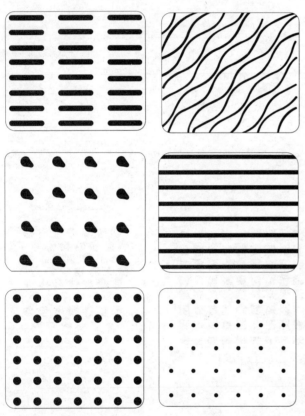

安装龙骨

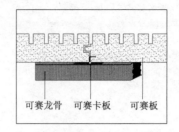

装饰龙骨

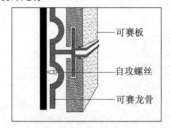

启口拼接安装(分为启口拼接、留缝拼接和线条拼接)

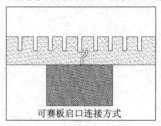

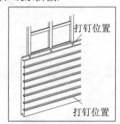

安装操作步骤

1. 测量墙面尺寸,确认安置位置,确定水平线和垂直线,确定电线插口、管子等物品的切空预留尺寸。

2. 按施工现场的实际尺寸计算并裁开部分吸声板和线条,并为电线插口、管子等物体切空预留。

3. 吸声板的安装顺序,遵循从左到右,从下到上的原则。吸声板横向安装时,凹口朝上,竖向安装时,凹口在右侧。

4. 吸声板在龙骨上固定。

5. 收边外用螺钉固定,对右侧、上侧的收边线条安装时为横向膨胀预留1.5,并可采用硅胶密封。

装饰穿孔吸声板结构

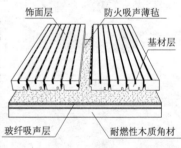

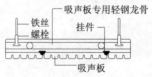

吸声板轻钢龙骨吊顶剖面图　　　　吸声板木龙骨吊顶剖面图

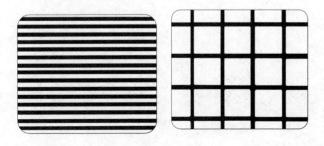

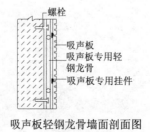

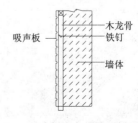

吸声板轻钢龙骨墙面剖面图　　　　吸声板木龙骨墙面剖面图

Heraklith 木丝板即木丝吸声板由菱镁矿和木材细丝合成压制成板材，广泛用于墙面和顶面的装修。菱镁矿内含有防腐剂，能防止木丝腐蚀，保持木丝的原有特性。Heraklith 木丝板已经广泛用于各种装饰工程中，表现出了优异的吸声特性，可谓美观与音质的完美结合。

Heraklith 木丝板主要有以下几种类型：

1.Herakustik Star 是新近设计的吸声装饰板，具有出色的吸声特性，是墙面和顶棚的理想装修材料。由于 Star 板的主要成分为木丝，完全符合环保要求。该板表面可以看出精致的木丝纹路，美观大方，同时由于木丝间存在的空隙使这种木丝结构具有出色的吸声效果。Star 板广泛用于现代办公室、剧院、音乐厅、文化馆等公众场所。作为一种天然材料迎合了现代设计和创新的各种要求，声学效果同样出色。

2.Herakustik F 的表面由精致的木丝覆盖而成，木丝由菱镁矿胶结，并且做到菱镁矿的防腐蚀保护。F 板同样十分环保，广泛用于幼儿园、学校、室内游泳池、旅店和体育馆等场所。

3.Travertin Micro 板的主要构思来源于一系列令人兴奋的建筑设计选择和声学的完美结合。Micro 板表面纹理细致精美，显得大方气派，特别适合装饰顶棚和墙面的装修，例如办公室、公共场所和幼儿园等等。作为一种天然的建筑材料，Micro 同时具

有耐冲击的特性，对于运动型的体育场馆来说，它也是理想的装饰材料。Herakustik 完美的吸声效果可以让大型场馆的户主没有后顾之忧。

Heraklith 装饰吸声板的安装是室内装修的一部分，施工时应控制湿度和温度。所有会引起灰尘的施工在板材安装开始前必须结束。挂件的安装必须符合生产商的规定。安装后，如果出现微小的损伤或有钉头露出，可以用颜料遮涂。尽可能少用颜料，以避免色差。避免板材直拼，因为要在一个点上将四块板材的边角对齐，从安装技术角度上来说是很难掌握的。能够使用木工工具加工板材。切割板材时要防止装饰面被切割产生的灰屑弄脏。可能的话，在室内进行板材的后续加工。作业时，施工人员双手和加工工具必须保持清洁。

Heraklith 装饰吸声板通常颜色呈本色（自然米色）。由于原材料菱镁矿和木材是天然材料，颜色可能会呈微小差异。用户可要求材料进行喷色，在喷色工序中，采用硅酸盐颜料，不会改变板材的物理性能，包括吸声性能。

Heraklith 装饰吸声板不仅能够吸收声波产生的能量，同时还能吸收强烈撞击引起的动能，特别是在体育馆中，该装饰吸声板完全能经受时速 90km 的球休撞击。

合睿木丝吸声板细部效果

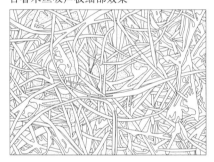

F板大样图

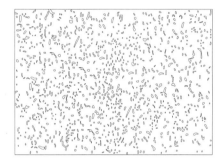

Micro大样图

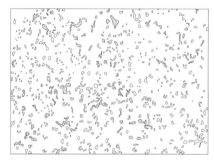

Micro大样图

Star板大样图

用木丝板吊顶时明龙骨和暗龙骨的安装构造

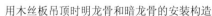

明龙骨的安装构造

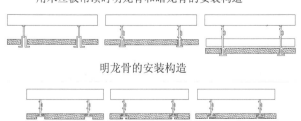

用木丝吸声板吊顶时暗龙骨的安装构造

木丝吸声板装饰的教堂效果图

水泥纤维板（FC 板）又称高压水泥纤维板，其原料为纤维水泥，经高压形成板材，穿孔 FC 板一般厚度为 4，有圆孔和狭缝两种形式，可以形成一定的图案，穿孔 FC 板，穿孔率最高可大于 20%，可用来作为装修的饰面材料。

穿孔 FC 板在开孔率较大时（大于 15%），一般是作为吸声构造的饰面材料，其吸声性能主要取决于其背后的空腔及填充的多孔性吸声材料的吸声特性，当开孔率相对较小时（8%～15%），整个吸声构造的中低频吸声性能将会有一定程度的增加，但高频吸声性能将会受到一定的影响。当开孔率很低时，吸声构造将呈现共振吸声的特性，在某一频段有较高的吸声量，而在大部分频段吸声量很低。

穿孔 FC 板可用于墙面和吊顶的装修 FC 板。一般有 600×600

和 600×1200 两种规格，用于吊顶时可使用明龙骨或暗龙骨，与其他常用吊顶材料的安装方法基本相同。吸声吊顶时，应在板的背后粘贴一层玻璃丝布或无纺布，然后再在上面放置一定厚度的多孔性吸声材料，如玻璃棉等。用于墙面装修时，应先安装一层木或轻钢龙骨，并用自攻螺丝将 FC 板固定在龙骨上，与吊顶相同，在安装前应在板的背后粘贴一层玻璃丝布或无纺布，并在空腔内填入一定厚度的多孔性吸声材料。应注意的是在粘贴玻璃丝布或无纺布时，应将胶点刷在 FC 板的背面，而不能将胶刷在玻璃丝布或无纺布上，以避免胶液将开孔处堵住，影响透声效果。

穿孔 FC 板本身呈灰色，但表面可以进行喷漆处理（必须在安装之前没有粘贴玻璃丝布或无纺布时）。

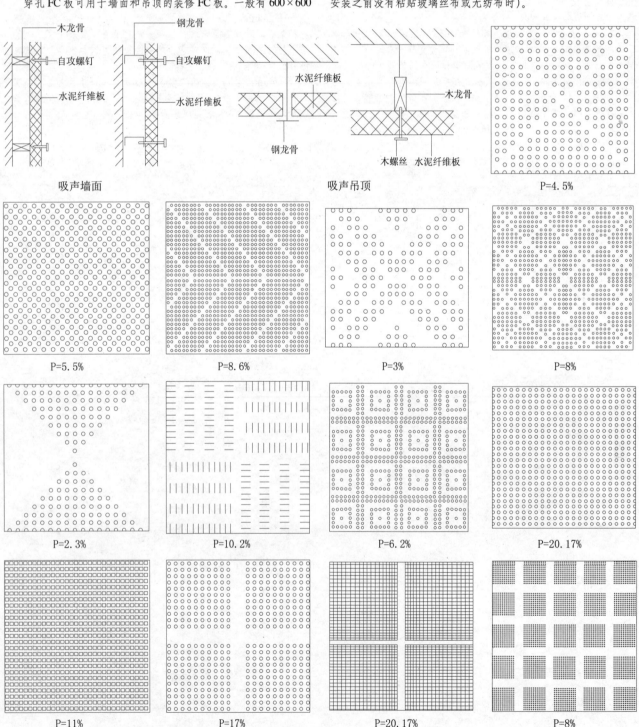

树脂吸声吊顶板是由不饱和聚酯树脂、玻璃纤维、氢氧化铝、碳酸钙和异型剂等主要成分组成，是一种新型的复合成型装饰材料。

热硬化树脂吊顶板耐用、不变形、不褪色、耐腐蚀、耐水，并且脏了以后还可以用水擦洗。是一种无毒无害的绿色环保产品。在潮湿的环境中，根本不会出现腐蚀、变形、褪色等不良现象，非常适合游泳馆、温泉浴场、浴室或特殊场馆。作为一种新型耐腐防燃材料，即使温度达到200℃也不会变形，具有很强的耐热性、绝缘性、吸声性。颜色、图案新颖，多样化，具有较强的组合性，可以随意拼装组图。很方便解决了屋顶内部隐蔽工程维修问题，而且减少了维修工期及成本。

吸声首式
规格：600×600

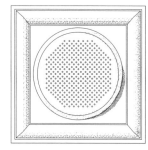

吸声专用圆形
规格：600×600

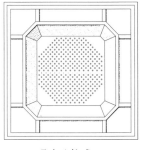

吸声八柱式
规格：600×600

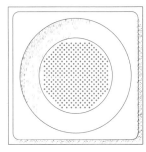

吸声专用圆形
规格：600×600

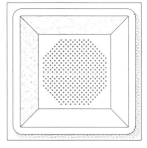

吸声专用四角形
规格：600×600

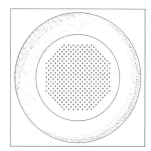

吸声专用圆形
规格：600×600

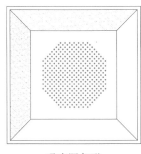

吸声四角形
规格：600×600

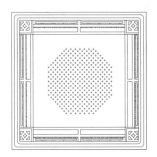

吸声KORETONE
规格：600×600

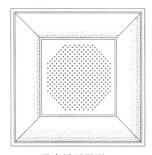

吸声显示器形
规格：600×600

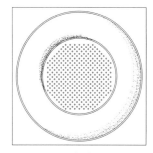

吸声球型
规格：600×600

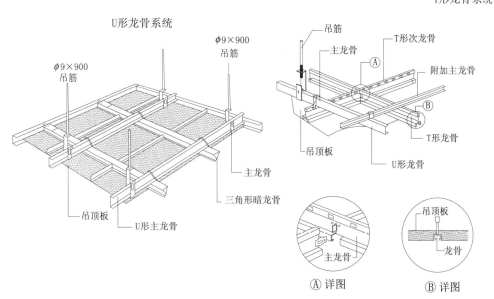

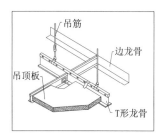

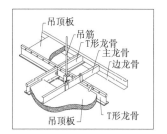

　　所谓花岗石并非单指花岗岩石，是指具有装饰功能，并可以磨平、抛光的上述各种岩浆类岩石。可以成为花岗石的有各种花岗岩、辉长岩、正长岩、闪长岩、辉绿岩、玄武岩等。

　　天然花岗石板材按形状可分为普型板材（N）和异型板材（S）两大类。普型板材（N）有正方形和长方形两种。异型板材（S）为其他形状的板材。

　　按表面加工程度可分为细面板材（RB）、镜面板材（PL）、粗面板材（RU）三类。

　　花岗岩是岩浆岩（火成岩）的一种，主要矿物质成分有石英、长石和云母，是一种全晶质天然岩石。按晶体颗粒大小可分为细晶、中晶、粗晶及斑状等多种，颜色与光泽因含长石、云母及暗色矿物质多少而不同，通常呈灰色、黄色、深红色等。优质的花岗石质地均匀，构造紧密，石英含量多而云母含量少，不含有害杂质，长石光泽明亮，无风化现象，具有良好的硬度，抗压强度好，空隙率小，吸水率低，导热快，耐磨性好，耐久性高，抗冻、耐酸、耐腐蚀，不易风化，表面平整光滑，棱角整齐，色泽持续力强且色泽稳重大方，是一种较高档次的装饰材料。

　　花岗石是一种优良的建筑石材，常用于基础、桥墩、台阶、路面，室内一般应用于墙、柱、楼梯踏步、地面、厨房台柜面、窗台面的铺贴。天然花岗岩制品根据加工方式不同，可分为剁斧板材、机刨板材、粗磨板材、磨光板材。

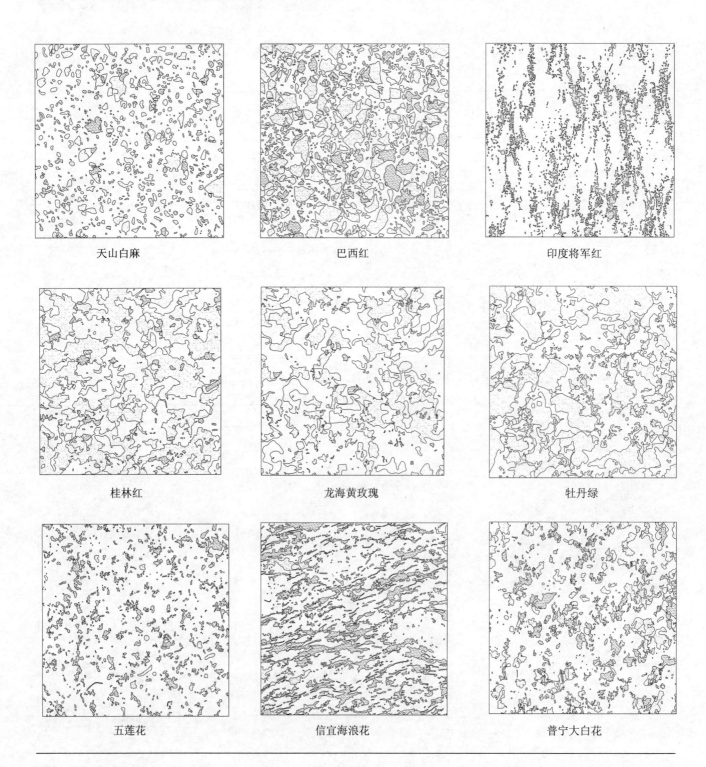

天山白麻　　　　　　　　　　　巴西红　　　　　　　　　　　印度将军红

桂林红　　　　　　　　　　　龙海黄玫瑰　　　　　　　　　　牡丹绿

五莲花　　　　　　　　　　　信宜海浪花　　　　　　　　　　普宁大白花

所谓大理石并非单指大理岩产品，是指具有装饰功能，并可以磨平、抛光的各种碳酸盐类岩石及某些含有少量碳酸盐的硅酸盐类岩石。可称为大理石的岩石大致有各种大理岩、大理化灰岩、火山凝灰岩、致密灰岩、石灰岩、砂岩、石英岩、蛇纹岩、白云岩、石膏岩等。

天然大理石板材分为普型板材（N）和异型板材（S）两大类。普型板材（N）有正方形和长方形两种。异型板材（S）为其他形状的板材。

大理石是一种变质或沉积的碳酸类岩石，属于中硬石材，主要矿物质成分有方解石、蛇纹石和白云石等；化学成分以碳酸钙为主，占5%以上。大理石结晶颗粒直接结合成整体块状构造，抗压强度较高，质地紧密但硬度不大，相对于花岗石易于雕琢磨光。纯大理石为白色，我国又称为汉白玉，普通大理石含有氧化铁、二氧化硅、云母、石墨、蛇纹石等杂质，大理石呈现为红、黄、黑、绿、棕等各色斑纹，色泽肌理效果装饰性极佳。天然大理石石质细腻，光泽柔润，常见的有爵士白、金花米黄、木纹、旧米黄、香槟红、新米黄、雪花白、白水晶、细花白、灰红根、大白花、挪威红、苹果绿、大花绿、玫瑰红、橙皮红、万寿红、珊瑚红、黑金花、啡网等。天然大理石装饰板是用天然大理石荒料经过工厂加工，表面经粗磨、细磨、半细磨、精磨和抛光等工艺而成。天然大理石质地致密但硬度不大，容易加工、雕琢和磨平、抛光等。大理石抛光后光洁细腻，纹理自然流畅，有很高的装饰性。大理石吸水率小，耐久性高，可以用于宾馆、酒店、会所、展厅、商场、机场、娱乐场所、部分居住环境等的室内墙面、地面、楼梯踏板、拦板、台面、窗台板、踏脚板等，也用于家具台面和室内外家具。大理石不宜用作室外装饰，空气中的二氧化硫会与大理石中的碳酸钙发生反应，生成易溶于水的石膏，使表面失去光泽、粗糙多孔，从而降低了装饰效果。

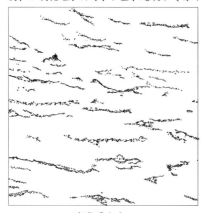

希腊爵士白

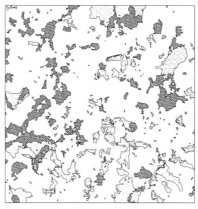

西班牙白珠白麻

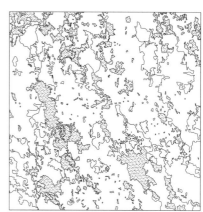

印度虎皮石

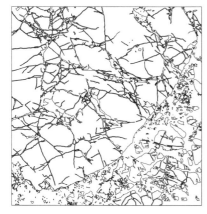

西班牙啡网

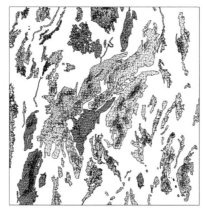

挪威红

意大利科克

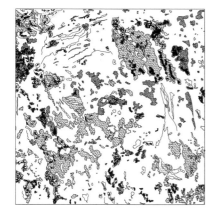

黄玫瑰

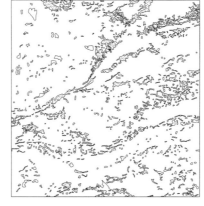

印度午夜玫瑰

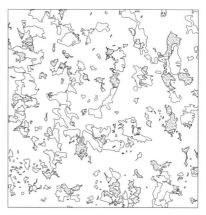

意大利马拉嘎灰

人造装饰石材主要指人造大理石、人造花岗石、人造玛瑙、人造玉石等人造石质装饰板块材料，其花纹、色泽、质感逼真，且强度高、制件薄、体积密度小、耐腐蚀，可按设计要求制成大型、异型材料或制品。人造石板是仿造大理石、花岗石的表面纹理加工而成，具有类似大理石、花岗石的肌理特点，色泽均匀，结构紧密，耐磨、耐水、耐寒、耐热。高质量的人造石板的物理力学性能超过天然大理石，但在色泽和纹理方面不及天然石材自然、美丽、柔和。人造装饰石材可分为水泥型、树脂型、复合型与烧结型四类。其中水泥型的便于制造，质地一般，复合型的采用水泥和树脂复合，性能较好，烧结型的工艺要求高，能耗大，成品率低，价高；应用最多的是树脂型的人造石材。

人造大理石的特点：(1) 重量较天然石材小，一般为天然大理石和花岗石的80%。因此，其厚一般仅为天然石材的40%，从而可大幅度降低建筑物重量，方便了运输与施工。(2) 耐酸。天然大理石一般不耐酸，而人造大理石可广泛用于酸性介质场所。

(3) 制造容易。人造石生产工艺与设备不复杂，原料易得，色调与花纹可按需要设计，也可比较容易地制成形状复杂的制品。

树脂型人造石是以不饱和聚酯树脂为胶粘剂，与石英砂、大理石渣、方解石粉、玻璃粉等无机物料搅拌混合，浇铸成型，经固化、脱模、烘干、抛光等工序制成。树脂型人造石具有天然花岗石和天然大理石的色泽花纹，几乎可以假乱真。价格低廉，吸水率低，重量轻，抗压强度较高，抗污染性能优于天然石材。对醋、酱油、食用油、鞋油、机油、墨水等均不着色或十分轻微，耐久性和抗老化性较好。市场上销售的树脂型人造大理石一般用于厨房台柜面。

水泥型人造石是以水泥（硅酸盐水泥或铝酸盐水泥）为胶凝材料，砂为细骨料，碎大理石、花岗石、工业废渣等为粗骨料，按比例经配料、搅拌、成型、研磨、抛光等工序而制成的人工石材。制成的人造石具有表面光泽度高、花纹耐久等特性。其抗风化、耐火性、防潮性都优于一般的人造大理石，但价格却非常低廉。在室内地面、窗台板、踢脚板等装饰部位得到了广泛应用。

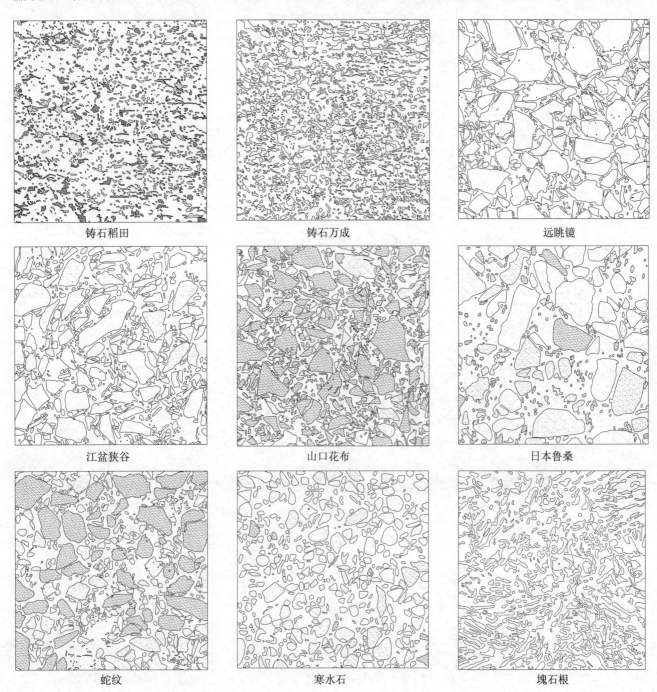

铸石稻田　　　　　　　铸石万成　　　　　　　远眺镜

江盆狭谷　　　　　　　山口花布　　　　　　　日本鲁桑

蛇纹　　　　　　　　　寒水石　　　　　　　　块石根

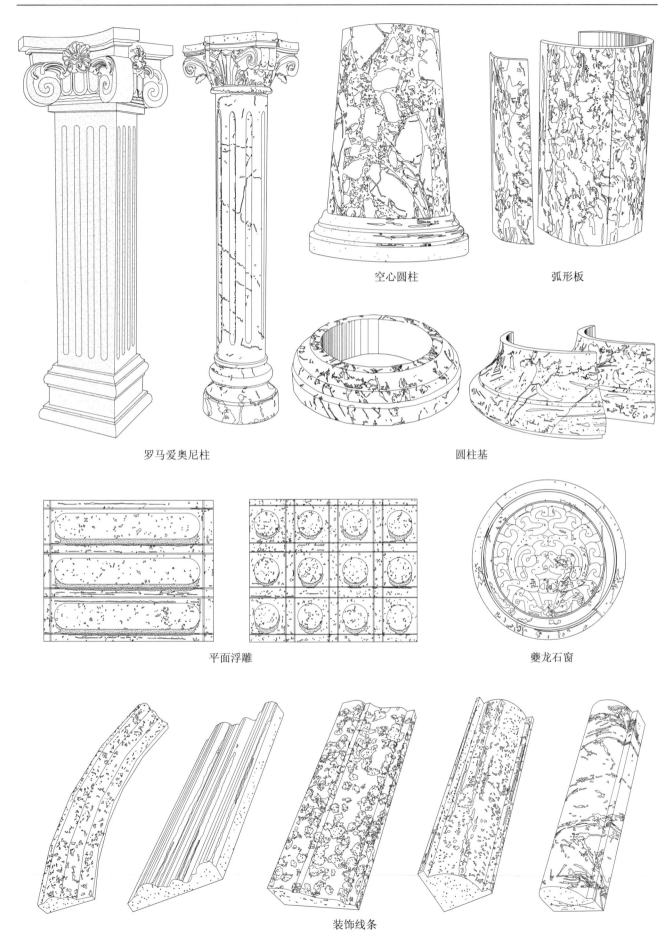

空心圆柱　　　　　　　弧形板

罗马爱奥尼柱　　　　　　圆柱基

平面浮雕　　　　　　　　夔龙石窗

装饰线条

3200×540　　　3100×600　　　3000×500　　　3200×600　　　3200×480

3300×600　　　3200×510　　　3200×480

1170×165　　　1150×200　　　1150×170　　　1350×420

石材栏杆　　　　　　　　　　石材雕塑柱

天然石材板材具有构造致密、强度大的特点，因此具有较强的耐潮湿、耐候性能。它的图案花纹绚丽、自然、色彩多样，装饰效果质朴、舒畅，且具有抗污染、耐擦洗、好养护等特点。

建筑装饰石材包括天然大理石、天然花岗石、人造装饰石材，每一类又有几百个花色品种，它们色彩丰富，质地各异，构成了五彩缤纷的石材天地。天然石材以它特有的色泽和优美的纹理在室内外装饰环境中得到广泛的应用。

在大面积的石质地板中，镶嵌一些特殊的图案，可以增加地面造型的丰富性。按照镶嵌形式的不同，石材拼花大致上可分为拼花、滚边及填角三种，通常利用电脑水刀切割石材拼凑而成，花样繁多、色彩丰富，可选择适合地面作整体图案设计，也可以局部范围使用。石材拼花可活泼原本单调的地面，展现千变万化的风貌，更显其豪华之气，对室内空间带来良好的装饰效果。

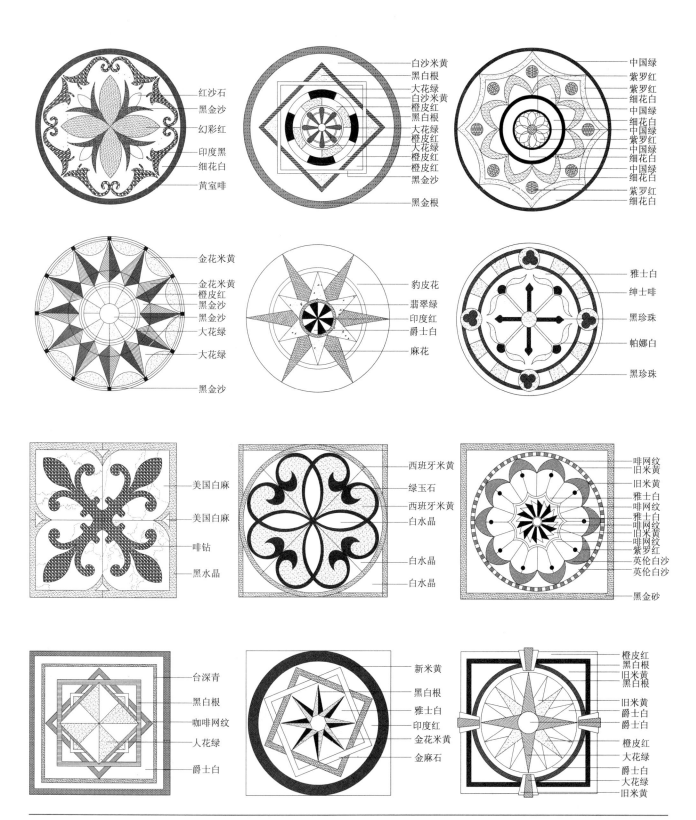

　　沙岩多半由石英颗粒组成，少数由长石胶结碎屑
而成，而有的是由石英、长石或其他云母碎屑组成，
颜色主要取决于胶结物，有灰黄、褐色、白色等。砂
岩雕是一种人造的石材制品，它的系列制品有圆雕、
浮雕、板材、花盆、柱墩、壁炉架、挂件、喷水、门套、
灯饰、栏杆、镜框、台基、线条等。

　　沙岩雕系列制品常用于酒店、园林、会所、高级
娱乐场所等处的室内外装饰。在装饰中所雕刻的拙朴
厚重及优美灵动的艺术形象，将众多景点巧妙地结合
与点级。作为一种新型的装饰石材，正在以其优越的
材质特性与变化万千的艺术可塑性，创造美轮美奂的
城市人居环境。

壁饰φ350

壁饰φ350

壁饰φ350   壁饰φ350

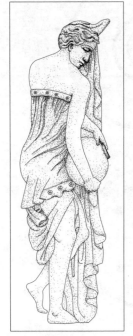 

浮雕2000×700　　　　　浮雕2000×700

挂件φ600　　　　喷水1450×700

浮雕2000×700　　　　　浮雕2000×700

浮雕2000×700×250　　　　浮雕2460×640

天然石不褪色、耐风化、耐寒冷、耐潮湿、保温性强，容易清洁、保养方便。石材加工与砌筑以天然石的精华为母体，保留了天然石的石形、纹理和质感，捕捉了天然石的每一点席位的痕迹，造就了逼真的自然外观和感觉。为人们提供了一个无限遐想、无限构思的设计创作的广阔空间和表现手段。

深山乱毛石大小迥异，形态万千，粗糙的表面，令人回想起田园气息，建筑表现出一种朴素的美，充满田园风格及色泽。它的朴素、美观，显现出每块石材的天然之美、独到之处。

河滩卵石与蛮石叠累于深山溪水间，远看光滑，近看却斑痕累累。水磨的表面、厚重的质感以及柔软平滑的曲线，它愈久弥新的特点更彰显其浓厚的文化品位，呈现悠远的历史气息。

高山层岩外形，有独特的层次感，以及明显的岩石纹理。层岩石块契合紧密，勾缝细窄，凹凸的层次感，留下浅浅的阴影。棱角方直，具有平整的上下面，且竣工后外观具有明显的手工式敷设特征，融会自自然之美，给装饰带来全新的震撼。

天然石以其丰富的自然面、多变的外观及鲜明柔和的色彩，充分体现高贵典雅、韵味独特的装饰效果，符合人们返璞归真、回归自然的心态。

天然石材的表面加工处理

（1）抛光：将石料上板材通过粗磨、细磨、抛光的工序使板材具有良好的光滑度及较高的反射光能力，抛光后的石材其固有的颜色、花纹得以充分显示，装饰效果更佳。

（2）哑光：将石材表面研磨，使石材具有良好的光滑度，虽有细微光泽但反射光线较少。

（3）烧毛：用火焰喷射器灼烧锯切下的板材表面，使其表面一定厚度的表皮脱落，形成表面整体平整但局部轻微凹凸起伏的形状。烧毛石材反射光线少，视觉柔和。

（4）剁斧：用斧头錾凿石材表面形成特定的纹理，剁斧石一般用手工工具加工，如花锤、斧子、錾子、凿子等通过捶打、凿打、劈剁、整修、打磨等办法将毛坯加工成所需的特殊质感，其表面的纹理有网纹面、锤纹面、隆凸面等多种形式。

（5）喷砂：用砂和水的高压喷射流将砂子喷到石材表面，形成有光泽但不光滑的表面。

（6）机刨纹理：通过专用刨石机械将板面加工成特定凸凹纹理。

（7）其他特殊加工：如在抛光石材上局部烧毛作出光面毛面相接的效果，在石材上钻孔产生类似于穿孔特殊效果等。

1.石料砌筑形式

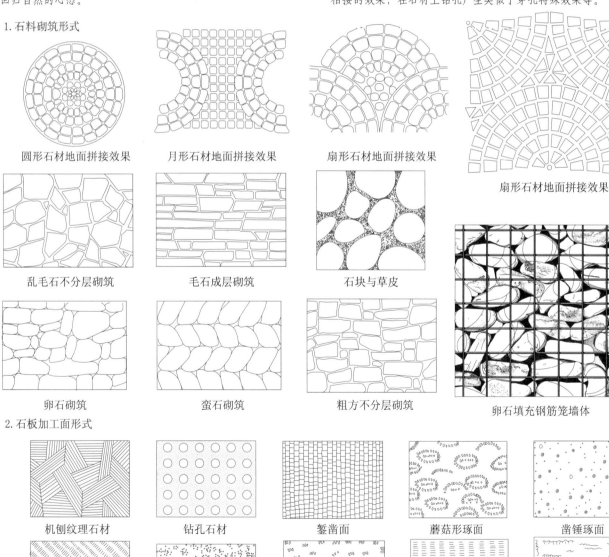

圆形石材地面拼接效果　　月形石材地面拼接效果　　扇形石材地面拼接效果

扇形石材地面拼接效果

乱毛石不分层砌筑　　毛石成层砌筑　　石块与草皮

卵石砌筑　　蛮石砌筑　　粗方不分层砌筑

卵石填充钢筋笼墙体

2.石板加工面形式

机刨纹理石材　　钻孔石材　　錾凿面　　蘑菇形琢面　　凿锤琢面

齿形花锤琢面　　粗琢面　　錾剁面　　竹帘形琢面　　斧金琢面锤

透光石与琉璃板材以水晶树脂为原料,采用难度极高的脱蜡浇铸法而制成。透光石具有多种花色、纹路各一的特点,比天然石材薄,本身重量比天然石材轻。透光石表面没有孔隙,水渍不易渗入。光泽度好,透光效果明显,可拼接成多种图案,加工快捷,安装轻便。

透光石具有较好的透感,如玉似石,可逆性和加工性好,可加工成柱、弧、锥等形状,具有较高的强度和硬度,容重轻、耐腐蚀、对人体无毒无害、无辐射,是理想的绿色环保装饰材料。产品属高分子合成制品,安全环保,易加工,好护理,分量轻,尺寸造型可定做、色彩丰富等。

透光石表面效果有:亚光、高光、双面光、半光、麻面等可选择。透光石装饰可使用冷光源:日光灯、LED等,如需变化灯光效果可选择暖色光管(黄光)或白光,以达到最佳光环境效果。光源离透光石的距离一般在150~200mm之间,底盘贴专用灯饰防火反光材料,其透光效果更佳。广泛适用于酒店、宾馆、娱乐场所、电影电视布景、居家住户等顶棚、墙面、柱子的透光装饰。

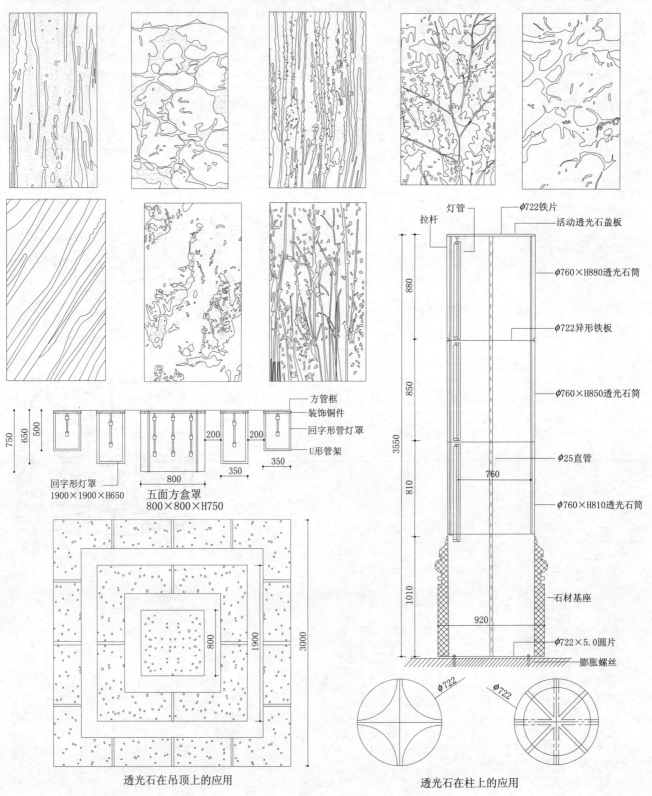

透光石在吊顶上的应用

透光石在柱上的应用

釉面砖又称为陶瓷砖或釉面陶土砖，是一种传统的墙面砖，是以黏土或高岭土为主要原料，加入一定的助溶剂，经过研磨、烘干、筑模、施釉、烧结成型的精陶制品。釉面砖的正面有釉，背面呈凹凸方格纹。由于釉料和生产工艺不同，一般有白色釉面砖、彩色釉面砖、印花釉面砖等多种。由陶土烧制而成的釉面砖吸水率较高，强度较低，背面为红色；由瓷土烧制而成的釉面砖吸水率较低，强度较高，背面为灰白色。釉面内墙砖的颜色和图案丰富、柔和典雅、表面光滑，并具耐急冷急热、防火、耐腐、防潮、不透水和抗污染等性能。现今，主要用于墙地面铺设的是瓷质釉面砖，质地紧密，美观耐用，易于保洁，膨胀不显著。

艺宝砖是全新的施釉玻化砖，汇集了天然石材质感，复古砖的深沉韵味，抛光砖的亮丽堂皇，其放射性低于天然石材和各系列抛光砖，接近零辐射，经摄氏1千多度高温煅烧制成陶瓷制品后，花纹容色肌理是透色析彩，不是普通瓷砖表面上的粗犷花纹，而且看得见、摸不着的特殊容色肌理，经过完全玻化的抛釉处理的产品，硬度莫氏可达5级，耐磨度三级，达到微粉抛光砖效果，色彩亮丽，色度饱满，光亮如镜，既富丽堂皇，又具有欧洲复古风格。艺宝砖将自然之美与现代艺术、古典艺术完美结合起来，并综合了东西方文化两者之美，集中了西方雕塑艺术、油画、现代绘画与大自然天然石韵之诸多文化元素。图案充分表现出一种来自自然、超越自然的艺术境界，并渗入了玄秘的天堂意象，画面呈现出天然石韵最美的纹路和色彩。

釉面砖的应用非常广泛，主要用于厨房、餐厅、浴室、卫生间、走道、医院等内墙面和地面，可使室内空间具有独特的卫生、易清洗和装饰美观的效果。

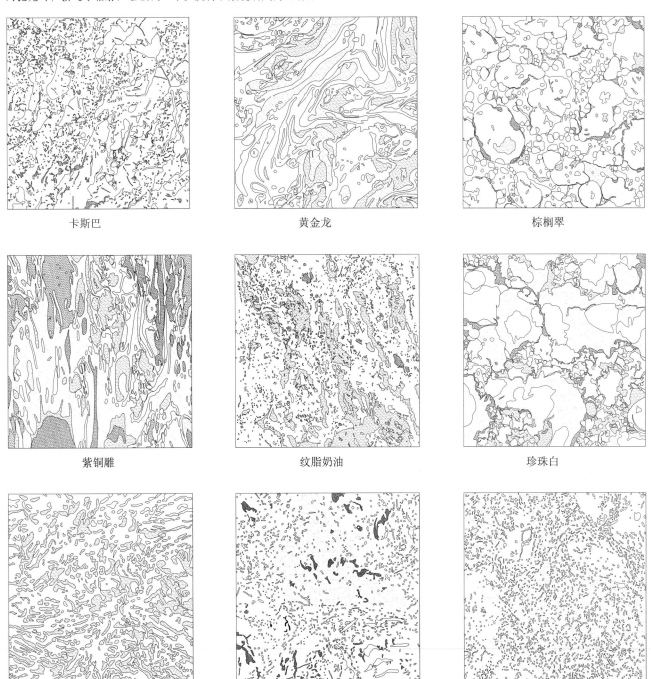

卡斯巴　　　　　　　黄金龙　　　　　　　棕榈翠

紫铜雕　　　　　　　纹脂奶油　　　　　　珍珠白

块石根　　　　　　　金土岩　　　　　　　南占礁

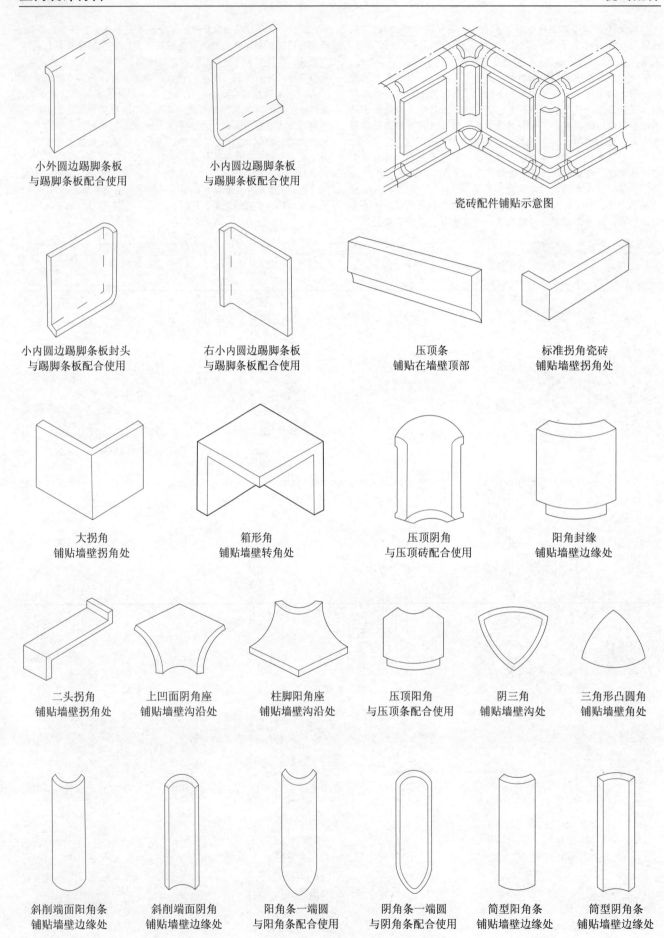

小外圆边踢脚条板
与踢脚条板配合使用

小内圆边踢脚条板
与踢脚条板配合使用

瓷砖配件铺贴示意图

小内圆边踢脚条板封头
与踢脚条板配合使用

右小内圆边踢脚条板
与踢脚条板配合使用

压顶条
铺贴在墙壁顶部

标准拐角瓷砖
铺贴墙壁拐角处

大拐角
铺贴墙壁拐角处

箱形角
铺贴墙壁转角处

压顶阴角
与压顶砖配合使用

阳角封缘
铺贴墙壁边缘处

二头拐角
铺贴墙壁拐角处

上凹面阴角座
铺贴墙壁沟沿处

柱脚阳角座
铺贴墙壁沟沿处

压顶阳角
与压顶条配合使用

阴三角
铺贴墙壁沟处

三角形凸圆角
铺贴墙壁角处

斜削端面阳角条
铺贴墙壁边缘处

斜削端面阴角
铺贴墙壁边缘处

阳角条一端圆
与阳角条配合使用

阴角条一端圆
与阴角条配合使用

筒型阳角条
铺贴墙壁边缘处

筒型阴角条
铺贴墙壁边缘处

室内装饰用的瓷砖，按照使用功能可分地砖、墙砖、腰线砖等。从材质上分为釉面砖、抛光砖、玻化砖、通体砖（防滑砖）和马赛克（锦砖）等几大类。

马赛克有陶瓷马赛克、大理石马赛克、金属马赛克、贝壳马赛克以及玻璃马赛克几大类：陶瓷马赛克是最传统的一种马赛克，贴于牛皮纸上，亦称陶瓷锦砖。陶瓷锦砖分无釉、上釉两种，以小巧玲珑著称。大理石马赛克是文艺复兴时期发展的一种马赛克品种，丰富多彩，但其耐酸碱性差、防水性能不好。

马赛克品种多样、颜色齐全。产品品种包括普通、金星、云彩、透明等品种。它是现代建筑装饰的艺术精品。特点是色调柔和、美观大方、鲜艳高雅、不含氟，无毒无害，是最新环保型的建筑材料，它不变色、不积尘，经久耐用，能在阳光或灯光下熠熠生辉、自涤如新。因此，适用于建筑的内外墙装饰，如酒店、夜总会、酒吧、体育场馆、高级会所、高级洗手间、现代厨房、住宅、别墅、游泳池、图案壁画、圆亭小景等。

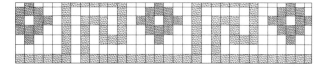

水晶腰线

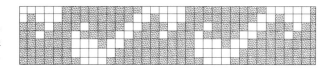

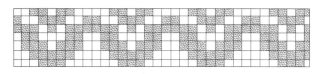

水晶渐变

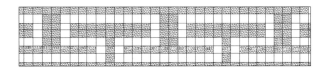

水晶渐变

水晶拼花

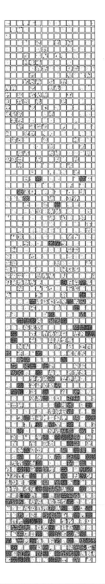

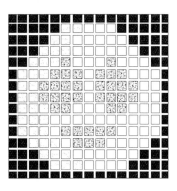

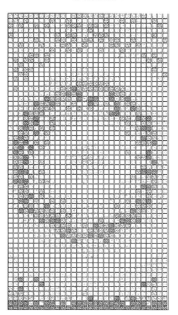

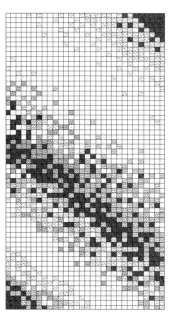

玻璃马赛克的主要成分是硅酸盐、玻璃粉等,在高温下熔化烧结而成,它耐酸碱、耐腐蚀、不褪色。玻璃的色彩斑斓给马赛克带来蓬勃生机。它依据玻璃的品种不同,分为多种小品种:

1. 熔融玻璃马赛克:是以硅酸盐等为主要原料,在高温下熔化成型并呈乳浊或半乳浊状,内含少量气泡和未熔颗粒的玻璃马赛克。

2. 烧结玻璃马赛克:是以玻璃粉为主要原料,加入适量胶粘剂等压制成一定规格尺寸的生坯,在一定温度下烧结而成的玻璃马赛克。

3. 金星玻璃马赛克:是内含少量气泡和一定量的金属结晶颗粒,具有明显遇光闪烁现象的玻璃马赛克。

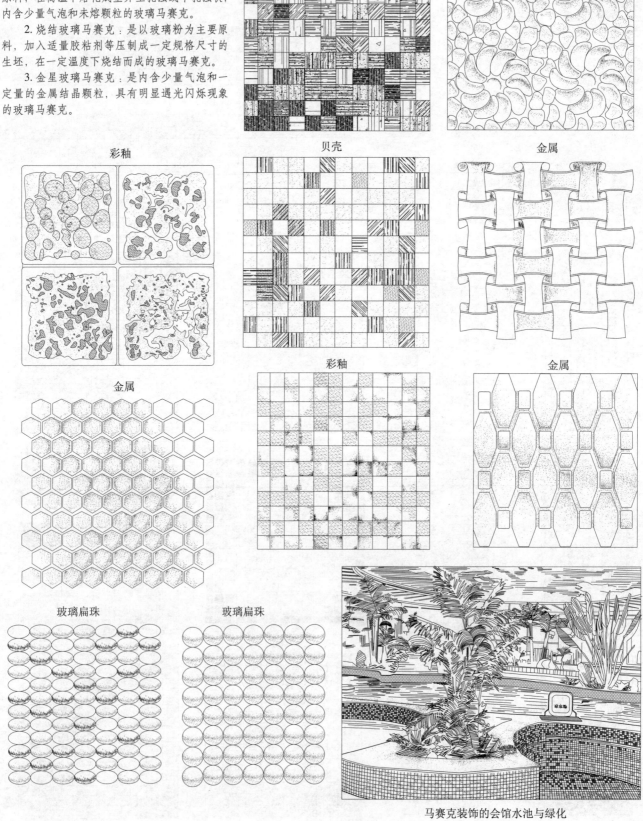

贝壳　　　玻璃扁珠

彩釉　　　贝壳　　　金属

金属　　　彩釉　　　金属

玻璃扁珠　　　玻璃扁珠

马赛克装饰的会馆水池与绿化

　　陶瓷锦砖（陶瓷马赛克）是由高温烧制而成的小型块材地面材料，基本上分有釉、无釉两大类，其形状、规格花色繁多。拼花组合千变万化，有清淡素雅的品种，有艳丽动人的品种。不同的拼化造型地面，可创造出不同的室内环境气氛。无缝拼花锦砖是新一代优秀产品，具有吸水率低、抗龟裂、不透底、环保等特点。

　　产品加工工艺先进，温润细腻，花色成熟，品种繁多，图案鲜艳，纹理丰富多变，设计精致时尚，为室内空间设计提供了源源不断的创意灵感。因其面积小巧，用于地面装饰防滑性好，特别适合湿滑的环境，所以常用于游泳池、浴场、公共场所和住宅中的厨房、卫生间、盥洗室等处的地面。

φ600　　　　　　　　　φ600　　　　　　　　　φ600

1200×1200　　　　　　　1200×1200　　　　　　　1200×1200

800×800　　　　　　　800×800　　　　　　　800×800

抛光砖质地坚硬耐磨，具有色泽柔和，质地高雅，光泽度高，硬度强，吸水率低，其抗冻性、弯曲强度、耐磨性、耐腐蚀性、耐急冷急热性等理化性能均优于天然花岗石装饰板材。

抛光砖使用在大面积地面中，如镶嵌一些艺术的图案可以增加地面的美观性。镶嵌方式有拼花、填角、滚边三种。利用类似石材效果的抛光砖做成艺术拼花图案，虽抛光砖的厚度不能与石材相比，但其美化地面的效果也是挺不错的。抛光拼花砖花式繁多，外观色彩绚丽，富有艺术性，且绿色环保，应用范围不断扩大。但抛光砖防滑性较差，地上一旦有水，就会非常滑，因此不适合用于厨房、卫浴室等用水较多的地方。更多地用于客厅和公共空间如大堂、办公楼等。

酒家大堂地面抛光拼花砖效果图

抛光砖是用黏土和石材的粉末经压机压制，然后烧制而成，正面和反面色泽一致，不上釉料，烧好后，表面再经过抛光处理，这样正面就很光滑，很漂亮，背面是砖的本来面目。

1600×1600
1200×1200

1600×1600
1200×1200

1200×1200

1600×1600
1200×1200

1600×1600
1200×1200

1200×1200

1200×1200

1200×1200

1600×1600
1200×1200

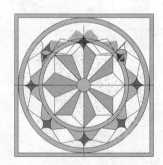

1200×1200

1200×1200

600×600

1200×1200

1200×1200

仿古釉面砖是采用建筑陶瓷原料经粉碎筛分后进行半干压成型，在其干坯或素坯上施以透明釉料经窑内焙烧而成的陶瓷地面或墙面铺贴砖块（板块）类装饰材料。该类产品的色彩效果，通常是利用其坯料中含有的矿物质和赤铁矿等自然着色，也可在其泥料组成中加入各种金属氧化物等人工着色；有的产品还可以利用其釉色或面釉所形成的特殊色彩与质感。施用釉层可使陶瓷制品不透水，表面光润，不易玷污；并可在一定程度上提高陶瓷制品的机械强度、电性能、化学稳定性，是可以增强其装饰效果。

运用现代陶瓷砖制造技术制造的具有古典风格及古旧外形的陶瓷砖，其表面凹凸不平、质感粗糙、色调暗哑，有一些产品每一块砖的色泽都是不均匀、不相同，装饰效果类似于未加工的天然石材，铺设地面呈现出自然的斑驳感、古旧感，产品规格有正方形、长方形、三角形、多边形等，铺设方式多样，表现力增强。

仿古砖多用在咖啡厅、酒吧中，古朴的风格与幽雅的环境相结合。在铺设仿古砖时，最好使用两种不同的色系，将地砖铺成对称的菱形块，色彩对比性强，装饰效果明显。

250×250	250×250	250×250	250×250
250×250	300×300	300×300	300×300
300×300	300×300	300×300	1200×1200
1200×1200	1200×1200	1200×1200	1200×1200

　　腰线砖是内墙装饰砖。使用腰线砖是为了提高墙壁的装饰效果。当墙壁主体砖是深色图案时，腰线砖用浅色图案，当墙壁主体砖是浅色图案时，腰线砖用深色图案，两者形成明显反差，以提高视觉效果。腰线砖的长度与主体砖的宽度相同。

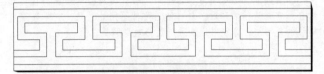

150×600

150×600

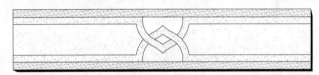

120×600

120×600

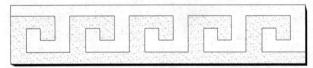

120×600

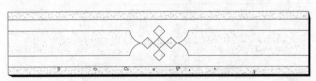

120×600

150×600

150×600

浴室腰线装饰效果图

150×600

120×600

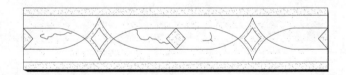

120×600

150×600

150×600

150×600

砖分为实心和空心砖, 砖材是以黏土、水泥、砂、骨料及其他材料依一定比例拌合, 由模具依人工或机械高压成型、窑烧而成。按其材料不同, 有黏土砖、水泥炉渣砖等。砖材具有承重、阻隔、防火、隔声等作用, 在装修工程中除满足功能要求外, 其材质的朴拙、厚重尚具装饰效果。砖常被用来砌成承重墙, 或者贴在像混凝土或混凝土砌块这样的结构之外做饰面。砖砌工程的外观, 取决于砖的颜色、质地、砌合以及所选灰浆。重复的各层变化再加上竖缝, 使得砖砌工程具有与众不同的特征。将砖挑出或退入墙表面的手法, 可以造成浅浮雕式图案。各种图案都可以用现成的砖方便地完成。由于砖是符合模数的, 所以设计者能有条件仅用几种基本形状, 进行不同方式的组合, 就开发出装饰性的各种系列。

常见的砌墙砌合法

   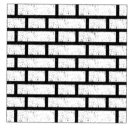

顺砖砌合　　　　花篮状砌合　　　　英国式砌合　　　　荷兰式砌合

  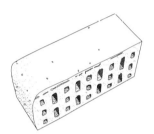 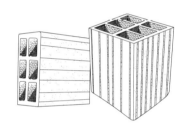

承重平面砖(5孔)
240×115×53
用途: 内外清水墙、园林
小品、停车场

窗台异型砖(5孔)
240×115×90
用途: 拱门、窗台、园林等
装饰

光面台阶踏步砖(23孔)
240×115×53, 240×115×90
用途: 台阶踏步辅装、园林装饰

填充砖
240×240×115
240×190×150
用途: 内外墙贴面装饰

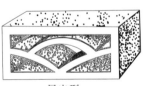  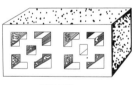 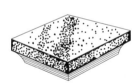

日出型
10×12×15

门柱砌块
30×40×19

格子型
10×12×15

门柱盖
10×44×36

导形砌块

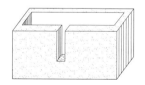 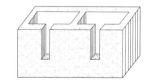 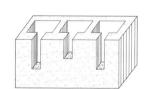

陶粒共振吸声砖

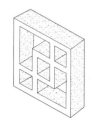     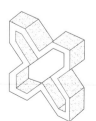 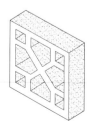

花砖

琉璃瓦：建筑琉璃瓦是一种具有中华民族特色与风格的传统建筑材料。这种材料虽然古老，但由于它具有独特的优良装饰性能，今天仍然是一种优良的高级建筑装饰材料。不仅用于中国古典式建筑物，也用于具有民族风格的现代建筑物。琉璃制品是用难熔黏土经制坯、干燥、素烧、施釉、釉烧而成的一种高级屋面材料，色彩绚丽，质坚耐久，造型古朴，其品种繁多和颜色繁多。

"正吻"，古时称它为鸱吻、龙吻、螭吻。现在见到的龙形正吻是清代的装饰，它口吞正脊，身披鳞甲，背插剑把，后加背兽，上塑小龙，威武而瑰丽。是一种屋面的瓦作构件。它位于屋顶正脊的两端，盖在正脊与垂脊相交的连接处之上。到14世纪时，鸱吻的形象已发展衍生出一系列带有防火灭灾神力象征的神奇的动物形象。据说，鸱吻上的这种龙形动物由于常常会飞离而去，所以必须在其背部插一柄剑，以将其锁定在屋脊上。

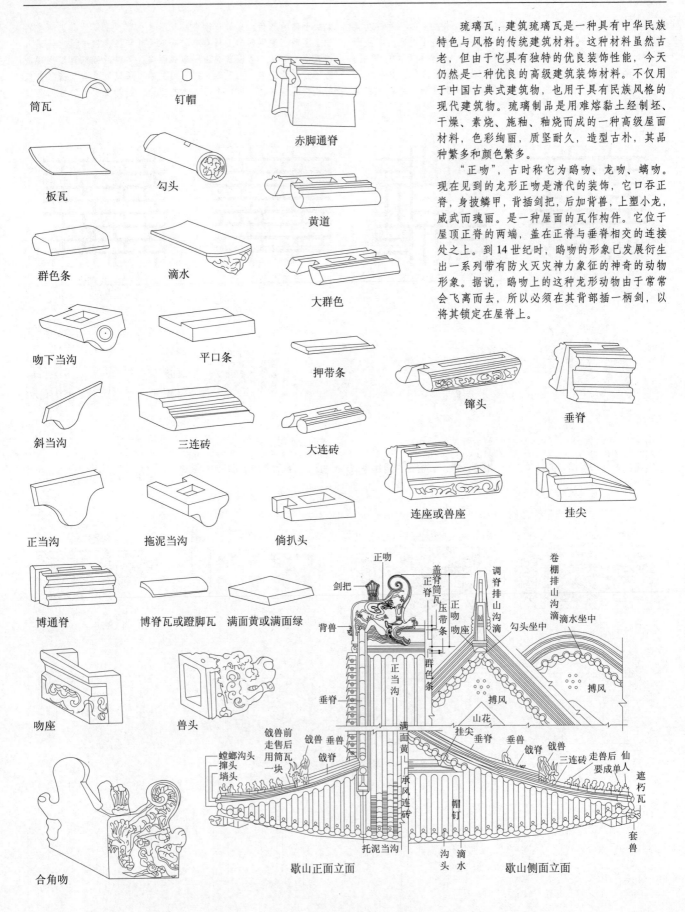

本页资料引自：马着荣. 建筑材料词典；北京：化学工业出版社，2003.

垂脊走兽雕像

　　屋面脊饰上的一列走兽雕像每每不同，各自代表了一种神异的动物；并且被安置在屋面转角相交的每一根垂脊之上。其最初具有结构功能，用以覆盖在脊瓦与脊瓦连接点之上，起到掩蔽、装饰和固定的作用。

　　殿宇檐角小兽的领头者为骑凤仙人，以下九个小兽依次为：龙、凤、狮子、天马、海马、狻猊、押鱼、獬豸、斗牛。九个殿宇檐角小兽都有象征吉祥、消灾灭祸、剪除邪恶的含意。如龙、凤、天马、海马、押鱼是吉祥喜庆、高贵威仪的象征。狮子代表勇猛威严，能辟邪除恶。狻猊为龙子，能逢凶化吉，保佑平安。獬豸，又称角瑞，头生独角，民间称其为独角兽，能分辨正邪。斗牛，属虬龙种，是避火的镇物。巍然高耸的殿宇，如翼轻展的檐部，层层托起的斗栱，配以造型奇特的螭吻、龙形垂兽头、垂脊上排立的朝凤，三者浑然一体，在变化中得到和谐，在神奇中显出韵律，达到宏伟与精巧的统一，构成了中国古代殿堂庙宇神秘、壮美而尊贵的冠冕。

正吻（琉璃·元）

琉璃正吻（山西）　　　　鳌鱼吻　　　　　　鳌鱼吻　　　　　　　螭吻

仙人　　　　　　龙　　　　　　　凤　　　　　　狮子　　　　　　天马

海马　　　　　　狻猊　　　　　押鱼　　　　　獬豸　　　　　　斗牛

本页资料引自：徐华铛. 中国神龙艺术. 天津人民美术出版社. 2005.

　　琉璃饰品是用于建筑物屋面防雨和装饰以及墙体局部装饰的施有绚丽彩釉的陶器制品，是我国传统的别具民族特色的建筑材料。品种繁多，有百余种，大致可分为瓦件、脊件和饰件3大类。瓦件有板瓦、筒瓦、沟头、滴水、花边瓦等，是专供屋面排水和防漏的防水材料。脊件是构成各种屋脊的材料，有正脊筒瓦、垂脊筒瓦、群色条、三连砖、扒头、撺头、当沟、押带条、平口条等数十种。饰件是纯装饰性的材料，有正吻、垂兽、岔兽、合角兽、套兽、仙人、走兽等，是一种配套性很强的制品。

　　屋顶琉璃制品的特点是质地致密，表面光滑，不易沾污，坚实耐久，色彩绚丽，造型古朴，富有我国传统的民族特色。常用颜色有金黄、翠绿、宝蓝、青、黑、紫色。主要用于具有民族色彩的宫殿式房屋，以及少数纪念性建筑物上，此外，还常用于建造园林中的亭、台、楼、阁、围墙，以增加园林的景色。

缠枝纹琉璃砖雕 明朝 北京故宫博物院

琉璃双龙照壁

清山陕会馆（狮子、牡丹 纹 琉璃浮雕）南阳社旗

琉璃花砖（台湾民居）

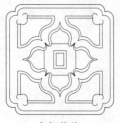

宝相花纹

团寿字纹

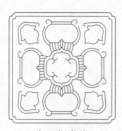

中心如意纹

莲花莲芯纹

八方金钱纹

八面万字纹

日出海藻纹

向日花纹

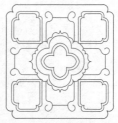

八方海藻纹

十字圆心纹

用于室内装饰的玻璃品种有平板玻璃、钢化玻璃、夹层玻璃、中空玻璃、磨沙玻璃、彩绘镶嵌玻璃、雕刻玻璃、冰花玻璃、压花玻璃、镜面玻璃等。

普通平板玻璃产量最大，用量最多，也是进一步加工成具有多种性能玻璃的基础材料，平板玻璃具有透气、隔热、隔声、耐磨、耐气候变化的性能，有的还有保温、吸热、防辐射等特征，被广泛应用于建筑物的门窗、墙面、室内装饰等。

夹层玻璃是在两片或多片平板玻璃之间，嵌夹一层以聚乙烯醇缩丁醛为主要成分的PVB中间膜，再经热压粘合而成的平面或弯曲的复合玻璃制品。主要特性是安全性好。玻璃破碎时，表面仍保持整洁光滑，有效防止了碎片扎伤和穿透坠落事件的发生。并有耐光、耐热、耐湿、耐寒、隔声等特殊功能，多用于与室外接壤的门窗。能阻隔声波，可维持安静、室内环境。对于偷盗和暴力侵入有很强的抵御作用。夹层玻璃广泛用于建筑物门窗、幕墙、采光顶棚、架空地面、大面积玻璃墙体、室内玻璃隔断等。

钢化玻璃又称强化玻璃。它是通过加热到一定温度后再迅速冷却的方法进行特殊处理的玻璃。它的特性是强度高、耐酸、耐碱、抗弯曲强度、钢化玻璃的安全性能好，有均匀的内应力，破碎后呈网状裂纹。各个碎块不会产生尖角，不会伤人。钢化玻璃可制成曲面玻璃、吸热玻璃等。广泛应用于对机械强度和安全性要求较高的场所，如玻璃门窗、室内隔断、淋浴房等。

中空玻璃是由两片或多片平板玻璃构成，四周用高强度、高气密性复合胶粘剂，将两片或多片玻璃与密封条、玻璃条粘结密封，中间充入干燥气体或其他惰性气体，框内充以干燥剂，以保证玻璃片间空气的干燥度。中空玻璃还可制成不同颜色或镀上具有不同性能的薄膜。具有良好的保温、隔热、隔声等性能，如在空腔中充以各种漫射光线的材料或介质，则可获得更好的声控、光控、隔热等效果。中空玻璃主要用于需要采暖、空调、防止噪声、结露及需要无直射阳光和需要特殊光线的住宅。

磨（喷）沙玻璃又称为毛玻璃，是经研磨、喷沙加工，使表面成为均匀粗糙的平板玻璃。磨（喷）沙玻璃具有透光不透明的特点，能使室内光线柔和而不刺眼。可用于表现界定区域

却互不封闭的地方，如制作屏风。一般常于卫生间、浴室、办公室门窗隔断等空间。

冰花玻璃是一种利用平板玻璃经特殊处理形成具有自然冰花纹理的玻璃。冰花玻璃对通过的光线有漫射作用，如作门窗玻璃，犹如蒙上一层纱帘，看不清室内的景物，却有着良好的透光性能，具有良好的装饰效果。冰花玻璃可用无色平板玻璃制造，也可用茶色、蓝色、绿色等彩色玻璃制造。可用于宾馆、酒楼等场所的门窗、隔断、屏风和家庭装饰。

压花玻璃又称滚花玻璃，是采用压延方法制造的一种平板玻璃。有一般压花玻璃、真空镀膜压花玻璃、彩色压花玻璃等。在光学上具有透光不透明的特点，可使光线柔和，其表面有各种图案花纹且表面凹凸不平，当光线通过时产生漫反射，因此从玻璃的一面看另一面时，物象模糊不清。压花玻璃有各种花纹，具有一定的艺术效果，多用于浴室及公共场所分离室的门窗和隔断等。

利用全反射的镜面玻璃，扩大餐厅空间感的效果，拓宽了室内的视野，着力反映出陈设的丰富性。

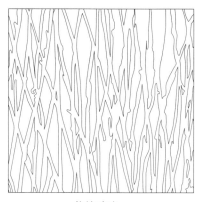

热熔玻璃

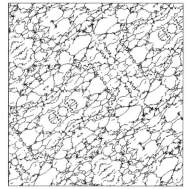

冰花玻璃

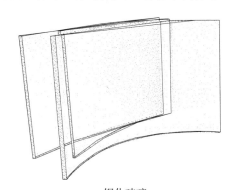

钢化玻璃

雷射玻璃

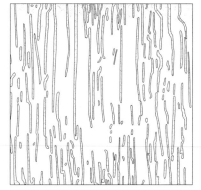

压花玻璃

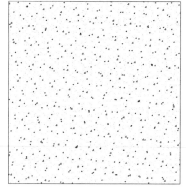

磨沙玻璃

　　彩色艺术玻璃包括有精雕艺术玻璃与彩绘、彩晶、喷沙、水珠、冰花、乳化玻璃，以及铜条、水晶、钻石、中空、镶嵌玻璃等。

　　彩色缤纷、图案精美的艺术玻璃是由普通玻璃经不同工艺加工而成，它既具有普通玻璃的富于变化的特点，又有不同凡响的视觉表现力。用磨沙玻璃、浮雕玻璃、彩绘玻璃以及各种人物、花卉、动物或几何图形镶嵌其中，周边用特制的带有干燥剂的胶条密封，再进行加热抽真空的密封处理，利用玻璃独特的通透性，不同的角度折射出变幻无穷的神奇的光彩，表现出较强的装饰艺术效果。因其具有晶莹剔透、高雅清新的品质及其实用性与艺术性的完美结合，不仅拓展了室内视角，还呈现不同层次的空间立体感，给原本平淡、封闭的室内环境平添了一份浪漫迷人的情调。

　　彩色艺术玻璃广泛应用于宾馆、饭店、商场、娱乐场所及百姓住宅的门窗、吊顶、屏风、隔断等装饰中。其作品让人进入"透明的画"、"立体的诗"的自然境界。采用彩色艺术玻璃装饰，能营造出别具一格的艺术效果。无论搭配现代居住环境、商业空间，均能彰显超凡品味与艺术气息。

彩色刻绘玻璃

彩色镶嵌玻璃

彩色刻绘玻璃

彩色刻绘玻璃

黑白精刻玻璃

彩色刻绘玻璃

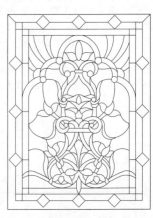

彩色刻绘玻璃

彩色刻绘玻璃

镶嵌玻璃

印花玻璃品种有彩釉丝印幻彩系列玻璃、彩釉立体幻影玻璃、布艺系列、油画或国画系列。

立体幻影玻璃强烈的三维立体效果，图案粗犷，色调明亮，金属般立体感随角度变化而眩目，点缀家具背景、门饰、地板、KTV、夜总会等，极具抽象艺术感染力。采用安全强化膜真空高温制作，透明度高、环保、可任意划割，放心使用。适用于艺术移门、滑动移门、背景、墙饰、隔断等。

彩色印花玻璃是绝佳的浴室玻璃，同时也是极好的配饰，它可解决私密空间问题，也在往往以中性色居多的环境里增添色彩。

组合柜印花玻璃活动移门效果图

百花生日　　　　　　　　时光畅想

婷婷玉立（彩釉）

浪漫情缘（彩釉）

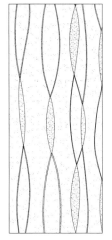

彩虹（布艺）

小蜜蜂（布艺）

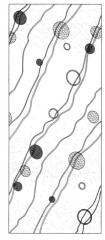

粉红记忆（布艺）

玫瑰缘（布艺）

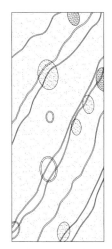

绿色心情（布艺）

小仙子（布艺）

心随情飞（布艺）

缘圆缘（布艺）

玻璃砖被誉为透光墙壁，用来砌筑建筑物的非承重内外隔墙、淋浴隔断、门厅、通道等，特别适用于高级建筑、体育馆用作控制透光、眩光和太阳光等场合，是良好的地面和墙面的装饰材料。它具有强度高、透明度高、绝热、隔声、耐水、耐火等特性。而且可以局部配合设计造型进行点缀，效果光亮明净，典雅华贵，品位超群。

按光学性质分有透明型、雾面型、纹路型玻璃砖，按形状分有正方形、矩形和有转角砖、收边砖、收角砖等多种形式，按尺寸分一般有 145、195、250、300 等规格的玻璃砖，按颜色分有使玻璃本身着色的产品和在内侧面有透明的着色材料涂饰

的产品。

用玻璃砖做墙面装饰时应注意其墙面的稳定性，其构造技术是在玻璃砖的凹槽中加设通长的钢筋或扁钢，并将钢筋与隔墙周围的墙柱连接起来形成网格，中间嵌入白水泥或玻璃胶进行粘连，以确保墙面的牢固。为了保证玻璃砖墙面的平整性和砌筑的方便，每层玻璃砖在砌筑前，也有玻璃砖上放置木垫块的做法，木块宽度为 20 左右，长度有两种，玻璃砖厚 50 时木垫块长 35 左右，玻璃砖厚 80 时木垫块长 60 左右。然后用白水泥砌筑玻璃砖，并将上层玻璃砖砌在下层玻璃砖上，使玻璃砖的中间槽卡在木垫块上，两层玻璃砖的间距为 5～10。

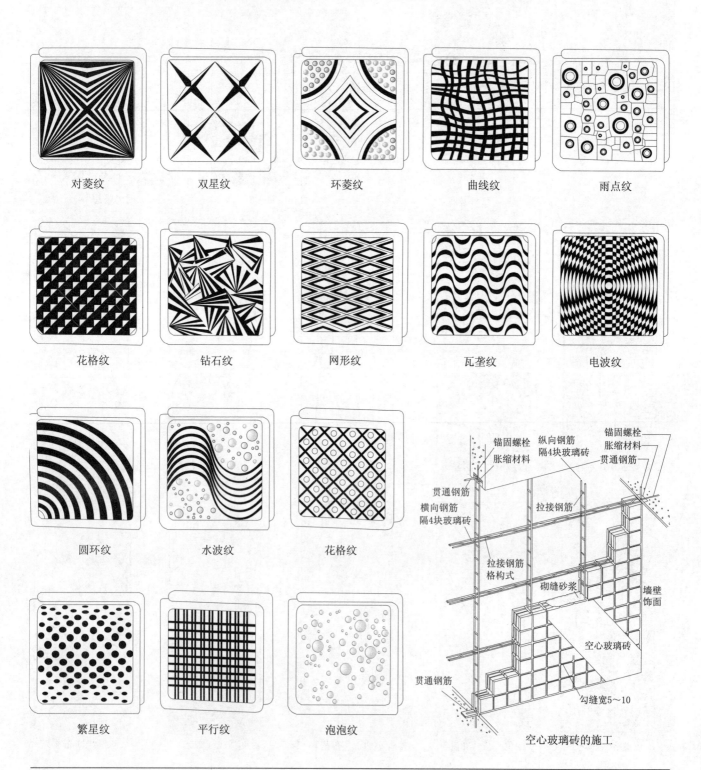

对菱纹　　　双星纹　　　环菱纹　　　曲线纹　　　雨点纹

花格纹　　　钻石纹　　　网形纹　　　瓦垄纹　　　电波纹

圆环纹　　　水波纹　　　花格纹

繁星纹　　　平行纹　　　泡泡纹

空心玻璃砖的施工

石膏装饰制品以石膏为主，加入骨胶、麻丝、纸筋等纤维，增强石膏的强度，铸模成型。石膏装饰制品花纹制作精细，有质轻、保温、防火、吸声、形体饱满、线条清晰、表面光滑细腻、装饰性好等特点，因而是室内装饰工程常用的装饰材料之一。

在装饰工程中各式石膏制品镶贴、安装在基层或龙骨支架上。石膏装饰制品主要有装饰板、装饰吸声板、窗饰、门饰、壁饰、顶饰、装饰角线、花饰、装饰浮雕、壁画、画框、挂饰及建筑艺术造型等，这些制品都充分发挥了石膏胶凝材料的装饰特性，效果很好。

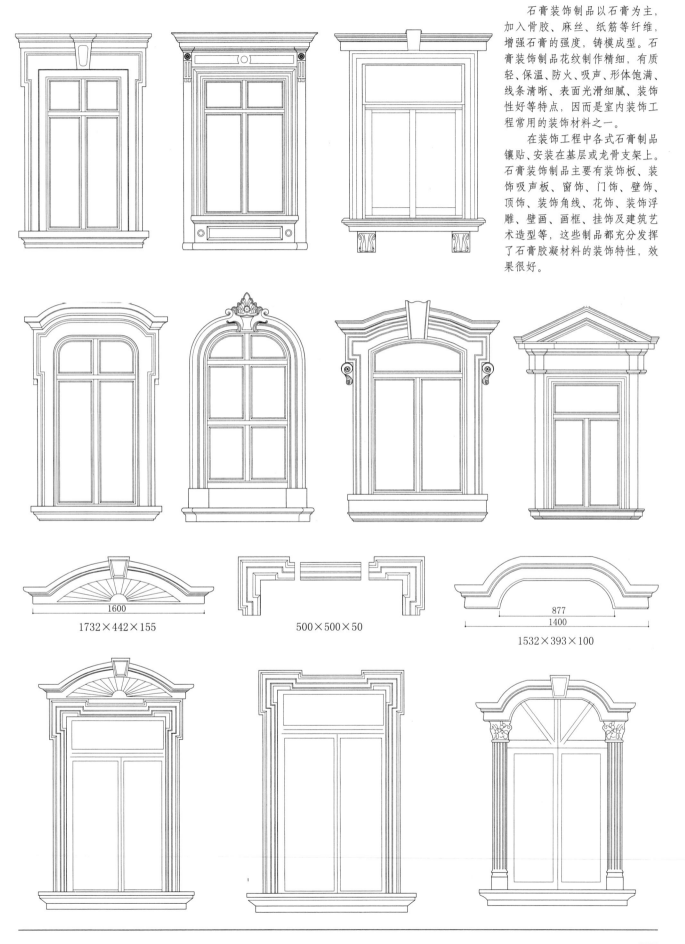

1732×442×155

500×500×50

1600

877
1400

1532×393×100

窗饰

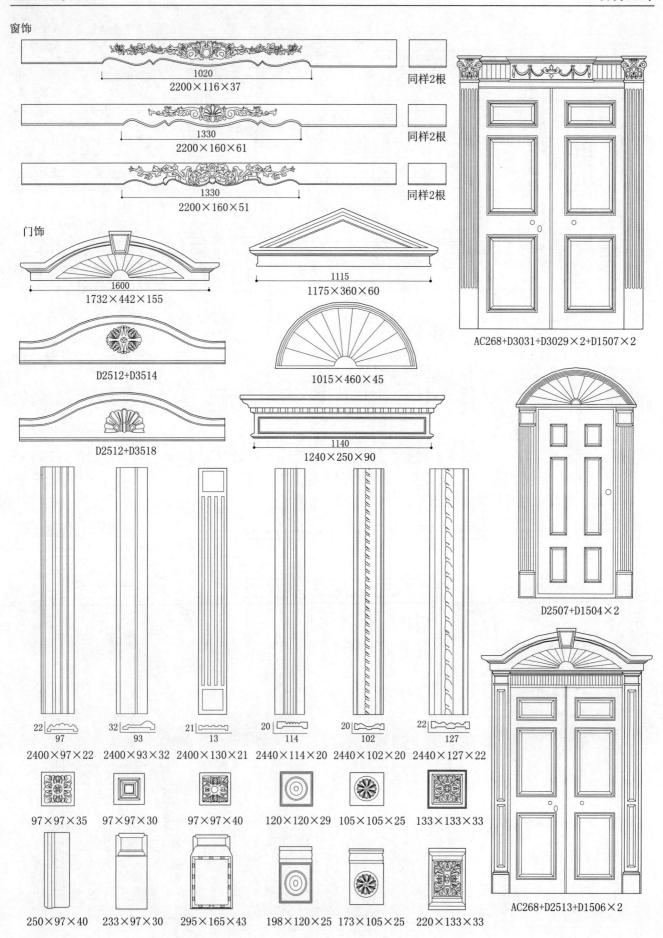

1020
2200×116×37
同样2根

1330
2200×160×61
同样2根

1330
2200×160×51
同样2根

门饰

1600
1732×442×155

1115
1175×360×60

D2512+D3514

1015×460×45

D2512+D3518

1140
1240×250×90

AC268+D3031+D3029×2+D1507×2

D2507+D1504×2

AC268+D2513+D1506×2

22　97　2400×97×22
32　93　2400×93×32
21　13　2400×130×21
20　114　2440×114×20
20　102　2440×102×20
22　127　2440×127×22

97×97×35　97×97×30　97×97×40　120×120×29　105×105×25　133×133×33

250×97×40　233×97×30　295×165×43　198×120×25　173×105×25　220×133×33

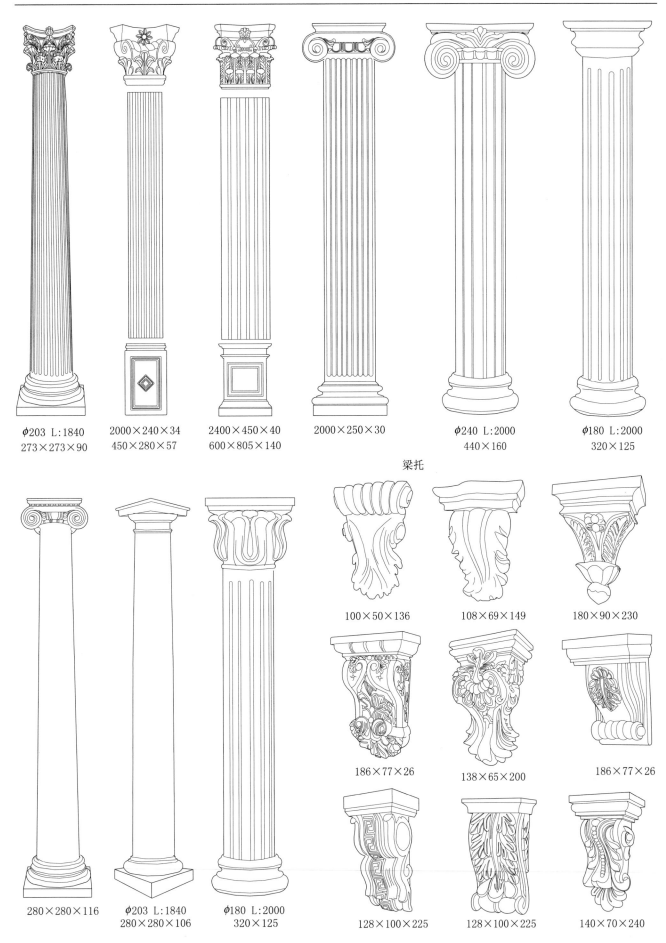

φ203 L:1840
273×273×90

2000×240×34
450×280×57

2400×450×40
600×805×140

2000×250×30

φ240 L:2000
440×160

φ180 L:2000
320×125

梁托

280×280×116

φ203 L:1840
280×280×106

φ180 L:2000
320×125

100×50×136

108×69×149

180×90×230

186×77×26

138×65×200

186×77×26

128×100×225

128×100×225

140×70×240

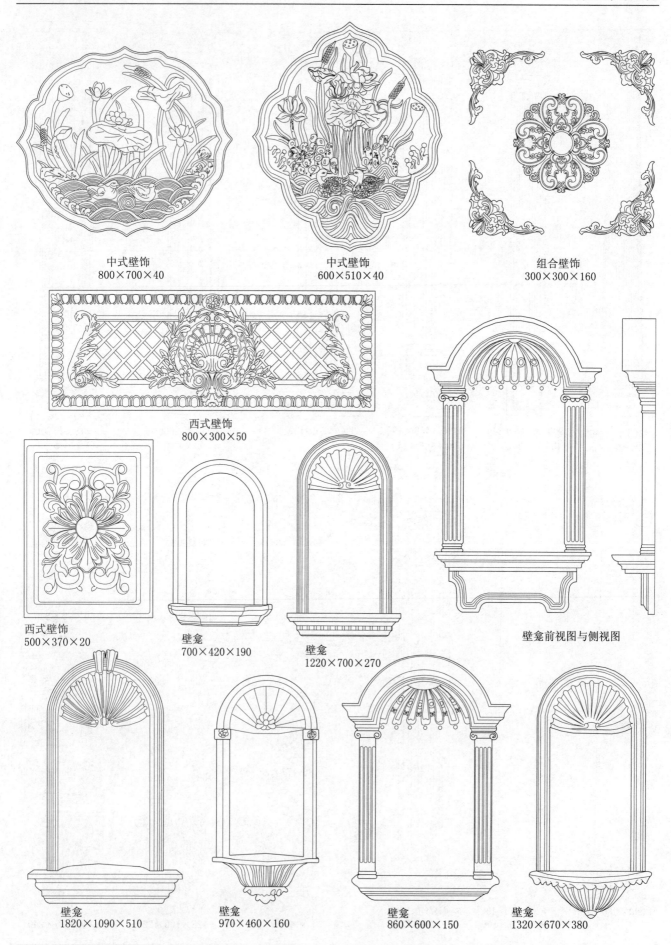

中式壁饰
800×700×40

中式壁饰
600×510×40

组合壁饰
300×300×160

西式壁饰
800×300×50

西式壁饰
500×370×20

壁龛
700×420×190

壁龛
1220×700×270

壁龛前视图与侧视图

壁龛
1820×1090×510

壁龛
970×460×160

壁龛
860×600×150

壁龛
1320×670×380

A001　140×430

A002　4000×90　3600×85

A003　70×38

A004　730×110

A005　2000×40

A007　2000×480

A008　935×350

A006　290×290

A009　4000×90

A010　140×430

A011　500×200

A012　935×350

A013　2300×850　1610×60

A014　380×800

A015

A016

A017

280×160×15

A018　1250×40

A019

270×180×16

230×180×15

215×150×16

230×168×15

280×180×16

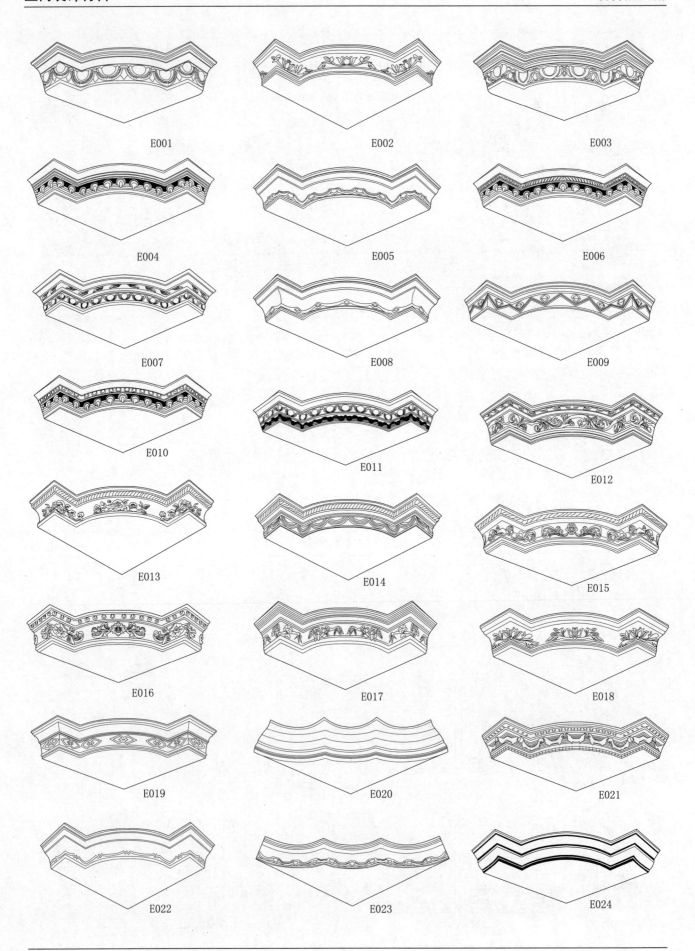

E001

E002

E003

E004

E005

E006

E007

E008

E009

E010

E011

E012

E013

E014

E015

E016

E017

E018

E019

E020

E021

E022

E023

E024

D001φ820

D002φ760

D003φ750

D004φ820

D005 φ670

D006φ710

D007φ670

D008φ520

D009φ830

D010φ600

D011φ750

D012φ680

D013φ670

D014φ750

D015φ600

D016φ750

D017 1280×700

D018 1350×950

D019 1100×610

建筑顶棚是室内空间六面体中最富有变化的装饰界面。传统的建筑顶棚装修与饰面形式，通常表现为在结构基层底面抹灰，然后做表面涂饰、做裱糊或是敷以彩绘、制作浮雕图案等，例如著名的梵蒂冈西斯廷礼拜堂的天顶画、意大利瓦利希拉的圣马利亚教堂天顶画、法国巴黎苏俾兹府邸的公主天顶画等。彩色工艺灯池与彩色装饰线条，用高分子复合材料（聚苯乙烯）制成，表面彩色喷以金、银，光彩壮丽。它取代了顶棚天顶画技术，为顶棚天顶画设计施工节省了大量的人力、物力。

1700×2200

2100×2100

1800×1800

1500×2100

1500×1500

1800×1800

2200×1600

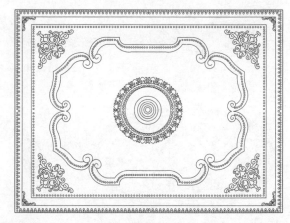

2400×1800

聚氨酯（PU）高分子纤维室内线板系列产品,有几百个品种,雕花及素面阴角线、阳角线、腰带线、门楣、窗帘盒、饰花、罗马柱等。广泛用于宾馆、办公楼、别墅、普通住宅的装修,可根据不同品位、描金、彩绘尽显欧式装修的典雅与华贵。产品特性:质轻坚韧永不变形,防潮不龟裂、不脱落、不生霉,耐高温、环保,安装便捷、省工省时。

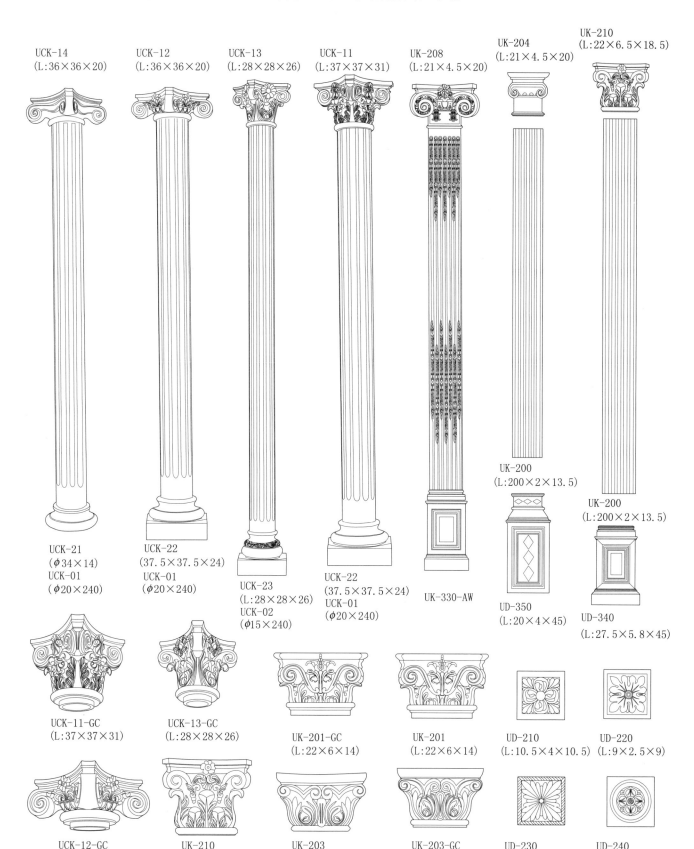

UCK-14
(L:36×36×20)

UCK-12
(L:36×36×20)

UCK-13
(L:28×28×26)

UCK-11
(L:37×37×31)

UK-208
(L:21×4.5×20)

UK-204
(L:21×4.5×20)

UK-210
(L:22×6.5×18.5)

UCK-21
(φ34×14)
UCK-01
(φ20×240)

UCK-22
(37.5×37.5×24)
UCK-01
(φ20×240)

UCK-23
(L:28×28×26)
UCK-02
(φ15×240)

UCK-22
(37.5×37.5×24)
UCK-01
(φ20×240)

UK-330-AW

UK-200
(L:200×2×13.5)

UD-350
(L:20×4×45)

UK-200
(L:200×2×13.5)

UD-340
(L:27.5×5.8×45)

UCK-11-GC
(L:37×37×31)

UCK-13-GC
(L:28×28×26)

UK-201-GC
(L:22×6×14)

UK-201
(L:22×6×14)

UD-210
(L:10.5×4×10.5)

UD-220
(L:9×2.5×9)

UCK-12-GC
(L:36×36×20)

UK-210
(L:22×6×18.5)

UK-203
(L:22×5.5×14)

UK-203-GC
(L:22×5.5×14)

UD-230
(L:11×2.5×11)

UD-240
(L:10×2×10)

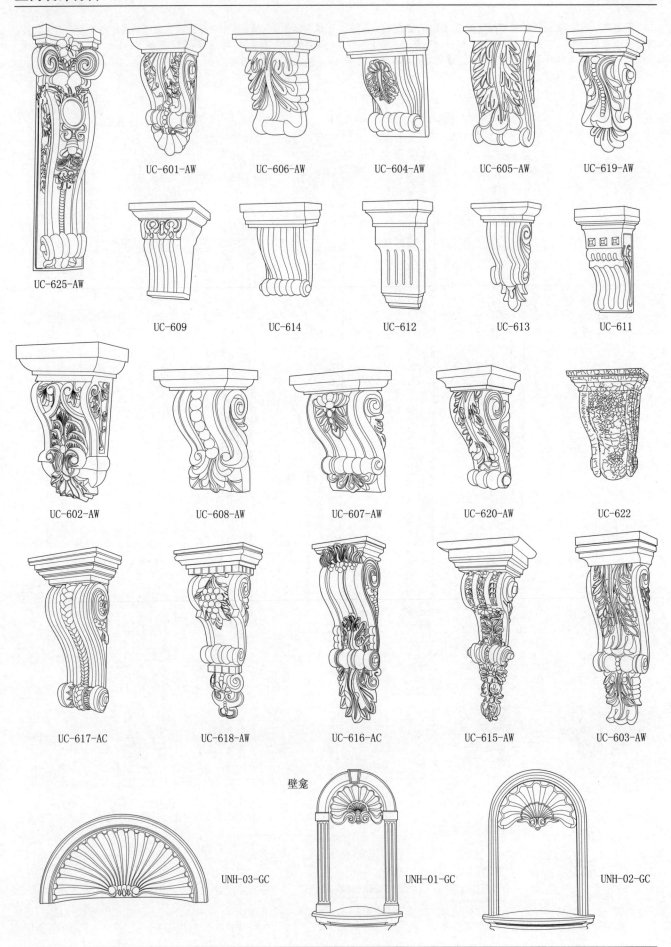

UC-601-AW UC-606-AW UC-604-AW UC-605-AW UC-619-AW

UC-625-AW

UC-609 UC-614 UC-612 UC-613 UC-611

UC-602-AW UC-608-AW UC-607-AW UC-620-AW UC-622

UC-617-AC UC-618-AW UC-616-AC UC-615-AW UC-603-AW

壁龛

UNH-03-GC UNH-01-GC UNH-02-GC

1.提花织物墙布，有各种几何图案和花卉图案，具有色彩效果细腻、风格粗犷、富有光泽等特点，有的加金银丝点缀，更显得绚丽多彩。

2.绒类织物墙布，具有天鹅绒风格和绒面花纹。大提花绒类墙布，富有立体感，风格高雅华贵。

3.毛圈织物墙布，呈现稀疏或密集毛圈，风格粗犷，具有光泽。

4.印花墙布，花形以几何形状和花卉、景物为主，一般采用小花纹和抽象图案，色泽素雅，有的印制金银粉，以暖色调为主，光泽柔和不刺眼。还有的墙布印花后加发泡，增加层次感。

5.丝绸墙布，花色华美秀丽，并且表面可具有竹节纱等效果，粘贴于衬纸上，其品质高雅，质地精细，具有丝绸光泽，属于高档墙布。

6.锦缎墙布，是更为高级的一种墙布，要求在三种颜色以上的缎纹底上，再织出绚丽多彩、古雅精致的花纹。锦缎墙布柔软易变形，价格较贵，适用于室内高级饰面装饰用。

7.花式纱线复合墙布，色彩效应特别柔和优雅、美观大方、立体感强、吸声效果好，无静电、反光，耐日晒，但价格较贵，适用于高级宾馆和饭店，在一般居室中也常局部使用。

8.无纺墙布，表面可以具有不同颜色的纤维效果。无纺墙布具有挺括、质地柔韧、不易折断、不易变色、富有弹性、有羊毛绒感的特性，同时色泽鲜艳，图案雅致，可以擦洗。

9.植绒墙布，人造丝、锦纶短纤维混合在印花图案衬纸上或无纺布上静电植绒，然后经层压处理成墙布。该墙布具有仿麂皮的毛绒簇立、绒面丰润的外观效果，立体感强。

10.黄麻墙布，是单色调的，采用了间断粗节的特殊织物结构。

耐磨性好，颜色齐全，规格较多。随着追求质朴自然之风的兴起，黄麻墙布将更受人们的重视。

11.麻织墙布，该墙布外观风格粗犷，具有竹节纱效果，独树一帜。国外近年来使用麻织墙布的比例不断提高，在欧洲许多国家已占20%左右。

12.天然材料墙布，有特殊的装饰效果，使人犹如处于自然境地，风格古朴自然，素雅大方，生活气息浓厚，给人以返璞归真的感受，适宜高级宾馆及住宅使用。

13.软体复合墙布，表面是塑料复合层，不易渗水和霉变，去污方便，适合一般的公共场所使用。

14.玻璃纤维墙布，花样繁多，色彩鲜艳，在室内使用不褪色、不老化、防火、防潮性能良好，可以刷洗，施工也比较方便。与其他壁纸相比，该产品突出的优点是具有透气性，并具有功能型涂料有抑制有害微生物滋生功能及出色的防火性能。这种墙布不会积聚静电，从而避免发生过敏反应。

15.夜光墙布，在灯光关闭后能在墙上呈现出亮丽的田园风光、大森林与野生动物的美妙风景、满天星空，使人恍然如置身旷野或宇宙星云，并有各种各样立体图案。

16.灭菌墙布，具有内在的抗菌特性，有快速、稳定和广泛的杀菌功能，是医院装修用的墙面贴饰材料。

17.环保阻燃墙布，表面多孔结构，能够很好地吸声、隔声，同时光线柔和，布面污渍容易清除。其吸声散热的功能，可解除人们对卫生间外墙、顶层房屋内墙体遇水泛黄、发霉的担忧，并且不卷边，使用寿命至少达10年，并可根据用户特殊要求生产集增香、驱蚊、夜光、变色等多种特殊功能于一体的墙布。

墙布花样

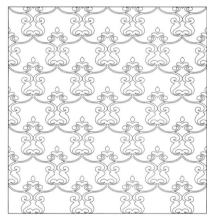

1. 纸制墙纸是表层纸和基层纸通过施胶复合到一起，再经印刷、压花、涂胶等工艺制成。其特点是耐水刷洗—透气性好、可调节室内温度等。

2. 塑料墙纸是以纸或布为基材，以聚氯乙烯树脂、聚乙烯树脂、聚丙烯树脂等为面层，经印花、压花、发泡等工艺制作而成。塑料壁纸分为三大类：普通塑料壁纸、发泡塑料壁纸、特种塑料壁纸。

3. 普通 PVC 墙纸有印花、压花和印花加压花之分。印花的图案变化多样，色彩艳丽，有一定的伸缩性。PVC 发泡墙纸分为高发泡、低发泡印花墙纸。高发泡墙纸富有弹性的凹凸纹理，装饰性强，并对声波有发散和吸收功能，用于会议室、影剧院、歌舞厅等；低发泡印花压花后，表面有不同色彩的凹凸图案，图样逼真，立体感强。

4. 特殊功能墙纸是指具有某种独特性能的塑料墙纸。①耐水墙纸：采用玻璃纤维基层，增强其防水性能，故可用于卫生间、浴室等。②防火墙纸：用石棉纸为基层，PVC 中掺阻燃剂，具有一定的防火性能，适用于有防火要求的室内。③防霉墙纸：PVC 树脂加入防霉剂，用于易潮湿部位。

5. 天然纺织纤维墙纸是以各种天然纤维制成的色泽、粗细各异的线条组合成的各种花色质地后复合在纸基上制成。质感良好，不褪色，无反光，而且防静电，有一定的吸声作用，用于会议厅、宴会厅、宾馆的客房。

6. 麻草墙纸是以纸为基层，以编织物如麻草、草席等天然材料为饰面层复合而成的墙纸，其特点是阻燃，透气性好，质感自然、粗犷，装饰性强，常用于客房、饭店及高档餐厅、酒吧、影院等场所的装饰。

7. 金属墙纸用印刷铝箔与防水基层复合而成。可用于酒吧、宾馆、多功能厅顶棚面、柱面等装饰。仿金箔纸具有金碧辉煌的装饰效果。

8. 无纺羊毛型墙纸被称为会呼吸的墙纸，透气性能好，有丰富的肌理、细腻的质感；它采用精选天然原料，表面凹凸感及不同的纹理有强的吸声功能，有利于形成宁静的居住环境。

楼梯间墙布装饰效果图

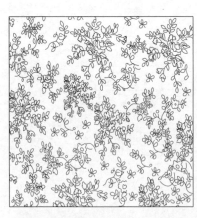

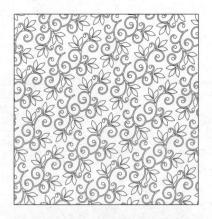

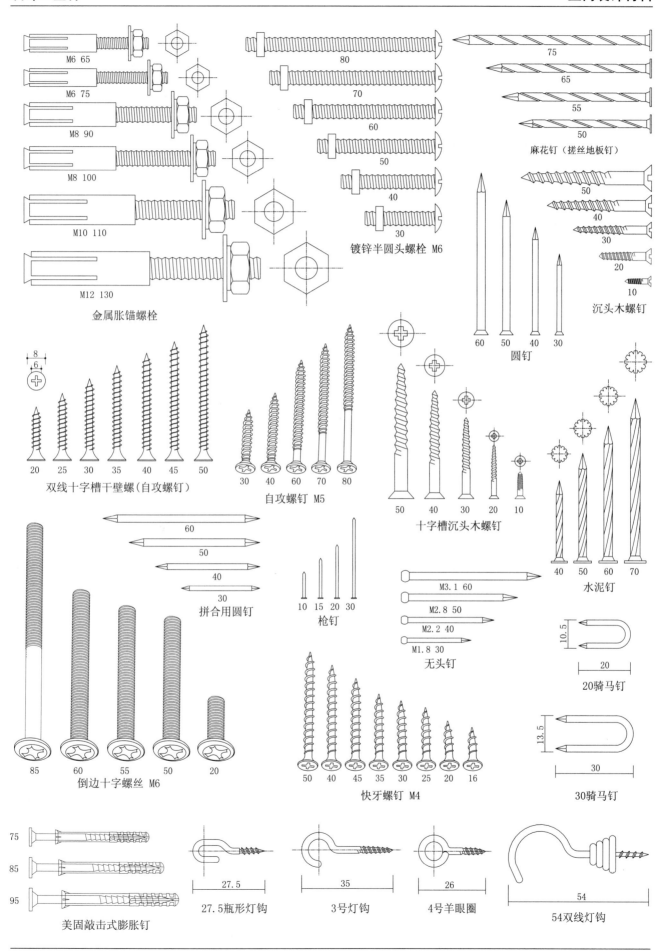

M6 65
M6 75
M8 90
M8 100
M10 110
M12 130
金属胀锚螺栓

80
70
60
50
40
30
镀锌半圆头螺栓 M6

75
65
55
50
麻花钉（搓丝地板钉）

50
40
30
20
10
沉头木螺钉

60 50 40 30
圆钉

8
6
20 25 30 35 40 45 50
双线十字槽干壁螺（自攻螺钉）

30 40 60 70 80
自攻螺钉 M5

50 40 30 20 10
十字槽沉头木螺钉

40 50 60 70
水泥钉

60
50
40
30
拼合用圆钉

10 15 20 30
枪钉

M3.1 60
M2.8 50
M2.2 40
M1.8 30
无头钉

10.5
20
20骑马钉

13.5
30
30骑马钉

85 60 55 50 20
倒边十字螺丝 M6

50 40 45 35 30 25 20 16
快牙螺钉 M4

75
85
95
美固敲击式膨胀钉

27.5
27.5瓶形灯钩

35
3号灯钩

26
4号羊眼圈

54
54双线灯钩

门五金配件是现代室内装饰装修中不可缺少的零配件，五金配件的种类繁多，使用范围也非常广泛，合理的搭配，会更加突出装饰效果。

门用五金配件包括：门锁、合页（铰链）、拉手、门轧头、定位器、地弹簧、自动闭门器、吸门器、安全链等。

门锁品种繁多，其颜色、材质、功能都各有不同。常用种类有外装门锁、执手锁、球形锁、电子锁、防盗锁、指纹门锁等。

拉手的材料有锌合金、铜、铝、不锈钢、塑胶、陶瓷等，颜色形状各式各样。

合页又称铰链，分为普通合页、大门合页和其他合页等。合页的大小、宽窄与使用数量同门的重量、材质、门板的宽窄有关。目前普通合页、大门合页的材料主要为全铜和不锈钢两种。

国产闭门器在早期用于楼道中的防火门上，是一个类似弹簧的液压器，当门开启后能通过压缩后释放，将门自动关上，近年来才被应用到室内的房门上。常用的分为两种：一为有定位作用的，也就是门开到一定角度时会固定住，小于此角度时门会自动闭合；二为没有定位作用的，无论开到什么位置，门总会自动关闭。

常用的门吸又叫做"墙吸"。门吸是安装在门后面的一种小五金件。门打开以后，通过门吸的磁性稳定住，防止门被风吹后自动关闭，同时也防止在开门时用力过大而损坏墙体。市场上还流行一种门吸，称为地吸，其平时与地面处于同一个平面，打扫起来很方便；当关门的时候，门上的部分带有磁铁，会把地吸上的铁片吸起来，及时阻止门撞到墙上。

拉门五金配件

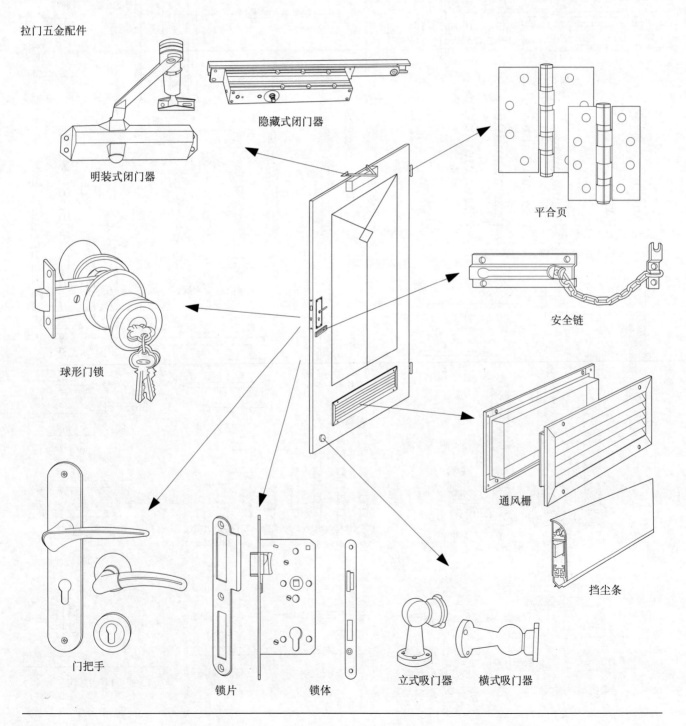

隐藏式闭门器

明装式闭门器

平合页

球形门锁

安全链

通风栅

门把手

锁片　锁体

立式吸门器　横式吸门器

挡尘条

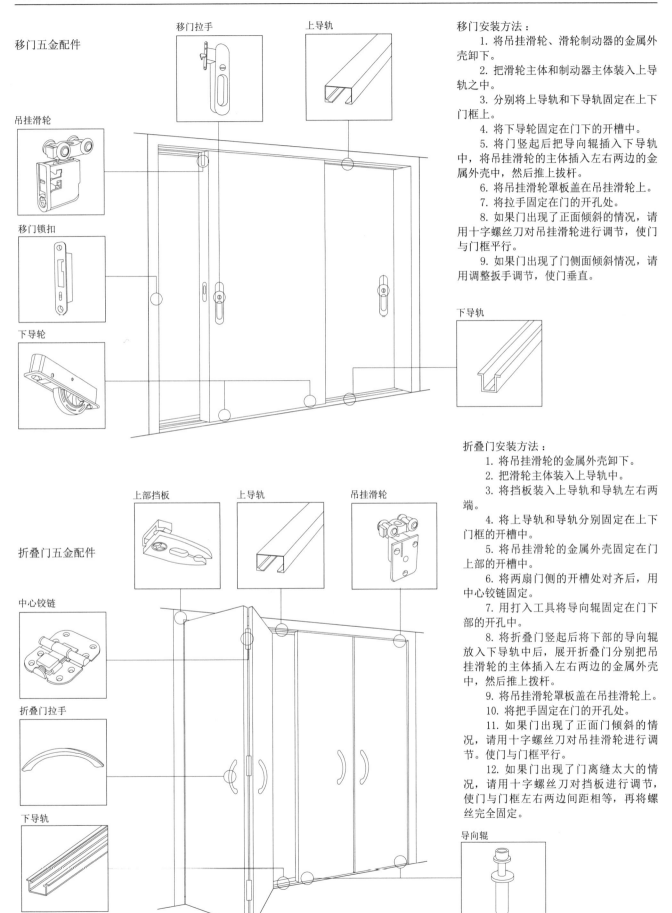

移门五金配件

移门拉手

上导轨

吊挂滑轮

移门锁扣

下导轮

下导轨

折叠门五金配件

上部挡板

上导轨

吊挂滑轮

中心铰链

折叠门拉手

下导轨

导向辊

移门安装方法：

1. 将吊挂滑轮、滑轮制动器的金属外壳卸下。

2. 把滑轮主体和制动器主体装入上导轨之中。

3. 分别将上导轨和下导轨固定在上下门框上。

4. 将下导轮固定在门下的开槽中。

5. 将门竖起后把导向辊插入下导轨中，将吊挂滑轮的主体插入左右两边的金属外壳中，然后推上拨杆。

6. 将吊挂滑轮罩板盖在吊挂滑轮上。

7. 将拉手固定在门的开孔处。

8. 如果门出现了正面倾斜的情况，请用十字螺丝刀对吊挂滑轮进行调节，使门与门框平行。

9. 如果门出现了门侧面倾斜情况，请用调整扳手调节，使门垂直。

折叠门安装方法：

1. 将吊挂滑轮的金属外壳卸下。

2. 把滑轮主体装入上导轨中。

3. 将挡板装入上导轨和导轨左右两端。

4. 将上导轨和导轨分别固定在上下门框的开槽中。

5. 将吊挂滑轮的金属外壳固定在门上部的开槽中。

6. 将两扇门侧的开槽处对齐后，用中心铰链固定。

7. 用打入工具将导向辊固定在门下部的开孔中。

8. 将折叠门竖起后把下部的导向辊放入下导轨中后，展开折叠门分别把吊挂滑轮的主体插入左右两边的金属外壳中，然后推上拨杆。

9. 将吊挂滑轮罩板盖在吊挂滑轮上。

10. 将把手固定在门的开孔处。

11. 如果门出现了正面门倾斜的情况，请用十字螺丝刀对吊挂滑轮进行调节。使门与门框平行。

12. 如果门出现了门离缝太大的情况，请用十字螺丝刀对挡板进行调节，使门与门框左右两边间距相等，再将螺丝完全固定。

　　按锁本体安装在门挺中的形式可分为外装门锁、插芯门锁和球形门锁。按结构可分为弹子结构、叶片结构、磁性结构、密码结构和电子编码结构等。外装门锁又分单舌、双舌、多舌门锁和移门锁等。插芯门锁又分弹子型和叶片型两种。弹子型又分单方舌、单斜舌、单斜舌按钮、双舌、双舌掀压插芯和移门插芯等。叶片型又分单开式和双开式。球形门锁分复杂型和简易型。按功能还可分为机械防盗锁，具有防钻、防锯、防拉、防冲击、防技术开启等功能。磁卡门锁，利用存有密码的磁性卡片开锁，保密性强，使用安全方便。组合门锁具有三级组合，总钥匙可开一个

楼层房间门锁，房间钥匙只能开一个房间的门锁，适宜机关大楼、宾馆等公共设施的管理人员使用。

　　拉手及执手按材质可分为铜材、铝材和镀金属材料。按形状可分单头和双头。按用途可分门锁拉手及执手、纱门拉手、铝合金门窗拉手、其他拉手（拉启门、抽屉、汽车拉手或兼做扶手）、钢窗执手、平开铝合金窗执手等。

　　门拉手及执手是用以关闭或开启门扇的一类五金配件，它有门锁拉手及门扇拉手之分。

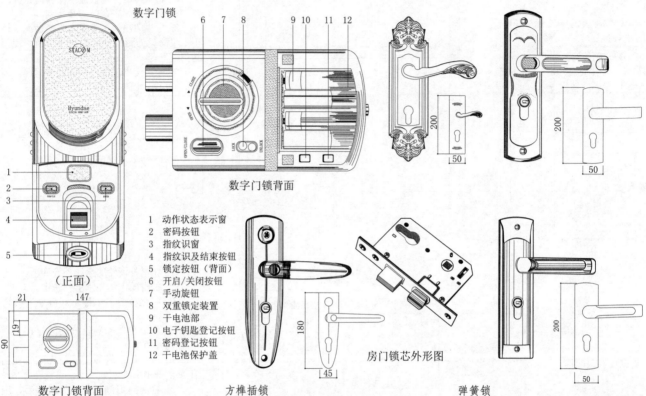

数字门锁

1　动作状态表示窗
2　密码按钮
3　指纹识窗
4　指纹识及结束按钮
5　锁定按钮（背面）
6　开启/关闭按钮
7　手动旋钮
8　双重锁定装置
9　干电池部
10　电子钥匙登记按钮
11　密码登记按钮
12　干电池保护盖

（正面）

数字门锁背面

数字门锁背面

房门锁芯外形图

方榫插锁

弹簧锁

保险弹簧锁

　　这种锁装在门缘处，锁上后将钥匙再转一圈，即将锁舌固定，不能强行使其缩回。即使打破门锁旁的玻璃，伸手到门内，也无法转动锁钮把门打开。有些保险弹簧锁在门内外都要用钥匙开启。使用于外门，常于榫舌插锁合用。

　　必须用钥匙才能使锁舌缩回。转动钥匙启动锁内的锁芯片而伸缩榫舌，锁芯片越多锁越难撬开。有五片锁芯片和盒式锁舌插板的最为安全。适用于外门，为便于出入，可加装一把弹簧锁。

　　弹簧锁装在门缘处，在室外用钥匙，在室内转动锁钮，使锁舌缩回。按下保险钮可使锁舌固定在伸出或缩进的位置。这种锁安全性不如保险弹簧，适用于外门，为安全起见，可加一把榫舌插锁。

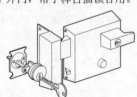

应急开锁装置

浴室使用的门轨

　　门内有一个旋钮，转动旋钮可把门锁住，门外有一个应急开锁装置。内外两个执手不能互换使用。

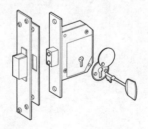

旋钮

球把按钮碰锁

　　这种锁的钥匙孔开在外侧球形门把上。内侧球形门把上有一个按钮，按下按钮把门关上，即可将门锁住。锁住后门外要用钥匙开锁，在门内只要转动执手，即可把门打开。

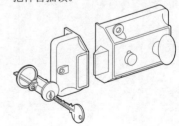

碰簧插闩执手

执手

执手盖板

　　上没有钥匙孔，因为碰簧插闩只用于不必锁住的内门。门内外的两个执手可以互换使用。

　　家具五金配件是家具产品不可缺少的部分，特别是板式家具和拆装家具，其重要性更为明显。它不仅起连接、紧固和装饰的作用，还能改善家具的造型和结构，直接影响产品的内在质量和外观质量。

　　家具五金配件按功能可分为活动件、紧固件、支承件、锁合件及装饰件等。按结构分有铰链、连接件、抽屉滑轨、移门滑道、翻门吊撑（牵筋拉杆）、拉手、锁、插销、门吸、搁板承、挂衣棍承座、滚轮、脚套、支脚、嵌条、螺栓、木螺钉、圆钉、照明灯等。国际标准（ISO）已将家具五金件分为九大类：锁、连接件、铰链、滑动装置（滑道）、位置保持装置、高度调整装置、支承件、拉手、脚轮及脚座。

家具五金配件

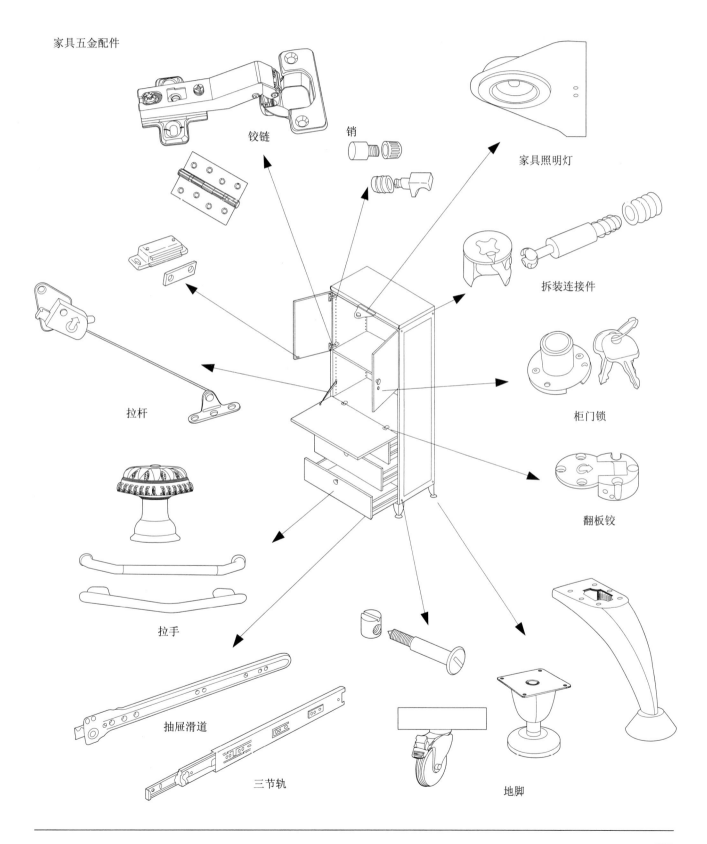

铰链　　　销　　　　家具照明灯

拆装连接件

拉杆

柜门锁

翻板铰

拉手

抽屉滑道

三节轨　　　　　　地脚

金属连接件

此件一般多用于组合柜两侧板之间的连接。金属螺杆两端套入尼龙螺帽，利用螺钉旋具将两侧板固定。

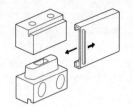

操作简便，能承受重负荷，适宜于大型棚板的连接。

此件一般用于板与板之间丁字形连接。金属制螺钉旋入尼龙套头，用螺钉旋具紧固。

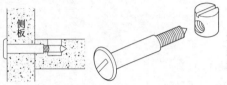

操作简便，适用于不同安装形式的板与板之间的连接。

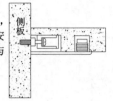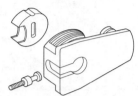

此连接件操作简便，紧固力强，适用于板材之间十字形连接。

常用于棚架或角隅部分的连接。将塑料套头和小螺套打入板内，用螺钉穿过套头旋入螺套内，将两侧板紧固。

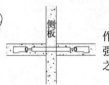

常用于板材连接。其连接杆之间L为直角形。

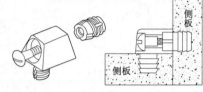

常用于棚架或角隅部分的连接。构造原理同上，但螺套为细长形。

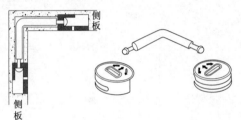

此连接件可拆卸，常用于箱框的连接。将受力座打入侧板内，加塑料外罩，用木螺钉固定。

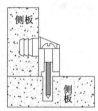

常用于侧板两侧棚板的固定。在侧板穿螺纹套管，通过套头向螺套旋入螺钉。

适用于在侧板两侧安装棚板。在侧板穿孔，木螺钉连接，棚板挖孔，放在连接件上。

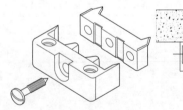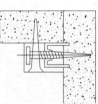

多用于棚架或角隅部分之连接，不宜承受重负荷。可通过螺钉的调节来调整装配误差。

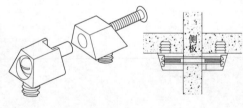

操作简便，但不宜承受重负荷。用木螺钉将连接件固定在侧板上，在棚板上开挖洞孔插入外套，再套在连接件上。

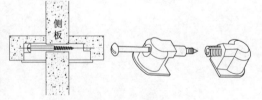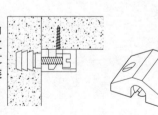

用于棚架或角隅部分之连接，能承受负荷。有大小两个套头，将大套头套入小套头，用螺钉加以固定。

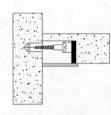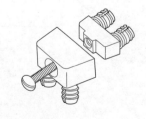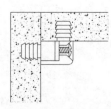

拆装件

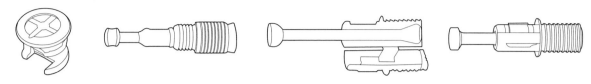

ϕ12、15 连接螺杆			钻孔尺寸
M10快易螺杆	钻孔距离(mm)		
ϕ8　120　90	B=24	一按到位，方便快捷；一旋即紧，安全牢固	13　10　ϕ8
	B=29		
	B=32		
	B=34		

家具拆装件品种：
M10 快易螺杆　　　M6 塑胶自攻铁杆
M6 螺牙铁杆　　　　M6 自攻铁杆
M6 自攻合金螺杆　　M6 螺纹合金杆
M6 铁双头杆　　　　M6 塑胶螺牙铁杆
家具滑轨名称：
抽屉滑轨　　　　　　电视柜滑轨
餐台滑轨　　　　　　电脑台滑轨
家具滑轨品种：
重型滑轨　三节滚珠滑轨　托底滑轨
卡式滑轨　餐台滑轨　宽板滑轨
键盘滚珠滑轨　中抽滑轨　直路滑轨
二节滚珠滑轨　电视滑轨等

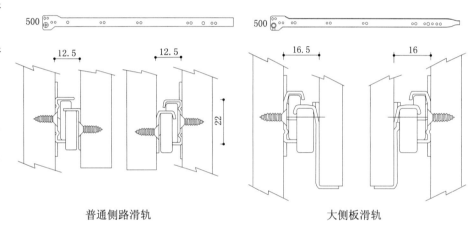

普通侧路滑轨　　　　　　　　大侧板滑轨

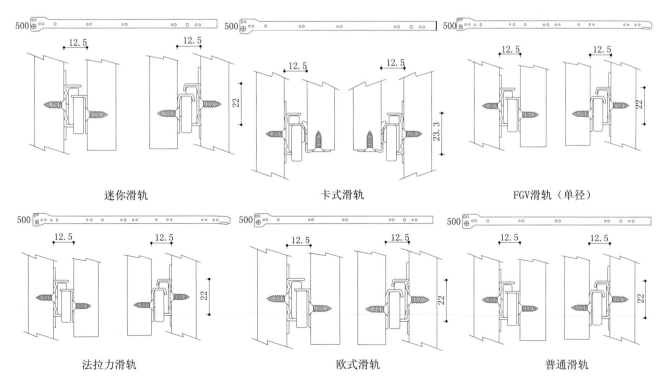

迷你滑轨　　　　　　卡式滑轨　　　　　　FGV滑轨（单径）

法拉力滑轨　　　　　　欧式滑轨　　　　　　普通滑轨

铰链主要是柜类家具上柜门与柜体的活动连接件，用于柜门的开启和关闭。按构造的不同，又可分为明铰链、暗铰链、门头铰、玻璃门铰等。

明铰链：通常称为合页。安装时合页部分外露于家具表面，影响外观。主要有普通合页、轻型合页、长型合页、抽芯与脱卸合页、弯角合页、仿古合页等。

暗铰链：安装时完全暗藏于家具内部而不外露，使家具表面清晰美观和整洁。主要有杯状暗铰链、百叶暗铰链、翻板门铰、折叠门铰等。

门头铰：安装在柜门的上下两端与柜体的顶底结合处，使用时也不外露，可保持家具正面的美观。主要有片状门头铰、弯角片状门头铰、套管门头铰等。

玻璃门铰：可分为玻璃门暗铰链、玻璃门头铰等两种形式。

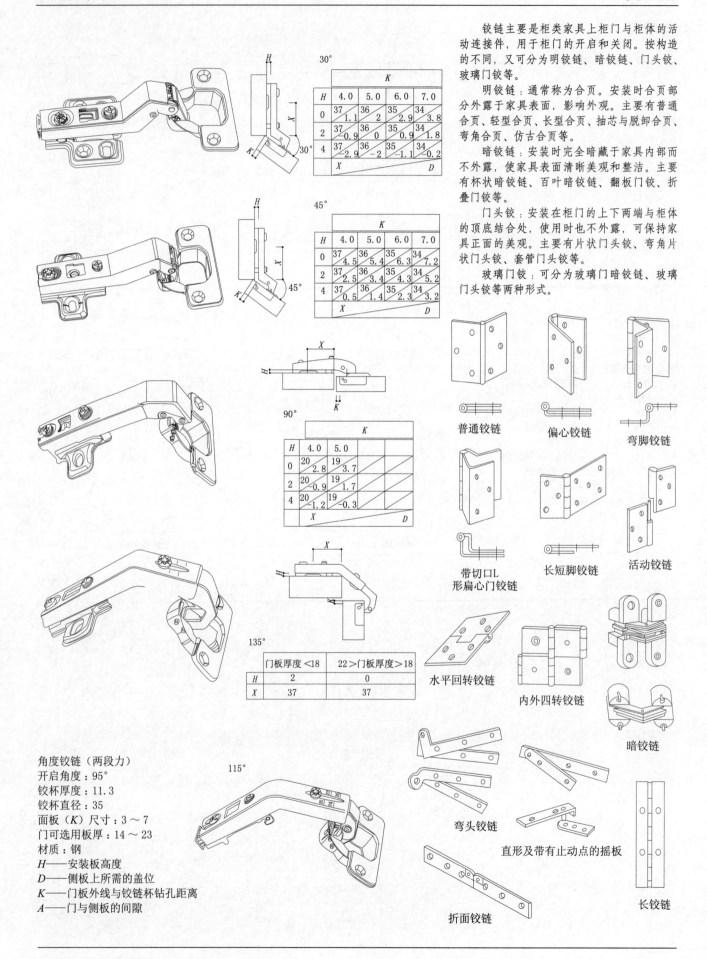

30°

| H | \multicolumn{4}{c}{K} |
	4.0	5.0	6.0	7.0
0	37 / 1.1	36 / 2	35 / 2.9	34 / 3.8
2	37 / -0.9	36 / 0	35 / 0.9	34 / 1.8
4	37 / -2.9	36 / -2	35 / -1.1	34 / -0.2
X				D

45°

| H | \multicolumn{4}{c}{K} |
	4.0	5.0	6.0	7.0
0	37 / 4.5	36 / 5.4	35 / 6.3	34 / 7.2
2	37 / 2.5	36 / 3.4	35 / 4.3	34 / 5.2
4	37 / 0.5	36 / 1.4	35 / 2.3	34 / 3.2
X				D

90°

| H | \multicolumn{2}{c}{K} | | |
	4.0	5.0		
0	20 / 2.8	19 / 3.7		
2	20 / -0.9	19 / 1.7		
4	20 / -1.2	19 / -0.3		
X				D

135°

	门板厚度 <18	22> 门板厚度 >18
H	2	0
X	37	37

普通铰链

偏心铰链

弯脚铰链

带切口L形扁心门铰链

长短脚铰链

活动铰链

水平回转铰链

内外四转铰链

暗铰链

弯头铰链

直形及带有止动点的摇板

折面铰链

长铰链

115°

角度铰链（两段力）
开启角度：95°
铰杯厚度：11.3
铰杯直径：35
面板（K）尺寸：3～7
门可选用板厚：14～23
材质：钢
H——安装板高度
D——侧板上所需的盖位
K——门板外线与铰链杯钻孔距离
A——门与侧板的间隙

调合漆系由油漆、颜料、溶剂、催干剂等调合而成。漆膜有各种色泽，质地较软，具有一定的耐久性，适用于室内外一般金属、木材等表面涂饰，施工方便，采用最为广泛。

磁漆系在清漆中加入无机颜料而成。漆膜坚硬平滑，可呈各种色泽，附着力强，耐候性和耐水性高于清漆而低于调合漆，适用于室内外金属和木质表面涂饰。

硝基清漆俗称蜡克，系由硝化纤维、天然树脂、溶剂等制成。漆膜无色透明，光泽度高，适用于室内金属与木材表面，最宜作醇质树脂漆的罩面层，以提高漆膜质量，并使之能耐受热烫。

聚酯漆是用聚酯树脂为主要成膜物制成的一种厚质漆。聚酯漆的漆膜丰满，层厚面硬，是目前使用在装修方面最普遍的一种产品。优点是施工简单，油漆成膜快等，缺点是含有害物质偏高且挥发期长。聚酯漆有聚酯底漆、聚酯面漆、地板漆几种。底漆有高固底、特清底、水晶底之分；面漆（可调色）有亮光、半亚光、亚光之分；地板漆也有亮光、半亚光、亚光的区别。

防锈漆系由油料与阻蚀性颜料（红丹、黄丹、铝粉等）调制而成。油料加40%～80%红丹制成的红丹漆，对于钢铁的防锈效果好。一般金属、木材、混凝土等表面的防腐蚀，可用沥青漆。

防火涂料既具有普通涂料的良好的装饰性及其他性能，又具有出色的防火性。防火涂料按用途分为钢结构用防火涂料、混凝土结构用防火涂料、木结构用防火涂料等。防火涂料按其组成材料和防火原理的不同，一般分为膨胀型和非膨胀型两大类。防火涂料涂刷在基层材料表面上能形成防火阻燃涂层或隔热涂层，并能在一定时间内保证基层材料不燃烧或不破坏。

2kpu全无苯地板漆（亮光/半亚）

高级木器封固底漆

油漆稀释剂

华生685稀释剂

华生香蕉水

华生酒精

鸽牌1K色漆无苯稀释剂

长春藤硝基（力架）专用稀释剂6008

木器/地板漆

高级木器清漆（半亚力架）

硝基漆（亮光/半亚/亚光）

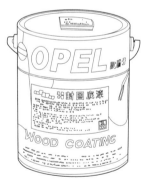

木器封固底漆（B111）

清新1K白色油漆（亚色）

华生685油漆

华生硝基磁漆

鸽牌1K亚白漆

中南防火涂料

内墙涂料也可以用作顶棚涂料，内墙涂料的主要特点是色彩丰富、色调柔和、涂膜细腻，耐碱性、耐水性好，不易粉化，透气性好，涂刷方便。常用的内墙涂料有合成树脂乳液内墙涂料、水溶性内墙涂料、多彩花纹内墙涂料等。

合成树脂乳液内墙涂料（乳胶漆）以合成树脂乳液为主要成膜物质，加入着色颜料、体质颜料、助剂，经混合、研磨而制得的薄质内墙涂料。乳胶漆的种类很多，主要品种有聚醋酸乙烯乳胶漆、丙烯酸酯乳胶漆、乙-丙乳胶漆、苯-丙乳胶漆、聚氨酯乳胶漆等。高级乳胶漆还可以随意配制各种色彩，随意选择各种光泽，如亚光、高光、无光、丝光、石光等，装饰手法多样，涂

饰完成后手感细腻光滑，价格低廉、施工简便，而被广泛用于室内的墙面、顶棚饰面的装饰。

水溶性内墙涂料是以水溶性合成树脂聚乙烯醇及其衍生物为主要成膜物质，加入适量的着色颜料、体质颜料、少量助剂和水经研磨而成的水溶性涂料。这类内墙涂料层具有一定的装饰效果，价格便宜，适用于一般民用建筑室内墙面的装饰，属低档涂料。水溶性内墙涂料主要分为聚乙烯醇水玻璃内墙涂料和聚乙烯醇缩甲醛内墙涂料两大类。

多彩内墙涂料是由不相混溶的两个液体组成，其中一相为分散介质，常为加有稳定剂（增稠剂）的水相。另一相为分散相，由大小不等、有两种或两种以上不同颜色的着色液滴组成。两相互不融合，分散相在含有稳定剂的水中均匀分散悬浮，呈稳定状态。涂装干燥后形成坚硬结实的多彩花纹涂层。

隐形幻彩涂料一般由发光材料、基本树脂、溶剂及助剂组成。这种涂料中的发光材料可把自然光、灯光的能量储存起来，在夜间释放，起到低度照明和指示作用。因此，这种涂料可在医院、宾馆、舞厅、酒吧甚至军队营房等广泛使用。

仿壁毯涂料是由乳液胶结材料、粉状胶结材料、少量的粉状填料、助剂和纤维等组成，乳液和其他固体材料分开包装，施工前再混合。仿壁毯涂料成膜后外观类似毛毯或绒面，质感丰富，有吸声隔热效果，适用于居室及声学要求较高的场所。

涂料类

中南内墙乳胶漆

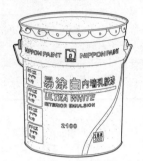
易涂白内墙乳胶漆

陶瓷锦砖改造腻子

精细内墙腻子

壁丽宝内墙漆

封墙底漆5101

混凝土界面处理剂

壁丽宝石膏嵌缝剂

壁丽宝瓷砖粘结剂

内、外墙封底涂料

批嵌类

内墙腻子粉

装饰石膏粉

壁丽宝金装熟胶粉

普通滑石粉（300目）

仿天然石材的涂料品种有仿花岗石、彩石漆、仿大理石、仿页岩石、仿天然洞石等。仿石材漆又称石质漆，是以纯丙烯酸聚合物和天然彩石为原料，合成的树脂乳液，其漆层坚硬，粘结性好，防污性好，阻燃，耐碱，耐酸，装饰效果酷似天然石材的装饰。室内装修主要用于背景墙、造型墙等装饰造型丰富的位置。装饰效果丰富自然，质感强，有良好的视觉冲击力。

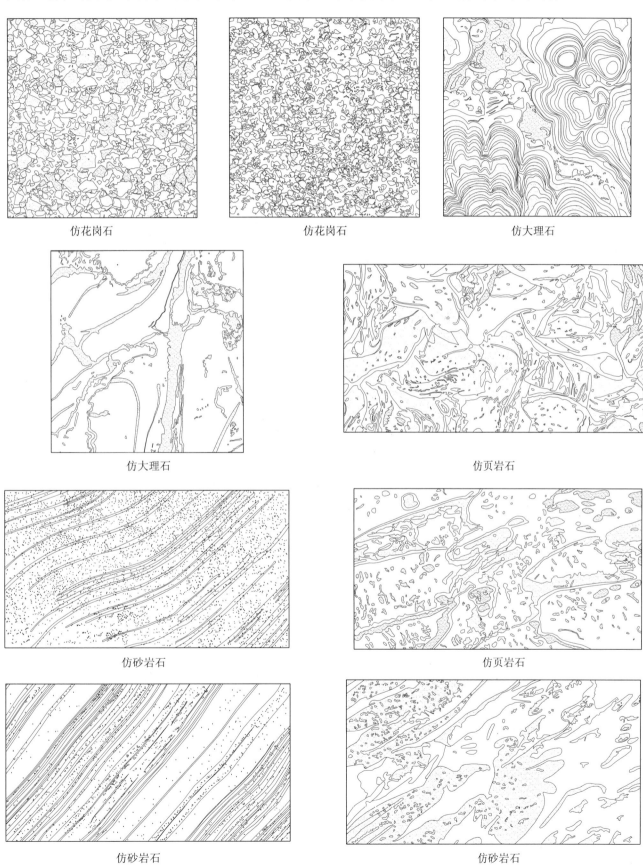

仿花岗石　　　　　　　　　仿花岗石　　　　　　　　　仿大理石

仿大理石　　　　　　　　　　　　　仿页岩石

仿砂岩石　　　　　　　　　　　　　仿页岩石

仿砂岩石　　　　　　　　　　　　　仿砂岩石

复层涂料也称凹凸花纹涂料，有时也称喷塑涂料，它由两层涂料组成，其外观可以是波浪纹状、橘皮状或其他凹凸花纹状，其颜色有单色、双色或多色，其光泽可以是无光、半光、有光、珠光、金属光泽等。装饰效果豪华、庄重、立体感强。

凹凸质感涂料所有骨料均为白色或无色，需要什么颜色只需要用相应的色浆来调节。这类产品通常被称为质感涂料，相同颜色的质感涂料利用不同的工具、不同的手法作出不同的造型。

仿石材类产品均采用溶剂型涂料，由于大部分溶剂型涂料存在或多或少的污染性，所以目前已经被水性涂料代替，合成树脂乳液涂料经过现场简单的调配，结合简单的手绘和工具，就可以制作出色彩逼真、花纹绚丽的仿花岗石产品。

把几种不同颜色的涂料用手工以不同的手法涂布在同一被装饰面上，又称为杂色花纹、彩纹、梦幻、云梦、云彩、彩壁等等。通过艺术性施工，获得千变万化的梦幻般写意式的涂装效果。效果可以用在平面上，也可以用在已经做好凹凸复层上。粉彩效果有多种施工方法，可根据装饰要求灵活选用，一般可选用乳胶漆、水性金属漆、珠光漆、幻彩漆、梦幻涂料等等。

栈

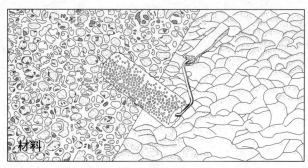

大花拉毛漆

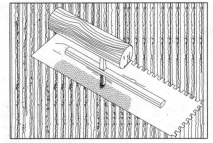

带齿抹腻刀

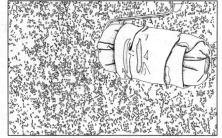

皮革滚筒架

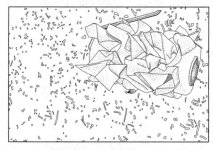

叶状皮革滚筒架

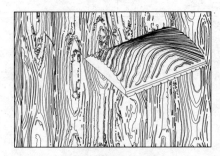

橡胶浮雕漆筒

塑料滚筒刷

橡胶浮雕漆筒

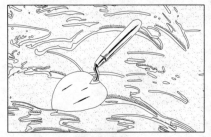

三角抹腻刀

植毛海绵涂抹刷

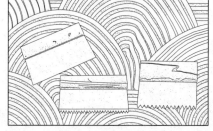

直齿梳　平口刮板　套装直齿梳

室内装饰装修所用的电线一般分为护套线和单股线两种。

1. 单股线：即单根电线，内部是铜芯，外部包 PVC 绝缘套，需要施工人员来组建回路，并穿接专用阻燃 PVC 线管，方可入墙埋设。单股线的 PVC 绝缘套有多种色彩，如红、绿、黄、蓝、紫、黑、白和黄绿双色等，在同一装饰工程中用线的颜色及用途应一致。阻燃 PVC 线管表面应光滑，壁厚要求达到手指用劲捏不破的程度，也可以用国标的专用镀锌管做穿线管。

2. 护套线：为单独的一个回路，包括一根火线和一根零线，外部有 PVC 绝缘套统一保护。PVC 绝缘套一般为白色或黑色，内部电线为红色和彩色，安装时可以直接埋设到墙内。

电线以卷计量，每卷线材应为 100m，其规格一般按截面面积划分：照明用线选用 1.5mm²，插座用线选择 2.5mm²，空调用线不得小于 4mm²。

配电箱是居室配电的中心，它将室外引入的电源分配至室内的用电设备。配电箱箱体是由金属或塑料制成的。配电箱有挂墙式明装和嵌入式暗装两种。箱内装有总开关、分路开关、熔断器、漏电断路器等元器件。住宅使用的配电箱以暗装嵌入式配电箱为主。

电线

熊猫单芯/双色线

熊猫护套线

马头牌铜塑线

利得隆四芯电话硬线（HJYVB）

利得隆金银喇叭线（ETXB-12）

利得隆电视网络线SYWV75-5（铝网）

利得隆八芯电脑线UTP

简装包塑金属穿线软管

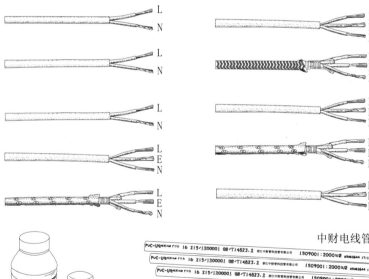

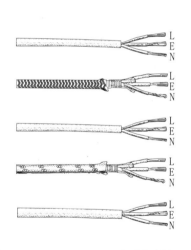

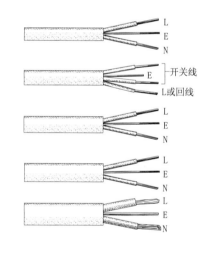

中财电线管

电线盒

PVC胶水

3M塑料绝缘胶布

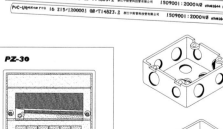
达通配电箱

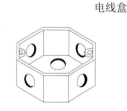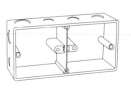

　　PP-R管又称为热熔管，是由丙烯与其他烯烃单体共聚而成的无规共聚物，经挤出成型，注塑而成的新型管件，它在室内装饰工程中取代传统的镀锌管。PP-R管具有重量轻、耐腐蚀、不结垢、保温节能、使用寿命长的特点。最高工作温度可达95℃。PP-R的原料分子只有碳、氢元素，没有毒害元素存在，使用卫生、可靠。PP-R管每根长4m，管径从20～125不等，并配套各种管件。PP-R管有冷水管和热水管之分，但无论是冷水管还是热水管，管材的材质应该是一样的，其区别只在于管壁的厚度不同。

　　近年来，在PP-R管的基础上又开发出铜塑复合PP-R管、铝塑复合PP-R管、不锈钢复合PP-R管等，进一步加强了PP-R管的强度。PP-R管不仅用于冷热水管道，还可用于纯净饮用水系统。PP-R管在安装时采用热熔工艺，可做到无缝焊接，也可埋入墙内，它的优点是价格比较便宜，施工方便。

PP-R给水管

冷热水用PP-R给水管

PP-R管件

PVC 排水管是由硬聚氯乙烯树脂加入各种添加剂制成的热塑性塑料管，适于水温不大于 45℃，工作压力不大于 0.6MPa 给水、排水管道。连接方式为承插、粘结、螺纹等均可。

PVC 管具有重量轻、内壁光滑、流体阻力小、耐腐蚀性好、价格低等优点，取代了传统的铸铁管，也可以用于电线穿管护套。PVC 管有圆形、方形、矩形等多种，直径从 10 ~ 250mm 不等。PVC 管中含铅，一般用于排水管，不能用作给水管。

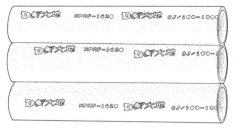

排水管

PVC管配件

　　镀锌钢管过去一直被广泛用于输水管道。镀锌钢管的材质坚硬，具有一般金属的高强度、不易折断，有一定抗冻胀和抗冲击性能，现在常用于煤气管道（无缝钢管）。管道接口密封必须用厚白漆。

　　紫铜管做居室给排水管安全而且可完全被回收使用，不污染环境，符合当代环保理念。另外强度高、热胀冷缩小、抗高温环境、防火、抗老化、天然抵御腐蚀，不会被有机物质软化及有害气体、液体渗透。

　　铸铁管路连接件，是管子与管子及管子与阀门之间连接用的一类连接件。适用于输送公称压力不超过 PN1.6MPa、工作温度不超过200℃的中性液体或气体的管路上，表面镀锌管件（俗称白铁管件）多用于输送水、油品、空气、煤气、蒸汽等管路上。

黄铜洗衣机水嘴

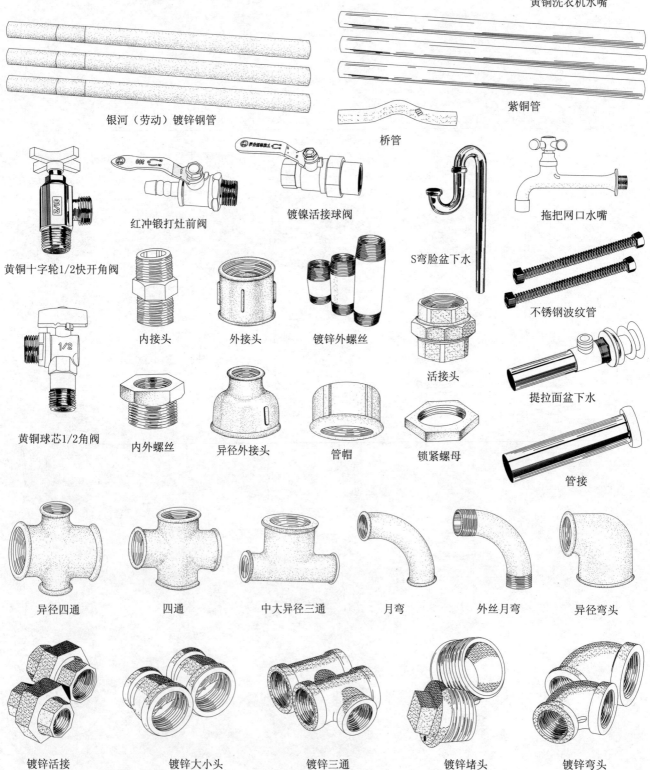

银河（劳动）镀锌钢管　　　　　　　　　　　　　　紫铜管

桥管

红冲锻打灶前阀　　　镀镍活接球阀　　　　　S弯脸盆下水　　　拖把网口水嘴

黄铜十字轮1/2快开角阀

内接头　　　外接头　　　镀锌外螺丝　　　　　　　不锈钢波纹管

活接头

黄铜球芯1/2角阀　　内外螺丝　　异径外接头　　管帽　　锁紧螺母　　提拉面盆下水

管接

异径四通　　　四通　　　中大异径三通　　　月弯　　　外丝月弯　　　异径弯头

镀锌活接　　镀锌大小头　　镀锌三通　　镀锌堵头　　镀锌弯头

　　钢材有角钢、槽钢、工字钢等多种，均具有良好的机械性能，可焊接，广泛应用于建筑钢结构、混凝土结构中。

　　花纹钢板表面有轧制的凸起或凹陷花纹的铁板。花纹主要起防滑作用，兼有装饰作用。在轧机的轧辊上具有花纹槽，花纹深度小的钢板可采用冷轧或温轧的工艺生产，花纹深度大于1mm时要采用热轧工艺。在室内装修工程中用于结构的地面和楼梯踏步，也可用于工地的临时通道。

　　钢丝网用冷轧钢丝制成，许多抹灰基层是用钢丝网来支承，将它用于金属或木立筋间的大跨度开敞空间。钢丝网立筋间的中心距范围是400～600之间。

花纹钢板

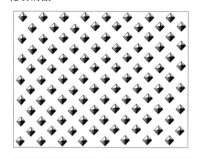

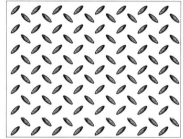

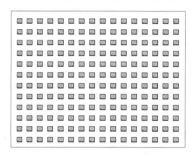

角钢

40×5等边角钢

30×3等边角钢

25×3等边角钢

20×3等边角钢

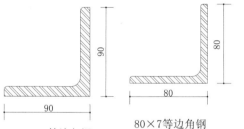

90×10等边角钢

80×7等边角钢

70×6等边角钢

50×5等边角钢

槽钢

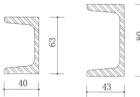

6.3号槽钢

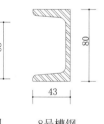

8号槽钢

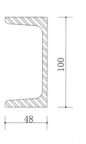

10号槽钢

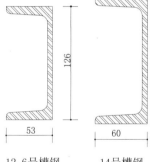

12.6号槽钢

14号槽钢

钢丝网

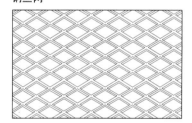

电镀锌方眼铁丝网

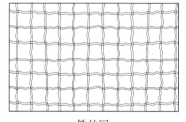

铁丝网

工字钢

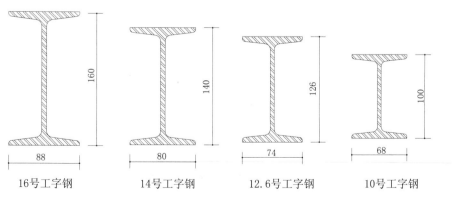

16号工字钢　　14号工字钢　　12.6号工字钢　　10号工字钢

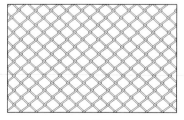

钢丝网

1. 不锈钢装饰板

有各种花色和图案，装饰高贵豪华，光彩夺目，具有耐火、耐水、耐潮、耐腐蚀、不变形、安装方便等特点，适用于高级宾馆、饭店、影剧院、舞厅、会堂、候机楼、车站、码头、艺术馆、商场、展览馆、电梯等的室内、柱面、顶棚的装饰。

2. 铝锌钢板

表面光亮如镜，具有轻质、高强以及优异的隔热、耐蚀等特点；铝锌彩色钢板有灰白、海蓝等多种颜色。适用于各种建筑物的墙面、屋面、檐口等处的装饰。

3. 铝合金冲孔平板

具有良好的防腐蚀性能，表面光洁、强度适中、防振、防水、防火、消声等特点，适用于影剧院、计算机房、控制室等有消声要求的建筑物的顶棚及墙壁作消声和装饰材料。

4. 单层铝幕墙板

具有质轻、颜色均匀、表面光滑、长期不褪色、太阳照射不产生阴阳面、使用寿命长等特点，可用作金属幕墙挂板，也可用于隔断、柱面、台面等内装修。

5. 镁铝饰板

具有不变形、不翘曲、耐潮、耐擦洗、可钉、可刨、可锯、可钻等特点。

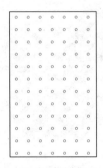
铜冲孔板

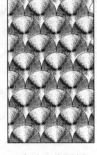
半珠形金属板

水凝珠型金属板

铝合金冲孔板

砂光不锈钢板

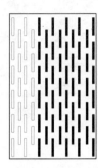
不锈钢冲孔板

金属网是指建筑装饰类的丝网。产品包括幕墙网、金属网篱、金属布、壁炉网等。金属装饰网采用优质不锈钢、铝合金、黄铜、紫铜等合金材料，经特殊工艺编制而成，因其具有金属丝和金属线条特有的柔韧性和光泽度，也直接造就了不同的金属装饰的艺术风格。

建筑装饰网多用于展厅、酒店、豪华客厅的屏风装置，高级办公楼、豪华舞厅、营业大厅、大型购物中心、体育中心等的内外装饰，特色建筑的屋顶、墙壁、楼梯、栏杆等，有很好的装饰效果，同时也起到了一定的防护作用。

金属布采用优质铝合金片材，经机械编制而成，其质地柔韧，色泽艳丽，多用于室内装饰和橱窗点缀，创造出大方高贵的设计效果。

壁炉网采用螺旋套编方式，下垂度好，能打摺，像窗帘一样活动自如，装饰效果好。经特殊处理，具有耐高温、不褪色等特点。

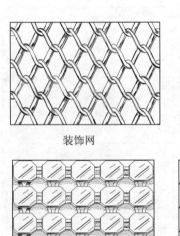
装饰网

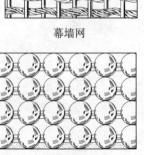
幕墙网

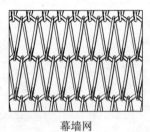
幕墙网

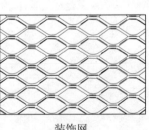
装饰网

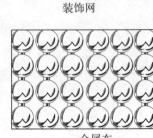
金属布

金属布

金属布

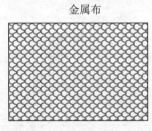
壁炉网

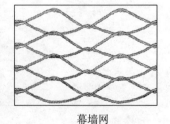
幕墙网

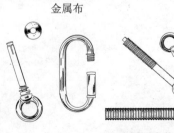
金属网安装配件

贴金腰线系列

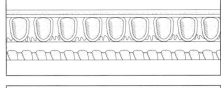
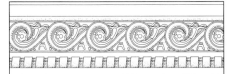

世界上饰金经典源于古罗马和古希腊建筑装饰艺术，手工金壁纸、金壁布、贴金锦砖、贴金腰线、贴金装饰板、贴金砖瓦大多以古罗马和古希腊镶嵌艺术为开发源头，被设计师广泛应用于风格鲜明的建筑装饰，如宫殿、厅堂、楼馆、流派街区小品、寺庙、佛塔、场馆等等。

无机复合材料装饰材系列有浮雕墙面装饰板、文化背景板、异形吊顶、雕刻工艺门、异形门窗套、欧式顶角线、腰线、罗马柱等，是一种优点众多，性能卓越的材料，且可钉、可锯、可刨；防火、防水、无甲醛、耐候、耐紫外线、抗腐蚀、抗风化；抗压力、抗冲击、不变形，无收缩率；涂装免除底漆，安装方便省时，可代替墙纸、墙砖在室内外使用。

文化石系列

400×400×20

400×400×20

贴金锦砖系列

50×50×8

无机复合浮雕装饰板

2400×1200×3

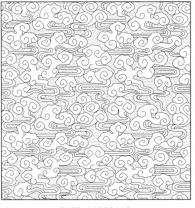

2400×1200×3

25×25×4

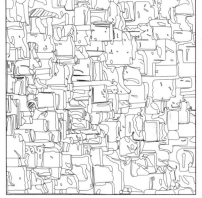

2400×1200×3

2400×1200×3

2400×1200×3

金属龙骨系列表

产品名称	适用范围及特点	轴测图形	产品名称	适用范围及特点	轴测图形	产品名称	适用范围及特点	轴测图形
U形大龙骨（承载龙骨）	吊装用承载龙骨 D38大龙骨用于不上人吊顶；D50与D60用于上人吊顶		宽带凹槽T形主龙骨	适用于明装或跌级矿棉板		T形宽带主龙骨	适用于明装或跌级矿棉板	
C形大龙骨（承载龙骨）			宽带凹槽T形次龙骨					
			窄带凹槽T形主龙骨			T形宽带次龙骨		
U形次龙骨（覆面龙骨）	与承载龙骨配合使用。吊顶轻钢龙骨CB50X19用于复合矿棉板起覆面龙骨作用		窄带凹槽T形次龙骨					
			宽槽主龙骨	适用于跌级矿棉板		主龙骨	适用于开启式暗架	
			宽槽次龙骨					
宽带T形主龙骨（烤漆龙骨）	适用于明装或跌级矿棉板		凹形主龙骨	适用于明装或跌级矿棉板		次龙骨		
			凹形次龙骨					
			凸形主龙骨			边龙骨	适用于矿棉板吊顶收边	
窄带T形主龙骨（烤漆龙骨）			凸形次龙骨					
			斜边形主龙骨			边龙骨		
窄带T形次龙骨			斜边形次龙骨					
			暗插龙骨（轻钢龙骨）	适用于暗架矿棉吸声板		边龙骨		

金属龙骨配件表

产品名称	适用范围及特点	图形	产品名称	适用范围及特点	图形	产品名称	适用范围及特点	图形
垂直吊挂件	大龙骨垂直吊件		垂直吊挂件	大龙骨挂件		纵向连接件	D38接长	
	承载大龙骨与次龙骨连接的挂件			吊杆与H骨、T骨连接			D50接长	
	明、暗架吊顶大龙骨与T形主龙骨连接；暗架吊顶大龙骨与H形龙骨连接						D60接长	
							50副接长	
							H龙骨接长	
平面连接件	50副连接		活动启口件	接H骨暗架活动启口				
	暗插片龙骨配件							

轻钢龙骨由薄壁型钢制作，用于墙体或吊顶的龙骨。薄壁型钢一般由厚度 0.5～1.5 的冷轧钢板、镀锌板或涂塑钢板冷弯制成。墙体龙骨与石膏板、纤维板、加气混凝土板等轻质材料组成墙体。吊顶龙骨与玻璃棉、矿棉、石膏、铝塑等轻质、吸声、保温板材组合成吊顶。除轻钢龙骨外，还有铝合金龙骨。吊顶龙骨由承载龙骨（主龙骨）、覆面龙骨（辅龙骨）及各种配件组成。主龙骨分为 38、50 和 60 三个系列，38 系列用于吊点间距 900～1200 不上人吊顶，50 系列用于吊点间距 900～1200 上人吊顶，60 系列用于吊点间距 1500 上人加重吊顶。辅龙骨分为 50、60 两种，它与主龙骨配合使用。墙体龙骨由横龙骨、竖龙骨及横撑龙骨和各种配件组成，有 50、75、100 和 150 四个系列。

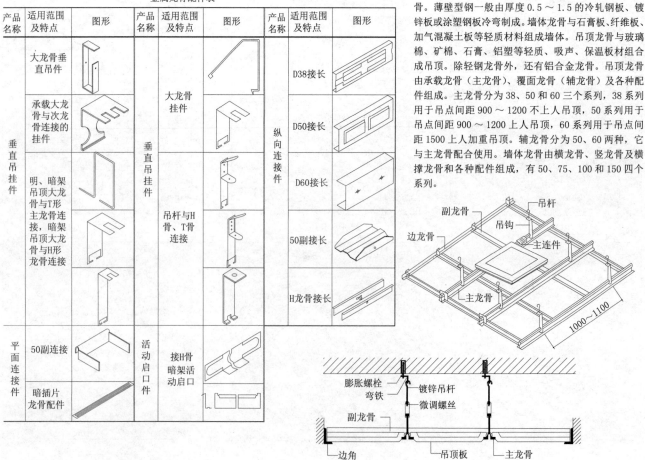

　　木质龙骨的来源可以用原木开料，加工成所需的规格木条，也可以用普通板材经过二次加工成所需的规格木条，还可以在市场上直接购买成品木条。

　　根据使用部位不同而采取不同尺寸的截面，一般用于室内吊顶、隔墙的主龙骨截面尺寸为50×70或60×60，而次龙骨截面尺寸为40×60或50×50。用于轻质扣板吊顶30×40，用于实木地板铺设的龙骨截面尺寸为30×50。

　　木材的易燃性是其主要的缺点之一。木材的防火处理是指提高木材的耐火性，使之不易燃烧。常用的防火处理方法是在木材的表面涂施防火涂料或防火剂。

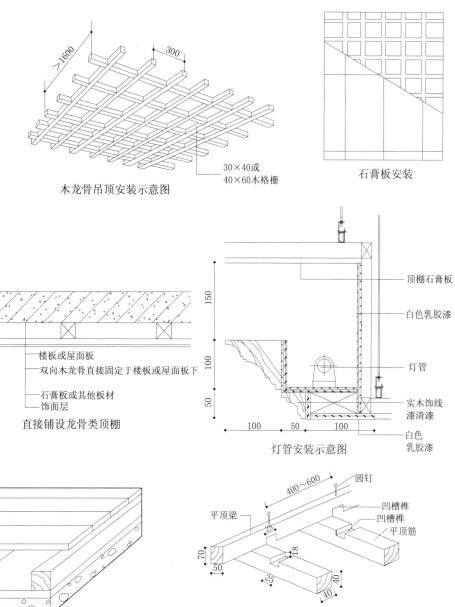

木龙骨吊顶安装示意图

石膏板安装

带孔射钉吊顶紧固图

直接铺设龙骨类顶棚

灯管安装示意图

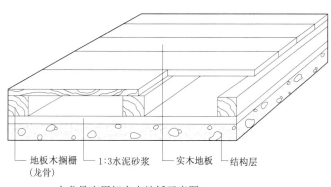

木龙骨应用架空木地板示意图

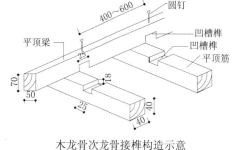

木龙骨次龙骨接榫构造示意

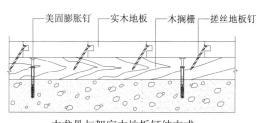

木龙骨与架空木地板钉结方式

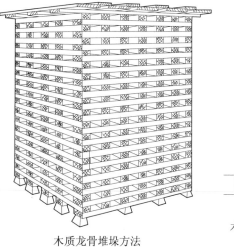

木质龙骨堆垛方法

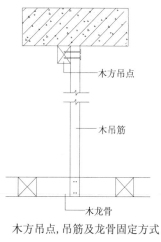

木方吊点,吊筋及龙骨固定方式

装饰木线条在室内装饰装修中虽不占主要地位，但它起到画龙点睛的作用。木线条材料分为实木线条和复合线条。木线条是选用硬质、组织细腻、材质较好的木材，经干燥处理后，用机械或手工加工而成。实木线条纹理自然、浑厚，尤其是名贵木材，成本较高；其特点主要表现为表面光滑，棱角、棱边、弧面、弧线挺直，轮廓分明，耐磨，耐腐蚀，不易劈裂，上色性好，易于固定等。制作实木线条的主要树种多为柚木、樱桃木、胡桃木、山毛榉、白木、水曲柳、椴木等。复合线条是以纤维密度板为基材，表面通过贴塑、喷涂形成丰富的色彩及纹理。

木线条包括木腰线和木踢脚板。木腰线是室内装修中设置的木装饰线，一般与窗台高度平板齐，似墙的腰带而得名。多使用硬木制作，腰线上下的墙面装修常有区别，以腰线作为过渡。木踢脚板是室内地面与墙面的过渡结构，既有装饰作用又有保护作用。一般在采用木地板时选择木踢脚板。木踢脚板的厚度越来越薄，可以做到几毫米厚，钉于墙脚即可，省工省料。老式木踢脚板的高度一般在100～150mm，长度为几米，木线条由硬杂木机械加工制成。

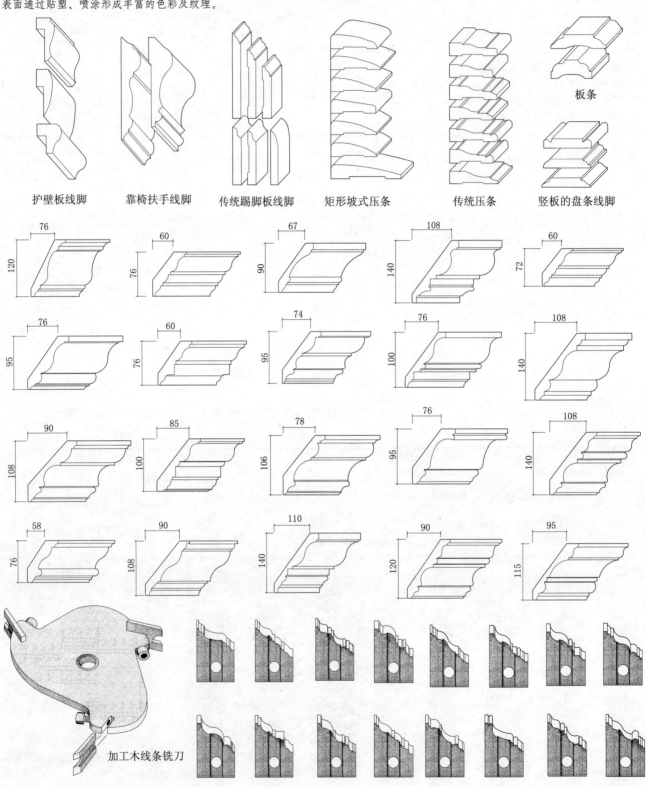

护壁板线脚　　靠椅扶手线脚　　传统踢脚板线脚　　矩形坡式压条　　传统压条　　竖板的盘条线脚

板条

加工木线条铣刀

木质装饰线是室内造型设计时使用的重要材料，同时也是实用的功能性材料。一般用于顶棚、墙面装饰及家具制作等装饰工程的平面相接处、相交面、分界面、层次面、对接面的衔接、收边、造型等。同时在室内起到色彩过渡和协调的作用，可利用角线将两个相邻的颜色差别和谐地搭配起来。并能通过角线的安装弥补室内界面土建施工的表面质量缺陷等。木线条从形态上一般分为平板线条、圆角线条、槽板线条等。

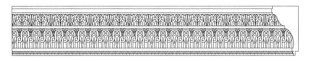

80×40

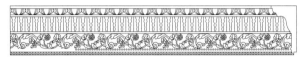

80×40

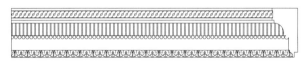

70×35

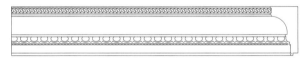

70×35

70×35

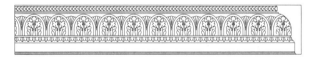

70×35

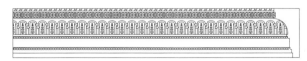

70×30

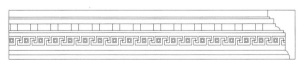

70×30

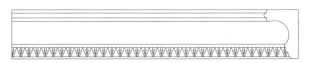

60×35

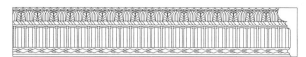

80×40

70×40

60×30

80×40

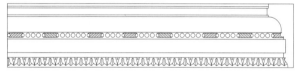

60×35

80×35

60×25

60×30

90×45

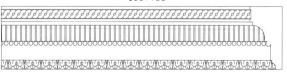

100×50

100×50

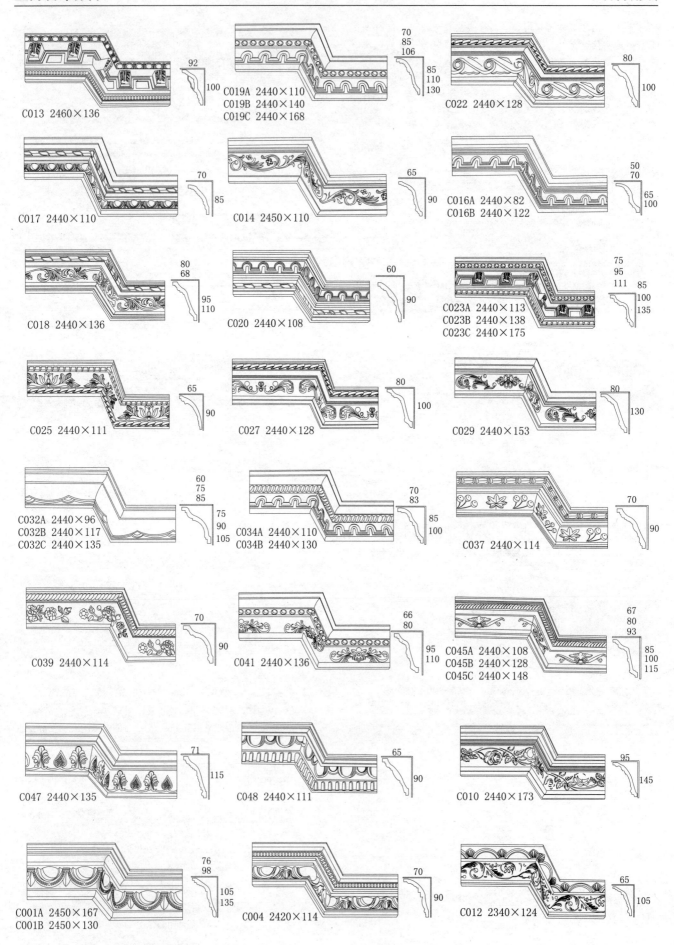

C013　2460×136

C019A　2440×110
C019B　2440×140
C019C　2440×168

C022　2440×128

C017　2440×110

C014　2450×110

C016A　2440×82
C016B　2440×122

C018　2440×136

C020　2440×108

C023A　2440×113
C023B　2440×138
C023C　2440×175

C025　2440×111

C027　2440×128

C029　2440×153

C032A　2440×96
C032B　2440×117
C032C　2440×135

C034A　2440×110
C034B　2440×130

C037　2440×114

C039　2440×114

C041　2440×136

C045A　2440×108
C045B　2440×128
C045C　2440×148

C047　2440×135

C048　2440×111

C010　2440×173

C001A　2450×167
C001B　2450×130

C004　2420×114

C012　2340×124

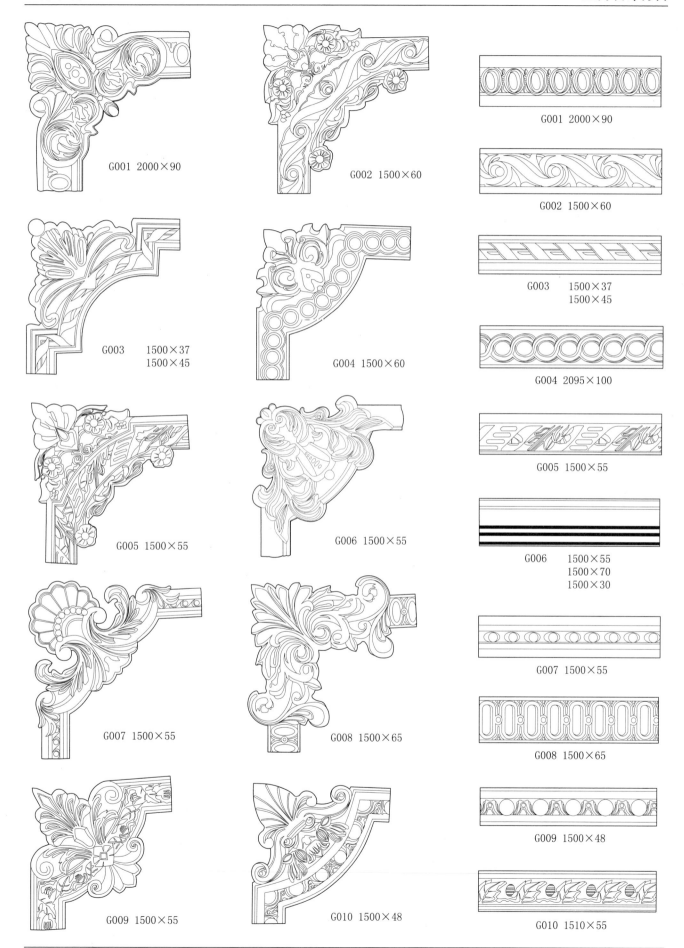

G001　2000×90

G002　1500×60

G003　1500×37
　　　　1500×45

G004　1500×60

G005　1500×55

G006　1500×55

G007　1500×55

G008　1500×65

G009　1500×55

G010　1500×48

G001　2000×90

G002　1500×60

G003　1500×37
　　　　1500×45

G004　2095×100

G005　1500×55

G006　　1500×55
　　　　　1500×70
　　　　　1500×30

G007　1500×55

G008　1500×65

G009　1500×48

G010　1510×55

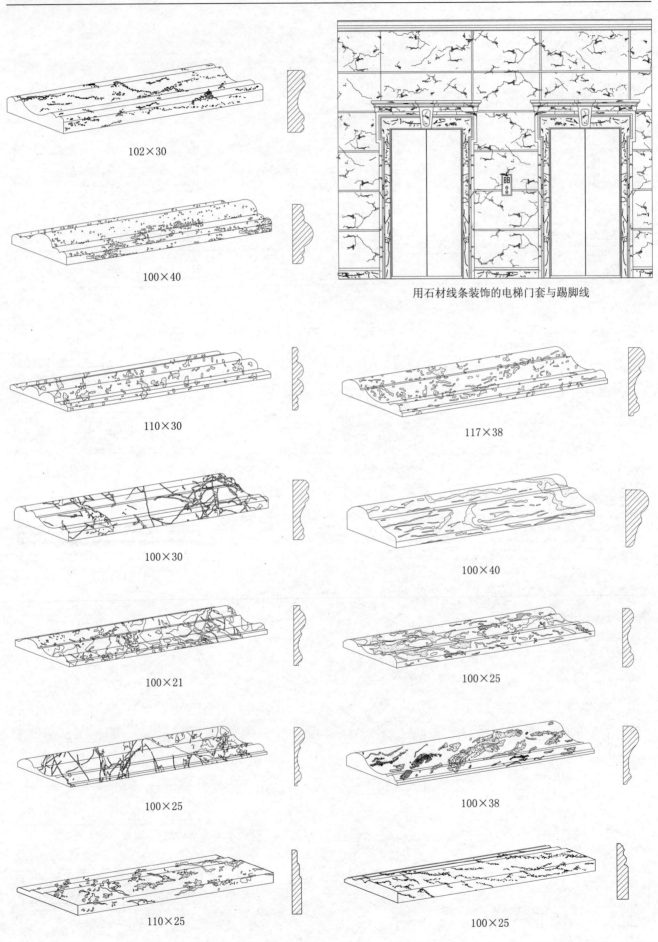

用石材线条装饰的电梯门套与踢脚线

102×30

100×40

110×30

117×38

100×30

100×40

100×21

100×25

100×25

100×38

110×25

100×25

塑料是人造的或天然的高分子有机化合物，如合成树脂、天然树脂、橡胶、纤维素酯或醚、沥青等为主的有机合成材料。这种材料在一定的高温和高压下具有流动性，可塑制成各式制品，且在常温、常压下制品能保持其形状而不变。它们可以被模塑、挤压或注塑成各种形状或被拉成丝状纤维。

塑料具有质轻、价廉、防腐、防蛀、隔热、隔声、成型加工方便、施工简单、品色繁多、装饰效果良好等优点。

塑料制品的装饰可用性好。塑料制品色彩绚丽丰富，表面平滑而富有光泽，制品图案清晰。其次，塑料制品可锯、钉、钻、刨、焊、粘、装饰安装施工快捷方便，热塑性塑料还可以弯曲重塑，装饰施工质量易保证。此外，塑料制品耐酸、碱、盐和水的侵蚀作用，化学稳定性好，因而美观耐用。非发泡型制品清洗便利、油漆方便。

PVC钙塑线条具有质轻、防霉、防蛀、防腐、阻燃、安装方便、美观、经济等性能和优点。塑料线条主要制成深浅颜色不同的仿木纹线条，有时也用这种塑料线条作为窗帘盒或电线盒。

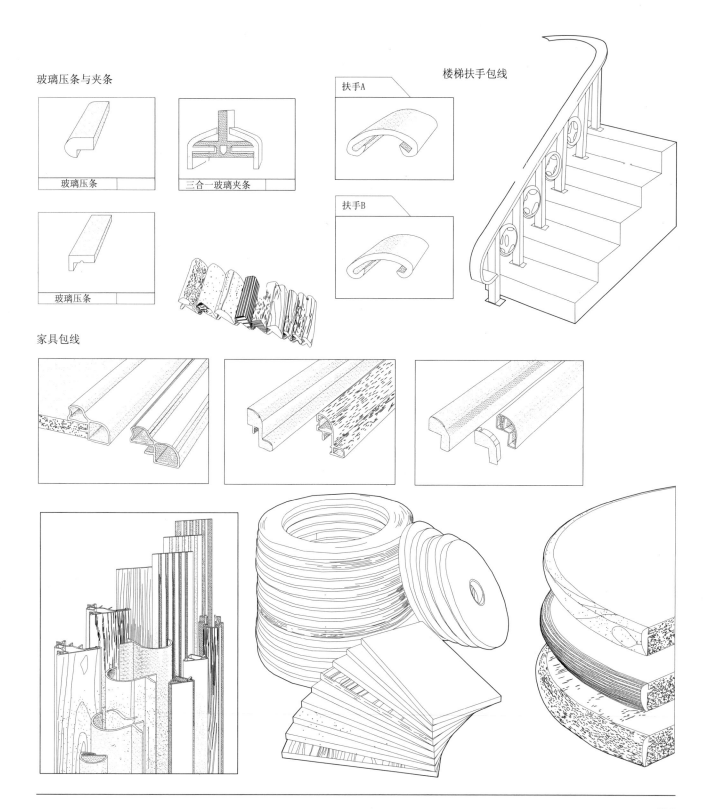

玻璃压条与夹条

玻璃压条

三合一玻璃夹条

玻璃压条

家具包线

楼梯扶手包线

扶手A

扶手B

　　装饰线条在室内装饰装修工程中是必不可少的配件材料，主要用于划分装饰界面、层次界面、收口封边。装饰线条可以强化结构造型，增强装饰效果，突出装饰特色，部分装饰线条还可起到连接、固定的作用。

　　塑料线条主要使用聚氯乙烯（PVC）制作，种类繁多，可以在很多装饰构造上取代木质线条，价格低廉，色彩丰富，强度高，尤其是外观规格和造型可以随意设计，表面色彩纹理可以通过贴塑、印刷等多种手法处理。

　　塑料装饰线品种、规格较多。从功能上分有压边线、柱角线、压角线、墙角线、墙腰线、覆盖线、封边线、镜框线等；从外形上分有半圆线、直角线、斜角线等；从款式上分有外凸式、内凹式、凸凹结合式、嵌槽式等。

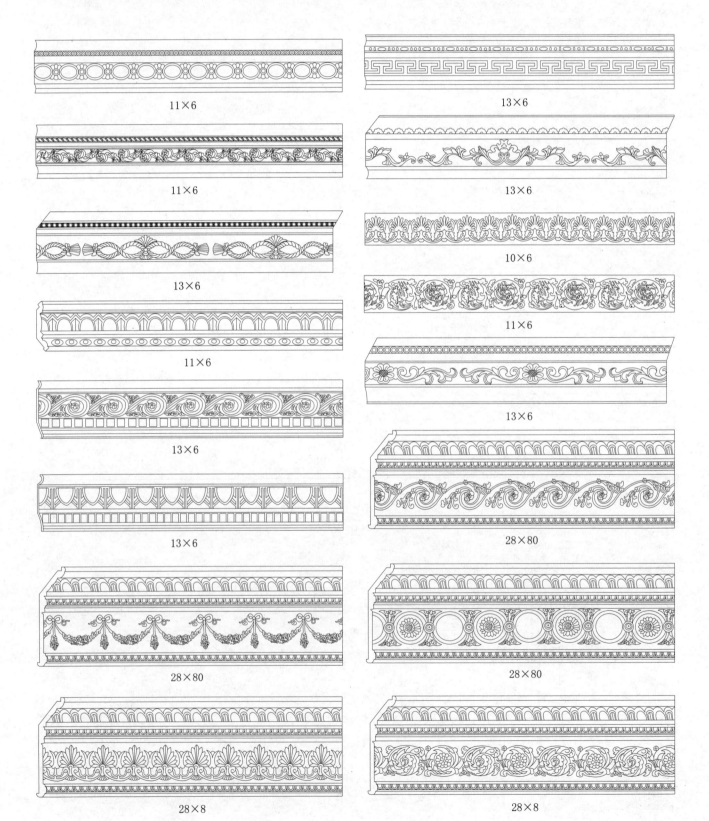

11×6

11×6

13×6

11×6

13×6

13×6

28×80

28×8

13×6

13×6

10×6

11×6

13×6

28×80

28×80

28×8

铝合金地板收口条（三酸氧化）

收边口的线条主要用于区隔空间的装饰，它有黄铜收边条、铝合金收边条、不锈钢收口条、PVC收口条。

收边条的应用相当广泛，不只用于同色系的瓷砖，也用于不同质的地面，如地板与瓷砖、壁面与柱子，像是腰带装饰或与地板的垂直收边处，可修饰边缘外观。选用时要注意收边条材质与地壁材质的色彩差异，尽量避免因视觉不协调而影响装饰效果。

铝合金收口条缺点是亮面铝合金容易刮伤，适合搭配板岩砖或复古砖。黄铜收口条价格比较贵、材质厚实、质感良好。不锈钢收口条材质不纯品易生锈，因其硬度较强适用于公共场所。PVC收口条材质较软，易因碰撞、踩踏而变形，适合高亮釉或抛光瓷砖。

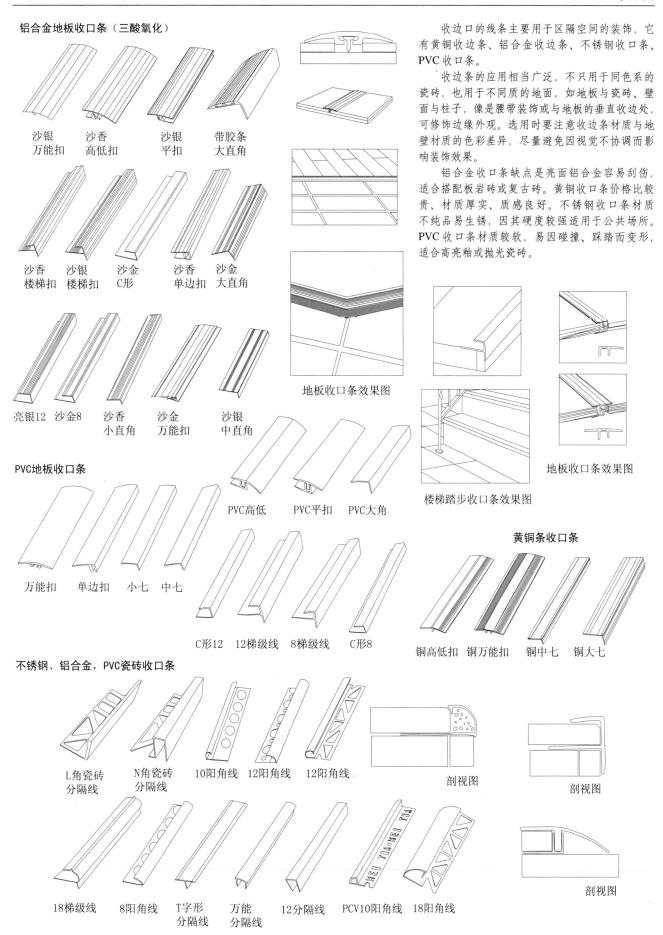

沙银万能扣　沙香高低扣　沙银平扣　带胶条大直角

沙香楼梯扣　沙银楼梯扣　沙金C形　沙香单边扣　沙金大直角

亮银12　沙金8　沙香小直角　沙金万能扣　沙银中直角

地板收口条效果图

地板收口条效果图

楼梯踏步收口条效果图

PVC地板收口条

万能扣　单边扣　小七　中七

PVC高低　PVC平扣　PVC大角

C形12　12梯级线　8梯级线　C形8

黄铜条收口条

铜高低扣　铜万能扣　铜中七　铜大七

不锈钢、铝合金，PVC瓷砖收口条

L角瓷砖分隔线　N角瓷砖分隔线　10阳角线　12阳角线　12阳角线

剖视图

剖视图

18梯级线　8阳角线　T字形分隔线　万能分隔线　12分隔线　PCV10阳角线　18阳角线

剖视图

水泥与水泥合后，经过物理化学过程，能由可塑性浆体变成坚硬的石状体，并能使散粒状材料胶结成为整体。

在室内装修中，地砖、墙砖粘结以及砌筑等都要用到水泥砂浆，它不仅可以增强面材与基层的吸附能力，而且还能保护内部结构，同时可以作为建筑毛面的找平层。水泥的颗粒越细，硬化得也就越快，早期强度也就越高。常用水泥强度等级有32.5、32.5R、42.5、42.5R、52.5、52.5R等多种。

水泥砂浆一般应按水泥：砂=1：2（体积比）的比例来搅拌。为了保证水泥砂浆的质量，水泥在选购时一定要注意水泥的强度等级，砂应选中砂，中砂的颗粒粗细程度宜用于水泥砂浆中，太细的砂吸附能力不强。

在装修工程中常用的水泥为以下几种：1. 普通硅酸盐水泥，水硬性胶凝材料，其用于装饰工程上的强度等级是32.5、42.5、52.5级。干粘石、水刷石、水磨石、剁斧石、拉毛、露石混凝土及塑性装饰混凝土等做法中，多使用普通硅酸盐水泥。2. 白色硅酸盐水泥，简称白水泥。它氧化铁含量很低，约为普通硅酸盐水泥的十分之一，故呈白色。3. 彩色水泥，主要用途是建筑工程内外粉刷、艺术雕塑、制景、配彩色灰浆、砂浆、混凝土、水磨石、水刷石、水泥铺地花砖等。

干挂胶产品用途：石材内外墙干挂粘结剂，混凝土预制件粘结剂，结构件外围加固粘结剂，瓷砖和大理石的拼花胶，瓷砖／砖块，瓷砖／混凝土粘结剂及勾缝剂，混凝土裂缝修补。

透明环氧胶产品主要用途：瓷砖和大理石的拼花胶，工艺品的粘接。

锚固胶产品主要用途：混凝土预制件粘结剂，结构件外围加固粘结剂，瓷砖／砖块、瓷砖／混凝土粘结剂、勾缝剂，混凝土裂缝修补，植筋、种铁用的锚固材料。

酸性硅酮玻璃胶

大板玻璃专用硅酮胶

石材专用硅酮密封胶

中性硅酮防霉密封胶

阻燃硅酮密封胶

塑钢专用硅酮密封胶

幕墙硅酮耐候胶

硅酮结构密封胶

矿渣硅酸盐水泥

装饰白水泥

袋包装黄沙

高级石膏嵌缝剂

陶瓷墙地砖粘接剂

白乳胶又称聚醋酸乙烯乳液，是一种乳化高分子聚合物。白乳胶是由醋酸乙烯酯经聚合而成，外观为乳白色稠厚液体，一般无毒无味、无腐蚀、无污染，是一种水性粘合剂。白乳胶具有常温固化快、成膜性好、粘结强度大、抗冲击、耐老化等特点，其粘结层具有较好的韧性和耐久性，对木材、纸张、纤维等材料粘结力强，广泛应用于木材粘结、涂料等许多方面。在室内装饰装修工程中一般用于木制品的粘结和墙面腻子的调和，也可用于粘结墙纸、水泥增强剂、防水涂料及木材等的粘结。

801胶是由聚乙烯醇与甲醛在酸性介质中缩聚反应后再经氨基化而成的微黄色或无色透明胶体，它无毒、无味、不燃、施工中无刺激性气味。801胶主要用于墙布、墙纸、瓷砖及水泥制品等的粘贴，也可用作内外墙和地面的基料。

901胶是以过氯乙烯树脂、干性油、改性醇酸树脂、增韧剂、稳定剂等研磨后，加有机溶剂配制而成，其外观为无色透明黏稠液，具有较好的粘结能力和防霉、防潮性能，适用于粘结各种硬质塑料管材、板材。

大理石胶是一种由环氧树脂等多种高分子合成材料组成基料配制成的膏状胶粘剂，具有粘结强度高、耐水、耐气候、使用方便等特点，适用于大理石、花岗石、锦砖、面砖、瓷砖等与水泥基层粘结。这种胶的外观为白色或粉色膏状黏稠体。

玻璃胶是一种无色透明黏稠液体，能在室温下快速固化，固化后透光率和折射系数与有机玻璃基本相同。具有粘结力强、操作简便等特点。AE胶的黏度可根据需要调节，无毒性。玻璃胶能粘结的材料很多，如玻璃、陶瓷、金属、硬质塑料、铝塑板、石材、木材、砖瓦等。室内装饰装修常用的玻璃胶按性能分为两种：中性玻璃胶和酸性玻璃胶。不同的位置要用不同性能的玻璃胶。

白胶/胶水

中南801胶水（普通型）

璧丽宝801胶水

璧丽宝901胶水

快固结构胶产品主要用途：石材低温及快速干挂，金属、石材、陶瓷、玻璃、木材等硬质材料的自身及相互结构粘接。

中南无甲醛建筑胶

璧丽宝醋酸乙烯白胶

熊猫白胶

璧丽宝白乳胶

万能胶/硅胶

熊猫883强力胶

璧丽宝强力万能胶

哥俩好环保装饰胶（899）

低温快固胶产品主要用途：石材内外墙干挂接着剂，混凝土预制件接着剂，结构件外围加固接着剂，瓷砖和大理石的拼花胶，瓷砖/砖块、瓷砖/混凝土接着剂及勾缝剂，混凝土裂缝修补。

室外大门（入户门）是家与社会的区隔，也是建筑物的颜面，是建筑内涵与精神的集中表现。

室外门不仅分隔了室外的纷扰和喧嚣，为室内带来相对的私密空间与宁静的居住环境，也是居住环境中阳光与空间流通的主要渠道。予人的第一印象至关重要，并在无形中传达着一种内在的精神内涵，或内敛或张扬，无不透露出居住者的品位和喜好。

由于一面暴露在室外环境中，另一面又朝室内空间，所以，大门必须同时满足室内外环境的不同需要，必须比内门更加坚实、牢固，更加具有弹性。防盗、隔声是选购居家大门的重要原则。大门的材料选择必须充分考虑到这一点，因此，实木、金属与各类新型材料自然地成为大门的首选。

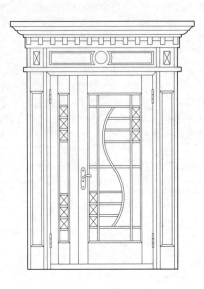
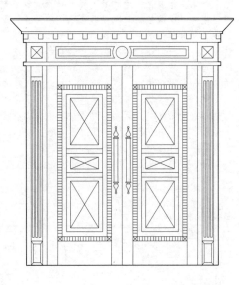

钢板防盗门又称装甲门，是设在大门外层的一道安全防护门。防盗门的常用材料有钢板、不锈钢、铝合金、塑钢浮雕及其他新型工业材料。用钢铝板铸造的防盗门坚固耐用，并可设计各种图案，给生硬的门面增添几许生机与活力。

现有一种全木纹钢板防盗门，由铝型材印上木纹装饰，明装仿金合页，所有能见到部位既无焊接，更无螺钉，使防盗门构成了完整的实木门外形。外立面能够做成不同的门型、不同的木纹色，这样内外立面可以形成不同的装修风格。其门套线造型逼真，比木线条有过之而无不及。

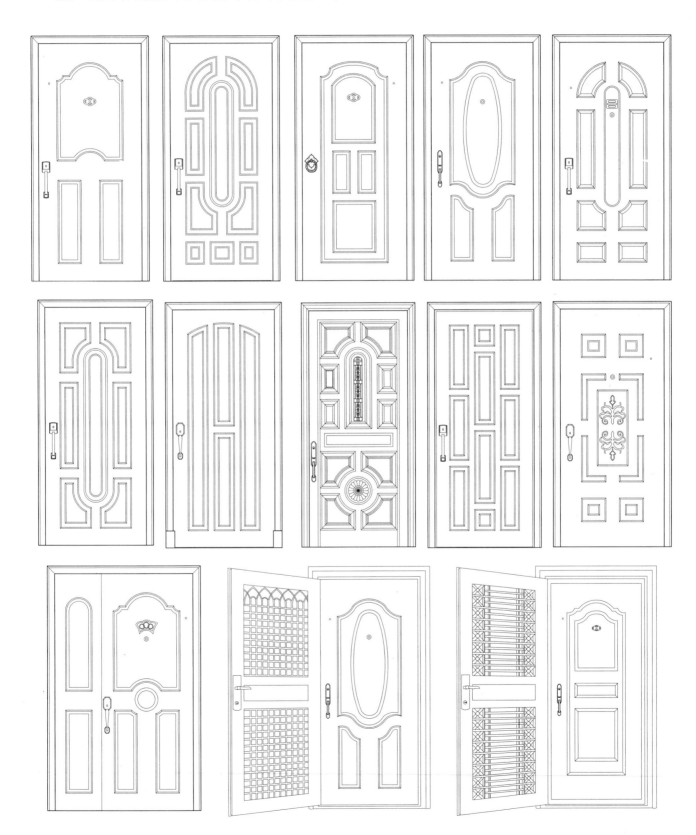

　　合金钢防盗门具有自重轻、强度高、外形美观、色彩丰富、耐腐蚀、密封性能好等优点，并给人一种牢不可破的感觉。

　　由于合金钢防盗门设计有灵活通风门、加压气密门、防盗门中门、子母门中门等多功能。门芯多设计成直线条的或者几何形的造型，充满现代的生活气息，它体现了现代人对环境美的新追求。门芯的这种设计首先是强调牢固和通透性，又方便于工业化制作。由于合金钢防盗门现代的艺术魅力和多功能的环保安全特性，立即被人们所接受和喜爱。由于合金钢防盗门迎合了现代建筑装饰和室内装饰的趋势，使它在建材市场上愈来愈走俏。

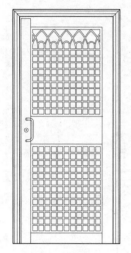 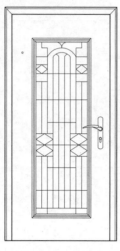 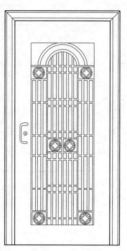 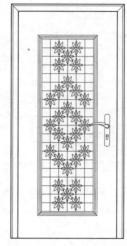 

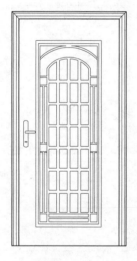 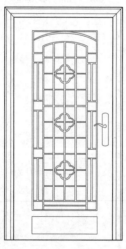 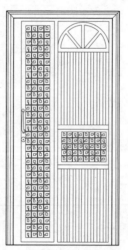 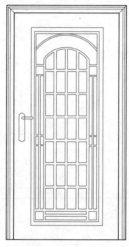 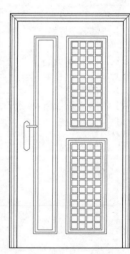

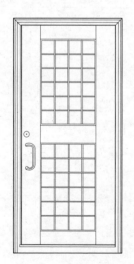 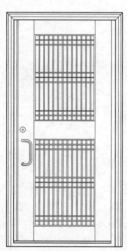 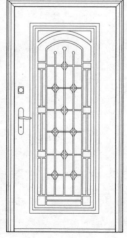 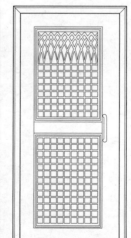 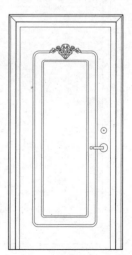

实木门一般分为实木拼板门、实木镶板门、实木框玻璃门和实木雕刻门。实木拼板门现很少使用。实木镶板门、实木框玻璃门和实木雕刻门的相同之处是门扇由边梃、冒头及门芯板组成。若门芯镶入木板即为实木镶板门，若门芯镶入玻璃即为实木框玻璃门，若门芯镶入木板再雕刻图案或压制成图案，即为实木雕刻门。

用天然木材加工成的实木门，以其美丽的年轮纹理、悦目的色泽，又因其质地软硬适中、加工方便等优良特性，而受到人们的喜爱。

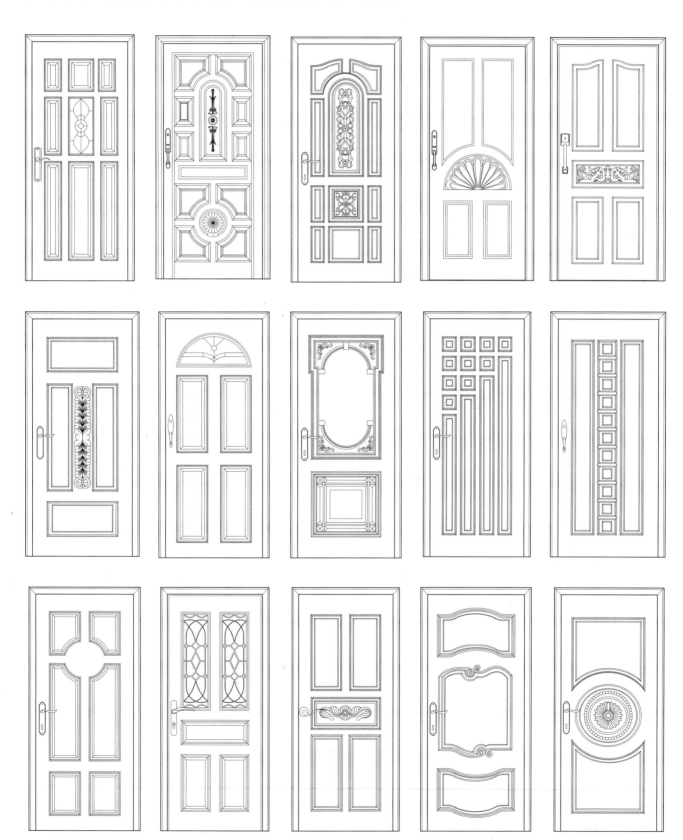

镶嵌拼花门的门扇中间用木质骨架、双面覆贴高级饰面胶合板或电脑薄木皮拼花，加之局部金属镶嵌与雕花件装饰，使门面平整光滑，外观更具有艺术性。

门框与门套线由同一种木材色相配合，门芯多以高级薄木皮拼花，雕花件多涂饰金色漆，并配合金黄色的金属门锁、拉手。它聚集欧洲制作的精华，细腻的雕刻、精彩内敛的木皮拼花、华耀的金属镶嵌于一身，外观精美，体现出新古典主义的大气风范。

由于镶嵌拼花门制作工艺较复杂，相对成本较高，目前仅在一些高级住宅中使用。

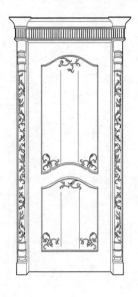

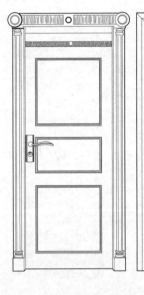
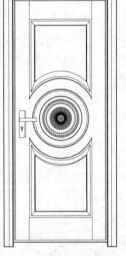
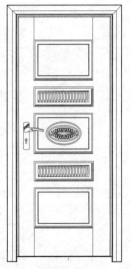
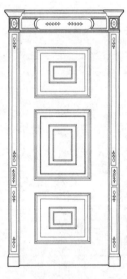

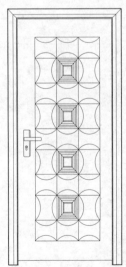

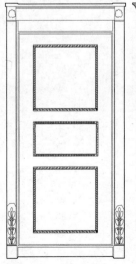
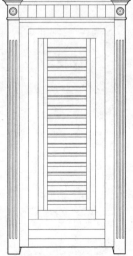

铁艺门是指以铸铁材料制作的门，鉴于这种材料高强度的特点，可加工成纤细的线形构件，从而为门造型提供了条件。铁艺是铁与火的艺术，它采用流动的线条，将线的运用发挥到极致，曲曲转转，钢中有柔，既有西方的浪漫情调，又有东方的古朴高雅，它体现了新时代人们对环境美的高尚追求。

由于铁艺门独特的艺术魅力和环保安全特性，日益被人们接受和喜爱。凝重而不失妩媚的铁艺门适应了建筑环保性和通透性要求，因而在建筑装饰和室内装饰中脱颖而出，得到大量而广泛的使用。

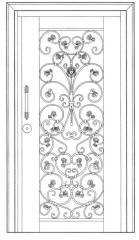

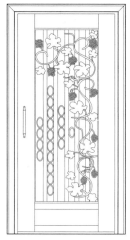

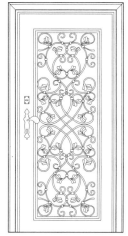

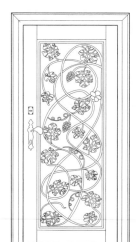

夹板门的结构为门扇中间用轻型骨架双面覆贴胶合板。骨架一般是由木条构成纵横肋条，肋距各有不同，一般肋距为200～400mm，也可用蜂巢状芯材做骨架，两面粘贴面板和饰面层后，四周边钉压封边木条固定。夹板门可选用各种木材的饰面胶合板，门板材料的多样性可实现不同的装饰效果；门板中间不同的块面的分割、几何图形的变化，既有音律的波动，又有韵味的流畅，使之产生不同的视觉效果。

夹板门因功能与外观的结合，可适应各种室内环境。又因夹板门自重轻，表面平整光滑，美丽的纹理，受到人们的欢迎，多用于卧室、宾馆客房、办公室等处的内门。

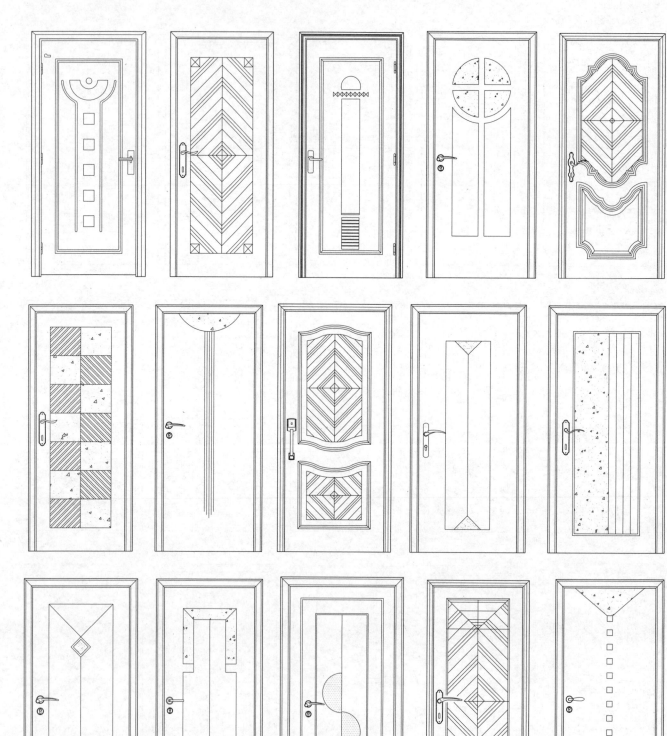

模压门由模压门面板、门框料、门扇内垫料或门芯板制成。模压门面板是将取自的木材，经去皮、切片、筛选、研磨成木纤维，拌入胶料和石蜡后，在高温高压下模压成型的，是一种带有线脚图案的高密度纤维板。模压门面板有木纹面和光面。用这种面板制成的模压门性能优异，和一般实木门相比，它具有质地均实质密，

不会开裂、不易变形的特征。门扇立面款式多样，造型美观，风格典雅。双面线脚图案凹凸有致，压制的木纹纹理逼真，具有实木门的质感。面板均涂有底漆，可按需涂刷各种类别、颜色的面漆。门扇上可镶嵌玻璃和百页，更换玻璃方便。

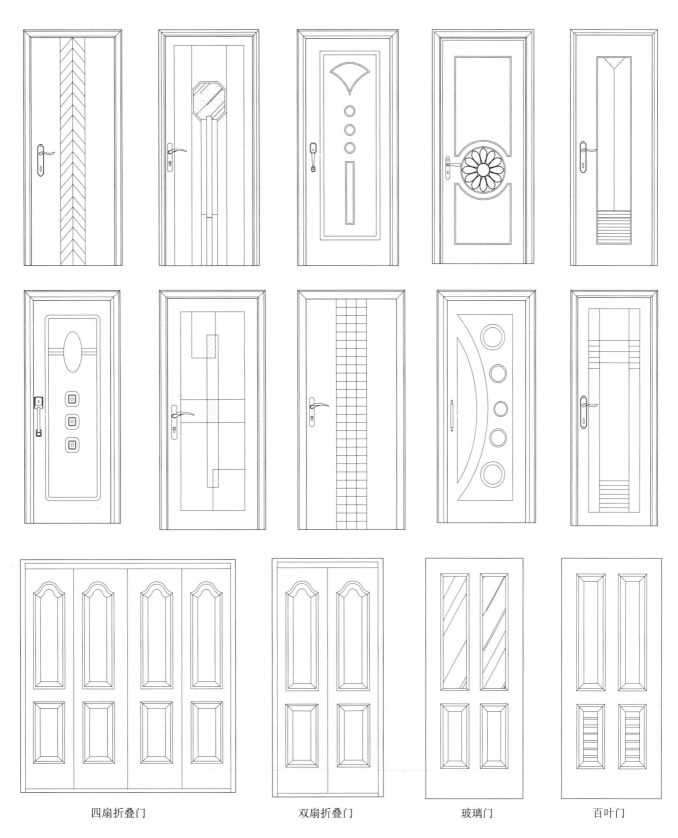

四扇折叠门   双扇折叠门   玻璃门   百叶门

木框架玻璃门，是用天然木材制成，中间镶嵌玻璃的门扇，所使用的玻璃一般是透明玻璃、磨沙玻璃、钻石玻璃、压花玻璃、彩绘玻璃等。门中间镶嵌压花玻璃、磨沙玻璃或彩绘玻璃显得通透而朦胧。门框架上不同的点、线、面的分割及变化，演绎成风格各异的门扇。不同格式和用色，形成了千姿百态的门，创造出形形色色的室内环境。虽然门是静止的，但是人与环境的碰撞中，形成独有的装饰风格。使用木框架玻璃门，能够使环境空间在视觉上更加开放，更富有弹性。通过木框架玻璃门自然采光，更显示出室内各种素材和质地的丰富变化。厨房使用木框架玻璃门，通透宽敞，在开放与封闭间，有效地阻隔油烟，也保留空间与视觉上的延伸。

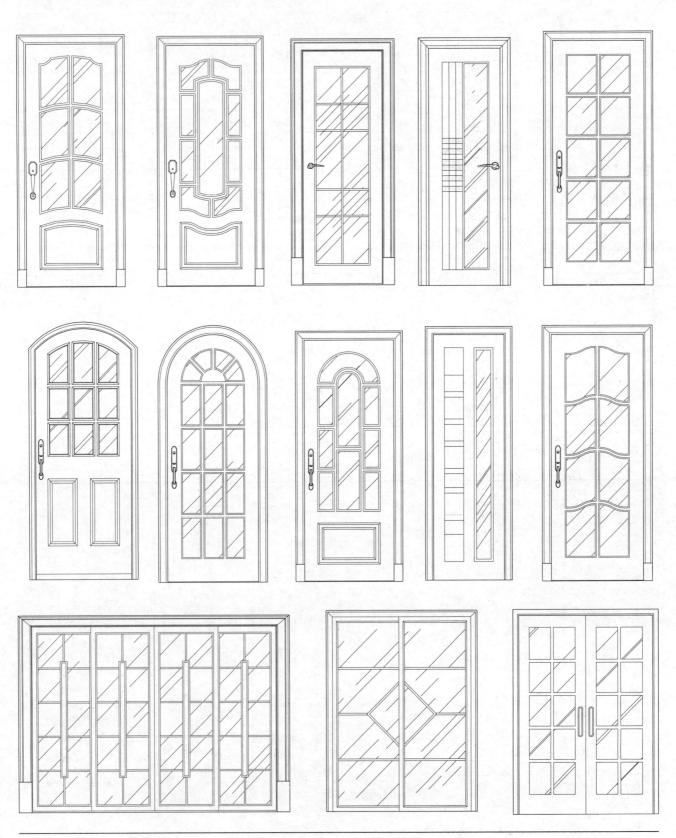

　　镶嵌玻璃门是运用玻璃的光学性能配以各种新型工业材料或木材制作的框架来表达艺术效果的，因而具有独特的晶莹剔透、高雅清新的品质。玻璃门板可用彩绘玻璃、浮雕玻璃、磨沙玻璃、冰花玻璃以及各种人物、动物、花卉或几何图形镶嵌其中，周边用特制的胶条密封，再进行加热抽真空的密封处理。

　　利用玻璃独有的通透性，在不同的角度折射出变幻无穷的神奇光彩，使其艺术感染力穿透其中，不仅拓展了室内视角，还表现不同层次的空间立体效果，可使室内环境平添一分浪漫迷人的情调。镶嵌玻璃门因其艺术性和实用性的完美结合，受到人们的喜爱，广泛应用于居民住宅及饭店、娱乐场所等。

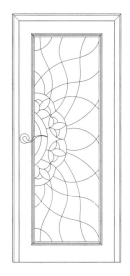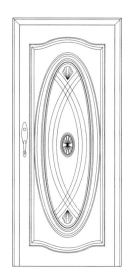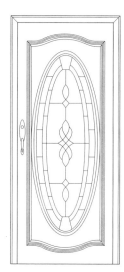

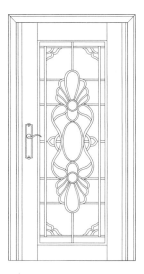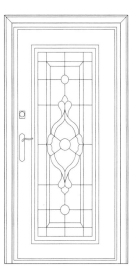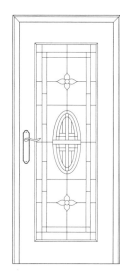

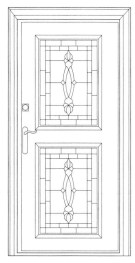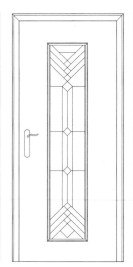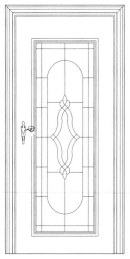

门的风格应与室内外装修的风格保持一致。功能不同的房间对门的要求也不尽相同。子母门一般用于住宅门洞较宽的大房型。子母门的宽度一大一小，可设计出各种格式与图案，给生硬的门面增添几许生机与活力。由于一大一小的对比，既有静谧又有律动，不同规格与造型的门组合，塑造出不同空间的趣味和个性。

门的功能必须满足人们生活、休息、娱乐、休闲的基本要求，子母门由于可以选择开一扇或开两扇，随意改变门洞的大小，便于搬运大型家具和轮椅的畅通，能给住家带来实用和方便。

子母门按不同的材料分，有实木子母门、铝合金子母门、夹板子母门、铁艺子母门、镶嵌玻璃子母门等。

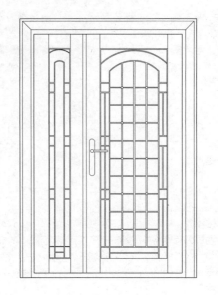
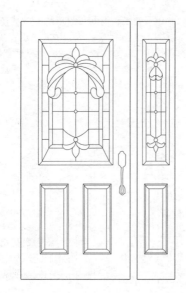

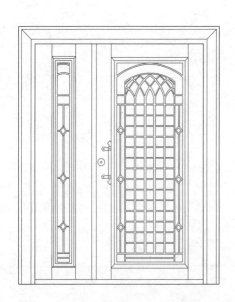

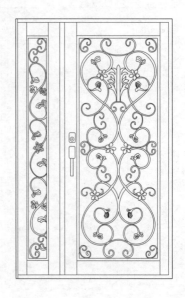
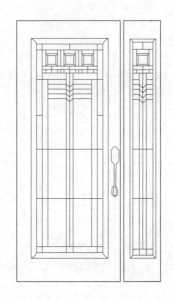

　　人类各自独立或共享的空间区域内，从一个空间区域转换到另一个空间区域，就必须通过一扇门。形形色色的门将我们各自的生活空间分割开来，门的安全防范功能使我们得以在自由交换与聚集的同时，获得人类生存所必需的安全感。

　　双门多用于酒店、餐厅、写字楼、医院、影剧院、学校、体育场馆的大厅、公共走廊、过道、楼梯间门、公共区防火门、管井门、安全出口等。特别是在公共建筑中，倘若发生火险或是慌乱情况，双扇结构的逃生通道和安全出口门对保障人们的生活安全起到了至关重要的作用，其目的在于使大家能够安全顺畅地出门。

　　两扇相同的门，对称排列，满足了形式感。双扇门多数是对称的设计，但也有少数不对称的设计。但不对称并不能扰乱视觉上的均衡。双扇门因其沉稳、内敛、质感的造型，营造出轩昂大气之美。厚重的双门，表现出凛然不可侵犯的视觉效果。

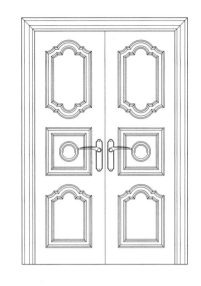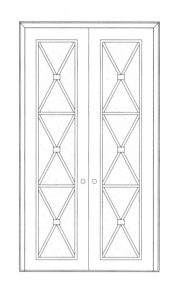

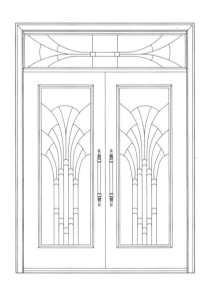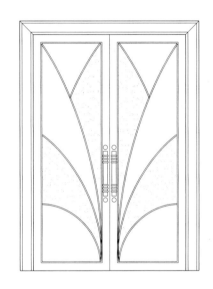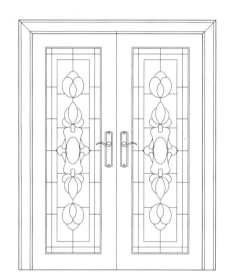

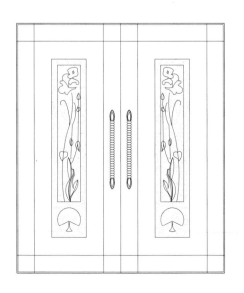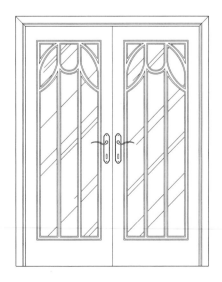

双子母门是在中门左右两边对称的门，以风格和造型相同的门，对称地用于不同的功能房间，因其材质相同、色彩一致，在室内空间里有一种理性的状态。在传统的中式家居中，通过均衡对称的设计手法，取得人们意识中的中庸之道。无论是隐性的还是显而易见的素材，都是支配空间环境的最佳诱导因子。

双子母门相当强调装饰性，多用于建筑的走廊、过道及厅间隔断。

在实际生活中，门离不开其环境，它既是环境的组成要素，又受到环境的制约。不同风格的门，反映不同的生活状态和文化气息。门的形式与功能的统一，使整个室内空间温馨又恬静。与室内环境的相互融合，构成整体环境的柔美风格。双子母门因其庄重高雅的造型，表现出美的韵律。

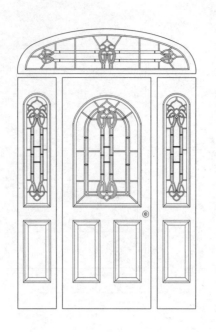
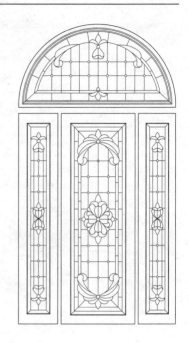

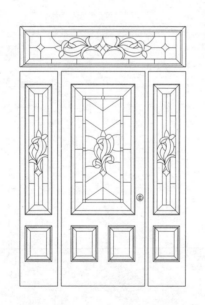
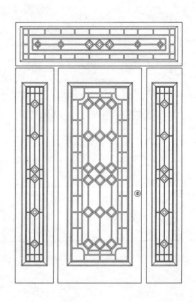

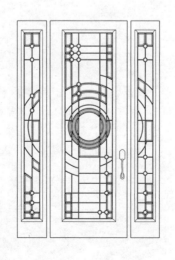

民用折叠门一般可分为中悬折叠、侧悬折叠和侧挂折叠三种类型。中悬折叠式推动一扇牵动多扇，开关时比较费力。侧悬折叠式开关比较灵活省力。而侧挂折叠式可使用普通铰链，但一般只能挂一扇，不适用于宽大的洞口。强大型折叠门滑轨适用实木门、实木框架门和复合门。

折叠门因开启灵活方便、可折叠收缩、节省室内空间，已成为都市住宅装修的新宠。

技术要求		
最大门重	40kg	
最大门宽	750	
最大门高	2400	
门板厚度	20～40	
产品	门洞宽度	门页数
HF40/15	最大1500	▪∧
HF40/30	最大3000	▪ᴧᴧ

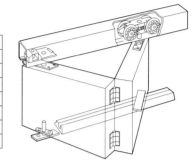

规格	
最大门重	25kg
最大门宽	600
最大门高	2400
门厚	20～40
零件包	打开宽度	门的数量
HF25/12	最大1200	▪∧
HF25/24	最大2400	▪ᴧᴧ

强大 40 型折叠门滑轨
1. 适合实木门、实木框架门或复合门；
2. 用于中等重量的居住折叠隔墙门；
3. 在一端或两端整齐地叠起隐蔽安装；
4. 地面组件——滑槽和枢轴。

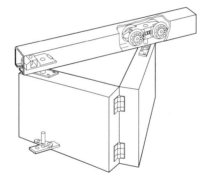

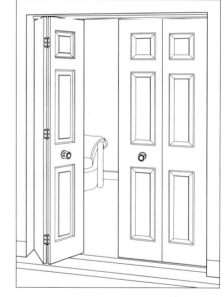

强大 25 型折叠门滑轨
1. 适合实木门、实木框架门或复合门；
2. 用于轻的家居折叠隔墙门；
3. 在一端或两端整齐地叠起隐蔽安装；
4. 地面组件——仅有枢轴。

规格	
最大门厚	
单顶、双顶	F134 16～34 F138 16～18
强大50/100	F134 20～40 F138 20～28
零件包	打开宽度
F134/15	最大800
F134/18	最大950
F134/20	最大1050
F134/24	最大1250
F138/15	最大800
F138/18	最大950
F138/20	最大1050
F138/24	最大1250

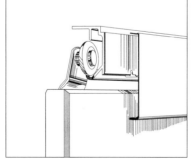

装饰盖板 民用滑轨装饰盖板
1. 适用单顶、双顶、强大 50 和强大 100 零件包；
2. 容易安装夹式装饰盖板；
3. 采用经阳极化处理的铝制作。

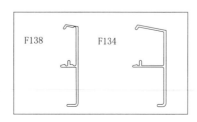

F138　　　F134

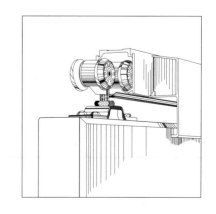

技术要求		
最大门重	100kg	
最大门宽	1250	
最大门高	2400	
门板厚度	20～50	
产品	门洞宽度	门页数
H100/15	最大800	
H100/18	最大950	
H100/20	最大1050	
H100/24	最大1250	

移门的特点在于它的活动性,其设计决定了它的开启与闭合方式。移门在直线上移动位置,当完全推移至两侧时,可与墙面呈垂直状态,具有部分遮蔽区隔的效果。

移门一般分为上挂式、下滑式两种。当门扇高度 < 300mm 时多用上挂式,当门扇高度 > 300mm 时多用下滑式。移门的门扇受力状态较好,构造较简单,但对滑轮及导轨的产品质量及安装要求较高。

强大 100 房间隔断滑轨
1. 适用重量大的房间隔断;
2. 适合实木门、实木框架门、复合门或金属门;
3. 容易调整门高;
4. 终端有夹式锁销,能挡住门,使门保持开的状态;
5. 地面组件——作为非标准选项的有槽导轨。

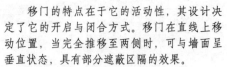

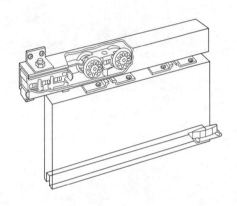

技术要求		
最大门重	55kg	
最大门宽	1500	
最大门高	3000	
门板厚度	32～50	
产品	门洞宽度	门页数
J2	400～750	
J3	750～900	
J4	900～1050	
J5	1050～1200	
J6	1200～1500	

马拉松 55 型滑轨
1. 适用高承重民用和较轻的商用用途的门、隔墙门;
2. 适合实木门、实木框架门或复合门;
3. 容易调整门高;
4. 只要充分保护滑轨不受天气影响,它可以在室外使用;
5. 可选同时动作。

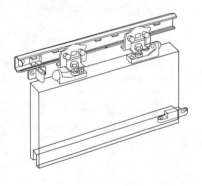

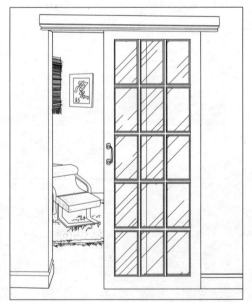

技术要求		
最大门重	90kg	
最大门宽	1500	
最大门高	3000	
门板厚度	32～50	
产品	门洞宽度	门页数
S3	750～900	
S4	900～1050	
S5	1050～1200	
S6	1200～1500	

马拉松 90 型滑轨
1. 适用高承重民用和较轻的商用用途的门、隔墙门;
2. 适合实木门、实木框架门或复合门;
3. 容易调整门高;
4. 只要充分保护滑轨不受天气影响,它可以在室外使用;
5. 可选同时动作;
6. 有防火门零件包供选择。

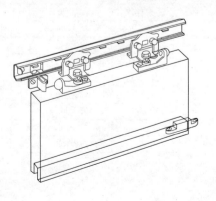

　　隐藏门系统的拉门完全隐藏在空心墙里，当门拉开以后，门扇可以完全隐藏在金属的空心墙框架内，框架的表层可以放墙壁板或粉刷水泥或贴瓷砖，不会妨碍到周围的家具和设备。周围的墙壁完全不受影响，可以摆放家具，也可在墙上安装电源开关、配件或悬挂壁画、饰物等。整个系统由工厂预制，质量安全可靠，安装简易快捷。隐藏式拉门适用于庭院、餐厅、会议室、医院、浴室、厨房、书房、卧室、储藏室、娱乐室等。

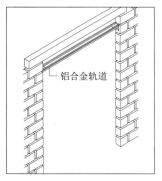

1. 给空心墙框架预留洞口
2. 将铝合金轨道固定在墙上

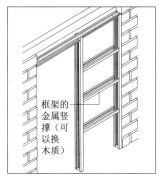

3. 固定垂直的金属架
4. 固定横撑

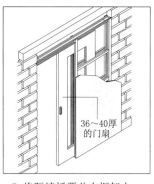

5. 将隔墙板覆盖在框架上
6. 吊门

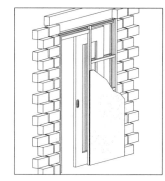

7. 装门框
8. 安装完毕

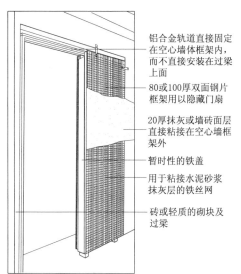

铝合金轨道直接固定在空心墙体框架内，而不直接安装在过梁上面

80或100厚双面钢片框架用以隐藏门扇

20厚抹灰或墙砖面层直接粘接在空心墙框架外

暂时性的铁盖

用于粘接水泥砂浆抹灰层的铁丝网

砖或轻质的砌块及过梁

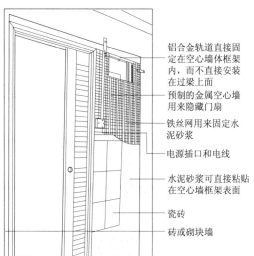

铝合金轨道直接固定在空心墙体框架内，而不直接安装在过梁上面

预制的金属空心墙用来隐藏门扇

铁丝网用来固定水泥砂浆

电源插口和电线

水泥砂浆可直接粘贴在空心墙框架表面

瓷砖

砖或砌块墙

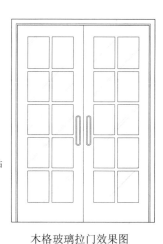

木格玻璃拉门效果图

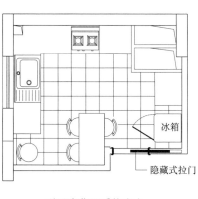

冰箱

隐藏式拉门

利用隐藏门系统完全不影响周围的设施

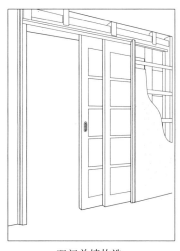

双门单墙构造

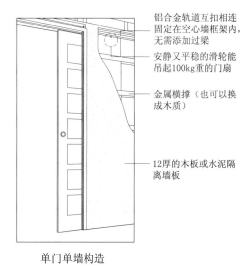

铝合金轨道互扣相连固定在空心墙框架内，无需添加过梁

安静又平稳的滑轮能吊起100kg重的门扇

金属横撑（也可以换成木质）

12厚的木板或水泥隔离墙板

单门单墙构造

旋转门分为手动与自动两种，其形式有两翼折叠式、三翼折叠式、四翼折叠式，并设有安全装置和锁定装置。

手动旋转门，旋转方向通常为逆时针，门扇的惯性转速可通过阻尼调节装置按需要进行调整。转门起到控制人流通行量、防风保温的作用。旋转门不适用于人流较大且集中的场所，更不可作为疏散使用。如设置转门的地方为唯一疏散通行处，则应在转门两旁加设疏散门。转门只能作为人员通行用门，其结构不适用于货物运输。转门的材料、人工造价均较高，通常仅在宾馆、办公楼、会议中心等高级场所使用。

旋转自动门，属高级豪华用门。采用声波、微波或红外传感装置和电脑控制系统，传动机构为弧线旋转往复运动。旋转自动门有铝合金和钢质两种，现多采用铝合金结构，活动扇部分为全玻璃结构。其隔声、保温和密闭性能更加优良，具有两层推拉门的封闭功效。

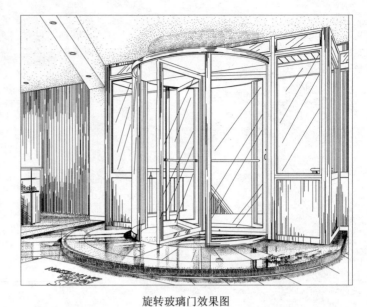

旋转玻璃门效果图

旋转门

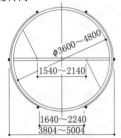

DUOTOUR 中间带自动平滑门的带展箱两翼旋转门

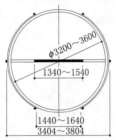

DUOTOUR 中间带自动平滑门的无展箱两翼旋转门

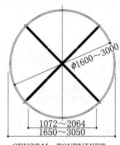

CRYSTAL TOURNIKET
水晶旋转门（三翼）

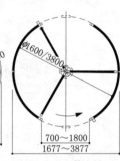

CRYSTAL TOURNIKET
水晶旋转门（四翼）

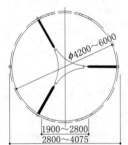

TOURNEX 三翼、四翼带展台旋转门

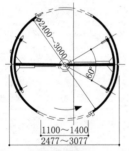

TOURNIKET
两翼旋转门

TOURNIKET三翼旋转门

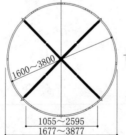

TOURNIKET
四翼旋转门

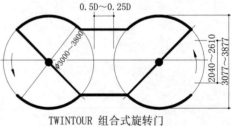

TWINTOUR 组合式旋转门

操作模式

三翼和四翼 TQ 门的操作分手动和自动两种。而两翼的 TQ 门永远是自动的。手动的三翼和四翼 TQ 门还可以选择安装定位装置，它确保了门总会返回到它的启动位置。

安全装置

自动 TQ 门配置了一些标准的安全装置，急停按钮安在门柱上，按下此钮后，门会立即停止，弧壁门柱安有防夹感应胶条。如果有人或物体被夹在门翼和门柱间，门会立即停止。如果发生停电，门可用手推动，操作方便。

锁定装置

TQ 门可用一把机械锁锁住。对三翼或四翼 TQ 门，还可外加一扇手动的弧形平滑夜间防护门来关闭门口。门翼的中心柱也可选装一个电磁锁装置，这样 TQ 门就可以通过远程遥控上锁。两翼 TQ 门有一个夜间锁，当可旋转弧壁转到门口将其封闭时，就没有人再可以进入。

四翼　　两翼

三翼

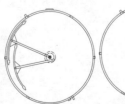

两翼折叠模式

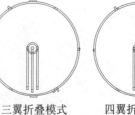

三翼折叠模式　　四翼折叠模式

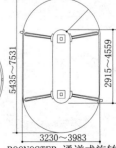

BOONOSTER 通道式旋转门

旋转门安全装置

1.门柱防夹安全感应器

2.门翼防撞感应器

3.门扇防撞感应器（慢速）

4.门扇防撞感应器（停止）

5.门翼防撞安全感应器

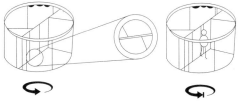

6.紧急停车按钮

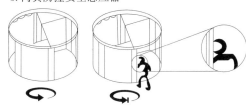

7.伤残人按钮

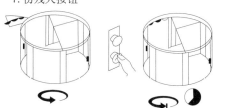

平滑门安全装置

1.平滑门防夹功能

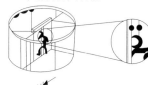

2.平滑门防夹功能

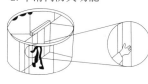

3.平滑门防夹安全感应器（共用）

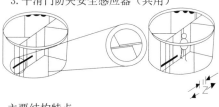

主要结构特点
弧壁
标准配置：全玻璃结构的弧壁
非标选项：金属弧壁

华盖
标准配置：通常在室内使用或建筑物有雨搭，
防尘盖板选用中密度板制作
非标选项：防尘盖板上可加防水涂层

两翼旋转门
标准配置图

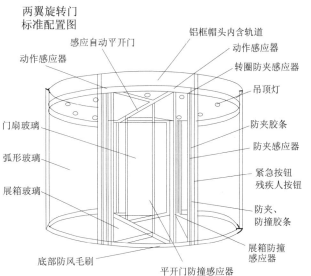

感应自动平开门
动作感应器
门扇玻璃
弧形玻璃
展箱玻璃
底部防风毛刷
平开门防撞感应器
铝框帽头内含轨道
动作感应器
转圈防夹感应器
吊顶灯
防夹胶条
防夹感应器
紧急按钮
残疾人按钮
防夹、
防撞胶条
展箱防撞
感应器

正常停止位

DTAS紧急位置

夜间停泊位置

DT门的几种工作状态
1.自动旋转方式
　　日间运行状态：大多数情况下的一种运行模式，旋转
门匀速不间断地运行。
　　怠速运行状态：长时间无人通过的时候，旋转门慢速
运行，以节省能源。
　　夜间锁止状态：旋转门停在夜间停门位置，展箱挡住
门口，停止通行。
2.自动平滑门运行方式
　　双向通行状态：大多数情况下的一种运行模式，平滑
门感应到人或物体时自动打开。
　　单向通行状态：适用于对进出有特殊要求的场合，比
如商场打烊时可设置为只出不进方式。
　　常开状态：晴朗天气，通行量大或有特殊环境要求时
平滑门完全打开，形成一条宽敞的通道。

DTAC紧急位置

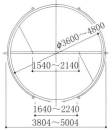

φ3600～4800
1540～2140
1640～2240
3804～5004
Duotour AS（DTAS）

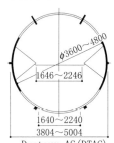

φ3600～4800
1646～2246
1640～2240
3804～5004
Duotour AS（DTAC）

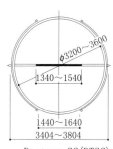

φ3200～3600
1340～1540
1440～1640
3404～3804
Duotour SC（DTSC）

全玻璃无框门

　　无框玻璃门，通常采用12厚的浮法平板玻璃、钢化玻璃，按一定规格加工后直接用作门扇的无框玻璃门，玻璃门扇通常连同固定玻璃一起组成整个玻璃墙，具有简洁、明快、通透、现代的整体效果，玻璃无框门用于建筑主入口，能同门厅的装饰融为一体，使门厅更为突出，用于落地玻璃幕墙的建筑中更增强室内外的通透感和玻璃饰面的整体效果。

　　玻璃无框门的种类：

　　玻璃无框门按开启功能分手推门和自动门两种。手推门采用门顶枢轴和地弹簧人工开启，电动门安装有自动开启装置和感应自动开启装置。

　　玻璃无框门的构造：

　　首先应确定门扇的尺寸，一般玻璃门扇的常用规格为(800～1000)×2100，根据玻璃门的五金配件其做法分为两种：

　　一种是有横梁加固定玻璃，另一种是直接用玻璃门夹把门扇同玻璃隔断进行连接，这种门构造简洁，是目前使用较多的一种。

　　玻璃门与门框或固定玻璃连接，都是通过顶夹的上枢轴和地面地弹簧上下两点的固定实现的，某技术要点是、要注意门扇与上枢轴和地弹簧应保持垂直，不能出现门扇与门框产生偏差现象。

　　电子感应自动玻璃门

　　1.自控探测装置通过微波捕捉物体的移动，传感器固定于门上方的正中央，在门前形成半圆形的探测范围。

　　2.踏板式传感器：踏板式按照几种标准尺寸安装在地面或藏在地板下。当踏板接受压力后，控制门的动力装置接收传感器的信号使门开启，踏板的传感能力不受湿度影响。

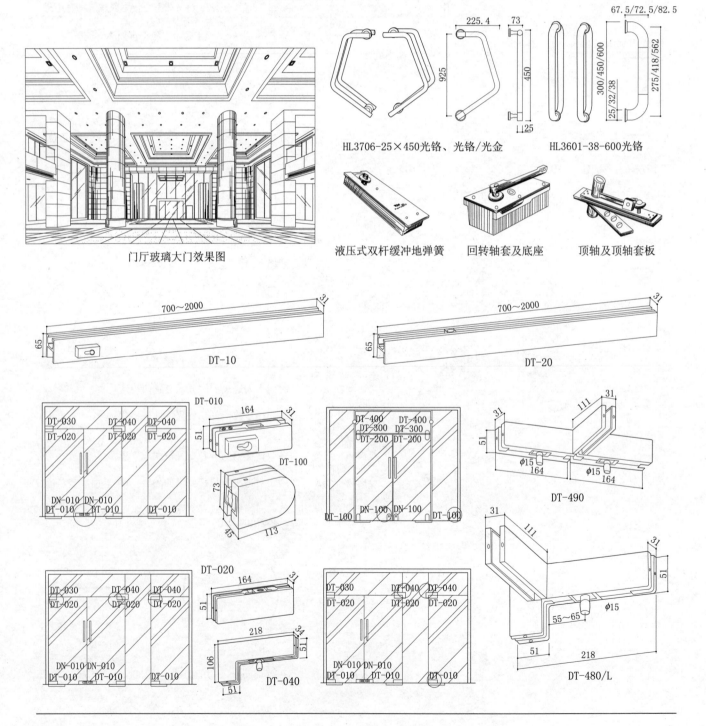

门厅玻璃大门效果图

HL3706-25×450光铬、光铬/光金　　HL3601-38-600光铬

液压式双杆缓冲地弹簧　　回转轴套及底座　　顶轴及顶轴套板

DT-10　　DT-20

DT-010　　DT-100

DT-020

DT-040　　DT-490

DT-480/L

1. 银行出入外门一般为防火防盗，采用金属框玻璃门，外设钢板防护隔断门，以求通透美观效果。内门为防盗则以内开为佳。银联门特别适用于金融大厅柜台通道、金库等高度安全场所使用，是21世纪理想的安全防范产品。

2. 防盗、联动、安全，在一定时间内可以抵抗一定条件下的非正常开启，带有专用的锁和防盗装置特点。

3. 正常开门操作：用户按设置的开锁密码在数码盘上拨号，即可打开电控锁。用户通过外边门进入通道后必须关好外边门才能打开里边门。用户从互锁通道的里边外出，可通过控制开关开启。

联动门尺寸（mm）

型号	名称	规格
CR-A	不锈钢互锁联动门	2000×950
CR-B	互锁联动玻璃门	2000×950
CR-D	互锁联动铜门	2000×950
CR-C	互锁联动铁门	2000×950

自动感应门有微电脑控制，使用时可选择关闭、长期开启、单向开启、双门互锁，可选择单向、双向电锁功能。

自动感应门扇通常采用12厚浮法平板玻璃或钢化玻璃。门框材质为不锈钢磨纹、镜面、铝合金加工。单门门体面积受门重、风压、门宽与门高的比例等因素制约。

自动感应门配置多智能及安全传感装置，能确保长年运行安全可靠，消除夹人隐患，且门扇畅顺运行、灵活机动适用于办公楼、候机楼、商场、超市等公共场所

平移型式	单扇	双扇
门扇重量	150kg以下	150kg×2以下
门扇宽度	700～1300	600～1250
控制器	8位微电脑处理器控制器	8位微电脑处理器控制器
马达	直流24V55W无电刷马达	直流24V55W无电刷马达
开门运行速度	15～50cm/s（可调整）	15～45cm/s（可调整）
闭门运行速度	10～45cm/s（可调整）	10～43cm/s（可调整）
开门保持时间	0.5～8s（可调整）	0.5～8s（可调整）
手动推力	最大4.5kg	最大4.5kg
电源电压	AC200～250V 50/60Hz	AC200～250V 50/60Hz
工作环境温度	-20～+50℃	-20～+50℃
基本动作	传感器输出信号→加速开门⇒制动→慢行→停止 加紧闭力←慢行←制动←加速闭门	
选用配件	全开/半开功能、互锁、刷卡、电锁	全开/半开功能、互锁、刷卡、电锁

XM-DC100自动感应门

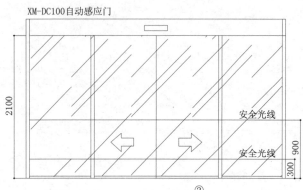

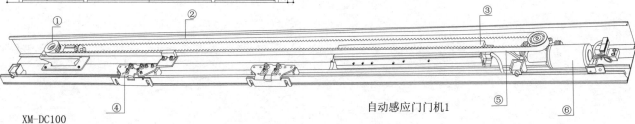

自动感应门门机1

XM-DC100

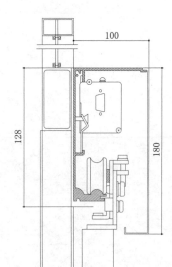

① 皮带张力调整装置：本装置可借着机械调整皮带张力，使之伸缩平稳，顺畅运行，灵活机动，便捷可靠。

② 高硬度行架横梁装置：采用高硬度铝材制成，全新设计的独立式导轨，便于安装更换和维修。横梁与导轨之间衬以高品质橡胶条，耐摩擦，不变形，无噪声，坚固美观，营造更安静的运行环境。

③ 微电脑智能控制装置：感应自动门控制中枢，采用内置微电脑控制芯片，接收传感器检测信号，根据测定门扇大小及重量智能调节，设定控制过程。

④ 传动滑轮、吊架装置：本装置由冷轧钢板冲压成型，表面镀锌，用来悬吊门扇，调整门扇高度，并装有尼龙导轮，沿梁架上的弧形轨道行走，单扇门重量可达150kg重量的大型门。

⑤ 皮带同步传动装置：本装置传达电机装置的转动，转变为往复运动，采用当今汽车动力同步带结构，收缩性小，传动平稳，坚固耐用。

⑥ 直流无刷电机装置：装备体积小巧、功率强劲的直流无刷马达。齿轮箱内采用传动效率高、噪声小的涡轮涡杆减速，然后驱动皮带装置。由于安全装置的作用，即使频繁开启，也可轻松无故障连续运行。

自动感应门门禁系列（选配件）

微波感应器

感应门禁器

感应密码盘

微波感应器

门禁考勤机

门禁专用电源

微波感应器

无线按压开关

银行刷卡机

脚感应器

安全光线

电插锁

XM-DC200 自动门

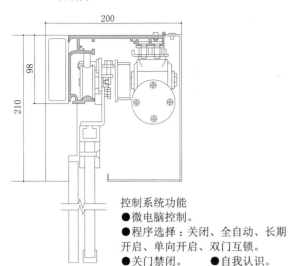

控制系统功能
● 微电脑控制。
● 程序选择：关闭、全自动、长期开启、单向开启、双门互锁。
● 关门禁闭。　　● 自我认识。
● 可选择单向、双向电锁功能。
● 连接安全光线（最多两对）。
● 外部负载用 36V,15V 输出。

平移型式	单扇	双扇
门扇重量	150kg以下	130kg×2以下
门扇宽度	750～1600	600～1250
开门运行速度	250～550cm/s（可调整）	250～550cm/s（可调整）
闭门运行速度	250～550cm/s（可调整）	250-550cm/s（可调整）
缓行速度	30～100cm/s（可调整）	30～100cm/s（可调整）
开门保持时间	2～20s（可调整）	2～20s（可调整）
禁闭力	大于100N	大于100N
手动推力	最大70N	最大70N
电源电压	AC220±10% 50/60Hz	AC200±10% 50/60Hz
工作环境温度	-20～+50℃	-20～+50℃
基本动作	传感器输出信号 → 加速开门 → 制动 → 慢行 → 停止　加紧闭力 ← 慢行 ← 制动 ← 加速闭门	
选用配件	全开/半开功能，互锁、刷卡、电锁	全开/半开功能，互锁、刷卡、电锁

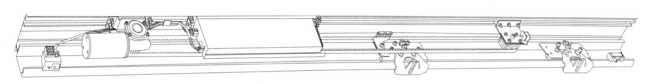

自动感应门门机2

自动平移门

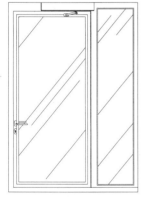

品类：自动平移门机。
材质：铝合金。
适用范围：银行、酒店、宾馆等建筑物入口。
说明：配有盖泽的安全传感器，门体在开启和关闭过程中，遇到人或障碍物，可立即停止。
　　此产品另有型号 TSA 160IS，是带顺位功能的双扇门驱动门机，隐藏式顺位器的设计，不仅起到美观的作用，也减少了被破坏的可能性。

品类：自动平移门机。
材质：铝型材。
适用范围：银行、酒店、宾馆等建筑物入口。
说明：垂直双导轨结构，确保门扇运行平稳；在标准配置中带有备用电池，可保证在断电的情况下，门扇可以开启或关闭一次；程序控制按钮的设计，使所有功能都可通过按钮实现。

可用于单扇及双扇平移门，它纤细的外形，为设计师提供了更大的设计空间。自动平移门通常用于人流量大的场所，例如机场、车站、医院、银行、办公楼、超市等，外门及内门均为。自动平移门控制系统是微处理系统，它能够使门扇在运行过程中极其平稳，运行噪声极低。通过自动测定门扇的重量，可使门扇在加速开启和减速停止的特性更加精确，更加稳定。通过及时的位移编码信息的测量，确保控制系统随时能够识别门扇所处的位置。

最大负荷下保证安全的措施：可装备安全装置，例如红外安全光栅和声呐安全传感器、自动反向器，并可根据门扇的重量自动调节停门的制动力，使门扇能够平缓地到达打开和关闭位置。

标准配置的功能和特点：所有部件均为预制装件，组装和安装快捷便捷。

双扇门紧急打开状态

自动平移门正常打开状态

　　塑钢是以聚氯乙烯（PVC）树脂为主要原料，加上一定比例的稳定剂、着色剂、填充剂、紫外线吸收剂等，经挤出成型，然后通过切割、焊接或螺接的方式制成框架，配装上密封胶条、毛条、五金件等。塑钢门窗还分全塑门窗和复合塑料门窗。复合塑料门窗是在门窗框内部嵌入金属型材以增强塑料门窗的刚性。增强用的金属型材主要为铝合金型材和轻钢型材。塑钢门窗类装饰材料不仅装饰性好，而且强度高、耐老化、耐腐蚀、保温隔热、隔声、防水、气密、防火、抗震、耐疲劳等技术性质好。

　　塑钢一般用于门窗框架，这样制成的门窗，又称为塑钢门窗。塑钢门按其结构形式分为镶板门、框板门和折叠门，按其开启方式分为平开门、推拉门和固定门。此外还分为带纱扇门和不带纱扇门，有槛门和无槛门等。平开门与传统木门的开启相同，推拉门是固定在导轨内。塑钢窗按其结构形式分平开窗（包括内开窗、外开窗、滑轴平开窗）、推拉窗（包括上下推拉窗、左右推拉窗）上旋窗、下旋窗、垂直滑动窗、垂直旋转窗、固定窗、平开上旋窗等。

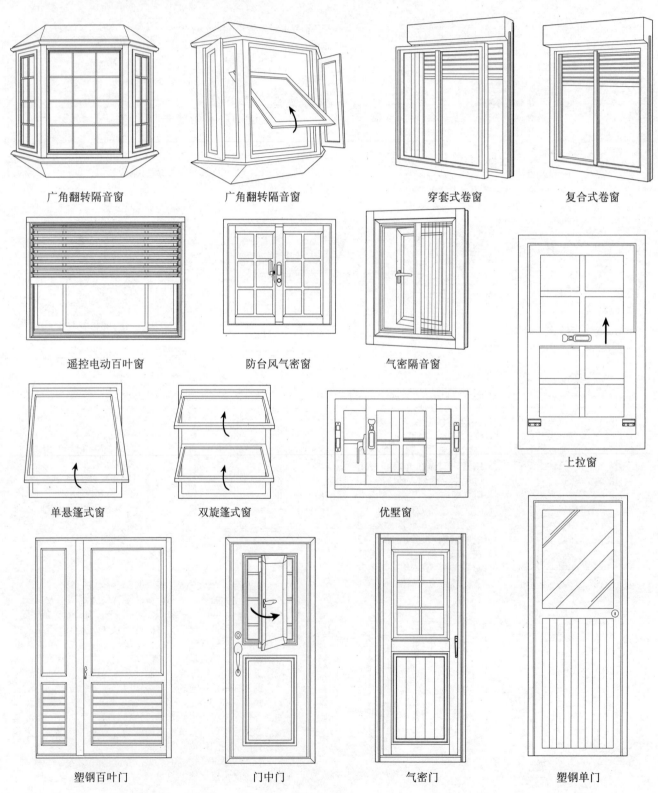

广角翻转隔音窗　　　　　广角翻转隔音窗　　　　　穿套式卷窗　　　　　复合式卷窗

遥控电动百叶窗　　　　　防台风气密窗　　　　　气密隔音窗　　　　　上拉窗

单悬篷式窗　　　　　双旋篷式窗　　　　　优墅窗

塑钢百叶门　　　　　门中门　　　　　气密门　　　　　塑钢单门

　　铝合金门窗是由表面处理后的型材，经下料、打孔、铣槽、攻丝、制窗（门）等加工工艺，制成门、窗框构件，然后与连接件、密封件以及开闭五金件一起组合装配成门、窗。

　　铝合金门窗按构件与开闭方式可分为推拉窗（门）、平开窗（门）、固定窗（门）、悬挂窗、回转窗、百叶窗；铝合金门还分为地弹簧门、自动门、旋转门、卷闸门等。铝合金门窗采用了高级密封材料，因而具有良好的气密性、水密性和隔声性；铝合金门窗的密封性高，空气渗透量小，因而保温性较好；铝合金门窗的表面光洁，具有银白、古铜、黄金、暗灰、黑等颜色，质感好，装饰性好；铝合金门窗不锈蚀，不褪色，使用寿命长。铝合金门窗能承受较大的挤推力和风压力。

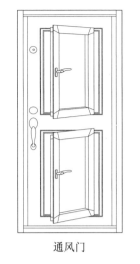

通风门

子母门

传统平开窗

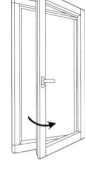

向右内开窗

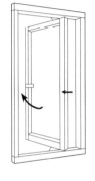

向右外开窗

向上开屋面天窗

三面外凸窗

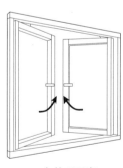

左右双向移窗　　　　向内倒翻与向左移复合窗　　　　向左开移窗　　　　向外双开窗

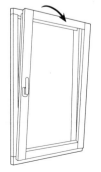

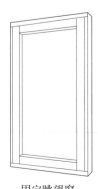

向内倒翻窗　　　　固定眺望窗　　　　向外左开窗　　　　向外开翻窗　　　　上下升降窗

全景无框阳台窗

我国南北地区跨度大，部分地区冬季采暖，夏季制冷的时间比较长，如果不加封阳台，冷、热空气的丢失率将大大提高，全景无框阳台窗以其极佳的密封性，不仅可以有效降低室外噪声，而且可以大大提高采暖或制冷的功效，阳台不受四季变换的影响。

目前，很多高档社区为了不影响建筑物的外观，一般都不考虑业主自主封装有框阳台，而全景无框阳台窗正是迎合了这种要求。

相对于传统的有框窗而言，全景无框阳台窗在视觉和美感上更胜一筹，使阳台更为通透明亮，相对于一般的无框窗而言，在用材和解决圆弧阳台方面具有特别明显的优势。

全景无框阳台窗不仅具有良好的视觉效果，能享受无遮拦的阳光和100%的通风，并且清洗方便，免去了玻璃清洗难的后顾之忧。

全景无框阳台窗采用均厚为3的高强度铝合金型材，所有金属构件均采用不锈钢制造，其使用寿命是普通无框窗的2倍以上。

结构决定安全

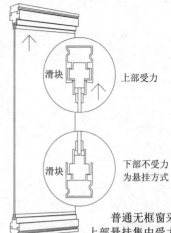

普通无框窗

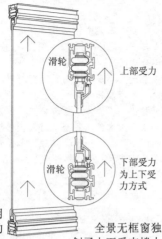

普通无框窗采用上部悬挂集中受力的方式，存在很大安全隐患，并且大多数无框窗采用滑块结构，在移动窗扇时有阻塞感，开启时不够流畅，易损坏。

全景无框窗独创了上下受支撑力结构，受力分散，杜绝了安全隐患。上下采用水平滚动滑轮组，使开启流畅自然。

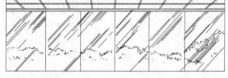

全景阳台封装系统适合各种阳台造型，窗扇可以在任意弧度和拐角处自由滑过，并最终将所有窗扇向内打开折叠在一处，使阳台真正实现全方位的封闭和开启。

目前一般楼盘的阳台可按不同的方法分为几大类，按阳台的形状可分为：直线形、S形、拐角形、圆弧形、多角形等等。按阳台的栏杆材料可分为：铸铁栏杆、不锈钢栏杆、铁管栏杆、铝合金栏杆、水泥栏杆等。全景无框阳台窗可根据不同阳台形状和栏杆材料，量身设计最贴身的解决方案，使无框阳台窗的封装更安全更坚固。

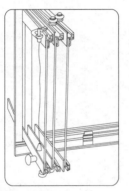

全面折叠

全景无框阳台窗可将窗扇全部或部分折叠固定到一边，使阳台全面打开，不仅美观大方，而且便于清洗。

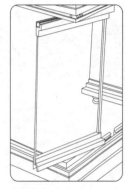

全新万向

全景无框阳台窗可任意角度自由、灵活开启，适合各种阳台的封装。

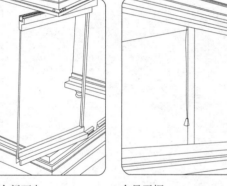

全景无框

全景无框阳台窗看似无框实则有框，其框架在玻璃的上下两端，左右玻璃与玻璃之间采用透明密封条连接，其气密性和水密性均达到国家二级标准。

组合方式多样

双拐角形

自由形

弧形

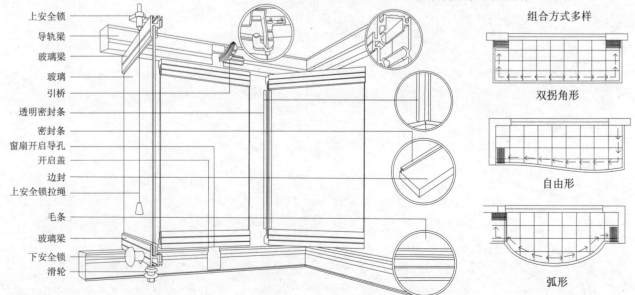

上安全锁
导轨梁
玻璃梁
玻璃
引桥
透明密封条
密封条
窗扇开启导孔
开启盖
边封
上安全锁拉绳
毛条
玻璃梁
下安全锁
滑轮

　　壁炉曾是西欧一些国家冬季传统的取暖用具，雕刻壁炉更是皇宫、贵族们用于取暖更用来装饰家居的工艺品。石雕壁炉和木雕壁炉以石材和木材品质的朴实大气和非凡绝伦，依靠精湛的雕塑工艺，让家居增添厚实、凝重之气，曾经风靡整个欧洲。随着时代的发展，今天壁炉已不是特权阶层的标志，而成了一些有品位有档次的家庭的时尚装饰品。并逐步成为常见家装的物品，广泛应用于客厅、卧房、起居室、餐厅、办公室等。现在，除了具有使用功能性的壁炉外还有装饰性壁炉。在位置上，壁炉不一定非得靠着墙壁，还可以根据需要安放在房间的任何地方。炉中的燃料除了木柴，还可以选择煤和气、电。

　　从材料上分，壁炉一般有木制壁炉、石材壁炉、金属壁炉、电壁炉等。壁炉作为家庭起居空间中一个必不可少的部件，具有特殊的地位。它的形式有中心式、拐脚形、悬挑式、正位等，它的位置左右着室内空间布局和交通线路；古典式壁炉、现代风格壁炉、装饰性双层壁炉等，它们的构造样式制约着室内的装饰风格。壁炉是欧式室内风格的代表陈设，在追求欧式古典风格的室内空间常用壁炉陈设。

砂石壁炉架

木材制壁炉架

石材制壁炉架透视图

木材制壁炉架

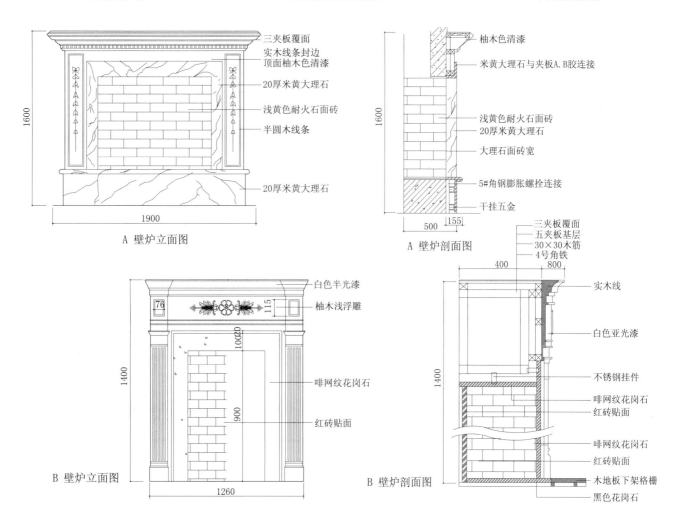

A 壁炉立面图

A 壁炉剖面图

B 壁炉立面图

B 壁炉剖面图

燃木壁炉

　　壁炉作为极具欧洲人文特色和历史见证的文化符号，已经成为世界经典文化的代表作品，并受到越来越多的中国别墅业主的青睐。但是，由于缺乏专业的服务，业主们只是把建筑师们精心设计的壁炉作为简单的饰品，其实，如果居住条件允许的话，燃木壁炉才是别墅最有品位的选择。

　　燃木壁炉是壁炉中最原始，也是最高档华贵的一种，因此，如果是为别墅选择壁炉的话，燃木壁炉饰最好的选择，而不需要为了迁就居住环境而去选择燃气壁炉或电壁炉，作为别墅客厅的主体景观，能增添室内空间的艺术氛围，充分体现别墅生活的独特与优雅。

石材制壁炉架透视图

1. 安装顺序

　　首先按图纸施工，做好基础；然后安装壁炉大理石底座，再安装壁炉机芯（接好气源、电源、烟管），再安装壁炉炉架。

恺撒Ⅰ尺寸示意图

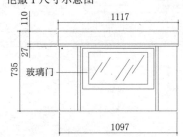
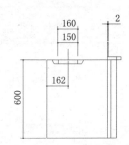

2. 壁炉墙体及洞口尺寸

　　壁炉洞口大小应足够机芯放入，炉膛内外地坪应水平。洞口过梁与机器机芯顶部至少留出15cm以安装烟管；过梁厚度超过230mm就需要加装一个45°弯头。洞口内右墙前，地坪向上65cm处安装一个220V、100W的电源插座，且在洞口外要有一开关能控制这一插座。壁炉体后四面与墙体间隔10cm，炉体正面20cm内采用防火材料装饰，前方出风口50cm内不可有可燃物，烟管距易燃材料10cm。

恺撒Ⅱ尺寸示意图

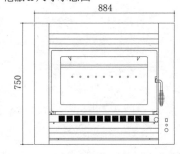
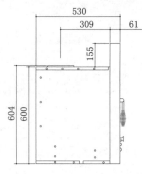

3. 电源要求

　　安装一220V、100W插座，电源插座必须接地，且此插座在壁炉洞口外有开关。

4. 出烟口要求

　　要求有真烟道，烟道顶部烟窗应四面开窗，至少对开，每扇烟窗面积不小于90cm²。要求烟管高度不小于4m，推荐烟管一直排放到室外（至烟窗口）。安装出烟口位置以背风面为宜，上海地区冬季主导风向为西北风，故选择排烟出口在东北和西南方向效果较好。

艺术壁炉

　　现代艺术壁炉是一种电气设备，它以插电暖炉设计取代传统木炭、燃气，加上炉中火焰改灯光投影手法表现，利用最符合现代生活的环保、安全设计概念。艺术电器壁炉，省略传统烧炭、燃气壁炉的砖造泥作或瓦斯管路等麻烦手续，只要接上220V的插座，马上能享受到逼真能动火焰与暖气，轻松营造温暖、温馨的室内气氛。逼真的炭火画面是艺术电器壁炉的一大特色，让它除了具备暖气功能，更强化了空间中的浪漫温馨氛围，火红的烧炙木炭、颤动的熊熊火光，以灯光方式塑造出的动能火焰，让人无论视觉或真实触感皆能感受到一股暖意。将传统壁炉转化为单纯的电器形式，如此安全的机能设计无论放置在家中任何一个空间都无须担心，进而利用光源令其转化为夜间导引的情景光氛。艺术壁炉的操作非常简单，插上插座，按下开关，就能完成所有"生火"手续，而暖气大小则是利用简易的扭转方式调整风量，平时保养仅需关闭电源以后以湿布擦拭，在家打造合家团聚的氛围。只要请设计师在室内装修时帮艺术壁炉预留空位、插座，再将壁炉机体内嵌即可；壁炉大小共分为450、575、700、825mm四种，可视使用空间选择尺寸。

木材制壁炉架透视图

石材制壁炉架透视图

统领860 760系列燃气壁炉

　　利用微电脑对壁炉燃烧及设备状态进行多点监控。装置离焰保护系统，火焰熄灭后两秒钟内阀门自动关闭，确保使用安全。设有VFD视窗，可显示设定温度、室内温度、时间及风机风速，方便操作。取消长明火装置，不仅节约能源而且消除了产品故障。

壁炉对人工煤气、天然气及液化石油气通用，可满足不同用户的需要。强制平衡式燃气壁炉，不耗室内氧气，安全可靠。

烟管直径900，烟管安装长度及走向不受约束，可安装于室内任何位置。遥控点火，遥控设定关机时间、温度及风机风速。

760外形尺寸图

860外形尺寸图

石材制壁炉架
尺寸：1600×350×1100

木材制壁炉架
尺寸：1875×565×1330

木材制壁炉架
尺寸：1430×340×1170

砂石壁炉架
尺寸：1540×390×1230

公爵两面、三面视窗燃气壁炉

壁炉在欧式风格的装饰中很普遍，从某种意义上说，壁炉已经成为古典设计的一个标志。壁炉的原有作用是取暖，但在中国现代家居设计中，壁炉更多的作用是装饰。现在流行的新式壁炉构思巧妙、造型时尚、创意丰富、工艺简约，与现代装饰设计风格非常统一。

壁炉在居室中主要有两大功能：一是实用，二是装饰。壁炉原始的采暖方式改变为用电热燃起的"火焰"进行取暖：在炉腔里搁一幅动态的电子火焰图，伴随着音响里播放的柴火燃烧的"噼啪"声，情调随暖意缓缓升起。

巴比龙环保颗粒壁炉

环保颗粒燃料壁炉是其燃烧的燃料为环保颗粒，其燃烧后的排放达到国家标准。

环保颗粒壁炉，真实的火焰效果，自动点火、自动下料系统，使用方便。独特的空气清洁系统，进气、排气均可在室外，保持室内空气新鲜。封闭式负压燃烧，没有尘灰进入室内，且安装简易。

木材制壁炉架
1285×400×1120

客厅壁炉效果图

砂石壁炉架
1680×390×1230

砂石壁炉架
1180×350×1200

木材制壁炉架
1590×400×1350

木材制壁炉架
1270×320×1160

木材制壁炉架
1285×400×1120

砂石壁炉架
1000×350×1200

燃颗粒壁炉

壁炉尺寸：精灵 33：540×750×520　33：785×770×550
壁炉安装要求：放置在木地板上需定做一块石材底座。
电源要求：后墙机器中心线左侧，地坪向上 20cm 处，安装一个220V、100W 的电源插座，插座连接一个开关，并将开关置于外面，以方便控制机器电源。

出烟口要求：在后墙机器中心线右侧(据中心线 13.35cm)，大理石(或其他材质)地台向上 (33B：25cm；33C：18.4cm) 处，开 8cm 口径的出烟口。如烟管需改道，建议所使用的弯头不超过 3 个，烟管长度不超过 5m。如烟管过房间吊顶，应使用石棉保温管(φ15cm)加以保护隔热。必须先安装好烟管，然后完成吊顶工程。

楼梯是建筑中的交通枢纽，也是组合建筑功能的竖向交通之魂。楼梯在空间中表现最引人注目，最具魅力，最吸引人的莫过于圆弧旋楼梯，它那优美的圆弧形曲线旋律，让静态的空间变成活泼的动态环境。要设计好圆弧旋楼梯，使之与环境结合得尽善尽美，是一件颇为费心的事。它的位置、尺度等，都直接影响到使用的方便与否、舒适与否、美感与否。

楼梯的位置决定空间设计的好坏。小面积房间的楼梯位置应倚墙，为争取更多的室内使用面积。大面积房间楼梯位置居中，可集中动线，通过建筑线表达楼梯设计，使空间效果更好。

最完美的楼梯位置是拥有自然光照，同时运用不同的灯光意象。自然光源变化就是最佳的空间演变。欠缺日照条件的位置，可利用坡璃或坡璃砖克服阴暗的缺陷。

有些狭窄的房间，宜规划转折梯时，应注意转折平台与顶棚之间的高度，应符合人体工程学的要求，否则将造成压抑感。再配合空间深度与楼梯拖曳长度来决定踏板的面宽距离。

长方形楼梯具有最大空间利用率。曲线楼梯为了符合好行走的舒适考虑，势必拉大最窄面的宽度，因此会占较大空间。

螺旋楼梯适用于行走频率少的地方，小型螺旋梯体积小，节省空间面积，但相比较，行走不便，易跌倒，通常用于木阁楼梯等较少使用的地方。

楼梯是人们活动较易发生危险的地方，最好加装感应式照明，随时提供足够的照度，方便行走。

楼梯组合形式

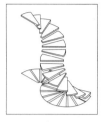   

360°中圆弧式　　270°直圆旋式　　上下扇形式　　扇形终步式

弧段式　　S形式　　直段式　　扇形终步式

360°中空圆旋式　　240°直圆旋式　　中间弧段三折式　　扇形起步式

直线系列楼梯

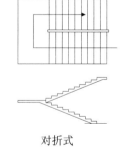 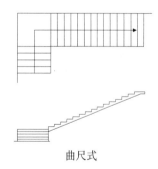 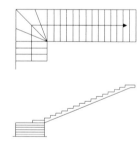

对折式　　曲尺式　　扇形起步式

直圆弧线系列楼梯

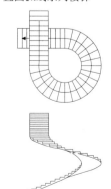 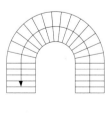  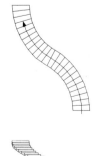

270°上下直圆旋式　　中间弧段三折式

圆弧线系列楼梯

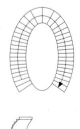   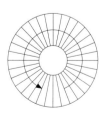

S字式　　270°中空椭圆旋式　　360°中柱圆旋式

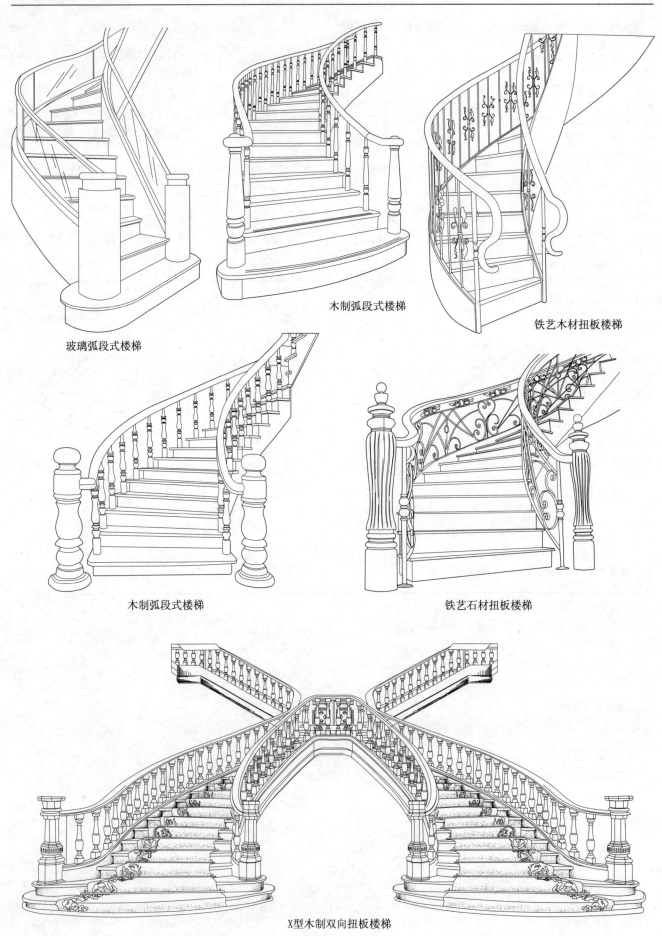

玻璃弧段式楼梯

木制弧段式楼梯

铁艺木材扭板楼梯

木制弧段式楼梯

铁艺石材扭板楼梯

X型木制双向扭板楼梯

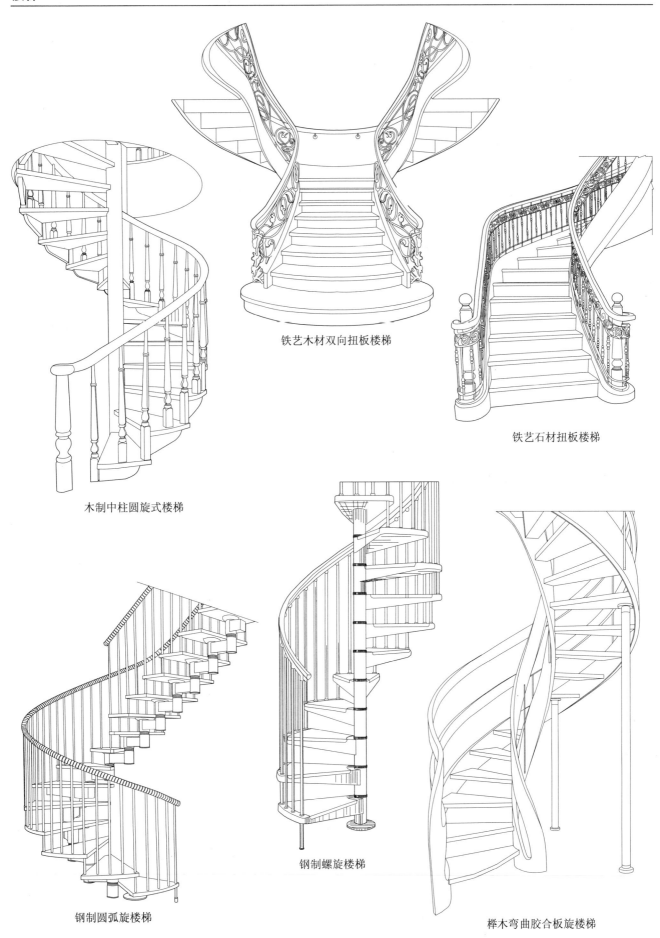

铁艺木材双向扭板楼梯

铁艺石材扭板楼梯

木制中柱圆旋式楼梯

钢制圆弧旋楼梯

钢制螺旋楼梯

榉木弯曲胶合板旋楼梯

木制楼梯部件名称

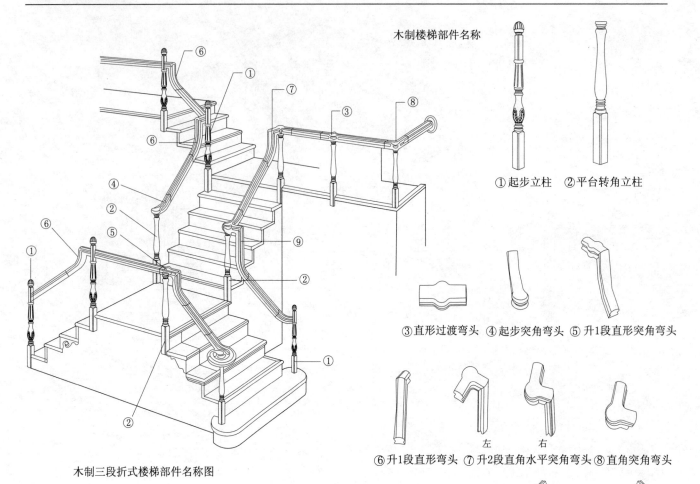

木制三段折式楼梯部件名称图

① 起步立柱　② 平台转角立柱

③ 直形过渡弯头　④ 起步突角弯头　⑤ 升1段直形突角弯头

　　　　　　　左　　右
⑥ 升1段直形弯头　⑦ 升2段直角水平突角弯头　⑧ 直角突角弯头

升2段S形弯头　　升2段U形弯头　　　左　　　右
　　　　　　　　　　　　　　　　　⑨ 升2段直角上升突角弯头

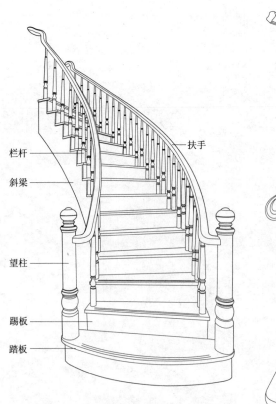

栏杆　　　　　　扶手

斜梁

望柱

踢板

踏板

木制弧段式楼梯部件名称图

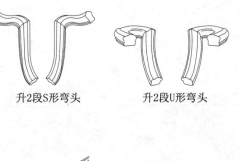

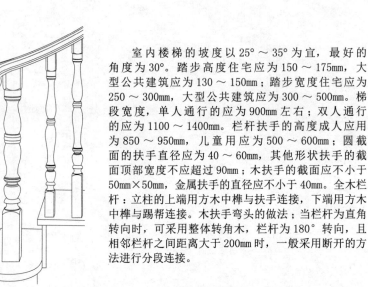

　　室内楼梯的坡度以25°～35°为宜，最好的角度为30°。踏步高度住宅应为150～175mm，大型公共建筑应为130～150mm；踏步宽度住宅应为250～300mm，大型公共建筑应为300～500mm。梯段宽度，单人通行的应为900mm左右；双人通行的应为1100～1400mm。栏杆扶手的高度成人应用为850～950mm，儿童用应为500～600mm；圆截面的扶手直径应为40～60mm，其他形状扶手的截面顶部宽度不应超过90mm；木扶手的截面应不小于50mm×50mm，金属扶手的直径应不小于40mm。全木栏杆：立柱的上端用方木中榫与扶手连接，下端用方木中榫与踢帮连接。木扶手弯头的做法；当栏杆为直角转向时，可采用整体转角木，栏杆为180°转向，且相邻栏杆之间距离大于200mm时，一般采用断开的方法进行分段连接。

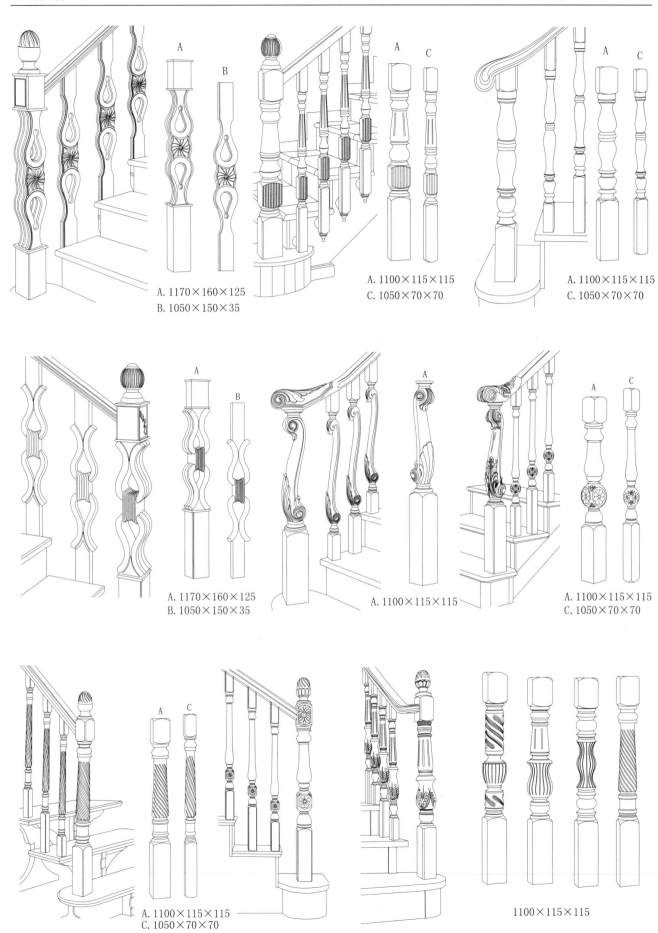

A. 1170×160×125
B. 1050×150×35

A. 1100×115×115
C. 1050×70×70

A. 1100×115×115
C. 1050×70×70

A. 1170×160×125
B. 1050×150×35

A. 1100×115×115

A. 1100×115×115
C. 1050×70×70

A. 1100×115×115
C. 1050×70×70

1100×115×115

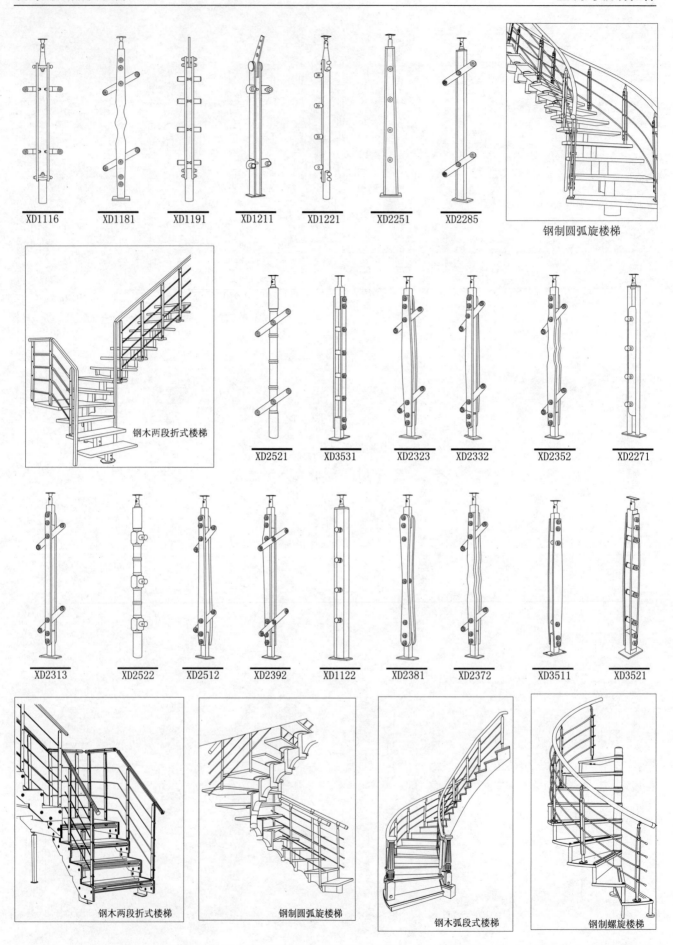

XD1116　　XD1181　　XD1191　　XD1211　　XD1221　　XD2251　　XD2285

钢制圆弧旋楼梯

钢木两段折式楼梯

XD2521　　XD3531　　XD2323　　XD2332　　XD2352　　XD2271

XD2313　　XD2522　　XD2512　　XD2392　　XD1122　　XD2381　　XD2372　　XD3511　　XD3521

钢木两段折式楼梯　　　　钢制圆弧旋楼梯　　　　钢木弧段式楼梯　　　　钢制螺旋楼梯

现代金属栏杆（栏板）

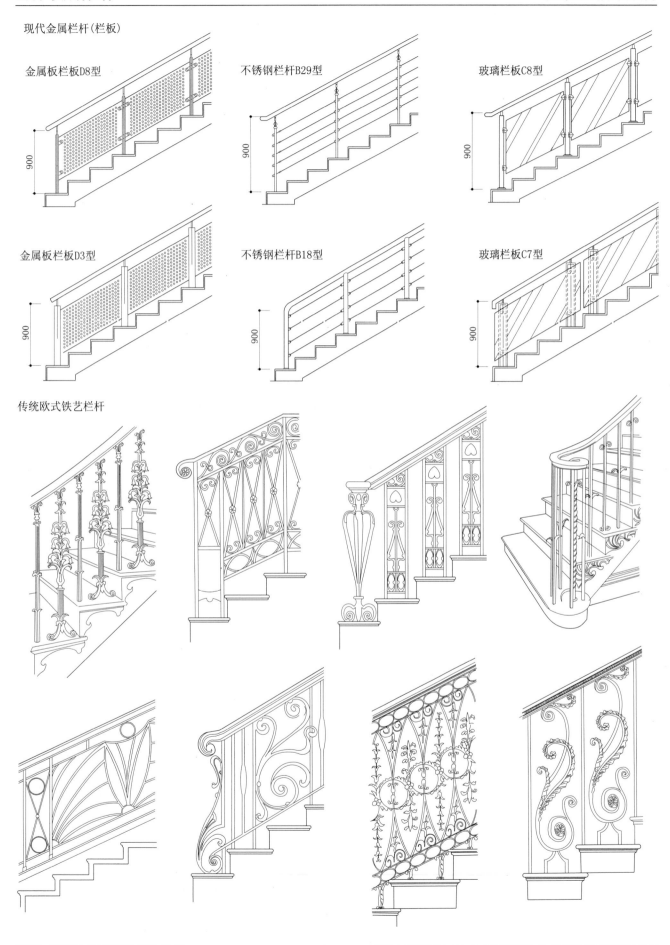

金属板栏板D8型

不锈钢栏杆B29型

玻璃栏板C8型

金属板栏板D3型

不锈钢栏杆B18型

玻璃栏板C7型

传统欧式铁艺栏杆

电梯是高层建筑不可缺少的垂直交通工具，它与楼梯一起组成建筑物的交通枢纽，是人流集散的必经之地。观光电梯是人们感受建筑风格和建筑装饰品位的重要场所。

观光电梯是乘客电梯的一种，主要用于大型商厦、宾馆、酒店等公共场所，是为运送乘客而设计的电梯。它与一般的乘客电梯区别在于其中一面或三面是透明的玻璃装饰，便于乘客观光。观光电梯的轿厢截面有马蹄形、圆形、天角形、平面形等。特别是圆形轿厢的观光电梯，大面积的弧形透明夹层玻璃，使乘客的视野更加开阔。

电梯厅的装饰设计包括顶面、墙面到地面，也包括一些公共设施的陈设。电梯厅的顶棚通常采用比较简单的造型和灯具照明，不宜采用过于复杂的造型和高大的吊灯。墙面和地面多采用石材装饰。并要按照电梯样本的要求，预留按钮和运行状况显示器的洞口。

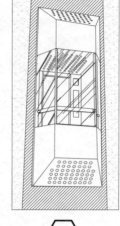

GPS-III-CX7S基本规格

项目	规格内容		
速度(m/s)	1	1.5	1.75
载重量(kg)	900, 1050		
最大停站数	20	28	28
最大提升高度(m)	55	80	80
控制方式	VFEL		
操作方式	1C-2BC, 2C～4C-AL-21		
开门方式	1D1G		
动力电源	380V, 50Hz三相五线制		
照明电源	220V, 50Hz		
最小层高(mm)	2800		

轿厢截面

轿厢外形美观大方，线条轮廓分明。轿内顶部的圆形透光与轿外上下装板的圆形透光相映成趣，浑然一体。

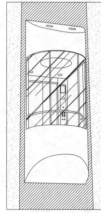

GPS-III-HY05S基本规格

项目	规格内容				
速度(m/s)	1	1.5	1.75	2.0	2.5
载重量(kg)	1050				
最大停站数	20	28	28	28	28
最大提升高度(m)	60	80	80	80	80
控制方式	VFEL				
操作方式	1C-2BC, 2C～4C-AL-21				
门系统	LV1K-L2N-CO				
开门方式	1D1G				
动力电源	380V, 50Hz三相五线制				
照明电源	220V, 50Hz				
最小层高(mm)	2800				

轿厢截面

轿厢为马蹄形，配以正面半圆形透明玻璃，轿内乘客观光视角开阔。轿厢外部为涂装钢板，颜色可由客户根据色板指定，可使电梯轿厢外观与大楼内部装修融为一体，整体效果优美大方。

GPS-III-KX2S基本规格

项目	规格内容		
速度(m/s)	1	1.5	1.75
载重量(kg)	1200		
最大停站数	20	28	28
最大提升高度(m)	60	80	80
控制方式	VFEL		
操作方式	1C-2BC, 2C～4C-AL-21		
开门方式	1D1G, 中分门		
动力电源	380V, 50Hz三相五线制		
照明电源	220V, 50Hz		
最小层高(mm)	2800		

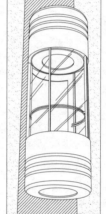

轿厢截面

轿厢外观为圆形，造型美观大方，大面积的弧形透明夹层玻璃，使视野更加开阔，内部照明采用太空形的轿顶灯，上下部圆筒形外装板采用照明玻璃钢，内部照明，给人以高雅感觉。

HOPE-S1基本规格

项目	规格内容				
速度(m/s)	1	1.5	1.75	2	2.5
载重量(kg)	800	800	800	800	800
	900	900	900	900	900
	1050	1050	1050	1050	1050
	1200	1200	1200	1200	1200
	1350	1350	1350	1350	1350
最大停站数	20	28	28	28	28
最大提升高度(m)	55	80	80	80	80
控制方式	VFDA				
操作方式	1C-2BC, 2C-SM21, 3C-ITS21, 4C-ITS21				
门系统	LV1K-L2N-CO				
开门方式	1D1G				
动力电源	380V, 50Hz三相五线制				
照明电源	220V, 50Hz				
最小层高(mm)	2800				

轿厢截面

轿厢外形简洁，正面嵌有透明夹层玻璃，配以多种轿顶形式和轿内装饰供选择，轿外采用涂装钢板。

电梯厅效果图

　　医用电梯采用性能优越的变频门系统，配置最先进的免接触式红外线光幕保护系统，彻底消除传统触板保护对人体或物体撞击后才能动作的缺点；平层精度极高，使乘客，特别是老人、小孩、病人或者是轮椅病人从容进出电梯，节省宝贵时间。先进的32位电脑控制系统，通过提高通讯速率从而大大缩短乘客等梯时间。方便特急病人的快速抢救。

　　医用电梯采用独有的无前壁设计，让原本宽敞的轿厢空间进一步拓展，同时减少碰撞，使病床、轮椅顺畅出入。

　　运用A1-A2群控模糊逻辑及专家系统，能够有效提高电梯调配效率，通过储存在系统中的交通流量数据库，作出逻辑和定性判断，使配置的电梯运行有效性达到最优化，缩短乘客候梯的时间，争取救治时间。

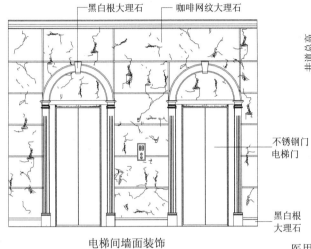

电梯间墙面装饰

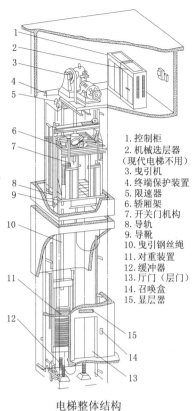

医用电梯井道剖面图

电梯整体结构

1. 控制柜
2. 机械选层器（现代电梯不用）
3. 曳引机
4. 终端保护装置
5. 限速器
6. 轿厢架
7. 开关门机构
8. 导轨
9. 导靴
10. 曳引钢丝绳
11. 对重装置
12. 缓冲器
13. 厅门（层门）
14. 召唤盒
15. 显层器

—引自魏孔平，朱蓉.电梯技术.北京：化学工业出版社，2008.

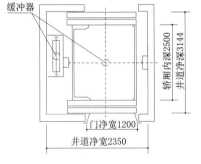

医用电梯井道平面布置图

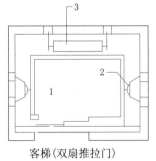

客梯（双扇推拉门）
乘客电梯井道平面图

电梯的组成
1. 电梯箱
2. 导轨及支撑架
3. 平衡锤

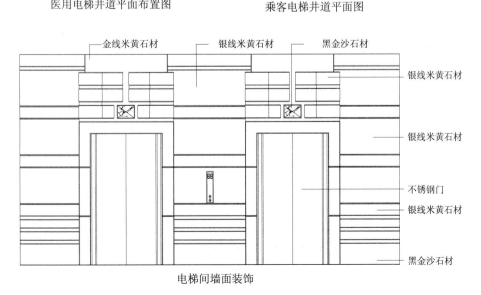

电梯间墙面装饰

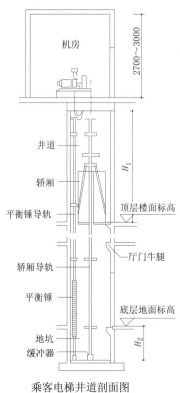

乘客电梯井道剖面图

近年来，住宅电梯开发热潮涌现。城市人口老龄化的加剧，亦成为今后电梯行业的热门话题。解决老人及残疾人上下楼困难的问题，最好的途径是在住宅中安装电梯。随着我国经济的发展，私人住宅中的家用别墅电梯将逐渐普遍起来，电梯对于别墅来说已是一个必有的家用设备。别墅电梯轿厢用的都是家装材料，内饰与家具装饰一致，电梯门为业主家里普通门厅，别墅电梯与家居风格相似匹配，更具有观赏性、舒适感。

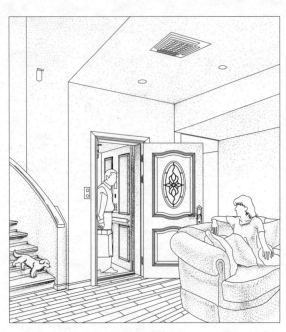

别墅电梯效果图

自动开关轿厢照明
2个嵌入式卤素轿厢灯，可选4个轿灯

1. 三聚氰胺塑料贴面板轿厢
2. 木质胶合板轿厢
3. 凸镶硬木轿厢
4. 嵌入木板轿厢

1. 内控操作盘
2. 数字层位显示
3. 急停开关
4. 外呼召唤

1. 三聚氰胺塑料贴面扶手
2. 木质扶手
3. 金属扶手

可选嵌入式电话机

1. 折叠门
2. 轿门自动门机

1. 带对重的曳引驱动程序系统提供了"软启动"和"软停"。
2. 可编程逻辑控制器（PLC)监控电梯的日常运行，及时发现潜在问题。
3. 标准配置不间断电源（UPS）和带楼层可选功能的蓄电池紧急下降装置。
4. 标准配备的安全装置：电梯井道门联锁、安全钳、紧急照明和报警器。

典型别墅电梯
井道尺寸及轿厢配置

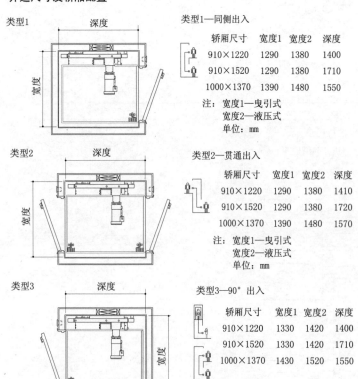

类型1

类型1—同侧出入

轿厢尺寸	宽度1	宽度2	深度
910×1220	1290	1380	1400
910×1520	1290	1380	1710
1000×1370	1390	1480	1550

注：宽度1—曳引式
宽度2—液压式
单位：mm

类型2

类型2—贯通出入

轿厢尺寸	宽度1	宽度2	深度
910×1220	1290	1380	1410
910×1520	1290	1380	1720
1000×1370	1390	1480	1570

注：宽度1—曳引式
宽度2—液压式
单位：mm

类型3

类型3—90° 出入

轿厢尺寸	宽度1	宽度2	深度
910×1220	1330	1420	1400
910×1520	1330	1420	1710
1000×1370	1430	1520	1550

注：宽度1—曳引式
宽度2—液压式
单位：mm

通用电梯规格
概述：

速度：0.20m/s
最小底坑深度：0.153m
最大行程：15.2m
最大层站数：5（相邻停层最小距离0.43m）

驱动配置：
6 1/4磅T形双导轨系统

轿向配置：
910×1220×2130轿厢尺寸
香槟色、浅橡木色、深橡木色或白色
三聚氰胺塑料贴面壁板
白色顶棚板
两个嵌入式卤素灯
与壁板相配的木质扶手
香槟色、白垩色、浅橡木色、深橡木色或白色轿厢门

电梯轿厢：
LEV型别墅电梯为用户提供多种标准配置和可选配置。

轿厢壁板可选三聚氰胺塑料贴面板、木质胶合板、凸镶硬木或嵌入式木壁板。

标配2个嵌入式卤素轿厢灯，可选4个轿厢灯。

白色轿顶棚板为标准配置。如果选用不同的木质轿厢壁板，则顶棚可配以相应的材质和颜色，另外，轿顶棚有图示可选样式。

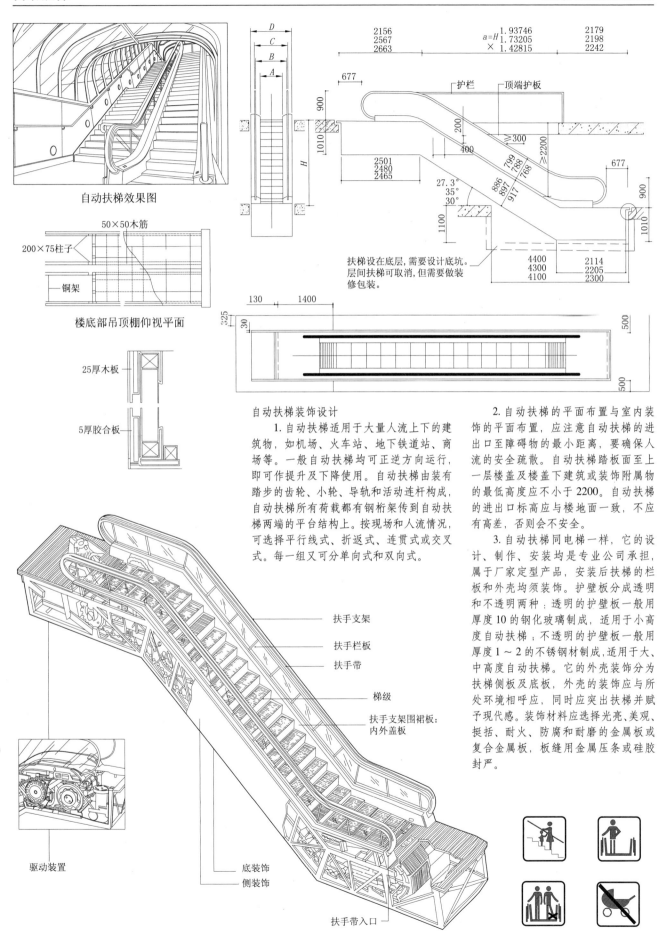

自动扶梯效果图

50×50木筋
200×75柱子
铜架

楼底部吊顶棚仰视平面

25厚木板
5厚胶合板

扶梯设在底层,需要设计底坑。层间扶梯可取消,但需要做装修包装。

自动扶梯装饰设计

1. 自动扶梯适用于大量人流上下的建筑物,如机场、火车站、地下铁道站、商场等。一般自动扶梯均可正逆方向运行,即可作提升及下降使用。自动扶梯由装有踏步的齿轮、小轮、导轨和活动连杆构成,自动扶梯所有荷载都有钢桁架传递到自动扶梯两端的平台结构上。按现场和人流情况,可选择平行线式、折返式、连贯式或交叉式。每一组又可分单向式和双向式。

2. 自动扶梯的平面布置与室内装饰的平面布置,应注意自动扶梯的进出口至障碍物的最小距离,要确保人流的安全疏散。自动扶梯踏板面至上一层楼盖及楼盖下建筑或装饰附属物的最低高度应不小于2200。自动扶梯的进出口标高应与楼地面一致,不应有高差,否则会不安全。

3. 自动扶梯同电梯一样,它的设计、制作、安装均是专业公司承担,属于厂家定型产品,安装后扶梯的栏板和外壳均须装饰。护壁板分成透明和不透明两种:透明的护壁板一般用厚度10的钢化玻璃制成,适用于小高度自动扶梯;不透明的护壁板一般用厚度1~2的不锈钢材制成,适用于大、中高度自动扶梯。它的外壳装饰分为扶梯侧板及底板,外壳的装饰应与所处环境相呼应,同时应突出扶梯并赋予现代感。装饰材料应选择光亮、美观、挺括、耐火、防腐和耐磨的金属板或复合金属板,板缝用金属压条或硅胶封严。

扶手支架
扶手栏板
扶手带
梯级
扶手支架围裙板:内外盖板

驱动装置
底装饰
侧装饰
扶手带入口

曲线形楼梯升降椅

　　曲线形楼梯升降坐椅能解决陡坡楼梯、狭窄楼梯和弯曲楼梯所带来的上下移动问题，既舒适又可靠。坐椅沿着一条直径为8cm的导轨运行。由于导轨系统能够紧贴台阶、墙壁，甚至能够紧贴在楼梯内侧，仅需极少的安装空间。它亦可在多个楼层和螺旋形楼梯上使用。楼梯宽度非常灵活，此外，坐椅包括脚凳在运行中能始终保持最佳状态，在楼梯的起点和终点自动旋转到最佳位置，让人安全、简便、舒适地上下。

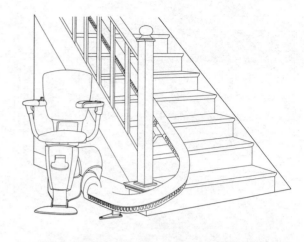

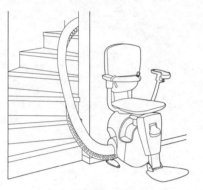

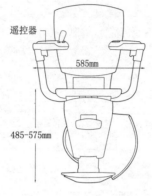

遥控器

585mm

485-575mm

坐椅拐角示意图

　　升降坐椅：较严重的残疾者在升降或移动时，常常需要使用升降坐椅。升降椅的短距离移动十分有效，上床、入浴、上汽车等经常使用，一般来说，其操作需要有他人协助，但悬挂在屋顶轨道上的升降椅通过遥控操作，残疾人独自也能完成移动。

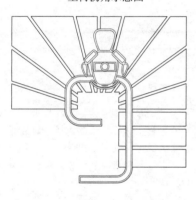

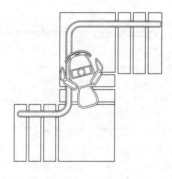

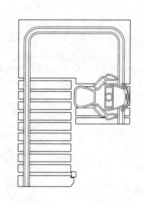

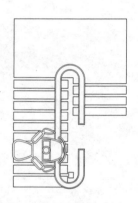

坐椅运行平面图

　　升降台：升降台是把水平状态的平台通过机械使它升高或降低的一种平台，适用于高差不大的情形。

　　楼梯升降机：楼梯升降机是在不能安装电梯的小型建筑物中设置的。升降机的传送轨道固定在楼梯的侧边或者楼梯的表面。升降机则在传送轨道上作上下移动，升降机有坐椅型和盒箱型两种。坐椅型可以安装在旋转式梯段处，盒箱型的升降机只能安装在直线梯段的地方。

悬挂在屋顶轨道上的升降椅

严重残疾者短距离使用的升降椅

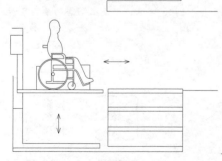

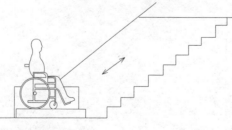

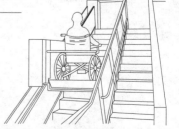

升降台适用于高差不大的情形

各种类型的楼梯升降机

室内装饰装修经常需要量身定做各种家具，如橱柜类、桌类、架类等，制作家具多数采用细木工板、密度板、齿接板、胶合板等。如用胶合板制作家具，均必须是框架式结构两面蒙胶合板，即覆面空心板结构。

覆面空心板的木框芯排料形式

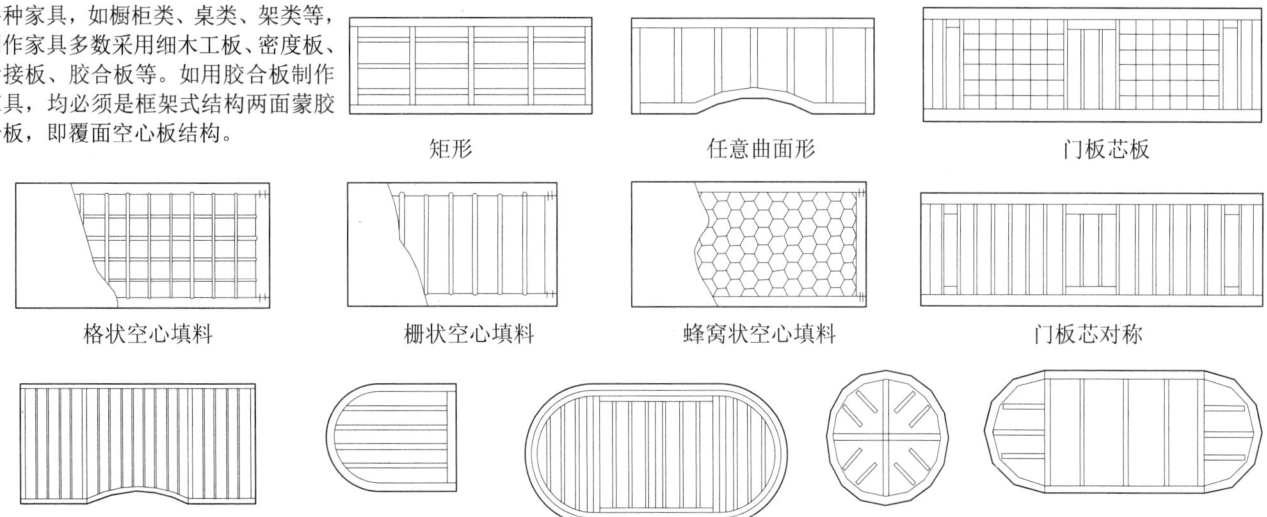

矩形

任意曲面形

门板芯板

格状空心填料

栅状空心填料

蜂窝状空心填料

门板芯对称

写字台面板芯料

折椅座面芯料

椭圆形台面

圆形

椭圆形

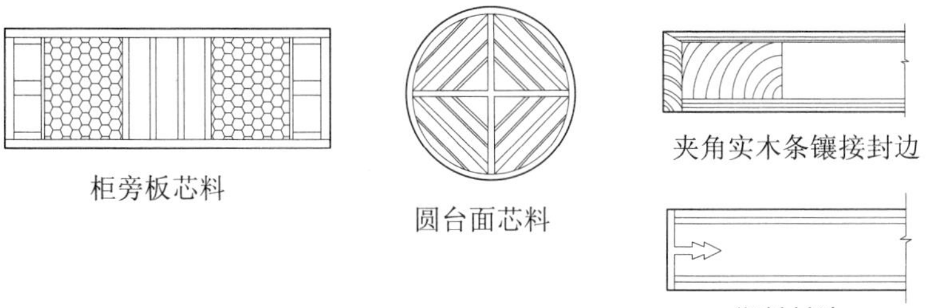

柜旁板芯料

圆台面芯料

夹角实木条镶接封边

塑料封边

覆面空心板木框结构

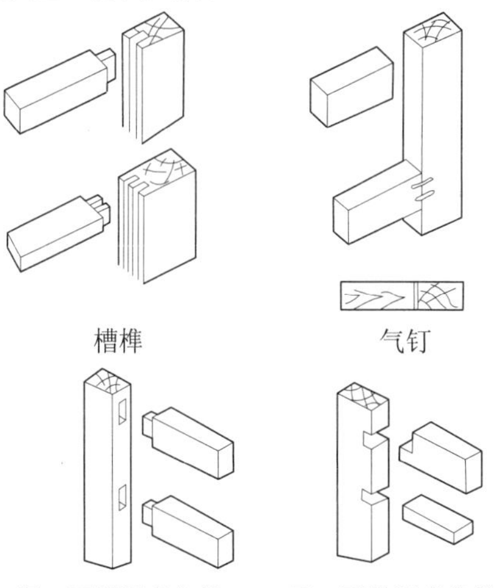

槽榫

气钉

覆面板周边处理

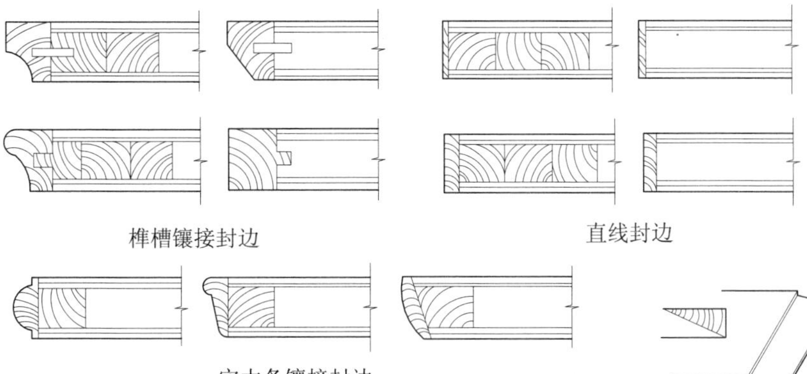

榫槽镶接封边

直线封边

闭口不贯通直角榫

开口不贯通直角榫

实木条镶接封边

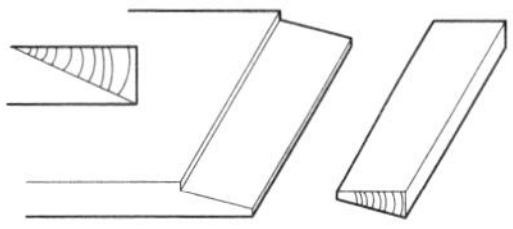

端部嵌接

覆面板圆角与端部处理

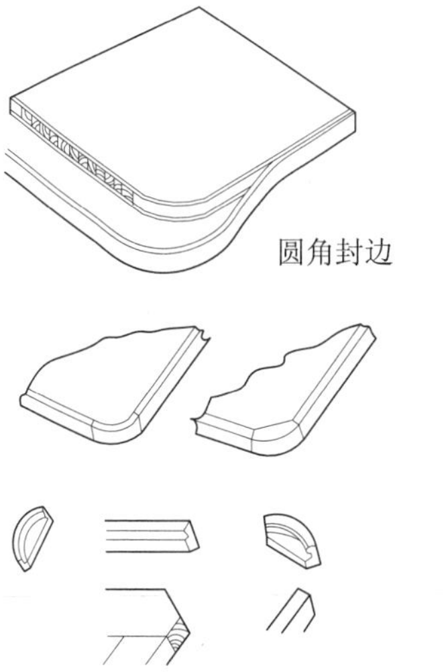

圆角封边

露面空心板不同芯料

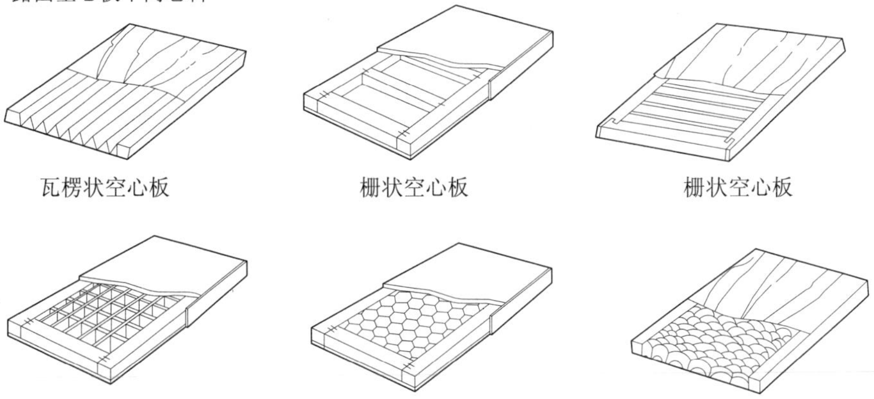

瓦楞状空心板

栅状空心板

栅状空心板

格状空心板

蜂窝空心板

波纹夹心空心板

实木镶角

邓背阶等编著. 家具设计与开发. 北京：化学工业出版社，2006.

拆装式背板安装形式

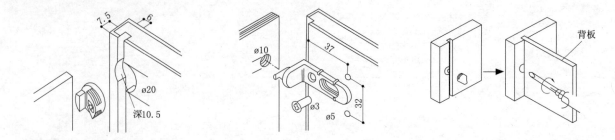

用金属边框的抽屉构造

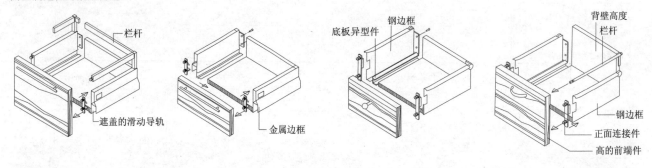

抽屉装配

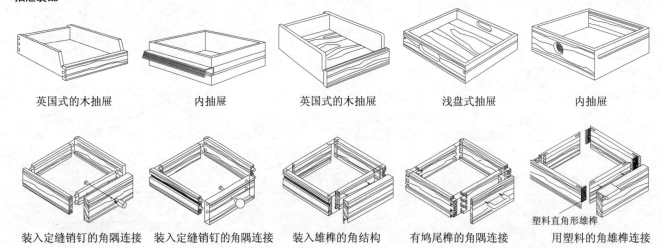

英国式的木抽屉　　　　内抽屉　　　　英国式的木抽屉　　　浅盘式抽屉　　　　内抽屉

装入定缝销钉的角隅连接　　装入定缝销钉的角隅连接　　装入雄榫的角结构　　有鸠尾榫的角隅连接　　用塑料的角雄榫连接

抽屉滑轨的安装形式（滚轮式和球式滑动）

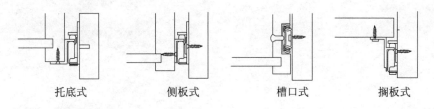

托底式　　　　侧板式　　　　槽口式　　　　搁板式　　　　塑料直角形雄榫

移门的轨道安装形式

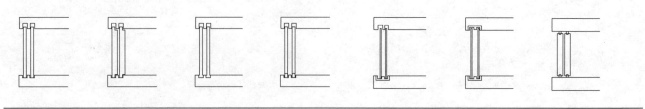

部件连接

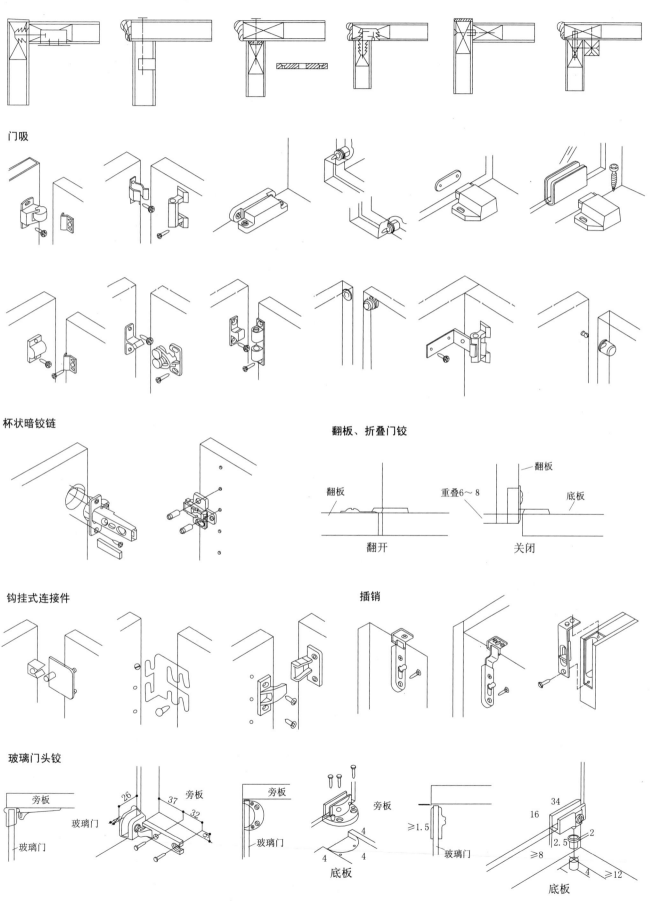

门吸

杯状暗铰链

翻板、折叠门铰

钩挂式连接件

插销

玻璃门头铰

　　板式壁橱的优点在于可以根据家居环境量身定制。有正面框架的壁橱，橱身可以简单处理。侧面板和结构板一起用销结合粘固或用梯形连接件相互连接。可放弃一个背壁，但要用楔子在房间墙壁和橱壁之间在角隅将橱身楔紧。正面框架装到侧面边缘上并与之用螺钉拧紧或胶牢。如壁橱是用各个橱柜部件组成，则必须用连接螺钉相互接合。通常胶合的橱部件如下壁橱在排列整齐的底座上安装和固定，其余橱部件如中壁橱和上壁橱装在其上。

　　橱壁的背壁和侧板都不能紧靠房间的墙壁，必须有至少25的空隙。如橱靠着外墙放置，砖墙要粉刷。在橱壁靠外墙或潮湿的内墙时，橱后面要通风。房间墙与橱壁之间的空间要用墙连接件覆盖。

　　顶棚连接与墙连接一样。它应将壁橱紧密地连接到房间的顶棚上，在顶棚连接时要另外安置通气口用于气流循环。

　　壁橱可装在底座上。底座须预先用下部垫楔或适配件在地板上准确地调整到水平。在有直通到地板侧板的壁橱时要用底板，此底板可在侧板之间往后缩进或与侧面齐平安放。

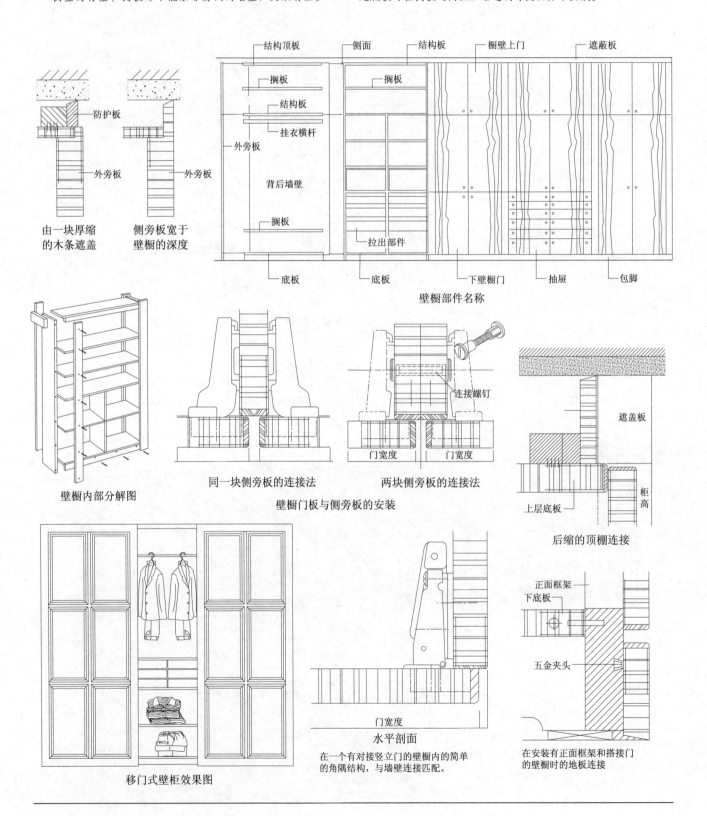

由一块厚缩的木条遮盖

侧旁板宽于壁橱的深度

壁橱部件名称

壁橱内部分解图

同一块侧旁板的连接法

两块侧旁板的连接法

后缩的顶棚连接

壁橱门板与侧旁板的安装

移门式壁柜效果图

水平剖面
在一个有对接竖立门的壁橱内的简单的角隅结构，与墙壁连接匹配。

在安装有正面框架和搭接门的壁橱时的地板连接

    整体衣橱可以根据人的要求，随着空间的变换进行组织，安装方便。能合理利用房间里每寸空间。它的大容量及人性化的分区域设计完全可以使衣物整齐地置于其中。衣物可以根据安排叠放或挂放，层次清晰。在设计整体衣橱间隔的时候，就要了解客户的习惯并配合需要，把衣物分好类，才能构思各类型衣橱间隔。如果衣橱体积较小，间隔便应尽量简化，并以挂衣架作为主要规划。衣橱容量充裕的话，间隔可划分的较为仔细，让不同类型的衣物分类摆放。抽板、抽屉等衣橱内部配件，能针对不同类型的衣物提供理想的收纳空间。

    女士们的衣橱除了是存放衣物手袋的地方，只要加上镜门，更方便每天整理仪容，较经济的方法亦可选择在橱门内选贴独立镜子。女士们的小件衣物，如丝巾、丝袜、毛巾，甚至化妆品，都可利用活动小布格分别放在抽屉橱里。

    男士们可以选择自组衣橱系列，除了存放衣物之外，亦可在橱外加装挂钩；橱中更设承托力高的金属层架以供摆放音响器材和行李箱，让储物方案更见完备。衣橱也有分成小格的元件，让男士们把各式较小的领带与袖口钮等陈列整齐，方便存取。挂西裤的拉移式裤架是男士们必要的配件。

    两人同用的衣橱当然就更大一点，按着双方的习惯决定如何把衣物分门别类放好，也就自然懂得怎样去设计衣橱的间隔了。按着两夫妻的不同需要设定各自所需的储物空间和元件，再自行选配装好，把衣橱的储物功能发挥的尽善尽美。若衣橱与床之间的间距较窄，选用移门衣橱较为合适。

更衣间内旋转衣架参考尺寸

型号	规格 宽×深×高	安装尺寸(内径)
SL1800A-4	1000×430×1800	1150×560×2000
SL1800A-5	1270×430×1800	1420×560×2000
SL1800A-6	1540×430×1800	1700×560×2000
SL2000A-4	1000×430×2000	1150×560×2200
SL2000A-5	1270×430×2000	1420×560×2200
SL2000A-6	1540×430×2000	1700×560×2200
SL2200A-4	1000×430×2200	1150×560×2400
SL2200A-5	1270×430×2200	1420×560×2400
SL2200A-6	1540×430×2200	1700×560×2400

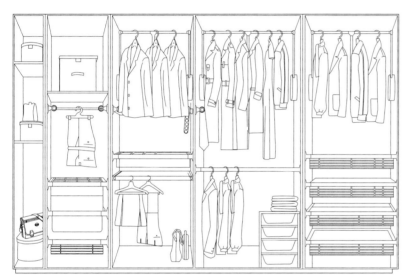

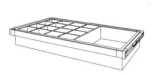

领带盒、置物盒（木材）
球轴承滑
部分延长长度：360
材料：铝+木材

型号	规格 宽×深×高	箱体尺寸
SL-016	564×510×150	600
SL-017	764×510×150	800
SL-018	864×510×150	900
SL-019	964×510×150	1000

可替换多功能鞋架组合
球轴承滑
部分延长长度：360
材料：铝+线材

型号	规格 宽×深×高	箱体尺寸
SL-062	564×510×211	600
SL-063	764×510×211	800
SL-064	864×510×211	900
SL-065	964×510×211	1000

裤架（铝材）
球轴承滑
部分延长长度：360
材料：铝

型号	规格 宽×深×高	钩栏	箱体尺寸
SL-012	564×510×87	8	600
SL-013	764×510×87	12	800
SL-014	864×510×87	14	900
SL-015	964×510×87	16	1000

多功能领带架组
球轴承滑
部分延长长度：340
材料：铝+线材

型号	规格 宽×深×高	钩栏
SL-003	140×508×87	26

多功能首饰置物盘组
球轴承滑
部分延长长度：340
材料：铝+塑料

型号	规格 宽×深×高	颜色
SL-004	140×508×87	黑色

可替换式多功能衣柜组合
球轴承滑
部分延长长度：340
材料：铝+线材

型号	箱体尺寸	A篮子宽度	B篮子宽度
SL-066	600	290	390
SL-067	800	390	390
SL-068	900	485	390

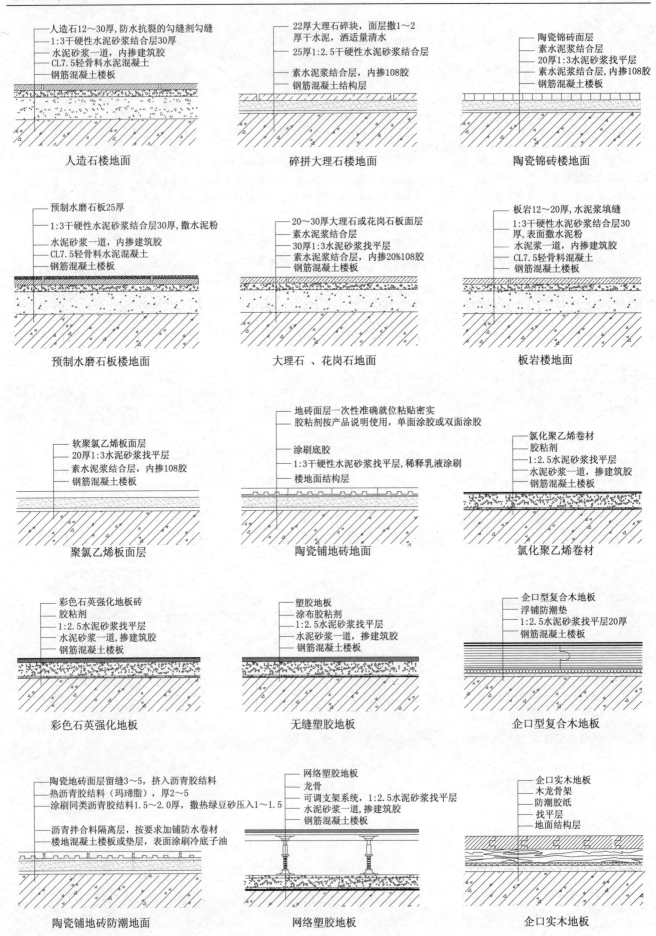

人造石楼地面
- 人造石12～30厚，防水抗裂的勾缝剂勾缝
- 1:3硬性水泥砂浆结合层30厚
- 水泥砂浆一道，内掺建筑胶
- CL7.5轻骨料水泥混凝土
- 钢筋混凝土楼板

碎拼大理石楼地面
- 22厚大理石碎块，面层撒1～2厚干水泥，洒适量清水
- 25厚1:2.5干硬性水泥砂浆结合层
- 素水泥浆结合层，内掺108胶
- 钢筋混凝土结构层

陶瓷锦砖楼地面
- 陶瓷锦砖面层
- 素水泥浆结合层
- 20厚1:3水泥砂浆找平层
- 素水泥浆结合层，内掺108胶
- 钢筋混凝土楼板

预制水磨石板楼地面
- 预制水磨石板25厚
- 1:3干硬性水泥砂浆结合层30厚，撒水泥粉
- 水泥砂浆一道，内掺建筑胶
- CL7.5轻骨料水泥混凝土
- 钢筋混凝土楼板

大理石、花岗石地面
- 20～30厚大理石或花岗石板面层
- 素水泥浆结合层
- 30厚1:3水泥砂浆找平层
- 素水泥浆结合层，内掺20%108胶
- 钢筋混凝土楼板

板岩楼地面
- 板岩12～20厚，水泥浆填缝
- 1:3干硬性水泥砂浆结合层30厚，表面撒水泥粉
- 水泥浆一道，内掺建筑胶
- CL7.5轻骨料混凝土
- 钢筋混凝土楼板

聚氯乙烯板面层
- 软聚氯乙烯板面层
- 20厚1:3水泥砂浆找平层
- 素水泥浆结合层，内掺108胶
- 钢筋混凝土楼板

陶瓷铺地砖地面
- 地砖面层一次性准确就位粘贴密实
- 胶粘剂按产品说明使用，单面涂胶或双面涂胶
- 涂刷底胶
- 1:3干硬性水泥砂浆找平层，稀释乳液涂刷
- 楼地面结构层

氯化聚乙烯卷材
- 氯化聚乙烯卷材
- 胶粘剂
- 1:2.5水泥砂浆找平层
- 水泥砂浆一道，掺建筑胶
- 钢筋混凝土楼板

彩色石英强化地板
- 彩色石英强化地板砖
- 胶粘剂
- 1:2.5水泥砂浆找平层
- 水泥砂浆一道，掺建筑胶
- 钢筋混凝土楼板

无缝塑胶地板
- 塑胶地板
- 涂布胶粘剂
- 1:2.5水泥砂浆找平层
- 水泥砂浆一道，掺建筑胶
- 钢筋混凝土楼板

企口型复合木地板
- 企口型复合木地板
- 浮铺防潮垫
- 1:2.5水泥砂浆找平层20厚
- 钢筋混凝土楼板

陶瓷铺地砖防潮地面
- 陶瓷地砖面层留缝3～5，挤入沥青胶结料
- 热沥青胶结料（玛琋脂），厚2～5
- 涂刷同类沥青胶结料1.5～2.0厚，撒热绿豆砂压入1～1.5
- 沥青拌合料隔离层，按要求加铺防水卷材
- 楼地混凝土楼板或垫层，表面涂刷冷底子油

网络塑胶地板
- 网络塑胶地板
- 龙骨
- 可调支架系统，1:2.5水泥砂浆找平层
- 水泥砂浆一道，掺建筑胶
- 钢筋混凝土楼板

企口实木地板
- 企口实木地板
- 木龙骨架
- 防潮胶纸
- 找平层
- 地面结构层

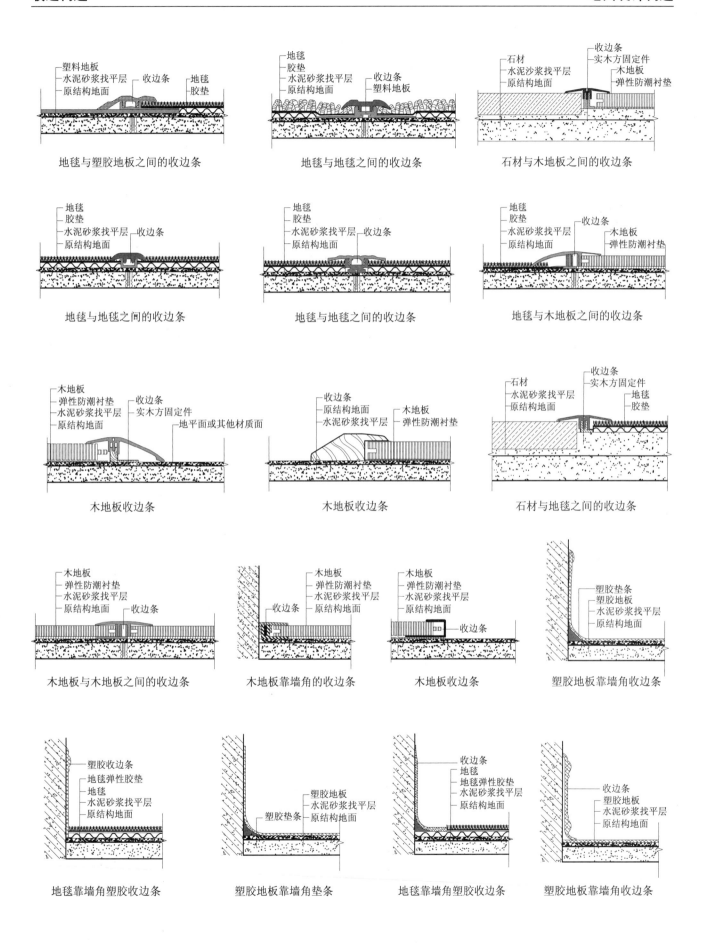

地毯与塑胶地板之间的收边条　　　　　地毯与地毯之间的收边条　　　　　石材与木地板之间的收边条

地毯与地毯之间的收边条　　　　　地毯与地毯之间的收边条　　　　　地毯与木地板之间的收边条

木地板收边条　　　　　木地板收边条　　　　　石材与地毯之间的收边条

木地板与木地板之间的收边条　　木地板靠墙角的收边条　　木地板收边条　　塑胶地板靠墙角收边条

地毯靠墙角塑胶收边条　　塑胶地板靠墙角垫条　　地毯靠墙角塑胶收边条　　塑胶地板靠墙角收边条

满铺地毯的铺装做法

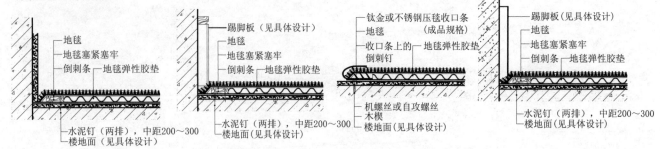

满铺地毯的铺装构造：地毯、地毯塞紧塞牢、倒刺条、地毯弹性胶垫、水泥钉（两排），中距200~300、楼地面（见具体设计）；踢脚板（见具体设计）、机螺丝或自攻螺丝、木楔、钛金或不锈钢压毯收口条（成品规格）、收口条上的倒刺钉。

地毯门垫

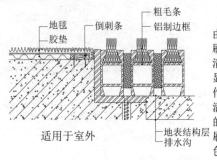

适用于室外：地毯、胶垫、倒刺条、粗毛条、铝制边框、地表结构层、排水沟

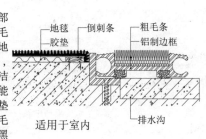

适用于室内：地毯、胶垫、倒刺条、粗毛条、铝制边框、排水沟

这种门垫全部由毛刷条组成，毛刷条能非常有效地清除在鞋底的尘土，显示出良好的清洁作用。这种门垫能满足对大面积门垫的制作要求，其毛刷套颜色可选择黑色、灰色和蓝色。

不带边框的薄型门垫

这种门垫的高度仅12，差不多与地面砖的厚度相同。既薄又可不用边框，是理想的家庭用门垫。它具有好清洁、除尘、吸湿、可卷起和打扫方便的优点，其颜色可选褐色、浅灰色、蓝色和红色。

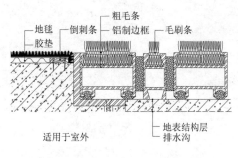

适用于室外：地毯、胶垫、倒刺条、粗毛条、铝制边框、毛刷条、地表结构层、排水沟

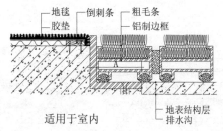

适用于室内：地毯、胶垫、倒刺条、粗毛条、铝制边框、地表结构层、排水沟

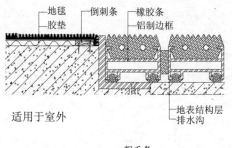

适用于室外：地毯、胶垫、倒刺条、橡胶条、铝制边框、地表结构层、排水沟

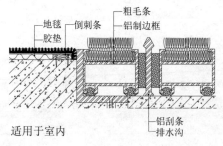

适用于室内：地毯、胶垫、倒刺条、粗毛条、铝制边框、铝刮条、排水沟

特例

当此种门垫高度为22mm时，可专门用于需要承重的地方，也特别适用于底部悬空的情况。这种门垫必须与配套边框配合使用，可带有粗毛条簇植硬刷板乱条及黑色橡胶条和毛刷条。

楼梯地毯的铺装做法

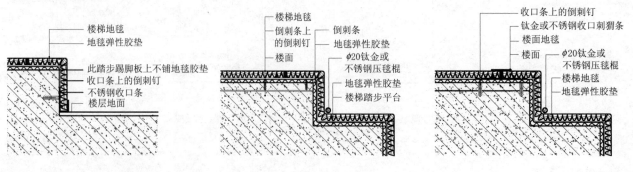

楼梯地毯、地毯弹性胶垫、此踏步踢脚板上不铺地毯胶垫、收口条上的倒刺钉、不锈钢收口条、楼层地面；楼梯地毯、倒刺条上的倒刺钉、楼面、倒刺条、地毯弹性胶垫、φ20钛金或不锈钢压毯棍、地毯弹性胶垫、楼梯踏步平台；收口条上的倒刺钉、钛金或不锈钢收口刺猬条、楼面地毯、楼面、φ20钛金或不锈钢压毯棍、楼梯地毯、地毯弹性胶垫

　　隔声楼面主要应用于声学功能上隔声要求特别高的建筑楼面，如录音室、播音室等。

　　常见构造处理方法有在楼地面上铺设弹性面层材料，一般有地毯、橡皮、塑料等，或设置块状、条状等弹性垫层，在上层做成浮筑式楼板，或设置隔声吊顶构造，通常在顶棚上铺设吸声材料，加强隔声效果。

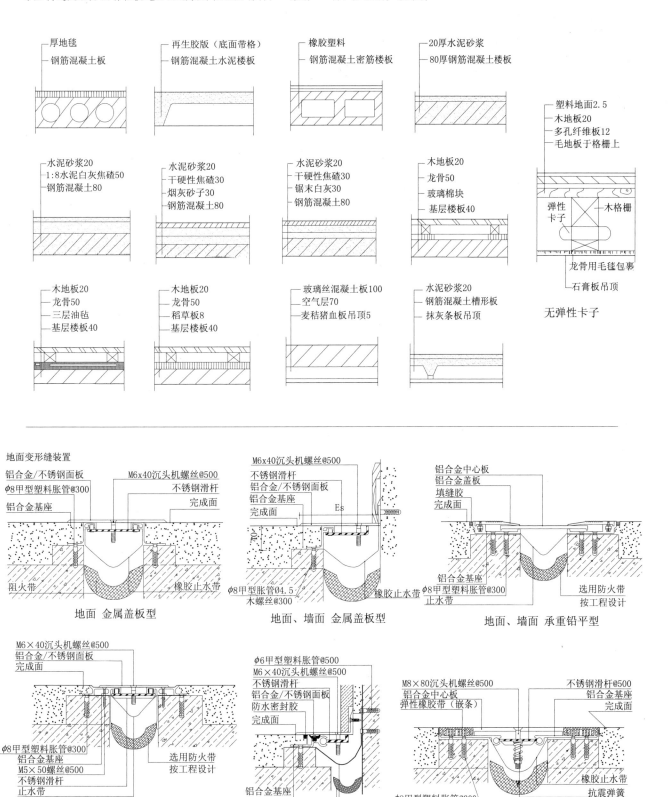

踢脚板是楼地面和墙面相交处的构造处理方式，其主要作用是装饰和保护墙面与地面过渡区域。踢脚板所用材料很多，如木材、石材、陶瓷、不锈钢等，但大多采用木质材料。踢脚板与地面构造方式有三种：1.与墙面相平；2.凸出；3.凹进。其高度一般为120～150。当护墙板与墙之间距离较大时，一般宜采用内凹式处理，踢脚板与地面之间宜平接。踢脚板一般在地面或墙裙完工后施工。不同材质的踢脚板构造形式又有所不同。

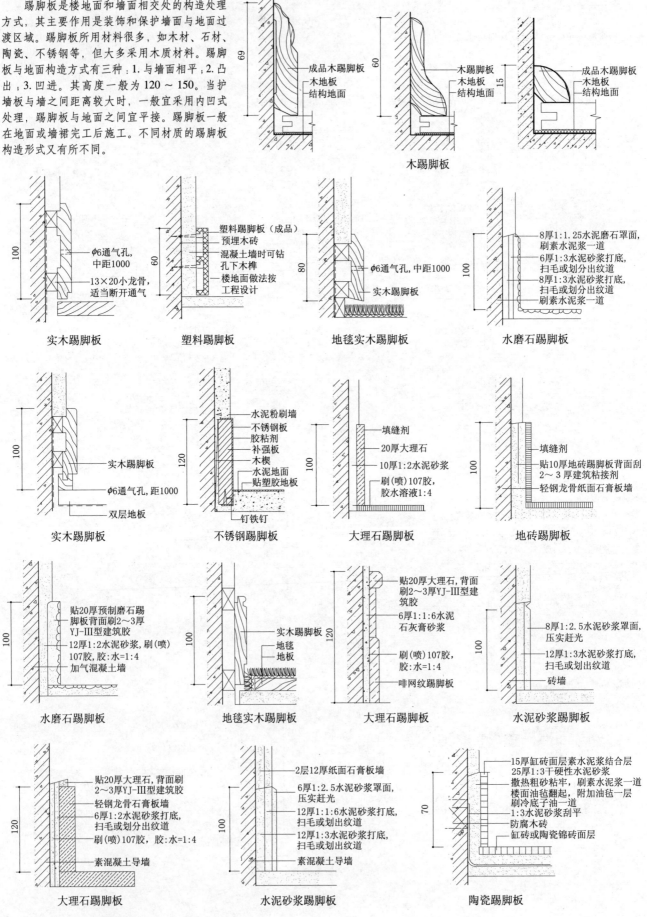

成品木踢脚板
木地板
结构地面

木踢脚板
木地板
结构地面

成品木踢脚板
木地板
结构地面

木踢脚板

φ6通气孔，中距1000
13×20小龙骨，适当断开通气

实木踢脚板

塑料踢脚板（成品）
预埋木砖
混凝土墙时可钻孔下木楔
楼地面做法按工程设计

塑料踢脚板

φ6通气孔，中距1000
实木踢脚板

地毯实木踢脚板

8厚1:1.25水泥磨石罩面，刷素水泥浆一道
6厚1:3水泥砂浆打底，扫毛或划分出纹道
8厚1:3水泥砂浆打底，扫毛或划分出纹道
刷素水泥浆一道

水磨石踢脚板

实木踢脚板
φ6通气孔，距1000
双层地板

实木踢脚板

水泥粉刷墙
不锈钢板
胶粘剂
补强板
木楔
水泥地面
贴塑胶地板
钉铁钉

不锈钢踢脚板

填缝剂
20厚大理石
10厚1:2水泥砂浆
刷(喷)107胶，胶水溶液1:4

大理石踢脚板

填缝剂
贴10厚地砖踢脚板背面刮2～3厚建筑粘接剂
轻钢龙骨纸面石膏板墙

地砖踢脚板

贴20厚预制磨石踢脚板背面刷2～3厚YJ-III型建筑胶
12厚1:2水泥砂浆，刷(喷)107胶，胶:水=1:4
加气混凝土墙

水磨石踢脚板

实木踢脚板
地毯
地板

地毯实木踢脚板

贴20厚大理石，背面刷2～3厚YJ-III型建筑胶
6厚1:1:6水泥石灰膏砂浆
刷(喷)107胶，胶:水=1:4
啡网纹踢脚板

大理石踢脚板

8厚1:2.5水泥砂浆罩面，压实赶光
12厚1:3水泥砂浆打底，扫毛或划分出纹道
砖墙

水泥砂浆踢脚板

贴20厚大理石，背面刷2～3厚YJ-III型建筑胶
轻钢龙骨石膏板墙
6厚1:2水泥砂浆打底，扫毛或划分出纹道
刷(喷)107胶，胶:水=1:4
素混凝土导墙

大理石踢脚板

2层12厚纸面石膏板墙
6厚1:2.5水泥砂浆罩面，压实赶光
12厚1:6水泥砂浆打底，扫毛或划出纹道
12厚1:3水泥砂浆打底，扫毛或划出纹道
素混凝土导墙

水泥砂浆踢脚板

15厚缸砖面层素水泥浆结合层
25厚1:3干硬性水泥砂浆
撒热粗砂粘牢，刷素水泥浆一道
楼面油毡翻起，附加油毡一层
刷冷底子油一道
1:3水泥砂浆刮平
防腐木砖
缸砖或陶瓷锦砖面层

陶瓷踢脚板

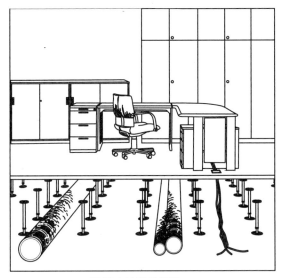

防静电地板效果图

活动装配式地板（防静电地板）

　　活动装配式地板是由各种不同规格、型号和材质的面板配以龙骨、橡胶垫、橡胶条和可供调节的金属支架等组成。

　　活动地板与基层地面或露面之间所形成的空间，不仅可以满足敷设纵横交错的电缆和各种管线的需要，而且在架空地板的适当部位设通风口，还可满足静压送风等空调方面的要求。活动地板重量轻，强度大，表面平整，尺寸稳定，面层质感良好，装饰性好，并具有防尘、防虫、防鼠侵害和耐腐蚀等优点。广泛适用于计算机房、实验室、控制室、广播室等以及有空调要求的会议室、高级宾馆、电视发射台的地面和有防尘、防静电要求的场所。

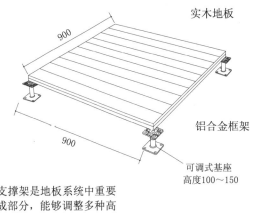

实木地板

铝合金框架

可调式基座
高度100～150

多种面层材料

　　任何地面装修材料都可在现场直接铺设，包括橡胶、织物类卷材和石材、瓷砖、实木地板等硬质材料，以及全钢防静电地板、仿进口防静电地板、陶瓷防静电地板、铝合金防静电地板等。

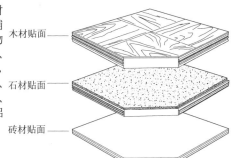

木材贴面

石材贴面

砖材贴面

基架

　　支撑架是地板系统中重要的组成部分，能够调整多种高度以便与空间要求相配。支撑架的形式有固定式、拆装式、卡锁格栅式等。

长横梁

标准横梁

圆管支架

铝合金防静电地板
（通风地板）

仿进口防静电地板
（可采用硫酸钙板基）

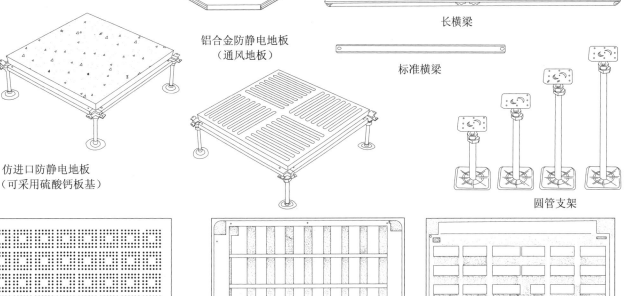

通风板正面　　　　　　带调节器的通风板　　　　　　通风量0～22%

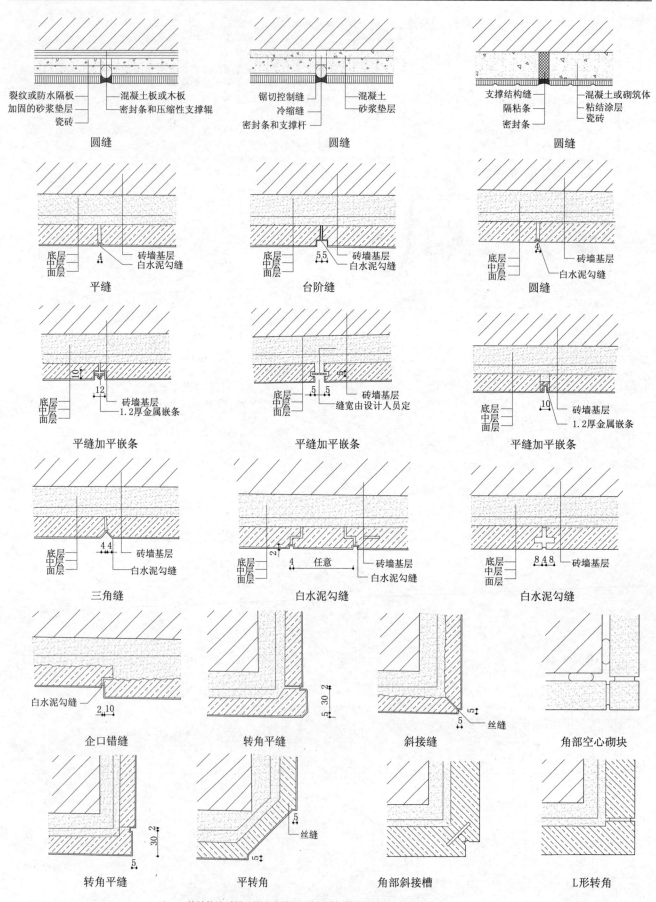

裂纹或防水隔板
加固的砂浆垫层
瓷砖
混凝土板或木板
密封条和压缩性支撑辊
圆缝

锯切控制缝
冷缩缝
密封条和支撑杆
混凝土
砂浆垫层
圆缝

支撑结构缝
隔粘条
密封条
混凝土或砌筑体
粘结涂层
瓷砖
圆缝

底层 中层 面层
4
砖墙基层
白水泥勾缝
平缝

底层 中层 面层
5.5
砖墙基层
白水泥勾缝
台阶缝

底层 中层 面层
4
砖墙基层
白水泥勾缝
圆缝

底层 中层 面层
10
12
砖墙基层
1.2厚金属嵌条
平缝加平嵌条

底层 中层 面层
5　5
砖墙基层
缝宽由设计人员定
平缝加平嵌条

底层 中层 面层
10
砖墙基层
1.2厚金属嵌条
平缝加平嵌条

底层 中层 面层
4　4
砖墙基层
白水泥勾缝
三角缝

底层 中层 面层
2
4　任意
砖墙基层
白水泥勾缝
白水泥勾缝

底层 中层 面层
8　4　8
砖墙基层
白水泥勾缝

白水泥勾缝
2　10
企口错缝

5　30　2
转角平缝

5
5　丝缝
斜接缝

角部空心砌块

30　2
5
转角平缝

5
5　丝缝
平转角

角部斜接槽

L形转角

注：1.接缝构造适用于挂贴或粘贴石墙面及柱面，面材由设计人员定。
　　2.金属嵌条采用铝合金、不锈钢、铜条等由设计人定，用YJ-I胶粘结。

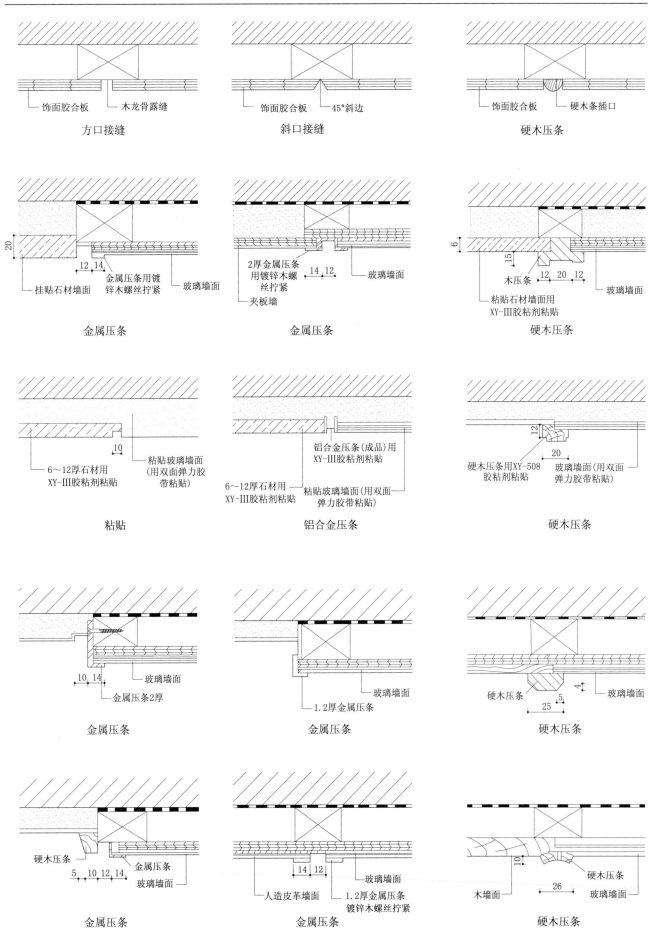

饰面胶合板　　木龙骨露缝

方口接缝

饰面胶合板　　45°斜边

斜口接缝

饰面胶合板　　硬木条插口

硬木压条

20

12 14

挂贴石材墙面　　金属压条用镀锌木螺丝拧紧　　玻璃墙面

金属压条

2厚金属压条用镀锌木螺丝拧紧　　夹板墙　　玻璃墙面

金属压条

6

15　12 20 12

木压条　　粘贴石材墙面用XY-III胶粘剂粘贴　　玻璃墙面

硬木压条

10

6~12厚石材用XY-III胶粘剂粘贴　　粘贴玻璃墙面（用双面弹力胶带粘贴）

粘贴

铝合金压条（成品）用XY-III胶粘剂粘贴

6~12厚石材用XY-III胶粘剂粘贴　　粘贴玻璃墙面（用双面弹力胶带粘贴）

铝合金压条

12

20

硬木压条用XY-508胶粘剂粘贴　　玻璃墙面（用双面弹力胶带粘贴）

硬木压条

10 14

金属压条2厚　　玻璃墙面

金属压条

玻璃墙面　　1.2厚金属压条

金属压条

4

25　5

硬木压条　　玻璃墙面

硬木压条

5 10 12 14

硬木压条　　金属压条　　玻璃墙面

金属压条

14 12

人造皮革墙面　　1.2厚金属压条镀锌木螺丝拧紧　　玻璃墙面

金属压条

10

26

木墙面　　硬木压条　　玻璃墙面

硬木压条

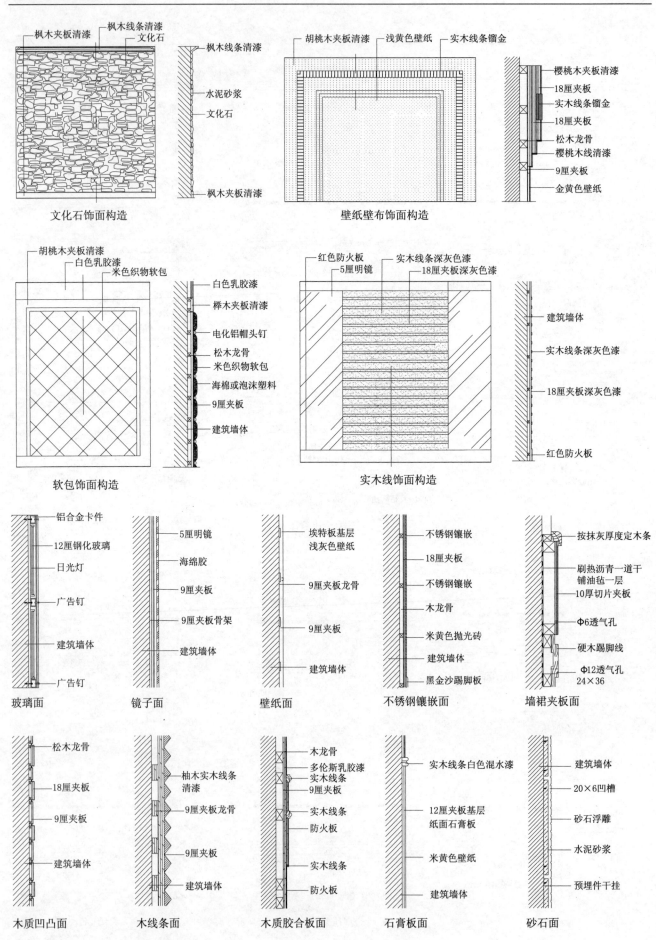

文化石饰面构造

壁纸壁布饰面构造

软包饰面构造

实木线饰面构造

玻璃面　　镜子面　　壁纸面　　不锈钢镶嵌面　　墙裙夹板面

木质凹凸面　　木线条面　　木质胶合板面　　石膏板面　　砂石面

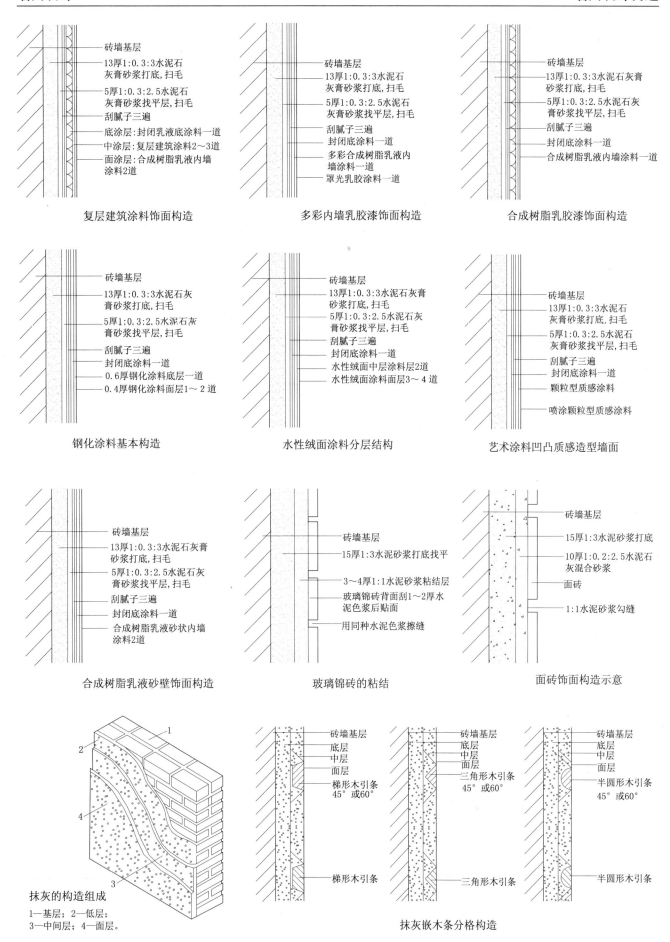

砖墙基层
13厚1:0.3:3水泥石灰膏砂浆打底,扫毛
5厚1:0.3:2.5水泥石灰膏砂浆找平层,扫毛
刮腻子三遍
底涂层:封闭乳液底涂料一道
中涂层:复层建筑涂料2~3道
面涂层:合成树脂乳液内墙涂料2道

复层建筑涂料饰面构造

砖墙基层
13厚1:0.3:3水泥石灰膏砂浆打底,扫毛
5厚1:0.3:2.5水泥石灰膏砂浆找平层,扫毛
刮腻子三遍
封闭底涂料一道
多彩合成树脂乳液内墙涂料一道
罩光乳胶涂料一道

多彩内墙乳胶漆饰面构造

砖墙基层
13厚1:0.3:3水泥石灰膏砂浆打底,扫毛
5厚1:0.3:2.5水泥石灰膏砂浆找平层,扫毛
刮腻子三遍
封闭底涂料一道
合成树脂乳液内墙涂料一道

合成树脂乳胶漆饰面构造

砖墙基层
13厚1:0.3:3水泥石灰膏砂浆打底,扫毛
5厚1:0.3:2.5水泥石灰膏砂浆找平层,扫毛
刮腻子三遍
封闭底涂料一道
0.6厚钢化涂料底层一道
0.4厚钢化涂料面层1~2道

钢化涂料基本构造

砖墙基层
13厚1:0.3:3水泥石灰膏砂浆打底,扫毛
5厚1:0.3:2.5水泥石灰膏砂浆找平层,扫毛
刮腻子三遍
封闭底涂料一道
水性绒面中层涂料层2道
水性绒面涂料面层3~4道

水性绒面涂料分层结构

砖墙基层
13厚1:0.3:3水泥石灰膏砂浆打底,扫毛
5厚1:0.3:2.5水泥石灰膏砂浆找平层,扫毛
刮腻子三遍
封闭底涂料一道
颗粒型质感涂料
喷涂颗粒型质感涂料

艺术涂料凹凸质感造型墙面

砖墙基层
13厚1:0.3:3水泥石灰膏砂浆打底,扫毛
5厚1:0.3:2.5水泥石灰膏砂浆找平层,扫毛
刮腻子三遍
封闭底涂料一道
合成树脂乳液砂状内墙涂料2道

合成树脂乳液砂壁饰面构造

砖墙基层
15厚1:3水泥砂浆打底找平
3~4厚1:1水泥砂浆粘结层
玻璃锦砖背面刮1~2厚水泥色浆后贴面
用同种水泥色浆擦缝

玻璃锦砖的粘结

砖墙基层
15厚1:3水泥砂浆打底
10厚1:0.2:2.5水泥石灰混合砂浆
面砖
1:1水泥砂浆勾缝

面砖饰面构造示意

抹灰的构造组成

1—基层;　2—低层;
3—中间层;　4—面层。

砖墙基层
底层
中层
面层
梯形木引条 45°或60°
梯形木引条

砖墙基层
底层
中层
面层
三角形木引条 45°或60°
三角形木引条

砖墙基层
底层
中层
面层
半圆形木引条 45°或60°
半圆形木引条

抹灰嵌木条分格构造

瓷板干挂构造

1. 背槽式瓷板干挂

　　背槽式瓷板干挂、幕墙技术根据瓷板的特点，可结合不同的建筑基体、不同的技术条件、不同的使用环境，整个技术体系由三个不同的技术系统构成，即 T 形幕墙系统、T 形单层横龙骨干挂系统及 T 形不锈钢 L 件干挂系统（见图）。

T 形幕墙系统

　　该系统支撑体系龙骨用量少，安装工艺简单方便，安装效率高。该系统与 L 形和 C 形幕墙系统相比造价较低。

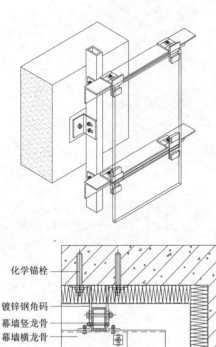

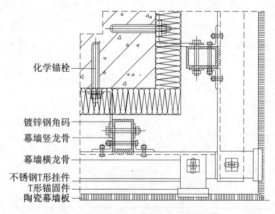

不锈钢T形挂件
硅酮耐候胶
环氧树脂胶粘剂
T形锚固件
连接角码
镀锌钢角码
幕墙竖龙骨
保温岩棉板
陶瓷幕墙板
不锈钢螺栓

化学锚栓
镀锌钢角码
幕墙竖龙骨
幕墙横龙骨
不锈钢T形挂件
A形锚固件
陶瓷幕墙板

T形陶瓷幕墙阴角横剖节点图 1:3

化学锚栓
镀锌钢角码
幕墙竖龙骨
幕墙横龙骨
不锈钢T形挂件
T形锚固件
陶瓷幕墙板

T形陶瓷幕墙阳角横剖节点图 1:3

T 形单层横龙骨干挂系统

　　该系统适用于墙体垂直度、平整度良好，墙体强度较高能够较方便地设置水平龙骨固定点的瓷板干挂工程；该系统与幕墙系统相比技术简单，安装方便。

T 形不锈钢 L 件干挂系统

　　该系统适用于墙体的垂直度、平整度良好，墙体强度较高能够方便地将不锈钢 L 件在任意点与墙体固定的瓷板干挂工程；该系统技术简单，安装方便。

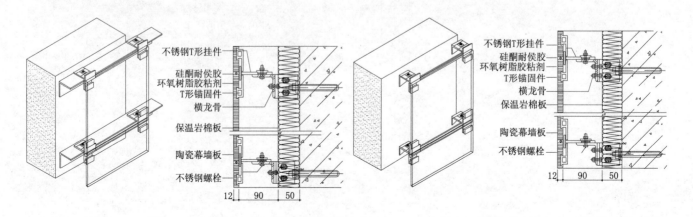

不锈钢T形挂件
硅酮耐候胶
环氧树脂胶粘剂
T形锚固件
横龙骨
保温岩棉板
陶瓷幕墙板
不锈钢螺栓

不锈钢T形挂件
硅酮耐候胶
环氧树脂胶粘剂
T形锚固件
横龙骨
保温岩棉板
陶瓷幕墙板
不锈钢螺栓

2. 背栓式瓷板干挂
(1)后切(背栓)式幕墙干挂锚固系统

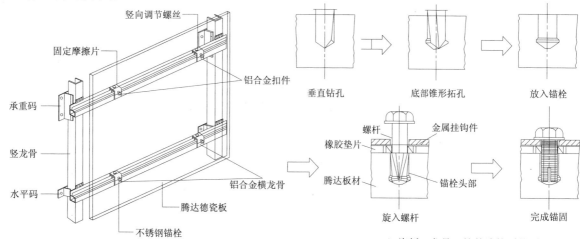

- 竖向调节螺丝
- 固定摩擦片
- 铝合金扣件
- 承重码
- 竖龙骨
- 水平码
- 铝合金横龙骨
- 腾达德瓷板
- 不锈钢锚栓

(2)后切(背栓)式干挂系统原理与技术参数
1)钻孔原理

垂直钻孔 → 底部锥形拓孔 → 放入锚栓

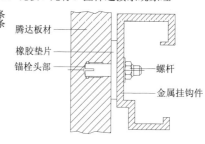

- 螺杆
- 金属挂钩件
- 橡胶垫片
- 腾达板材
- 锚栓头部
- 旋入螺杆
- 完成锚固

2)瓷板、龙骨、挂件连接系统原理

- 腾达板材
- 橡胶垫片
- 锚栓头部
- 螺杆
- 金属挂钩件

壁挂式瓷板干挂系统特点:
瓷板上不必做任何加工,仅在施工墙体上以特殊 YG 内墙瓷板专用干挂五金件,构筑水平垂直,龙骨之墙体构架,瓷板要完整,由下往上,逐片安装固定。

整个技术体系由多个不同的技术系统合金组件构成。

3. 特殊墙体系统壁挂式

- 定位螺丝
- 54立柱(龙骨)
- 面板
- 面板
- 固定件
- 轻型间距条
- 顶收边条
- 顶收边修饰条
- 扣件
- 54立柱(龙骨)
- 面板
- 轻型间距条
- 踢脚板胶条
- 踢脚板修饰片
- 踢脚板
- 面板调整脚

- 顶收边胶条
- 顶收边胶条
- 顶收边
- 面板
- 固定件
- 定位螺丝
- 间距条
- 扣件
- 54立柱(龙骨)
- 面板
- 定位螺丝
- 固定件
- 定位螺丝
- 踢脚板修饰片
- 踢脚板
- 面板调整脚
- 踢脚板胶条

4. 粘贴施工法

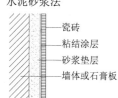

水泥砂浆法
- 瓷砖
- 粘结涂层
- 砂浆垫层
- 墙体或石膏板

用于支撑条件良好的木质或金属龙骨上,是浴室淋浴间内施工的首选方案。

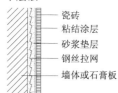

单层法
- 瓷砖
- 粘结涂层
- 砂浆垫层
- 钢丝拉网
- 墙体或石膏板

用于改建工程或易出现砌合问题的面层上。

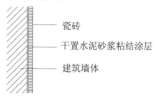

干置砂浆法
- 瓷砖
- 干置水泥砂浆粘结涂层
- 建筑墙体

用于石膏板、抹灰层或其他坚固的面层上。潮湿环境要采用粘结性背衬件。

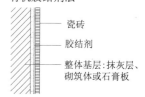

有机胶结剂法
- 瓷砖
- 胶结剂
- 整体基层:抹灰层、砌筑体或石膏板

用于石膏板、抹灰层或其他坚固的面层上。潮湿环境要采用防水石膏板。

水泥砂浆法
- 瓷砖
- 粘结涂层
- 砂浆垫层
- 刮痕层
- 钢丝拉网
- 木质或金属龙骨
- 建筑墙体

用于支撑条件良好的木质或金属龙骨上,是浴室淋浴间内施工的首选方案。

水泥砂浆法
- 面砖
- 10厚1:0.2:2.5 水泥石灰混合砂浆
- 15厚1:3水泥砂浆打底
- 建筑墙体

用于学校、公共建筑或商业建筑等的室内部分。

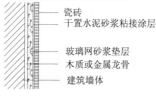

干置砂浆法(粘结性背衬)
- 瓷砖
- 干置水泥砂浆粘接涂层
- 玻璃网砂浆垫层
- 木质或金属龙骨
- 建筑墙体

用于潮湿地区支撑稳固的木质或金属龙骨上。

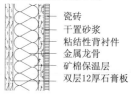

干置砂浆法(防火墙)
- 瓷砖
- 干置砂浆
- 粘结性背衬件
- 金属龙骨
- 矿棉保温层
- 双层12厚石膏板

用于要求耐火极限2小时以上,且砖面面对火的方向。

大理石是一种变质或沉积的碳酸类岩石，属于中硬石材，主要矿物质成分有方解石、蛇纹石和白云石等；化学成分以碳酸钙为主，占5%以上。大理石结晶颗粒直接结合成整体块状构造，抗压强度较高，质地紧密但硬度不大，相对于花岗石易于雕琢磨光。纯大理石为白色，我国又称为汉白玉，普通大理石含有氧化铁、二氧化硅、云母、石墨、蛇纹石等杂石，大理石呈现为红、黄、黑、绿、棕等各色斑纹，色泽肌理效果装饰性极佳。

天然大理石石质细腻、光泽柔润，天然大理石装饰板是用天然大理石荒料经过工厂加工，表面经粗磨、细磨、半细磨、精磨和抛光等工艺而成。天然大理石质地致密但硬度不大，容易加工、雕琢和磨平、抛光等。大理石抛光后光洁细腻，纹理自然流畅，有很高的装饰性。大理石吸水率小，耐久性高，可以用于宾馆、酒店、会所、展厅、商场、机场、娱乐场所、部分居住环境等的室内墙面、地面、楼梯踏板、拦板、台面、窗台板、踏脚板等。

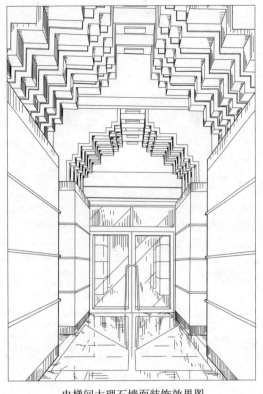

电梯间大理石墙面装饰效果图

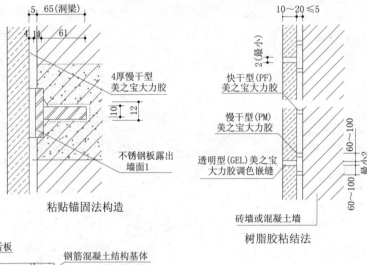

粘贴锚固法构造

树脂胶粘结法

石材干挂工艺又称空挂法施工工艺，是当代石材墙面装修的一种新型施工工艺。该固定法是用吊挂件将饰面石材直接吊挂于墙面或空挂于钢架上，不需再灌浆粘贴。此种做法彻底避免了由于水泥化学作用而造成的饰面石板表面发生污染问题，减小墙体的重量，以及由于镶贴不牢而产生的空鼓、裂缝、脱落等问题。

干挂法构造要点是：按照设计在墙体基面上电钻打孔，固定不锈钢膨胀螺栓；将不锈钢挂件安装在膨胀螺栓上；安装石板，并调整固定。

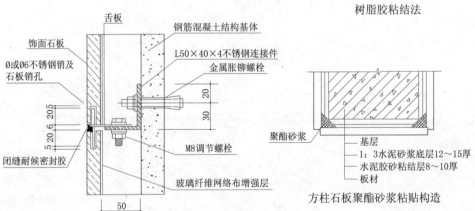

石板干挂销针式构造

方柱石板聚酯砂浆粘贴构造

天然大理石板材效果图

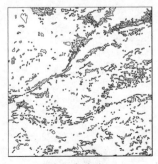

印度午夜玫瑰

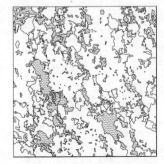

印度虎皮石

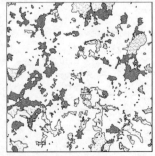

西班牙白珠白麻

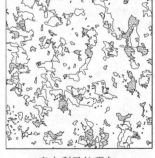

意大利马拉嘎灰

贴面墙在混凝土墙、砖墙、砌块墙等墙面上直接粘贴石膏板，不但具备施工快、装修质量高的特点，而且在防火、隔热和热工性能方面都会有很好的效果。贴面墙可分为找平贴面、吸声降噪贴面、外墙内保温贴面。

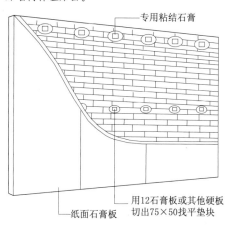

隔声墙有两种构造：一种是普通隔墙构造，选用减振龙骨及不同厚度、不同层数的石膏板和岩棉；一种是特殊龙骨构造、采用Z形减振龙骨配套不同系列纸面石膏板，中间填充岩棉。推荐用于办公楼、住宅、星级宾馆、医院等。

石膏板贴面隔墙

石膏板贴面隔墙对于墙体本身高低不平悬殊较大的情况，需要在墙体上用垫块找平，才能贴上纸面石膏板，贴面后墙面平整，易于表面装饰。

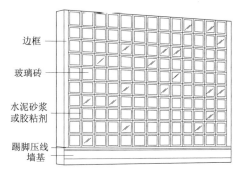

玻璃砖隔墙

用玻璃砖做墙面装饰时应注意其墙面的稳定性，其构造技术是在玻璃砖的凹槽中加设通长的钢筋或扁钢，并将钢筋与隔墙周围的墙柱连接起来形成网格，并嵌入白水泥或玻璃胶进行粘连，以确保墙面的牢固。

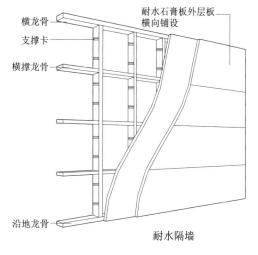

耐水隔墙

耐水隔墙适用于厨房、卫生间等贴瓷砖部位及南方潮湿地区。对于重点工程、重要部位，推荐使用高级耐水纸面石膏板。

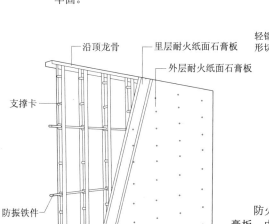

防火隔墙

隔断墙内管线安装1

防火隔墙采用耐火系列纸面石膏板，中间填充岩棉，墙体耐火极限增强。根据设计要求，耐火极限可达1.0～4.0小时，防火性能优异。对于防火要求较高的部位，推荐使用特级耐火纸面石膏板。

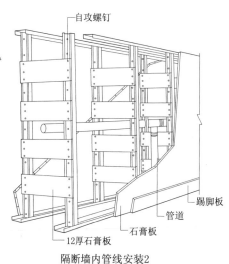

隔断墙内管线安装2

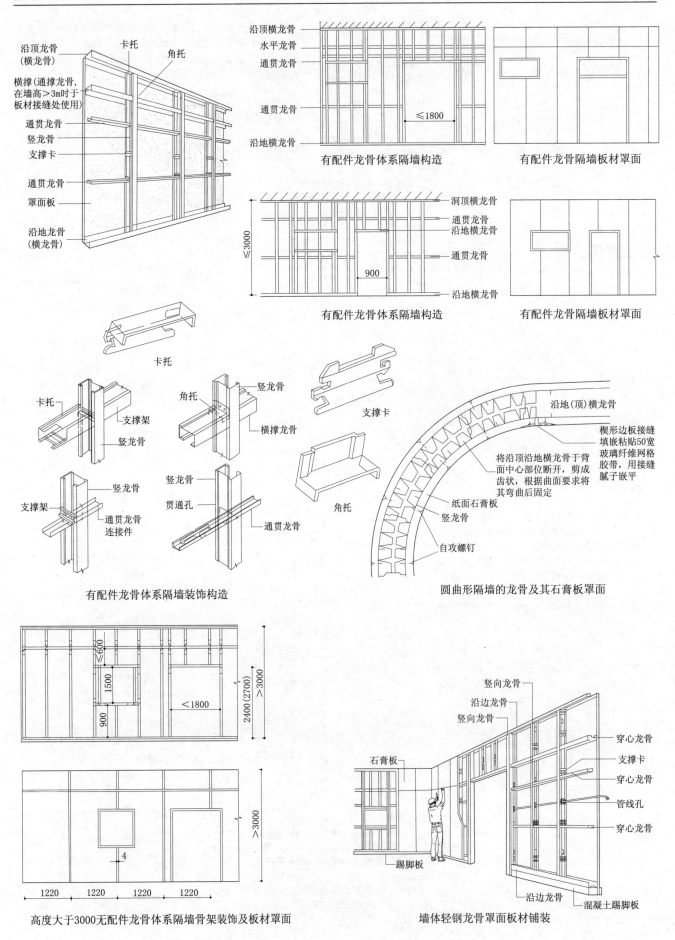

有配件龙骨体系隔墙构造

有配件龙骨隔墙板材罩面

有配件龙骨体系隔墙构造

有配件龙骨隔墙板材罩面

卡托

有配件龙骨体系隔墙装饰构造

圆曲形隔墙的龙骨及其石膏板罩面

高度大于3000无配件龙骨体系隔墙骨架装饰及板材罩面

墙体轻钢龙骨罩面板材铺装

　　室内装饰施工中，为了便于建筑空间进行功能划分，要做各种隔墙或隔断。这些隔墙或隔断不是承重墙，其体积小，自重轻，施工方便灵活，并能达到隔声、防潮、防火等要求。一般以木龙骨隔墙隔断和轻钢龙骨隔墙隔断最常见。铝合金龙骨材质美观大方，装饰效果更好。铝合金龙骨和轻钢龙骨性能相近，但是铝合金龙骨成本较高，因此在应用上不如轻钢龙骨广泛。

　　为了满足室内建筑装饰的需要，隔断墙往往采用特殊的造型，如圆弧形墙面等。这时采用轻钢龙骨石膏板隔断则满足不了空间造型的要求，必须采用木质板隔断墙。

　　一般以规格方木作为龙骨架，以胶合板、纤维板等作基层面板，面板表面可以用涂料、墙纸、薄木饰面板等作表面装饰，广泛在中小型施工面积、造型多的隔墙隔断施工中应用。如果需通透的隔墙隔断多数用铝合金框架的玻璃隔断，也有用不锈钢、彩钢框架的玻璃隔墙隔断。

石膏板隔断效果图

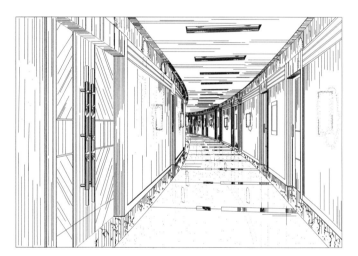

饰面胶合板隔断效果图

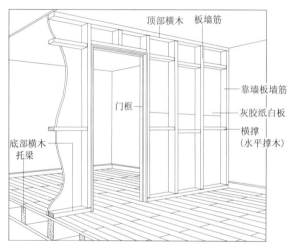

木隔墙结构

　　这堵木隔墙的底部架在一根地板托梁上，木隔墙也可以与地板木条方向一致，架在一排托梁上。

铝合金玻璃隔断效果图

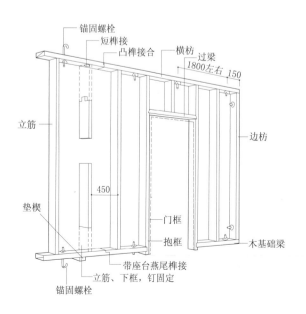

半隔断

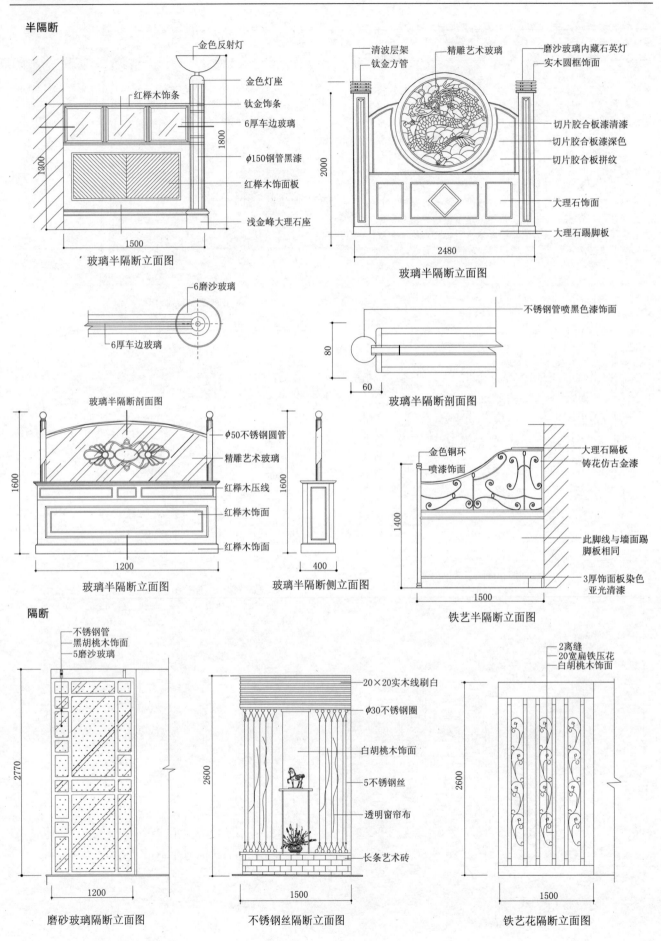

金色反射灯
金色灯座
钛金饰条
6厚车边玻璃
φ150钢管黑漆
红榉木饰面板
浅金峰大理石座
红榉木饰条

1800
1300
1500

玻璃半隔断立面图

6磨沙玻璃
6厚车边玻璃

清波层架
钛金方管
精雕艺术玻璃
磨沙玻璃内藏石英灯
实木圆框饰面
切片胶合板漆清漆
切片胶合板漆深色
切片胶合板拼纹
大理石饰面
大理石踢脚板

2000
2480

玻璃半隔断立面图

不锈钢管喷黑色漆饰面

80
60

玻璃半隔断剖面图

玻璃半隔断剖面图

φ50不锈钢圆管
精雕艺术玻璃
红榉木压线
红榉木饰面
红榉木饰面

1600
1200

玻璃半隔断立面图

1600
400

玻璃半隔断侧立面图

金色铜环
喷漆饰面

大理石隔板
铸花仿古金漆

此脚线与墙面踢
脚板相同

3厚饰面板染色
亚光清漆

1400
1500

铁艺半隔断立面图

隔断

不锈钢管
黑胡桃木饰面
5磨沙玻璃

2770
1200

磨砂玻璃隔断立面图

20×20实木线刷白
φ30不锈钢圈
白胡桃木饰面
5不锈钢丝
透明窗帘布
长条艺术砖

2600
1500

不锈钢丝隔断立面图

2离缝
20宽扁铁压花
白胡桃木饰面

2600
1500

铁艺花隔断立面图

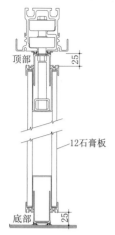

36型全方向轨道系统　　40型轨道系统　　57型全方向轨道系统

36 型号路轨适用于不超过 455kg 的多向式隔断屏风,适用于每片重量在 455kg 的多向式隔断屏风。每片隔断有两个滑轮。每个滑轮有两个水平反向转动的轮子在轨道上转动(而不是滑动)。每个轮子上装有精制的接触轴承,它的聚甲醛质地保证了操作之安静。滑轮可以在 90° 及其他特定角度畅顺地拐弯而勿须用转向装置。从假顶棚到承重结构之最少距离为 203mm。

40 型号路轨适用于不超过 310kg 的双向式和串联式隔断屏风,适用于每片重量在 318kg 的双向式和串联式隔断屏风。每片隔断配有四个轮子的滑轮。每个滑轮有加固钢环的聚合体成型轮胎。具有弹性的质地保证了操作的安静和安装的灵活。从假顶棚到承重结构之最少距离为 203。

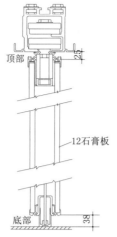

宴会厅活动高隔间效果图

57 型号路轨适用于不超过 680kg 的多向式隔断屏风,适用于每片重量在 455kg ～ 680kg 之间的隔断屏风。每片隔断有两个滑轮。每个聚甲醛质地的轮子均装有加固钢环及精制的轮子在轨道上转动而不是滑动,可以使滑轮在 90° 或其他特定的角度顺畅地拐弯而勿须用转向装置。从假顶棚到承重结构之最少距离为 305。

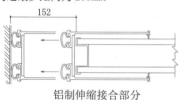

铝制伸缩接合部分

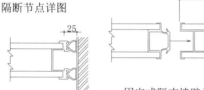

隔断节点详图

固定式隔声墙壁门梃之端部接合

带密封条之端部接合

嵌锁式结构接合

隔断厚度为 35,有单层和双层墙体之分。带密封条之端部接合可分为三聚氰胺板模块、双层玻璃夹百叶模块及通风口。玻璃采用 10 清玻璃。适用于办公楼之室内间隔。
(有成品金属玻璃隔断和彩钢玻璃隔断)

屏风钢结构三种安装法

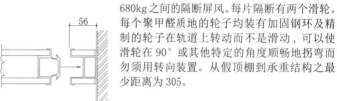

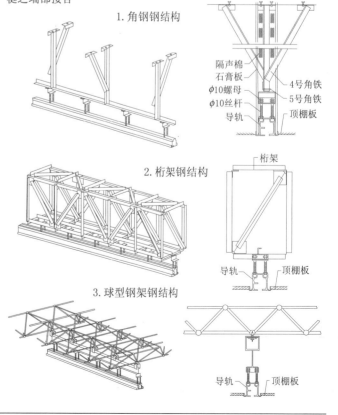

1. 角钢钢结构

隔声棉
石膏板
4号角铁
φ10螺母
5号角铁
φ10丝杆
导轨
顶棚板

2. 桁架钢结构

桁架

导轨　　顶棚板

3. 球型钢架钢结构

导轨　　顶棚板

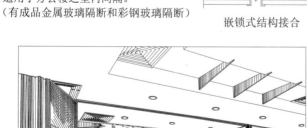

洽谈室高隔间效果图

上海国际会议中心7楼明珠厅弧形隔断

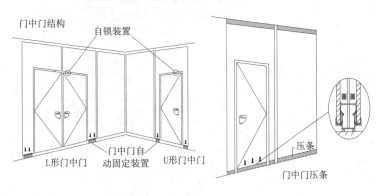

采用强力弹簧下压装置固定门中门，摒
弃地插破坏地面的固定方式。

移动隔声隔断
　　移动隔声系统能实现室内空间的任意分隔，并达
到互相隔声的效果。该产品适用于新闻发布中心及酒
店宴会厅等场所，可使大小不同的新闻发布会、酒会
等活动同时进行，互不干扰。

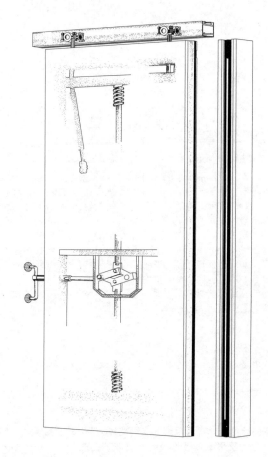

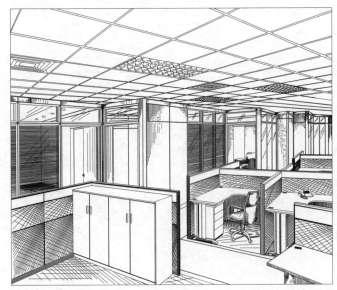

办公室高隔间

　　隔断厚度为35，有单层和双层墙体之分。可分为三聚氰胺
板模块、双层玻璃夹百叶模块及通风口，玻璃采用10清玻璃。
适用于办公楼之室内间隔。
　　（有成品金属玻璃隔断和彩钢玻璃隔断）

洽谈室高隔间

　　木门套在门框的室内侧或双侧用木板材将墙体包裹形成门套。门口的左右和上方做成三个木阳角，门口内侧全包，转过阳角向墙面延伸宽度50～240，与门成为一体，既美观又防脏污。目前门套有两种类型，一种是成品门套；另一种是用细木工板层压板或纤维板做基层，面层贴各种饰面板作为筒子板，用成品线条贴脸，细部用线条收口。

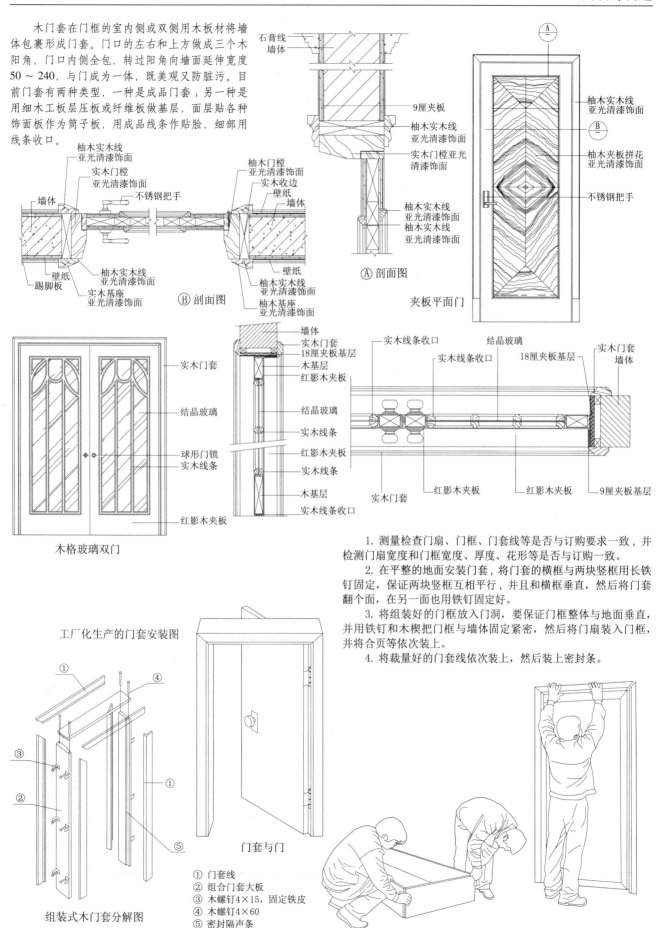

石膏线
墙体
9厘夹板
柚木实木线
亚光清漆饰面
实木门樘亚光清漆饰面
柚木实木线
亚光清漆饰面
柚木实木线
亚光清漆饰面

Ⓐ 剖面图

柚木实木线
亚光清漆饰面
实木门樘
亚光清漆饰面
不锈钢把手

墙体

柚木实木线
亚光清漆饰面
踢脚板
壁纸
实木基座
亚光清漆饰面

Ⓑ 剖面图

柚木门樘
亚光清漆饰面
实木收边
壁纸
墙体
柚木实木线
亚光清漆饰面
柚木实木基座
亚光清漆饰面

柚木实木线
亚光清漆饰面
Ⓐ
Ⓑ
柚木夹板拼花
亚光清漆饰面
不锈钢把手

夹板平面门

墙体
实木门套
18厘夹板基层
木基层
红影木夹板
结晶玻璃
实木线条
红影木夹板
实木线条
木基层
实木线条收口

实木门套
结晶玻璃
球形门锁
实木线条
红影木夹板

木格玻璃双门

实木线条收口　　结晶玻璃
实木线条收口　　18厘夹板基层　实木门套　墙体
实木门套　红影木夹板　红影木夹板　9厘夹板基层

1. 测量检查门扇、门框、门套线等是否与订购要求一致，并检测门扇宽度和门框宽度、厚度、花形等是否与订购一致。

2. 在平整的地面安装门套，将门套的横框与两块竖框用长铁钉固定，保证两块竖框互相平行，并且和横框垂直，然后将门套翻个面，在另一面也用铁钉固定好。

3. 将组装好的门框放入门洞，要保证门框整体与地面垂直，并用铁钉和木楔把门框与墙体固定紧密，然后将门扇装入门框，并将合页等依次装上。

4. 将裁量好的门套线依次装上，然后装上密封条。

工厂化生产的门套安装图

① ④ ③ ② ⑤

组装式木门套分解图

门套与门

① 门套线
② 组合门套大板
③ 木螺钉4×15，固定铁皮
④ 木螺钉4×60
⑤ 密封隔声条

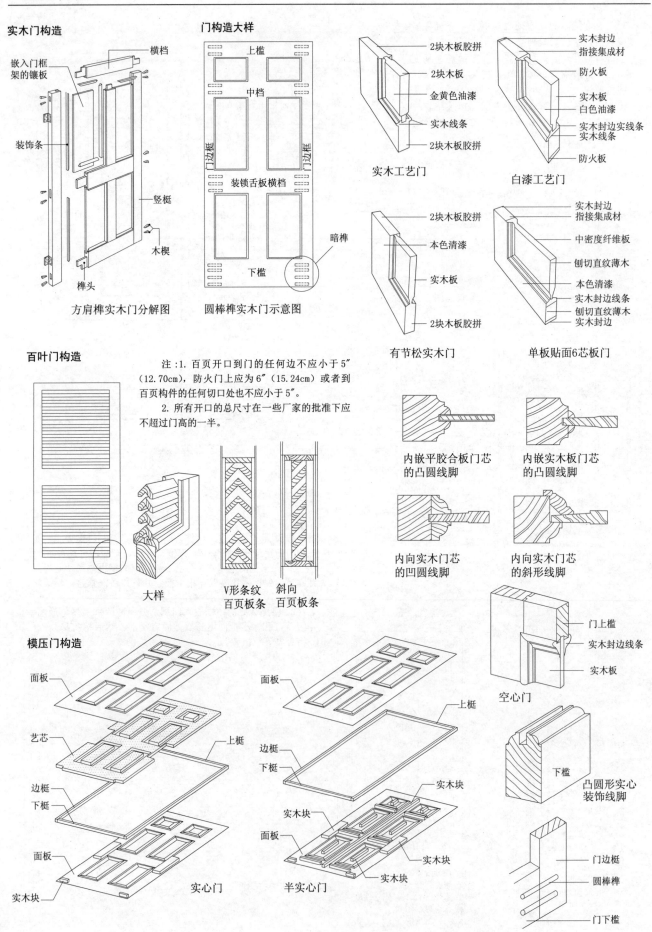

实木门构造

横档
嵌入门框架的镶板
装饰条
竖梃
木楔
榫头

方肩榫实木门分解图

门构造大样

上槛
中档
门边框
门边框
装锁舌板横档
下槛
暗榫

圆棒榫实木门示意图

2块木板胶拼
2块木板
金黄色油漆
实木线条
2块木板胶拼

实木工艺门

实木封边
指接集成材
防火板
实木板
白色油漆
实木封边实线条
实木线条
防火板

白漆工艺门

2块木板胶拼
本色清漆
实木板
2块木板胶拼

有节松实木门

实木封边
指接集成材
中密度纤维板
刨切直纹薄木
本色清漆
实木封边线条
刨切直纹薄木
实木封边

单板贴面6芯板门

百叶门构造

注：1. 百页开口到门的任何边不应小于5″（12.70cm），防火门上应为6″（15.24cm）或者到百页构件的任何切口处也不应小于5″。

2. 所有开口的总尺寸在一些厂家的批准下应不超过门高的一半。

大样

V形条纹百页板条

斜向百页板条

内嵌平胶合板门芯的凸圆线脚

内嵌实木板门芯的凸圆线脚

内向实木门芯的凹圆线脚

内向实木门芯的斜形线脚

模压门构造

面板
艺芯
边梃
下梃
面板
实木块

实心门

上梃

面板
边梃
下梃
实木块
面板
实木块
实木块

半实心门

门上槛
实木封边线条
实木板

空心门

下槛
凸圆形实心装饰线脚

门边框
圆棒榫
门下槛

　　隔声门是防止外部噪声传入建筑物内和建筑物内的高噪声向外传出的一种降噪措施。门的隔声性能取决于门扇本身的隔声能力和门缝的严密程度。由于门扇的重量很轻，为了提高其隔声性能均采用多层材料的复合结构，并加强门的密缝处理。目前常用的密缝措施有门缝单企口挤压、双企口挤压、斜口挤压和充气挤压四种。在门扇两面板之间的空腔填充富有弹性的多孔材料。一

方面能起减振作用；另一方面对吻合效应和两面板之间的驻波能起阻尼作用。从而提高门扇的隔声性能。

　　隔声门主要用于广播、电影、电视以及音像制品等的录音室、播音室、演播室、视听室，公共建筑中的音乐厅、影剧院、多功能厅、高级会议室等，工矿企业建筑中高噪声车间中的控制室、机房隔声间、机器隔声罩等。

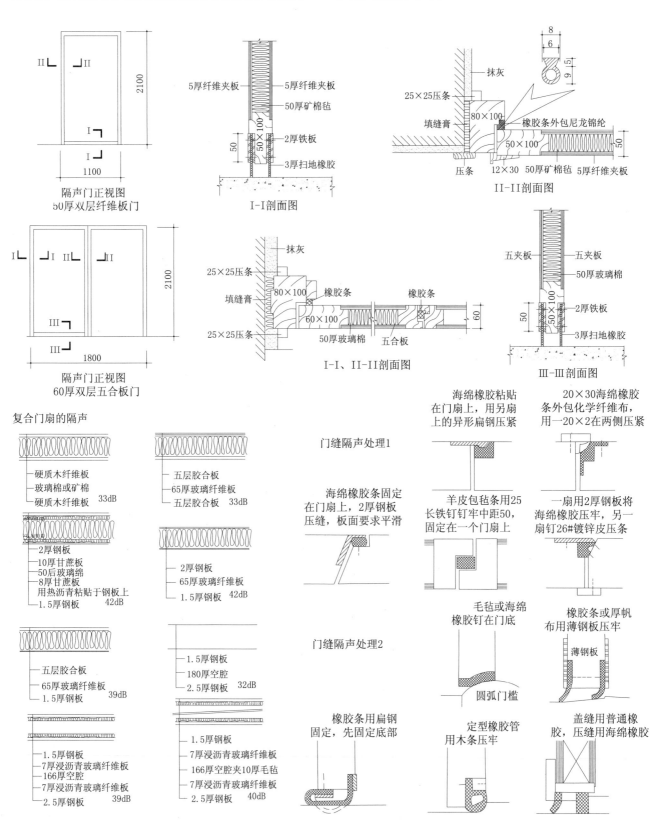

单层隔声门的隔声量均较低，所以要提高门的隔声性能，比较有效的方法是设置双道门，并在双道门间配置吸声材料。如果加大双道门之间的距离，或将双道门错开排列，还可进一步提高其隔声量，同时还可简化每道门的构造。这种构造常称为"声闸"。双道门在两门间设置吸声材料，构造"声闸"，可以使隔声量有较大的提高。这样不仅可以减轻每道门的重量，便于使用，同时也简化了门的构造和加工制作。因此，近年来采用单道复合门的已经很少，而普遍采用"声闸"的形式。如果要求进一步提高隔声量，还可采取加大"声闸"的深度和吸声性能的方法。

声闸的隔声效果除了与其内表面的平均吸声系数有关外，还与两道门的相对位置、尺寸大小等有关。一般来说平均吸声系数大的隔声性能较好，平均吸声系数小的隔声性能较差，两道门错开或相互垂直的隔声性能比直通的隔声性能好；"声闸"尺寸大（特别是长度）的隔声性能比尺寸小的好；单扇门声闸比双扇门的隔声性能好。

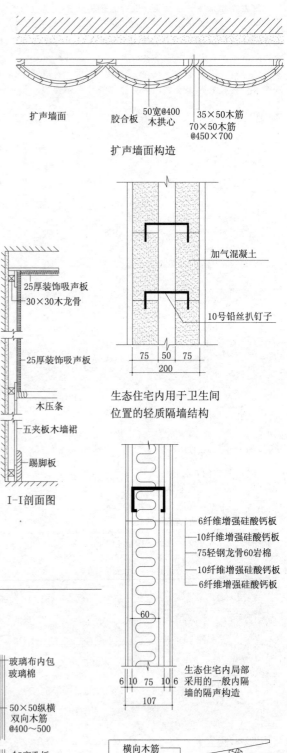

扩声墙面构造

生态住宅内用于卫生间
位置的轻质隔墙结构

生态住宅内局部
采用的一般内隔
墙的隔声构造

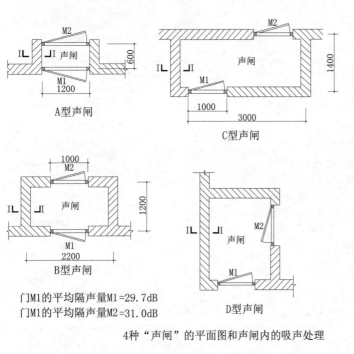

门M1的平均隔声量M1=29.7dB
门M1的平均隔声量M2=31.0dB

4种"声闸"的平面图和声闸内的吸声处理

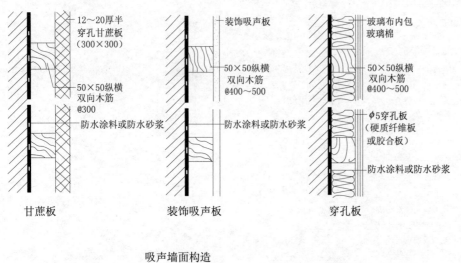

甘蔗板   装饰吸声板   穿孔板

吸声墙面构造

吸声墙面

窗帘盒又名窗帘板。窗帘盒有两种形式：有吊顶的，窗帘盒应隐蔽在吊顶内，在做顶部吊顶时一同完成；另一种是空间未吊顶，窗帘盒固定在墙上，与窗框套成为一个整体。

窗帘盒的规格为高0.1m左右，单杆宽度为0.12m，双杆宽度为0.15m以上，长度最短应超过窗口宽度0.3m，窗口两侧各超出0.15m，最长可与墙体通长。

制作窗帘盒使用木芯板，如饰面为清油涂刷，应做与窗框套同材质的饰面板粘贴，粘贴面为窗帘盒的外侧面及底面。

贯通式窗帘盒可直接固定在两侧墙面及顶面上，非贯通式窗帘应使用金属支架，为保证窗帘盒安装平整，两侧距窗洞口长度相等，安装前应先弹线。

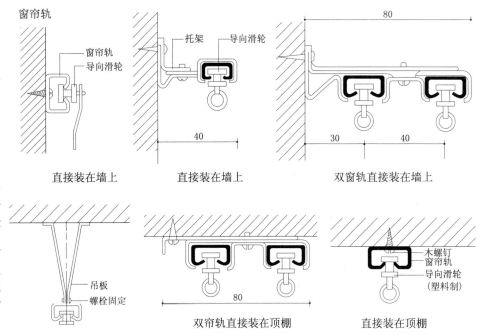

直接装在墙上　　直接装在墙上　　双窗轨直接装在墙上

双帘轨直接装在顶棚　　直接装在顶棚

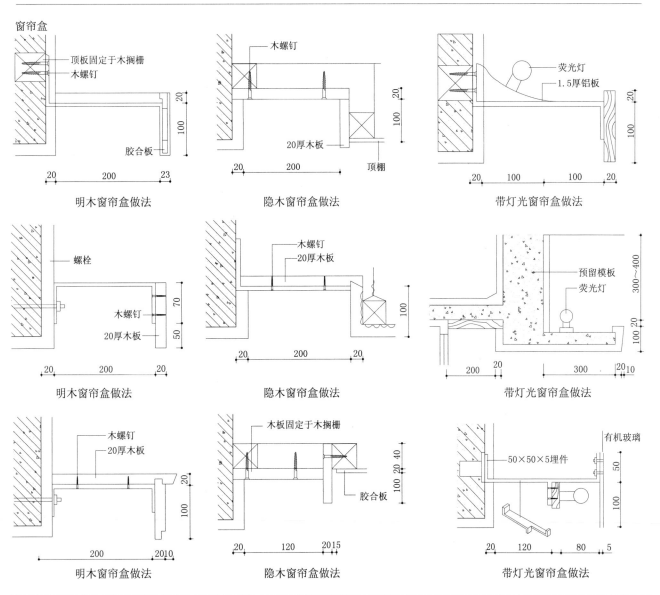

明木窗帘盒做法　　隐木窗帘盒做法　　带灯光窗帘盒做法

明木窗帘盒做法　　隐木窗帘盒做法　　带灯光窗帘盒做法

明木窗帘盒做法　　隐木窗帘盒做法　　带灯光窗帘盒做法

暖气罩是北方地区常有的装饰构造，它是将暖气散热片做隐蔽包装的设施。常用的处理方法就是制作暖气罩，再在暖气罩的饰面进行表面装饰处理，以提高装修效果，一般采用细木工板胶合板制作，在正面和上方设置网格或金属的进出气口。

要保证散热片散热良好，罩体遇热不变形，表面造型美观、安全，便于检查维修暖气散热片。暖气罩的长度应比散热片长100mm，高度应在窗台以下或与窗台接平，厚度应比暖气宽50mm以上，散热罩出风口面积应占散热片面积80%以上。

活动式暖气罩应视为家具制作，根据散热片的外围尺寸，其长度加100mm，高度加50mm，宽度加100mm为宜。

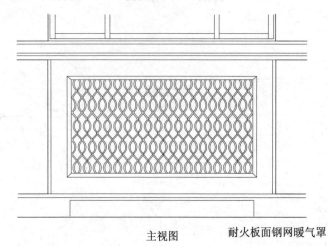

主视图　　　　　　　耐火板面钢网暖气罩

窗台下暖气罩效果图

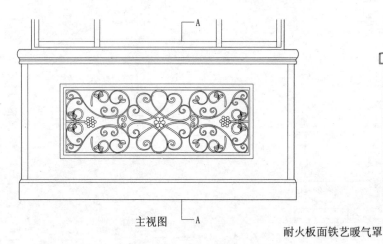

主视图 —A　　　　　耐火板面铁艺暖气罩

A剖面图

木龙骨
硬木装饰线条
木纹耐火板贴面
硬木装饰线条
铁艺出风口
窗台下建筑墙体
硬木装饰线条
木纹耐火板贴面
硬木装饰线条
装修后地面

主视图 —A

夹板面铝合金百叶暖气罩

A剖面图

木龙骨
硬木装饰线条
木芯板外贴饰面三夹板
散热器
木百叶出风口
窗台下建筑墙体
硬木边框线条
装修后地面

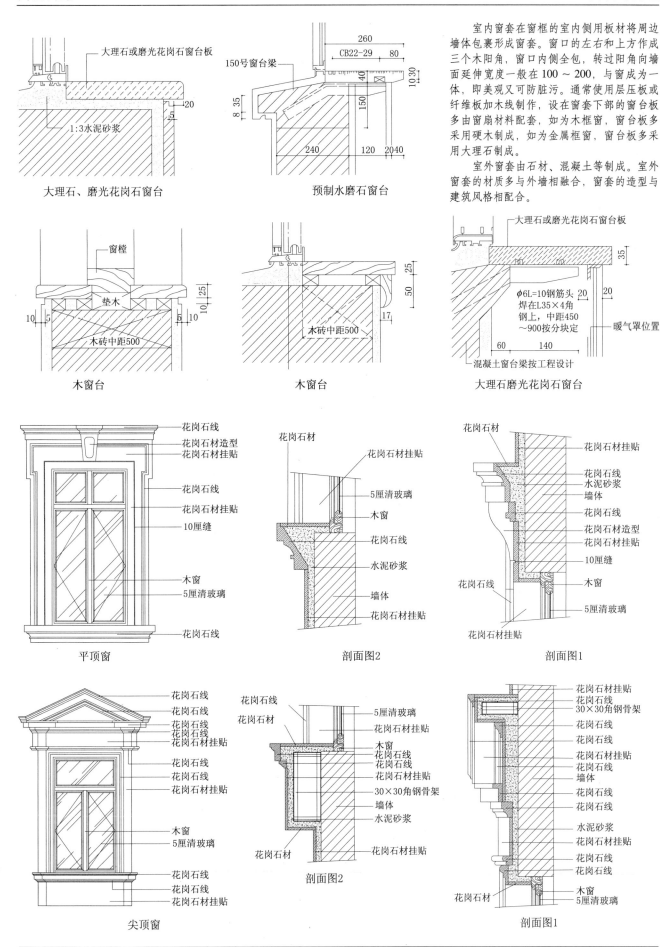

室内窗套在窗框的室内侧用板材将周边墙体包裹形成窗套。窗口的左右和上方作成三个木阳角，窗口内侧全包，转过阳角向墙面延伸宽度一般在100～200，与窗成为一体，即美观又可防脏污。通常使用层压板或纤维板加木线制作，设在窗套下部的窗台板多由窗扇材料配套，如为木框窗，窗台板多采用硬木制成，如为金属框窗，窗台板多采用大理石制成。

室外窗套由石材、混凝土等制成。室外窗套的材质多与外墙相融合，窗套的造型与建筑风格相配合。

大理石或磨光花岗石窗台板
1:3水泥砂浆
260
CB22-29　80
150号窗台梁
40
10
30
150
8　35
240　120　20 40
大理石、磨光花岗石窗台　　　　预制水磨石窗台

窗樘
垫木
10　5　10　10
5　10
木砖中距500
木窗台

25
50
17
木砖中距500
木窗台

大理石或磨光花岗石窗台板
35
φ6L=10钢筋头　20　20
焊在L35×4角钢上，中距450～900按分块定
暖气罩位置
60　140
混凝土窗台梁按工程设计
大理石磨光花岗石窗台

花岗石线
花岗石材造型
花岗石材挂贴
花岗石线
花岗石材挂贴
10厘缝
木窗
5厘清玻璃
花岗石线
平顶窗

花岗石材
花岗石材挂贴
5厘清玻璃
木窗
花岗石线
水泥砂浆
墙体
花岗石材挂贴
剖面图2

花岗石材
花岗石材挂贴
花岗石线
水泥砂浆
墙体
花岗石线
花岗石材造型
花岗石材挂贴
10厘缝
木窗
5厘清玻璃
花岗石材挂贴
剖面图1

花岗石线
花岗石线
花岗石线
花岗石线
花岗石材挂贴
花岗石线
花岗石线
花岗石材挂贴
木窗
5厘清玻璃
花岗石线
花岗石线
花岗石材挂贴
尖顶窗

花岗石线
花岗石材
5厘清玻璃
花岗石材挂贴
木窗
花岗石线
花岗石线
花岗石材挂贴
30×30角钢骨架
墙体
水泥砂浆
花岗石材挂贴
花岗石材
剖面图2

花岗石材挂贴
花岗石线
30×30角钢骨架
花岗石线
花岗石材挂贴
花岗石线
墙体
花岗石线
花岗石线
水泥砂浆
花岗石材挂贴
花岗石线
木窗
5厘清玻璃
花岗石材
剖面图1

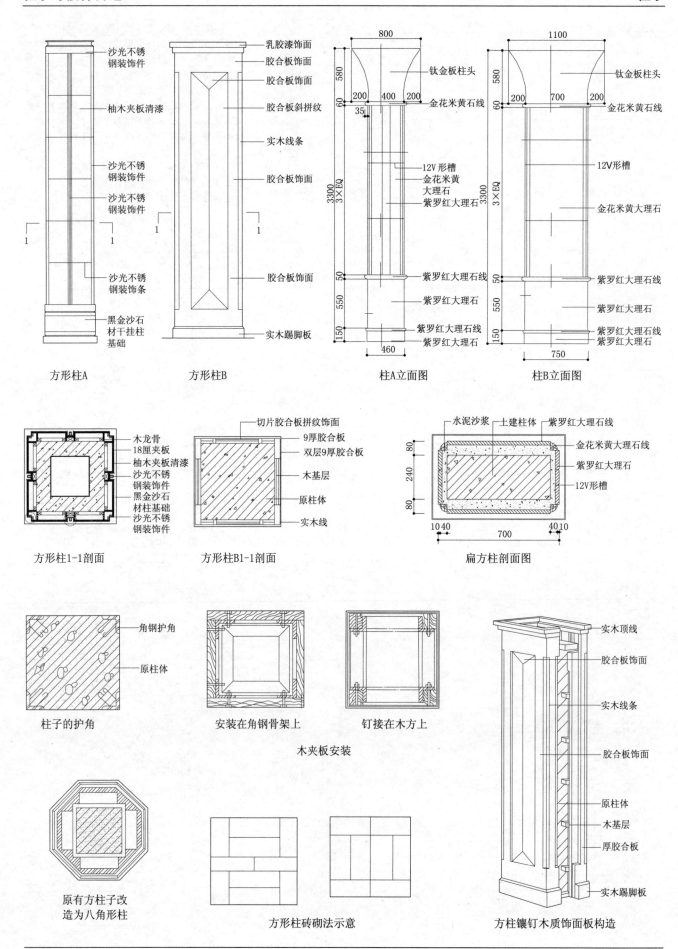

方形柱A

- 沙光不锈钢装饰件
- 柚木夹板清漆
- 沙光不锈钢装饰件
- 沙光不锈钢装饰件
- 沙光不锈钢装饰条
- 黑金沙石材干挂柱基础

方形柱B

- 乳胶漆饰面
- 胶合板饰面
- 胶合板饰面
- 胶合板斜拼纹
- 实木线条
- 胶合板饰面
- 胶合板饰面
- 实木踢脚板

柱A立面图

- 钛金板柱头
- 金花米黄石线
- 12V形槽
- 金花米黄大理石
- 紫罗红大理石
- 紫罗红大理石线
- 紫罗红大理石
- 紫罗红大理石线
- 紫罗红大理石

柱B立面图

- 钛金板柱头
- 金花米黄石线
- 12V形槽
- 金花米黄大理石
- 紫罗红大理石线
- 紫罗红大理石
- 紫罗红大理石线
- 紫罗红大理石

方形柱1-1剖面

- 木龙骨
- 18厘夹板
- 柚木夹板清漆
- 沙光不锈钢装饰件
- 黑金沙石材柱基础
- 沙光不锈钢装饰件

方形柱B1-1剖面

- 切片胶合板拼纹饰面
- 9厚胶合板
- 双层9厚胶合板
- 木基层
- 原柱体
- 实木线

扁方柱剖面图

- 水泥沙浆
- 土建柱体
- 紫罗红大理石线
- 金花米黄大理石线
- 紫罗红大理石
- 12V形槽

柱子的护角

- 角钢护角
- 原柱体

木夹板安装

安装在角钢骨架上

钉接在木方上

原有方柱子改造为八角形柱

方形柱砖砌法示意

方柱镶钉木质饰面板构造

- 实木顶线
- 胶合板饰面
- 实木线条
- 胶合板饰面
- 原柱体
- 木基层
- 厚胶合板
- 实木踢脚板

柱体的装饰主要是包柱身、做柱头和柱础。包柱身一般使用胶合板、石材、不锈钢板、塑铝板、铜合金板、钛金合板等材料。柱子造型应服从空间的整体艺术风格。对柱子的装饰除了注重美化环境外，还应注意其对空间的体量感产生影响。在装饰中要尽量减小柱体在空间所占比例，可将柱体选用反光性材料或将柱的概念异化，也可以与柜、橱结合在一起，做成灯箱柱，还可通过色彩处理来调节空间感觉的作用。如要增加空间的高度感时，柱上可采用竖向线条，减小甚至不设柱头、柱础，欲减少空间的高度感时，则可采用横向线条，并加大柱头和柱础的高度。

用胶合板做柱面装饰是典型的传统装饰工艺。胶合板纹理美观，色泽柔和，富有天然性，易促进人与空间的融合，创造出良好的室内气氛。由于胶合板施工方便，造价便宜，所以仍然在普遍采用。

用镜面玻璃做柱面装饰简洁、明快，利用镜面饰面来扩大空间，反射陈设景物，丰富空间层次，造成强烈的装饰效果，常用于商场、购物中心等公共场所柱面装饰中。

用花岗石、大理石做柱面装饰是各种室内柱子常用的高档装修之一，其造型种类很多，各种造型有各自的基本构造。

用金属板做柱面装饰也是当代柱面常用的高档装修之一。该饰面具有抗污染、抗风吹日晒能力强，且质轻坚固、坚挺光亮，施工方便，广泛用于各种建筑柱体。

做假柱用途很广，有的是为了美观管道井，有的是为了隐蔽设备主管，还有是纯为了装饰，有的是为了对称的需要，有的是为改变视觉差异，有的是为追求整体艺术效果。他们在室内均不起承重作用。

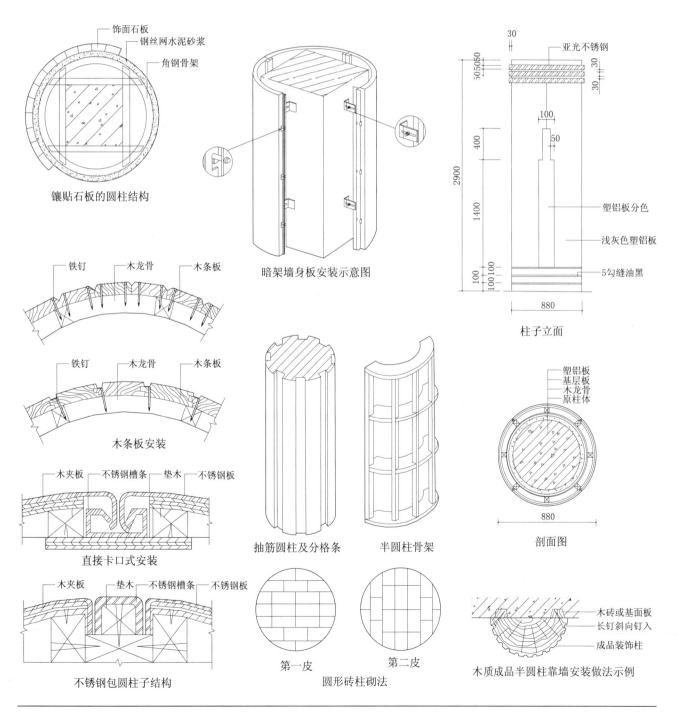

镶贴石板的圆柱结构

暗架墙身板安装示意图

柱子立面

木条板安装

直接卡口式安装

抽筋圆柱及分格条

半圆柱骨架

剖面图

不锈钢包圆柱子结构

第一皮　　　第二皮
圆形砖柱砌法

木质成品半圆柱靠墙安装做法示例

　　扶手是给上下行人抓扶及安全防护用的，同时也为了创造楼梯的艺术效果。扶手的断面形状、颜色、质地应具有良好的形式美。然而，扶手与栏杆一起，构成楼梯整体的动态美。

　　扶手常用材料有木质的、橡胶的、塑料的、不锈钢、铜质及石材的。木制楼梯扶手，多用硬木制成，老建筑中较常用，近年仅在高档装修中使用。塑料楼梯扶手是用塑料代替金属、木材制作的楼梯扶手，经捏合、混练、造粒、挤出成型、修整、检验等工序制作的产品。常用制作楼梯扶手的树脂为硬聚氯乙烯。制作的聚氯乙烯楼梯扶手可锯、可刨，安装方便。

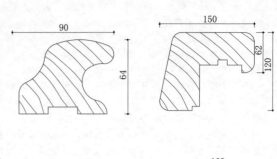

木质扶手

金属扶手

塑料扶手

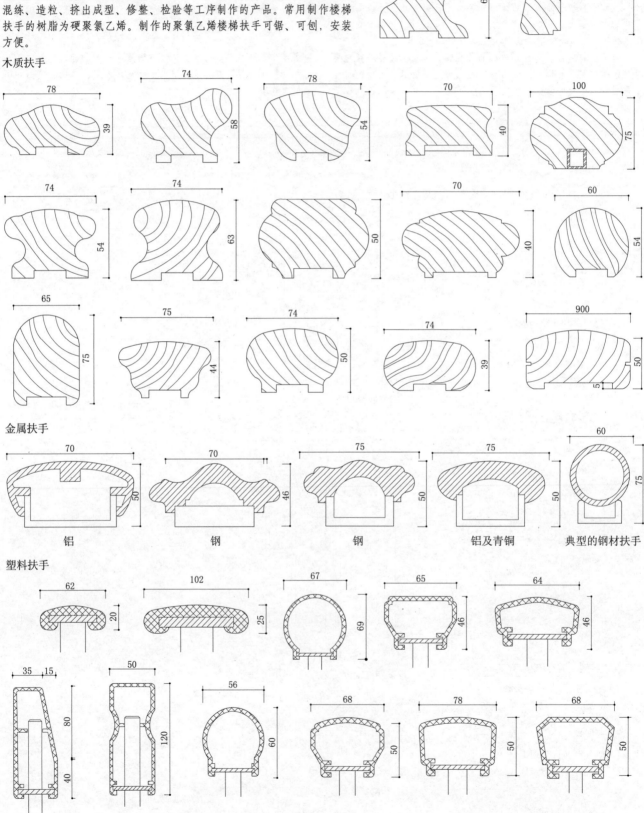

靠墙扶手连接

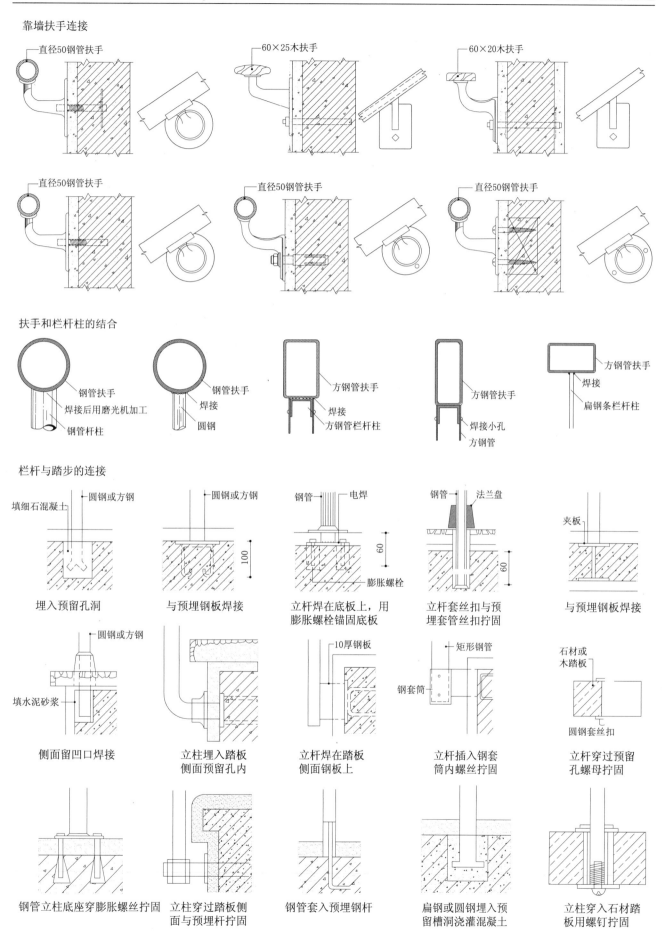

扶手和栏杆柱的结合

栏杆与踏步的连接

直径50钢管扶手

60×25木扶手

60×20木扶手

钢管扶手
焊接后用磨光机加工
钢管杆柱

钢管扶手
焊接
圆钢

方钢管扶手
焊接
方钢管栏杆柱

方钢管扶手
焊接小孔
方钢管

方钢管扶手
焊接
扁钢条栏杆柱

填细石混凝土　圆钢或方钢

圆钢或方钢

钢管　电焊

钢管　法兰盘

夹板

膨胀螺栓

埋入预留孔洞

与预埋钢板焊接

立杆焊在底板上，用膨胀螺栓锚固底板

立杆套丝扣与预埋套管丝扣拧固

与预埋钢板焊接

圆钢或方钢

填水泥砂浆

10厚钢板

矩形钢管
钢套筒

石材或木踏板
圆钢套丝扣

侧面留凹口焊接

立柱埋入踏板侧面预留孔内

立杆焊在踏板侧面钢板上

立杆插入钢套筒内螺丝拧固

立杆穿过预留孔螺母拧固

钢管立柱底座穿膨胀螺丝拧固

立柱穿过踏板侧面与预埋杆拧固

钢管套入预埋钢杆

扁钢或圆钢埋入预留槽洞浇灌混凝土

立柱穿入石材踏板用螺钉拧固

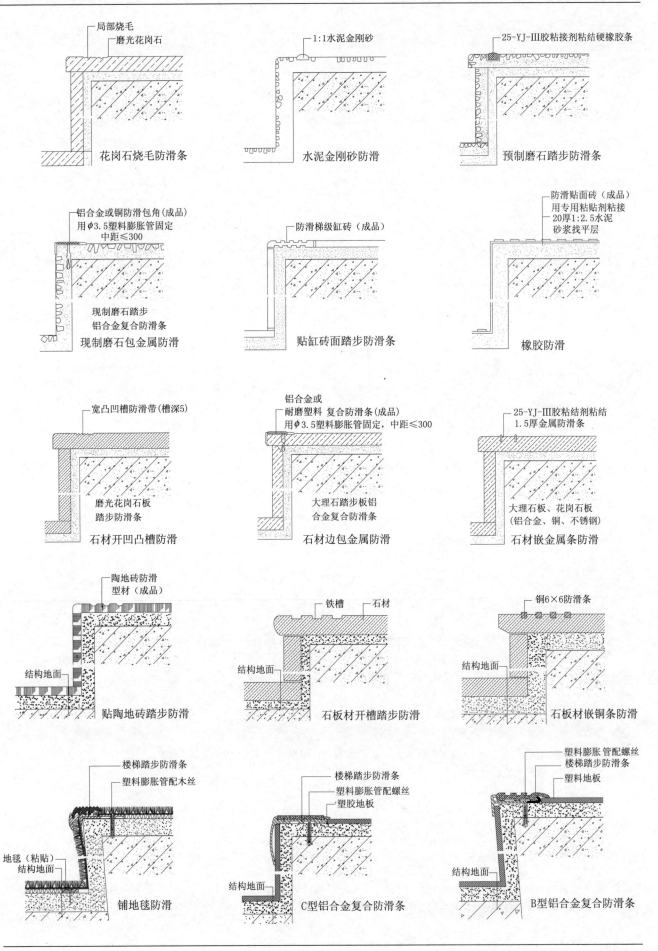

局部烧毛
磨光花岗石
花岗石烧毛防滑条

1:1水泥金刚砂
水泥金刚砂防滑

25-YJ-III胶粘接剂粘结硬橡胶条
预制磨石踏步防滑条

铝合金或铜防滑包角(成品)
用φ3.5塑料膨胀管固定
中距≤300
现制磨石踏步
铝合金复合防滑条
现制磨石包金属防滑

防滑梯级缸砖(成品)
贴缸砖面踏步防滑条

防滑贴面砖(成品)
用专用粘贴剂粘接
20厚1:2.5水泥
砂浆找平层
橡胶防滑

宽凸凹槽防滑带(槽深5)
磨光花岗石板
踏步防滑条
石材开凹凸槽防滑

铝合金或
耐磨塑料 复合防滑条(成品)
用φ3.5塑料膨胀管固定,中距≤300
大理石踏步板铝
合金复合防滑条
石材边包金属防滑

25-YJ-III胶粘结剂粘结
1.5厚金属防滑条
大理石板、花岗石板
(铝合金、铜、不锈钢)
石材嵌金属条防滑

陶地砖防滑
型材(成品)
结构地面
贴陶地砖踏步防滑

铁槽 石材
结构地面
石板材开槽踏步防滑

铜6×6防滑条
结构地面
石板材嵌铜条防滑

楼梯踏步防滑条
塑料膨胀管配木丝
地毯(粘贴)
结构地面
铺地毯防滑

楼梯踏步防滑条
塑料膨胀管配螺丝
塑胶地板
结构地面
C型铝合金复合防滑条

塑料膨胀 管配螺丝
楼梯踏步防滑条
塑料地板
结构地面
B型铝合金复合防滑条

吊顶按组成吊顶的轻钢龙骨品种来分有两种：上人吊顶（有承载龙骨的吊顶）和不上人吊顶（无承载龙骨和吊顶）。

上人吊顶由于有些吊顶的内部（即楼板与吊顶的上部之间）需要设置线路、管线或设备等，为了便于上人检查，故吊顶除了要承受吊顶本身的自重之外，还要承受人员在吊顶内部进行检修的附加荷载，这类吊顶被称为上人吊顶。上人吊顶要在龙骨的选择上要采用能承受较大荷载龙骨——承载龙骨（主龙骨），此外，吊杆与楼板的连接更要牢固可靠。

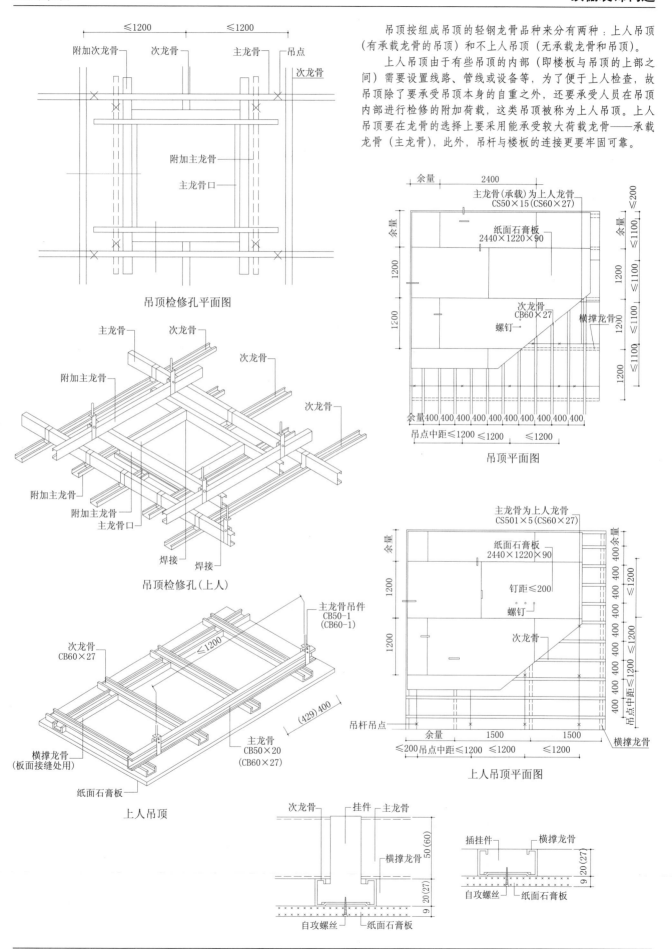

吊顶检修孔平面图

吊顶检修孔（上人）

上人吊顶

吊顶平面图

上人吊顶平面图

不上人吊顶并不需要承受人员检修所附加的荷载，而仅需要承受吊顶本身的自重以及较小的线路、设备的荷载。

由于有的室内空间净高有限，而又需要吊顶装修，为了减少因吊顶而减少较大的净高，一般可以考虑采取不上人吸顶吊顶。

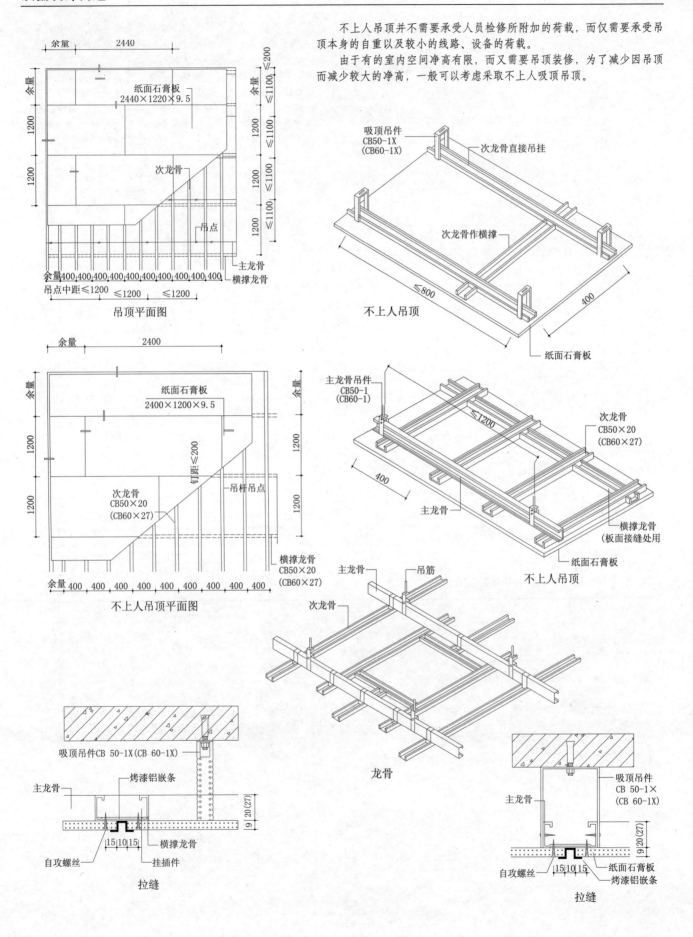

吊顶平面图

不上人吊顶

不上人吊顶平面图

不上人吊顶

龙骨

拉缝

拉缝

胶合板顶棚属典型的传统装修工艺。由于胶合板施工方便，造价适宜且顶棚表面可涂各种涂料，附贴各种金属饰面板、玻璃装饰板等材料，成型方便，可制作各种造型顶棚，镶嵌各种灯具，所以仍然在装饰行业中被普遍采用。

胶合板由于选用优质的木材作为表面层，故有非常好的纹理，特别是可以选用珍贵的树种作为面层，经油饰后可显其高贵的装修效果，此外，由于胶合板一般幅面较大，厚度较小，所以，在施工中使用起来既快又好，不易产生翘曲、开裂和拼接困难等缺陷，而且，胶合板还具有可钉、可锯、可刨、可钻和可粘结的良好可加工性能，基于以上特点，故胶合板在室内装修，特别是在中、高档的室内墙面装修中，应用非常广泛。但由于木材的可燃烧性，在某些防火要求高的建筑中使用受到一定的限制。如果将木质材料经过严格的防火、防腐处理，还有一定的使用价值。

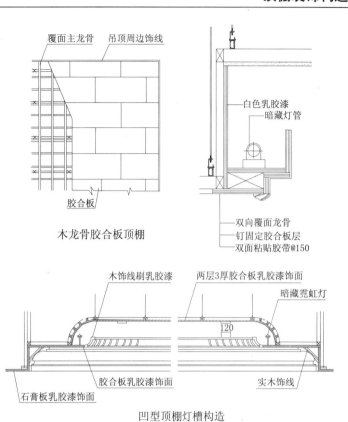

木龙骨胶合板顶棚

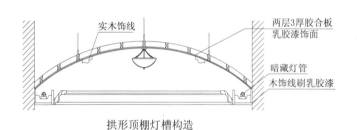

凹型顶棚灯槽构造

拱形顶棚灯槽构造

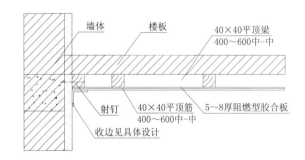

泰式餐厅核桃木夹板吊顶

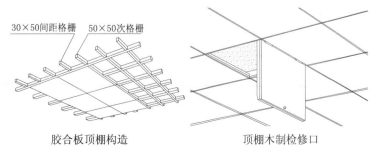

胶合板顶棚构造　　　　顶棚木制检修口

　　普通纸面石膏板主要用于室内非承重墙体和吊顶，石膏板吊顶有木龙骨、轻钢龙骨两种构造。在厨房、厕所、浴室以及空气相对湿度大于70%的潮湿环境中应使用防潮石膏板。

　　石膏板吊顶适用于宾馆、礼堂、体育馆、车站、医院、科研室、会议室、图书馆、展览馆、俱乐部等的装修。

石膏板顶棚效果图

石膏板吊顶轻钢龙骨构造

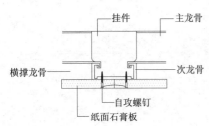

挂件　主龙骨
横撑龙骨　次龙骨
自攻螺钉
纸面石膏板

次龙骨
挂件
M6或M8钢筋吊杆
吊件
主龙骨
纸面石膏板　横撑龙骨
自攻螺钉

收边龙骨
M6或M8钢筋吊杆
吊件
主龙骨
自攻螺钉　次龙骨
射钉/膨胀螺栓

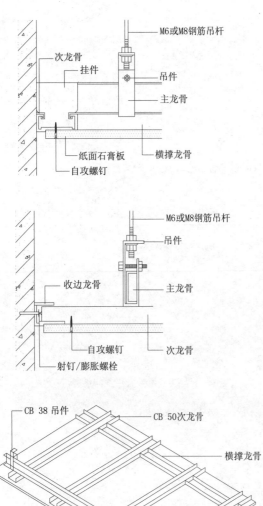

CB 38 吊件　　CB 50次龙骨
横撑龙骨
CB 38 主龙骨
纸面石膏板

石膏板顶棚金属龙骨构造

石膏板吊顶木龙骨构造

φ6或φ8钢筋吊杆下端套丝加螺母连接承载龙骨，上端连接吊顶点
承载龙骨
覆面层主龙骨
覆面层横撑次龙骨
石膏板等吊顶面层
覆面层主龙骨与次(横撑)龙骨组成框格
承载龙骨
双层木方龙骨的吊构构架，其承载龙骨与覆面层主龙骨的上下连接可采用木方吊挂件或金属件

双层石膏板顶棚木龙骨构造

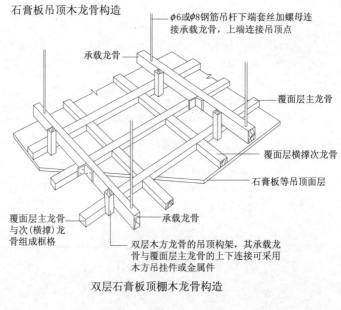

承载龙骨　钢筋吊杆
木方吊挂件(或铁件)连接上下构造层
附加横撑
附加龙骨
附加横撑
附加龙骨
横撑龙骨
荧光灯管(按设计要求)
迭级下部收口采用厚胶合板或成品
角线(木或石膏等制品)　覆面主龙骨

木龙骨双层石膏板迭级做法

矿棉板采用钢厂优质矿渣原料精心制造。作为矿棉板的主要成分，顶棚不使用石棉，不会出现针状粉尘，不会经呼吸道进入人体，造成危害。

有效抵抗水气进入，防止胶结物质遇水逆反，使胶结物质在潮湿环境下仍保持良好的胶结力，不含有甲醛。

有机纤维和无机纤维共同使用。有机纤维柔韧性好但强度差，易老化，在高温状态下易碳化，失去拉接作用，无机纤维强度大，纤维化，韧性差但耐老化。二者共同使用刚柔相济，相辅相成。

为了提高板材强度，努力降低有机纤维的用量，增加无机纤维的用量，使板材具有更好的防霉、抗弯、防下陷功能。

采用纳米技术生产的超细颗粒抗菌剂，可深入到所有矿棉微孔当中，使有害细菌无处藏身，达到全面防菌、防霉的作用。

提取天然山椒辛辣成分和艾高香精加入矿棉板。害虫避之唯恐不及，有效防止害虫蛀咬损害。

使矿棉板具有表面活性，强烈吸附分解装修过程中产生的甲醛等有毒物质，具有离子交换等物理化学性能，有效提高空气中负离子浓度，使矿棉板成为头顶上的森林。

平贴安装方式俯视图

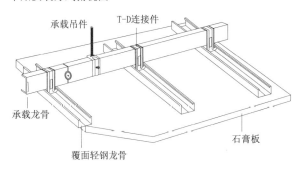

优点：表面天衣无缝，装饰效果绝佳，决不出现下陷，使用期限长久，可以重新喷涂，马上焕然一新。缺点：成本相对提高，但相对使用年限来讲，成本并无提高。

暗插安装方式

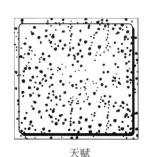

矿棉板安装示意图

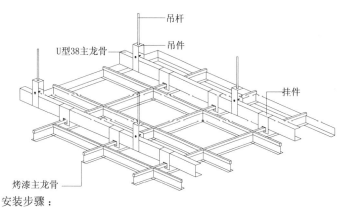

安装步骤：

1. 按设计要求安装方法，确定室内吊点位置，划吊点线（间距小于1200）。

2. 打吊点孔，用膨胀螺栓与屋顶固定，如顶部有预埋件可采用其他方法。

3. 安装Z字形铁（大固定件），按吊顶高度明确吊杆长度（一般大于使用长度10～15），安装吊杆及吊件。

4. 利用吊杆及吊件吊装U形轻钢承载主龙骨（不上人吊顶采用CB38承载龙骨，需上人时建议采用CS50或CS60作承载龙骨以保证整体结构的稳定性，承载龙骨间距900～1200）。

5. 按水平线确定边龙骨高度及位置，将边龙骨与边墙固定。

6. 利用挂件（按照水平线）吊装T型烤漆主龙骨或立体凹槽烤漆龙骨，将次龙骨按板材规格分档布置。

7. 将矿棉吸声板安装在烤漆龙骨架上，不足整块板余量均布于四周边墙。

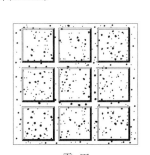

天赋　　　　　　　　　　雪田

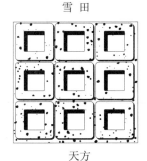

天籁　　　　　　　　　　天方

电器商店矿棉板顶棚

　　条形金属板吊顶具有自重轻、耐潮湿、防火以及有多种颜色可供选择的特点，此外，条形金属吊顶板的规格一般长度为3000～6000mm，宽度为100～300mm，因此吊顶的施工速度更为简便快速。

　　条形金属吊顶板一般多为彩色镀锌钢板，也有铝合金材料的。彩色镀锌钢板自重稍比铝合金吊顶重，而价格比铝合金板低，所以更适合用于大型体育馆、车站、超市、通道、走廊、室内花园等场所；铝合金材料的条形吊顶板则更适合于装修档次高的大型场所，如大会堂、宴会厅、宾馆大堂、机场候机厅等。

U形条板吊顶分解图

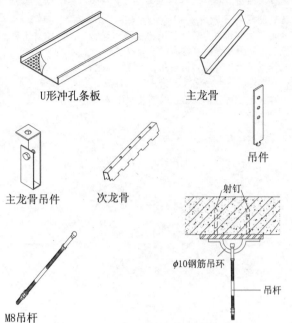

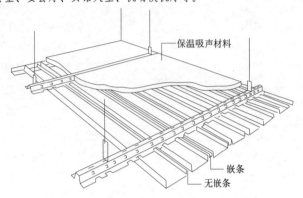

条形金属板吊顶示意图

条形金属板吊顶平面图

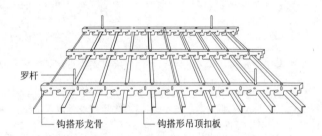

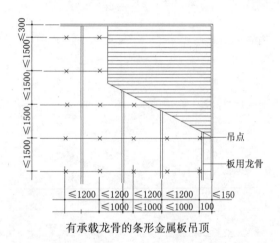

有承载龙骨的条形金属板吊顶

餐厅条形金属板顶棚效果图

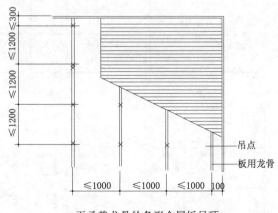

无承载龙骨的条形金属板吊顶

　　方形金属板具有自重轻、耐潮湿、防火、品种花色多、安装方便快速、易于检修擦洗等优点，被广泛运用于各种民用建筑中，特别是一些人员流动较大的体育场馆、车站、会堂、通道等，以及一些湿度较大的厨房、卫生间等，也适合用于计算机房、客厅等。

　　方形金属吊顶板按其材质分为铝合金吊顶板和彩色镀锌钢板吊顶板，按其表面有无冲孔，可分为非冲孔吊顶板和冲孔吊顶板，按其表面有无凸凹压型分为非压型吊顶板和压型吊顶板，按其外形尺寸可分为正方形吊顶板和长方形吊顶板，按其安装后吊顶是否显露龙骨分为明龙骨吊顶用方形吊顶板和暗龙骨吊顶用方形吊顶板。

室内游泳池方形金属板顶棚效果图

明龙骨方形金属板吊顶示意图

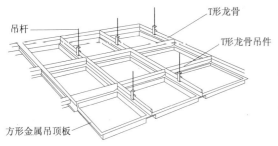

方形金属吊顶板

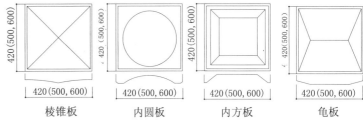

| 棱锥板 | 内圆板 | 内方板 | 龟板 |

明架吊顶分解图

方槽副龙骨

方槽主龙骨

方槽主龙骨吊件

主龙骨吊件

主龙骨

M8吊杆

暗龙骨方形金属板吊顶平面图

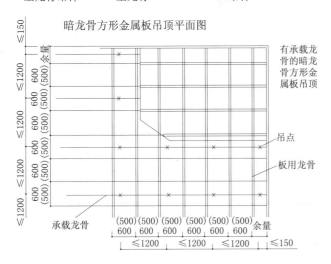

有承载龙骨的暗龙骨方形金属板吊顶

吊点

板用龙骨

承载龙骨

餐饮空间方形龟板金属顶棚效果图

　　格栅形金属顶棚的吊顶形式从整体来看和垂帘形金属板吊顶有相似之处，即吊顶板均是平面与地面相垂直的，但不同之处在于格栅形金属板吊顶的表面形成的是一个个井字方格，故吊顶表面的稳定性要更好一些。

　　格栅形金属板吊顶属于开放型吊顶，因此存在着吊顶上部需要隐蔽的问题。格栅形金属吊顶板的材质有两种：铝合金板和彩色镀锌钢板。

　　格栅形金属板吊顶形成的方格尺寸，应根据吊顶板的规格尺寸而定。铝合金格栅吊顶还可分为条形扣板顶棚和窗页式条形板顶棚。

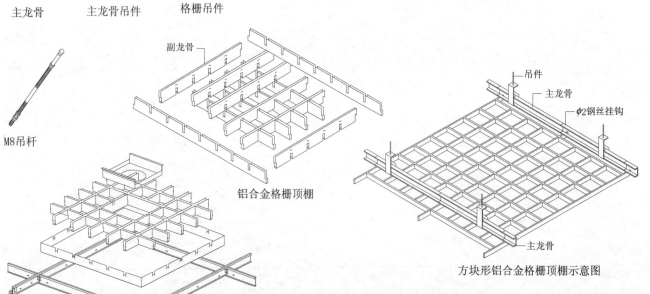

展示厅金属格栅顶棚效果图

格栅吊顶分解图

主龙骨

主龙骨吊件

格栅吊件

M8吊杆

铝合金格栅顶棚

方块形铝合金格栅顶棚示意图

网格顶棚灯盒组装图

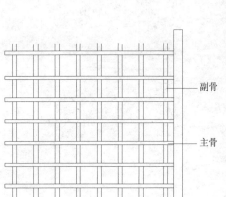

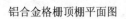

铝合金格栅顶棚平面图

办公楼过道铝合金格栅顶棚效果图

挂片吊顶是一种在大型建筑设施中较为常见的金属吊顶，适用于机场、地铁等大型公共设施的室内外吊顶。在组装成吊顶时，金属吊板的板面不是平行于地面，而是垂直于地面，因此，若在吊顶上部采用自然光或人工照明的条件下，可形成各种柔和的光线效果，从而创造出独特的环境艺术气氛，具有自重轻、防火、防潮、装饰性好和便于施工、检修、清洗的特点。

垂帘吊顶由铝合金条板及龙骨组成，装拆灵活。产品有100、150和200三种不同高度，以50、100、150或200间距固定于龙骨上。

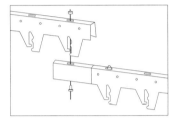

金属挂片龙骨

停车库金属挂片顶棚效果图

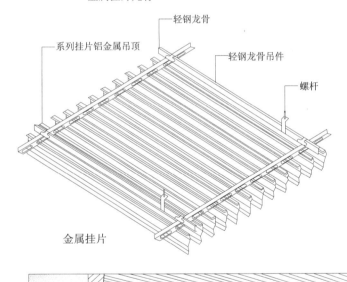

金属挂片

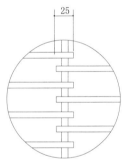

交错式安装法

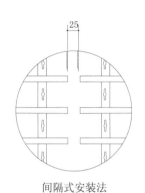

间隔式安装法

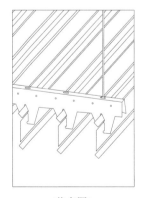

节点图1

地铁站金属挂片顶棚效果图

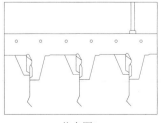

节点图2

网络体型（吸声）金属吊顶是一种以具有吸声功能的吸声板组件通过网络支架来组装成的金属吊顶。

该种吊顶造型独特，具有优异的吸声功能，能形成不同的几何图案，而且有利于吊顶上部的灯光设置，以取得良好的照明以烘托出高雅的气氛。是一种集装饰和吸声功能为一体的新型吊顶。它广泛应用于大型的公用建筑设施，如车站、游艺厅、体育馆以及噪声较大的工业建筑中。

多功能吸声网络体由吸声板、吸声体支架、联片和封盖及吊杆等组成。金属吸声板的面板可为穿孔铝合金装饰板，单板厚度0.5，设框架并填充玻璃棉或矿物纤维毡而制成厚度为30的夹芯吸声板；板块高度尺寸为200～250，板块宽度通常为500～800，也可按用户要求加工。金属吸声体圆柱形空心支架设有6个方向的开口，以承接不同方向的吸声板；吸声板用联片与支架连接固定。吸声体支架心柱的上孔口和下孔口部位分别旋入上、下封盖进行封闭；对于安装吊杆的支架上部孔口，采用适用于吊点部位的专用封盖，并在其预设孔内安装吊杆。

多功能网络体的组成安装，可按设计要求的方式在支架开口处装插金属吸声板，依靠板块数量及布置方向组成直线形、折线形、菱形、方格形、三角形、六角形等不同平面构成艺术效果的顶棚图案。在吊点部位的吸声体支架上端安装吊杆后，可直接吊装于建筑结构顶棚（楼板底及梁底）；亦可另设ＵＣ型轻钢龙骨作吊顶承载龙骨，在承载龙骨上吊挂配套螺管连接吸声网络体吊杆。

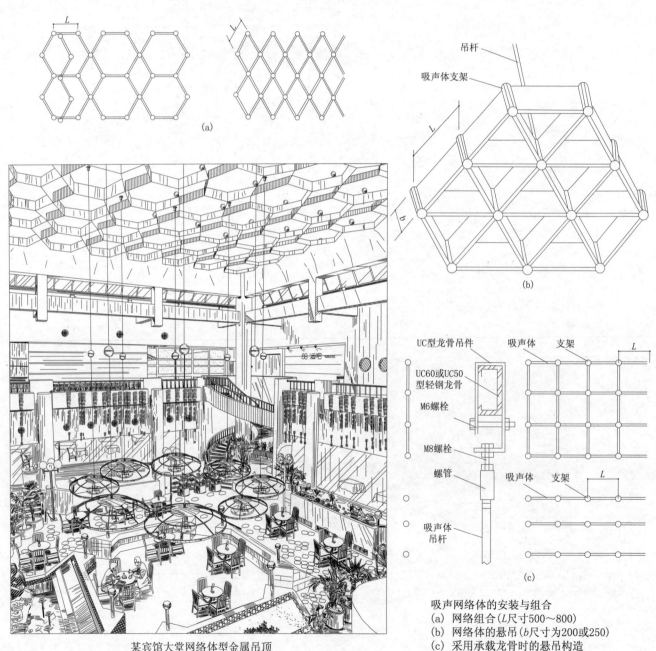

某宾馆大堂网络体型金属吊顶

吸声网络体的安装与组合
(a) 网络组合（L尺寸500～800）
(b) 网络体的悬吊（b尺寸为200或250）
(c) 采用承载龙骨时的悬吊构造

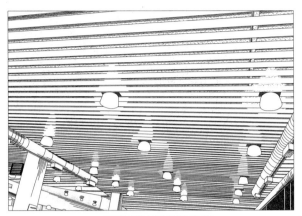

间缝型条形顶棚效果图

15间缝系统

型号(尺寸：mm)
US- 50(W50×L)
US-100(W100×L)
US-150(W150×L)
US-200(W200×L)
US-250(W250×L)

间缝型条形顶棚构造图

US- 系列间缝形顶棚系统是一种开放式的顶棚设计，吊挂形式简约，有利于面积较大的顶棚安装。条形顶棚的宽度尺寸有50、100、150、200及250可供选择，不同宽度的顶棚板组合，构成不同形式的顶棚图案，提升了视觉上的效果，令该系统的顶棚设计更多元化，更具特色。如配合灯具及风嘴，可以令整体顶棚的外观达到最佳的效果。

圆筒条形顶棚效果图

可装拆式系统

型号(尺寸：mm)
UT-30 (Dia.30×L)
UT-50 (Dia.50×L)

圆筒条形顶棚构造图

UT- 系列圆筒条形顶棚系统是一种开放式的顶棚设计，吊挂形式简约，有利于面积较大的顶棚安装。为配合多元化的设计，圆筒顶棚的安装间距及款式设计，可按照实际情况需要而定制。该系统的顶棚可于水平及垂直的平面组装，亦可塑造出不规则顶棚的设计效果，如弧形顶棚等，提升视觉上的效果。如配合灯具及风嘴，可以令整体顶棚的外观达到最佳的效果。

垂直条形挂式顶棚效果图

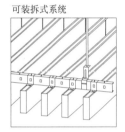

可装拆式系统

型号(尺寸：mm)
UL-2550 (W25×H50×L)
UL-25100 (W25×H100×L)

垂直条形挂式顶棚构造图

UL- 系列垂直条形挂式顶棚系统是一种开放式的顶棚设计，由特制的吊挂件悬挂整幅顶棚。为配合多元化的设计，顶棚板的间距及长度可按照不同需要而定制，顶棚亦可于垂直或具弧度的平面安装。顶棚的安装及拆卸工序十分简便，有利于后期的顶棚背后设备检查及维修。如配合灯具及风嘴，可以令整体顶棚的外观达到最佳的效果。

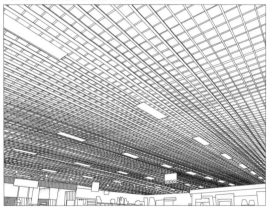

灯片网格顶棚效果图

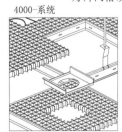

4000-系统

型号(尺寸：mm)
CS-1212 (12×12×H12)
CS-2020 (20×20×H20)
CS-2525 (25×25×H25)
CS-3030 (30×30×H30)

灯片网格顶棚构造图

CS- 系列灯片网格顶棚系统是一种开放式的顶棚设计。顶棚组合主要由明架式的T形主龙骨及副龙骨承托，使用不同款式的龙骨组合间格，如U形龙骨、奥米加槽或特制灯槽等，令顶棚设计范围更加广泛，更加多元化。高度有20、25及30可供选择。如配合灯具及风嘴，可以令整体顶棚的外观达到最佳的效果。

　　人造石透光板为高分子合成制品，加入独有配方以模具浇铸而成型。目前生产主体有雪花石、华丽石系列透光板材，华丽石系列实体面材，适用于公共建筑及家庭装饰（透光背景墙、透光吊顶、透光方圆包柱、云石灯、橱柜台面、窗台面、洗脸台、橱卫墙面、餐桌面、茶几、门套等）。

　　人造石透光板兼有云石、玉石的天然质感和坚固质地、陶瓷的光洁细腻和木材的易加工性，更具无缝拼接，易于打理，无毛细孔，色彩丰富，造型任意，加工快捷，易安装等特性。人造石经科学检测无毒、无放射性污染，属环保绿色建材，是取代天然石材最理想的材质，目前正以非常规的速度普及各大小装饰工程。

宴会厅透光板墙面与顶棚效果图

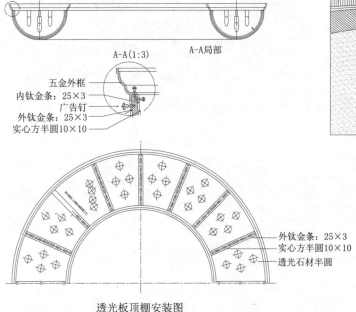

透光板顶棚安装图

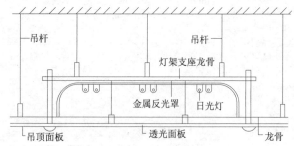

透光材料顶棚构造

地铁站透光板包柱与顶棚效果图

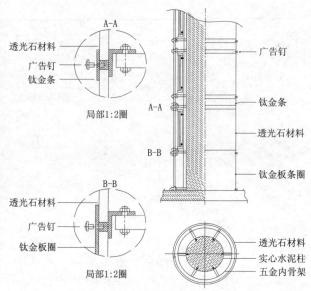

透光板包柱安装图

软膜吊顶中，明快华丽的色彩，洋溢出现代、时尚。古典与现代的绝妙组合体，与室内风格浑然一体，相得益彰。

软膜解决了吊顶中的许多问题，例如裂缝、沙眼、油漆脱落、潮湿等，还能隔声、隔热，便于铺设电缆、装置各种线路。

某百货大楼软膜顶棚效果图

娱乐场所软膜顶棚效果图

软膜吊顶龙骨的固定安装

在需要安装软膜的地方把PVC角码的支撑物固定好（支撑物可以是木方、铝合金、不锈钢或其他）。

再用插刀把软膜固定在PVC龙骨角码上。

最后用风炮加热把软膜伸展开，把软膜插进PVC角码修剪好即可。

定制的开口可以使灯具或洒水装置穿过，并创造出适合新的结构的照明设计。

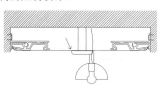

灯具的安装

灯具可以用木方或螺杆固定，风口或检修口可用木方固定。安装吊灯可先把灯具固定好，然后在软膜上用专用的工具开孔。

没有夹空层

灯光挡板

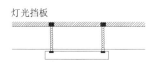

有夹空层

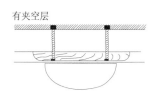

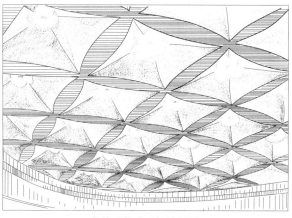

方块形软膜顶棚效果图

游泳池软膜顶棚效果图

复合粘贴矿棉板吊顶主要配件

产品	图形及尺寸		
大龙骨	D38	D50	D60
接长件	D38接长	D50接长	D60接长
垂直挂件	38吊件	50吊件	60吊件
垂直挂件	38挂件	50挂件	60挂件
龙骨及配件	50副	50副接件	50支托

1. 上人大龙骨采用 D60（60×27）或 D50（50×15）。吊件选用 D60 或 D50。

2. 次龙骨为 50 副（50×20）。50 次与横撑龙骨 50 副的平面连接使用 50 支托。50 次龙骨与 D60 或 D50 大龙骨通过 60 或 50 挂件连接。

3. 不上人吊顶大龙骨选用 D38（38×12）。起吊件、挂件选用配套的型号 38 吊件、38 挂件。

4. 吊顶面板底层板为纸面石膏板，常用规格：1220×2440×9.5，1200×2700×9.5，1200×3000×9.5，纸面石膏板与矿棉板用气钉固定。

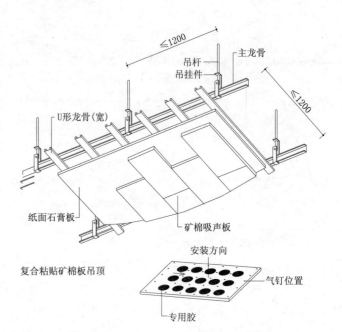

复合粘贴矿棉板吊顶

复合粘贴矿棉板上人吊顶详图

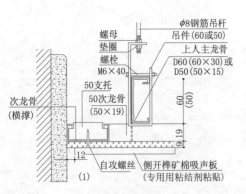

(1)

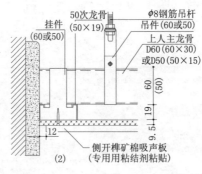

(2)

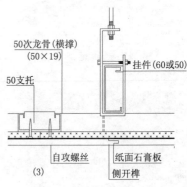

(3)

复合粘贴矿棉板不上人吊顶详图

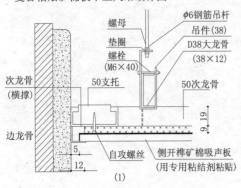

(1)

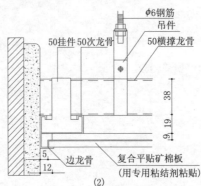

(2)

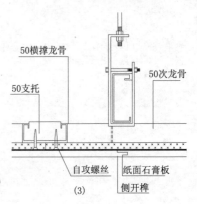

(3)

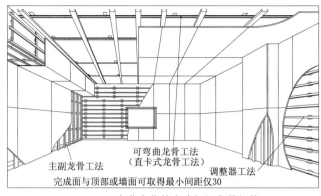

主副龙骨工法
可弯曲龙骨工法
（直卡式龙骨工法）
调整器工法
完成面与顶部或墙面可取得最小间距仅30

1. 可弯曲变化的卡式轻钢龙骨组件

造型装饰组件可依照设计量身定做，可完全取代木材做造型，如吊顶、隔墙、圆柱、方柱等，既环保又解决了消防隐患。自由组合工法组件安装简易、施工迅速。

地面、墙面、顶面之垂直、水平调整器组件有环保省工、抗震防火、工法科学等特点。使用调整器施工时水电配管不需再打墙，寒冷地区或高级酒店使用时覆加保温棉即可。有效隔声又可节省空调费用，调整器配合木地板使用可获得最佳防潮效果。做圆柱可先组成二个半圆扣合后成一圆柱，可由木工在现场就地弯曲，可于就墙体上重新披上一层帷幕，钢结构柱体以圆柱方式施工圆解。

此产品的搭配面板除可使用传统的木夹板外，更可搭配如美加板、邦达板、玻镁板等可弯曲的水泥纤维板及铝塑板、金属板等。为了达到最佳防火效果，覆面材料请选择用防火材料。

2. 自由组合工法圆柱施工顺序图

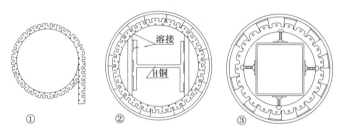

溶接
H铜

① ② ③

4. 柱形圆柱工法

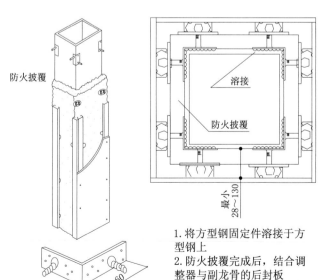

① ② ③

6. 以方型钢固定件包柱之详图

防火披覆

溶接
防火披覆

最小 28～130

60

1. 将方型钢固定件溶接于方型钢上
2. 防火披覆完成后，结合调整器与副龙骨的后封板

3. 旧墙体上重新披上一层帷幕墙祥图

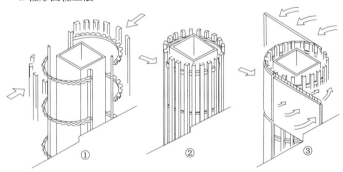

M
P
RC
600 以内 600

5. 可弯曲变化的卡式钢龙骨

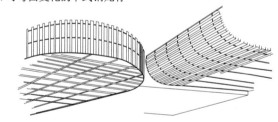

7. 以H型钢固定件包柱之详图

1. 将H型钢固定件，以铁锤敲入H型工字钢上。

2. 防火披覆完成后，结合调整器与副龙骨的后封板

吸声性能指标：声音在一个房间内的表现

吸声性能采用吸声系数阿尔法（α）表示，取值范围定为 0 至 1 之间，0 表示不吸收声音（完全反射），1 表示所有声音均被吸收。该系数可用来衡量通常意义上的吸声性能。

吸声性能对房间之间隔声性能的影响

吸声性能与房间之间隔声性能两者之间的协同作用是通过实践证明了的，而不是由实验室测得的 D_n, f, w 数值来反映。同等 D_n, f, w 数值条件下，高性能的吸声吊顶材料可降低噪声接受室的声压级。

具有最高吸声系数 a_w 的吊顶，可有效降低声源室和接受室的声压级。吸声性能对感知声压级的影响可计算出来，并已经通过现场测试核实。

吸声

当声波接触一个表面，表面材料将反射一部分声波，吸收一部分声波，而其余的声波穿透材料。能够吸收多少声音与空间布局和所使用的材料有关，岩棉具有天然的卓越吸声性能。与其他产品相比，ROCKFON 产品使用的岩绵具有最高性能。

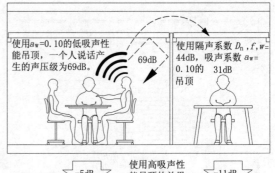

使用 $a_w=0.10$ 的低吸声性能吊顶，一个人说话产生的声压级为69dB。 69dB 使用隔声系数 $D_n, f, w=$ 44dB，吸声系数 $a_w=$ 0.10 的 31dB 吊顶

↓ -5dB 使用高吸声性能吊顶的效果 ↓ -11dB

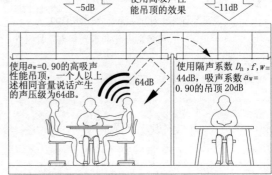

使用 $a_w=0.90$ 的高吸声性能吊顶，一个人以上述相同音量说话产生的声压级为64dB。 64dB 使用隔声系数 $D_n, f, w=$ 44dB，吸声系数 $a_w=$ 0.90 的吊顶 20dB

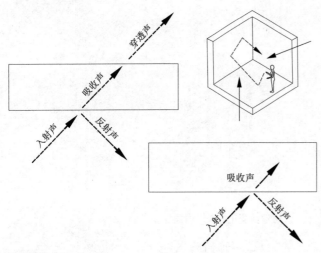

隔声指数

从一个空间传播至另一空间的音量。房间之间的隔声以 dB 为单位的 D_n, f, w 数值可用来衡量房间之间吊顶的纵向隔声性能。D_n, f, w 数值越高，房间之间的隔声性能越好。D_n, f, w 数值同上述 D_n, c, w 数值等效。D_n, f, w 数值被声学家用来预测相邻空间之间的总隔声性能 D_nT, w（$R'w$；D_nT, A）数值。

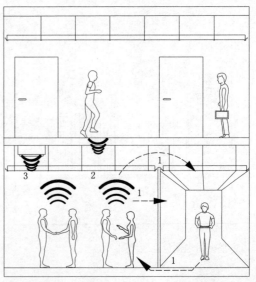

1.邻近空间的声音传播； 2.撞击声传播； 3.公共设施产生的噪声。

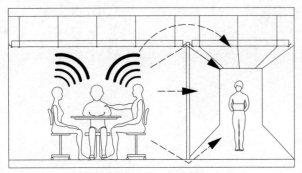

房间之间通过吊顶和墙壁的声音传播

直接隔声

吊顶的直接隔声性能采用隔声指数（R_w）表示，即声音穿过悬挂吊顶的降低值。

具有高隔声指数（R_w）的吊顶可以阻挡吊顶上方机电设施所产生的噪声进入房间。

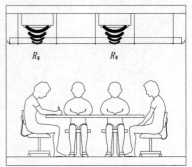

来自吊顶上方机电设施的噪声被具备高隔声指数（R_w）的吊顶大大减弱

　　燃气灶有嵌入式、台式及整体灶等。嵌入式燃气灶嵌入到橱柜台面下，外形美观时尚，整体效果好，是现在市场上的主流产品；台式燃气灶是整个灶体放在台面上，经济实用，但现在装修用得不多；整体灶是配置带烤箱或消毒柜的燃气灶，功能性强，整体效果好。

　　燃气灶一般有单眼灶、双眼灶、三眼灶四眼灶等，目前一般家庭配置双眼燃气灶的多，单眼灶是小户型厨房用或配电磁炉用，三眼灶是双眼燃气灶中间加一小灶眼，一般供小奶锅用，四眼灶一般是西式灶，不适于中式烹调。

　　嵌入式灶具要按说明书上的开孔尺寸挖孔，开孔尺寸的大小要适当，过大松松垮垮，灶体不牢固，过小灶具装不进去，或对灶具造成挤压，影响面板承受灶体重力。

台式灶

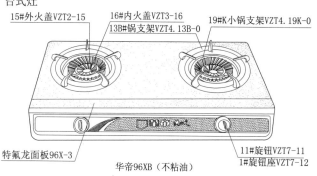

15#外火盖VZT2-15
13B#锅支架VZT4.13B-0
16#内火盖VZT3-16
19#K小锅支架VZT4.19K-0
11#旋钮VZT7-11
1#旋钮座VZT7-12
特氟龙面板96X-3
华帝96XB（不粘油）

嵌入式灶

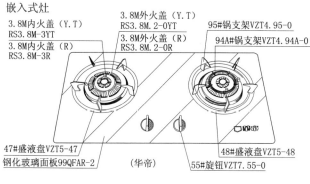

3.8M内火盖（Y.T）RS3.8M-3YT
3.8M外火盖（Y.T）RS3.8M.2-0YT
3.8M外火盖（R）RS3.8M.2-0R
3.8M内火盖（R）RS3.8M-3R
95#锅支架VZT4.95-0
94A#锅支架VZT4.94A-0
47#盛液盘VZT5-47
48#盛液盘VZT5-48
钢化玻璃面板99QFAR-2
55#旋钮VZT7.55-0
（华帝）

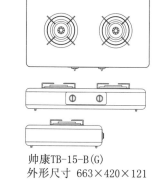

帅康TB-15-B（G）
外形尺寸 663×420×121

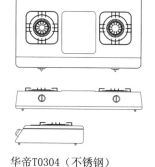

华帝T0304（不锈钢）
外形尺寸 720×375×95

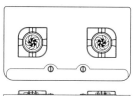

华帝 B0502X（不锈钢）
外形尺寸 800×450×143.3
嵌装尺寸 750×385×R25

帅康 QAS-98-G11（G）
外形尺寸 750×430×140
挖孔尺寸 644×318×R52

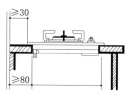

灶具安装尺寸

帅康 QAS-98-L5（G）
外形尺寸 750×450×136
挖孔尺寸 700×400×R105

阿里斯顿 70Ccm 燃气灶具（不锈钢-IX）
5个燃烧器：1个三环火燃烧器；
2个半快速燃烧器；1个辅助燃烧器
单手电子点火器；火焰熄灭保护装置

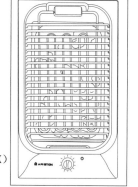

D3B

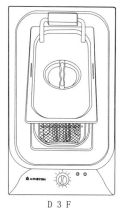

D3F

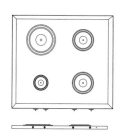

阿里斯顿 60Ccm 灶具
（不锈钢-IX/白色-WH）
Easytime/Style/PF604 IX
电灶：4个电热盘

阿里斯顿 60Ccm 灶具（不锈钢-IX）
Easytime/Style/KBM6004 IX
4个电辐射炉
12级功率等级

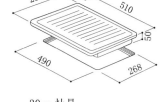

298
510
490
268
50

30cm 灶具
烧烤炉：装满熔岩石块的可移动不锈钢盆
开关灯
总能量 2.4kV
不锈钢-IX

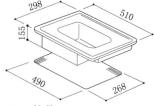

298
510
490
268
155

30cm 灶具
备有不锈钢网篮和不锈钢盖滴油盘的专用油炸灶具
开关灯和恒温灯
总能量 2.3kV
不锈钢-IX

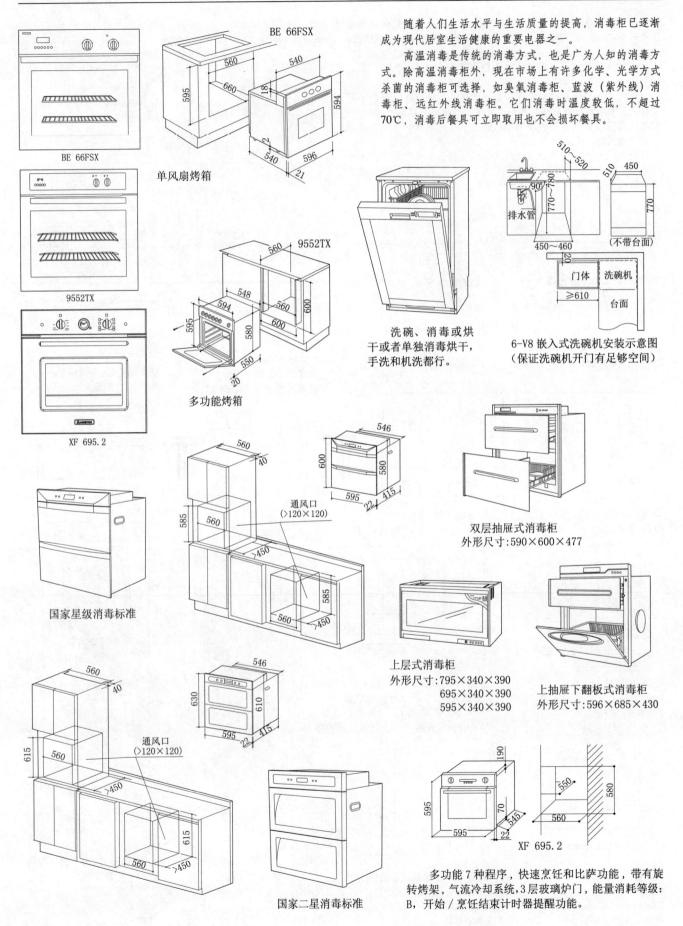

随着人们生活水平与生活质量的提高，消毒柜已逐渐成为现代居室生活健康的重要电器之一。

高温消毒是传统的消毒方式，也是广为人知的消毒方式。除高温消毒柜外，现在市场上有许多化学、光学方式杀菌的消毒柜可选择，如臭氧消毒柜、蓝波（紫外线）消毒柜、远红外线消毒柜。它们消毒时温度较低，不超过70℃，消毒后餐具可立即取用也不会损坏餐具。

BE 66FSX

BE 66FSX

单风扇烤箱

9552TX

9552TX

多功能烤箱

XF 695.2

国家星级消毒标准

通风口
（>120×120）

国家二星消毒标准

洗碗、消毒或烘干或者单独消毒烘干，手洗和机洗都行。

排水管

（不带台面）

门体　洗碗机

台面

6-V8 嵌入式洗碗机安装示意图
（保证洗碗机开门有足够空间）

双层抽屉式消毒柜
外形尺寸：590×600×477

上层式消毒柜
外形尺寸：795×340×390
　　　　　695×340×390
　　　　　595×340×390

上抽屉下翻板式消毒柜
外形尺寸：596×685×430

XF 695.2

多功能7种程序，快速烹饪和比萨功能，带有旋转烤架，气流冷却系统，3层玻璃炉门，能量消耗等级：B，开始／烹饪结束计时器提醒功能。

　　由于我国特有的饮食习惯和烹饪方式，油烟不但影响厨房卫生，也有损人的身体健康。吸油烟机的功能不仅仅是抽走烹饪油烟，还可以消除燃气污染。由于泄漏的燃气含有多种致癌物质，比烹饪油烟更有害健康，因此，吸油烟机是厨房的重要设备之一。

　　现代厨房设计都要求安装吸油烟机。目前市场上吸油烟机的种类繁多，大致可分为欧式吸油烟机和中式吸油烟机两大类。中式吸油烟机为深坑式造型，其吸力比欧式大。

　　传统的吸油烟机在油烟被吸入机体并排放至室外的过程中，油烟中的油液会粘附在风道和风叶上，时间一长就会因大量聚积而减小油烟机的吸力，增加噪声，人们因此不得不定期清洗油烟机或更换风道网罩。现在有一种"零换洗"吸油烟机的"O"型网罩，使网、板一体化，并增加了网孔的纵向尺寸，使油烟在穿越网罩时实现油、烟分离。分离出来的油液因表面张力流向两边，通过特殊的导油通路流向一体化的金属油槽，解决了油烟积聚的难题。

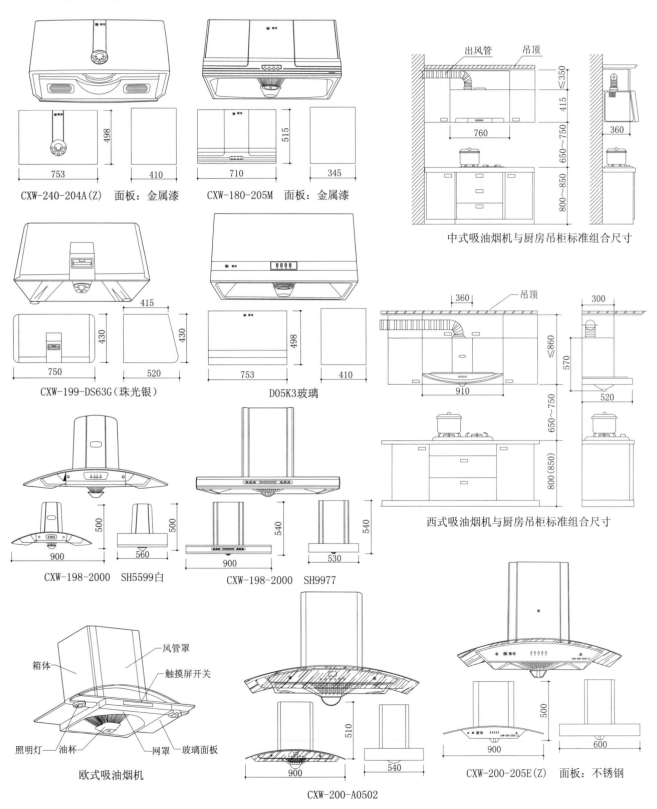

CXW-240-204A(Z)　面板：金属漆　　CXW-180-205M　面板：金属漆

CXW-199-DS63G（珠光银）　　　D05K3玻璃

中式吸油烟机与厨房吊柜标准组合尺寸

西式吸油烟机与厨房吊柜标准组合尺寸

CXW-198-2000　SH5599白　　　CXW-198-2000　SH9977

欧式吸油烟机

CXW-200-A0502

CXW-200-205E(Z)　面板：不锈钢

　　水龙头又名水嘴，是室内装饰装修必备的材料。从功能方面分，常用的水龙头分为冷水龙头、面盆龙头、浴缸龙头、淋浴龙头四大类。

　　冷水龙头的结构多为螺杆升降式，即通过手柄的旋转，使螺杆升降而开启或关闭。面盆龙头用于放冷水、热水或冷热混合水，它的结构有螺杆升降式、金属球阀式、陶瓷阀芯式等。浴缸龙头在市场上最流行的陶瓷阀芯式单柄浴缸龙头，它采用单柄即可调节水温，使用方便，不漏水。淋浴龙头启闭水流的方式有螺杆升降式、陶瓷阀芯式等，用于开放冷热混合水。

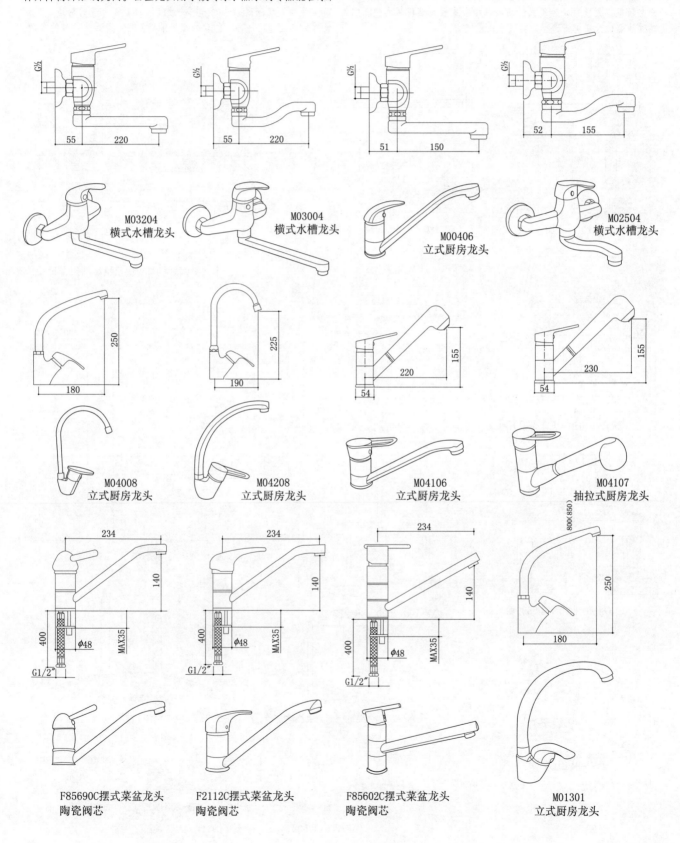

M03204
横式水槽龙头

M03004
横式水槽龙头

M00406
立式厨房龙头

M02504
横式水槽龙头

M04008
立式厨房龙头

M04208
立式厨房龙头

M04106
立式厨房龙头

M04107
抽拉式厨房龙头

F85690C摆式菜盆龙头
陶瓷阀芯

F2112C摆式菜盆龙头
陶瓷阀芯

F85602C摆式菜盆龙头
陶瓷阀芯

M01301
立式厨房龙头

水槽是厨房中必不可少的卫生洁具，一般用于橱柜的台面上。传统的瓷质四方形水槽已经逐渐引退。现在常见的有不锈钢水槽、人造结晶石水槽、可丽耐水槽、陶瓷珐琅水槽、花岗石混合水槽等数种。

不锈钢洗刷槽有单槽、双槽，大小双槽，子母槽等不同形状，展现不同个性风采，于自然、环保、健康结合为一体。不锈钢有亚光、抛光、磨沙等款式，不易刮伤，而且高档的水槽更具有良好的吸声能力，能够把洗刷餐具时产生的噪声减低.至最低。

人造结晶石水槽是由结晶石或石英石与树脂混合制成。这种材料制成的水槽有很强的抗腐性，可塑性强且色彩多样。

花岗石混合水槽是由80％的天然花岗石粉混合了丙烯酸树脂铸造而成的产品，属于高档材质，其外观和质感就像纯天然石材一般坚硬光滑，表面高雅、时尚。

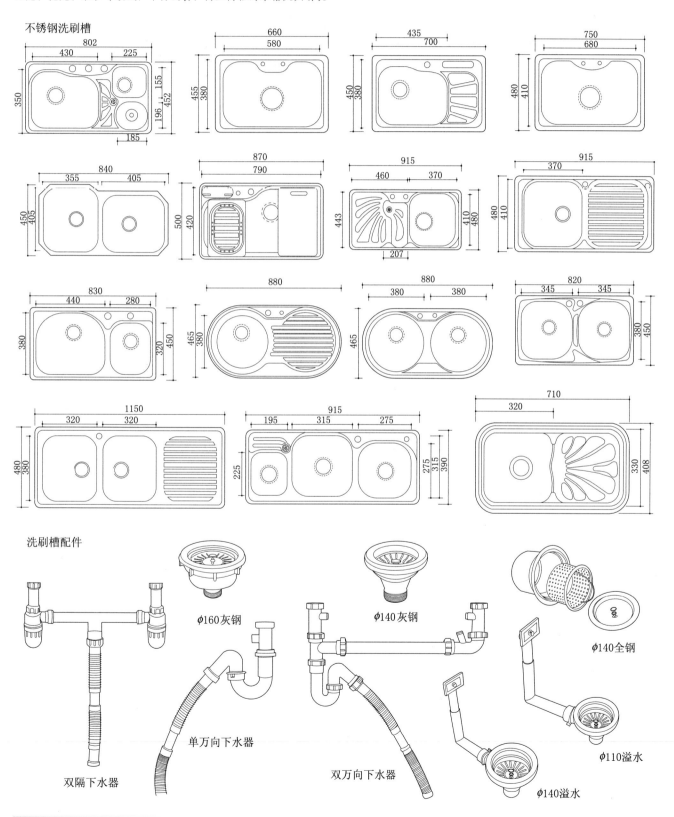

不锈钢洗刷槽

洗刷槽配件

ϕ160灰钢

ϕ140灰钢

ϕ140全钢

单万向下水器

双隔下水器

双万向下水器

ϕ140溢水

ϕ110溢水

1. 实木门板

由天然木材拼接、加工而成。常见的木材种类有橡木、胡桃木、山毛榉、赤杨、梨木、樱桃木、枫木等。利用天然木材的颜色和天然的木材纹理图案的自然美感，能显现出橱柜的高雅、名贵，但天然木材干燥后容易变形。

2. PVC薄片包覆门

用中密度板经电脑镂铣机铣削成型。将仿真印刷的PVC薄膜，在包覆机上将已铣削成型的中密度门板包覆起来。除了门板的背面以外，其余五个面全部包上了PVC膜。PVC薄膜，可以仿真印刷木纹、仿石纹、仿皮纹、仿织物等等。由于五个面都包覆了PVC，所以有较高的抗湿性，其品质的高低，由选用的PVC薄膜的质量而定。

3. 烤漆门

用中密度板经电脑镂铣机铣削成型，再喷涂高级的钢琴漆，表面色彩艳丽、光亮度非常高、平滑，容易清理，表面的硬度为2H，不能用硬物或锋利的器具划碰。一旦留下划痕，则无法修补。

4. 水晶门板

将亚克力（有机玻璃）薄板经处理，贴于经喷涂颜色的细木工板加工成的门板上，制成水晶门板。表面光滑亮丽，犹如水晶的表面故取名水晶门板。因亚克力材料的硬度较低，故容易被硬物、利器划伤，会影响表面的亮度的持久性。

5. 薄木贴面的复合门

是利用名贵木材加工成的单板，再以高温高压的方式贴在基材上加工成门板。具有天然木材的自然美感，是当前欧洲最流行的款式，容易清理。成型涂装后，不变形，与实木门一样，可持久使用。

6. 防火胶板门板

将防火胶板，施胶后压合于基材上（细木工板或刨花板），门板的周边封以PVC封边条。因防火胶板色彩艳丽，丰富多彩，所以选择性非常大，容易清理，防潮、耐高温、耐磨，是目前应用非常普遍的材料，价格也比较低。

7. 防火胶板贴面门芯四边镶实木框

将贴防火胶板的门芯板的四边镶上实木的门框，框材选用优质木材（山毛榉、橡木、枫木等）。以防火胶板丰富多彩的颜色与花纹再与天然的木材自然美的门框结合起来，使橱柜门既古典又现代。清理也比实木门容易，是目前欧洲市场上走俏的时尚精品。

橱柜各部分名称

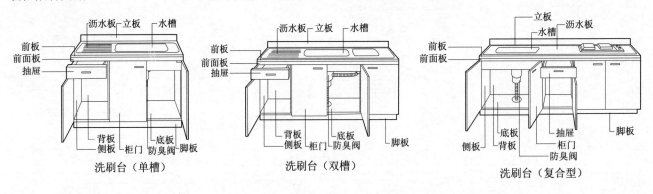

洗刷台（单槽）　　　　　洗刷台（双槽）　　　　　洗刷台（复合型）

结晶石全配件水槽

结晶石水槽
抗刮损、耐高温、不积垢、规格颜色配件齐全，附自动落水头、硬式排水管

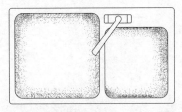

型号：SR205结晶石双水槽
外径：90×51×21cm
颜色：黑、白、灰、燕麦色

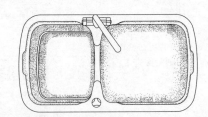

型号：SBSD结晶石单水槽附滴水平台
外径：97×51×22cm
颜色：黑、白、灰、燕麦色

型号：SLDB结晶石双水槽
外径：97×51×22cm
颜色：黑、白、灰、燕麦色

滴水碗
（SLDB, SR205型用）

滴水篮
（SLDB, SR205SBSD, SB型用）

果皮滤盘
（SLDB型用）

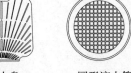

滴水盘
（SLDB型用）

圆形滴水篮
（RONDEL型用）

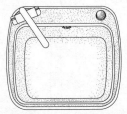

型号：SLDB结晶石双水槽
外径：97×51×22cm
颜色：黑、白、灰、燕麦色

橱柜门板与配件

罗马柱

压顶线

实木上眉线

膜压上眉线

膜压下眉线

实木门

实木围栏架

实木眉板

装饰线

CNC灯线（底托线）

门楣

酒架

实木门

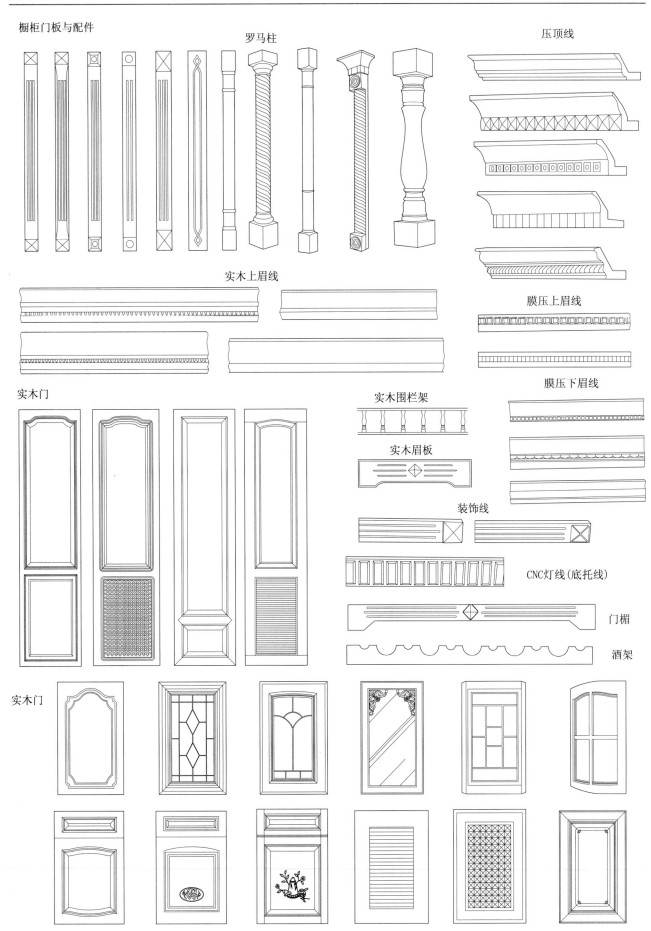

整体灶台

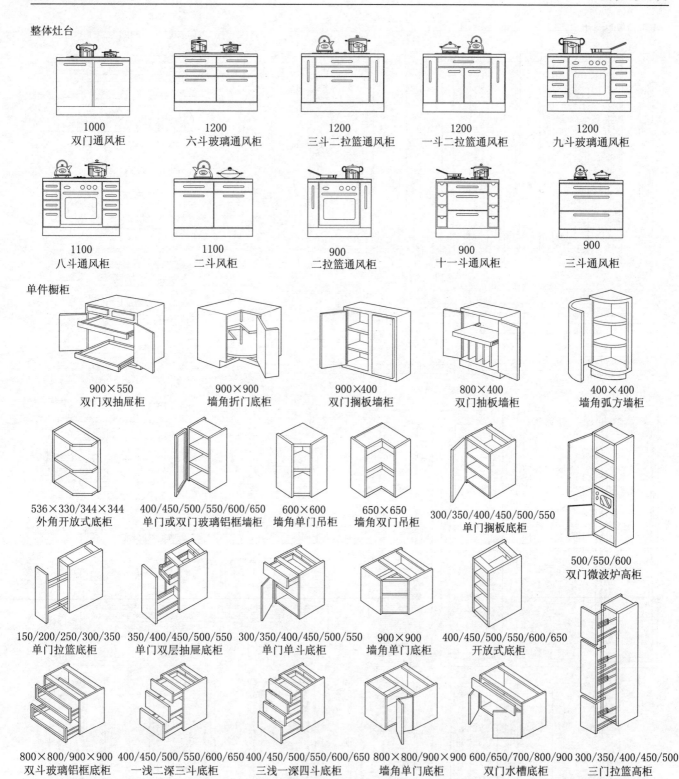

| 1000 双门通风柜 | 1200 六斗玻璃通风柜 | 1200 三斗二拉篮通风柜 | 1200 一斗二拉篮通风柜 | 1200 九斗玻璃通风柜 |

| 1100 八斗通风柜 | 1100 二斗风柜 | 900 二拉篮通风柜 | 900 十一斗通风柜 | 900 三斗通风柜 |

单件橱柜

| 900×550 双门双抽屉柜 | 900×900 墙角折门底柜 | 900×400 双门搁板墙柜 | 800×400 双门抽板墙柜 | 400×400 墙角弧方墙柜 |

| 536×330/344×344 外角开放式底柜 | 400/450/500/550/600/650 单门或双门玻璃铝框墙柜 | 600×600 墙角单门吊柜 | 650×650 墙角双门吊柜 | 300/350/400/450/500/550 单门搁板底柜 | 500/550/600 双门微波炉高柜 |

| 150/200/250/300/350 单门拉篮底柜 | 350/400/450/500/550 单门双层抽屉底柜 | 300/350/400/450/500/550 单门单斗底柜 | 900×900 墙角单门底柜 | 400/450/500/550/600/650 开放式底柜 |

| 800×800/900×900 双斗玻璃铝框底柜 | 400/450/500/550/600/650 一浅二深三斗底柜 | 400/450/500/550/600/650 三浅一深四斗底柜 | 800×800/900×900 墙角单门底柜 | 600/650/700/800/900 双门水槽底柜 | 300/350/400/450/500 三门拉篮高柜 |

耐火板各色样板

耐火板图案丰富多彩，有仿木纹、仿石纹、仿皮纹、金属纹、仿织物和净面色等多种，表面多数为高光色，也有呈麻纹状。耐火板耐湿、耐磨、耐烫、阻燃，耐酸碱及油渍等溶剂的浸蚀。
1. 耐火板因具耐磨、耐酸碱、防水、防火且易保养的特性，因而广泛地被应用厨房橱柜贴面。
2. 家具柜面。一般常见应用在桌子、书柜、酒柜、衣柜等木作板材上。
3. 壁板。耐火板的颜色与纹理繁多，因此常被使用在室内的壁面建材。
4. 顶棚板。顶棚板并非一定要用涂漆作外表，选择与整体室内风格相符的耐火板来当作顶棚板，在搭配几盏吊灯或水晶灯，温馨居家马上呈现。
5. 耐火地板。耐火地板兼具解决实木地板施工缓慢的缺点，且减少砍伐雨林的环保优点，其构造上层为耐火板，再加上密集板做底层，兼具耐磨、防火、易清理保养的特点。

整体厨房

    整体厨房是指橱柜柜体与家电有机结合,形成整体的一个空间。它与整体橱柜不同,它绝不是柜体的叠加,也不是家电的简单堆砌,它代表了不同的设计理念和服务品质。它包括五个一体化,即:一体化咨询、一体化设计、一体化配置、一体化安装和一体化服务。

    这要求厨房电器品牌一体化,如用统一品牌的嵌入式冰箱、嵌入式微波炉、嵌入式烤箱、嵌入式洗碗机、嵌入式干燥消毒机、嵌入式吸油烟机柜等专用电器;要对电源分配和电源插座进行合理的布局;也要把电器噪声处理、散热处理、家电橱柜共振处理以及气源、水源、电源对接等纳入整体厨房设计中。这是厨房装饰发展的必然趋势。

    柜体造型及动线须考虑使用者的烹调流程,此外面积大小及空间格局形式也是安排厨具柜体考虑的因素。

开放式厨房

    开放式厨房是现代厨房的新亮点。这种厨房的设计,使厨房与餐厅、客厅,甚至与卧室相通。因此,厨房装饰的款式及颜色必须与其他房间保持一致,以往常用的白色设计已被浅色或柔和温暖的现时流行色代替。厨房家具还借用专业厨房的概念,备有不同高度的桌子或梯级形地柜,洗涤槽及煮食设备旁边围有防溅挡板,铺上不锈钢,强化了专业厨房的感觉。橱柜普遍采用开放式抽屉,放存经常使用的物品,以便容易看见及拿取。其他碗橱则装上玻璃门、铁丝网门或竖柜门衬斜角边。

    在厨房设计中,考虑时尚流行的元素,色调的冷暖、深浅均以适度为特点,在形式上依旧延续简约风格,更注重与其他空间的和谐沟通。厨房不再是一个独立空间,它可以和生活的各个空间有机地融合在一起,使得厨房设计的唯美化倾向越来越明显。

L形厨房效果图

岛形厨房效果图

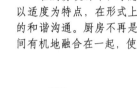

L形厨房平面图

L形柜体

    适用对象:面积较小、窄形或方形空间格局;餐厅、厨房空间开放格局,也可适用独立的厨房空间。

    动线安排:勿将水槽及燃气炉放在同一平台上,柜体可随着空间调整大小。

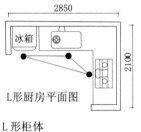

厨房150°拉伸柜安装图

型号	宽×深×高
SL5300	380×510×1225~1515
SL5300-1	380×510×1765~2065

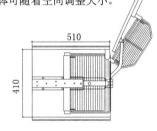

岛形厨房平面图

厨房台面边沿造型尺寸

圆角边沿

方角边沿

滴水边沿

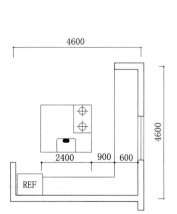

厨房联动转角拉篮

型号	宽×深×高	箱体尺寸
SL5200	860×960×500	900~1000

岛形柜体

    适用对象:面积较大的厨房空间。动线安排:在原本的L形柜体外,另在中央设计一工作台。工作台上,砧板与燃气炉的位置应保持45mm以上的距离才算安全。可包含料理台、吧台、便餐桌、工作桌等。燃气炉的位置需考虑烹调习惯,研究细火慢炖的烹煮方式可将燃气炉设置在中央的工作台上,若是习惯大火快炒的中式料理烹调方式,则最好将燃气炉安排在靠窗的平台上。

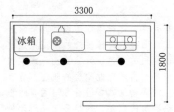

I形厨房平面图

I形柜体
适用对象：长窄形厨房空间。
动线安排：由左而右：　　冰箱→
料理区→水槽→料理区→烹煮区→
配膳区。
由右而左：配膳区→烹煮区→料理
区→水槽→料理区→冰箱

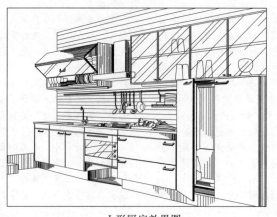

I形厨房效果图

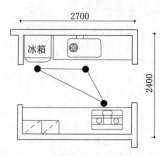

并列形厨房平面图

并列形柜体
适用对象：中等厨房或格局较方正的
厨房，餐厅、厨房开放式空间格局。
动线安排：两个柜体之间的距离最好
小于90mm；燃气炉与水槽最好安排
在不同的平台上。

U形厨房效果图

并列形厨房效果图

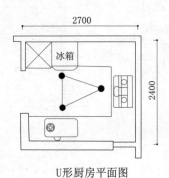

U形厨房平面图

U形柜体
适用对象：大厨房空间、开放式餐厅、厨房开
放或独立空间。
动线安排：橱柜与对边的距离为90～120mm，
可将餐桌摆置中央让餐厨空间合一；在开放式
L形柜体外加上一个橱柜或便餐台而成为U形
柜体。

厨房贮物的位置分配

热水器可分为三类：燃气热水器、电热水器和太阳能热水器。其中燃气热水器又分为人工煤气热水器、天然气热水器和液化石油气热水器；电热水器又分为贮水式电热水器和即热式电热水器。

燃气热水器优点是价格低、加热快、出水量大、温度稳定，缺点是必须分室安装，不易调温，易产生有害气体。能源是可燃气体，强排式和平衡式等。

电热水器主要是贮水式电热水器，其优点是卫生，不必分室安装，不产生有害气体，调温方便。到达设定

竖挂式

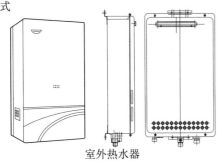

室外热水器

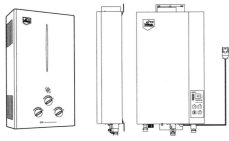

平衡式热水器

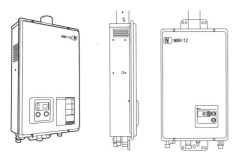

大容量智能恒温燃气热水器

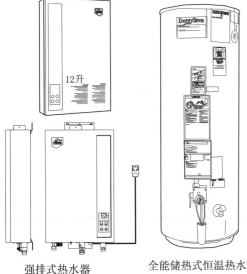

强排式热水器   全能储热式恒温热水炉

温度后自动断电、自动补温。有漏电三重保护装置。

太阳能热水器是靠汇集太阳光的能量把冷水加热成热水的装置，技术水平最高的是真空集热管太阳能热水器。太阳能热水器不足之处是受外部环境影响较大，直接受白天黑夜、气候、环境、地域位置等的影响。与其他热水器相比，太阳能热水器是最经济实惠的。

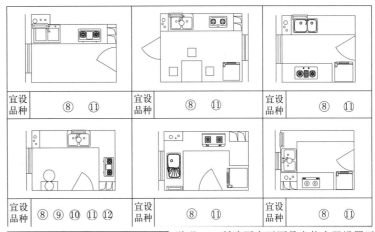

图例	编号	品　种
○	⑧	内藏贮水式电热水器
▭	⑨	卧挂贮水式电热水器
○	⑩	竖挂贮水式电热水器
▭	⑪	小壁挂贮水式电热水器
○	⑫	落地贮水式电热水器

说明：1. 所选厨房平面是电热水器设置示意图，在一个平面中有 1～2 个安装部位。

2. 某个部位适宜安装一种或多种电热水器；而每一种电热水器可安装在不同的部位。各种热水器分别选择一个部位编制安装布置图和安装详图。

3. 点热水器容积大，占有较大空间；选用壁挂式时，墙体结构应便于安装固定。

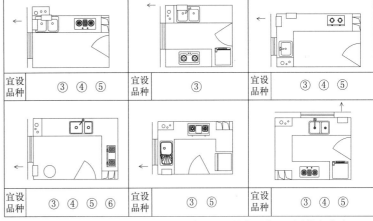

图例	编号	品　种
▭	③	强制排气式燃气快速热水器
▭	④	平衡式燃气快速热水器
▭	⑤	强制给排气式燃气快速热水器
○	⑥	强制排气式燃气容积式热水器
←		排气方向

说明：1. 所选厨房平面是燃气热水器示意图，在一个平面中有 1～2 个安装部位。

2. 某个部位适宜安装一种或多种燃气热水器；而每一种燃气热水器可安装在不同的部位。各种燃气热水器分别选择一个部位编制安装布置图和安装详图。

3. 燃气快速热水器最好安装在外墙上，或靠近外墙的部位，使排气筒（给排气筒）长度短，又不穿过柜体。

4. 燃气容积式热水器是落地式，占用空间较大，应设置在靠近外墙的地面上。

速热太阳能热水器

强排式热水器(卧挂式)

将铸铁经高温熔化后浇注制成坯体，然后在内表面涂以优质瓷釉，经烧烤制成浴缸。铸铁搪瓷浴缸有卧式、坐式之分。面釉有白色和彩色两类。铸铁搪瓷浴缸极具人性化的造型设计，并具有抗冲击、无腐蚀、耐酸碱、易安装、使用寿命长等优点。古典风格的铸铁搪瓷浴缸，尽显欧洲传统贵族的豪气，因而受到一部分人的喜爱和选用。

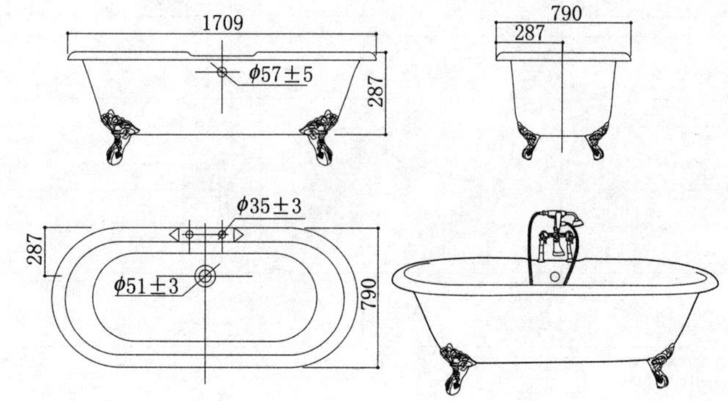

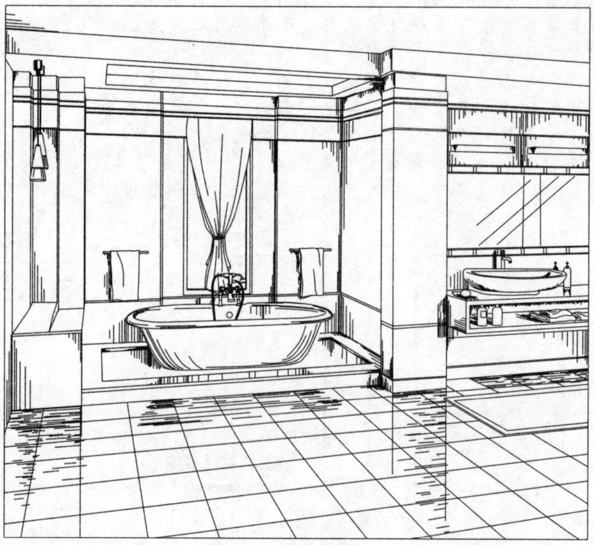

卫浴室效果图

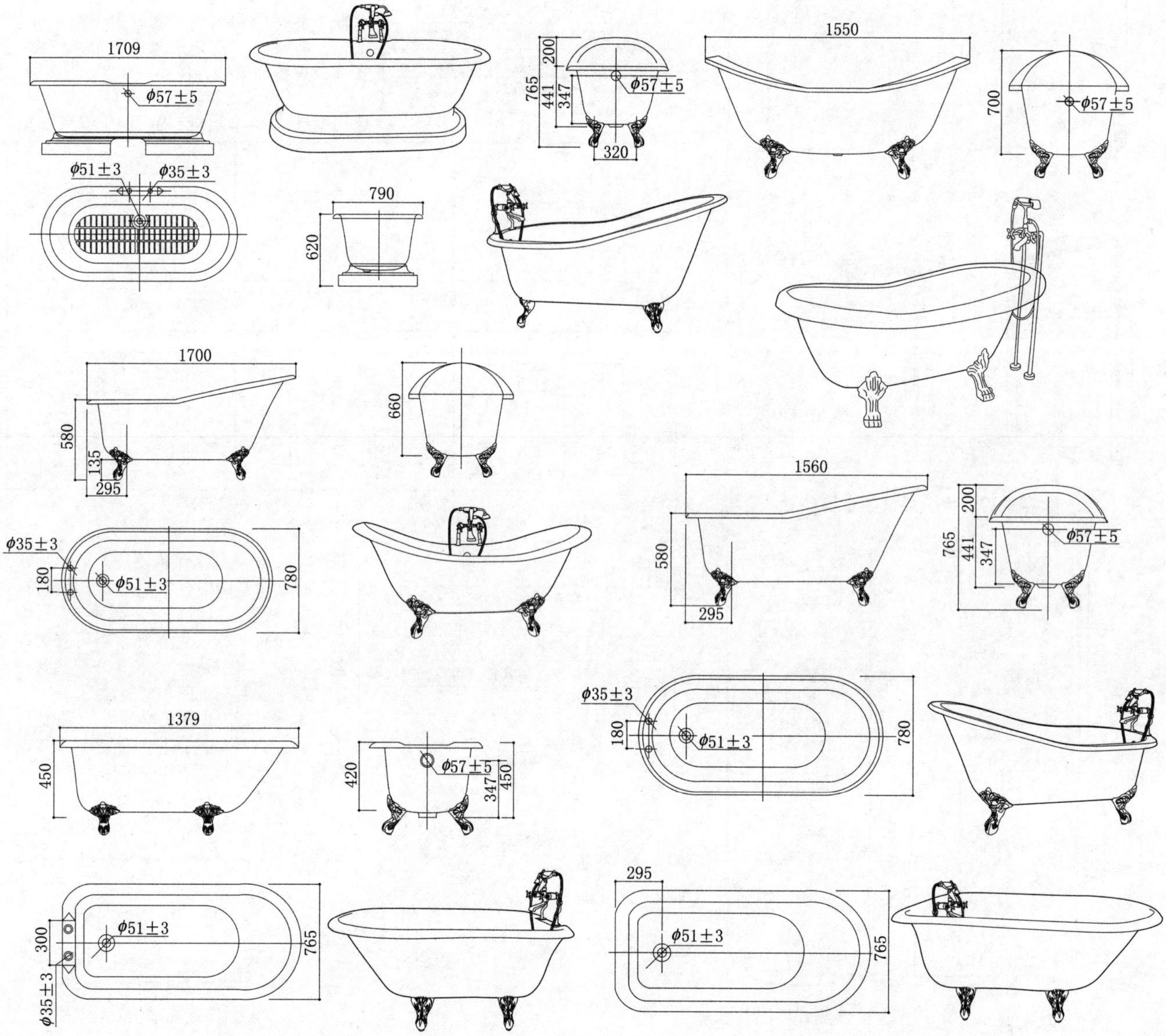

按摩浴缸是一种现代化的洗浴设备。以水流持续地冲击身体，直接产生按摩效果，不断产生的热能效应，可加快细胞间的振动，并加快血液循环，进而消耗体内多余脂肪，促进新陈代谢，让全身僵硬的肌肉舒展开来。

按摩浴缸有三种：旋涡式，令浸浴的水转动；气泡式，把空气泵入水中；结合式，结合以上两种特点。超大型的浴缸直接设计成双人式的，在设计的过程中融入了流线设计，在整个浴缸的边沿添加了凹槽，防止水溢出。在功能上还增加了气泡按摩和泡腾按摩。选择按摩浴缸的尺寸必须符合人的体形，按摩孔的位置

要合适；夹靠处要舒适；双人浴缸的出水孔要使两个人都不会感到不适；在人大腿内侧的三分之一处较为合适。

选购浴缸时要考虑浴室空间大小及是否为多人使用等，按摩浴缸的尺寸有多种，最大可容纳7人同时泡澡，这种浴缸大小十分适合亲子一同泡澡同乐。

按摩浴缸一般采用压克力板材制成，采用人体工程学的内部曲线设计，舒适感极佳，缸体表面光滑、细腻、色彩绚丽、豪华典雅，是高档浴室必备的洗浴设备。

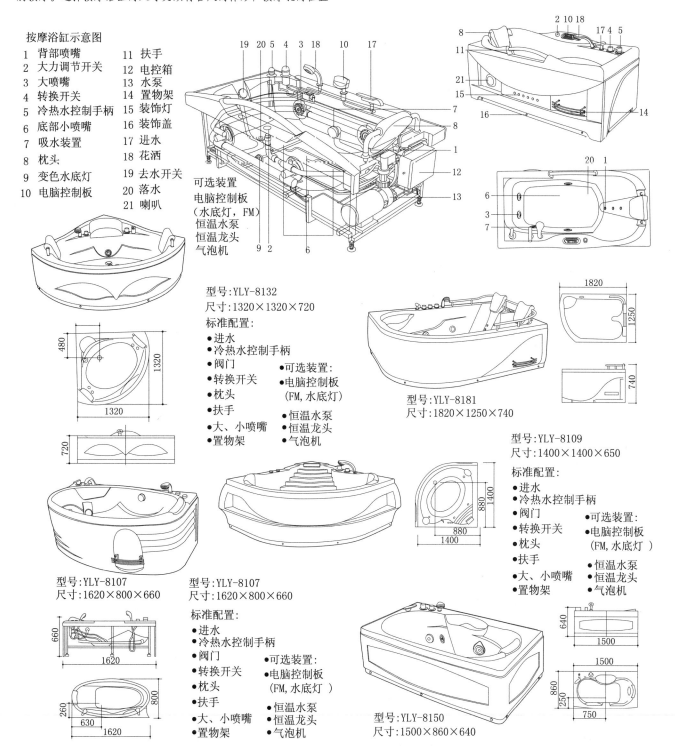

按摩浴缸示意图
1 背部喷嘴
2 大力调节开关
3 大喷嘴
4 转换开关
5 冷热水控制手柄
6 底部小喷嘴
7 吸水装置
8 枕头
9 变色水底灯
10 电脑控制板
11 扶手
12 电控箱
13 水泵
14 置物架
15 装饰灯
16 装饰盖
17 进水
18 花洒
19 去水开关
20 落水
21 喇叭

可选装置
电脑控制板
（水底灯，FM）
恒温水泵
恒温龙头
气泡机

型号：YLY-8132
尺寸：1320×1320×720
标准配置：
●进水
●冷热水控制手柄
●阀门
●转换开关
●枕头
●扶手
●大、小喷嘴
●置物架
可选装置：
电脑控制板
（FM，水底灯）
●恒温水泵
●恒温龙头
●气泡机

型号：YLY-8181
尺寸：1820×1250×740

型号：YLY-8109
尺寸：1400×1400×650
标准配置：
●进水
●冷热水控制手柄
●阀门
●转换开关
●枕头
●扶手
●大、小喷嘴
●置物架
可选装置：
电脑控制板
（FM，水底灯）
●恒温水泵
●恒温龙头
●气泡机

型号：YLY-8107
尺寸：1620×800×660

型号：YLY-8107
尺寸：1620×800×660
标准配置：
●进水
●冷热水控制手柄
●阀门
●转换开关
●枕头
●扶手
●大、小喷嘴
●置物架
可选装置：
电脑控制板
（FM，水底灯）
●恒温水泵
●恒温龙头
●气泡机

型号：YLY-8150
尺寸：1500×860×640

卫生间内单独隔出的由浴屏（淋浴门）、淋浴盆、淋浴器及相应的给排水配件组成的淋浴空间，称淋浴房。从方便、快捷、节水和卫生的角度来说，淋浴间更符合现代人的生活要求。但由于淋浴房有节省空间、方便、简单实用等优点，因此它已成为很多宾馆和家庭选用。

淋浴房的外形分为正方形、长方形、钻石型、曲尺型、圆形、圆弧形等。淋浴房的框架一般为铝合金。型材表面喷塑膜，多为白色，也有金黄、亚金黄、银白色等。淋浴房的屏板材料用PS胶板或钢化玻璃。淋浴房的底部大多安装压克力或陶瓷的淋浴盆。

选择淋浴房要注意其造型应适合卫生间的房型结构，颜色要与洁具、墙地砖相配套。

淋浴房的位置利用浴室墙角或畸形角落为宜。淋浴房的面积要大于900×900才足够身体的伸展。在小面积卫生间设置淋浴房应特别注意淋浴房的进出通道。一字形拉门的淋浴房应选择好莲蓬头的位置与拉门方向叉开。

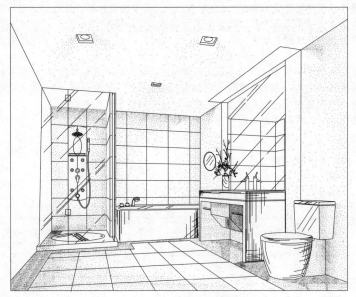

卫浴室淋浴房效果图

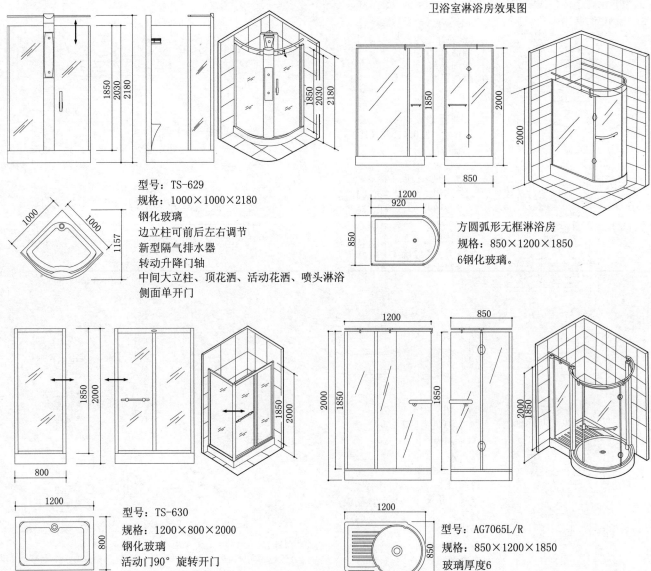

型号：TS-629
规格：1000×1000×2180
钢化玻璃
边立柱可前后左右调节
新型隔气排水器
转动升降门轴
中间大立柱、顶花洒、活动花洒、喷头淋浴
侧面单开门

方圆弧形无框淋浴房
规格：850×1200×1850
6钢化玻璃。

型号：TS-630
规格：1200×800×2000
钢化玻璃
活动门90°旋转开门

型号：AG7065L/R
规格：850×1200×1850
玻璃厚度6

淋浴器由进水控制阀、给水管和一个或数个喷头组成。喷头可通过软管或硬管与给水阀连接。喷头功能可以分为软淋浴和硬淋浴，软淋浴喷出的水呈雾状或雨状，硬淋浴喷出的水呈注射状或射流状雨状。有的淋浴器可按照人体冲洗的各个部位如头部、肩部、胸部、背部、腿部、脚和臀部、下身安装多个喷头。有的喷头靠水压作用产生射流，一方面具按摩作用，使淋浴者舒适，另一方面可以节水和节能。淋浴器一般与淋浴房组合使用，它也是蒸汽房内主要配件。

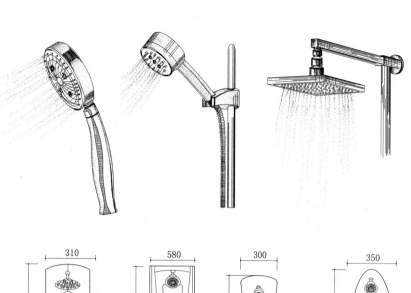

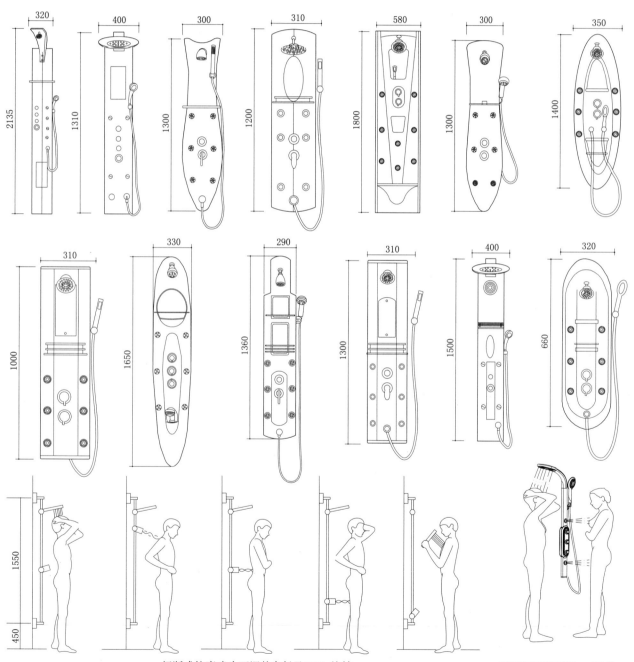

间断式按摩喷头可调整高低及360°旋转

顶喷可旋转180°，可供情侣共浴，提升淋浴情趣。

这是一种由电脑控制的蒸气房，一般由淋浴系统、蒸气系统和理疗按摩系统组成。国产蒸气房的淋浴系统一般都在顶花洒和底花洒，并有自洁功能；蒸气系统主要是通过下部的独立蒸气孔散发蒸气，并可在药盒里放入药物享受药浴保健；理疗按摩系统主要是通过淋浴房壁上的针刺按摩孔出水，用水的压力对人体进行按摩。

电脑蒸气房可以在同一房体内享受几种不同的感觉，其外观简洁、亮丽，充满现代人的生活气息，并节省了有限的空间，适合家庭使用。

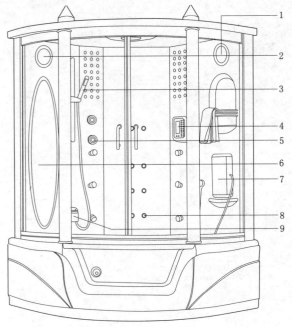

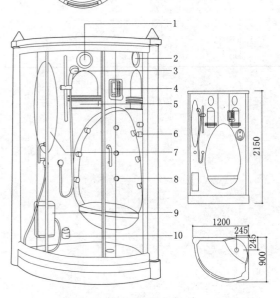

JM-2031
外形尺寸：1380×1380×2150
1. 高保真扬声器
2. 换气扇
3. 手握花洒
4. 电脑控制面板
5. 冷热水龙头
6. 浴室镜
7. 足底按摩器
8. 针刺按摩喷嘴
9. 蒸气喷嘴

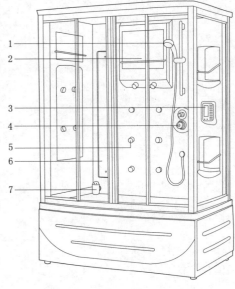

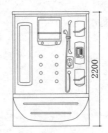

JM-2008 Left（左裙）
外形尺寸：
1500×950×2200
1. 手握花洒　2. 浴品架
3. 电脑控制面板
4. 冷热水龙头
5. 针刺按摩喷嘴
6. 浴室镜
7. 蒸气喷嘴

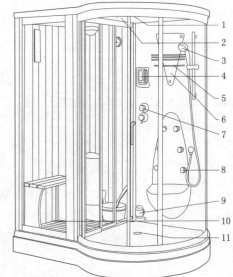

JM-6002 Right（右裙）
外形尺寸：
1700×1050×2200
1. 高保真扬声器
2. 换气扇
3. 手握花洒
4. 电脑控制面板
5. 浴品架
6. 浴室镜
7. 冷热水龙头
8. 针刺按摩喷嘴
9. 蒸气喷嘴
10. 干蒸房
11. 湿蒸房

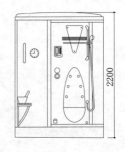

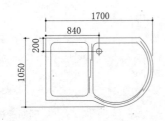

JM-2040 Left（左裙）
外形尺寸：1200×900×2150
1. 高保真扬声器　6. 冷热水龙头
2. 换气扇　　　　7. 浴室镜
3. 手握花洒　　　8. 针刺按摩喷嘴
4. 电脑控制面板　9. 足底按摩器
5. 浴品架　　　　10. 蒸气喷嘴

　　国产桑拿蒸汽房一般用杉木制作，杉木纹理直，韧而耐久，易加工，价格适中。进口的桑拿房采用经高温处理的白松制作，使用隔断棉保温。白松纹理直，木质紧密，易干燥，但价格较高。桑拿房可根据需要作随意大小不规则的设计。家用桑拿房容纳两三人，房内架铺一连体设计的木床，可躺可坐。桑拿房的主要配件有桑拿炉、桑拿灯、火山石、木桶勺子、温度计、计时器等。桑拿房是组合式结构，而且可拆除。

常见的桑拿浴

1. 干蒸：

　　利用类似电炉的设备把电能直接转化为热能，热气中不含水分。电炉上通常会放一些矿石，被加热后释放出多种对人体有益的元素。干蒸的温度较湿蒸高，可达到100℃左右。干蒸借着高温干燥空气对流循环方式，使毛细孔张开迅速排汗，除能排除体内汗垢及多余脂肪，具有瘦身及养颜美容有极大地功效，亦能快速消除精神疲劳。

2. 湿蒸：

　　湿热的蒸气充塞与空间中，以高温对流的方式循环，利用湿润的空气，使全身的毛细孔张开，排除体内汗垢及多余脂肪，具有瘦身及养颜美容的功效，并能快速消除疲劳。首先洗净身体，在蒸气浴里等候5分钟排汗，反复2-3次，就可以排泄体内的废物，促进新陈代谢，解除全身的疲劳，保护心脏并防治妇科病，对缓解神经痛，消除肩痛有疗效。

3. 远红外桑拿浴：

　　利用远红外线的热射线加热，而不是蒸气加热，红外线温柔地从内部使身体发热而不是加热空气。红外线具有穿透皮肤表面的能力，从而使人的身体整体均匀地感受如淋浴阳光般的温暖，研究表明40分钟的红外线桑拿可以燃烧600卡路里，身体机能会自动调节降低体温，保持凉爽，这样使得心率、心输出量和代谢率大幅增加。

GD-300B/C

　　桑拿-红外暖房结为一体。红外暖房系列提供了高品质的完备选择方案。可以根据顾客对暖房的大小尺寸和装备设施的特殊需要和要求，提供最美的设计制造。高效率的红外线加热系统，使暖房的加热过程中只需大约30分钟就足够了。通过暖空气在室内的循环，身体得到了最直接的温暖。当室内温度达到设置值时将自动停止加温。红外暖房系列也同时拥有最精密的红外线安全保证体系。

型号　GD-300　　类型　3人使用
尺寸（宽×深×高）　1610×1300×1930
重量　　　Basswood：约202.2kg
　　　　　Cedar：约165.2kg
碳墨发热板数量　　　8片
电源功率　　　AC220V/8.36A；约1840W

纳米碳墨技术桑拿房特点

　　桑乐屋桑拿房的核心技术 纳米碳墨发热板，它把碳的精华也就是碳的纳米化（亦称碳墨），利用特殊技术网印在玻璃纤维板上，通电后就成为一种特殊的发热源，可以完美地发射出波长6～14微米的生命光线，具有超薄大面积，表面温度低，安全无毒，省电耐用等优良特性。发射面积大，全方位照射。

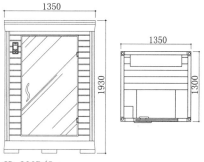

GD-200B/C

型号　GD-200　　类型　2人使用
尺寸（宽×深×高）　1350×1300×1930
重量　　　Basswood：约173.8kg
　　　　　Cedar约148.9kg
碳墨发热板数量　　　6片
电源功率　　　AC220V/7.27A；约1600W

GD-600B/C

型号　GD-600　　类型
尺寸　2160×1600×1930
重量　285.9kg
　　　约252.5kg
碳墨发热板数量　10片
电源功率　AC220V/10.9A；约2400W

潮流式桑拿房
（红外线暖房）
2160×1600×1930

经典式桑拿房
（红外线暖房）
1610×1300×1930

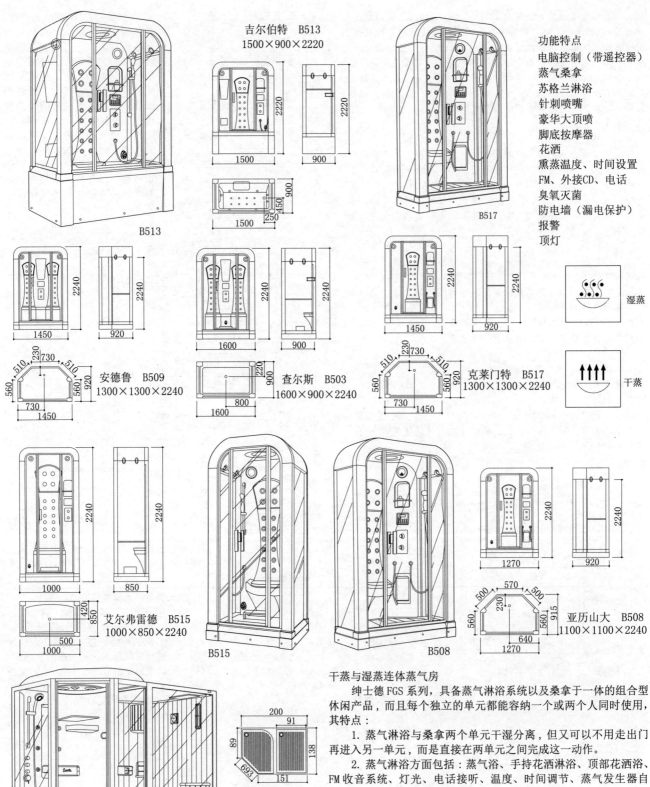

吉尔伯特　B513
1500×900×2220

B513

安德鲁　B509
1300×1300×2240

查尔斯　B503
1600×900×2240

艾尔弗雷德　B515
1000×850×2240

B515

功能特点
电脑控制（带遥控器）
蒸气桑拿
苏格兰淋浴
针刺喷嘴
豪华大顶喷
脚底按摩器
花洒
熏蒸温度、时间设置
FM、外接CD、电话
臭氧灭菌
防电墙（漏电保护）
报警
顶灯

B517

克莱门特　B517
1300×1300×2240

湿蒸

干蒸

B508

亚历山大　B508
1100×1100×2240

绅士德
FGS-2152
FGS-2252
FGS-2352
2000×1380×2250

干蒸与湿蒸连体蒸气房

干蒸与湿蒸连体蒸气房
　　绅士德FGS系列，具备蒸气淋浴系统以及桑拿于一体的组合型休闲产品，而且每个独立的单元都能容纳一个或两个人同时使用，其特点：
　　1. 蒸气淋浴与桑拿两个单元干湿分离，但又可以不用走出门再进入另一单元，而是直接在两单元之间完成这一动作。
　　2. 蒸气淋浴方面包括：蒸气浴、手持花洒淋浴、顶部花洒浴、FM收音系统、灯光、电话接听、温度、时间调节、蒸气发生器自动清洗，温度、时间、缺水保护功能一应俱全。
　　3. 桑拿房方面包括：蒸气桑拿、空气对流装置、温度调节、时间调节、灯光、沙漏计时器、温湿度表、双层坐位、挂衣钩，时间、温度保护等功能。
　　4. 房体的外门采用可单手启闭掩门形式，增加人性化的安全系数。
　　5. 干湿两单元的可相通，可以方便使用者在天气寒冷的环境下使用时，在房体内完成脱衣及穿衣的过程，避免了要在房体外穿衣、脱衣受凉的情况出现，增加了产品的人性化。

　　一般的镜面玻璃具有三层结构，面层为玻璃，中间层为镀铝膜或镀银膜，底层为镜背漆。室内装饰常利用镜子的反射、折射来增加空间感和距离感，或改变光照效果。

　　卫浴室镜子有电脑刻花镜、电子防雾镜、热溶镜、花边镜、双边镜等系列。镜子是人们日常生活的必需品，如上洗手间、洗漱、整理头发、擦护肤品、剃须、打领带、换衣服等，习惯上都要照照镜子。

　　照镜子，能检视自我；照镜子，令人寻回饱满的精神；照镜子，让人感受家的温馨。

金属花边镜

配置镜子的卫浴室

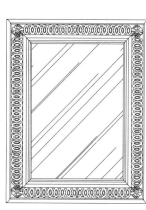

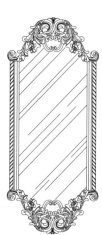

　　在卫生间中，为镜子前面的作业提供的照明是有其特殊要求的。首先，要保证足够的照明亮度，以便能很容易地看清楚面部。还有，所采用的光源应具有良好的显色性，能够正确地显现出皮肤的肤色。镜前灯主要照明要求是在洗脸时能够看清脸部的细节，因此可以在镜子上方的墙面上安装 1 个框架灯具进行照明，可以采用 20W 的 T8 短管直管荧光灯作为光源，光源的显色性应该高一些。这样，整个房间的环境照明可以通过框架灯具的上射光经顶棚反射来实现，房间的光线分布不但充足，而且比较柔和舒适。在洗脸台前的重点照明也可以通过 1 个挑檐灯具来实现，灯具内可以采用 1 根 20W 的 T8 直管荧光灯。梳妆照明与卧室梳妆照明做法相同，灯具应安装在镜子上方，在视野 60° 立体角以外，灯光多直接照到人的脸部，而不应照向镜面，以免产生眩光。镜前灯常采用乳白玻璃罩的漫射型灯，通常采用 60W 白炽灯泡或者 36W 荧光灯。卫生间的照明应尽量考虑灯的防潮性能，可在镜子上方或一侧装设一盏全封闭罩式防潮灯具。

镜前灯效果图

　　脸盆有壁挂式、立柱式、柜式和台式四种，立柱式和台式也称作柱脚式和嵌入式。壁挂式脸盆为较新式造型，具有现代感，最省地方，嵌入式脸盆是把脸盆嵌入石材台面或地柜台面上，好处是可以让使用者摆放日常用品，在宾馆卫浴间较常使用。住宅空间合适的卫浴间也常采用。立柱式脸盆的承托力比壁挂式强，较少出现盆身下坠变形的情况，柜式是将脸盆的前沿部分嵌入柜体上，它的优点是盆体比较大，且盆柜一体外观相当时尚。

　　脸盆材质多数为陶瓷材料，具有颜色多样、结构细致、表面细腻光滑、气孔率小、强度较大、吸水率小、抗腐蚀、热稳定好、易清洁等特点。人造大理石、人造玛瑙、玻璃钢、塑料、压力克（丙烯酸板和玻璃钢复合材料）、不锈钢等材料也用来制作脸盆，也同样取得很好的性能和装饰效果。

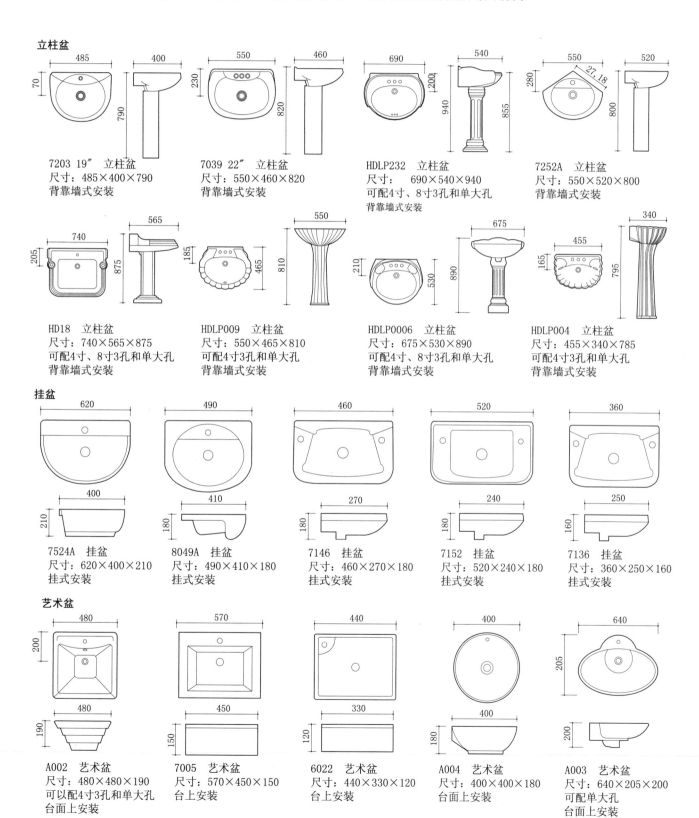

立柱盆

7203　19″　立柱盆
尺寸：485×400×790
背靠墙式安装

7039　22″　立柱盆
尺寸：550×460×820
背靠墙式安装

HDLP232　立柱盆
尺寸：　690×540×940
可配4寸、8寸3孔和单大孔
背靠墙式安装

7252A　立柱盆
尺寸：550×520×800
背靠墙式安装

HD18　立柱盆
尺寸：740×565×875
可配4寸、8寸3孔和单大孔
背靠墙式安装

HDLP009　立柱盆
尺寸：550×465×810
可配4寸3孔和单大孔
背靠墙式安装

HDLP0006　立柱盆
尺寸：675×530×890
可配4寸、8寸3孔和单大孔
背靠墙式安装

HDLP004　立柱盆
尺寸：455×340×785
可配4寸3孔和单大孔
背靠墙式安装

挂盆

7524A　挂盆
尺寸：620×400×210
挂式安装

8049A　挂盆
尺寸：490×410×180
挂式安装

7146　挂盆
尺寸：460×270×180
挂式安装

7152　挂盆
尺寸：520×240×180
挂式安装

7136　挂盆
尺寸：360×250×160
挂式安装

艺术盆

A002　艺术盆
尺寸：480×480×190
可以配4寸3孔和单大孔
台面上安装

7005　艺术盆
尺寸：570×450×150
台上安装

6022　艺术盆
尺寸：440×330×120
台上安装

A004　艺术盆
尺寸：400×400×180
台面上安装

A003　艺术盆
尺寸：640×205×200
可配单大孔
台面上安装

台上盆

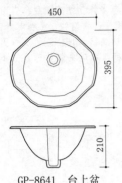
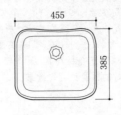
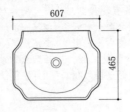
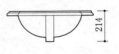
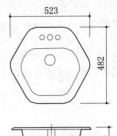

GP-8641　台上盆
尺寸：　450×395×210
台上安装

GP-9141　台上盆
尺寸：　455×385×185
台上安装

GP-1239　古典台上盆
尺寸：　607×465×214
台上安装

GP-1142　六角形台上盆
尺寸：　523×482×223
台上安装

GP-1141　台上盆
尺寸：　600×480×195
台上安装

台下盆

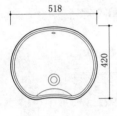
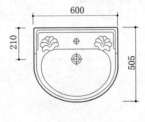

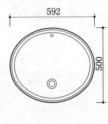
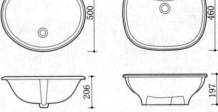

GP-9343　台下盆
尺寸：　518×420×210
台下安装

6086　台下盆
尺寸：　600×505×205
台下安装

GP-1343　台下盆
尺寸：　365×185
台下安装

GP-1244　台下盆
尺寸：　592×500×206
台下安装

GP-1243　豪华台下盆
尺寸：　557×460×197
台下安装

柜盆

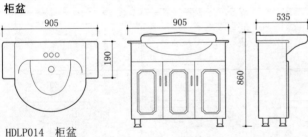
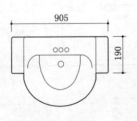
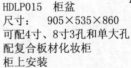
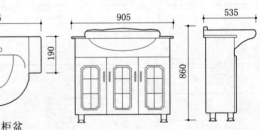

HDLP014　柜盆
尺寸：　905×535×860
可配4寸、8寸3孔和单大孔
配复合板材化妆柜
柜上安装

HDLP015　柜盆
尺寸：　905×535×860
可配4寸、8寸3孔和单大孔
配复合板材化妆柜
柜上安装

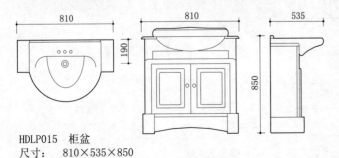
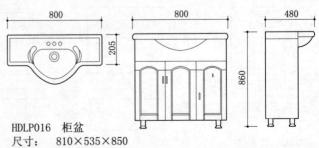

HDLP015　柜盆
尺寸：　810×535×850
可配4寸、8寸3孔和单大孔
配实木化妆柜
柜上安装

HDLP016　柜盆
尺寸：　810×535×850
可配4寸、8寸3孔和单大孔
配复合板材化妆柜
柜上安装

　　玻璃台盆用钢化玻璃制成，分为台盆和透明台盆两种，经过压制上釉色等工艺完成，其体形有单体盆、双体盆（两个台盆有台面连接在一起的）、有连体盆之分（台盆与台面连为一体）。盆体直径一般在420～600mm之间。造型千姿百态，尤其是彩色玻璃台盆，其花色特别丰富，五彩缤纷、晶莹剔透，借由不同角度的光彩变化，非常迷人，是一种艺术性、科技性极高的卫浴新品。

纯白盆花边贝壳

蓝盆白色两点

绿盆白色光射

蓝盆白色光射

绿盆五彩花瓣

蓝盆红白电光

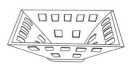

红盆白色方格

紫盆红色电光

黑盆白色圆点

绿盆荷叶边

蓝盆白色方格

黑盆白色流水

绿盆孔雀开屏

咖啡网纹大理石

蓝盆白色满天星

黑盆黄白紫荆花

红盆白色方格

蓝盆花边贝壳

红盆金黄花边

中国黑白根大理石

黑盆黄金龙

黑盆蓝黄紫荆花

　　陶瓷艺术台盆采用欧美、日本最新设计元素，结合中国传统陶瓷工艺表现手法，纯手工制作而成。陶瓷艺术台盆最大的价值在于其实用性与艺术性的完美结合。纯手工的制作手法决定了每件产品都是独一无二、不可复制，即使是同一组图案，最终的表现效果也会呈现略微的差异。陶瓷艺术台盆是由136℃的高温烧制而成，绚丽丰富的色彩效果来自于烧制过程中颜色釉的窑变，因此，每款产品的颜色会呈现一定的差异，以及不规格的裂纹效果，陶瓷艺术台盆耐酸、耐碱、耐温、不褪色、不含放射性物质、美观、环保，既是实用型的卫浴产品，同时也是值得珍藏的艺术品。

仿清代寿纹翘头浴室柜
950×560×700

仿明代翘头浴室柜
1200×560×700

青釉凸荷莲纹
400×150

天蓝釉荷叶纹
400×150

斗彩荷花纹
430×150

青花莲枝纹
430×170

粉彩金黄花卉纹
410×130

青花菊花纹
430×170

斗彩荷花纹
430×150

青花菊花纹
430×150

茄皮紫釉金黄花卉纹
410×150

粉彩金黄花卉纹
410×150

坐便器也称抽水马桶，是家庭、宾馆和公共卫生间常用的卫生洁具。坐便器按其冲洗排污方式可分为虹吸式和冲落式两大类。虹吸式中又分为漩涡虹吸式和喷射虹吸式两种。冲落式坐便器冲洗时噪声大，水面浅，排污不彻底而产生臭气，其优点是结构较简单、价格便宜，一般用于要求不很高的场所。

坐便器按其结构可分为带水箱与不带水箱两种。而带水箱的坐便器又分为分离式和相连式两种。分离式的坐便器其水箱高挂在墙上，占据室内空间，且装饰效果不佳；相连式的坐便器外形显得简洁，造型优美，但冲洗力较高挂式水箱稍差。现在逐渐流行的是挂壁式坐便器，它是一种隐身智能新型坐便器。水箱埋在墙体内，墙面上只见开关，非常简洁，且冲水力相当大，是比较理想的新产品。

连体式坐便器是与水箱为一体的坐便器。外形豪华气派，成为高档卫生间的必备设施。传统的旋涡虹吸式连体坐便器，冲洗功能好，冲洗噪声低，但其器型大，结构复杂，因而售价昂贵，

而且冲洗用水量大，均在 11L 以上，有的高达 15L。冲落式连体坐便器，结构较简单，突出的优点是节水。

落地式坐便器是固定安装在地面的坐便器。坐便器自重大，这是坐便器最常用的安装方式，也是连体坐便器等大型坐便器唯一的安装方式。

冲落式坐便器用冲洗水的冲力直接将污物排出的坐便器。分平冲式与深冲式两种。产品结构简单，冲洗噪声较大，优点是节省水。目前国内 6L 水节水型坐便器配套系统中采用的多数属于冲落式坐便器。用 3.5L 水即可将污物冲出大便器，2.5L 后续冲洗水可保证污物通过 5m 长的横管而不沉积。

坐便器多以陶瓷来制造，而坐板的材质则有塑料、木材、玻璃纤维等，外形和颜色较多，目前已有一种儿童专用卡通坐板，色彩相当丰富。坐板在功能和舒适性上的设计也不断在创新。还可以用电子感应或电动遥控来控制坐板的开启和自动冲洗。

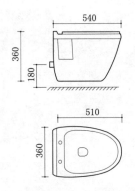

6511A 挂墙式坐便器
尺寸：540×360×360
横排污，排污口中心离地180

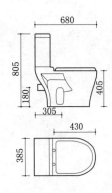

6522 冲落式分体坐便器
尺寸：680×385×805
地排污，排污口中心离墙305
横排污，排污口中心离地180

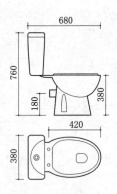

6109 横排式分体坐便器
尺寸：680×380×760
横排污，排污口中心离地180

6105 分体坐便器
尺寸：500×370×395
横排污，排污口中心离地180

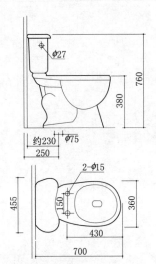

AB-2104喷射虹吸式坐便器
坐厕尺寸：670×360×400
AS-8103水箱
水箱尺寸：455×220×360
地排污，排污口中心离墙250

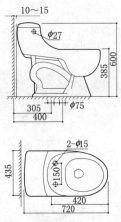

AB-1201喷射虹吸式连体坐便器
尺寸：720×435×600
地排污，排污口中心离墙305或400
排污口外径075

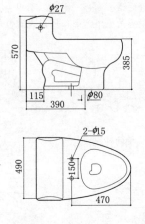

AB-1204旋涡虹吸式连体坐便器
尺寸：735×490×570
地排污，排污口中心离墙390
排污口外径080

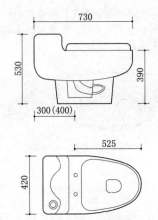

2095 静音漩涡式连体坐便器
尺寸：730×420×530
地排污，排污口中心离墙300，400

智能温水座便器效果图

卫洗丽是 TOTO 发明的温水洗净式坐便器，可调节水温，可调节冲洗力，还可前后摆动清洗，它具有除臭、暖风烘干、便座保温以及喷嘴自动清洗这些舒适齐全的功能。体现的是生活质量的飞跃。随着城市的发展，人们生活质量的提高，必然会越来越关注生活的细节。今后"温水洗净臀部"的观念也会让人们习以为常。它将改变消费者的卫浴观念和习惯，让人们感受到它所带来的方便。

产品特点：

1. 冲洗时使水流每秒变化 70 次以上的律动喷出，形成强弱交替的水波式按摩，洗净力更胜一筹。

2. 全新冲洗方式，为电脑控制，单柱水流沿特设内壁成漩涡式冲下，使 6L 水也实现强劲冲洗力。

3. 独具"自动冲水""自动开合""自动除臭"和"自动加温"等系列自动感应功能。

4. 配备有全程遥控器，在众多自动运作的程序功能中，仍然可以随心所欲地进行功能自主设定。

5. 纳米级平滑陶瓷表面，既保护了洁具表面，更带来超级洁净卫生的使用体验。

6. 创新无凹洞的新型内缘形状。有效避免隐形污垢粘附，清洗起来自然轻松。

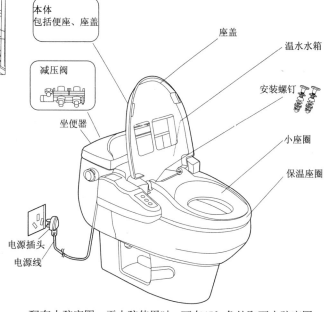

配有小孩座圈，无小孩使用时，可在45°角处取下小孩座圈

臀部洗净更清新

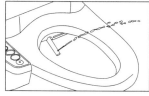

可选择水温的温水洗净系统，能让臀部得到更周全的洁净效果，彻底享受清爽感觉。

下身洗净更贴心

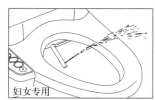

由下身洗净专用喷嘴喷出混有气泡的柔和温水，清洗更精细，经期也能保持身心愉悦。

前后摆动清洁

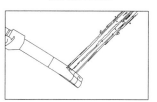

在臀部洗净或下身洗净时，碰嘴能同时前后摆动，可进一步提高洗净效果。

恒定温度更体贴

电脑控制使便座保持一定的温度，即使冬天，也使臀部暖和。

暖风干燥更舒适

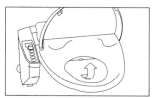

舒适暖风令使用后的臀部干燥爽快，并可根据需要调节暖风温度。

智能除臭更舒爽

完全除臭，使正在使用中的人和下次使用的人都能感到舒适。

清洗方便更省心

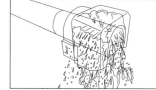

按动喷嘴清洗开关，就能打扫喷嘴。自洁程序更会在每次喷水前后进行自身清洁。

净身器又名妇洗器。带有喷水及排水系统以洗涤人体排泄器官的有釉陶瓷质卫生器。以往视为妇女卫生专用产品，目前已不限妇女净身所用，可供男女性便后使用。在宾馆中只有在高级客房中才设有净身器。目前各国在这个品种上产品造型较少，类别不多。在结构上是前后交叉成弧线喷洗，使用者在舒适中解决了卫生问题，而且配件水嘴安装在圈上面，向下角度可变化进行

冲洗，此结构更简便。净身器尺寸比坐便器略小，左右仍需留有300～350的空隙。现坐便器配有自动冲洗烘干式坐便器后，兼有了净身器的功能，卫生间中单独安装净身器的必要性大为下降。用于净身器给水与排水的配件主要由给水阀及排水阀组成。净身器的排水配件与洗面器排水配件通用。

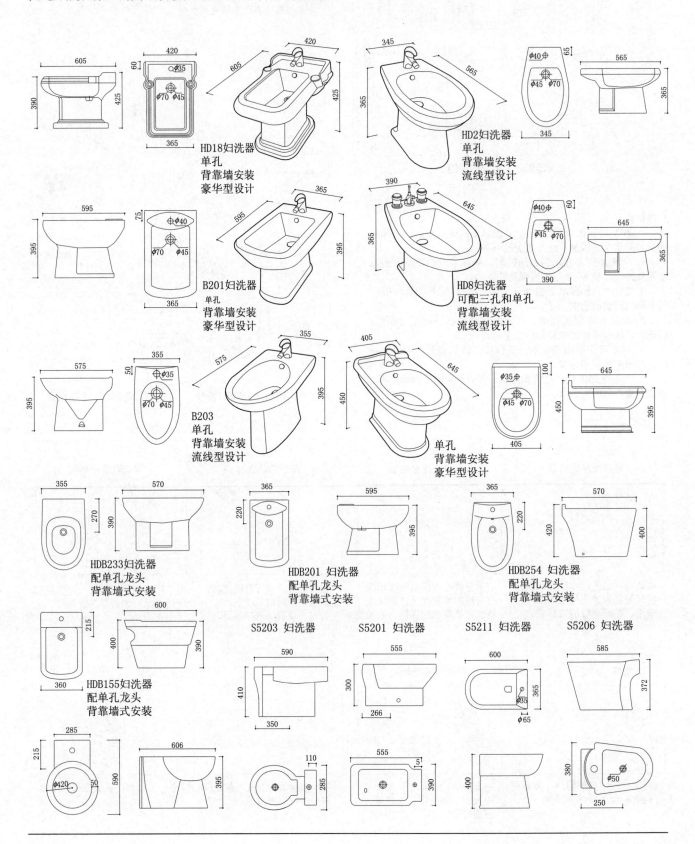

HD18妇洗器
单孔
背靠墙安装
豪华型设计

HD2妇洗器
单孔
背靠墙安装
流线型设计

B201妇洗器
单孔
背靠墙安装
豪华型设计

HD8妇洗器
可配三孔和单孔
背靠墙安装
流线型设计

B203
单孔
背靠墙安装
流线型设计

单孔
背靠墙安装
豪华型设计

HDB233妇洗器
配单孔龙头
背靠墙式安装

HDB201 妇洗器
配单孔龙头
背靠墙式安装

HDB254 妇洗器
配单孔龙头
背靠墙式安装

HDB155妇洗器
配单孔龙头
背靠墙式安装

S5203 妇洗器

S5201 妇洗器

S5211 妇洗器

S5206 妇洗器

　　小便器专供男性小便使用的釉陶瓷质卫生器。设在公共卫生间中。按安装方式分壁挂式与落地式两大类。小便器上安装给水阀和排水阀。新型小便器采用光电感应或红外感应来实现节水。

　　壁挂式小便器是安装于墙壁上的小便器。现代的壁挂式小便器有的呈方形，端庄大方，豪华气派；有的呈流线形，造型优美简洁。均自带返水弯以隔臭。

HD1米立式小便器
尺寸：410×395×1000
背靠墙式安装
豪华型设计，入地式下水

HD豪华1m立式小便器
尺寸：410×355×1020
背靠墙式安装
豪华型设计，入地式下水

AN-604挂式小便器
尺寸：640×385×310
瓷质陶瓷
靠墙下水或直下水
顶部冲水安装

HD490挂式小便器
尺寸：360×300×490
背靠墙式安装
入地式下水

U001挂式小便器
尺寸：355×295×515
背靠墙式安装
入地式下水
流线形设计

HD690挂式小便器
尺寸：420×310×690
背靠墙式安装
豪华型设计
入地式下水

HD700B挂式小便器
尺寸：470×290×700
背靠墙式安装
入地式下水
豪华型设计

HD610A挂式小便器
尺寸：380×315×635
背靠墙式安装
豪华型设计，入墙式下水

HD610B挂式小便器
尺寸：345×295×585
背靠墙式安装
豪华型设计，入墙式下水

HD850立式小便器
尺寸：366×340×850
背靠墙式安装
豪华型设计，入地式下水

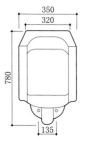
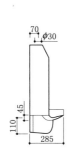

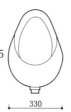

AN-605挂式小便器
尺寸：780×350×285
瓷质陶瓷
靠墙下水或直下水
顶部冲水安装

AN-603挂式小便器
尺寸：460×330×320
瓷质陶瓷
直下水
顶部冲水安装
喷釉陶瓷隔渍器

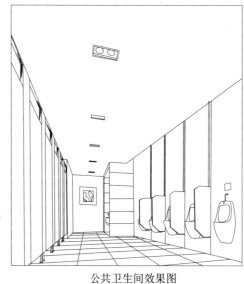

公共卫生间效果图

　　蹲便器为人体取蹲势的大便器，分有挡和无挡两种，无挡又称为平蹲器。老式的蹲便器需要与陶瓷的或铸铁的存水弯配合以便隔臭。此类蹲便器的排污口有的设在底面的前部，有的设在底面的后部。前者使用时底面易粘污而冲刷不净；后者使用时排便落入排污口，不易粘污因而较多使用。新型蹲便器自带存水弯，

隔臭性有保证，并为减少冲洗用水量提供了条件。蹲便器结构简单，可以一次成型，成品率高，售价低，过去广泛使用，包括在住宅的卫生间中。由于其使用的舒适性较差，尤其是年老体弱、腿脚不便者无力保持蹲姿，因而在民居的卫生间中蹲便器已逐渐被坐便器取代。蹲便器在使用中不与人体接触，较卫生，在公共卫生间中还被广泛使用。

蹲便器

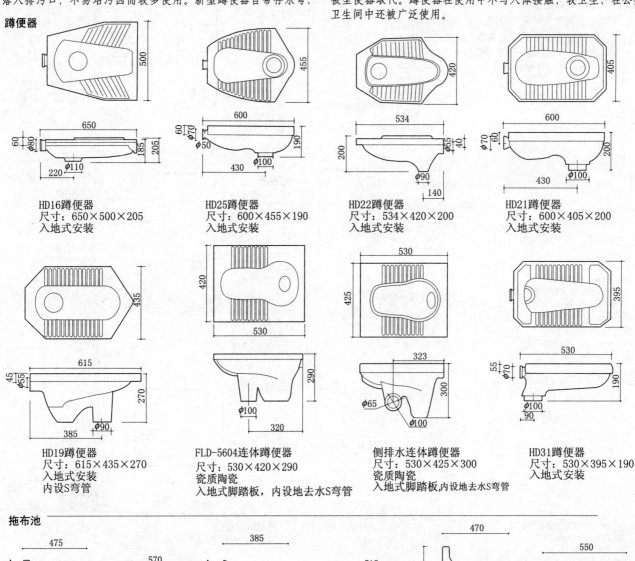

HD16蹲便器
尺寸：650×500×205
入地式安装

HD25蹲便器
尺寸：600×455×190
入地式安装

HD22蹲便器
尺寸：534×420×200
入地式安装

HD21蹲便器
尺寸：600×405×200
入地式安装

HD19蹲便器
尺寸：615×435×270
入地式安装
内设S弯管

FLD-5604连体蹲便器
尺寸：530×420×290
瓷质陶瓷
入地式脚踏板，内设地去水S弯管

侧排水连体蹲便器
尺寸：530×425×300
瓷质陶瓷
入地式脚踏板，内设地去水S弯管

HD31蹲便器
尺寸：530×395×190
入地式安装

拖布池

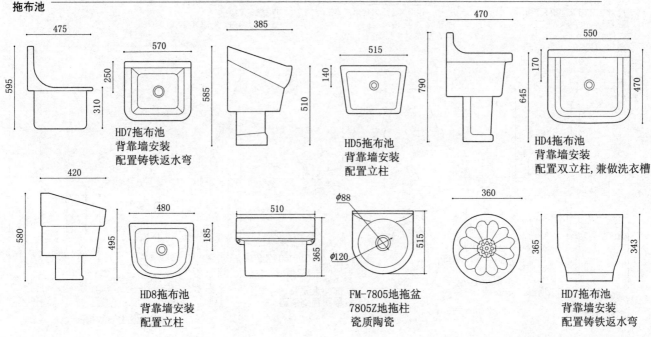

HD7拖布池
背靠墙安装
配置铸铁返水弯

HD5拖布池
背靠墙安装
配置立柱

HD4拖布池
背靠墙安装
配置双立柱，兼做洗衣槽

HD8拖布池
背靠墙安装
配置立柱

FM-7805地拖盆
7805Z地拖柱
瓷质陶瓷

HD7拖布池
背靠墙安装
配置铸铁返水弯

　　这种淋浴房是由钢化玻璃和浴室夹组装而成。浴室夹是装配玻璃淋浴房及玻璃隔断的不锈钢配件。它经常用于现场量房定造的玻璃淋浴房及玻璃隔断，适用的玻璃厚度为 8～12mm。浴室夹类型很多，这里介绍最常见的几种淋浴房构造配件。

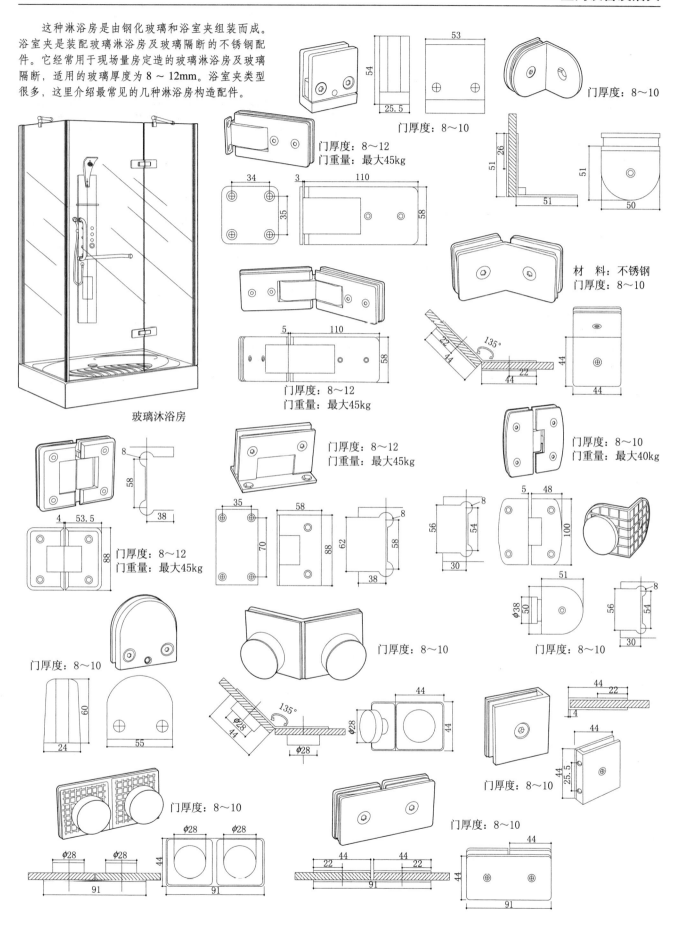

玻璃沐浴房

门厚度：8～10

门厚度：8～12
门重量：最大45kg

门厚度：8～12
门重量：最大45kg

门厚度：8～12
门重量：最大45kg

门厚度：8～10

材　料：不锈钢
门厚度：8～10

门厚度：8～10
门重量：最大40kg

门厚度：8～12
门重量：最大45kg

门厚度：8～10

门厚度：8～10

门厚度：8～10

门厚度：8～10

门厚度：8～10

　　卫生间中配套使用的五金件主要包括毛巾杆、浴巾架、浴盆拉手、浴帘杆、口盅架、手纸架、肥皂架、刷子架、梳妆架等。材质有铜质、锌合金、不锈钢三种。铜质配件是由铜管弯制和铜板冲压而成，外表面镀铬处理，构造简单，外形美观，配套性好，适合于中、高档卫生间配套使用。锌合金配件是由锌合金压铸而成，外表面可镀金、镀铬、镀古铜和各式喷塑外表面处理，配套性强，造型美观，价格低廉，用于中档卫生间。不锈钢配件由不锈钢制成，外表抛光，用于高档卫生间，目前，此种材质还较少应用。

　　卫浴室五金配件的品种花样繁多、外形优美，在选用卫浴五金配件时，应注意其材质、造型、色彩等，与卫生洁具相配套。

卫浴五金配件安装位置参考

五金件名称	安装位置	离地高度mm	五金件名称	安装位置	离地高度mm
浴巾架1	浴缸头部墙壁上	1700～1800	扶手	浴缸边上墙壁	500～680
浴巾架2	空余墙壁上	1700～1800	肥皂盒1	浴缸边上墙壁	550～680
浴帘挂钩	浴缸前沿上空	1900～2000	肥皂盒2	浴缸边入墙内	550～680
晒衣绳	浴缸前沿上空	1900～2000	毛巾环	浴缸前沿墙壁上	900～1200
浴衣挂钩1	浴室门背后	1750～1850	化妆镜	洗面盆正面墙壁上	1400～1600
浴衣挂钩2	空余墙壁上	1750～1850	纸巾盒	洗手盆旁边墙壁上	1100～1250
杯架	洗面盆旁边墙壁上	1050～1250	电话箱	近大便器旁边墙壁上	1100～1300
马桶刷架	大便器旁边墙壁上	350～450	角台	空余墙角上	1100～1300
纸巾盒	大便器旁边墙壁上	700～900	平台	化妆镜下墙壁上	1100～1300
卷纸盒	大便器旁边墙壁上	750～900	皂液器	洗手盆旁边墙上	1000～1200
干手机	卫生间空余墙壁上	1200～1400	干发器	化妆镜旁边墙壁上	1400～1600
出纸器	卫生间空余墙壁上	1100～1250	美发器	化妆镜旁边墙壁上	1400～1600

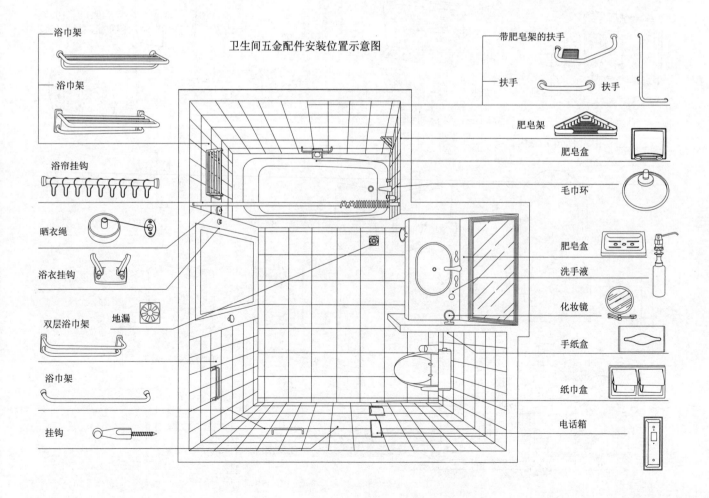

卫生间五金配件安装位置示意图

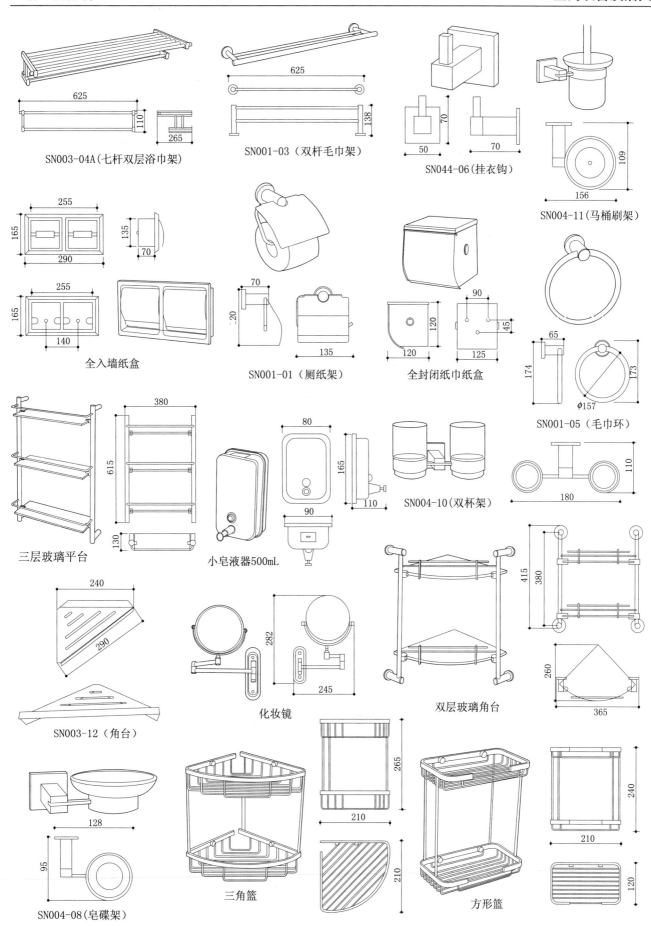

SN003-04A（七杆双层浴巾架）

SN001-03（双杆毛巾架）

SN044-06（挂衣钩）

SN004-11（马桶刷架）

全入墙纸盒

SN001-01（厕纸架）

全封闭纸巾纸盒

SN001-05（毛巾环）

三层玻璃平台

小皂液器500mL

SN004-10（双杯架）

SN003-12（角台）

化妆镜

双层玻璃角台

SN004-08（皂碟架）

三角篮

方形篮

　　卫浴辅助扶手是专为残障者及老年人、孕妇等行动不便者设计的产品，其品种有淋浴扶手、浴缸扶手、坐便器扶手、小便斗扶手、洗手盆扶手等。

　　在各类公共建筑物中，至少应该设置一处可供轮椅使用者使用的男女厕所。坐便器的两侧需要附加扶手，最好选用底部凹进去的坐便器这样可以避免与轮椅踏脚板发生碰撞；男性残障者使用的小便斗，其两侧也应安装便于抓握的扶手；残障者使用的洗脸及洗手池，其两侧也应安装便于抓握的扶手。

　　私人住宅可以根据残障者的具体情况设计浴室，应该留出轮椅的停放空间及照料人的操作空间。

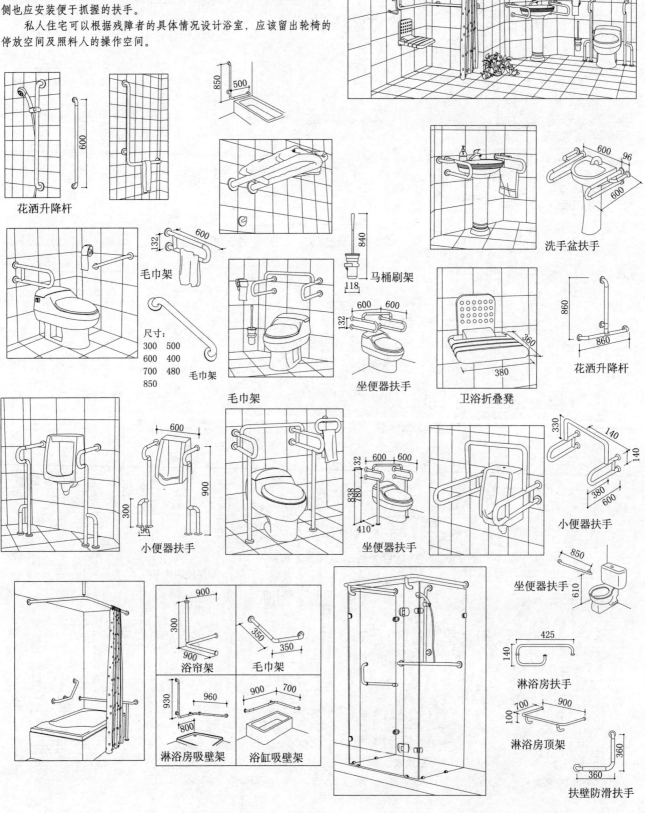

花洒升降杆

毛巾架

尺寸：
300　500
600　400
700　480
850

毛巾架

马桶刷架

坐便器扶手

洗手盆扶手

卫浴折叠凳

花洒升降杆

毛巾架

小便器扶手

坐便器扶手

小便器扶手

坐便器扶手

浴帘架

毛巾架

淋浴房吸壁架

浴缸吸壁架

淋浴房扶手

淋浴房顶架

扶壁防滑扶手

脸盆龙头（水嘴）用于放冷水、热水或冷热混合水。它的结构有螺杆升降式、金属球阀式、陶瓷阀芯式等。

陶瓷洗脸器的给水开关。属洗脸器的配套件，其分类与浴盆水嘴相同。主要由阀体、密封件、冷热水混合及开关部分、进水管、放水嘴组成。近年来，有些洗脸器水嘴采用非接触自动开关（红外感应）结构，应用于公共场所。要求洗脸器水嘴用铜合金制造。铸件不得有缩孔、裂纹及气孔。开、关时手感应平稳轻便。冷热水应标志（冷水用蓝色或"C"字，热水用红色或"H"字）。

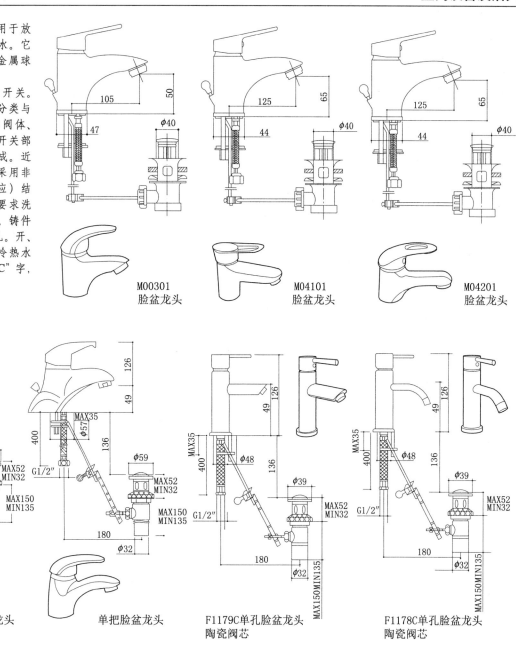

M00301 脸盆龙头

M04101 脸盆龙头

M04201 脸盆龙头

单把脸盆龙头

单把脸盆龙头

F1179C单孔脸盆龙头 陶瓷阀芯

F1178C单孔脸盆龙头 陶瓷阀芯

洗衣龙头

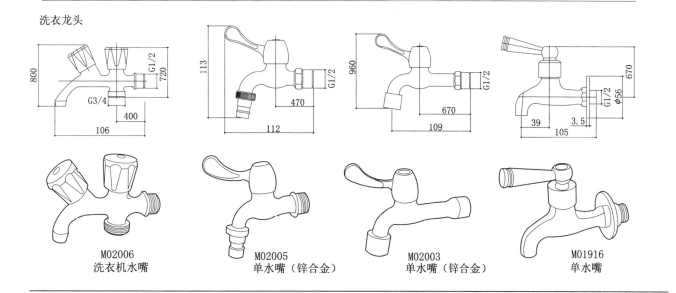

M02006 洗衣机水嘴

M02005 单水嘴（锌合金）

M02003 单水嘴（锌合金）

M01916 单水嘴

浴缸龙头

　　浴缸龙头（水嘴）最流行的是陶瓷阀芯式单柄浴缸龙头。它采用单柄即可调节水温，使用方便，陶瓷阀芯使水龙头更耐用，不漏水。

　　浴缸给水开关的配套件，一般为全铜材质。按产品内部结构可分为螺旋升降式结构和陶瓷片密封结构。按用途可分为单路水嘴（冷或热）和冷热水混合水嘴。按产品外部结构可分为单手柄（手轮）和双手柄（手轮）两种。按安装方式可分为明装和暗装两种。浴缸混合水嘴主要由阀体、密封件、冷热水进水及开关部分、混合水分配（换向阀）部分及放水嘴组成。

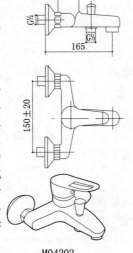
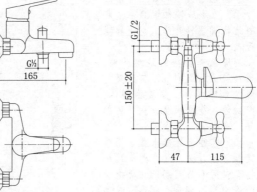

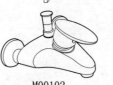
M04202
浴缸龙头

M00102
浴缸龙头

M01802
浴缸龙头

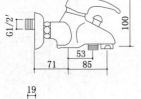
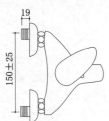

单把墙式浴缸龙头

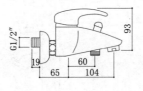
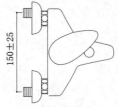

单把挂墙式浴缸龙头

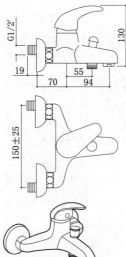

单把挂墙式浴缸龙头

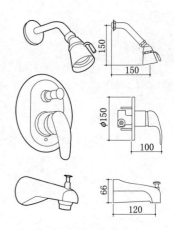
M01702
暗式浴缸龙头

净身器龙头

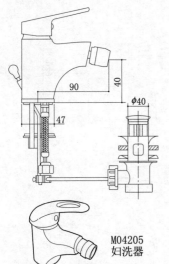
M04205
妇洗器

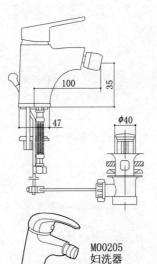
M00205
妇洗器

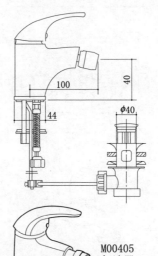

M00405
妇洗器

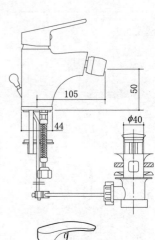

M00805
妇洗器

淋浴龙头

淋浴龙头（水嘴）的阀体多用黄铜制造，外表有镀铬、镀金等。启闭水流的方式有螺杆升降式、陶瓷阀芯式等，用于开放冷热混合水。用手柄来调节水量，手柄旋转90°即可实现全关、全开，使用方便新型手柄式水嘴均用陶瓷阀片作密封件。手柄式水嘴可以是冷水嘴、热水嘴或调温水嘴。单手柄调温水嘴是现有各种结构的水嘴中档次最高的一种，冷、热水分别由进水管进入阀体，靠手柄的抬起或压下调节水量大小。

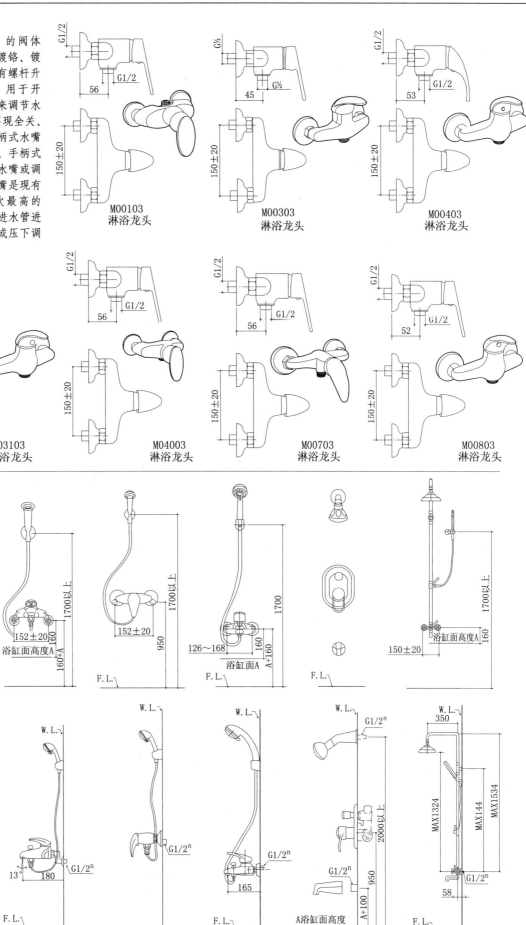

M00103
淋浴龙头

M00303
淋浴龙头

M00403
淋浴龙头

M03103
淋浴龙头

M04003
淋浴龙头

M00703
淋浴龙头

M00803
淋浴龙头

固定式龙头

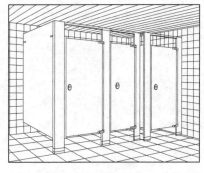

拉杆式标准安装示意图

卫生间隔断示意图

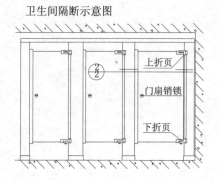

上折页
门扇销锁
下折页

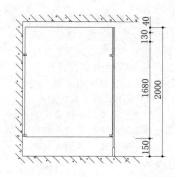

双翼支托　　双翼支托　　双翼支托

900　　900　　L

U形支托　　单翼支托

1500　1200

150　600　300　600　L　L　L

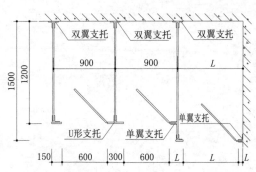

悬吊式标准安装示意图

上折页
门扇销锁
下折页

悬吊式隔断更具设计的灵活性。天地式与顶棚和地面的双重固定，将整个隔断的稳固性能推向极点，对于需要极端坚固的场所而言无疑是极好的选择，如运动场所、购物中心等。

1680
150

U形槽　　U形槽　　U形槽

900　　900　　L

U形槽　　U形槽　　U形槽

1500　1200

150　600　300　600　L　L

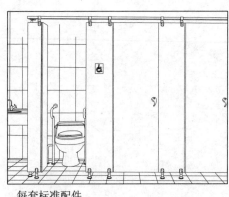

每套标准配件
1.脚座2只　　2.自动归位合页1对　　3.门锁1把
4.衣帽钩1只　　5.角码12只　　6.配螺丝

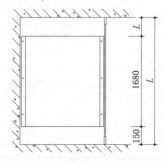

角码

衣帽钩

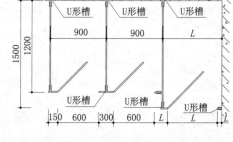

可调脚座

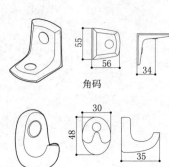

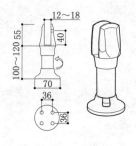

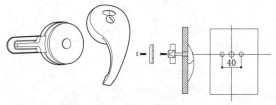

平门锁　叠门锁

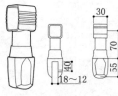

吊码

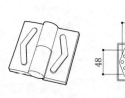

自动归位合页

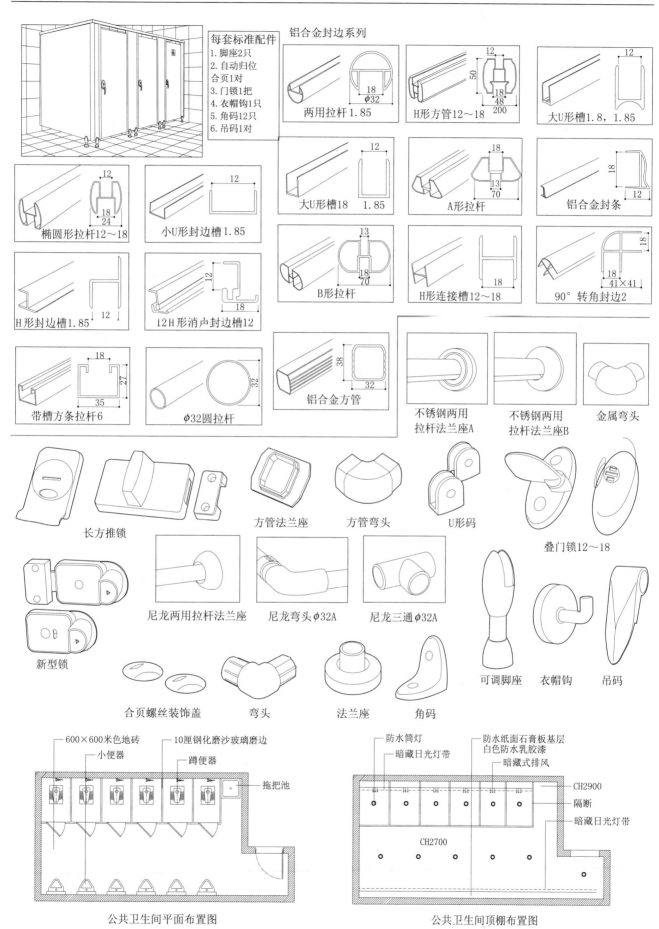

每套标准配件
1. 脚座2只
2. 自动归位合页1对
3. 门锁1把
4. 衣帽钩1只
5. 角码12只
6. 吊码1对

铝合金封边系列

两用拉杆1.85

H形方管12～18

大U形槽1.8，1.85

椭圆形拉杆12～18

小U形封边槽1.85

大U形槽18 1.85

A形拉杆

铝合金封条

H形封边槽1.85

12H形消声封边槽12

B形拉杆

H形连接槽12～18

90°转角封边2

带槽方条拉杆6

φ32圆拉杆

铝合金方管

不锈钢两用拉杆法兰座A

不锈钢两用拉杆法兰座B

金属弯头

长方推锁

方管法兰座

方管弯头

U形码

叠门锁12～18

新型锁

尼龙两用拉杆法兰座

尼龙弯头φ32A

尼龙三通φ32A

可调脚座

衣帽钩

吊码

合页螺丝装饰盖

弯头

法兰座

角码

600×600米色地砖

10厘钢化磨沙玻璃磨边

小便器

蹲便器

拖把池

公共卫生间平面布置图

防水筒灯

防水纸面石膏板基层白色防水乳胶漆

暗藏日光灯带

暗藏式排风

CH2900

隔断

暗藏日光灯带

CH2700

公共卫生间顶棚布置图

全自动便器感应冲水器

　　机器每次使用后冲水量约为10L（注：水压为0.3～0.6MPa）。一切冲洗动作由机器自动完成，冲洗到底，不留异味，并有效避免细菌交叉感染。可选择交流（AC220V）或直流（电池式）两种供电方式。使用4节5号碱性电池供电时，若每天使用100次，正常情况下2年半内无需更换电池。内设易清洗过滤装置，非专业人员即可轻松维护。暗装式安装设计，适合标准墙体的安装。当便器长期处于不使用状态，冲水阀将每隔24小时冲水一次，以防存水湾中存水干涸，导致臭气回窜。可根据现场环境自动设定合适的感应距离。电池电压过低时，本机将自动停止工作，但每隔1秒钟指示灯闪亮一次，以提醒用户更换电池。

型号	GDA-32ID（电池式）	GDA-321A（交流式）
电源	DC6V（4节5号碱性电池）	AC220V
静耗	<0.5mW	2W
供水压力	0.05MPa～0.8MPa	
感应距离	400～800可调节（对300×300标准白感应板）	
感应时间	5秒以上	
环境温度	0.1℃～40℃	
供水水温	0.1℃～60℃	
进出水管径	G1″（DN15）	
防护等级	IP56	
面板尺寸	138×138	
预埋盒尺寸	140×140×95	

当有人使用持续8秒后，机器进入准备状态。

当人体离开感应范围后机器进行冲水10秒。

功能与特点/Feeatures and functions：

型　号	GDA-322D（电池式）	GDA～322A（交流式）
使用电源	DC6V（4节5号碱性电池）	AC220V
静态耗电	≤0.5mW	≤2W
感应距离	400～800可调节（对300×300标准白感应板）	
感应时间	5秒以上	
供水压力	0.05～0.8MPa	
环境温度	0.1℃～40℃	
供水水温	0.1℃～60℃	
进出水管径	G1″（DN15）	
防护等级	IP56	
面板尺寸	180×138	
预埋盒尺寸	180×130×75	

安装示意图

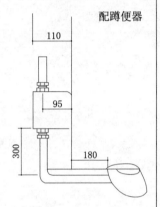

配蹲便器

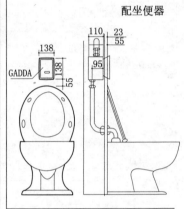

配坐便器

CL-1403A（直流）
CL-1403B（交流）
CL-1403C（交直流双用）
智能化全自动小便斗感应冲水器

CL-1408A（直流）
CL-1408B（交流）
CL-1408C（交直流双用）
智能化全自动小便斗感应冲水器

CL-1406A（直流）
智能化全自动小便斗感应冲水器

CL-1411A（直流）
智能化全自动小便斗感应冲水器

CL-1410A（直流）
CL-1410B（交流）
CL-1410C（交直流双用）
智能化全自动小便斗感应冲水器

CL-1412A（直流）
CL-1412B（交流）
CL-1412C（交直流双用）
智能化全自动小便斗感应冲水器

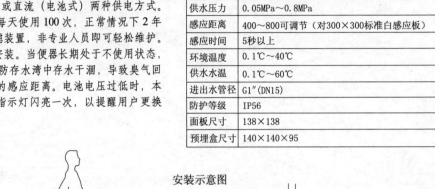

安装示意图

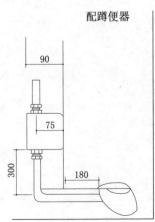

配蹲便器

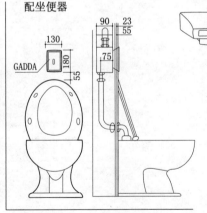

配坐便器

CL-1506A（直流）
CL-1506B（交流）
CL-1506C（交直流双用）
智能化全自动便器感应冲水器

使用说明
（配蹲便器）

CL-1505A（直流）
智能化全自动小便斗感应冲水器

感应器控制，当人使用小便斗时自动对其冲洗。采用模糊控制技术，根据使用的频度和小便量的大小自动调节冲水时间，并对小便斗采用两段式冲水，节水效果显著。冲水不需人为干预，方便，卫生，避免细菌交叉感染。特别设置的过滤网，能有效清除水中的沙石等细小杂质。当小便斗长期处于不使用状态，冲水阀将每隔24小时冲水一次，以防止存水湾中存水干涸，导致臭气回窜。可选择交流（AC220V）或直流（电池式）两种供电方式。使用4节5号碱性电池供电时，若每天使用100次，正常情况下两年半内无需更换电池。电池电压过低，本机将自动停止工作，但每隔1秒钟指示灯闪亮一次，以提醒用户更换电池。可根据现场环境自动设定合适的感应距离。安装简单，快捷，方便。

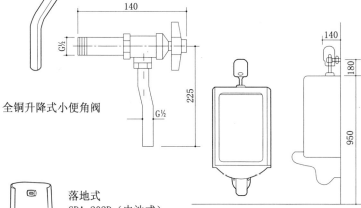

全铜升降式小便角阀

落地式
GDA-202D（电池式）
GDA-202A（交流式）

型　号	GDA-211D（电池式）	GDA-211A（交流式）
电源	DC6V（4节5号碱性电池）	AC220V
静耗	<0.5mW	<2W
冲水方式	两段冲水	
供水压力	0.05～0.8MPa	
感应距离	400～800可调节（对标准300×300白感应板）	
感应时间	2秒以上	
环境温度	0.1℃～40℃	
供水水温	0.1℃～60℃	
进出水管径	G1(1/2)″	
防护等级	IP56	
外形尺寸	210×105×80	

安装示意图：

型　号	GDA-201D/202D(电池式)	GDA-201D/202A（交流式）
使用电源	DC6V(4节5号碱性电池)	AC220V
静态耗电	≤0.5mW	≤2W
感应距离	400～800可调节（对标准300×300白感应板）	
感应时间	2秒以上	
供水压力	0.05～0.8MPa	
环境温度	0.1℃～40℃	
供水水温	0.1℃～60℃	
进出水管径	G1(1/2)″	
防护等级	IP56	
外形尺寸	350×500×750(201D/201A)	
	370×440×980(202D/202A)	

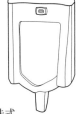

壁挂式
GDA-201D（电池式）
GDA-201A（交流式）

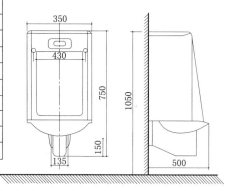

安装示意图

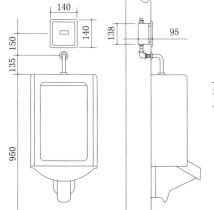

全自动小便冲水器
安装示意图

使用说明

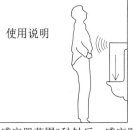

在感应器范围3秒钟后，感应器会自动预冲洗小便池3秒。

当使用者如厕完毕后，离开小便池，感应器就会自动冲洗小便池约6秒。

型　号	GDA-222D（直流式）	GDA-222A（交流式）
使用电源	DC6V（4节5号碱性电池）	AC220V
静态耗电	<0.5mW	<2W
感应距离	400～800可调节（对标准300×300白感应板）	
感应时间	2秒以上	
供水压力	0.05～0.8MPa	
环境温度	0.1℃～40℃	
供水水温	0.1℃～60℃	
进出水管径	G1(1/2)″	
防护等级	IP56	
面板尺寸	180×130	
预埋盒尺寸	180×130×65	

全自动感应洗手器

　　人接近洗手器时自动出水，人离开后自动关水。机器出水、关水动作迅速，设有1分钟感应超时自动关水。可以选择直流(电池式)或交流(AC220V)两种供电方式。可根据现场环境自动设定合适的感应距离。藏墙式安装设计，大方美观。

型号	GDA-421D（电池式）	GDA-421A（交流式）
电源	DC6V（4节5号碱性电池）	AC220V
静耗	＜0.5mW	＜2W
确认时间	＜0.6秒	
供水压力	0.05MPa～0.8MPa	
感应距离	400～800可调节（对300×300标准白感应板）	
环境温度	0.1℃～40℃	
供水水温	0.1℃～60℃	
进出水管径	G(1/2)″	
防水等级	IP56	
面板尺寸	138×138	
预埋盒尺寸	140×140×95	

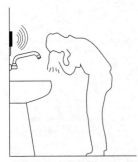

人体进入感应范围，洗手器自动出水。

人体离开感应范围，洗手器自动关水。

安装示意图

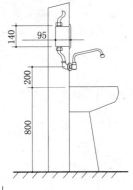

全自动感应淋浴器

　　人接近淋浴器时自动出水，人离开后自动关水。特别设置的过滤网，能有效清除水中的沙石等细小杂质。随时可拆洗，避免堵塞。可以选择直流（电池式）或交流（AC220V）两种供电方式。可根据现场环境自动设定合适的感应距离。藏墙式安装设计，大方美观。

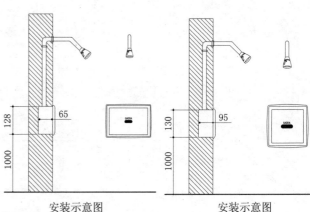

安装示意图　　　　　　安装示意图

型号	GDA-52ID（电池式）	GDA-521A（交流式）
电源	DC6V（4节5号碱性电池）	AC220V
静耗	＜0.5mW	＜2W
确认时间	＜0.6秒	
供水压力	0.05MPa～0.8MPa	
感应距离	400～800可调节（对300×300标准白感应板）	
环境温度	0.1℃～40℃	
供水水温	0.1℃～60℃	
进出水管径	G(1/2)″	
防水等级	IP56	
面板尺寸	138×138	
预埋盒尺寸	140×140×95	

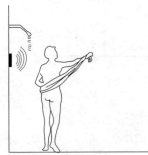

人体进入感应范围，淋浴器自动出水。

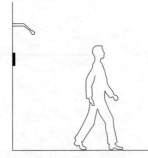

人体离开感应范围，淋浴器自动关水。

感应小便冲水器

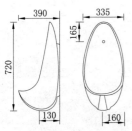

流线型便斗感应式冲水

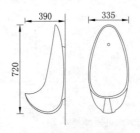

流线型便斗感应式冲水

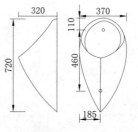

水滴型便斗感应式冲水

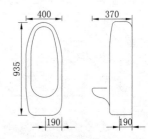

立式小便斗

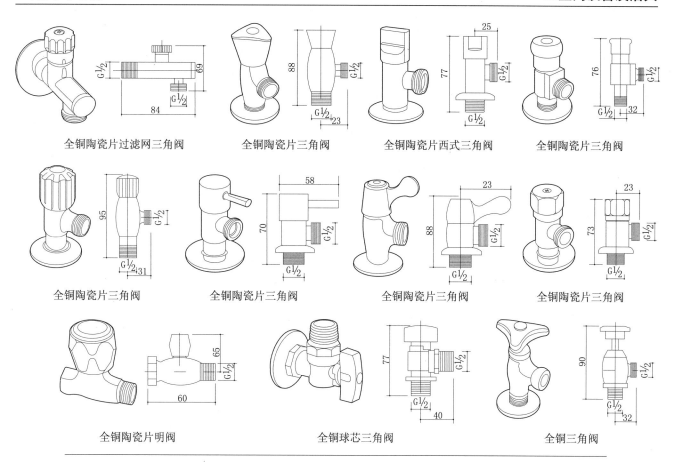

全铜陶瓷片过滤网三角阀　　全铜陶瓷片三角阀　　全铜陶瓷片西式三角阀　　全铜陶瓷片三角阀

全铜陶瓷片三角阀　　全铜陶瓷片三角阀　　全铜陶瓷片三角阀　　全铜陶瓷片三角阀

全铜陶瓷片明阀　　　　　全铜球芯三角阀　　　　　全铜三角阀

　　多通道地漏一个本体通常有 3～4 个进水口，用来承接洗脸盆、浴缸、洗衣机和地面排水。优点是满足需要，一个多用，缺点是这种结构会影响排水量。所以，多通道地漏的进水口不宜过多，一个地漏分别连接地面和浴缸或者地面和洗衣机比较适合。

　　水冲击止逆自动地漏是一种新型防反溢、防臭、防虫、不易堵的地漏，它是采用了水压触式原理制成的，当地面的散水流入地漏积存到一定高度时，地漏中的特阀便瞬间完全打开，积水排泄进下水道，整个过程干脆、利落。这种新型地漏可将头发、棉线等杂物畅通无阻地被冲入下水道，而且这种水冲击作用有助于对下水道的冲洗；大容积的二级过滤网又对下水道的畅通起了进一步的保证。新型地漏还有强有力的逆止功能，让毒气和害虫无缝可钻。将地漏连通的管道反过来往管道注水，当水面达到 1.5m 高度时，水柱滴水不漏。

　　自动密封闭式地漏具有四防功能：防下水道串联，防反溢，防泛味，防害虫。它采用逆向运用水能的活塞机械原理，当没有水通过时，地漏主体浮动装置内设计的平衡块在没有外力的情况下，受重体本身重量和咬合齿条的拉动，该地漏内橡胶密封垫与地漏主体处于紧密贴合状态，完全隔断了排水管与地面通道，实现了密封，从而有效地防止下水道"串联"。当地漏内的积水超过 3/4 体积时，浮动件与橡胶密封垫脱落，地漏主体而打开，积水从地漏主体与密封垫之间流出，进入排水系统，实现了地漏排水功能。

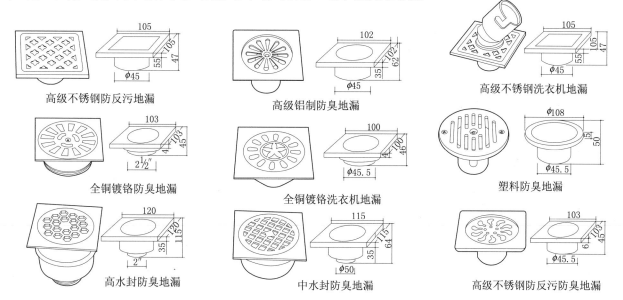

高级不锈钢防反污地漏　　　　　高级铝制防臭地漏　　　　　高级不锈钢洗衣机地漏

全铜镀铬防臭地漏　　　　　全铜镀铬洗衣机地漏　　　　　塑料防臭地漏

高水封防臭地漏　　　　　中水封防臭地漏　　　　　高级不锈钢防反污防臭地漏

恒温干手器

　　恒温功能，出风口温度不受环境温度影响，保持恒定。出风口温度恒定在 60℃ ±5℃ 范围。数码电路控制，红外线感应，伸手感应自动出风。一分钟定时关机设置，防滴水结构，安全系数高，内置限温器，当不适当操作或出风口温度超过设定值时，干手机自动关断热风，只送出冷风。

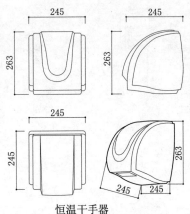

恒温干手器

美发器

　　抽屉式安装，挂墙式安装；带有插座、总电源开关，有高、低两档热风设置，手柄微动电源开关设置，使用时提起手柄并轻握按钮通电工作，松开即断电。

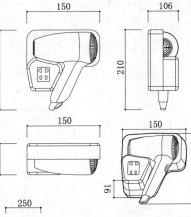

多功能干手器

　　数码电路控制，红外线感应，抗干扰能力强。出风嘴可以 360 度旋转，向不同方向吹风。既可干手，又可吹脸和吹头发；风量大，风速高，比普通干手器烘干节约一半时间。

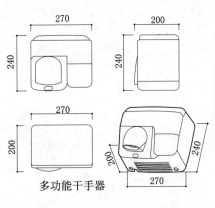

多功能干手器

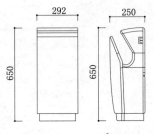

喷射式干手器

　　采用微电脑控制，大屏幕液晶显示，人性化工作。利用超高速无刷直流电机产生喷射气流，6 ～ 12 秒钟内将手上的水滴迅速吹干。干手速度快，功效高，节能环保，经济耐用。特别适合人流量大的宾馆、办公楼、百货商店、食品行业、医疗行业、娱乐等场合使用。

喷射式干手器

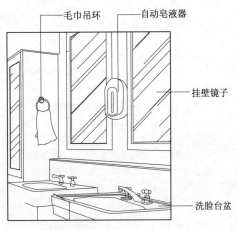

毛巾吊环　　自动皂液器

挂壁镜子

洗脸台盆

安装效果示意图

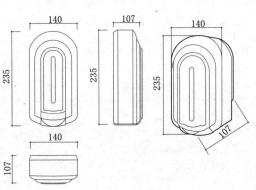

自动皂液器

　　容量大，外形美观，适合各种场所使用；采用数码电路控制，红外线感应，抗干扰能力强；伸手自动出液。手不移开，每隔三秒出液一次，连续出液 5 次停止出液；设计独特，适合于各种皂液使用；采用 LR6 碱性电池供电。

自动皂液器

　　造型新颖，装饰性强；采用数码电路控制，红外线感应，抗干扰能力强；伸手自动出液。每感应一次出液一次，带有防盗锁功能，一锁两用，既可锁住面盖防止杂物进入瓶中，还可以防止机体丢失。

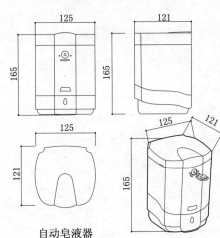

自动皂液器

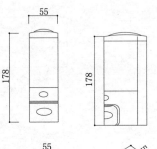

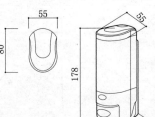

手动皂液器

　　外形设计小巧、独特，适合各种环境装饰配套；采用工程塑料制造，适合沐浴露、洗发水、洗涤液等皂液使用；带有防盗锁设置，一锁两用，既可锁紧上盖防止各种杂物进入瓶中，又可使皂液器锁定在挂板上防止丢失。

组合型干手柜　嵌装式

　　使用 304 磨沙不锈钢材料，全点焊连接，坚固耐用；入墙嵌装，节省空间，美观豪华；配备方便实用的安全锁。

　　四项功能：纸巾箱，使用折叠式纸巾；干手器，红外线自动感应，防滴水结构，干手风口避开清洁箱；清洁箱，可移动式金属容器，容量 20L；储物箱，内设分层空间，可做工具箱或杂物箱使用。

恒温干发器

　　五档温度选择，随意调节，恒温功能，出风口温度不受环境温度影响，保持恒定，开机温度设定为 60℃，三重限温保险，18 分钟自动延时控制；如果器具工作 18 分钟，则 17 分钟后不吹热风，吹 1 分钟冷风，从而保护送风管。

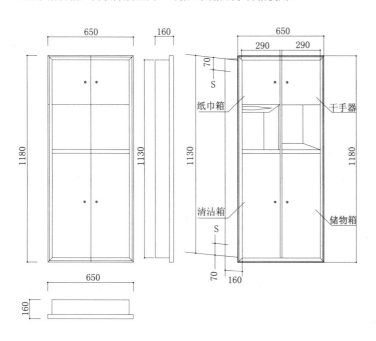

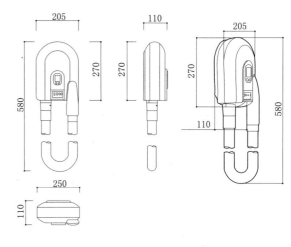

自动喷雾消毒器

　　采用数码电路控制，红外线感应，抗干扰能力强；伸手自动喷出雾状液体。手不移开，每隔三秒喷雾一次，连续喷雾 10 次停止喷雾；设计独特，适合于各种消毒液，药水使用；采用 LR6 碱性电池供电。

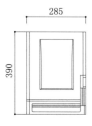
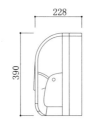

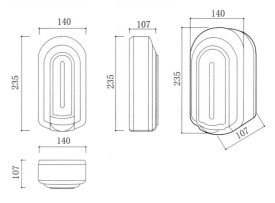

手动出纸器

　　每拉动手柄一次最多出纸 120，重复多次可得到不同长度纸张，按需取纸；自动导纸装置，避免浪费剩余卷纸和缺纸现象；适用纸张种类广，直径不超 200，宽度 195 ~ 200 之间的单层卷纸均适用于本机。

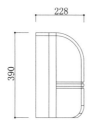

纸巾柜

　　嵌装式使用 304 磨沙不锈钢材料，全点焊连接，坚固耐用。入墙嵌装，节约空间，美观豪华。配备方便实用的安全锁，使用折叠式纸巾，不用撕纸，方便取用。

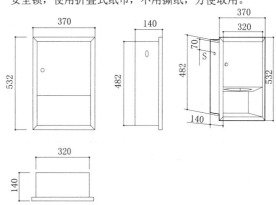

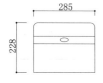

自动出纸器

　　采用电池供电，数码电路控制红外线感应出纸，避免用手接触，防止交叉感染。200，250，300 三种出纸长度调整，适合不同人士需要。自动导纸装置，避免浪费剩余卷纸和缺纸现象。适用纸张种类广，直径不超 200，宽度 195 ~ 200 之间的单层卷纸均适用于本机。

　　浴霸与电器模块是通过特制的防水红外线灯和换气扇的组合将浴室的取暖、红外线理疗、浴室换气、日常照明、装饰等多种功能结合于一体的小家电产品。

　　浴霸主要类型有以下几种：1. 三合一浴霸，是集取暖、照明、换气于一体，一般为两灯或三灯，取暖换气效果理想。2. 四合一浴霸，是集取暖、照明、换气、吹风于一体，加热功率随室温变化，热效率高。3. 五合一浴霸，是集取暖、照明、换气、吹风、导风于一体，内置电过热保护器，达到一定的热量便可自动关机。4. 负离子浴霸，在取暖的过程中，还能起到净化室内空气的作用。这是一种风暖、灯暖、照明、换气、吹风、负离子多功能的浴霸。它采用针式电阻丝为热源，加热快。5. 红外线浴霸，采用特殊处理的红外线发射元件，能发射出宽频谱的红外线辐射，可迅速激活人体细胞，浴后爽洁舒适。

　　浴室电器模块是一种新产品，它的作用与浴霸相似，区别在于其功能比浴霸强，卫生间顶棚装饰效果好，功能组合可以让用户按需要选择。

8m²卫生间模块组合

双暖流/HT922J　　灯暖/FT903J　　换气/PT901J

照明/ZT901JX4　　射灯/AZ13782X3　　扣板/AF001润玉白

奥普1+N浴顶，采用一体化设计，极具整体感。

6m²卫生间模块组合

灯暖/FT906Q　　灯暖/FT903Q　　风暖/QT916Q　　换气/PT901B

照明/ZT902A　　　射灯/AZ13782x2　扣版/AG002滚涂亚光白

　　光效更高的荧光灯管，满足照明及营造氛围的需求。送风更远的风暖技术。

4m²卫生间模块组合

灯暖/FT903AX2　　风暖/QT916A　　换气/PT901A

照明/ZT903AX2　　射灯/AZ13781x2　扣版/AF002钛空银

　　温暖舒适的取暖，简约时尚的筒灯，清新舒爽的三维立体排风模式，组成小而雅致的舒适沐浴空间。

 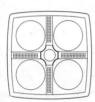 

  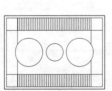

8m²卫生间模块布置　　　　6m²卫生间模块布置　　　　4m²卫生间模块布置

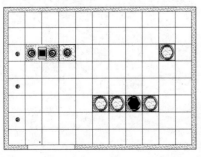 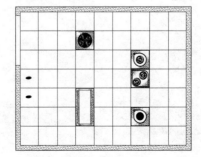 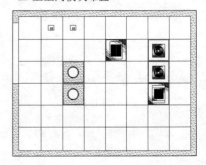

② 壁挂式

设计适合搭配各种空间，强冷省电

③ 顶棚嵌入式4方吹

不占用展示空间，适合大型客厅

① 室外主机

⑤ 顶棚隐藏式

扩散型T-BAR出风口，冷气效果均布，适合（轻钢架）顶棚板设计搭配

⑥ 圈吊隐藏式

线型出风口，适合配合圈吊室内装饰

④ 天井隐藏式

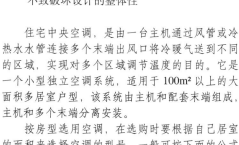

线型出风口，配合室内边吊装饰，不致破坏设计的整体性

住宅中央空调，是由一台主机通过风管或冷热水水管连接多个末端出风口将冷暖气送到不同的区域，实现对多个区域调节温度的目的。它是一个小型独立空调系统，适用于100m²以上的大面积多居室户型，该系统由主机和配套末端组成，主机和多个末端分离安装。

按房型选用空调，在选购时要根据自己居室的面积来选择空调的型号，一般可按下面的公式计算房间所需的制冷量、制热量。制冷量房间面积×140W至180W；制热量房间面积×180W至240W。此外还应根据房间的朝向、楼层高低及密封程度做适当增减。二是要根据房间的设计情况，灵活购买。

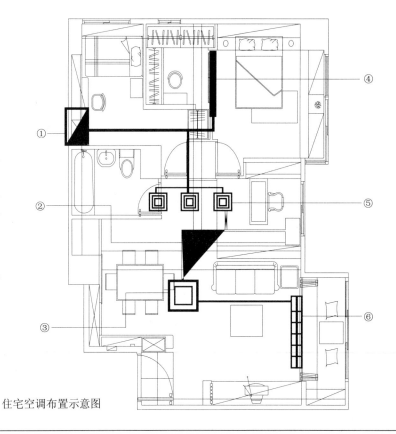

住宅空调布置示意图

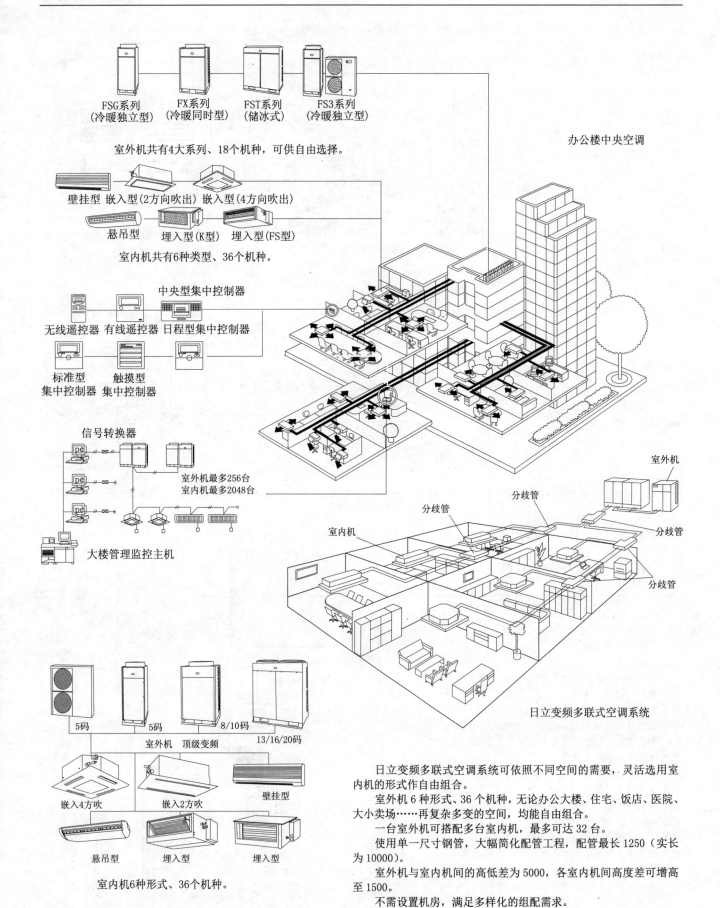

FSG系列
(冷暖独立型)

FX系列
(冷暖同时型)

FST系列
(储冰式)

FS3系列
(冷暖独立型)

室外机共有4大系列、18个机种，可供自由选择。

壁挂型　嵌入型(2方向吹出)　嵌入型(4方向吹出)

悬吊型　埋入型(K型)　埋入型(FS型)

室内机共有6种类型、36个机种。

中央型集中控制器

无线遥控器　有线遥控器　日程型集中控制器

标准型　　触摸型
集中控制器　集中控制器

信号转换器

室外机最多256台
室内机最多2048台

大楼管理监控主机

办公楼中央空调

室外机

分歧管

分歧管

分歧管

室内机

分歧管

日立变频多联式空调系统

5码　　5码　　8/10码

室外机　顶级变频　13/16/20码

嵌入4方吹　嵌入2方吹　壁挂型

悬吊型　埋入型　埋入型

室内机6种形式、36个机种。

　　日立变频多联式空调系统可依照不同空间的需要，灵活选用室内机的形式作自由组合。

　　室外机6种形式、36个机种，无论办公大楼、住宅、饭店、医院、大小卖场……再复杂多变的空间，均能自由组合。

　　一台室外机可搭配多台室内机，最多可达32台。

　　使用单一尺寸钢管，大幅简化配管工程，配管最长1250（实长为10000）。

　　室外机与室内机间的高低差为5000，各室内机间高度差可增高至1500。

　　不需设置机房，满足多样化的组配需求。

传统的手提式吸尘器的过滤袋往往无法清除极细小的尘粒，这些灰尘粒子会重新回到房内。中央吸尘系统则可通过系统的两层滤布将吸入的几乎所有垃圾和尘粒清除，创建更洁净的室内空间。

吸尘与新风功能一体系统，在中央吸尘系统中增加了新风系统。新风采用二次过滤：能把灰尘过滤干净，把新鲜空气送入房间。可彻底消灭污物和灰尘的微粒，让室内的空气清新，尤其有益于儿童和老人的呼吸健康。具有真正气旋式的清洁功能，大大提高了室内清洁工作的效率，并能有效地防止室内空气中灰尘和污物的再循环。它共有以下三种：1.分户型，以单个家庭为单位的系统，通常由一个吸尘主机通过管道连接10个以内的吸口，满足多居室住宅的需要。2.集中型，以一幢公寓楼或公共建筑为单位的系统，将吸尘主机安装在地下室等设备间内，通过管道直至各个楼层的吸尘区域，满足使用的需要。3.吸尘与清洗功能一体系统，这种系统既能吸尘又能清洗地毯、瓷砖、沙发，同时还能疏通下水槽。主机与下水道相连，垃圾等脏物直接排入下水管道，不用倾倒垃圾。

中央吸尘系统不仅适用于高档别墅和公寓，也适合于多种行业——酒店、餐馆、学校、图书馆、医院、办公楼或者是应用于工业的清洁服务。

由于主机安装在地下室、车库和储藏室等生活区域之外，不会再有工作时的噪声。

由于出风口直接连接到室外，解决了灰尘在室内的循环污染，使一些细小的灰尘和附着的细菌都被清除掉，从彻底清洁了室内空气。

在房屋中适合的位置安装吸尘口，吸尘口一般安装在墙壁上，与电源插座相仿。主机通过管网与各个吸口连接。当吸尘软管被插入一个吸口，打开手柄上的开关，系统就会自动开始工作。

中央吸尘系统的吸尘能力是一般吸尘器的5倍，并且能将所有吸入的粉尘通过管道，完全吸入到集尘罐内，尾气排放到室外，没有二次污染。

只需将软管插头插入墙上的吸尘插口，马上就可吸尘，无需再搬运吸尘器，插拔电线；装有地吸处，只需将灰尘扫到地吸处，主机即会将灰尘自动吸入桶中。

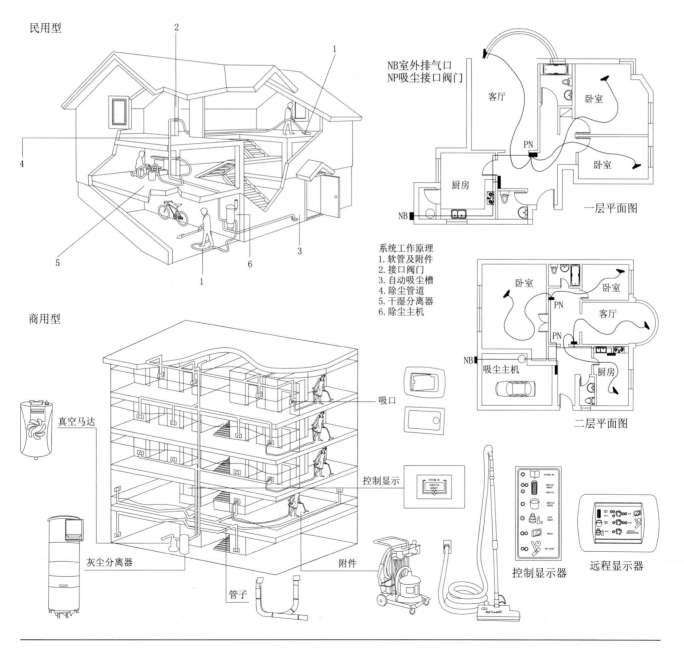

民用型

商用型

真空马达

灰尘分离器

管子

附件

吸口

控制显示

NB室外排气口
NP吸尘接口阀门

客厅　卧室

厨房　　PN

卧室

NB　　一层平面图

系统工作原理
1.软管及附件
2.接口阀门
3.自动吸尘槽
4.除尘管道
5.干湿分离器
6.除尘主机

卧室　卧室

PN　客厅

PN

NB　吸尘主机　厨房

二层平面图

控制显示器　远程显示器

　　新风系统可以将室内受污染的空气排放至室外，也能将室外的空气经过处理后引入室内。有单向流和双向流两种：单向流系统，在系统运行时，将污浊的空气从污染最严重的区域持续排出室外，外界的新鲜空气通过进风口源源不断地导入室内，从而能始终保持室内空气新鲜；双向流系统，一台主机中有正反双向两个风机，一个将室内空气向室外排放，另一个将室外新鲜空气导入室内。

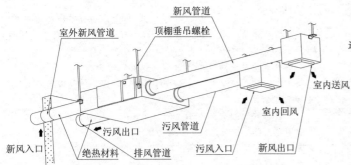

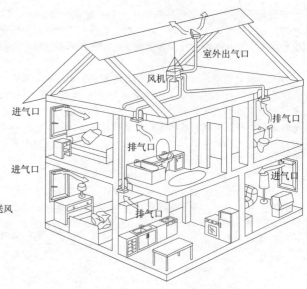

(本安装图适合于所有吊顶式安装的换气机)

家用智能新风系统工作示意图

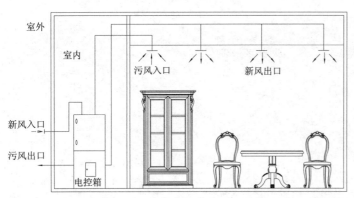

新风换气机安装示意

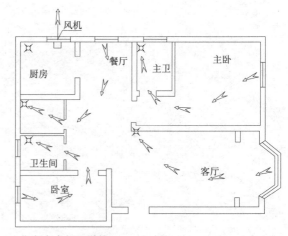

住宅中央新风系统

　　新风系统为整套住宅提供通风换气，这种技术对室内温度的影响甚微。在不开窗的前提下解决室内空气污染的最佳途径，即把整套房屋分成 2~3 个区域，每个区域形成 3~5 个副压区，和窗上的新风口形成合理的气流组织，产生对流，使房间内的浑浊空气排出室外，室外新风引入室内。

商用中央新风系统

　　系统由风机、进风口、排风口和管道等配件组成。风机安装在大楼的顶部，通过硬管穿过楼层分布到每个排风口，放置在厨房、卫生间等空气浑浊的区域，持续产生负压，将浑浊空气通过管道排出室外。由于负压的作用，新风通过安装墙上的进风口源源不断地进入房间区域。整个气流通过污浊空气的排出和新鲜空气的补充形成一个完整的空气循环。

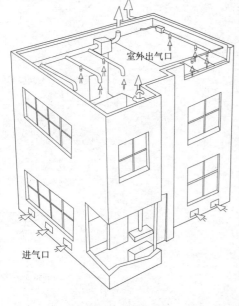

商用中央新风系统示意图

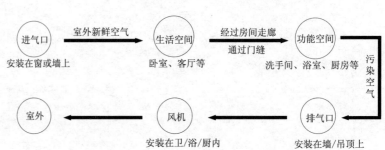

地板采暖是靠辐射的方式散热，是一种舒适的采暖方式。有地暖系统水循环采暖和电热地暖两大类型。水循环采暖原理是采用家用锅炉提供热源，以热水作为采暖热媒，再用循环水泵为动力驱动热水在封闭的系统内作循环运动。热源管是散热末端，内部流动的热水一般温度为50℃~70℃，加热地表层，以达到预先调控的温度。

水循环采暖使室内有较好的舒适度，空气对流减弱，质地洁净、清新怡人，不占用空间、墙面面积，有利于家具布置。

热水地面采暖系统由燃气炉等热源、分水器和地暖管及配件构成，以不超过60℃的水温热水为热媒，通过埋设在地板下的地暖盘管把地板加热，均匀地向室内辐射热量，使房间达到舒适的温度。系统具有热感舒适、热量均衡、高效节能、方便管理等特点，是一种非常理想的供暖方式。

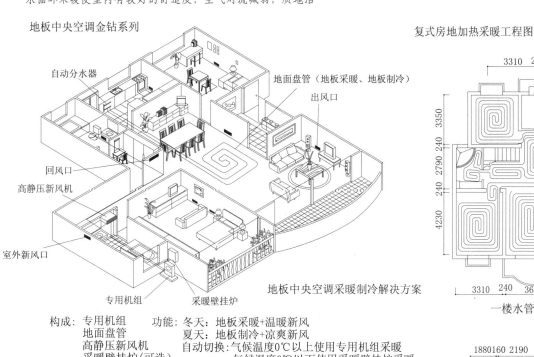

地板中央空调金钻系列

自动分水器　　　　　　　　地面盘管（地板采暖、地板制冷）

出风口

回风口

高静压新风机

室外新风口

专用机组　　采暖壁挂炉

地板中央空调采暖制冷解决方案

构成：专用机组　　功能：冬天：地板采暖+温暖新风
　　　地面盘管　　　　　　夏天：地板制冷+凉爽新风
　　　高静压新风机　　自动切换：气候温度0℃以上使用专用机组采暖
　　　采暖壁挂炉(可选)　　　　　　气候温度0℃以下使用采暖壁挂炉采暖

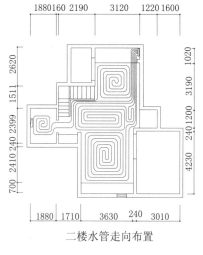

复式房地加热采暖工程图

一楼水管走向布置

二楼水管走向布置

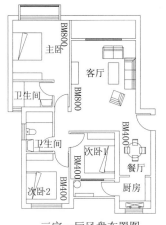

三室一厅风盘布置图

三室一厅地暖平面图

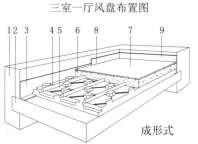

成形式

1. 墙　　　　　　　　2. 楼板
3. 边角保温　　　　　4. 复合热水管
5. 系统成形板　　　　6. 带防潮剂水泥砂浆
7. 地面装饰层　　　　8. 膨胀缝
9. 踢脚板

卡钉式

1. 墙　　　　　　　　2. 楼板
3. 边角保温　　　　　4. 地面保温+防潮膜
5. 管道卡钉　　　　　6. 复合热水管
7. 带添加剂的水泥　　8. 地面装饰层
9. 膨胀缝　　　　　　10. 踢脚板

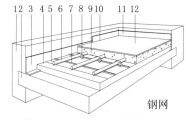

钢网

1. 墙　　　　　　　　2. 楼板
3. 边角保温　　　　　4. 地面保温
5. 聚乙烯膜　　　　　6. 复合热水管
7. 钢网　　　　　　　8. 管夹
9. 特殊水泥砂浆　　　10. 膨胀缝
11. 踢脚板　　　　　　12. 地面装饰层

散热器俗名暖气片，按材料可分铸铁、钢制、铝制及非金属散热器。按外观形状分管形散热器、翼形散热器、柱形散热器、板形散热器。按换气方式分普通、对流、辐射。常见的散热器为普通型，辐射成分仅为总散热量的20%左右。热源可使用热水、蒸气。

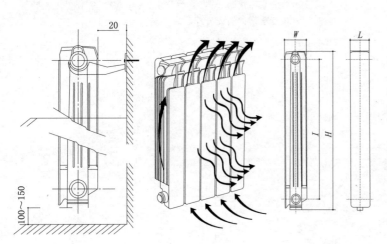

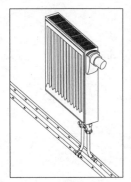

双管直连安装

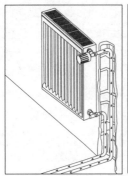

管道入墙安装

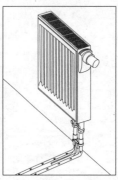

靴式安装

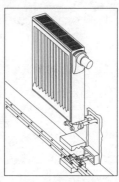

双管入墙安装

安装方法

可装于墙上或置于支架上，建议与墙壁距离不小20，离地面距离为100～150，从而确保空气的自然对流。另外，散热器的顶部以及与其他障碍物（如窗槛、壁龛）的距离不得小于100。散热器理想的安装位置应位于窗下，其长度尽量与窗户一致，这样能使室内温度分布均匀，避免空气环流形成室内风。

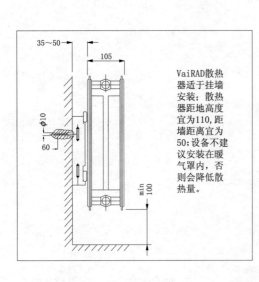

VaiRAD散热器适于挂墙安装；散热器距地高度宜为110，距墙距离宜为50；设备不建议安装在暖气罩内，否则会降低散热量。

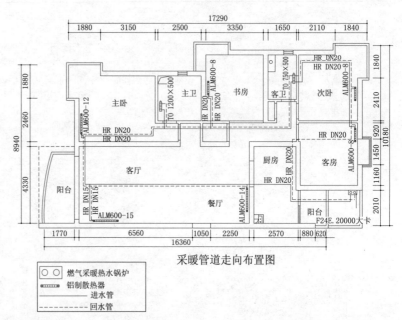

采暖管道走向布置图

燃气采暖热水锅炉
铝制散热器
进水管
回水管

1. 安防布控

住宅智能控制能帮你把安全防卫的功能做到完美。依靠智能控制来做安防，就相当于请了一位全职保镖，全天候地关注您家的安全，万一有突发情况，智能安防可以直接报警，保证万无一失。

2. 遮阳避雨

室内采光应该是一个根据不同的需求作出不同变化的系统。夏季自然不想让灼热的阳光打扰，而下午时间，又需要充足的光线。这些各不相同的需求，都可以依靠智能窗帘和遮阳篷来控制。还有更智能的雨水回收系统，能够回收处理房顶能接受到的雨水，净化到可以灌溉、洗涤的洁净度。

3. 背景音乐

有舒缓、柔和的音乐恰到好处地缓缓响起，自然会让你的休闲生活更放松。有在书房办公惯的人，也能放一些自己喜欢的曲子来增加工作效率。智能控制里的背景音乐可不光是影音室才能玩出的花样，音乐毕竟是全世界的语言，运用得当的话，能给你一天的好心情。

4. 智能影音

影音室里涉及的设备会非常多，音频功放、视频功放、DVD播放机、卡拉OK等，不是专业发烧友的话，连哪一个开关控制哪一个设备都不一定搞得清楚，依靠智能布线，可以在墙面上做一个简单的触摸开关，直接对应"影院模式"、"K歌模式"、"音响模式"等不同的使用模式，让影院级的视听体验和计算机的操作系统一样"触手可及"。

5. 智能灯光

室内灯光需随着人的需求而变化，提供不同的照明感受。聚餐的时候需要的是明亮的用餐空间；而观赏影片的时候，需要把灯光的焦点集中在电视或投影仪上；在阅读的时候，最好选用偏黄的灯光，可以减缓视觉疲劳，到了深夜，需要更柔和、暗淡的灯光来保证睡意。智能灯光可以预约各种不同的开启模式。

6. 智能控温

已经有中央空调和地暖的情况下，智能控制能做地暖系统里的"气候补偿"，能够精确地计算室内外的温差，控制锅炉始终在效率最高的情况下工作，达到节能、环保和延长设备寿命的功能。通过远程接收器，你的手机可以变成一个远程的空调遥控器，一到家就有一个舒适的温度环境。这些可是单纯的空调地暖系统做不到的。

智能化家居

智能控制系统一般由控制主机、强电继电器模块、调光模块、遥控器及触摸屏、智能电源插座、智能窗帘控制器、电话控制模块、红外收发器、无线接收器等部分选配组合而成。

智能家居现已趋向模块化的结构，无需依靠主机、复杂的布线，可以任意连接智能电工等网络设备、安防设备和所有的家庭电器，可以在居室里或远程控制所有的家电的开关时间和工作方式、控制灯光的开关亮度、设置在不同的场景下各种设备的工作方式、布置安防系统，使家居生活更具个性化，让人们在生活中体会到科技带来的便利、自由和舒适。家庭智能系统提供智能控制、信息服务和家居安防监控，三大功能模块可单独安装使用。

家居智能系统说明：

定时温控设备

可以对各个居室空间分别自动调温，使室温始终舒适宜人。定时控制暖气阀，在夜间自动减少供暖来确保健康的睡眠环境。当窗户打开时，室温的设定会自动下降。

带室内温控器的双联多功能控制面板

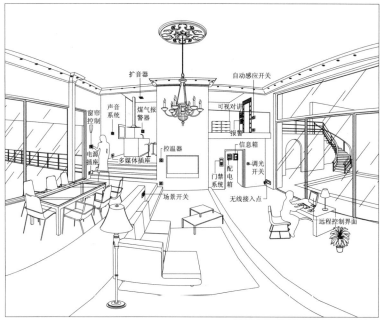

罗格朗家居智能系统示意图

智能化的窗帘系统

通过控制面板对房间的电动百叶窗帘或卷帘进行独立或者集中控制。使用光线感应器或风速感应器的输入信号，遮阳篷和百叶窗帘可以自动遮挡强光的照射或防止狂风的袭击。定时控制防盗卷帘，即使家中无人也可保护窗扇。

个性化的灯光控制系统

安装在门口的"总关"开关可以同时关闭所有耗能设备，如照明灯具或连接在电源插座上的需要切断电源的电气设备。无论身在何处，在客厅、餐厅、还是在读书或看电视，都可以随时调用个性化的灯光设置，您所需要的灯光氛围也可以即时储存到控制面板里，以上这些功能也可以遥控操作。万一在夜间听到可疑的声音，安装在床头的"紧急开关"可以在瞬间让整栋宅院灯火通明。无人在家时或主人外出度假时"有人在家模拟模式"完全可以吓退小偷。

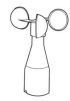

风速感应器

双联INSTABUS控制面板

多样的信息反馈功能

离家时，若忘记关门窗，可以通过安装在门口的信息显示器发出警告提示。系统侦测到意外情况时，可以自动拨通保安机构或邻居的电话，确保家居时刻安全。使用移动感应器在有动静时自动打开室内和室外灯，可以让盗贼避而不入。当重要的电气设备如制冷机等发生故障时，可以通过SMS短信息或语音模块向手机电话或互联网发出警告信号。

LCD液晶信息显示器

灵活的房屋管理系统

当居室空间的用途发生变化时，可灵活地对建筑的功能作相应调整。利用IC 1 INSTABUS EIB因特网控制器，通过电脑、PDA或者移动电话在外都能操控家中的全套电气设备。在家中也可以通过微型显示器或电脑对电气化设备进行中央监控。度假归来之前，通过电话或手机，就可以远程将暖气设备从夜间运行（节能）模式转变成日间（正常）运行模式。

手机

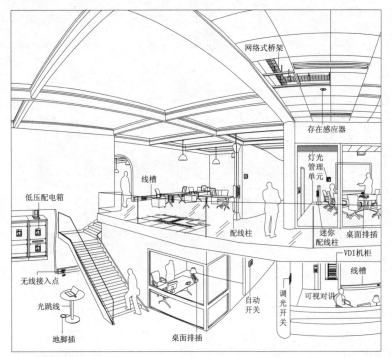

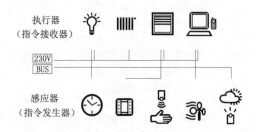

罗格朗办公楼智能系统示意图

智能的解决方法：INSTABUS EIB 一个系统，一个标准，综合各个电气安装环节，最大的灵活性。

商业楼智能系统

1. 个性化的暖气控制系统

根据有无人在而相应地打开或关闭采暖设备。一旦窗户打开，立即自动关闭暖气阀。

采暖系统可以按时间或者按个性化的设置自动工作，也可以通过室内恒温控制器及时调节，取代原先暖气片上的手动阀门。

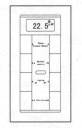

带室内温控器的四联多功能控制面板

2. 灵活的楼宇管理系统

一旦房间用途改变，如重组或搬迁时，可灵活地相应调整楼宇的功能。

通过 IC 1 INSTABUS RIB 因特网控制器，可在外面操纵楼宇中的全套电气安装设施，无论是通过电脑、PDA 或者移动电话：显示能耗情况、功率曲线和温度，一旦温度超过其临界值，会立即发出通知。若设备受到危害，立即自动紧急关闭。

借助可视化软件显示故障信息，并将信息自动传输给楼宇电气安装负责人或设备的营运者。

用感应器来监护窗户、门或地下车库，并及时报告异常现象。

有计划地接通或关闭一些设备，可以避开费用昂贵的用电高峰。

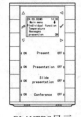

四联INSTABUS控制面板

3. 智能化的窗帘系统

通过光线感应器，可根据当前阳光的强弱程度来自动控制遮阳篷的位置。

利用风速感应器，可以在刮大风时自动卷起户外百叶窗。

随太阳的照射位置自动调节百叶帘的角度。

4. 自动的灯光控制系统

下班后或周末可定时自动关闭光源。

利用恒光控制器可以根据外界自然光照的强弱来自动调节室内照明灯光的亮度，从而创造最理想的工作环境。如果与智能化的暖气控制功能相结合，可以节省高达 70% 的能耗费用。

利用 ARGUS 室内移动感应器可以自动照明过道、楼梯间等不需要持久照明的场所。

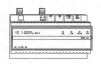

IC 1 EIB因特网控制器

5. 利用 EIB 提高工作的舒适性

INSTABUS EIB 在商业楼宇中的应用在规划商业建筑时，灵活性和经济性是需要考虑的两个重要因素。而这正是 INSTABUS EIB 智能化楼宇管理的强项。以报告厅为例，只需在 PLANTEC 显示及控制面板上按一个键钮，便能为即将举办的投影报告会启用一系列功能：自动关闭或调暗照明灯组，拉上百叶窗，放下银幕，打开投影仪和麦克风。通风和采暖设备自动把室内的温度和湿度调到理想的状态，这些对一次成功的讲演相当重要。以上所有功能仅用一个控制面板，结合 INSTABUS EIB 就能实现。这只是 EIB 系统诸多功能中的一个例子。也可以随时将按键对应的功能重新设置，或者储存后再次调用。

带恒光控制器的INSTABUS-ARGUS存在感应器

PLANTEC显示及控制面板

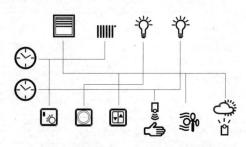

传统的解决方法：太多独立的线路管道，较低的灵活性。

在当今信息化的时代，网络信息技术的发展与进步，带给酒店业更先进的管理方式。智能化酒店是未来商业建筑发展及高效管理的需要。智能化是基础，节约资源、高效管理、节约人力成本才是酒店智能客房控制系统应用的最终目的。

系统主机以超前的设计意念，集客房信息响应、智能灯光、空调智控、窗帘控制、背景音乐及各类服务功能控制于一体，多项技术实现电能节约、灯光智能控制、安全防范，加以计算机互联技术的利用，实现网络化控制，包括客房人员的身份、房门的状态检测、保险箱状态、客房温度的远程控制、空调状态、客房状态、各项服务信息的声光提示及监控等等，一切实时信息尽掌握。

罗格朗酒店智能系统示意图

1. 触摸屏灯光控制面板
廊灯可实现双控，床灯可调光，关闭总电源可关闭房内灯光，自动点亮夜灯并具备多种智能设计。

4. 红外线探测器
当客人进入浴室，浴室灯自动打开，客人离开浴室20分钟，浴室灯光自动进入节电模式，如装于房内和系统联网则起到节能及传递防盗信息的作用。

7. 智能识别节能开关
节能开关只接受专用匙卡，并可通过读IC、射频锁卡技术将持卡人身份信息或有人、无人状态内容通过网络送至客房中心及相关部门以便酒店管理，并具备多种智能设计。

10. 智能保险箱安全防范
客房服务中心、保安部门可随时查看及显示保险柜信息；当客人退房时，服务员可根据电脑信息显示、提醒客人是否有遗留物品。

2. 空调智能调节面板
触摸屏温度面板，可精确显示当前温度、风速温度。季节切换可由客人及电脑远程控制，并可由前台提前预设待客温度，具备多项智能化功能。

5. 紧急按钮
当客人在浴室或桑拿室出现紧急情况，可按下此开关，呼叫信息会自动送至客房中心及保安部门，以便酒店作出快速反应。

8. 触摸屏浴室控制面板
当客人进门，廊灯自动亮，客人离开后如要清理房间、请即清理可继续保留，廊灯、清理、浴灯、浴镜灯，可单独开关，并具备多种智能设计。

11. 智能卡锁
开门卡选用美国ATMEL公司生产的射频卡，由于芯片由PVC全封闭，无需直接接触芯片，而是通过电磁感应方式读写信息。

3. 触摸屏灯光控制面板
床灯可调光，台灯、落地灯可独立开关，勿扰和清理互锁，在总电源关闭时，勿扰可保留，并具备多种智能设计。

6. 窗帘、窗纱控制面板
客人在客房可控制窗纱开/关，控制窗帘开/关亦可设置智能化控制。

9. 门口显示面板
可显示房号、勿扰、清理、请稍后，可按响门铃（12V或220V），并可显示入住信息。

12. 无线灯光遥控器
采用先进的无线技术可对房内灯光进行智能控制，亦可设置场景模式。

13. 磁感应器
通过网络将门开、门关信息，门开、门关的时间信息及各种正常和违规状态信息送至管理中心及相关部门，亦可用其他智能控制。

主要参考文献

[1] 康海飞主编. 明清家具图集. 北京：中国建筑工业出版社，2005.

[2] 康海飞主编. 欧式家具图集. 北京：中国建筑工业出版社，2006.

[3] 康海飞主编. 美式家具图集. 北京：中国建筑工业出版社，2013.

[4] 康海飞主编. 新中式家具图集. 北京：中国建筑工业出版社，2014.

[5] 康海飞主编. 家具设计资料图集. 上海：上海科学技术出版社，2008.

[6] 石珍主编. 建筑装饰材料图鉴大全. 上海：上海科学技术出版社，2012.

[7] PLANT 2400 Copyright-Free Illustrations of Flowers,Trees,Fruits and Vegetables Jim Harter.

[8] THE ELEMENTS OF STYLE AN ENCYCLOPEDIA OF DOMESTIC ARCHITECTURAL DETAIL NEW EDITION
GENERAL EDITOR : STEPHEN CALLOWAY.

[9] INTERIORS AN INTRODUCTION Karla J.Nielson David A.Taylor.

[10] Architecture Architektur Arquitectura L.Aventurine.

[11] Dream Windows Charles Randall Sharon Tenpleton Historical.
Perspectives. Classic Designs. Contermporary Creations.

[12] The Window and Bed Sketchbook inspiring ideas and variations for soft furnishings Wendy Baker.

[13] [美] 卢安·尼森等著. 美国室内设计通用教材. 上海：上海人民美术出版社，2004.

[14] [美] 约翰·派尔著. 世界室内设计史. 刘先觉等译. 北京：中国建筑工业出版社，2007.

[15] [美] S. C. 列兹尼科夫. 张大玉等译. 室内设计标准图集. 北京：中国建筑工业出版社，1997.

[16] [美] M. 戴维·埃甘，维克多·欧尔焦伊著. 建筑照明. 袁樵译. 北京：中国建筑工业出版社，2006.

[17] [美] 拉姆齐 / 斯利珀. 建筑标准图集. 大连理工大学出版社，2003.

[18] [日] 建筑资料研究社著. 建筑图解辞典. 北京：中国建筑工业出版社，1997.

[19] [日] 日本建筑学会编. 建筑设计资料集成. 北京：中国建筑工业出版社，2003.

[20] [日] 日本建筑学会编. 住宅设计资料集成. 北京：中国建筑工业出版社，2003.

[21] [日] NIPPO 电机株式会社编. 间接照明. 许东亮译. 北京：中国建筑工业出版社，2004.

[22] [美] 卡伦，奔亚著. 建筑照明设计及案例分析. 李铁楠，荣浩磊译；北京：机械工业出版社，2005.

[23] [英] 埃米莉·科尔主著. 世界建筑经典图鉴. 上海人民美术出版社，2003.

[24] 本书编委会. 建筑设计资料集. 北京：中国建筑工业出版社，1994.

[25] 陈保胜主编. 建筑装饰构造资料集. 北京：中国建筑工业出版社，1999.

[26] 金波编著. 常用花卉图谱. 北京：中国农业出版社，1998.

[27] 齐伟民编著. 室内设计发展史. 合肥：安徽科学技术出版社，2004.

[28] 唐开军编著. 家具装饰图案与风格. 北京：中国建筑工业出版社，2004.

[29] 董伯信编著. 中国古代家具综览. 合肥：安徽科学技术出版社，2004.

[30] 李强波著. 针笔风景写生. 广州：岭南美术出版社，2004.

[31] 毛培琳，朱志红编著. 中国园林假山. 北京：中国建筑工业出版社，2004.

[32] 王其均著. 古典建筑语言. 北京：机械工业出版社，2006.

[33] 徐华铛编著. 中国古塔造型. 北京：中国林业出版社，2007.

[34] 沈均，何维光编著. 家庭趣味养鱼. 上海科学普及出版社，2004.

[35] 屠兰芬主编. 室内绿化与内庭. 北京：中国建筑工业出版社，2004.

[36] 李勉民主编. 家居装饰自学全书. 香港：读者文摘远东有限公司，1995.

[37] 马卫星编著. 现代照明设计方法与应用. 北京：北京理工大学出版社. 2014.

[38] 陈震东编著. 新疆民居. 北京：中国建筑工业出版社，2009.